中国科学院年鉴

（2010）

中国科学院办公厅　编

科学出版社
北京

内 容 简 介

《中国科学院年鉴（2010）》全面、系统地反映了中国科学院2009年各方面工作，共分综合情况、学部与院士工作和院直属单位情况三部分。

综合情况部分主要记录战略与规划、基地建设与科研管理、重大科技成果与产出、队伍建设与人才培养、基础设施与支撑条件、高技术产业化与院地合作、国际合作与港澳台工作、基本建设等内容；学部与院士工作部分主要记录中国科学院院士增选结果、咨询评议工作、科学道德建设、学术交流与科学普及活动、陈嘉庚科学奖基金会工作等内容；院直属单位情况部分全面介绍中国科学院分院机构、科研机构、学校及公共支撑单位、其他机构以及院直接投资控股企业情况等。

本年鉴各种资料的截止时间为2009年12月31日。

图书在版编目(CIP)数据

中国科学院年鉴．2010／中国科学院办公厅编．—北京：科学出版社，2010．8

ISBN 978-7-03-028572-0

Ⅰ．中…　Ⅱ．中…　Ⅲ．中国科学院－2010－年鉴　Ⅳ．G322．21-54

中国版本图书馆CIP数据核字（2010）第158827号

责任编辑：李　锋　李　敏　王　倩／责任校对：张怡君

责任印制：钱玉芬／封面设计：陈　敬

科学出版社出版

北京东黄城根北街16号

邮政编码：100717

http://www.sciencep.com

中国科学院印刷厂 印刷

科学出版社发行　各地新华书店经销

*

2010年8月第　一　版　开本：787×1092　1/16

2010年8月第一次印刷　印张：23 3/4

印数：1—2 000　字数：600 000

定价：98.00元

（如有印装质量问题，我社负责调换〈科印〉）

中国科学院年鉴（2010）编辑委员会

目　录

综 合 情 况

学部与院士工作

院直属单位情况

综 合 情 况

中国科学院主要领导

(2009 年)

院　　长　路甬祥

副 院 长　白春礼　江绵恒　施尔畏　李家洋　李静海

　　　　　　詹文龙　丁仲礼　阴和俊

党组书记　路甬祥

党组副书记　白春礼　方　新

中纪委驻院纪检组组长　王庭大[①]　李志刚[②]

党组成员　江绵恒　施尔畏　李家洋　李静海　詹文龙

　　　　　　阴和俊　王庭大[①]　李志刚　何　岩

秘 书 长　李志刚

副秘书长　何　岩　邓麦村　曹效业　谭铁牛　王恩哥[③]

---

① 王庭大 2009 年 12 月免职

② 李志刚 2009 年 12 月任职

③ 王恩哥 2009 年 12 月免职

中国科学院院部机关机构

办公厅（党组办）

主　任　蒋协助[1]　邓麦村（兼）

副主任　汪克强　汪洪岩　廖方宇

处　室：综合处（院总值班室）、秘书处、文书档案处、信息宣传处、安全保卫办公室、财务处、信息化工作处（ARP 项目办公室）、机关事务管理处

院士工作局

局　长　马　扬

副局长　刘峰松

处　室：综合处（陈嘉庚科学奖办公室）、咨询工作处、学术活动处、数理化学办公室、生命地学办公室、技术信息办公室、科学道德办公室

基础科学局

局　长　李　定

副局长　刘鸣华

处　室：综合规划处、数学物理科学处、化学与交叉科学处、天文力学空间科学处、大科学工程与核科学处

下　设：香山会议办公室

生命科学与生物技术局

局　长　张知彬

副局长　苏荣辉

处　室：综合规划处、生物医学处、工业生物技术处、农业基地办公室（院农业项目办公室）、整合生物学处

下　设：人与生物圈秘书处

---

① 蒋协助 2009 年 9 月免职

资源环境科学与技术局

局　长　范蔚茗

副局长　冯仁国　常　旭

处　室：综合规划处、固体地球科学处、大气海洋科学处、国土与遥感处、生态与环境处

高技术研究与发展局

局　长　田　静

副局长　董永初　肖云汉[①]　刘桂菊　孟　丹

处　室：综合规划处、综合技术处、信息技术处、光电空间处、材料化工处、能源处

院地合作局

局　长　戚　强

副局长　孙殿义

处　室：综合规划处、东北京津合作处、东部合作处、中南部合作处、西部合作处、科技副职工作办公室

规划战略局

局　长　潘教峰

副局长　田　洺

处　室：综合处、规划处、评估处、战略情报处、政策研究室

计划财务局

局　长　孔　力

副局长　张丽萍　潘　锋

处　室：综合规划处、财务制度处、预算管理处、资产财务处、项目管理处、科研基地处、科技条件处、知识产权管理处

① 肖云汉 2009 年 7 月免职

人事教育局

局　长　李和风

副局长　苗　鸿　李　婷

处　室：综合处、人力资源规划处、领导干部处、人才处、机构与岗位管理处、薪酬与社会保障处、教育与培训处、机关人事处

基本建设局

局　长　孔繁文

副局长　邢淑英

处　室：财务综合处、投资处、规划与房地产处、计划与工程管理处

国际合作局

局　长　吕永龙

副局长　邱举良①　曹京华　邱华盛

处　室：综合处、国际合作规划处、国际组织处、亚非合作处、美大合作处、欧洲合作处、港澳台办公室

京区党委

书　记　何　岩（兼）

常务副书记　项国英

副书记　杨建国　隋红建

处　室：见北京分院（筹）内设机构

离退休干部工作局

局　长　孙建国

副局长　沈宏根　穆中红

处　室：综合处、组织调研处、宣传教育处

① 邱举良 2009 年 9 月免职

中央纪律检查委员会驻院纪检组

组　长　王庭大[①]　李志刚[②]

副组长　沈　颖

监察审计局

局　长　沈　颖

副局长　刘冬红　李晓光[③]　郭建军

处　室：综合办公室、纪检监察一室、纪检监察二室、党风建设室、审计监察室

京区纪委

书　记　项国英

副书记　隋红建

① 王庭大 2009 年 12 月免职
② 李志刚 2009 年 12 月任职
③ 李晓光 2009 年 2 月免职

中国科学院院属机构变更

截至2009年12月31日，中国科学院直属事业单位117个，包括：科学研究机构97个（含3个植物园）；学校及公共支撑机构5个（其中学校2个、技术支撑机构1个、文献情报机构1个、新闻出版机构1个）；院与分院管理机构12个；其他机构3个。中国科学院直属事业单位的下属事业单位26个。中国科学院直接投资的控股企业25家。

2009年机构变动情况如下：

中央编办复字〔2009〕92号批复：撤销科学出版社事业单位建制。

中央编办复字〔2009〕107号批复：成立中国科学院青岛生物能源与过程研究所、中国科学院烟台海岸带研究所、中国科学院苏州纳米技术与纳米仿生研究所、中国科学院城市环境研究所、中国科学院深圳先进技术研究院。

综　　述

2009年是新中国成立60周年，也是中国科学院建院60周年。一年来，全院广大职工坚持以邓小平理论和“三个代表”重要思想为指导，认真学习领会党的十七大和十七届四中全会精神，深入贯彻落实科学发展观，主动服务国家经济社会发展需要，积极应对国际金融危机的冲击，扎实推进科技创新与体制机制改革，前瞻谋划和布局未来发展，全面加强党的建设，科技创新取得丰硕成果，各项工作取得长足进展。

一、系统回顾，全面总结，展示60年辉煌成就

在建院60周年之际，胡锦涛总书记专门发来贺信，向为我国科学技术发展作出突出贡献的全体院士和科技工作者致以热烈的祝贺和诚挚的问候，希望中国科学院高举中国特色社会主义伟大旗帜，以邓小平理论和“三个代表”重要思想为指导，深入贯彻落实科学发展观，坚持走中国特色自主创新道路，认真实施科教兴国战略和人才强国战略，以服务社会主义现代化建设为目标，以提升自主创新能力和可持续发展能力为主线，以解决关系国家全局和长远发展的基础性、战略性、前瞻性的重大科技问题为着力点，确定一批科技创新战略目标、建设一批世界先进水平的创新基地、培养一批高水平科技创新和创业人才，努力取得更多更好的科研成果，在建设创新型国家进程中进一步发挥“火车头”作用，为推动我国科技事业加快发展，为夺取全面建设小康社会新胜利，作出新的更大贡献。温家宝总理视察了“与科学共进，与祖国同行——中国科学院建院60周年展”，听取了知识创新工程进展和未来10年发展战略构想的汇报，向首都科技界发表了题为《让科技引领中国可持续发展》的重要讲话。在建院60周年纪念会上，刘延东国务委员发表了重要讲话；路甬祥院长系统回顾总结了中国科学院60年光辉历程和成功经验，高度凝练和概括了“科学院精神”，展望了未来发展的美好前景。中央领导同志的贺信和重要讲话，充分肯定了中国科学院60年来为国家经济建设、社会发展和科技进步作出的重大贡献，提出了新的更高要求，指明了前进的方向。全院广大职工深受鼓舞，信心倍增，更加深刻地认识到在新的历史时期所肩负的新的历史使命，增强了发展的紧迫感、责任感和使命感。

为庆祝建院60周年，中国科学院成立了院庆筹备工作领导小组，组织全院各单位开展了多种形式的纪念活动，共同回顾几代科学院人服务国家、造福人民，艰苦创业、奋发图强，自主创新、跨越发展的光辉历程，共同总结60年不懈探索取得的宝贵经验，共同展望科技支撑国家现代化建设、惠及人民大众的未来图景。全院广大职工无不为60年的辉煌成就而自豪，极大地增强了自主创新、跨越发展的信心和勇气。全社会也加深了对中国科学院战略定位和创新贡献的认同，为全院各项事业发展赢得了良好的外部环境。

二、科学前瞻，系统谋划，描绘未来发展蓝图

（一）发布《创新2050：科学技术与中国的未来》系列战略研究报告

在院党组的领导下，完成并发布《创新2050：科学技术与中国的未来》系列战略研究报告。报告面向中国现代化的宏伟愿景，从历史和未来走向的视角，分析了科技发展的演进和规律，阐释了科技对现代化建设的决定性作用，做出当今世界正处在新科技革命前夜的战略判断，提出中国必须为新科技革命的到来做好充分准备。在系统分析中国现代化进程不同阶段对科技发展需求的基础上，提出了以科技创新为支撑的八大经济社会基础和战略体系的整体构想，并从中国国情出发制定了支撑八大体系建设的重要领域科技发展路线图，凝练出影响我国现代化进程全局的22个战略性科技问题，提出了走中国特色科技创新道路的系统政策建议。报告得到了中央、国家有关部门、社会各界和国际科技界的高度关注和积极评价，为国家宏观战略决策和科技发展战略提供了科学依据，为中国有效应对金融危机、部署战略性新兴产业提供了决策支持，奠定了中国科学院谋划未来发展的研究和队伍基础。

（二）研究制定《知识创新工程2020：科技创新跨越方案》

在充分吸纳“创新2050”路线图研究成果、科技创新基地、研究所战略研究成果以及全院各研究所改革发展实践经验的基础上，中国科学院研究制定了《知识创新工程2020：科技创新跨越方案》（简称“创新2020”），明确了全院未来10年的发展旗帜、发展战略、发展目标、战略重点和重大改革举措，是中国科学院发展的宏伟蓝图和行动纲领。

（三）启动并全面推进“十二五”规划工作

按照院“十二五”规划编制工作的总体部署，依据“创新2020”，在广泛征求全院各单位意见的基础上，形成了院“十二五”发展规划纲要框架稿，并通过院冬季党组扩大会议审议。各创新基地、院机关各部门和全院各单位结合本领域本单位实际，组织开展了重点规划、专门规划、所级规划的相关战略研究，部分重点规划已完成预研，部分研究所已启动规划编制。

三、求真务实，开拓创新，科研工作硕果累累

2009年，中国科学院根据新形势、新要求，科学合理地动态调整“1+10”创新基地规划，搭建科技基础研究平台，优化学科布局，推进项目群研究工作，凝聚造就优秀人才与团队，有力推动了资源整合和学科交叉，提升了集中力量办大事的能力，科研工作取得了重大进展。

（一）基础前沿研究取得重要进展

在世界上首次证明诱导多能干细胞（induced Pluripotent Stem Cell，iPS 细胞）的全能性，被美国《时代周刊》评为 2009 年 10 大医学突破之一；极大地提高了量子信息存储时间，向量子计算原理性实现迈出关键一步；揭示水稻耐盐基因 *HAL3* 参与光调控植物发育的新机制，突破了传统的光受体调控机制的主流模式；发现维持神经元蛋白极性分布的一种新机制，为研究神经信号传导提供了崭新的视角；首次揭示了一种信号蛋白（β-arrestin1）在脊椎动物造血发育过程中的功能；预言了拓扑绝缘体这一新的量子物态，并为实验所证实；高温超导体机理研究取得新的重要突破；发现迄今为止全球最古老、保存最完整的硬骨鱼类化石，为早期鱼类的分化提供了新的确凿的最近时间校正点；在辽宁岫岩首次证实我国存在陨石撞击坑地质构造；开辟绿色高效催化合成环己酮新途径，苯酚转化率和环己酮选择性均接近 100%；纳米尺度下水分子表面界面研究取得新突破。

（二）战略高技术取得重要突破

传感网、物联网关键技术研发和示范性应用取得突破，带动了信息技术产业与信息化的新一轮发展；全电动汽车及车用碳纤维复合材料部分关键技术研发取得突破，实现多型车的整车集成和演示；成功完成“遥感六号”和“遥感八号”卫星主载荷研制并实现在轨稳定运行；成功开发世界首创的“煤制乙二醇”成套技术，建成 20 万吨级工业示范装置；建成两套 16 万吨级煤间接合成油工业示范装置并稳定运行；建成我国第一套单精度峰值超过每秒 1000 万亿次浮点运算的超级计算软硬件系统并投入应用；研制出大容量钠硫储能电池，使中国成为世界上第二个掌握该项核心技术的国家；钛铝金属间化合物新型航空叶片材料取得突破并实现规模化应用；建成世界首个多节点光量子电话实验实用网。在国家与公共安全领域取得了一批重要成果。

（三）重大公益性研究成效显著

国家一类抗菌新药盐酸安妥沙星获新药证书；首次阐明 *DEP1* 基因在水稻增产中的重要作用，为培育出更高产的水稻新品种提供了新途径；建成国际上第一个国家级地貌数据库共享系统，并出版《中华人民共和国地貌图集（1∶100 万）》；研制成功我国首台地面成像光谱辐射测量系统，实现遥感高空间分辨率图像和高光谱分辨率光谱的图谱合一；提出新的短期气候预测理论与方法，为提高我国关键区域短期气候预测的准确率提供了新途径；完成至 2050 年大气 CO_2 浓度控制各国排放配额计算，为我国参与国际气候谈判提供了重要科学依据和建议。

（四）为国家需求提供科技支撑

按照党中央国务院的部署，围绕“保增长、扩内需、调结构”的迫切需求，急国家之所急，想国家之所想，组织实施“应对金融危机、支撑经济发展科技创新专项行动计划”，启动了煤的新一代高效洁净综合利用示范工程、“保面积，增单产”农业示范工程、西部生态建设综合示范工程与监测评估、生物技术创新与生物产业促进计划、太阳能行动计划等一批科技示范工程，并组织实施科技成果转移转化和推广项目1200余项。

由上海微系统与信息技术研究所、微电子研究所、新疆理化技术研究所组成的“宽带无线应急通信团队”，在我国有关地区维稳工作中发挥了重要作用。紧急启动和实施甲型H1N1流感应急研究，开展疫苗和药物研发、检测、疫情预警评估等。

（五）大科学装置建设取得显著进展

大天区面积多目标光纤光谱天文望远镜、北京正负电子对撞机重大改造工程、中国西南野生生物种质资源库顺利通过国家验收，高质量完成上海光源建设并全面投入使用，东半球空间环境地基综合监测子午链、稳态强磁场装置等在建工程进展顺利。建成我国第一艘大型小水线面双体科学考察船“实验1号”并投入使用。多个大科学装置向国内外提供了优质开放的服务。在大科学工程建设过程中，凝聚培养了一批业务精湛的工程建设和管理队伍，建立和完善了工程建设的管理制度和质量保证规范。院大科学装置的区域和学科布局更加适应国家科技发展的需要，已逐步成为具有世界先进水平、对国内外开放的大型多学科综合性国家研究基地。

（六）荣获2009年度国家科学技术奖

2009年，中国科学院作为第一完成单位获得国家科技奖29项。包括：自然科学奖13项，占全国的46%，其中《中国植物志》获一等奖；科技进步奖二等奖14项；技术发明奖二等奖2项。

四、立足国内，面向世界，实施人才培养引进系统工程

（一）培养和凝聚高层次人才

2009年，中国科学院院属机构共有14人当选为中国科学院院士，3人当选为中国工程院院士，56人获得“国家杰出青年科学基金”，9个创新团队获国家自然科学基金创新研究群体。通过“千人计划”引进51人，3个研究所入选“国家海外高层次人才创新创业基地”。“百人计划”引进231人，“西部之光”人才培养计划资助西部地区各类人才170人，“创新团队国际合作伙伴计划”新组建22个团队，邀请19位“爱因斯坦讲席教授”来院进行学术交流与短期工作访问，聘用159位“中国科学院外国专家特聘研究员”。通过“支撑与管理人才培养计划”遴选“关键技术人才”19人，引进“杰出技术人才”7人，评选“技术能手”10人。

（二）加强优秀青年人才培养

通过院级有关青年人才支持专项，择优支持优秀青年人才398人。通过“外籍青年科学家计划”和与国家自然科学基金委员会联合支持等方式，资助55名外籍青年学者来院工作。各研究所采取多种措施，为青年人才成长创造机会。研究生教育稳步发展，

2009年共招收研究生约1.6万人，其中博士生6000多人，毕业并获博士学位5100多人。20篇博士论文入选全国优秀博士学位论文，占总数的20.4%。

五、拓展空间，增进了解，加强对外交流与合作

（一）与地方合作取得重要进展

共建研究所成效显著。高质量完成苏州纳米技术与纳米仿生研究所、城市环境研究所、烟台海岸带研究所、青岛生物能源与过程研究所、深圳先进技术研究院等5个新建研究所筹建工作，与地方政府共同组织了验收，正式纳入院直属研究机构管理序列。与有关省市合作，扎实推进上海高等研究院、天津工业生物技术研究所、苏州生物医学技术工程研究所等3个共建研究所的筹建工作，启动宁波材料技术与工程研究所二期建设。

加强高层会商。与有关省市自治区领导共同总结院地合作成效与经验，明确合作重点，签署了18项合作协议并狠抓落实。“西部科技专项工程”、“东北振兴科技行动计划”成效显著，“支持天津滨海新区建设科技行动计划”全面推进；启动“三峡创新工程”、“浙江432工程”和与贵州省战略合作；围绕区域产业技术共性需求，推进技术转移转化平台建设，新获批8个国家技术转移转化示范机构；向全国18个省市共派出44名科技副职。

加强与重点区域合作。在北京怀柔科教产业园建设方面，加快推进研究生院怀柔校区建设，钱学森国家工程科学实验基地、国家重大工程项目研发基地等一批项目开工建设。在上海浦东科技园建设方面，加快上海高等研究院筹建，成立电动汽车研发中心，部署新药创制平台、新技术基地以及国家蛋白质科学研究南方设施等一期建设项目，启动上海65m射电望远镜系统建设。在广东科技新高地建设方面，以落实院省全面战略合作规划纲要为抓手，加快建设散裂中子源，建立佛山技术创新与育成中心，设立省院合作专项资金并组织实施188个项目，向广东派遣200多名科技特派员等。继续扎实推进与江苏、浙江、山东等重点区域的合作。

（二）深入开展国际合作

深化国际合作战略伙伴关系。举办了中澳科技研讨会、中英荷前沿研讨会、中俄新材料研讨会、中日科技政策研讨会等一批高层次学术研讨会，全年举办337个国际学术会议。全年出访10307人次，来访17129人次。在国际组织和国际期刊中任职的科学家超过900人。国际科学理事会将科学减灾与研究国际计划办公室设在中国科学院。

积极策划组织重大国际合作项目。启动了以我为主的“国际空间天气子午圈计划”、“第三极环境国际计划”等国际科学研究计划。积极建议并承担国家有关部门国际合作重大项目和引智项目。

做好国际科技合作奖的颁奖与推荐工作。2009年度，共有3位外国专家获中国科学院国际科技合作奖。中国科学院推荐的5位外国专家获国家国际科技合作奖、3位外国专家获国家友谊奖。

（三）院所投资企业社会化改革取得成效

顺利完成联想控股有限公司部分国有股权转让和中国科学出版集团产权划转工作，73%的研究所投资企业完成社会化改革。2009年，通过科技成果转移转化，地方企业新增销售收入1404亿元，同比增长46%；利税217亿元，同比增长60%。2009年全院纳入统计范围的413家院所投资企业共实现营业收入1737.56亿元，同比增加0.55%；利润总额64.79亿元，同比增加44.30%；净资产351.05亿元，同比增加26.90%。

六、凝聚智慧，开展咨询，学部工作取得新进展

（一）完成院士增选工作

2009年1月5日，召开中国科学院、中国工程院2009年院士增选工作会议，分别通报了中国科学院和中国工程院2009年院士增选工作情况，并进行了分组讨论；5月14日，召开第六届中国科学院学部主席团第三次会议，审议确认了2009年中国科学院院士增选有效候选人名单，审议确认了2009年中国科学院外籍院士选举有效候选人名单；9月21日，召开第六届中国科学院学部主席团第四次会议，投票产生了2009年中国科学院外籍院士正式候选人名单，审议并确定了2009年中国科学院院士增选评审暨选举会议议程；11月20日，召开第六届中国科学院学部主席团第五次会议，听取各学部常委会主任关于本学部院士选举情况报告，审议并批准了2009年中国科学院院士增选选举结果；12月4日，召开中国科学院院士增选结果新闻发布会，共有35名中国科学家当选为中国科学院院士，6名外国科学家当选为中国科学院外籍院士。

（二）积极开展院士咨询活动

组织跨学部、多学科交叉的院士专家队伍，开展科技体制与政策、基础研究与产业发展、科技平台建设、全球气候变化等重大咨询课题研究，上报国务院咨询报告20份。与国家自然科学基金委员会合作，开展“2011－2020年我国学科发展战略研究”。组织院士专家先后前往江苏、浙江、广东、新疆等地区，为地方政府和企业提供咨询服务。在全国20个省市自治区组织“科学与中国”院士专家巡讲团报告会80场。

七、择优支持，规范管理，加强科教基础设施建设

（一）支撑体系建设快速推进

启动10个大型仪器区域中心建设，择优支持29个所级公共技术服务中心，建立全院“大型仪器共享管理系统”，推进通用大型仪器共享。科研信息化建设深入开展，进一步提升院信息化基础设施能力，坚持需求牵引，推进各领域、各创新基地的e-Science应用示范，进一步优化提升ARP系统运行和服务质量。国家科学图书馆提前完成

“十一五”改革发展目标，实现了从传统图书馆向数字图书馆的根本转变，正在成为适应信息时代的知识情报研究与知识服务中心。基本建设取得重要进展，“十一五”建设项目基本完成国家立项审批，82%的项目已进入建设阶段；认真贯彻落实中央有关“治理工程建设领域突出问题”的各项规定，工程管理和建设更加有效和规范。

（二）安全保卫保密工作取得新进展

与分院、局、研究所主要领导签订了安全保卫保密责任书，规范了处置突发事件的应急机制，完善了保密体系，全年全院未发生危害大、影响大、损失大的案件事故。新疆分院妥善应对“7·5”事件，保持了良好的科研秩序。加强院机关管理队伍建设，健全吸引和稳定优秀管理人才的长效激励机制，改进工作作风，进一步提高整体素质和管理水平。

八、深入学习，认真整改，全面贯彻落实科学发展观

按照中央要求，院党组认真落实整改方案，不断巩固和扩大学习实践科学发展观活动的成果。遵循实事求是、突出重点、尽力而为、量力而行的要求，找出制约院科学发展的关键问题和群众关心的热点问题，制定95条相应的整改措施，每项均由主管院领导牵头，相关部门负责，明确整改时限。目前，各项整改措施正按照要求顺利实施，42项有明确时间期限的任务已按时完成或提前完成，53项需要长期坚持的工作也制定计划并认真实施，一些工作取得突破性进展。高度重视解决群众反映和关心的热点问题，如离退休人员津贴补贴、特困离退休人员帮扶机制、转制企业人员的有关政策问题等。

加强领导班子建设。重视理论武装，强化干部培训，提升运用科学发展观指导科技创新、解决实际问题的能力。2009年共有385名所局级干部参加上岗培训、理论培训、专题研讨和境外培训等各类培训项目。进一步完善领导干部管理制度，规范干部选拔任用程序，制定与完善所级领导干部管理办法。完成43个院属机构行政领导班子换届和届中考核、28个院属单位党委换届、5个新建研究所党政领导班子配备。加强后备干部建设，配合中组部完成中国科学院省部级后备干部集中调整工作，完成院机关各部门、院属单位所局级后备干部的民主推荐和选拔工作。

认真组织广大党员干部深入学习中国特色社会主义理论体系和党的十七大、十七届四中全会精神，进一步教育引导广大党员干部提高政治素质，坚定理想信念。着力加强基层党组织建设，重点抓好党委书记及后备干部队伍建设，进一步加大在科技骨干中发展党员工作的力度。扎实开展“党员永葆先进性”主题教育活动和“我为创新作贡献”主题实践活动。全面推动党务公开，开展党建工作专题调研和经验交流，加强新时期科研院所党建理论与实践研究。召开离退休干部党支部建设经验交流暨“双先”表彰大会和研究生党建工作研讨会。召开党风廉政建设工作会议，推进惩治和预防腐败体系建设。建立党风廉政责任制，与分院、局、所主要党政领导签订党风廉政建设责任书。加强科研课题经费使用、基本建设工程、新建研究机构等重点领域的监督管理。进一步健全完善巡视工作，全年共巡视24个单位。

战略与规划

中国科学院深入贯彻落实实践科学发展观，从应对国际金融危机、迎接新科技革命挑战、支持科学发展出发，科学前瞻，开展重要领域科技发展路线图战略研究，为国家制定宏观战略决策和科技发展战略提供科学依据和决策支持。积极谋划发展，研究制定面向2020年中国科学院发展战略与规划，明确新时期新的历史使命、发展目标、发展战略和重大改革举措，为中国科学院深入实施知识创新工程描绘了新的宏伟蓝图。

一、使命与任务

2009年是中国科学院建院60周年。在建院60周年之际，党和国家对中国科学院给予了高度评价，并提出了更高要求和殷切期望。

胡锦涛总书记于2009年10月29日发来贺信，肯定中国科学院“为我国经济发展、社会进步、国家安全作出了彪炳史册的重大贡献”，要求中国科学院“以服务社会主义现代化建设为目标，以提升自主创新能力和可持续发展能力为主线，以解决关系国家全局和长远发展的基础性、战略性、前瞻性的重大科技问题为着力点，确定一批科技创新战略目标、建设一批世界先进水平的创新基地、培养一批高水平科技创新和创业人才，努力取得更多更好的科研成果，在建设创新型国家进程中进一步发挥‘火车头’作用，为推动我国科技事业加快发展，为夺取全面建设小康社会新胜利，作出新的更大贡献”。

温家宝总理2009年11月2日在视察中国科学院建院60周年展览并听取中国科学院工作汇报后说，“新中国科学技术的许多学科奠基人集中在这里，新中国科学技术的许多第一产生在这里，不愧是代表中国最高科技水平的‘国家队’，不愧是引领中国科技发展的‘火车头’”。2009年11月3日，温家宝总理在人民大会堂向首都科技界发表了《让科技引领中国可持续发展》的重要讲话中，要求中国科学院“继续深入实施知识创新工程。着力突破带动技术创新、促进产业革命的前沿科学问题，着力突破提高健康水平、保障改善民生的重大公益性科技问题，着力突破增强国际竞争力、维护国家安全的战略高技术问题”。“围绕赶超世界先进水平，建设重要科学研究中心；围绕关系中国现代化进程的战略领域，超前部署先导性科技专项；围绕培育战略性新兴产业，发展产业技术联盟和创新集群。同时，中国科学院要更好地发挥科技引领中国经济社会发展的科学思想库和智囊团作用”。

刘延东国务委员在中国科学院建院60周年纪念会上发表了重要讲话，系统总结了中国科学院的辉煌成就和发展经验，明确提出了对中国科学院今后发展的新要求。

路甬祥院长在中国科学院建院60周年纪念会上，系统回顾了中国科学院60年的光辉历程，高度凝练和概括了“服务国家、造福人民，追求真理、勇攀高峰，自强不息、艰苦奋斗，淡泊名利、团结协作，实事求是、科学严谨”的科学院精神，总结了中国科学院60年来积累的宝贵经验：必须始终坚持面向国家战略需求，面向世界科技前沿，以发展先进科技生产力为中心，以提升自主创新能力为主线，着力开展基础性、战略性和前瞻性的科技创新工作；必须坚持以人为本，以事业的发展凝聚人，以正确的价值观引导人，以良好的创新环境吸引人，以合理的待遇激励人，以创新实践培养造就人，充分发挥科技人员的主动性和创造性；必须坚持改革创新，认知发展规律，顺应发展要求，立足中国国情，借鉴国际经验，大胆革除一切阻碍解放和发展科技生产力的壁障，不断革新体制机制，创新管理；必须坚持对外开放，以开放的心态对待人类创造的一切新知识，与社会各类创新要素有机结合，有效利用全球科技创新资源，在联合合作中共同发展；必须高举科学旗帜，解放思想，与时俱进，科学前瞻，引领未来。发展科学文化，鼓励科学原创，弘扬科学精神，倡导科学方法，传播科学知识。提出了新的历史时期中国科学院的战略定位：中国科学院作为国家战略科技力量，要致力解决关系国家全局和长远发展的基础性、战略性、前瞻性的重大科技问题，致力培养适应国家发展要求的高水平科技创新与创业人才，致力促进科技成果转移转化与规模产业化，致力发挥国家科学思想库作用，致力提升中国科学技术国际竞争力，引领我国自主创新和科技进步，支撑我国科学发展与和谐发展。

中国科学院党组于2010年1月4－8日召开2009年冬季党组扩大会议，深入学习领会中央领导同志的贺信和讲话精神，深刻分析发展环境，明确提出了中国科学院在新时期新阶段担负的新的历史使命，即以服务社会主义现代化建设为目标，以提升自主创新能力和可持续发展能力为主线，以解决关系国家全局和长远发展的基础性、战略性、前瞻性的重大科技问题为着力点，着力突破带动技术革命、促进产业振兴的前沿科学问题，着力突破保障改善民生、破解资源环境制约的重大公益性科技问题，着力突破增强国际竞争力、维护国家与公共安全的战略高技术问题，在建设创新型国家进程中进一步发挥“火车头”作用，始终成为国家和人民可信赖、可依靠的战略科技力量，引领和支持我国可持续发展。

二、战略研究与规划

（一）研究制定中国至2050年重要领域科技发展路线图

1. 研究背景

2007年，中国科学院进一步前瞻思考，充分认识到，开展至2050年重要科技领域发展战略研究，描绘其发展路线图，对国家长远发展具有重大意义。2007年7月，路甬祥院长提出：“看来在创新为科学发展观落实这一大题目之下，还要深入进行战略研究，刻画出未来20－30年的路线图（roadmap）和关键科技创新领域来。要组织院内外专家深入讨论，进一步凝聚创新方向和目标。必须根据国家社会未来发展需求，尤其要从经济持续发展增长和竞争力提升、社会持续和谐发展、生态环境持续进化等重点目标出发进行研究和归纳。”2007年7月，中国科学院夏季党组扩大会议决定，根据国家社会未来发展需求，从经济持续增长和竞争力提升、社会持续和谐发展、生态环境持续进化与人类社会相协调等三大目标出发，开展至2050年的科技发展路线图战略研究。

2. 组织与实施

建立重要领域科技发展路线图战略研究组织体系。成立了由路甬祥院长总负责，白春礼、施尔畏、方新、李志刚、曹效业、潘教峰等同志参加的战略总体组；成立了总报告起草组，负责总报告的研究与撰写；成立了集战略科技专家、一线中青年专家、情报专家和管理专家为一体的专题研究组。院规划战略局负责组织协调，建立了多层次、经常化交流研讨机制，建立了评议和持续研究机制。

在深入研讨的基础上进行顶层设计，确定在能源、水资源、矿产资源、海洋、油气资源、人口健康、农业、生态与环境、生物质资源、区域发展、空间、信息、先进制造、先进材料、纳米、大科学装置、重大交叉前沿、国家与公共安全等 18 个重要科技领域深入系统地开展研究工作。采用科技路线图制定的方法，吸纳我国进行科技战略规划的成功经验，在研究实践中形成了制定重要领域科技路线图的系统方法。明确了重要领域科技发展路线图的基本要求，集中从国家层面考虑问题，分近期（2020 年前后）、中期（2030 年前后或 2035 年前后）、长期（2050 年前后）三个阶段，描绘相关领域的需求、目标、任务、途径，重点刻画核心科学问题和关键技术问题，总体上体现方向性、战略性和可操作性。

3. 主要研究成果

2009 年 1 月 16 日，完成了《迎接新科技革命挑战，支持科学与持续发展——关于中国面向 2050 年科技发展战略的思考》战略研究总报告并报送中央，在此基础上形成了向社会发布的《科技革命与中国的现代化》报告。报告面向中国现代化的宏伟愿景，从历史和未来走向的视角，分析了科技发展的演进和规律，阐释了科技对现代化建设的决定性作用，作出了当今世界正处在新科技革命前夜的战略判断，提出中国必须为新科技革命的到来做好充分准备。报告在系统分析中国现代化进程不同阶段对科技发展需求的基础上，提出了以科技创新为支撑的八大经济社会基础和战略体系的整体构想，并从中国国情出发制定了支撑八大体系建设的重要领域科技发展路线图，凝练出影响我国现代化进程全局的 22 个战略性科技问题，提出了走中国特色科技创新道路的系统政策建议。

八大经济社会基础和战略体系包括：构建我国可持续能源与资源体系，大幅提高能源与资源利用效率，大力发展战略资源的勘查与开发，大力发展新能源、可再生能源与新型替代资源；构建先进材料与绿色智能制造体系，加速材料与制造技术绿色化、智能化、可再生循环的进程，促进我国制造业产业结构升级和就业结构调整，有效保障我国现代化进程材料与装备的有效供给与高效、清洁、可再生循环利用；构建我国普惠泛在的信息网络体系，提升我国信息化进程和水平，建设普惠、泛在、低成本的“智能中国”信息基础设施，加快推进我国从“e 社会”走向“u 社会”；构建我国生态高值农业和生物产业体系，促进我国农业结构的升级与战略性调整，发展高产、优质、高效、生态农业和相关生物产业，保证粮食与农产品安全；构建满足我国十几亿人口需要的普惠健康保障体系，推动医学模式由疾病治疗为主向预测、预防为主转变，将当代生命科学前沿与我国传统医学优势相结合，努力在健康科学方面走到世界前列；构建支撑我国人与自然和谐相处的生态与环境保育发展体系，系统认识环境演变规律，提升我国生态环境监测、保护、修复能力和应对全球气候变化的能力，提升对自然灾害的预测、预报和防灾、减灾能力；构建我国空天海洋能力创新拓展体系，大幅提高我国海洋探测和应用研究能力，海洋资源开发利用能力，空间科学与技术探测能力，对地观测和综合信息应用能力；构建我国的国家安全与公共安全体系，发展传统与非传统安全防范技术，提高监测、预警和应急反应能力。

影响中国现代化进程全局的22个战略性科技问题关系到我国在全球化知识经济环境下的国际竞争力、经济社会长远持续发展、国家安全、应对可能发生的科技革命等一系列问题，以及需要前瞻部署的前沿问题等。其中，影响中国国际竞争力的战略性科技问题包括："后IP"网络的新原理新技术研究和试验网建设、高品质基础原材料的绿色制备、资源高效清洁循环利用的过程工程、泛在感知信息化制造系统、艾级（10^{18}）超级计算技术、农业动植物品种的分子设计等；影响中国可持续发展能力的战略性科技问题包括：中国地下4000m透明计划、新型可再生能源电力系统、深层地热发电技术、新型核能系统、海洋能力拓展计划、干细胞与再生医学、重大慢性病的早期诊断与系统干预等；影响国家与公共安全的战略性科技问题包括：空间态势感知网络、社会计算与平行管理等；可能出现革命性突破的基本科学问题主要包括：暗物质与暗能量的探索、物质结构调控、人造生命和合成生物学、光合作用机理等；发展迅速的综合交叉前沿方向包括：纳米科技、空间科学探测及卫星系列、数学与复杂系统等。

2009年6月10日，《创新2050：科学技术与中国的未来》中国科学院战略研究系列报告新闻发布会召开，中文版系列报告陆续与社会见面。2009年已出版的报告包括：《科技革命与中国的现代化》和能源、矿产、水资源、先进材料、先进制造、信息、农业、人口健康、生态与环境、空间、海洋、生物质资源、重大科技基础设施、区域发展等14个领域的中国至2050年科技发展路线图。10月14日在法兰克福书展上，中国科学出版集团和施普林格（Springer）出版集团联合举办了路线图系列报告英文版首发式，向全世界展示了中国科学家在依靠科技创新促进经济社会发展方面的战略思考。

4. 作用与影响

开展重要领域科技发展路线图战略研究以来，在路甬祥院长和中国科学院党组的领导下，全院基本形成了由18个重要领域科技发展路线图研究组、各科技创新基地和研究所战略研究组织为基本构成的多层次、系统性、有重点的战略研究体系。通过建立持续稳定开展战略研究机制，不断认知和把握世界科技发展趋势，定期修订和发布重要领域科技发展路线图，逐步理清影响全局和长远发展的重大科技问题，为国家宏观战略决策和科技发展战略提供了科学依据，为我国有效应对金融危机、部署战略性新兴产业提供了决策支持，奠定了中国科学院谋划未来发展的研究和队伍基础。

路线图研究成果向国内外公开发布后，得到国家有关部门、社会各界和国际科技界的高度关注和积极评价。人民日报、中央电视台、新华网等主流媒体纷纷进行报道。路线图研究成果已成为国家一些规划制定和战略决策的重要研究基础，促进了路线图研究方法在国内规划中的应用。同时，德国教研部、马普学会，英国皇家学会，日本经产省、文部省等，也主动与中国科学院就战略路线图研究和科学前瞻进行交流与合作。

（二）研究制定"知识创新工程2020——科技创新跨越方案"

1998年实施知识创新工程以来，中国科学院科技创新能力快速持续提升，人才队伍质量和结构明显优化，赢得了强大的竞争合作优势，从根本上扭转了长期以来资源短缺的局面，呈现出蓬勃发展、充满活力的良好势头。为了站在新的起点上前瞻谋划中国科学院未来发展，深入实施知识创新工程，加快实现跨越发展，真正发挥好中国科学技术"火车头"的作用，为我国现代化进程作出更大的贡献，路甬祥院长在中国科学院2009年度工作会议上指出，面对实现现代化的战略任务，面对可能发生的新科技革命的挑战，必须启动实施新一轮的战略行动，拟考虑在知识创新工程三期后组织实施面向2020年的创新工程。

2009年初，中国科学院开始着手研究制定面向2020年的发展战略。在至2050年我国重要领域科技发展路线图战略研究的基础上，组织路线图有关专家研究中国科学院至2020年科技战略重点，组织中国科学院机关各部门研究中国科学院至2020年的发展思路、战略重点和政策措施，中国科学院高层战略研讨会和夏季党组扩大会议集中进行了研究。与此同步，2007年夏季党组扩大会议决定启动的研究所综合配套改革试点，以科研活动组织、人力资源管理、经济资源配置和科技评价模式为重点，探索建立中国特色现代科研院所制度。2009年初，在国家有关部门的指导下，着手研究关系中国科学院长远发展的基础与重大政策问题。

根据中央领导同志在中国科学院建院60周年时的重要指示和讲话精神，基于上述研究和实践基础，形成了《知识创新工程2020：科技创新跨越方案》（简称"创新2020"）。2009年9月21－22日，中国科学院党组召开专题扩大会议，审议并原则通过了这个方案。"创新2020"系统规划了中国科学院未来10年的发展战略、发展目标、主要任务和重要改革举措，是中国科学院未来10年发展的蓝图和行动纲领。

（三）全面推进"十二五"规划研究制定工作

中国科学院2009年度工作会议对研究制定中国科学院"十二五"规划工作进行了全面部署，明确"十二五"规划的指导思想、编制的基本原则、规划体系以及做好规划编制工作的要求和方法等。2009年3月，印发了《关于研究制定我院"十二五"发展规划的工作方案》。在院机关各部门、创新基地和研究所的大力推进下，"十二五"规划工作取得重要进展。

1. "十二五"规划的主要思路和编制要求

中国科学院"十二五"规划的指导思想是：坚持以科学发展观为指导，立足重点跨越，坚持以人为本，加强前瞻部署，统筹安排全局。规划编制的基本原则是：创新思维、全球视野，立足国情、面向未来，统筹全局、突出重点，发扬民主、科学决策。规划体系由院所两级规划构成，院级规划包括院发展规划纲要、重点规划和专门规划，其中院规划纲要是指导中国科学院"十二五"乃至更长一个时期发展的战略性、综合性和纲领性文件，也是战略重点选择、创新项目安排、相关政策制定等的重要依据，对院所各类规划具有指导作用；院重点规划是院指导该领域发展以及审批核准创新项目、安排经费预算、制定相关政策等的重要依据；院专门规划是院机关有关部门根据院规划纲要和工作职能制定的专门领域规划；研究所规划要以院级规划为指导，是院总体发展规划在各单位的体现。

规划的编制要充分利用已有的战略研究成果，进一步开展系统深入的战略研究，准确把握内外部环境的发展变化，进行核心竞争力分析，明晰自身定位、发展目标和战略重点，提出相应的改革发展举措。要密切关注国家“十二五”规划的制定以及确定的发展方向和重点，积极推荐中国科学院专家参与国家有关规划的编制工作，做好中国科学院各类规划与国家规划的衔接。院各级各类规划内容要相互衔接，各类规划的发展目标和方向要符合院规划纲要。院“十二五”规划将采用路线图的方法编制，使规划的科技目标更加清晰，与需求的结合更加紧密，选择的方向和项目间系统性、关联性、操作性更强。建立各类规划编制部门定期交流的机制和规划咨询与论证的机制。

成立院规划总体组，负责规划工作综合协调组织工作，规划纲要、重点规划、专门规划相关责任部门要吸纳相关领域专家组成规划编写小组。各研究所组织研究起草本所发展规划，并与院有关规划协调。院将选择一些重点学科中的代表性研究所进行所级规划编制试点，由规划部门和相关专业部门一起推动试点所采用科学规范的方法共同制定发展规划。

2. “十二五”规划重要进展

按照院“十二五”规划编制工作的总体部署，依据“创新2020”，形成了中国科学院“十二五”发展规划纲要框架稿，并广泛征求全院各单位的意见，2009年中国科学院冬季党组扩大会议审议通过了规划纲要框架稿。各创新基地、院机关各部门和全院各单位结合本领域本单位实际，组织开展了重点规划、专门规划、所级规划的相关战略研究，部分重点规划已完成预研，部分研究所已启动规划编制。组织开展规划方法研讨和培训，推动天津工业生物技术研究所、苏州生物医学工程技术研究所等新建所开展中长期发展规划的研究制定工作。

（四）参与国家和地方“十二五”规划的研究制定工作

根据院党组的要求，中国科学院组织有关人员积极参与国家发展和改革委员会关于加快培育战略性新兴产业的研究，参与国家发展和改革委员会制定国民经济和社会发展“十二五”发展规划基本思路的研究，与广东省联合开展广东省重要产业战略装备规划的研究制定工作。根据国家有关要求，中国科学院对“十一五”期间国家中长期科学和技术发展规划纲要执行情况进行了自查评估，并形成了自查评估报告。

基地建设与科研管理

2009 年，中国科学院继续深化改革，完善体制机制，推进管理模式创新，围绕知识创新工程三期发展目标，在基地建设、科研管理等方面取得了重要进展。

一、扎实推进科技创新基地建设

（一）持续开展战略研究，积极承担重大任务

2009 年，各创新基地进一步建立和完善持续开展战略研究机制，提升谋划能力。组织开展相关领域规划战略研究，系统梳理各创新基地进展情况，研究面向 2020 年的重大战略任务与实施方案，凝练出一批重大科学技术问题，酝酿策划战略性先导科技专项；进一步探索与完善创新基地组织管理体制机制，提升重大科技创新的组织实施能力；进一步完善重大项目的管理机制、人财物组合配置机制，建立与完善研究网络等。全年部署了“石油开采中的若干关键科学问题与技术应用示范”等 4 个重大项目和一批重要研究方向。

组织和引导全院科技人员积极建议和承担国家重大科技任务。2009 年，中国科学院承担了 16 个重大专项的相关任务，并成为大部分专项的主要承担单位之一。作为第一承担单位或第一依托部门，承担了国家重大科学研究计划项目 17 项、国家重点基础研究发展计划（973）项目 23 项、中国高技术研究发展计划（863）课题 157 项、国家自然科学基金各类项目近 2600 项，还承担了一批科技基础性工作专项项目、国家科技支撑计划项目以及国家高技术产业化项目等科技任务。

（二）推动综合配套改革，建设现代科研院所制度

综合配套改革试点研究所围绕试点目标任务，结合院出台的人力资源管理与经济资源配置的有关试点政策，实行适合本所特点的改革发展举措。探索建立各具特色的人力资源管理体系，突出分类评价、竞争择优，加强青年人才培养，完善人员流动机制。探索建立符合不同类型创新活动特点的重大科技创新组织管理模式，如强化宏观调控能力，优化资源配置机制，建立“小核心、大网络”研发模式，建设所内统一创新与支撑平台等。研究提出研究所分类评价的方法和关键指标与标杆。院试点领导小组和院机关相关部门积极落实有关试点政策，争取国家政策支持。

全院各研究所积极推进体制机制改革，特别是新建研究所在筹建过程中积极探索新的体制与管理机制，如建立中国科学院战略定位与服务区域经济发展有机结合的发展模式，建立资源动态管理和协同管理等新的管理机制等。研究所多样性的改革探索和实践，为中国科学院理清关系长远发展的重大与基础政策问题，构建适应未来发展要求的新的分类管理体系，提供了重要的实践基础。

（三）深入推进科技评价体系建设

继续开展《中国科学院科技评价工作管理条例》（以下简称《条例》）的研究制定工作，组成了由院规划战略局牵头、院机关相关部门和院评估研究中心代表参加的《条例》研究组，研究形成《条例》草稿并征求院领导、院机关各部门及院属各单位意见，根据反馈意见进一步修改完善，适时送审。

组织开展知识产权转移转化评价研究，对中国科学院历年采集和监测的知识产权指标进行梳理和研究，调研了国内外相关的政策和实践，为评价实践提供基础知识。研究并初步提出了研究所分类评价方法和基础指标监测体系。完成 87 个研究所、3 个植物园、国家科学图书馆、计算机网络信息中心的定量数据采集和自评交流工作。继续推进 ARP 二期评估评价系统开发和数据平台建设。

（四）优化资源配置，提高管理水平

积极落实经费，保证财政资金持续稳定增长。全院经济资源总量快速增长，2009 年院财政预算收入再创新高，落实财政资金共计 161.3 亿元，比去年增加 9.9%。按照院总体部署，研究提出了中国科学院面向 2020 年经济资源配置与科技支撑体系建设的总体思路。经与财政部沟通，在认真总结中国科学院知识创新工程以来经济资源配置经验的基础上，初步落实了中国科学院“十二五”所需的财政政策与经费支持。

强化预算执行管理，提高资金使用效益。2009 年，全院上下联动，通过提高预算年初细化率，建立细化预算预通知制度与预算执行通报和约谈制度，实行预算执行与预算安排挂钩以及设定年度预算执行目标等多种举措，加快预算执行，取得了显著成果。在 2009 年全年可用财政资金比上年增长 22% 的情况下，截至年底，实现了院财政资金“国库支付结余和财政资金结存双零增长”的年度目标，预算执行率达到 80.3%，是中国科学院预算执行最好的一年。

认真组织“小金库”治理，加强财务制度建设。按照国家部署，组织全院 117 家事业单位开展自查自纠工作。积极配合中央检查组对中国科学院 14 家单位进行重点检查工作。针对发现的问题，组织相关单位积极落实整改。积极建立长效机制，印发《进一步规范和加强财务管理的通知》和《审计案例汇编》，在制度上进一步规范各单位的财务操作，提高财务管理水平。

加强国有资产管理，理顺产权关系。2009 年办理了联想控股有限公司国有股权出让等国有资产评估备案工作。全年办理对外投资的报批或审批工作 20 项、相关资产评估备案或财政部备案 15 项；办理审批、上报资产处置共计 3337 万元；上报院属单位审批资产处置备案 1038 万元；完成联想控股有限公司等 3 家单位管理方案报批工作及汉王科技股份有限公司等 6 家上市公司国有股划转申请工作。

（五）加强在研项目管理，探索科研管理创新

2009 年，中国科学院通过认真审核项目预算、加强过程管理、严格验收制度等，加强了在研项目的管理，顺利完成了 11 项院重大项目的中期评估、9 项高技术产业化

项目（表1）和5项科技奥运专项项目（表2）的验收工作。

表1　中国科学院2009年通过验收的高技术产业化项目

序　号	项目名称	验收时间
1	华建电子有限责任公司多语信息处理及其应用技术产业化	2009年2月10日
2	中国科学院上海有机化学研究所新型高效油菜田除草剂高技术产业化示范工程	2009年4月23日
3	北京国科世纪激光技术有限公司全固态激光器及应用系统产业化	2009年6月17日
4	江苏高淳陶瓷股份有限公司陶瓷催化剂载体高技术产业化示范工程	2009年7月20日
5	北京华源科半光电子科技有限责任公司砷化镓霍尔器件高技术产业化示范工程	2009年9月3日
6	中国科学技术大学基于CNGI和WSN的矿山井下定位与应急联动系统研发及应用试验	2009年9月3日
7	基于可信计算平台的可信中间件及产业化项目	2009年9月29日
8	高可用综合安全网关产业化项目	2009年9月29日
9	青海盐湖提锂及资源综合利用高技术产业化示范工程	2009年12月11日

表2　中国科学院2009年通过验收的科技奥运专项项目

序　号	项目名称	承担单位
1	面向奥运的网络资源动态集成与知识服务	计算研究所
2	城市垃圾污染控制战略及资源化利用处理技术研究	工程热物理研究所
3	奥运主场馆区工程环境高分辨率遥感监测与虚拟仿真研究	遥感应用研究所
4	激光全色显示奥运应用联合攻关	光电研究院
5	体育竞技项目综合训练指导系统的开发	合肥智能研究所

二、争取和承担国家重大科技任务

中国科学院充分发挥与国家相关部门联络平台作用，及时掌握国家各类重大科技任务的工作动态，策划组织、统筹协调各单位争取国家重大科技任务。

（一）国家重点基础研究发展计划（973 项目）

2009 年，围绕农业、能源、信息、资源环境、人口与健康、材料、综合交叉和重要科学前沿 8 个领域的 78 个“973”项目（不含 7 项传染病等专项）被科学技术部批准立项。其中，中国科学院作为第一承担单位或第一依托部门的项目共有 24 项，占全国项目的 30.8%（表 3）。

表 3　中国科学院 2009 年“973”项目立项情况

序　号	项目名称	首席科学家	第一承担单位	依托部门
1	重要养殖鱼类功能基因组和分子设计育种的基础研究	桂建芳	水生生物研究所	中国科学院、农业部
2	养殖贝类重要经济性状的分子解析与设计育种基础研究	张国范	海洋研究所	中国科学院、山东省科学技术厅
3	高效规模化太阳能热发电的基础研究	黄　湘	电工研究所	中国科学院
4	大规模高效液流电池储能技术的基础研究	张华民	大连化学物理研究所	中国科学院
5	多能源互补的分布式冷热电联供系统基础研究	金红光	工程热物理研究所	中国科学院
6	超高频、大功率化合物半导体器件与集成技术基础研究	刘新宇	微电子研究所	中国科学院
7	气候变化对我国东部季风区陆地水循环与水资源安全的影响及适应对策	夏　军	地理科学与资源研究所	中国科学院、中国气象局
8	平流层大气基本过程及其在东亚气候与天气变化中的作用	吕达仁	大气物理研究所	中国科学院、中国气象局
9	我国近海藻华灾害演变机制与生态安全	周名江	海洋研究所	中国科学院
10	炎症过程中细胞间相互作用的信号转导机制及其应用研究	耿建国	上海生命科学研究院	中国科学院、上海市科学技术委员会
11	重要病毒的入侵机制研究	胡勤学	武汉病毒研究所	中国科学院

续表

序　号	项目名称	首席科学家	第一承担单位	依托部门
12	高温合金材料设计与制备的基础研究	孙晓峰	金属研究所	中国科学院
13	重大工程地质灾害的预测理论及数值分析方法研究	李世海	力学研究所	中国科学院
14	稀疏微波成像的理论、体制和方法研究	吴一戎	电子学研究所	中国科学院
15	深部重大工程灾害的孕育演化机制与动态调控理论	冯夏庭	武汉岩土力学研究所	中国科学院
16	心脑血管易损斑块的高分辨成像识别与风险评估预警体系重大问题的基础研究	张元亭	深圳先进技术研究院	中国科学院
17	高能离子束与物质相互作用的微观机理研究	肖国青	近代物理研究所	中国科学院
18	暗物质的理论研究和实验预研	吴岳良	理论物理研究所	中国科学院
19	具有重要生物活性的天然产物的化学合成	马大为	上海有机化学研究所	上海市科学技术委员会
20	手性催化的重要科学基础	丁奎岭	上海有机化学研究所	上海市科学技术委员会
21	晚新生代以来我国季风－干旱环境耦合系统演变的动力学研究	安芷生	地球环境研究所	中国科学院
22	中国陆地生态系统碳－氮－水通量的相互关系及其环境影响机制	于贵瑞	地理科学与资源研究所	中国科学院
23	海洋微生物次生代谢的生理生态效应及其生物合成机制	张　偲	南海海洋研究所	中国科学院、广东省科技厅
24	重离子治癌关键科学技术问题研究	张　红	近代物理研究所	中国科学院

（二）国家重大科学研究计划

围绕蛋白质、量子调控、纳米技术、发育与生殖等研究领域的 39 项国家重大科学研究计划被科学技术部批准立项。其中，中国科学院承担或作为首席的项目共有 17 项，占全国项目的 43.59%（表 4）。

表 4 中国科学院 2009 年国家重大科学研究计划项目立项情况

	蛋白质研究	量子调控研究	纳米研究	发育与生殖研究
全　国	11	6	13	9
中国科学院	2	2	11	2

（三）中国高技术研究发展计划（863）项目

2009 年，中国科学院新承担“863”计划课题 157 个，涵盖信息技术、生物、新材料、先进制造、能源、资源环境、海洋、现代农业、现代交通和地球观测等全部 10 个领域，获国拨经费约 7.35 亿元。

（四）国家自然科学基金、创新研究群体基金、国家杰出青年科学基金项目

国家自然科学基金项目。2009 年全院共获得国家自然科学基金各类项目 2599 项，共计 10.79 亿元，占总资助项目 18972 项的 13.7%；占国家自然科学基金委员会总经费 63.18 亿元的 17.1%。

国家杰出青年基金项目。全院共有 56 人（其中研究所 53 人、中国科学技术大学 3 人）获得国家杰出青年科学基金，占全部 180 位杰出青年人数的 31.1%。

创新研究群体基金项目。2009 年，国家自然科学基金委员会批准立项 28 个创新研究群体。中国科学院共有 9 个群体获准立项，占总数 32.14%。截至 2009 年底，国家自然科学基金委员会共支持创新研究群体 225 个，其中中国科学院有 102 个，占 45.33%。

（五）国家科技支撑计划项目

2009 年，中国科学院牵头主持国家科技支撑计划项目 5 项（表 5），承担课题 38 个，获国拨经费约 1.39 亿元。

表 5 中国科学院 2009 年牵头主持的国家科技支撑计划项目

序　号	项目名称	承担单位
1	红壤退化的阻控和定向修复与高效优质生态农业关键技术研究与试验示范	南京土壤研究所
2	松嫩－三江平原粮食核心产区农田水土调控关键技术研究与示范	东北地理与农业生态研究所
3	西沙群岛珊瑚礁生态恢复与特色生物资源增殖利用关键技术与示范	南海海洋研究所
4	村镇分散型污水处理集成技术研究与示范	生态环境研究中心
5	煤制乙二醇的工业技术	福建物质结构研究所

（六）高技术产业化项目

2009 年，中国科学院牵头组织国家高技术产业化项目 14 项（表 6），分别属于中国下一代互联网（CNGI）、信息安全、卫星应用和生物产业促进计划等专项，获国家补助资金约 1.3 亿元，带动总投资约 8.8 亿元。

表 6　中国科学院 2009 年牵头组织的国家高技术产业化项目

序　号	项目名称	承担单位	所属专项
1	支持移动 IPv6 的多媒体终端	联想控股有限公司、计算技术研究所	CNGI 专项
2	CNGI 跨域认证授权中间件系列标准规范及其应用验证	软件研究所等	
3	下一代互联网可信域名服务系统	计算机网络信息中心	
4	基于 IPv6 的 P2PCDN 高清数字媒体内容分发业务试商用	声学研究所等	
5	自主遥感卫星数据产品与服务技术标准研制及支撑系统建设	遥感应用研究所	卫星应用
6	面向重要信息系统安全测评检查的基准测试床与配套服务产业化	中科正阳信息安全技术有限公司、软件研究所	信息安全
7	基于龙芯的完全自主可控的信息安全产品产业化	曙光信息产业（北京）有限公司、计算技术研究所	
8	绿色上网相关标准研究	计算技术研究所	
9	国家风电叶片检测中心建设	工程热物理研究所	能源局装备
10	基因组工程改良多拉菌素高技术产业化	浙江海正药业股份有限公司、上海生命科学研究院	生物技术创新与生物产业促进计划
11	新型乙肝疫苗——汉逊疫苗的大规模分离纯化	华兰生物工程股份有限公司、过程工程研究所	
12	病毒性肝炎系列诊断试剂盒的产业化项目	中山大学达安基因股份有限公司、广州生物医药与健康研究院	
13	系列新型高效病毒生物农药高技术产业化项目	河南济源白云实业有限公司、动物研究所等	
14	生物发酵法年产 1000 吨谷氨酰胺高技术产业化	通辽梅花生物科技有限公司、天津工业生物技术研究所（筹）	

（七）世界博览会科技专项项目

2009 年，中国科学院获得世界博览会科技专项 9 项（表 7），经费 0.17 亿元。

表 7 中国科学院 2009 年立项的世博科技专项课题

序 号	项目名称	主持单位
1	世博水下安保系统	声学研究所
2	世博会车载系留气球光电监测系统关键技术攻关	光电研究院
3	激光显示世博应用关键技术攻关	光电研究院
4	上海世博会人脸图像采集与比对系统	自动化研究所
5	上海世博会信息系统总集成	联想控股有限公司
6	新型盲文打印机的研制及其在上海世博会示范	电工研究所
7	室内半导体照明智能通信演示系统（与国家自然科学基金委员会共同主持）	半导体研究所
8	2010 年上海世博会人流疏导应急预案模拟关键技术研究与应用（与国家自然科学基金委员会共同主持）	计算技术研究所
9	荧光聚合物传感技术痕量炸药探测仪工程化关键技术研究（与科学技术部共同主持）	上海微系统与信息技术研究所

（八）国家基础性工作专项重点项目

2006－2009 年，中国科学院承担国家科技基础性工作专项重点项目 19 项（表 8）。

表 8 中国科学院承担的国家科技基础性工作专项重点项目（2006－2009 年）

序 号	项目名称	承担单位
1	中国冰川资源及其变化调查	寒区旱区环境与工程研究所
2	海南岛及西沙群岛生物资源考察	动物研究所
3	中国湖泊水质、水量和生物资源调查	南京地理与湖泊研究所
4	中国动物志、中国孢子植物志和中国植物志编研	动物研究所
5	中国各门类化石系统总结与志书编研	南京地质古生物研究所
6	青藏高原特殊生境下野生植物种质资源的调查与保存	昆明植物研究所
7	中国古人类遗址、资源调查与基础数据采集、整合	古脊椎动物与古人类研究所
8	中国北方及其毗邻地区综合科学考察	地理科学与资源研究所
9	东北森林植物种质资源专项调查	沈阳应用生态研究所
10	我国东部整层大气重要参数高分辨垂直分布探查	合肥物质科学研究院

续表

序 号	项目名称	承担单位
11	南海海洋断面科学考察	南海海洋研究所
12	青藏高原多年冻土本底调查	寒区旱区环境与工程研究所
13	澜沧江中下游与大香格里拉地区科学考察	地理科学与资源研究所
14	非粮柴油能源植物与相关微生物资源的调查、收集与保存	华南植物园
15	我国土系调查与《中国土系志》编制	南京土壤研究所
16	电离层历史资料整编和电子浓度剖面及区域特性图编研	地质与地球物理研究所
17	国民重要心理特征调查	心理研究所
18	生物信息学基础信息整编	上海生命科学研究院
19	植物园迁地保护植物编目及信息标准化	华南植物园

三、中国科学院知识创新工程项目管理

2009年，中国科学院积极有序部署知识创新工程各类项目，为配合全院组织争取国家重大科技任务、推动中国科学院知识创新工程三期基地建设、促进重大成果产出奠定了基础。

（一）知识创新工程重大项目

2009年，共有4项院重大项目正式启动（表9）。

表9 中国科学院2009年新立项的知识创新工程重大项目（专项项目略）

序 号	项目名称	依托单位	负责人
1	石油开采中的若干关键科学问题与技术应用示范	力学研究所	吴应湘
2	癌症重大科学问题及防治新策略的研究	上海生命科学研究院	时玉舫、李林

（二）知识创新工程重要方向项目

2009年，中国科学院科技创新基地部署重要方向项目496项（表10）。

表10 中国科学院2009年科技创新基地部署重要方向项目

分 片	创新基地	项目数
基础研究	具有明确目标导向的交叉和重大前沿	33
	依托大科学装置的综合研究基地	17

续表

分　片	创新基地	项目数
战略高技术	纳米、先进制造与新材料创新基地	7 + 17
	信息科技创新基地	39
	空间科技创新基地	3
	先进能源科技创新基地	47
经济社会可持续发展相关研究	人口健康与医药创新基地	118
	先进工业生物技术创新基地	33
	现代农业科技创新基地	30
	生态与环境科技创新基地	78
	资源与海洋科技创新基地	74
合　计		496

重大科技成果与产出

一、2009年度国家科学技术奖

2009年度国家科学技术奖励共授奖374项（人）。其中，国家最高科学技术奖获得者2人；国家自然科学奖授奖项目28项，包括一等奖1项、二等奖27项；国家技术发明奖授奖项目55项，包括一等奖2项、二等奖53项；国家科学技术进步奖授奖项目282项，包括特等奖3项、一等奖17项、二等奖262项；授予7名外籍科学家中华人民共和国国际科学技术合作奖。

中国科学院作为第一完成人或第一完成单位，获得国家科学技术奖29项。其中，自然科学一等奖1项、二等奖12项，国家技术发明奖二等奖2项（包括专用项目1项），国家科技进步奖二等奖14项。

中国科学院推荐的美国沈元壤（Yuen-Ron Shen）教授、德国爱斯特·路德维希·温奈克（Ernst-Ludwig Winnacker）教授、法国石·米歇尔（Michel Che）教授、日本有马朗人（Arima Akito）教授获2009年度中华人民共和国国际科学技术合作奖。

（一）国家自然科学奖一等奖（1项）

《中国植物志》的编研

主要完成单位：中国科学院植物研究所、中国科学院华南植物园、中国科学院昆明植物研究所、中山大学等

主要完成人：钱崇澍、陈焕镛、吴征镒、王文采、李锡文、胡启明、陈艺林、陈心启、崔鸿宾、张宏达

《中国植物志》的编研经历45年，由中国科学院植物研究所、中国科学院华南植物园、中国科学院昆明植物研究所等146个单位、312位作者、164位绘图人员参与完成。全书共5000余万字，总计80卷126册，包括9080幅图版；记载中国维管束植物301科、3408属、31142种；采集和查阅植物标本1700余万份；发表新属243个、新种14312个；提出了一些类群的新分类系统。《中国植物志》是中国植物资源的“国情报告”，增加了经济用途、物候期、物种生境、地方名称等，使成果更具实用价值，为了解我国野生植物的生存状态和植物多样性保护提供了可靠的依据，是地方志及其他植物学著作的重要参考资料。《中国植物志》的编研使我国植物标本资源收集和保藏达到世界水平，馆藏量从100万号增加到1700余万号，培养了大批植物分类学人才，稳定了高水平的专业队伍，为我国系统与进化植物学发展奠定了重要基础。《中国植物志》已成为我国植物学最重要的工具书，对东亚乃至世界的植物物种多样性研究作出了重要贡献。

（二）国家自然科学奖二等奖（12项）

非线性偏微分方程的自适应与多尺度计算方法
完成单位：中国科学院数学与系统科学研究院
完成人：陈志明

偏微分方程的自适应计算方法和非均匀多孔介质中流动问题的多尺度计算是计算数学和科学计算的重要研究领域。该项目的主要贡献包括：①提出和发展了波动散射问题的自适应完全匹配层方法，解决了完全匹配层方法应用中的参数选取问题；②首次建立非线性对流扩散问题的丰满 L^1 后验误差估计，构造了具有最优计算复杂性的自适应线方法；③针对非均匀多孔介质中流动问题的数值模拟，提出了保持质量守恒的多尺度混合有限元方法，在工程界获得广泛重视；④建立了 Peaceman 机井模型的数学基础，提出了处理机井奇性的高效多尺度计算方法，解决了机井奇性问题的多尺度计算难题。该项目发表学术论文 36 篇，其中被 SCI 收录 32 篇，按 SCI 被他人引用 358 次。陈志明 2006 年在西班牙举行的国际数学家大会上作 45 分钟邀请报告。

半导体低维结构光学与输运特性
完成单位：中国科学院半导体研究所
主要完成人：李树深、孙宝权、李新奇、江德生、夏建白

该项目属物理与天文学科学学科中的凝聚态物理学领域，在半导体低维结构的光学与输运特性方面的电子结构、光学性质、输运特性、量子输运测量 4 个主要方向进行了系统研究。包括：①提出了任意形状及任意个数半导体量子点电子结构及杂质态的计算方案，确定了超元胞法计算低维半导体电子结构的大元胞尺寸及平面波数，得到广泛应用；②给出了在直流电场作用下半导体超晶格稳态高场畴的形成及隧穿机制，自维持振荡原理；③利用光伏测量方法研究量子点电子态的量子化效应，证实了量子点具有分立的量子化能级；④提出了依赖隧穿电子数的条件量子主方程，它不依赖具体系统和量子态表象，具有应用广泛和方便的优点；⑤建立了计算电流涨落谱的方法，突破了已有理论的大电压极限。

太阳磁场结构和演化研究
完成单位：中国科学院国家天文台
完成人：汪景琇

该项目覆盖汪景琇 2005 年以前在太阳活动区磁场和太阳小尺度磁场两方面的研究工作，包括：①系统地提出了对太阳向量磁场分析的方法、概念和描述太阳活动区磁能积累过程的物理量，被国际学术界借鉴或遵循；②首次得到在太阳低层大气存在磁重联的观测证据，提出一个两阶段磁重联的耀斑唯像模型；③提出太阳网络内磁场是区别于太阳网络（和黑子）强磁场的一类内禀弱的太阳磁场分量，在任何时刻贡献了太阳 20% 以上的总磁通量。8 篇代表性论文 SCI 他人独立引用 226 次，其中 5 篇分别为 *Solar and Stellar Magnetic Activity* 等多部国际出版的教科书（或专著）及百科全书引述和评价。

主要工作基于我国太阳磁场观测完成。

过渡族金属氧（硫）化物的电磁行为研究

完成单位：中国科学技术大学、中国科学院合肥物质科学研究院

主要完成人：张裕恒、孙玉平、杨昭荣、谭舜、戴建明

该项目属于凝聚态物理学科领域。该项目研究了锰基化合物的自旋电子输运和铜基化合物的高温超导磁通动力学行为。澄清了 Mn 氧化物导电机制和 Cu 氧化物磁通运动机制的争论：设计实验发现 Mn 基氧化物中是晶格极化子，而在硫属尖晶石中是磁极化子；提出和证实不同元素之间也存在双交换作用；解决了超导相变后负 Hall 系数长达 9 年之久的困惑；否定了国际上流行的关于高温超导体非公度调制的起因，从实验上提出了自己的模型，并为国际同行接受；用前人未走过的路——ESR 方法和内耗方法测得相分离。该项目共发表了 SCI 论文 184 篇，被同行他人引用 1652 次，其中 8 篇代表性论文被他人引用 356 次。

基于组合方法与组装策略的新型手性催化剂研究

完成单位：中国科学院上海有机化学研究所

主要完成人：丁奎岭、袁宇、王兴旺、龙江、刘龚

现代合成化学、药物化学和材料科学的发展使人们越来越认识到手性的重要性，手性催化是获得光学纯手性物质最有效的方法之一，其核心问题在于设计和选择合适的手性催化剂。该项目的主要贡献包括：①系统地将手性活化和毒化、手性传递和放大等概念与组合化学方法结合进行手性催化剂库的设计与评价，发展了多个系列新型、高效、高选择性手性催化剂，发现并阐明了催化体系中的不对称放大效应、添加物的活化作用及其机理等；②突破传统思路，基于分子组装原理，首次提出了手性催化剂自负载的概念，实现了包括羰基－烯、氧化和氢化等在内的多个非均相催化反应的高选择性、高活性，为手性催化剂的负载化开辟了新思路；③发展了一系列结构可调的新型手性配体，实现了多个不对称反应的高活性和高对映选择性以及底物的普适性，为多种手性氨基酸等药物关键中间体的合成提供了有效的方法；④共发表论文 61 篇，被他引 1183 次，出版著作 4 个章节，所发展的概念、方法与催化剂被国内外同行应用于研究工作 50 多次，获发明专利授权 11 项，两个催化剂被成功应用于手性药物关键中间体的生产。该成果为手性技术的发展提供了重要科学基础并显示了广泛的应用前景。

电化学发光及其毛细管电泳联用的分析方法研究

完成单位：中国科学院长春应用化学研究所

主要完成人：汪尔康、董绍俊、杨秀荣、徐国宝、由天艳

该项目属化学和分析科学交叉基础研究，在毛细管电泳、电化学发光及电化学等科学的交叉联合中取得系列突破性进展：①开辟毛细管电泳－电化学发光/电化学联用体系，解决毛细管电泳－电化学发光联用接口难题；②率先实现高效利用发光试剂的固态电化学发光界面；③创立新型毛细管电泳－电化学发光/电化学微流控分析芯片系统，

用于生物分析；④国际首创毛细管电泳-电化学发光分析检测仪并已商品化，已有100多台套在国内60多所高校和科研院所承担化学、生物分析等科研任务，并取得系列成果。该项目丰富和推动了基础分析领域的研究发展，2005年获吉林省科技进步一等奖，共发表SCI论文109篇（IF=3.12/篇），总他引1249次；出版专论1篇；获权发明专利5项；培养研究生获全国百篇优秀博士论文2人，中国科学院院长特别奖1人。

多相体系的化学反应工程和反应器的基础研究及应用

完成单位：中国科学院过程工程研究所

主要完成人：毛在砂、陈家镛、杨超、王跃发

该项目集中研究滴流床反应器、环流反应器和搅拌槽等三类多相反应器，包括反应器内多相流动、传递和反应的机理及规律。深刻认识了气液固化学反应器多尺度特性，提出了滴流床静滞液量、流体分布不均匀性等的机理模型。提出浓度变换法等计算新方法，模拟了液滴运动和传质，改进了单元胞模型并模拟了高雷诺数的颗粒群运动和传质。将数学模型和数值模拟方法成功应用液液、液液固多相流动和表面曝气反应器的数值模拟，提出反应器专利7项。发表的期刊论文被SCI收录100篇，EI收录101篇，SCI他引590次。研究成果被国内外同行采用，对化工学科发展有基础性的贡献，并用于工业多相反应器改造，每年新增经济效益超亿元，体现了化工基础研究推动工业技术进步的关键作用。

大别山-苏鲁大陆深俯冲及其对华北克拉通的影响

完成单位：中国科学院地质与地球物理研究所

主要完成人：叶凯、张宏福、王清晨、杨建军、刘景波

大别山-苏鲁超高压变质带是世界上规模最大的超高压变质带。其系统性和创新性成果为：①论证了大陆地壳物质能够俯冲到大于200km的深度，突破了由柯石英和金刚石的发现所厘定的80-120km的陆壳俯冲深度。②论证了大规模的大陆地壳整体经历了深俯冲作用，结束了国际上多年的超高压变质岩“异地说”和“原地说”之争；提出了超高压变质地体三阶段折返模型，修正了此前在国际学术界长期盛行的单阶段折返模型。③论证了大别山-苏鲁大陆深俯冲造成华北中生代岩石圈地幔的高度化学不均一性，并首次将华北南缘岩石圈地幔的演化与扬子北缘大陆深俯冲结合起来，为研究华北岩石圈的破坏和减薄作用的动力学来源提供了证据。④论证了大陆深俯冲和折返过程中存在强烈的熔/流体活动，改变了大陆深俯冲过程中缺乏熔/流体活动的传统认识。这些成果为准确认识超高压变质和大陆深俯冲作用及其对周边板块的影响提供了关键科学依据，为发展和完善板块构造学说，使之能准确涵盖大陆地质，提供了重要的学术思想。该项目在国内外刊物上发表了80篇SCI收录论文，这些论文被SCI刊物他引1789次。8篇代表性论文被SCI刊物他引595次，部分研究工作成为本领域的代表性成果。

土壤-植物系统典型污染物迁移转化机制与控制原理

完成单位：中国科学院生态环境研究中心

主要完成人：朱永官、王子健、张淑贞、王春霞、陈保冬

该项目以典型重金属和多环芳烃等为代表性污染物开展基础性和前瞻性研究，取得了一系列得到国际同行广泛好评的研究成果，包括：①系统研究了砷、铀等持久性有毒污染物质在土壤－植物系统中的转移、转化规律及关键影响因素，尤其是水稻根表铁膜的重要作用；②通过建立的植物砷酸还原酶分析测定方法，在国际上首次证实了植物体内存在砷酸还原酶，并以此为据提出砷超积累植物根部高效的砷酸还原酶活性是其超积累砷的重要机制；③通过研究污染物与土壤相互作用，建立了重金属生物有效性评价的新方法以及污染土壤修复的一些方法；④建立了成组生物毒性测试和化学分析相结合，离体和活体生物测试相结合的遗传毒性评价方法，综合毒性评估和甄别方法，形成了以潜在健康和生态风险为终点的评价框架。该项目发表 SCI 论文 165 篇，被引用 1202 次，2008 年 7 月 *Science* 也对部分研究成果给予了专文评述。

拓扑异构酶 II 新型抑制剂沙尔威辛的抗肿瘤分子机制

完成单位：中国科学院上海药物研究所

主要完成人：丁健、缪泽鸿、蒙凌华、张金生、卿晨

沙尔威辛（SAL）是上海药物研究所研制的具有自主知识产权的拓扑异构酶 II（Top2）新型抑制剂，具有结构新颖、作用独特、毒性低、机制新颖的突出特点，目前正在进行 II 期临床试验。该项目对抗肿瘤候选新药沙尔威辛进行了系统的分子作用机理研究，证明沙尔威辛具有独特的抑制拓扑异构酶 II 作用，并导致基因特异性 DNA 损伤；首次证明该类抑制剂的分子作用模式，与 ATP 竞争、结合于酶的 ATP 口袋；首次发现转录因子 c-Jun 的早期激活是导致多药耐药基因 *mdr-1* 下调的关键因子，提示 c-Jun 是一个潜在的抗耐药的新靶点；发现首个具有抑制 DNA 修复通路关键酶 DNA-PK 酶的抗肿瘤分子；揭示抑制 Rho 表达和活化是抗肿瘤转移的重要机制。该项目研究结果为指导新一代药物的研发提供了新的数据；为指导临床合理制定给药方案、合理选择病例、合理监控毒性提供了重要的依据；还为拓扑异构酶 II 作用机制、*mdr-1* 与 DNA-PK 调控、肿瘤转移机制等肿瘤学及肿瘤治疗学相关的基础研究增添了新的内涵。

有机高分子发光材料及其在显示器件中的应用

完成单位：中国科学院长春应用化学研究所

主要完成人：王利祥、马东阁、耿延候、景遐斌、王佛松

该项目通过开展在国际上具有系统性的研究工作，在单一高分子白光、三基色高分子、溶液加工型磷光等方面，提出了一些新概念、新方法和新途径，形成了自己的研究特色，产生了重要国际影响，带动了国内外 10 余个研究小组的跟踪研究和体系拓展。其中，单一高分子白光的创新工作，被国内外学术界公认为实现高分子白光发射的两大途径之一；刚性主体材料/磷光中心一体化材料的发现，成为发展溶液加工型磷光材料体系的重要前沿方向；分子分散型高分子发光材料的创新工作，为发展全光谱颜色显示开拓出全新途径——“掺杂剂/主体材料”策略。该项目获吉林省科学技术进步一等奖 1 项（2007），发表 SCI 论文 174 篇，其中影响因子大于 3.0 论文 90 篇，大于 7.0 论文

24 篇；被他人正面引用 1452 次，8 次被国际杂志/网站予以专项评述和封面介绍，包括国际核心杂志：*Nature*、*Advanced Functional Materials*、*Chemical Technology*、*Chemistry World* 等，并被评为 2007 年“中国百篇最具影响优秀国际学术论文”和 2008 年“科学前沿 - 中国卓越研究奖”；被授权中国发明专利 19 项、申请中国发明专利 16 项，美国专利 2 项，国内外大会和邀请报告 42 次。

能源动力系统中能的综合梯级利用和 CO_2 控制原理与方法

完成单位：中国科学院工程热物理研究所

主要完成人：金红光、蔡睿贤、林汝谋、张娜、高林

该项目以化工动力多联产系统、太阳能热化学利用系统、减排 CO_2 的能源动力系统为对象，研究能的综合梯级利用和 CO_2 控制原理与方法，主要内容与发现点有：①首次建立了燃料品位转化定理，揭示了 Gibbs 自由能与热能品位相互作用的化学能转化本质，系统阐明了燃料化学能梯级利用原理。进而从燃料转化的源头将化学能梯级利用与 CO_2 的富集有机结合，建立了 CO_2 一体化控制原理。②发明了中低温太阳能与化石燃料品位互补的能量释放新方法，建立了国际首套中低温太阳能吸收 - 反应实验台，提出了中低温太阳能与甲醇互补发电系统。③发明了能的梯级利用与 CO_2 富集一体化方法，提出了替代燃料生产与 CO_2 捕集一体化的化工动力多联产系统和无火焰化学链燃烧发电系统，可以实现零能耗 CO_2 减排。该研究成果为我国急需发展的太阳能热化学利用、洁净煤技术等提供了理论支撑与方法，特别是“化学链燃烧 CO_2 捕集”成为国际上能源动力系统捕集 CO_2 的三种主要方法之一。该项目共发表 200 余篇学术论著，其中 SCI 收录 43 篇，EI 收录 145 篇，SCI 他引 436 篇次。

（三）国家技术发明奖（2 项，专用项目略）

尺寸均一、可控的乳液、微球和微囊的制备技术

完成单位：中国科学院过程工程研究所

主要完成人：马光辉、苏志国、王连艳、王佳兴、巩方玲、周青竹

该项目采用各种微孔膜为分散介质，通过控制分散相与膜的界面张力和液滴形成速度，制备出尺寸均一的乳液、微球和微囊。主要贡献为：①发明了制备尺寸均一琼脂糖微球的新技术，粒径分布系数不超过 11%，糖浓度达 20wt%。粒径均一性提高了层析介质的分辨率，高琼脂糖浓度提高了分离效果和速度。②发明了粒径均一的壳聚糖微球和包埋药物的微囊。通过将粒径控制在最佳粒径，提高了其作为药物载体时被人体的利用度。③制备了多种聚合物微球，其中聚乳酸载药微囊由于避免了搅拌法的剧烈剪切对活性药物的伤害，包埋率和活性保持率均达 90% 以上。④制备了包埋药物的乳液。由于每个液滴直径相同，不发生液滴之间聚并，新过程克服了传统方法尺寸分布广、需要额外的筛分、能耗和废水排放高的缺点，将原料近于 100% 地转化为产品，粒径在 0.1 - 100μm 之间可控。该项目获 6 项国家发明专利。专利技术及产品已在国内外数十家单位获应用，国内外专家评价：“是一项具有国际领先水平的基础和应用研究成果，是微球和微囊材料制备的重要发明和进步”。

（四）国家科技进步奖（14 项）

菲律宾蛤仔现代养殖产业技术体系的构建与应用

完成单位：中国科学院海洋研究所、大连水产学院、福建省莆田市海源实业有限公司、国家海洋环境监测中心、中国水产科学研究院黄海水产研究所、庄河市海洋贝类养殖场、福建省水产研究所

主要完成人：张国范、闫喜武、林秋云、梁玉波、方建光、刘庆连、曾志南、翁国新、孙茂盛

该项目首创了规模化菲律宾蛤仔苗种中间培育技术工艺，有效突破了蛤仔生产的苗种大规模需求瓶颈，使蛤仔产业实现了由广种薄收型向高产稳产型、单一生产模式向多元化生产模式、盲目生产向有计划生产方式的转变，使蛤仔养殖发展成为我国单品种养殖量最大的经济贝类之一。该项目系统研究了蛤仔养殖生物学和生态学，创建了工程化、工厂化和生态化健康苗种规模培育技术体系，建立和完善了蛤仔养殖海域环境质量和产品质量监测评价与蛤仔产品食用安全保障技术体系，为我国蛤仔养殖生产方式的转变提供了理论和技术支撑；创建的人工培苗、中间培育、海区养成“三段法”养殖模式，使苗种供应量占全国的 20% －30%，示范区生产周期缩短了 50%，单产增加了 77%，疫病得到有效控制，食用安全得到基本保障；在规模化苗种培育、健康化养成、无害化疫病控制和安全化食用保障等技术研发方面，其系统性、完整性和先进性均居国际领先地位，对我国蛤仔养殖这一传统产业向安全、高效和可持续的现代产业模式的发展起到了积极的推动作用。该项目应用以来，每年推广面积达百万亩，新增经济效益 257 亿元，利润 154 亿元；出版专著 1 部，发表论文 40 余篇，获发明专利 8 项。

《好玩的数学》丛书

完成单位：中国科学院成都信息技术有限公司

主要完成人：张景中、谈祥柏、吴鹤龄、王树和、陈仁政、易南轩、孙荣恒、郁祖权、李敏、胡升华

由张景中主编的数学科普丛书《好玩的数学》共 10 个分册（王树和：《数学聊斋》、《数学演义》；吴鹤龄：《七巧板、九连环和华容道——中国古典智力游戏三绝》、《幻方及其他——娱乐数学经典名题》；陈仁政：《说不尽的 π》、《不可思议的 e》；谈祥柏：《乐在其中的数学》；易南轩：《数学美拾趣》；郁祖权：《中国古算趣解》；孙荣恒：《趣味随机问题》），丛书集趣味数学之大成，内容新颖，风格多变，雅俗共赏，将现代数学和经典数学中许多看似古怪而实则富有思想哲理的内容最大限度地大众化，不仅使读者领略到数学的好玩、数学的美，也从中感悟到数学与文学，数学与艺术，数学与人文的交融、汇合；认识到数学的好玩之处不仅限于数学的趣味，更在于深刻，在于数学的神秘玄妙，在于数学的发人深思、使人惊讶。丛书获广泛好评，被誉为国内原创的科普精品。

聚烯烃材料的化学与生物改性及其大规模应用

完成单位：中国科学院长春应用化学研究所、威高集团有限公司、哈尔滨工业大学五塑实业有限公司

主要完成人：殷敬华、陈学利、安立佳、姚占海、宋永贤、石强、张华威、李忠志、王广泽、姜传庚

该项目所属领域为有机高分子材料，研究成果为我国聚烯烃材料化学和生物改性提供了新的原理和技术支撑。该项目取得的主要研究成果：①采用反应加工技术对聚烯烃进行化学、生物改性，研发了既有反应活性又有亲水性或生物相容性的系列功能单体和新型催化体系；②发明了功能单体与聚烯烃反应挤出接枝制备功能化聚烯烃和将预辐照与反应加工技术相结合对聚烯烃实施原位适度交联、制备高性能聚烯烃的新技术；③率先研发出对人体无任何毒副作用的生物改性聚烯烃类一次性医疗输注器械，产品在国内正逐步取代传统的聚氯乙烯同类产品，并销往美、俄、澳等国。研发的优于国内同类产品2－3倍、优于日、韩等国同类产品两倍的农用长效防雾滴棚膜，已在我国东北和华北地区得到广泛应用。该项目先后荣获吉林省科技进步一等奖（2006年）和山东省科技进步一等奖（2009年），获授权专利10项，产生社会经济效益39亿多元，新增利税4亿多元，利润5亿多元，创汇2600多万美元。

飞机日历寿命定量评价方法及其延寿应用

完成单位：中国科学院金属研究所、中国人民解放军空军装备研究院航空装备研究所

主要完成人：韩恩厚、张栋、柯伟、陈群志、王俭秋、王逾涯、陈荣、李劲、张波、王中光

该项目系统研究了材料与结构环境损伤演化规律，获得了在腐蚀环境或/和载荷作用下材料与结构腐蚀形态转化、腐蚀与疲劳载荷的交互/交替作用的损伤演化规律，确定了飞机的服役环境参数，提出了环境谱损伤当量化概念，创建了环境谱损伤当量法，建立了加速实验环境谱编制方法。在此基础上，建立了飞机日历寿命评价方法，并根据安全性与经济性相统一的原则，实现了对飞机结构日历寿命的预测与评估。据此，结合延寿处理的腐蚀控制技术，制订了飞机结构维修腐蚀控制大纲，创建了飞机日历寿命定量评价技术体系，形成了具有自主知识产权的核心技术，使其具有对飞机进行延寿决策、涂装延寿处理并为新飞机日历寿命确定和防腐设计提供理论依据的能力。

复杂磁场分布的高热容与热导无液氦超导磁体技术

完成单位：中国科学院电工研究所、抚顺隆基磁电设备有限公司、武汉工程大学

主要完成人：王秋良、严陆光、戴银明、赵保志、宋守森、雷沅忠、南和礼、汪建华、王厚生、陈顺中

该项目属于高磁场科学仪器与特种电工装备领域。为了科研和生产的需要，我国每年进口了大量基于液氦冷却的高精密超导科学仪器与装备，其使用的液氦价格日益高昂，近年来美国将氦资源列为战略资源，对我国的液氦供应量大幅度减少。为了解决技术难题，科研人员经过多年的潜心研究，突破了特殊功能和极端苛刻环境运行的无液氦

超导磁体技术瓶颈及运动系统中使用超导磁体的技术瓶颈，首次实现了在超重力运动和野外环境中的使用，研发出替代稀缺氦资源冷却的磁体系统，打破了特殊行业的技术封锁，其技术水平居于国内外领先地位。该技术具有完全的自主知识产权，已在国内外科研机构、大学和工业中得到了广泛应用，形成了一定的生产能力，到目前已产生超过几千万元的经济效益。该技术同时对外出口，具有较好的市场竞争能力，对科学技术的发展具有积极的推动作用，并促进超导技术的商业化应用，具有良好的社会效益和经济效益。

流程工业现场总线核心芯片、互操作技术及集成控制系统开发

完成单位：中国科学院沈阳自动化研究所、重庆川仪自动化股份有限公司、沈阳中科博微自动化技术有限公司、北京华控技术有限责任公司、重庆邮电大学

主要完成人：于海斌、王宏、杨志家、张军、张彦武、陈小枫、林跃、王平、康凯、魏剑嵬

该项目攻克了流程工业控制网络通信芯片、仪表智能模块、智能仪表、现场控制站、网络关键设备等网络化控制系统开发的相关核心技术，解决了我国网络化控制系统核心技术“空芯”化问题；完成了从核心芯片、智能仪表模块到总线控制系统的全系列产品化开发，破解了制约我国仪表和控制系统产业发展的技术难题，提升了我国工业自动化系统的整体水平和相关产品的市场竞争力。该项目获得授权发明专利 6 项、集成电路布图设计权 2 个、计算机软件著作权 12 个，其成果在百余项工程中得到推广应用，近三年实现新增利税愈 2 亿元，促进了我国仪表产业的技术进步。

西部山区公路铁路泥石流减灾理论与技术

完成单位：中国科学院成都山地灾害与环境研究所、西南交通大学、重庆交通大学、中铁二院工程集团有限责任公司、四川省交通厅公路规划勘察设计研究院

主要完成人：崔鹏、姚令侃、陈宁生、陈洪凯、韦方强、蒋忠信、陈晓清、刘云辉、唐伯明、胡凯衡

该项目瞄准我国西部山区公路铁路长大干线受泥石流危害严重、防治难度大、急需提高减灾技术的国家需求，以泥石流危害严重的川藏公路、中尼公路、成昆铁路和西攀高速公路等为典型研究区，针对新线建设、既有线改造和运营中的泥石流减灾问题，研究道路泥石流减灾基础理论和关键技术，取得系统的创新成果：揭示了泥石流起动临界条件和机理、沟道冲淤规律、扇形地演化特征及典型路段灾害分布规律；建立了泥石流发展趋势预测方法、堵河判别式、危险性动量分区方法、防治工程设计参数计算新方法、勘察设计技术、道路灾害防治模式；开发了防治工程新结构和主动减灾新技术；构建了山区铁路防洪行车安全警戒体系、道路减灾决策辅助支持系统。形成了包括勘察选线、优化设计和运营安全的道路泥石流减灾成套技术。该成果已用于十余条既有线改造和新线建设，解决了道路工程建设的关键技术问题；应用于西南干线铁路运营防灾管理

中，成功地防止了近100起灾害行车事故，发挥了巨大的减灾效益。成果还在委内瑞拉特大泥石流灾害国际减灾援助、中巴喀喇昆仑公路巴基斯坦段泥石流防治等国际泥石流减灾中成功应用；应用于5·12汶川地震应急减灾和重建过程中，取得了显著的减灾效果。

受污染水体生态修复关键技术研究与应用

完成单位：中国科学院水生生物研究所、北京大学、长江水资源保护科学研究所、中国市政工程中南设计研究院、深圳市环境科学研究院、浙江大学、武汉理工大学

主要完成人：吴振斌、郭怀成、雷阿林、成水平、贺锋、胡征宇、雷志洪、李树苑、丘汉明、冯长春

该项目以生态工程为主要措施，属于环境科学与技术中水污染治理工程与环境生态保护技术学科领域。研发并形成了以复合垂直流为基本流程的人工湿地水处理新技术，促进人工湿地从研究到产业化发展；形成以水生植被恢复与重建为核心的水体生态修复技术体系，突破了高磷湖泊水生植物恢复的技术瓶颈；推动了人工湿地、生态修复等技术进步；形成了适合中国国情、行之有效的受污染水体生态修复技术体系。已在我国19个省市规划、设计或建设应用工程189项，社会经济效益显著，应用前景广阔。

干旱沙区土壤水循环的植被调控机理、关键技术及其应用

完成单位：中国科学院寒区旱区环境与工程研究所、中国林业科学研究院林业研究所

主要完成人：李新荣、肖洪浪、王新平、刘立超、卢琦、张景光、张志山、樊恒文、何明珠、龚家栋

该项目成果是在国内外SPAC系统理论与方法研究的基础上，基于中国科学院沙坡头沙漠试验研究国家站五十余年的长期连续观测数据平台，以土壤–植被系统水动力学性质、不同植被类型的耗水量和对沙地水量平衡的影响等为主要研究内容，回答和解决了干旱沙区植被建设中亟待解决的水与植被关系的科学问题和应用推广的关键技术。该项目推动和填补了我国在干旱沙区生态水文学、恢复生态学等学科领域的空白，并应对干旱沙区生态恢复与重建的国家重大需求创造性地提出生态修复的关键技术和模式，并在实践中广泛应用推广，取得显著的生态、社会和经济效益。

工程地质结构研究及重大工程防灾应用

完成单位：中国科学院地质与地球物理研究所

主要完成人：伍法权、杨志法、秦四清、胡瑞林、李晓、马凤山、张路青、刘大安、尚彦军、祝介旺

以多学科交叉融合为手段，针对重大工程建设中出现的地质工程新问题，系统开展了工程地质力学新理论和技术方法研究，取得了以下创新性成果：①建立了工程地质结构力学理论框架，形成了岩体随机结构和各向异性力学特性、土体多元结构和损伤特征定量描述的理论与方法，提出了地质体演化失稳的非线性力学准则及位移判据，实现了

地质体结构特征从定性分类到定量描述、力学行为从线性到非线性分析、失稳演化过程从统计预报到物理预报的重要突破；②针对复杂岩土介质工程力学特性，发展了成套试验、测试技术；③针对灾害地质体非线性大变形特征，发展了灾变信息监测技术与反分析方法；④以地质体改良和结构加固为核心，发展了工程灾害防治技术。

应用上述理论、方法和技术，解决了我国大型水电工程、跨流域调水工程、深部矿山工程、交通干线工程、城市深大基坑工程建设中一系列关键技术难题，产生了重大社会和经济效益。自主研发了针对我国复杂地质工程环境测试、监测、改造与控制系列关键技术和设备，共申请国家专利19项，已获发明专利7项，实用新型专利3项，相关成果被列入国家、行业和地方的工程技术规范，推动了行业的技术创新和标准化。

尾矿坝灾变机理研究及综合防治技术

完成单位：中国科学院武汉岩土力学研究所、重庆大学、江西铜业集团公司、中国瑞林工程技术有限公司（南昌有色冶金设计研究院）

主要完成人：杨春和、张超、沈楼燕、尹光志、蒋卫东、魏作安、冒海军、吴国高、李水雄、黄雪平

该项目属于矿山安全研究领域，提出了尾矿粒径对抗剪强度的影响模型及尾矿动孔压预测模型；揭示了土工合成材料与尾矿的界面作用规律及加筋机理，阐明了化学淤堵产生的两个必要条件，创新性地提出了加筋抵减地震力稳定性分析方法及多因子尾矿坝稳定性分析体系；研发了加筋梯田筑坝、垂直水平联合排渗体、化学淤堵防治、多点集中放矿等有效的尾矿坝隐患综合防治技术，解决了尾矿坝的稳定性评价及灾害防治这一重大技术难题。该项目技术已在国内40多座大中型尾矿坝进行了应用，提高了尾矿坝的安全性及使用寿命，社会效益、环保效益及经济效益显著。该项目研究成果为我国矿业的可持续发展、社会和谐作出了重要贡献。

GNSS电离层监测及延迟改正理论与方法研究及应用

完成单位：中国科学院测量与地球物理研究所

主要完成人：袁运斌、欧吉坤、霍星亮、闻德保、许厚泽、郭建锋、阳仁贵、王振杰、柴艳菊、钟世明

该项目针对我国多项重大战略任务实施中电离层影响严重、急需对策的现状，发展了有特色的GPS（全球定位系统）数据质量控制技术，创建了独立自主的GPS电离层监测及延迟修正理论与方法，拓展了GPS电离层电子密度反演方法，部分研究成果领先于国际同类技术水平；解决了我国载人航天工程、空间站交会对接、卫星导航应用设备与系统质量检测平台建设等的电离层延迟精确确定系列技术难题，同时，为我国新一代卫星导航系统等国家标志性重大战略任务实施中电离层影响处理提供了关键技术。项目研究成果突破了美国等西方国家对我国星载GPS技术的封锁，提高了GNSS（全球导航卫星系统）技术在我国载人航天、卫星导航等领域的应用水平与国际地位，增强了我国空间安全保障能力，满足了国家战略需求，产生了重大的应用价值和显著的社会效益。

西藏高原生态安全研究

完成单位：中国科学院成都山地灾害与环境研究所、西藏自治区环境科学研究所

主要完成人：钟祥浩、刘淑珍、王小丹、李辉霞、周伟、李祥妹、鄢燕、朱万泽、张建国、陶和平

该项目以生态学、生态经济学和生态安全可持续性原理为指导，采用“3S”（GIS、GPS、RS，分别为地理信息系统、全球定位系统、遥感技术）技术、实地调查与数理统计相结合等方法，对西藏高原生态系统与地理系统之间相互依存关系及其调控途径与方法进行了为期10年（1996–2006年）的深入调查与研究。通过研究，提出了西藏高原生态安全理论体系；首次建立了退化草地遥感识别光谱指数和毒草遥感判别技术、“基于稳定发展与波动态势”的高原生态承载力模型以及高原冻融侵蚀界限的计算方法和冻融侵蚀评价技术；通过多学科综合集成，首次揭示了高原生态环境脆弱度、人类社会经济干扰度和高原生态安全空间格局，在此基础上，构建了西藏高原生态安全屏障保护与建设体系。

该项目成果在有关部门和单位得到广泛应用，并产生了显著的生态环境和社会经济效益。依据该成果编制的《西藏高原生态安全屏障保护与建设规划》得到了国务院常务会议的审议通过。该规划的实施，为改善西藏整体环境质量、维护高原及其周边地区生态安全与和谐西藏建设将起到重要的保障作用。

中国1:100万数字地貌图研究及其应用

完成单位：中国科学院地理科学与资源研究所、兰州大学、中国科学院新疆生态与地理研究所、南京大学、福州大学、东北师范大学、中国科学院东北地理与农业生态研究所

主要完成人：周成虎、程维明、钱金凯、王钦敏、陈曦、李吉均、王颖、杨发相、潘保田、张百平

该项目面向全国地貌条件调查的国家重大任务，通过前后三代200多名地貌学家和学者、跨越30年的持续联合攻关，建立了全国地貌数值分类系统；创建了全数字化的地貌遥感综合解析技术体系；完成了全国地貌类型遥感调查，建成了世界上第一个国家级地貌数据库共享系统；构建了全国地貌类型符号库、颜色库等的图例系统库，出版了《中华人民共和国地貌图集（1:100万）》，填补了该领域国内外空白。

该项目成果已在第二次全国土地调查、全国土壤环境质量调查等10多项国家重大任务，以及新疆、福建等省（自治区）的主体功能规划、环境整治规划等多个行业部门和区域得到了全面推广应用与检验，其社会效益显著。

（五）国际科学技术合作奖

2009年，由中国科学院推荐的沈元壤教授、爱斯特·路德维希·温奈克教授、石·米歇尔教授、有马朗人教授获2009年度中华人民共和国国际科学技术合作奖。

沈元壤（Yuen-Ron Shen） 1935年3月出生，美国籍，物理学博士，美国国家科

学院院士，中国科学院外籍院士。主要从事非线性光学、激光光谱学、表面科学、凝聚态物理等领域的研究工作。

自1972年以来，沈元壤教授积极开展与中国的科技合作交流，具有时间长、领域宽、影响深的特点，显著提高了中国光学和凝聚态物理的国际学术影响。1980年，他在中国创办了“全国激光物理讨论会”，至今已召开14届。在他的实验室，他亲自指导中国访问学者与研究生40余人。他对中国科研体制改革和高校教学评估的建议，被相关单位借鉴和采纳。

爱斯特·路德维希·温奈克（Ernst-Ludwig Winnacker） 1941年7月出生，德国籍，化学博士，慕尼黑大学教授，著名生物化学家，曾任德国科学基金会主席、欧盟科学理事会秘书长。

自1981年起，温奈克教授提出一系列富有创新的主张并采取有效措施，促成建立了中德科学中心以及多个中德联合研究小组、青年科学家小组，推动开展了多个合作研究项目、联合科学考察和前沿领域科学研讨会等。他倾力培养优秀的中德友好青年科学家，使他们在科技教育界发挥作用，成为优秀学科带头人和友好使者。他为中德科技富有成效的合作作出了重要贡献。

石·米歇尔（Michel Che） 1941年12月出生，法国籍，博士，法国皮埃尔·玛丽居里大学教授。主要从事物理化学和无机化学方面的研究工作。

米歇尔教授一直致力于推动中法催化合作研究，在催化材料制备、表征和理论方法等领域与中国科学院合作，获得了多项重要成果。在他的推动和组织下，建成了中国科学院和法国科研中心之间大规模的中法催化联合实验室，并已在科研方面取得丰硕成果。他担任中国科学院大连化学物理研究所催化基础国家重点实验室学术委员会主任，指导实验室的研究工作和培养催化专业人才，积极参与我国催化领域的战略研究，为提升我国催化界在国际上的学术地位作出重要贡献。

有马朗人（Arima Akito） 1930年9月出生，日本籍，理学博士，东京大学名誉教授，著名核物理学家，现任日本科学技术振兴会会长。

有马朗人教授曾任东京大学校长、日本文部省大臣兼任科技厅长官。30年来，他坚持推进中日两国的科技交流与合作以及两国友好事业的发展，在核物理、同步辐射、科技政策、大学教育、产业化等方面进行了多种形式的交流与合作，对我国科技合作的发展和人才的培养等起到了积极的作用。近年来，他致力于促进中日两国科技界高层在战略层面的交流与合作。

二、2009年中国科学院杰出科技成就奖

2009年中国科学院杰出科技成就奖共评选出5个研究集体，分别是：兰州重离子加速器冷却储存环（HIRFL-CSR）工程研究集体、中国地域空间开发的理论体系研究及重大规划实践研究集体、万吨级“煤制乙二醇”技术攻关研究集体、“神舟七号”伴随卫星研究集体和可视化铸锻技术研究集体。这些获奖集体在近5年来为我国科学技术进步、社会经济发展、国家安全作出了重大贡献。

兰州重离子加速器冷却储存环（HIRFL-CSR）研究集体

研究集体所在单位：中国科学院近代物理研究所

研究集体主要科技贡献： 2000－2007年，完成了兰州重离子加速器冷却储存环（HIRFL-CSR）的预研、设计、建造与调试。CSR是我国自行设计建造的第一个大规模、高能量、全离子加速的重离子冷却储存环系统，属国家“九五”重大科学工程。它的实施对开展更广范围、更高精度的基础研究及应用基础研究，尤其是重离子治癌研究有着重要意义。CSR是利用原有的回旋加速器系统作注入器，采用双环结构，将重离子束的能量从低能区提高到中高能区；在世界上首次实现了空心电子束对高能重离子束的冷却；并首次对100ms量级的短寿命滴线核素^{63}Ge、^{65}As和^{67}Se的质量进行了高精度测量；实现了储存环高能重离子束变能共振慢引出，使每个引出束团的能量可调，为深部肿瘤临床治疗解决了关键技术难题。

研究集体突出贡献者及主要科技贡献：

詹文龙： 作为工程经理组织完成工程建设；全面负责实验终端及实验设置，提出的高精度质量测量方案已取得初步成果。

夏佳文： 总工程师，提出了兰州冷却储存环（CSR）概念；完成了总体设计及物理设计；主持完成了CSR总体调试与试运行。

原有进： 副总工程师，完成注引系统建设、控制物理设计；提出并完成剥离注入、变谐波加速、多虚拟加速器等关键技术。

研究集体主要完成者： 袁平、乔为民、高大庆、杨晓天、满开第、赵红卫、肖国青、魏宝文、杨晓东、蔡晓红、徐瑚珊、宋明涛、马力祯、何源、周忠祖、许哲、刘勇

中国地域开发的理论体系研究及重大规划实践研究集体

研究集体所在单位：中国科学院地理科学与资源研究所

研究集体主要科技贡献： 坚持为国家重大地域开发和区域可持续发展需求服务的道路，建立以“点－轴”系统、地域功能和空间级联系统等理论构成的地域开发理论体系，主持完成了《全国主体功能区划》、《京津冀都市圈规划》、《东北地区振兴规划》等一系列影响我国区域可持续发展进程的重大规划，创建了我国区域规划技术流程和功能区划技术规程。地域开发理论体系和区域规划技术规程成为我国当今开展地域规划的核心理论基础和重要技术方法。连续出版《中国区域发展报告》，对我国地域开发重大战略进行科学论证和咨询，为我国调整城镇化和新农村建设模式、支撑汶川灾后重建方案制定，作出了突出贡献。

研究集体突出贡献者及主要科技贡献：

陆大道： 提出了“点－轴”系统理论，促进了城市化政策调整，指导了国家主体功能区划与重大区域规划工作的开展。

樊　杰： 构筑了区域发展均衡模型，主持了国家主体功能区规划和京津冀区域规划研制、汶川灾后重建承载力评价工作。

金凤君： 提出了空间级联系统组织模式和区域基础设施发展理论，主持了东北地区振兴的研究和规划编制工作。

研究集体主要完成者：刘毅、陈田、刘卫东、方创琳、刘彦随、张文忠、毛汉英、蔡建明、董锁成、甘国辉、徐勇、刘盛和、吴绍洪、李丽娟、王英杰、王传胜、刘慧

煤制乙二醇技术攻关研究集体

研究集体所在单位：中国科学院福建物质结构研究所

研究集体主要科技贡献：在小试技术和模试技术的基础上，成功完成了煤制乙二醇技术的百吨级中试和万吨级工业试验，成套技术于2009年3月通过了中国科学院组织的鉴定，技术为世界首创，领先国际同类水平。成套技术包括：①氨氧化技术用于补充草酸酯合成中的氮氧化物气体；②高活性工业CO气体脱氢净化催化剂及其工艺技术；③高活性的CO气相催化合成草酸酯催化剂及其工艺技术；④NO氧化酯化工艺技术；⑤消除排放气体NO污染的工艺技术；⑥高活性的草酸酯催化加氢合成乙二醇催化剂及其工艺技术，乙二醇产品各项理化指标符合GB4649－93优级品的标准。

研究集体突出贡献者及主要科技贡献：

陈贻盾：主要专利发明人之一，负责制定百吨级中试的试验方案、脱氢催化剂和合成草酸酯催化剂的研制和生产。

姚元根：项目负责人，全面主持百吨级中试及万吨级工业试验的实施，确定试验方案并负责新型催化剂的研发、生产和技术鉴定工作。

研究集体主要完成者：王斌、李国方、李兆基、张叶飞、周张锋、吴晓金、潘鹏斌、黄当睦、毛金明、林凌、刘志刚、覃业燕、张辉平、石伟川

神舟七号伴随卫星研究集体

研究集体所在单位：上海微小卫星工程中心

研究集体主要科技贡献：成功研制了我国第一颗伴随卫星，在神舟七号任务中圆满完成在轨试验，取得了一系列重大科技创新：①突破对非合作目标接近与绕飞技术，成功实现对轨道舱伴随飞行，为我国未来空间交会对接、卫星编队和空间协同等奠定了重要技术基础；②突破对空间目标跟踪观测技术，首次获取飞船在轨多角度全景图片和清晰视频，为在轨航天器故障诊断、天基目标监测等提供重要技术支持；③成功应用的GaAs高效太阳电池和Li^+蓄电池实现了我国高效空间电源应用零的突破，高功能密度卫星、液氨推进等技术填补了国内空白。主要研究成果达到同领域国际先进水平，具有里程碑意义，已推广应用到多个在研航天型号，“是我国空间科学与应用技术研究取得的新跨越”。

研究集体突出贡献者及主要科技贡献：

朱振才：技术负责人，负责提出“神舟七号”伴星设计、研制和试验的总体方案，突破微小卫星在轨释放、对飞船照相观测和对空间目标接近与伴飞等关键技术。

周依林：项目副总师，负责伴星总体技术方案和研制技术流程，设计测控通信方案、提出数传测控功能融合一体化设计。

沈学民：“神舟七号”伴星系统指挥，负责伴星总体计划与技术流程的方案设计和实施，负责伴星各分系统技术与计划及质量管理工作，在保障伴星圆满完成任务中起关

键作用。

研究集体主要完成者： 余金培、陈宏宇、曹彩霞、李东、李华旺、诸成、孙宁、张锐、付碧红、何涛、白雪柏、余勇、袁明、蒋桂忠、许美娟、李志勇、陈蕴

可视化铸锻技术研究集体

研究集体所在单位：中国科学院金属研究所

研究集体主要科技贡献： 面向核电、水电、造船、高铁等重大装备工程，对大型铸锻件等加工技术进行系统创新，开发了国际先进的X射线实时观察、计算机模拟与中试实验相结合的可视化铸锻技术，与骨干企业密切合作，形成了多项具有自主知识产权的成果并在行业推广应用，取得了一系列重大技术突破与创新：①在三峡三期工程重大设备检查组的领导下，汇集产学研成果，牵头制定三峡水轮机转轮不锈钢铸件制造技术规范，突破了水轮机转轮铸件材料中的关键相和变形控制技术瓶颈，为700MW水轮机转轮不锈钢铸件国产化提供了重要技术支撑；②开发了大型船用曲轴、大型铸钢支承辊、百吨级空心钢锭、高速列车转向架铸件等铸锻件关键制造技术，产生重大经济和社会效益；③可视化铸造技术在规模化铸件上应用，显著提高产品合格率和材料利用率，实现节能降耗。该研究集体突破了若干关键铸锻件受制于人的技术瓶颈，为重型企业发展提供了技术支撑，为金属热加工技术的发展作出了突出贡献。

研究集体突出贡献者及主要科技贡献：

李殿中： 负责人，结合计算机模拟与X射线实时观测创建了可视化铸锻技术研发平台，开发了大型轧辊等铸件的关键技术。

李依依： 提出了可视化铸造思想，倡导并促成可视化平台的建设，提出三峡水轮机组铸件国产化的整套技术规范。

陆善平： 将可视化铸锻技术应用到生产实际，开发了大型船用曲轴锻造工艺和高速列车转向架焊接工艺等多项关键技术。

研究集体主要完成者： 柯伟、夏立军、康秀红、肖纳敏、孙明月、傅排先、王雪东董文超、刘奎、李秀艳、罗兴宏、王培、桑宝光、张二林、胡小强、李世键、王春莲

三、中国科学院2009年度重大科技成果

2009年，中国科学院在基础科学、生命科学与生物技术、资源环境科学与技术、高技术等领域取得了一系列重要科技创新成果。

（一）基础科学领域

铜氧化物高温超导物性和超导机理研究 物理研究所周兴江研究组利用自主研发的国际首台超高能量分辨率真空紫外激光角分辨光电子能谱仪，在铜氧化合物Bi2201中首次直接观察到费米口袋（Fermi pocket）。观察到的费米口袋为空穴型，与量子振荡所认为的电子型有明显区别；费米口袋显示出特别的掺杂依赖关系：它只在适当的欠掺杂区域存在，在重欠掺杂和最佳掺杂样品中则没有表现。值得重视的是，在正常态实验观

察到费米口袋和费米弧（Fermi arc）共存的情形，目前尚未有理论预测。相关论文在 *Nature* 发表。

量子计算研究 中国科学技术大学杜江峰研究组和香港中文大学刘仁保等专家合作，通过电子自旋共振实验技术，在国际上首次通过固态体系实验实现了最优动力学解耦，极大地提高了电子自旋相干时间。成果利用最优动力学解耦的固态系统电子自旋共振实验结果在 *Nature* 发表。*Nature* 指出，该研究“被证明是一种可以帮助人们理解并且有效对抗量子信息流失的一个重要资源”，“向实现量子计算迈出的重要一步”。

铁基超导体同位素效应研究 中国科学技术大学陈仙辉研究组通过氧和铁同位素交换，发现了铁基超导体中的同位素效应。该发现表明，探寻晶格与自旋自由度之间的相互作用对理解普适的高温超导电性机理十分重要；铁基高温超导体同位素效应可能具有和铜氧高温超导体同位素效应类似的物理起源，这为普适的高温超导机理研究开辟了新思路。论文在 *Nature* 发表。

高效、清洁制备环己酮的新途径 环己酮是重要的化工原料，化学研究所韩布兴研究组发现，在苯酚加氢制备环己酮反应中，路易斯酸对普通商业负载型钯催化剂催化性能具有很好的协同作用。在温和条件下，路易斯酸大幅度提高环己酮生成速度，有效抑制副产物生成。苯酚转化率和环己酮选择性可同时接近100%，提高原料利用率，简化后续分离过程。研究还发现，在超临界 CO_2 中进行该反应，所得效果更佳。该成果为从源头消除污染、节省资源，开辟了高效、清洁制备环己酮的新途径，将引起化学、化工生产方式的变革。成果在 *Science* 发表。

单分子器件基础研究 中国科学技术大学侯建国、杨金龙研究团队，利用低温超高真空扫描隧道显微镜，巧妙地对三聚氰胺进行了单分子“手术”，将其从普通化工原料转变为既有二极管效应又有机械开关效应的双功能单分子器件。该成果为单分子器件的多功能化开辟了新思路。论文在 *PNAS* 发表。

拓扑绝缘体研究 物理研究所方忠、戴希研究组与美国斯坦福大学张守晟研究组合作预言了一类新的强拓扑绝缘体材料系统。这类材料是最简单的强拓扑绝缘体，十分稳定且容易合成，同时其体能隙可达0.3e V，远远超出室温能量尺度，可能成为实现室温低能耗的自旋电子学器件，论文在 *Nature Physics* 发表。其后，他们与美国斯坦福大学沈志勋研究组合作进行角分辩光电子能谱实验，观察到 Bi_2Te_3 材料中的表面单个狄拉克点。论文在 *Science* 发表。

冷原子量子存储研究 中国科学技术大学潘建伟、赵博、陈宇翱等与德国、奥地利专家合作，将量子存储的寿命首次提高到1ms以上。该成果将单量子存储的寿命提高了两个数量级，向未来基于量子中继器的远距离量子通信迈出了坚实一步。论文在 *Nature Physics* 发表。

《先进材料》专刊报道中国科学院物理研究所系列研究成果 在《先进材料》（*Advanced Materials*）2008年首次为中国科研机构（中国科学院化学研究所）出版学术专辑后，2009年该刊又以专刊形式介绍了物理研究所在材料领域研究的最新进展，包括大块非晶材料、磁熵材料、碳纳米管、铁基高温超导材料、锂离子电池材料等方面的5篇评论，和金属纳米结构、铁磁纳米管、材料界面工程、电流变液材料、钙钛氧化物材料、氮化镓发光材料、染料敏化太阳能电池材料、应力与材料自组装等方面的9篇研究快报。《先进材料》是材料科学领域最著名杂志之一。

Ia型超新星前身星相关研究 国家天文台云南天文台韩占文研究组提出了Ia型超新星前身星的“氦双星模型”，指出一颗碳氧白矮星可通过引力场从一颗氦星或一颗处于亚巨阶段的氦星吸积物质，最后达到最大稳定质量极限，进而发生Ia型超新星爆炸。“氦双星模型”可解释年轻Ia型超新星的形成，解决了占总数50%的恒星形成后1亿年内爆炸的Ia型超新星的难题，对星系化学演化、宇宙加速膨胀和暗能量研究具有重要意义，相关成果被*Nature China*、*Science*、*Daily*、*BBC News*等多家媒体报道。

高维拟线性波方程可控性研究 数学与系统科学研究院姚鹏飞研究组为解决变系数波方程可控性的著名难题，首次创造性地引入黎曼几何方法，并将其与非线性偏微分方程理论相结合，得出了高维拟线性波方程在任意平衡态附近的局部可控性、从一个平衡态到另一个平衡态的全局可控性结果。

暗物质的理论研究 理论物理研究所针对宇宙线电子能谱异常的实验观测结果和暗物质湮灭的理论解释，提出了湮灭截面共振增强机制，不仅导出了共振反应截面及其随温度的演化，而且给出了正确的暗物质丰度，结果受到国内外同行广泛关注。

BESIII成功采集1亿ψ（2S）事例和2亿J/ψ事例 高能物理研究所北京正负电子对撞机（BEPCII）和北京谱仪（BESIII）通力合作，于2009年3至7月采集了1亿多ψ（2S）和2亿多J/ψ衰变事例。这是EPCII和BESIII升级后首次进行物理数据采集，两个数据样本分别是此前世界最大数据样本的4倍。目前，所有数据的物理分析已全面展开，初步物理结果已在2009年8月的国际轻子光子大会、国际强子谱大会公布并引起广泛关注。

高速列车气动性能评估和优化设计研究 力学研究所围绕新一代高速列车开展了减阻降噪和运行安全评估研究，对“和谐号”CRH3型高速列车的受电弓和空调装置整流罩、转向架区域、车辆连接部件及裙板等部件进行了减阻设计。武广高速铁路在线实验表明，优化后的CRH3型高速列车总阻力减少5.4%。对“和谐号”CRH2平台基础上设计的10个新头型，分别从气动阻力、升力、噪声、隧道交会压力波等方面进行了全面评估，为我国自主研制新一代高速列车提供了理论和决策依据。

致病多肽的聚集机理及其调控的单分子研究 国家纳米科学中心王琛研究组利用类分子伴侣的调节效应，在分子水平上有效调控多肽的二维组装特性，并实现调控多肽的三维聚集行为。该研究从分子水平上揭示了多肽与分子调节剂相互作用的机理，为与淀粉样蛋白聚集有关的疾病的预防、药物设计和治疗提供了潜在的可行途径。相关成果在*Nano Lett.*发表。

相对论重离子对撞机上反物质超核的发现 上海应用物理研究所马余刚研究组与美国及其他STAR合作组专家合作，在美国Brookhaven国家实验室相对论重离子对撞机（RHIC）上通过反氦3和π介子衰变道，探测到第一个反超核粒子——反超氚核。它是一个反Λ超子和一个反质子、反中子聚合形成的束缚态，寿命200ps左右，与自由反Λ超子的寿命相当。该发现为研究反奇异物质和物质相互作用提供了可能，并对核素图向奇异性自由度上扩展起到了极大的推动作用。论文在*Science*发表。

新颖热电材料探索研究 福建物质结构研究所陈玲研究组在新颖热电材料探索研究方面，通过功能导向结构调控的思路，利用高温固相合成方法，研究出国际首例锑基I型笼合物化合物，其中环境友好的含锌锑基笼状结构化合物有望具有较好的热电性能。I型笼合物是重要的热电材料，已在汽车废热发电中获得实际应用。该研究打破了传统I型笼状结构化合物骨架原子仅为13、14族元素的限制，开辟了此类化合物热电材料研究新方向。相关结果在*Angew. Chem. Int. Ed.* 发表。

纳米敏感材料及仿生器件研究 合肥物质科学研究院刘锦淮、张忠平研究组针对纳米仿生器件，设计出多孔的单晶结构半导体纳米材料，研制出具有SE RS活性和生物敏感性的电学/光学多功能传感器。英国皇家化学会、英国物理学会在网页显著位置对上述成果给予高度评价。此外，研究组发现了纳米结构表面荧光共振能量转移的放大效应，设计出纳米结构表面的荧光共振能量转移和光诱导电子能量转移双向可逆的荧光开关，结合纳米表面的选择性分子识别，实现了对痕量爆炸物气氛和农药残留的快速检测，相关论文在*Chem. Eur-J* 发表。

囚禁汞离子微波频标研究 武汉物理与数学研究所囚禁离子研究组在高性能汞离子微波频标研究中，在国内首次实现囚禁汞离子微波频标闭环锁定，并连续运行十多个小时。初步测试表明，稳定度达 $5.6\times10^{-13}/1000s$、$2\times10^{-13}/4096s$。与现行原子频标相比，囚禁离子频标具有更高的准确度、稳定度、相对体积小等特点，目前只有少数发达国家研制成功。

重离子束深层治癌临床试验 近代物理研究所在重离子冷却储存环（CSR）上自主建成深层治癌终端；经调试实现束流慢引出和自动变能慢引出，磁铁扫描后形成均匀度达95%的照射野；成功研制在线束流监测系统；进行了束流物理特性测试、细胞和动物辐照实验；利用仿真体模验证，制定了全面的治疗计划。其后与医院合作，利用单核能150～250MeV的碳离子束，对两批8例常规治疗（手术、化疗和放疗）后复发的深部恶性肿瘤患者进行临床治疗，部分患者的肿瘤完全消失，其余的均有不同程度缩小，表明CSR的深层肿瘤治疗临床试验取得成功。此项成果在国内外引起巨大反响，为我国自主开发先进大型医疗装置奠定了基础。

新型纳米碳材料载药体系的构建及生物安全性研究 苏州纳米技术与纳米仿生研究所张智军研究组在国内率先开展了新型二维纳米材料石墨烯衍生物的生物毒性、可控载药和靶向输运的研究。研究表明，纳米氧化石墨烯可被细胞吸收但没有明显的细胞毒性，对一些芳香类小分子药物具有超强的吸附能力，抗癌药物阿霉素在石墨烯上的载药率高达400%，非常适合作为靶向药物输运载体。运用化学法制备的纳米氧化石墨烯（小于200nm）通过化学键偶联上生物分子叶酸后，实现了抗癌药物阿霉素和喜树碱的可控联合载药和生物靶向输运。论文在*Small* 发表。已申请中国专利2项。

（二）生命科学与生物技术领域

iPS细胞的全能性首次得到严格验证 动物研究所周琪研究组和上海交通大学曾凡一研究组在世界上首次证明了诱导多能干细胞（induced Pluripotent Stem Cell，iPS细胞）的全能性。研究人员制备了37株iPS细胞，利用其中6株注射了1500多个四倍体胚胎，最终3株获得了27个活体小鼠。经鉴定，该小鼠确系iPS细胞发育而成，有些小鼠现已发育成熟并繁殖后代。该工作为进一步研究iPS技术在干细胞、发育生物学和再生医学领域的应用提供了技术平台。论文在*Nature*发表。该成果入选2009年度中国基础研究十大新闻。

信号蛋白β-arrestin2相关研究和2型糖尿病产生的新发现 上海生命科学研究院裴钢研究组发现一种具有多重功能的信号蛋白β-arrestin 2能与胰岛素受体形成信号转导复合体。β-arrestin 2水平的降低或功能缺失，致使该信号复合体不能正常形成，直接导致胰岛素耐受和2型糖尿病的发生。该项研究揭示了胰岛素耐受和2型糖尿病发生的新机制，为其治疗提供新策略，并提示β-arrestin 2蛋白、β-arrestin 2蛋白/胰岛素受体复合体有望成为研发胰岛素耐受相关的代谢性疾病药物的新靶点。论文在*Nature*发表。该成果入选2009年度中国基础研究十大新闻。

流感病毒RNA聚合酶PA亚基氨基端的精细三维结构 生物物理研究所刘迎芳研究组和饶子和院士南开大学－清华大学－生物物理研究所联合研究组继2008年在*Nature*发表《禽流感病毒H5N1毒株RNA聚合酶复合体PA亚基的羧基端与PB1氨基端短肽（PB1N）复合体的三维结构》后，2009年又解析了PA亚基氨基端精细三维晶体结构，发现该蛋白可能是具有新型结构的核酸内切酶。该核酸内切酶使聚合酶复合体捕获的宿主细胞mRNA被流感病毒聚合酶内切酶切割，以用于病毒mRNA转录。该研究揭示了PA的功能机制，为相关药物的研发提供了新的原子水平的精细结构平台。论文在*Nature*发表。

信号蛋白β-arrestin1关于斑马鱼造血的新发现 上海生命科学研究院裴钢研究组发现，信号蛋白β-arrestin1在斑马鱼中高度保守，该蛋白在斑马鱼中缺失会导致原始性造血异常。研究表明，β-arrestin1能够结合PcG招募蛋白YY1，通过影响YY1核质定位解除PcG蛋白Suz12在*cdx4*等基因启动子区的富集和转录抑制作用，最终促进中胚层向造血细胞方向分化。该研究首次揭示了β-arrestin1在脊椎动物造血发育过程中的新功能，发现了脊椎动物体内调控PcG蛋白功能的新机制。论文在*Cell*发表。

神经元蛋白极性分布机制的研究成果 上海生命科学研究院蒲慕明研究组发现，在接近胞体的轴突起始段（AIS）存在由肌动蛋白和Ankyrin G构成的分子筛，像滤网一样限制了大分子蛋白在轴突和胞体之间的扩散，但允许某些依赖特定马达蛋白转运的膜蛋白通过。进一步研究发现，马达蛋白驱动力的强弱，以及膜蛋白－马达蛋白复合体运输效能的高低，是膜蛋白能否通过AIS分子筛的决定条件。轴突膜蛋白转运复合体VAMP2-KIF5的运输效能较高，可以穿过分子筛从胞体转运到轴突内，而树突膜蛋白转运复合体NR2B-KIF17和GluR2-KIF5的运输效能较低，不能穿越此胞浆屏障。这一新机制为神经元蛋白的极性分布研究提供了新角度。论文在*Cell*发表。

丘脑网状核在注意及其变化中的作用 生物物理研究所何士刚研究组和香港理工大学贺菊方研究组通过检测丘脑网状核（thalamic reticular nucleus，TRN）听觉分区的活动，发现TRN神经细胞对重复声音刺激的反应很快变弱、消失，但在声音刺激频率变化时却产生较强反应，使丘脑网状核失活。在听觉传导通路的中继核团－内侧膝状体，记录到的神经活动也印证了TRN在注意及其变化中的作用。该研究在解答偏离偏好

(deviance preference）机理方面获得重要进展，为进一步研究 TRN 神经元提供了重要信息。论文在 *Nature Neuroscience* 发表。

解析动作电位爆发和传播的机制　上海生命科学研究院舒友生研究组深入研究神经科学领域的一个基本问题——动作电位的产生和传播的机制。研究组发现高阈值的 $Na_v1.2$ 通道聚集在轴突起始段（AIS）的近端，而低阈值的 $Na_v1.6$ 通道聚集在 AIS 远端——对应于动作电位的爆发位点；AIS 远端的 $Na_v1.6$ 通道促进动作电位的爆发，近端的 $Na_v1.2$ 通道促进动作电位向胞体和树突的反向传播。这样，两种 Na^+ 通道亚型在动作电位的爆发和反向传播中的贡献截然不同。由于动作电位的爆发阈值决定了神经元的兴奋性，同时反向传播的动作电位又是特定突触可塑性的基础，因此，AIS 上 Na^+ 通道亚型是有效控制神经系统兴奋性和可塑性的重要靶向分子。论文在 *Nature Neuroscience* 发表。

水稻增产关键基因研究　遗传发育研究所傅向东研究组和中国水稻研究所钱前研究组合作，从中国超级稻品种中成功分离出控制水稻产量的关键基因——*DEP1*。*DEP1* 基因会因突变而形成 *dep1* 基因。*dep1* 基因能促进细胞分裂，使稻穗变密、枝梗数增加、每穗籽粒数增多，从而促进水稻增产。研究还发现，目前在我国东北和长江中下游地区大面积种植的直立和半直立穗型的高产水稻品种都含有突变的 *dep1* 基因。该成果首次阐述了 *DEP1* 基因在中国超级稻增产中起关键作用，揭开中国超级稻的高产奥秘，有望进一步研究培育出更高产的水稻新品种。论文在 *Nature Genetics* 发表。

miR-326 调节 TH-17 细胞分化和相关免疫疾病的新发现　上海生命科学研究院裴钢研究组研究发现非编码小 RNA（miR-326）在 MS 病人的 $CD4^+$T 细胞中特异性上调，其表达水平与这些细胞中的 IL-17 的表达水平正相关。研究证实，在实验性自身免疫脑脊髓炎（EAE）小鼠（MS 模型小鼠）中人为提高 miR-326 水平会加重 EAE 病情，而抑制该 miR-326 水平则能显著减轻病情。miR-326 通过直接抑制负转录调控因子 Ets-1 的表达，可促进小鼠的外周淋巴结以及中枢病灶部位 T_H-17 细胞的分化。该研究揭示了非编码小 RNA 在多发性硬化症发生过程中的新机制，为包括 MS 在内的自身免疫疾病的治疗提供了新策略。论文在 *Nature Immunology* 发表。

有丝分裂纺锤体基质研究的新进展　上海生命科学研究院朱学良研究组和美国华盛顿卡耐基研究所郑诣先等专家合作，发现 Nudel 和胞质动力蛋白在纺锤体基质组装中发挥重要作用，进而调控有丝分裂纺锤体的正确形成。研究人员利用偶联有蛋白质激酶 Aurora A 的微小磁珠在非洲爪蟾卵抽提物中组装成的纺锤体，证明了一种富含生物膜的纺锤体基质（spindle matrix）的存在，并发现 B 型核纤层蛋白（Lamin）也是其中的重要成分。这种纺锤体基质与微管相辅相成，前者促进后者形成正常的纺锤体结构，而后者的聚合又增强前者的组装。同时，纺锤体的正确形成需要 dynein——一种被称作“分子马达”的能够向微管负端运动的蛋白质复合物。论文在 *Nature Cell Biology* 发表。

水稻耐盐基因 *HAL3* 参与光调控植物发育的新机制研究　上海生命科学研究院林鸿宣研究组通过对水稻耐盐相关基因 *OsHAL3* 的功能分析，揭示了光调控植物发育的新机制。研究发现，*HAL3* 编码是一种促进细胞分裂以及提高耐盐性的核黄素蛋白，该编码的过量表达可提高植物的耐盐性、加速植物生长。*OsHAL3* 介导了一种不同于普通光受体模式的光控发育机制，该基因编码的蛋白以三聚体的形式行使功能，而阳光（特别是蓝光）可以促使三聚体解体，从而导致该蛋白功能失活，同时光线还能抑制该基因的表达。光的这种双重抑制使细胞分裂减慢，最终导致水稻生长变缓。由于 *HAL3* 基因广泛存在生物界，使得这一研究具有广泛意义。论文在 *Nature Cell Biology* 发表。

维生素 C 开启 iPS 研究新路 广州生物医药与健康研究院裴端卿研究组发现，在培养基中添加维生素 C 能够提高 iPS 的转化效率。研究发现，在体细胞的重编程过程中，细胞内发生能量代谢变化时会产生大量的活性氧（ROS）成分，该成分能导致细胞老化，可能是造成诱导多能干细胞转化效率低的原因。该研究说明维生素 C 在某种程度上能减缓细胞衰老，佐证了维生素 C 的健康意义，为提高 iPS 生成效率开拓了简便方法，对重编程的基本机制有了进一步认识，开启了干细胞研究的新方向。论文在 *Cell Stem Cell* 发表。

建立和鉴定大鼠 iPS 上海生命科学研究院肖磊研究组成功运用病毒表达转录因子，把大鼠成体细胞成功地重编程到多能干细胞状态。在数百个形态类似胚胎干细胞的细胞克隆中，研究人员建立了 22 个类似胚胎干细胞的细胞系，并最终获得两株符合多能干细胞标准的大鼠 iPS 细胞系。该研究第一次原则性地证明了 iPS 技术可以为难以建立胚胎干细胞系的物种建立多能的干细胞系，而且这些多能干细胞有可能直接用于产生基因敲除动物和转基因动物。论文在 *Cell Stem Cell* 发表。

中介体复合物的 Med23 亚基在脂肪细胞分化中的重要作用 上海生命科学研究院王纲研究组证明了中介体复合物（Mediator Complex）的 Med23 亚基和它的相互作用蛋白 Elk1 都是影响脂肪细胞分化的重要调节因子。研究发现，无论是敲除 Med23 或者 Elk1，都会明显抑制脂肪细胞的分化；Med23 通过控制 Krox20 的基因转录水平来调节脂肪细胞分化；在 Med23 缺失的细胞中通过表达 Krox20 能够挽救因 Med23 缺失而引起的分化缺陷。该研究揭示了 Med23-Elk1 的相互作用是连接 Insulin 信号通路与核内基因转录网络的重要节点，为脂肪的生成提供了新的分子解释，为干预肥胖及相关疾病提供了可能。论文在 *Developmental Cell* 发表。

显花植物进化研究 武汉植物园王恒昌和美国佛罗里达大学合作，发现现存约 3 万种显花植物的 1/3 所组成的谱系——蔷薇类，在 9000 万年前曾经历一次爆发式分化，同时引发了两栖类、蚂蚁、哺乳动物、蕨类等类群的适应辐射式物种的形成。该研究利用现存生物的分子证据，首次揭示了这些植物的进化关系，为它们的快速形成和分化提供了依据。研究结果对认识地球上生物类群间的亲缘关系，以及理解特定空间区域内物种的相互竞争关系具有重要意义。论文在 *PNAS* 发表。

甲型 H1N1 流感病毒应急专项研究 北京基因组研究所于军、胡松年研究组根据新发甲型 H1N1 流感病毒的基因组序列，设计了 TaqMan 探针和 PCR 引物，并通过灵敏度验证和比较，筛选引物探针，优化反应条件，得到了高灵敏度、高特异性的甲型 H1N1 流感病毒荧光定量 PCR 检测试剂产品。该检测试剂产品可对甲型、乙型、H5 亚型、H1 亚型和新发的甲型 H1N1 流感病毒进行分型检测，其中可利用 4 个不同识别位点检测甲型 H1N1 流感病毒。

国家一类创新药盐酸安妥沙星获得新药证书 上海药物研究所历时 10 余年研制的

我国第一个自主知识产权氟喹诺酮类抗菌药物——盐酸安妥沙星获得新药证书，填补了该领域40年空白。盐酸安妥沙星的临床疗效好，安全性强，服用方便（一天仅需口服一次），同时该药制造成本低、环境友好，与中国普通居民经济实力相符，具有广泛的临床应用价值和良好的市场前景，预计该药上市后3－5年年销售额可达5亿元以上。

抗寄生虫药物多拉菌素大规模工业生产　上海生命科学研究院覃重军研究组在自主构建多拉菌素基因工程菌株的基础上，与海正药业公司王海彬研究组合作，使多拉菌素的发酵效价和组分纯度完全达到大规模工业生产要求。这是我国首例利用基因组工程在抗生素工业中生产工程菌株。据预测，2010年项目正式投产后，产品可完全替代进口，年销售收入将达6亿元，利税总额达1.8亿元。

病原检测与蓝藻毒素检测新方法　武汉病毒研究所建立了一种用于病原检测，比传统检测方法的灵敏度提高近百倍的纳米线免疫检测新方法，为疾病预防和环境检测提供了更有效的工具，同时为制造功能纳米生物材料提供了新的蛋白质自组装策略。水生生物研究所宋立荣研究组在国内首次研发出微囊藻毒素酶联免疫（ELISA）检测试剂盒，解决了微囊藻毒素灵敏、快速、高通量检测的技术难题，在提升与微囊藻毒素相关的基础研究和开发、环境监测等方面发挥了重要作用。

（三）资源环境科学与技术领域

与2050年大气CO_2浓度控制相关的各国的排放配额计算　地质与地球物理研究所等单位针对控制大气CO_2浓度的国际谈判，在一些核心问题上提供了定量数据。相关研究指出，人均累计排放指标最能体现“共同而有区别的责任”原则和公平正义准则，以此为基础确定的排放配额方案是控制大气CO_2浓度国际责任体系的基石。根据排放配额方案计算，大部分发达国家早已用完1900－2050年应得排放权，即使它们今后达到其大幅度减排目标，依然会形成巨大的排放赤字。中国属于排放速率需降低国家，中国2006－2050年的总排放量为126.97GtC，与配额相去不多，在谈判中可完全做到进退有据。

发现迄今最古老的完整保存的硬骨鱼类化石　古脊椎动物与古人类研究所朱敏研究组对迄今为止全球最古老且保存完整的硬骨鱼乃至有颌脊椎动物化石进行了系统研究，第一次近乎完整地呈现了有颌脊椎动物祖先可能具有的特征组合。该研究为探索有颌类的早期分化以及硬骨鱼类的起源提供了迄今最好、最完整的化石资料，为脊椎动物“辐鳍鱼类与肉鳍鱼类的分化”提供了新的、确凿的最近时间校正点。成果在*Nature*发表。

发现世界上最早的带羽毛恐龙　古脊椎动物与古人类研究所徐星、侯连海与沈阳师范大学胡东宇等专家，共同发布了一件产于辽宁西部晚侏罗世早期髫髻山组的保存有羽毛的“赫氏近鸟龙”标本，它代表了目前世界上最早的长有羽毛的物种，进一步支持了四翼恐龙的假说。研究人员据此提出了兽脚类恐龙分异的时间框架新假说，反驳了有关鸟类起源的“时间倒置”论，代表了我国学者在鸟类起源研究中又一重大突破。该研究成果在*Nature*发表，并入选2009年中国十大科技进展新闻。

电子垃圾POPs污染与燃煤排放因子研究取得重要进展　广州地球化学研究所傅家谟研究组建立了有关大气甲醛等分子碳同位素的原创性方法，提出了电子废物粗放式拆解区是含氯/含溴二噁英、含溴/含氯阻燃剂等污染物的高暴露区和人体内暴露高风险区。该研究首次发布了人体血清中含有DP阻燃剂，测得我国首批家用燃煤实测黑炭排放因子。*Science News* 对该成果进行了评述。

植物考古学新方法在农业起源研究中取得突破 地质与地球物理研究所吕厚远研究组通过对现代农作物和野生草类的植硅体进行分析，在粟、黍植硅体鉴定方法学上取得了突破，厘定了粟、黍植硅体鉴定标准。通过对河北磁山遗址样品分析和年代测定，发现距今10300年出现黍，距今8700年出现粟。该研究取得了植物考古方法上的新突破，在东亚旱作农业起源研究获得新进展，对新石器遗址农业考古研究具有重要意义。成果在 *PLoS ONE* 和 *PNAS* 发表。

南亚黑碳排放加速青藏高原冰川的融化 由青藏高原研究所徐柏青、地球环境研究所曹军骥与美国宇航局（NASA）的 James Hansen 等专家组成的国际科研小组，在对青藏高原大范围冰芯提取分析后，揭示了20世纪50年代以来欧洲及南亚黑碳排放在青藏高原雪冰中沉降的时空变化及其对冰川加速融化的可能影响。该研究为进一步揭示人类黑碳排放对气候环境、雪冰融化影响的定量评估提供了科学依据。成果在 *PNAS* 发表。

高等级公路冻土路基调控技术实体试验研究 寒区旱区环境与工程研究所为配合《国家高速公路网规划》的实施，针对冻土区高速公路建设所面临的关键工程技术问题，着眼于为未来高等级青藏公路提供技术储备。该所以青藏铁路冻土路基稳定性试验基地为基础，建设了全长315m的高速公路实体试验工程，并从对流、传导、辐射等方面进行了路基温度调控的试验研究。该研究是当前国内冻土路基调控技术最全面的实体试验研究，将在我国乃至国际冻土区高等级公路建设中发挥开拓、引领作用。

地面成像光谱辐射计测量系统研制 遥感应用研究所与上海技术物理研究所联合研制出我国首台地面成像光谱辐射测量系统。该系统在获取地物高空间分辨率影像的同时，还可获得地物高光谱分辨率的光谱数据，实现了影像和光谱的图谱合一。该系统光谱测量范围为400－870nm，光谱分辨率达5nm，空间分辨率达厘米级，是国内当前在地面近距离获取成像光谱数据的领先性、创新性设备。

苏打盐碱地羊草移栽恢复技术体系及应用 东北地理与农业生态研究所梁正伟研究组针对松嫩平原西部土地退化和盐碱化日趋严重的状况，在揭示盐碱地植被退化机制的基础上，提出轻、中、重度盐碱地的分类治理模式，建立了顶级羊草植被快速恢复的技术体系。研究显示，应用羊草移栽新技术3年内可使植被总盖度达80%以上，羊草植被盖度由0提高到50%以上，产草量达 $2t/hm^2$ 以上。该成果在长岭、白城等地辐射推广141万亩，获效益1.28亿元，在吉林省生态省建设和松嫩平原退化土地治理中发挥出显著的生态、经济和社会效益。

东亚季风指数及其季节预测研究取得新进展 大气物理研究所李建平、曾庆存根据风场标准化季节变率定义了新的季风指数（国际称为李－曾指数），很好地表示了季风环流和降水类型及其强度变化，已被美国国家海洋大气局采纳并投入日常业务应用。李建平研究组发现春季北大西洋涛动信号有助于提高东亚夏季旱涝的季节预测能力，由此建立了一个东亚夏季风季节预测经验模式，为东亚夏季风实时季节预测提供了新工具。成果在 *Nature* 发表。

我国极端气候以及短期气候预测方法研究 大气物理研究所对我国极端气候以及短期气候预测方法进行深入研究，综合分析了我国极端气候事件的时空变化特征，指出近几十年来我国气候日益极端化、干旱与暴雨同行、极端高温和暴雪冰冻并行；提出年际增量和统计－动力相结合的预测方法及气候预测的热带相似理论，此类方法使得对我国若干关键区夏季降水、气温以及西太平洋热带气旋活动的预测准确率大幅提高，预测技巧明显高于我国目前短期气候预测业务的平均水平。

海水高效养殖工程及精准生产技术的产业化 海洋研究所等完善了海水高效养殖工程设计理论，突破了封闭循环水高效养殖的3项关键技术（去除水溶性有害物、增氧、消毒），创制与应用了固液分离器、生物过滤器、高效增氧器等具有自主知识产权的高效净化装备，研究应用了集散式水质在线监测与控制系统，提出了一种基于计算机视觉量化鱼类行为的新方法，率先进行了鱼类工业化精准生产关键技术的应用研究。相关成果推广使用面积13万m^2，累计实现销售收入2.22亿元。获得国家授权发明专利1项、实用新型专利3项、软件著作权2项，建立企业技术标准和规范4项。

石斑鱼感染虹彩病毒后的细胞凋亡机制研究 南海海洋研究所在重要海水养殖鱼类——石斑鱼的虹彩病毒（SGIV）致病机理研究方面取得重要进展，发现了SGIV病毒感染诱导的宿主细胞死亡类型为类凋亡；鉴定了SGIV编码与凋亡相关的基因并研究了基因对凋亡的调节作用；揭示了丝裂原活化蛋白激酶（MAPK）信号通路在低等脊椎动物病毒感染和复制中的作用。该研究为深入研究海洋鱼类病毒致病机理及发展抗病毒对策奠定了重要理论基础。成果在*Biochemical and Biophyiscal Research Communications*和*Aquaculture*发表。

实时、快速、无试剂化生物传感器的研制 烟台海岸带研究所探索将聚合物膜离子选择性电极应用于生物传感海岸带环境监测。相关研究将聚合物膜离子选择性电极技术和计时电位法相结合，以可卡因、有机磷农药的靶标酶－胆碱酯酶为模型，构建了丁酰胆碱聚合物膜离子选择性电极，利用了电极膜相流向样品溶液相的离子通量，提出了两种传感模式，建立了实时、快速、无试剂化检测方法。研究成果在传感器快速检测水体中的农药、病毒、重金属等污染物领域有着广阔的应用前景。

土壤－植物系统典型污染物迁移转化机制与控制原理 生态环境研究中心朱永官、王子健等专家研究发现根际的化学和生物学过程深刻影响砷等污染物向植物转移；首次阐述了一种新的影响水稻吸收积累砷的机理；通过植物砷酸还原酶分析测定方法，在国际上首次证实了植物体内存在砷酸还原酶；提出砷超积累植物根部高效的砷酸还原酶活性是其超积累砷的重要机制。该研究开拓了植物砷代谢研究的新领域，揭示了水稻根表铁膜在控制水稻砷吸收中的作用。研究成果为应对东南亚水稻砷污染提供了新希望。*Science*和*Trends in Plant Science*等评述了该研究成果。

全球稻田甲烷排放量和减排潜力的估算研究 南京土壤研究所颜晓元提出的估算稻田甲烷排放量方法被政府间气候变化委员会（IPCC）的《国家温室气体排放清单指南》采用为缺省方法。该估算方法显示，2000年全球稻田甲烷排放总量为25.6Mt，远低于当前大气化学模型中普遍采用的估值（80Mt）；发现甲烷排放与田间管理措施密切相关，对持续淹水的稻田在水稻生长季进行一次以上的落干，全球每年可减少4.1Mt的甲烷排放量。成果被 *Nature* 报道。

五氯酚毒性相关研究 生态环境研究中心朱本占等研究发现了环境污染物代谢产物五氯酚（PCP）等产生毒性作用的新途径。PCP 的基因毒性归因于其两个主要醌类代谢物：四氯氢醌（TCHQ）和四氯苯醌（TCBQ），它们导致的 DNA 损伤以前被归因于通过铁离子依赖型芬顿（Fenton）反应所形成的 OH。该研究以碳为中心，开展了不同于经典芬顿反应的新型羟基和烷氧自由基的产生机理研究，发现了卤代醌通过不依赖于金属离子的途径，为先前提出的卤代醌介导不依赖金属离子的氢过氧化物分解机制提供了实验证据。论文在 *PNAS* 发表。

东北老工业基地环境污染形成机理与生态修复研究 沈阳应用生态研究所李培军等系统揭示了老工业基地污染源时空分布特征，发展了相关分析方法，揭示了典型重化企业环境污染同生产活动的关系；针对老工业基地重化工业区特点，测定了寒冷气候条件下典型有机物的土 - 气分配系数以及温度的影响规律，首次采用逸度模型模拟了石油及持久性有机物在不同环境区域的迁移过程，构建了老工业基地污染土壤与水体修复技术体系；阐释了典型工业区域污灌区地下水原位修复原理，建立了城市废水再生与资源化的系统理论与方法，提出了典型农田与工业场地污染土壤修复的系统方法。

仔猪肠道健康及功能性饲料研究与应用 亚热带农业生态研究所印遇龙开发出了促进仔猪肠道健康及替代抗生素和激素的功能性系列新产品——精氨酸生素（AAA），使仔猪日增重提高 12% –20%，饲料利用率提高 10% –15%，腹泻率下降 25% –35%。

中国 1∶100 万数字地貌图 由地理科学与资源研究所牵头组织的“中国 1∶100 万数字地貌图研究及其应用”项目面向国家自然资源、生态与环境调查等重大需求，自 1978 年以来，经前后三代人、200 多位地貌学家的持续研究和联合攻关，突破了地貌遥感定量解析等诸多关键技术，率先在国际上完成国家级地貌数据库共享系统和百万比例尺地貌图，填补了国内外空白。该图集是我国目前开本最大、内容最丰富的百万系列地图之一，也是唯一覆盖我国全部陆域和海疆国土的大型专题地图集。

（四）高技术领域

单精度千万亿次高效低成本超级计算系统建成 过程工程研究所等单位联合建成了国内首套单精度峰值 1000 万亿次的高效低成本的超级计算系统。该系统由过程工程研究所提出计算模式、总体方案和应用实例，由联想和曙光集团形成产品，在使用专门硬件提高效率的同时，以软件通用化扩大应用面，使成本、能耗和占地面积显著降低。目前，该系统已广泛服务于国内外大型企业，为我国以现有硬件技术条件发展世界领先的计算能力开辟了新途径。

“实验 1 号”综合科学考察船 声学研究所、南海海洋研究所、沈阳自动化研究所联合完成了“实验 1 号”综合科学考察船建造任务并投入使用。“实验 1 号”全长为 60m，宽为 26m，排水量为 2560t，总吨位为 3071t，续航力为 8000 海里，是我国第一艘 2000 吨级以上大型小水线面双体船。该船经济性能较好，拥有优异的耐波性、良好的安静性、出色的操纵性，并拥有较大的实验室和甲板面积，已成为我国目前最先进的综合科学考察船，将为我国在近海、远洋进行水声学、海洋学等综合科考提供重要的支撑平台。

7片2英寸氮化物材料MOCVD设备研制成功 半导体研究所攻克了MOCVD设备设计和制造关键技术，研制出具有自主知识产权的MOCVD工程化样机，可一次生长7片2英寸氮化物LED外延片，并具有很好的稳定性、重复性，外延材料不均匀性小于5%。该设备总体性能与国外商用同类设备相当，为更大规模设计和制造国产MOCVD设备打下了基础。

世界首个量子政务网在芜湖建成 中国科学技术大学与芜湖市政府合作，在该市建成了世界首个“量子政务网”并投入试运行。该网连接8个用户，设置了4个全通主网节点、3个子网用户节点以及一个用于攻击检测的节点，融合了国际上现有的3种组网技术，首次设计出多层次、满足不同用户需求的多功能量子保密通信网络。该网络可以完成任意两点之间的绝对保密的通信过程，不仅可以实现保密声音、保密文件和保密动态图象的绝对安全通信，还能满足通信量巨大的视频保密会议和大量公文保密传输的需求，标志着我国量子保密通信技术正式步入应用轨道。

“风云三号”A气象卫星有效载荷通过成果鉴定 由上海技术物理研究所、长春光学精密机械与物理研究所、空间科学与应用研究中心研制的多种气象探测载荷随“风云三号”A气象卫星顺利升空，相关载荷包括：上海技术物理研究所研制的扫描辐射计、中分辨率成像光谱仪、红外分光计和地球辐射探测仪；长春光学精密机械与物理研究所研制的太阳辐射监测仪、紫外臭氧垂直探测仪；空间科学与应用研究中心研制的微波湿度计、紫外臭氧总量探测仪、空间环境监测器。经在轨测试和用户应用，各载荷数据处理结果良好，并于2009年先后通过成果鉴定。

大功率半导体激光器阵列封装技术 西安光学精密机械研究所的高功率半导体激光器列阵封装技术取得重要进展，首次采用双面散热技术，克服了大功率半导体激光器面临的热问题；首次研究了半导体激光器列阵近场非线性效应产生机制，开发了low smile技术；首次揭示了大功率半导体激光器列阵光谱展宽机理，开发了光谱宽度控制技术；推出了国内首款、国际第三款无铟化半导体激光器产品。同时，采用硬焊料金锡作为封装材料，避免了铟氧化和电迁移等缺陷，提高了器件的可靠性。采用该技术开发的产品具有超高功率、长寿命、低smile、窄光谱的优点，被广泛应用于激光泵浦、激光显示及其他相关工业、科研等领域，直接推动相关行业的发展。

离轴三反光学系统先进制造技术取得突破 长春光学精密机械与物理研究所在离轴三反光学系统先进制造技术方面取得突破，在国内首次研制成功了具有自主知识产权的适用于碳化硅材料加工的六轴联动数控非球面加工设备；突破了碳化硅离轴非球面高精度加工技术；发展了用于高陡度离轴高次非球面检测的透镜零位补偿检验法、子孔径拼接干涉检验法、计算全息检验技术，突破了加工、调整误差分离、投影畸变校正、计算机辅助调整等一系列关键技术；在国际上首次提出了离轴三反光学系统“共基准”装调思想并突破了基于计算全息检验的“共基准”装调技术，实现了多精度及效率，达到国际领先水平。这些技术已在卫星上得到成功应用。

医用钛合金国产化 具有多功能特性的Ti2448合金是金属研究所研制的一种高强度低模量超弹性柔韧钛合金，自2003年起先后申报了中国、PCT（专利合作条约）和美国专利，已获国家发明专利授权。此后，金属研究所与威高集团合作，开展 Ti2448 合金的医疗应用研究，并成功提供数批次 Ti2448 合金料材。采用该材料加工生产的 GC1Z03 型金属接骨板（直形复位钛合金板）于 2008 年通过了注册检验。目前，采用 Ti2448 合金制造的 GC1Z03 型金属接骨板和具有知识产权的脊柱动态固定器已在国内 4 家医院开展临床试验，正在申请产品注册，后续系列产品正在研发中。

大容量钠硫储能电池研制成功 钠硫储能电池是目前最经济实用的电能存储方法之一。上海硅酸盐研究所和上海市电力公司合作，成功研制出具有自主知识产权的容量为 650Ah 的钠硫储能单体电池，使我国成为继日本之后的世界上第二个掌握大容量钠硫医用钛合金大容量钠硫单体电池核心技术的国家。现已建成 2MW 大容量钠硫单体电池中试生产示范线，合作双方计划进一步研制出百千瓦级的钠硫电池储能系统，并在 2010 年上海世博会展示。

千吨级钛白清洁生产新技术 过程工程研究所与全国最大钛白企业——山东东佳集团多年合作，开展熔盐法钛白清洁生产新技术的中试和产业化研发工作，建成千吨级示范工程。试车运行数据表明，钛转化率大于 97%，与硫酸法和氯化法相比资源利用率提高 10%；综合生产成本较硫酸法和氯化法降低 10% 以上；从生产源头消减废酸、酸性废水、废渣和废气产生，实现酸性废渣和酸性废气近零排放，废酸消减 80%，产品性能达到颜料级钛白粉的要求。形成具有自主知识产权的钛白清洁生产集成技术和万吨级工艺软件包，预计 3 年内进一步建成万吨级钛白清洁工艺产业化示范工程。

润滑油基础油异构脱蜡技术实现工业应用 大连化学物理研究所与中国石油天然气集团公司石化研究院开发的润滑油基础油异构脱蜡催化剂及工艺在中国石油大庆炼化分公司 20 万 t/a 高压加氢装置成功实现工业应用。目前，高压加氢装置已通过了工业运行标定，实践证明该技术优于国际同类技术，显著提升了我国润滑油基础油品质和生产水平。

稀土异戊橡胶开发 长春应用化学研究所与中国石油吉林石化分公司合作开发了稀土异戊橡胶生产技术。相关人员在吉林石化公司研究院进行了稀土异戊橡胶中试研究和工业化放大试验，在自主设计的 20L 连续化中试装置上合成了 500kg 中试样品，产品性能达进口异戊橡胶水平。反应过程操作平稳，产品生产过程可控且质量稳定，为万吨级稀土异戊橡胶工业化生产提供了聚合生产工艺及工艺包设计基础数据。

16 万 t/a 煤基合成液体燃料示范技术 采用山西煤炭化学研究所煤炭间接液化技术建设的伊泰 16 万 t/a 煤基合成油示范项目和山西潞安矿业集团 16 万 t/a 煤炭间接液化工业示范项目，一次投料试车成功并产出合格油品。伊泰示范项目第二次开车后连续稳定运行，生产负荷已达 80%，日产柴油、石脑油 400 多吨。潞安示范项目开车以来运行稳定。两个示范项目成功运转表明，煤炭间接液化技术具有独特优势，工艺过程稳定可靠，技术指标总体处于国际领先水平。

煤制乙二醇成套技术实现工业化应用 福建物质结构研究所联合江苏丹化集团有限责任公司、上海金煤化工新技术有限公司开展技术攻关，首创了世界 20 万 t 煤制乙二醇工业示范项目，目前已打通了全流程、试车成功并生产出合格的乙二醇产品，该技术的投产标志着我国在世界上率先实现了煤制乙二醇成套技术的工业化应用。

加压灰熔聚流化床粉煤气化工业示范技术 晋煤集团 10 万 t/a 合成油示范工程项目，采用山西煤炭化学研究所灰熔聚流化床粉煤气化技术的工业气化装置，实现了“三高”（高灰、高灰熔点、高硫）无烟煤的连续稳定气化，并实现甲醇生产全流程贯通。晋煤集团合成油示范工程项目配备了 6 台灰熔聚气化炉，气化炉操作压力 0.6MPa，日处理晋城无烟煤 1600t，干煤气产量 125000Nm^3/h，目前已实现备煤、造气、合成油的全流程贯通，并进入生产阶段。该项目首次实现了加压灰熔聚流化床煤气化技术的规模化和商业化应用，为我国“三高”煤的合理利用提供了先进可靠的工业气化技术。

新型非黏着节电型直线电机轨道交通系统 电工研究所在非黏着直线电机轨道交通核心技术方面取得突破，掌握了大功率牵引直线电机优化设计、大功率牵引变流器设计制造及非黏着直线电机轨道交通系统数学建模和规划设计等技术，研制成功的直线电机轨道交通样车已通过专家评审。目前，样车已在试验线上试运行 500 余次，车辆及主要部件运行平稳可靠。

电动车整车及关键技术研发取得积极进展 深圳先进技术研究院等单位承担的“电动车整车及关键技术研发”项目目前已开发出多款样车和关键零部件。研制成功的 LF620 电动汽车列入上海世博会警用巡逻车示范运营计划；研制成功的 LF320 纯电动汽车整车，配置了自动充电电路，具备能量自动回馈功能；电动高压清洗车完成了首台样车的电动底盘试制，被列入上海市世博会试乘千辆示范运营计划；关键零部件方面已开发出带驻车档减速器、电控机械自动变速器（AMT）、能量管理系统、整车控制器等。

10kW 漂浮式鸭式波浪能装置 广州能源研究所成功研制出 10kW 漂浮式鸭式波浪能装置，可通过水下附体提高工作稳定性和效率，高效吸收波浪能并转换成电能，进而对蓄电池充电，再通过逆变器为用户提供电能，总转换效率 >30%；采用下潜技术，可抵抗 12 级台风袭击；将容错能力强的囊状泵作为过渡环节，大大降低了波浪能装置的加工和安装精度。该装置为解决海岛和钻井平台的电力供应提供了新模式。

队伍建设与人才培养

2009年，中国科学院遵循“以人为本”的宗旨和理念，进一步解放思想，创新工作思路，突出战略研究，不断优化人力资源配置，完善人才工作体系，在领导班子与干部队伍建设、岗位与机构管理、科技创新人才培养与引进、研究生教育和博士后队伍建设、继续教育与培训等方面取得了可喜成效。

一、人力资源管理研究

按照院党组的统一部署，在全院组织开展了“十二五”人力资源战略规划预研，对中国科学院战略领域人力资源的分布特征、研究所人力资源配置模型、全球顶尖科技人才及华人科学家分布、国内外拔尖人才培养模式等进行了深入研究，形成了关于中国科学院重要领域人力资源现状分析、我国科技拔尖人才培养情况调查与分析、研究所治理结构和领导机制情况调查与分析、全球顶尖科技人才及华人科学家分布等系列研究报告。中国科学院积极参与《国家中长期人才发展规划纲要》（2010－2020年）和《国家中长期教育改革和发展规划纲要》（2010－2020年）的制定工作。组织编撰《中国科学院教育发展史》，丰富了院史丛书。

为进一步推动全院人力资源管理的研究与探索，提高全院人力资源管理水平，组建中国科学院人力资源管理研究会，成立了北京等6个区域分会和人力资源战略规划等5个专业委员会，全院共有117个单位参加研究会，会员代表220人。该研究会的主要任务是，组织开展人力资源相关调查研究，搭建沟通交流平台，为院制定政策建言献策，组织人事干部学习培训。

二、领导班子与干部队伍建设

坚持贯彻落实《党政领导干部选拔任用工作条例》（中发〔2002〕7号），遵循中国科学院干部成长规律和干部管理工作特点，不断完善干部选拔与管理制度。修订出台了《中国科学院研究所领导干部选拔任用工作实施办法》、《中国科学院研究所领导班子建设与干部管理办法》、《中国科学院所局级后备干部选拔培养和管理办法》，形成了具有中国科学院特色的干部选拔与管理制度体系。

积极做好院机关部门和院属单位领导班子考核工作。2009年完成了院机关14个厅局领导班子的届中考核，调整正副局长4人；完成院属单位行政领导班子换届考核24个，届中考核19个，党委换届28个；组建了5个新建研究机构领导班子。2009年新提拔任用所局级干部81人，免职干部29人，干部交流29人，提任院机关、分院高级业务主管（四级职员）7人；按照中共中央组织部要求，从中国科学院共选拔任用了7位博士服务团成员。通过对领导班子的考核与调整，进一步优化了班子的组织结构，增强了班子的整体效能，有力地推动了院机关和研究所各项事业的改革与发展。

加强后备干部队伍建设，为研究所领导班子提供充足的干部储备。配合中共中央组织部完成全院省部级后备干部集中调整工作。2009 年下半年在全院范围内开展所局级后备干部的集中调整，共产生了近 500 人的后备干部，其中院机关、分院机关后备干部近 80 人，研究所后备干部近 420 人；正职后备干部近 260 人，副职后备干部近 240 人。

结合党的十七届四中全会精神，对新形势下加强领导班子思想政治建设进行部署，要求各分院党组把思想政治建设作为领导班子建设的重中之重，深入推进，常抓不懈；坚持和改进党委（党组）中心组学习制度；进一步规范和严格执行民主生活会报告制度；加强干部监督管理，坚持领导班子巡视制度，2009 年完成了 24 个院属单位领导班子的巡视工作。

三、岗位与机构管理

认真落实院党组的战略部署，积极推动中国科学院与地方共建机构的审批进程。2009 年经与中央机构编制委员会办公室、科学技术部等部门的有效沟通，中国科学院青岛生物能源与过程研究所、中国科学院烟台海岸带研究所、中国科学院苏州纳米技术与纳米仿生研究所、中国科学院城市环境研究所、中国科学院深圳先进技术研究院 5 个新建研究机构正式获得批准设立，并顺利通过事业法人登记。为加强中国科学院与地方共建研究机构岗位管理工作，按照国家有关政策并结合全院实际，出台了《中国科学院与地方共建研究机构岗位管理办法》。

按照“2 + 3”人力资源配置的原则并考虑到研究所的实际，重新核定了研究所 2009 年的编制数和正高级岗位数。完成研究所编制配置模型课题研究工作，为下一步科学、合理地配置研究所人力资源奠定了基础；开展队伍流动机制课题研究工作，初步对全院人员流动情况进行了分析；在充分调研的基础上，规范了对院设立的直属事业单位和非法人单元的机构管理。

四、科技创新人才培养与引进

2009 年 3 月，全面启动了“人才培养引进系统工程”。该工程的主要目标是，在未来 5 年内引进培养学术技术带头人 600 名，培养造就优秀支撑和管理人才 600 名，培养支持青年创新人才 6000 名，吸引和资助海外优秀学者和外国科学家 1500 名来院工作。为了保证工程的顺利实施，中国科学院先后出台了《关于启动“中国科学院人才培养引进系统工程”的实施意见》及《中国科学院引进海外高层次人才管理实施细则》、《中国科学院高级技术支撑人才引进与培养实施细则》、《中国科学院技术能手的评选与奖励办法》（暂行）、《中国科学院“爱因斯坦讲席教授”计划管理办法》、《中国科学院外国专家特聘研究员计划管理办法（试行）》、《中国科学院外籍青年科学家计划管理办法（试行）》等 7 个相关配套文件。“人才培养引进系统工程”的实施，整合并带动了中国科学院各类人才计划，包括“高层次人才培养引进计划”、“优秀青年人才培育计划”、“支撑与管理人才培养计划”、“海外智力引进与人才国际交流培养计划”的实施，有力推动了科技人才的引进与培养工作。

（一）“千人计划”

2009年，中国科学院引进“千人计划”51人。截至2009年底，中国科学院共有“千人计划”入选者70人，占全国创新人才入选总人数的14%。有11人作为国家科技重大专项负责人承担了重要研究任务。地质与地球物理研究所、大连化学物理研究所、深圳先进技术研究院3个单位入选第二批国家海外高层次人才创新创业基地。

（二）“百人计划”

2009年，中国科学院共有231人入选“百人计划”，其中“引进国外杰出人才”入选者176人、国内“百人计划”入选者10人、项目“百人计划”入选者45人，108位已到位工作1年以上的入选者获得择优支持。对115位计划执行完毕的入选者进行了终期评估，其中优秀26人，优秀率为23%；对22位“国家杰出青年科学基金”获得者给予了“百人计划”经费支持；成功组织第七届“百人计划”入选者国情、院情学习研讨班，共有162位入选者参加学习。

截至2009年底，共引进和培养优秀人才1846人，其中“引进国外杰出人才”入选者1292人、国内“百人计划”入选者250人、项目“百人计划”入选者78人。共有226位“国家杰出青年科学基金”获得者获得“百人计划”经费支持。

（三）创新团队国际合作伙伴计划

按照“依托基地，先行启动，择优支持”的原则，截至2009年底，已组建92个创新团队，凝聚国内中青年学术技术带头人694人；吸引海外优秀学者638人，其中351人被聘为中国科学院“海外知名学者”。

2008年度启动的19个团队已通过试运行评估正式启动，并遴选出中国科学院“海外知名学者”68名；2009年组建的22个团队进入试运行阶段。

（四）“西部之光”人才培养计划

2009年，“西部之光”人才培养计划通过各协调小组初审，经院人才工作领导小组会议审定，资助西部地区各类人才170人，其中联合学者12人，重点和一般项目61人，新引进博士毕业生81人，在职博士研究生16人。

对2005年度入选“西部之光”人才培养计划的58位青年学者进行了终期评估，有8位学者被评为优秀并获后续支持。2009年接收西部有关省（自治区）的青年访问学者36人。

（五）留学与海外人才工作

2009年，院公派出国留学选派291人，其中高级研究学者87人、普通访问学者172人、成组配套项目7组共计32人。以“青年科研骨干留学专项”支持156人，占支持总人数的53.6%。

2009年资助召开15个中国科学院学术研讨会，共计1200余位海内外学者参加会议，其中海外学者近200人。

2009年中国科学院获得王宽诚教育基金会资助共计233人次，其中出席国际会议33人、高级访问学者30人、获科研奖金50人、获人才工作奖励基金120人。

2009年共邀请19位“爱因斯坦讲席教授”到中国科学院进行学术交流与短期工作访问；聘用159位优秀高级外籍科学家为“中国科学院外国专家特聘研究员”；55位来自不同国家的青年博士获得“外籍青年访问学者奖学金计划”资助。

（六）技术支撑人才队伍建设

2009年启动实施“支撑与管理人才培养计划”，积极开展高级技术支撑人才遴选和引进工作、技术能手评选与奖励工作。经各单位推荐，通过专家通讯评审和现场答辩等相结合的方式，最终遴选出首批“关键技术人才”19人、“引进杰出技术人才”7人及“中国科学院技术能手”10人。

五、研究生教育和博士后队伍建设

2009年全院共录取研究生15893人，比上年增加7.3%。其中，博士研究生6111人，硕士研究生9782人。截至2009年底，全院共有116个研究生培养单位招收研究生，在学研究生达44978人，其中博士生20479人，硕士生24499人。

印发《中国科学院博士后管理暂行办法》，规范博士后管理工作。经积极有效争取，2009年底全院新增博士后科研流动站20个（表1），新增博士后设站单位7个。截至2009年底，在站博士后2570人。

表1　中国科学院2009年新增博士后科研流动站一览表

序　号	新增站点	所属单位
1	材料科学与工程	宁波材料技术与工程研究所
2	天文学	南京天文光学技术研究所
3	动力工程及工程热物理	广州能源研究所
4	生物学	北京基因组研究所
5	天文学	国家授时中心
6	化　学	国家纳米科学中心
7	电子科学与技术	新疆理化技术研究所
8	化　学	
9	地球化学	青海盐湖研究所
10	光学工程	西安光学精密机械研究所

续表

序　号	新增站点	所属单位
11	地质学	青藏高原研究所
12	数　学	武汉物理与数学研究所
13	核科学与技术	合肥物质科学研究院
14	物理学	理化技术研究所
15	环境科学与工程	中国科学技术大学
16	矿业工程	
17	计算机科学与技术	研究生院
18	环境科学与工程	
19	哲　学	
20	物理学	

在教育部、国务院学位委员会组织的2009年度全国优秀博士学位论文评选中，中国科学院共有20篇论文入选，占全国入选总数的20.4%。

为提高博士研究生的培养质量，树立中国科学院研究生教育的品牌，2009年共评选出50篇中国科学院优秀博士学位论文和50位院优秀研究生指导教师。评选出中国科学院院长特别奖20名、院长优秀奖200名，中国科学院优秀导师奖20名。评选出朱李月华优秀博士生奖、宝洁优秀研究生奖学金、地奥奖学金、大恒光学奖学金和宝钢优秀学生奖共477名，评选出中国科学院朱李月华优秀教师奖、宝洁优秀导师奖和宝钢优秀教师奖共122名。

继续实施“中欧联合培养博士研究生计划”，向德国、法国共派出博士研究生50人。

开展教育发展战略与路线图研究制定工作，组织专家对未来几十年中国科学院教育工作的总体目标和战略重点进行梳理和提炼。

通过政策扶持、项目引导等方式，大力推进科教结合工作。印发《关于进一步推进科教紧密结合，培养创新人才工作的实施意见》（科发人教字〔2009〕9号），成立了中国科学院科教结合工作指导委员会，指导全院的科教结合工作。设立科教结合教育创新项目，对院属各单位具有良好发展前景和突出特色的科教结合项目进行专项经费支持。首批批准科教结合教育创新项目17项，包括中国科学技术大学与研究所创办7个“科技英才班”；研究生院、中国科学技术大学与研究所联合共建项目8个；研究生院特聘教师项目和中国科学技术大学公共实验平台建设项目各1项。资助经费共计2023.3万元。

六、继续教育与培训

2009年，继续充分发挥全院专业、技术和人才优势，通过制定规划，完善管理，鼓励联合培训，实现强强联手，优势互补，打造精品培训项目。全院累计参加各类继续教育与培训达167631人次。

本着“联系实际创新路、加强培训求实效”的宗旨，遵循干部成长规律，从整合培训课程、优化培训项目入手，调整和完善所局级领导干部培训体系。2009年共有385名所（局）级干部参加上岗培训、理论培训、专题研讨和境外培训等各类培训项目。新增分别针对第二任所长和研究所分管成果转移转化工作所领导的所长高级研讨班和成果转移转化研讨班，把学习培训与研究解决实际问题相结合，充分调动参训人员的积极性和主动性，切实提升培训质量，受到了参训人员的普遍欢迎。

针对技术支撑人员的需求，重点从更新理念、增强创新意识、提升技能、加强职业规范等方面，组织跨所、跨地区的联合培训10余项，进一步提高技术支撑人员培训的针对性和有效性。

基础设施与支撑条件

一、实验室建设

（一）国家重点实验室

1. 国家重点实验室建设

2006 年、2007 年，科学技术部批准中国科学院建设 12 个国家重点实验室，2009 年建设任务圆满完成，其中 10 个通过科学技术部验收。另外，科学技术部 2005 年批准武汉大学和武汉病毒研究所联合建设的病毒学国家重点实验室也通过验收（表 1）。

表 1　中国科学院 2009 年完成建设任务的国家重点实验室

序　号	实验室名称	所属单位	验收时间
1	空间天气学国家重点实验室	空间科学与应用研究中心	2009. 1. 14
2	多相复杂系统国家重点实验室	过程工程研究所	2009. 1. 16
3	矿床地球化学国家重点实验室	地球化学研究所	2009. 8. 21
4	遗传资源与进化国家重点实验室	昆明动物研究所	2009. 9. 17
5	冰冻圈科学国家重点实验室	寒区旱区环境与工程研究所	2009. 9. 26
6	神经科学国家重点实验室	上海生命科学研究院	2009. 10. 25
7	城市与区域生态国家重点实验室	生态环境研究中心	2009. 12. 5
8	植被与环境变化国家重点实验室	植物研究所	2009. 12. 5
9	岩土力学与工程国家重点实验室	武汉岩土力学研究所	2009. 12. 12
10	湖泊与环境国家重点实验室	南京地理与湖泊研究所	2009. 12. 19
11	病毒学国家重点实验室	武汉大学、武汉病毒研究所	2009. 12. 11

2. 国家、部门重点实验室评估

2009 年，全国化学领域对 22 个国家重点实验室、3 个部门重点实验室进行评估，其中中国科学院 10 个国家重点实验室和 1 个院重点实验室参加了评估。全国共评选出优秀国家重点实验室 6 个，其中中国科学院 4 个（表 2），占 67%。

表 2　中国科学院 2009 年被全国化学领域评为优秀的国家重点实验室

序　号	实验室名称	所属单位	科学技术部公布时间
1	金属有机化学国家重点实验室	上海有机化学研究所	2009. 8. 21
2	催化基础国家重点实验室	大连化学物理研究所	2009. 8. 21
3	高分子物理与化学国家重点实验室	长春应用化学研究所	2009. 8. 21
4	分子反应动力学国家重点实验室	大连化学物理研究所	2009. 8. 21

（二）中国科学院重点实验室

1. 新建院重点实验室

2009 年 12 月 29 日，中国科学院科发计字〔2009〕257 号文件批准 31 家单位成立 33 个院重点实验室（表 3）。

表 3　2009 年新成立的中国科学院重点实验室

序　号	实验室名称	依托单位
1	活体分析化学重点实验室	化学研究所
2	软物质化学重点实验室	中国科学技术大学
3	纳米标准与检测重点实验室	国家纳米科学中心
4	西北特色植物资源化学重点实验室	兰州化学物理研究所
5	天体结构与演化重点实验室	国家天文台
6	软物质物理重点实验室	物理研究所
7	重离子束辐射生物医学重点实验室	近代物理研究所
8	时间频率基准重点实验室	国家授时中心
9	新生代地质与环境重点实验室	地质与地球物理研究所
10	大陆碰撞与高原隆升重点实验室	青藏高原研究所
11	干旱区生物地理与生物资源重点实验室	新疆生态与地理研究所
12	污染生态与环境工程重点实验室	沈阳应用生态研究所
13	内陆河流域生态水文重点实验室	寒区旱区环境与工程研究所
14	城市环境与健康重点实验室	城市环境研究所
15	黑土区农业生态重点实验室	东北地理与农业生态研究所
16	区域可持续发展分析与模拟重点实验室	地理科学与资源研究所
17	感染与免疫重点实验室	生物物理研究所
18	脑功能与脑疾病重点实验室	中国科学技术大学
19	计算生物学重点实验室	上海生命科学研究院

续表

序　号	实验室名称	依托单位
20	光生物学重点实验室	植物研究所
21	昆虫发育与进化生物学重点实验室	上海生命科学研究院
22	退化生态系统植被恢复与管理重点实验室	华南植物园
23	植物种质创新与特色农业重点实验室	武汉植物园
24	原子频标重点实验室	武汉物理与数学研究所
25	微波遥感技术重点实验室	空间科学与应用研究中心
26	红外探测与成像技术重点实验室	上海技术物理研究所
27	数字地球重点实验室	对地观测与数字地球科学中心
28	无机功能材料与器件重点实验室	上海硅酸盐研究所
29	生态环境高分子材料重点实验室	长春应用化学研究所
30	低温工程学重点实验室	理化技术研究所
31	电力电子与电气驱动重点实验室	电工研究所
32	光电信息处理重点实验室	沈阳自动化研究所
33	微小卫星重点实验室	上海微系统与信息技术研究所

2. 院重点实验室评估

2009 年是数理和地学领域院重点实验室评估年，两领域各有 20 个院重点实验室参加评估，各评出 A 类实验室 4 个、B 类实验室 12 个、C 类实验室 4 个（表 4，表 5）。

表 4　中国科学院 2009 年数理领域院重点实验室评估结果（A、B 类）

序　号	实验室名称	依托单位	评估结果
1	高温气体动力学重点实验室	力学研究所	A
2	华罗庚数学重点实验室	数学与系统科学研究院	A
3	核探测技术与核电子学重点实验室	高能物理研究所、中国科技大学	A
4	理论物理前沿重点实验室	理论物理研究所	A
5	射电天文重点实验室	紫金山天文台、上海天文台	B
6	系统控制重点实验室	数学与系统科学研究院	B
7	光学天文重点实验室	国家天文台	B
8	管理、决策与信息系统重点实验室	数学与系统科学研究院	B

续表

序　号	实验室名称	依托单位	评估结果
9	随机复杂结构与数据科学重点实验室	数学与系统科学研究院	B
10	数学机械化重点实验室	数学与系统科学研究院	B
11	光学天文重点实验室	国家天文台	B
12	粒子天体物理重点实验室	高能物理研究所	B
13	激发态物理重点实验室	长春光学精密机械与物理研究所	B
14	材料物理重点实验室	合肥物质科学研究院	B
15	基础等离子体物理重点实验室	中国科学技术大学	B
16	微重力重点实验室	力学研究所	B

表 5　中国科学院 2009 年地学领域院重点实验室评估结果（A、B 类）

序　号	实验室名称	依托单位	评估结果
1	同位素年代学和地球化学重点实验室	广州地球化学研究所	A
2	脊椎动物进化系统学重点实验室	古脊椎动物与古人类研究所	A
3	地球深部研究重点实验室	地质与地球物理研究所	A
4	壳幔物质与环境重点实验室	中国科学技术大学	A
5	绿洲生态与荒漠环境重点实验室	新疆生态与地理研究所	B
6	陆地生态过程重点实验室	沈阳应用生态研究所	B
7	动力大地测量学重点实验室	测量与地球物理研究所	B
8	热带海洋环境动力学重点实验室	南海海洋研究所	B
9	海洋生态与环境科学重点实验室	海洋研究所	B
10	沙漠与沙漠化重点实验室	寒区旱区环境与工程研究所	B
11	青藏高原环境变化与地表过程重点实验室	青藏高原研究所	B
12	生态系统网络观测与模拟重点实验室	地理科学与资源研究所	B
13	油气资源研究重点实验室	地质与地球物理研究所	B

续表

序　号	实验室名称	依托单位	评估结果
14	山地灾害与地表过程重点实验室	成都山地灾害与环境研究所	B
14	陆地水循环及地表过程重点实验室	地理科学与资源研究所	B
16	工程地质力学重点实验室	地质与地球物理研究所	B

（三）国家工程实验室

2009 年，中国科学院重点推进 9 个国家工程实验室（表 6）建设与管理工作，并采取积极措施，保证实验室投资使用进度和资金使用安全。2 月 26 日，经国家发展和改革委员会批准，以山西煤炭化学研究所为项目法人单位的碳纤维制备技术国家工程实验室正式成立。

表 6　中国科学院 2008 年、2009 年获得批准建设的国家工程实验室

实验室名称	项目法人单位名称	批准时间
甲醇制烯烃国家工程实验室	大连化学物理研究所	2008. 6. 6
中药标准化技术国家工程实验室	上海药物研究所	2008. 6. 13
工业酶国家工程实验室	微生物研究所	2008. 6. 13
煤炭间接液化国家工程实验室	山西煤炭化学研究所	2008. 7. 4
湿法冶金清洁生产技术国家工程实验室	过程工程研究所	2008. 11. 28
遥感卫星应用国家工程实验室	遥感应用研究所	2008. 11. 28
信息内容安全技术国家工程实验室	计算技术研究所	2008. 11. 28
真空技术装备国家工程实验室	沈阳科学仪器研制中心有限公司	2008. 11. 29
碳纤维制备技术国家工程实验室	山西煤炭化学研究所	2009. 2. 26

二、工程中心建设

2009 年 9 月，科学技术部发布第三次国家工程技术研究中心评估结果，全国 89 参评的国家工程技术研究中心共评出 17 个优秀、28 个良好。中国科学院 8 个工程技研究中心参评，获 3 个优秀、4 个良好、1 个及格（表 7）。

表 7　中国科学院参加科学技术部第三次国家工程技术研究中心评估情况

序　号	工程中心名称	依托单位	评估结果
1	国家金属腐蚀控制工程技术研究中心	金属研究所	优　秀
2	国家并行机工程技术研究中心	计算技术研究所	优　秀
3	国家生化工程技术研究中心	过程工程研究所	优　秀
4	国家高性能计算机工程技术研究中心	计算技术研究所	良　好
5	国家遥感应用工程技术研究中心	遥感应用研究所	良　好
6	国家催化工程技术研究中心	大连化学物理研究所	良　好
7	国家专用集成电路设计工程技术研究中心	自动化研究所	良　好
8	国家天然药物工程技术研究中心	成都生物研究所	及　格

截至 2009 年底，中国科学院共有国家工程技术研究中心 30 个（表 8）。

表 8　中国科学院获批建设的国家工程技术研究中心

序　号	工程中心名称	依托单位	批准部门
1	工程塑料国家工程研究中心	理化技术研究所	国家发展和改革委员会
2	基础软件国家工程研究中心	软件研究所	国家发展和改革委员会
3	信息安全共性技术国家工程研究中心	软件研究所	国家发展和改革委员会
4	光电子器件国家工程研究中心	半导体研究所	国家发展和改革委员会
5	光盘及其应用国家工程研究中心	上海光学精密机械研究所、上海微系统研究所	国家发展和改革委员会
6	高性能均质合金国家工程研究中心	金属研究所	国家发展和改革委员会
7	机器人技术国家工程研究中心	沈阳自动化研究所	国家发展和改革委员会
	高档数控国家工程研究中心	沈阳计算技术研究所有限公司	国家发展和改革委员会
	膜技术国家工程研究中心	大连化学物理研究所	国家发展和改革委员会
	精细石油化工中间体国家工程研究中心	兰州化学物理研究所	国家发展和改革委员会
	性药物国家工程研究中心	成都有机化学有限公司	国家发展和改革委员会
	电池及氢源技术国家工程研究中心	大连化学物理研究所	国家发展和改革委员会
	络新媒体工程技术研究中心	声学研究所	科学技术部
	工程技术研究中心	过程工程研究所	科学技术部
	用工程技术研究中心	遥感应用研究所	科学技术部
	程技术研究中心	计算技术研究所	科学技术部
	机工程技术研究中心	计算技术研究所	科学技术部
	设计工程技术研究中心	自动化研究所	科学技术部
	心	武汉岩土力学研究所	科学技术部

续表

序 号	工程中心名称	依托单位	批准部门
20	国家卫星定位系统工程技术研究中心	测量与地球物理研究所	科学技术部
21	国家淡水渔业工程技术研究中心	水生生物研究所	科学技术部
22	国家金属腐蚀控制工程技术研究中心	金属研究所	科学技术部
23	国家真空仪器装置工程技术研究中心	沈阳科学仪器研制中心有限公司	科学技术部
24	国家催化工程技术研究中心	大连化学物理研究所	科学技术部
25	国家光栅制造与应用工程技术研究中心	长春光学精密机械与物理研究所	科学技术部
26	国家节水灌溉工程技术研究中心	水土保持与生态环境研究中心	科学技术部
27	国家天然药物工程技术研究中心	成都生物研究所	科学技术部
28	国家光电子晶体材料工程研究中心	福建物质结构研究所	科学技术部
29	国家环境光学监测仪器中心	合肥物质科学研究院安徽光学精密机械研究所	科学技术部
30	国家荒漠－绿洲生态建设工程技术研究中心	新疆生态与地理研究所	科学技术部

三、大科学装置建设与管理

2009年，中国科学院大科学装置的建设和运行取得了可喜进展，在推进科学研究和社会经济发展等方面发挥了重要作用，得到了社会的广泛赞誉和高度评价。“上海光源竣工”、“我国建成世界上最大口径的大视场光学天文望远镜”入选2009年国内十大科技新闻。“上海光源建成”入选2009年中国十大科技进展新闻。“北京正负电子对撞机重大改造工程通过国家竣工验收”入选2009年中国基础研究十大新闻。“重离子加速器冷却储存环（HIRFL－CSR）工程研究集体”获2009年中国科学院杰出科技成就奖。先进实验超导托卡马克装置（EAST）团队获2009年度华人物理学会“亚洲杰出成就奖”。大天区面积多目标光纤光谱天文望远镜（LAMOST）现身国庆60周年盛典彩车。11月29日，中共中央政治局常委、国务院副总理李克强考察等离子体物理研究所核聚变实验装置EAST，对大科学工程取得的成就给予了充分肯定，并鼓励科技人员再接再厉，勇攀世界科技高峰。

（一）大科学装置基本情况

中国科学院是承担我国大科学装置建设与运行的主要力量，目前正在运行的装置有10个，在建装置8个，将建装置4个（表9）。

表 9　中国科学院大科学装置基本情况

运行装置	在建装置	将建装置
北京正负电子对撞机重大改造工程（BEPCII）	上海光源	散裂中子源
兰州重离子加速器冷却储存环（HIRFL-CSR）	东半球空间环境地基综合监测子午链（子午工程）	蛋白质科学研究设施（上海）
大天区面积多目标光纤光谱天文望远镜（LAMOST）	强磁场实验装置	EAST 辅助加热系统
合肥同步辐射装置	500m 口径球面射电望远镜（FAST）	自由电子激光实验装置预研
先进实验超导托卡马克装置（HT-7、EAST）	中国遥感卫星地面站网	
遥感飞机	海洋科学综合考察船	
中国遥感卫星地面站	航空遥感系统	
长短波授时系统	武汉生物安全实验室（P4）	
神光高功率激光实验装置		
中国西南野生生物种质资源库		

（二）三个装置通过国家验收

大天区面积多目标光纤光谱天文望远镜（LAMOST）于 2009 年 6 月 4 日通过国家验收，它一次观测最多可同时获得 4000 个天体光谱，成为目前国际上口径最大的大视场望远镜和光谱获取率最高的望远镜。

北京正负电子对撞机重大改造工程（BEPCII）于 2009 年 7 月 17 日通过国家验收，其主要性能参量均达到或超过设计指标，为我国在今后相当长时期内继续保持粲物理研究的国际领先地位，取得原始创新性物理成果奠定了良好基础。

中国西南野生生物种质资源库 2009 年 11 月 24 日顺利通过国家验收。该库目前已收集、保存了 8000 多种、7 万多份野生生物种质资源，其中包括来自 21 个国家的 252 种、590 份野生植物种子。该库具备了强大的野生生物种质资源保藏与研究能力，成为目前世界上两个按国际标准建立的野生生物种质资源库之一，是具有重要国际影响的野生生物种质资源保藏设施，保藏能力达到国际领先水平，具有不可替代性。该项目的完成，对我国的生物多样性保护与研究工作起到重要推动作用，是我国战略性生物资源保存的重大飞跃，为我国经济社会可持续发展提供了生物资源战略储备。

（三）运行装置获丰硕成果

兰州重离子加速器冷却储存环（HIRFL-CSR）在核质量测量方面获得新进展，并在浅层及深层的肿瘤治疗方面取得新的突破。

合肥国家同步辐射实验室新建的高空间分辨X射线成像光束线及实验站空间分辨率达到世界先进水平。在此装置上凹陷硫化铜十四面体微晶结构观测及燃烧研究等方面取得重大进展，相关论文已在国际著名杂志发表。

先进实验超导托卡马克装置（EAST）获得稳定、可控、可重复的大于60s非圆截面双零偏滤器位形等离子体放电，这是国际上第一次分钟级的非圆截面偏滤器高参数等离子体放电，为降低未来ITER（国际热核聚变实验堆）运行风险和成功运行提供了重要的实验数据。

遥感飞机完成了多部合成孔径雷达（SAR）系统的飞行任务，大大缩短了同国际先进水平的差距。2009年6月，遥感飞机完成了汶川地震一年后灾区环境变化以及灾后重建工作的遥感监测任务，为生态环境变化与恢复评估、灾后重建等需要提供了丰富的科学数据；2009年8月完成了对北京中关村地区、奥运核心区等的奥运会一周年航空遥感监测任务。

中国遥感卫星地面站在卫星数据申请、接收、处理、存档等方面具有巨大优势，在第一时间为国家需要的监测与评估提供科学、可靠的数据依据，为国家领导的决策提供了强有力的技术支持。

国家授时中心BPL、BPM长短波授时提供国家标准时间和标准频率服务，并多次承担火箭、卫星等国家重要空间发射授时保障任务。2009年1月1日顺利完成中国与全球同步的“闰秒”调整；2009年6月，卫星双向时间频率比对结果正式用于国际原子时归算。

神光Ⅱ装置运行稳定高效，完成了大量物理实验任务，装置的实验发次和运行成功率均达到世界一流水平，成功模拟了天体物理研究中极为重要的无碰撞冲击波实验，验证了天体物理对超新星爆发过程中无碰撞冲击波的产生机制的推论。

2009年7月19日，中国科学院近代物理研究所与兰州市政府、甘肃盛达集团共同签署了共建国内第一家“重离子治癌中心”协议。国内首个采用重离子辐照选育的中药材新品种通过甘肃省科技厅认定。

（四）在建及将建装置进展顺利

上海光源（SSRF）于2009年4月29日举行了竣工典礼。该装置在试运行期间就吸引了来自全国78个科研单位301项课题的研究申请，已解析出几十个蛋白质三维结构。2009年12月8日顺利通过了工艺鉴定验收。

500m口径球面射电望远镜（FAST）进入工程实施阶段，确定台址详勘技术方案后，在贵州省平塘县境内进行的台址详勘工程于2009年11月24日基本完成。

东半球空间环境地基综合监测子午链（子午工程）15个监测台站组成的运用地磁、无线电、工学和探空火箭等多种手段进行大型空间环境地基监测系统经过两年建设已进入验收准备阶段。

陆地观测卫星数据全国接收站网密云站的升级改造完成阶段任务，喀什站投入运行，三亚站第一套天线的建设进展顺利。现已实现我国陆地领土的100%覆盖，填补了我国民用陆地观测卫星在西部地区数据覆盖的空白。

稳态强磁场实验装置（SHMFF）研制中的扫描隧道显微镜（STM）、磁力显微镜（MFM）、原子力显微镜（AFM）三元合一的组合显微镜（SMA）属国际首创，现已进入调试阶段。

海洋科学综合考察船初步设计方案通过了外部评审，2009年11月26日签订了建造监理合同，12月29日签订了考察船项目建造合同，该项目已进入全面建设阶段。

国家蛋白质科学研究上海设施2009年11月25日举行了奠基仪式。

散裂中子源（SNS）的可行性研究报告于2009年10月21日由中国国际工程咨询公司组织评估论证，正在等待国家发展和改革委员会的批复。目前正在进行初步设计，并在广东东莞大朗地区进行地质详勘工作。

（五）大科学装置管理工作再上新台阶

为更有效地整合全社会科技资源，深化科技体制改革，推进国家创新体系建设，充分发挥中国科学院在大科学装置领域已建成的国家研究平台的功能和作用，促进高等院校和其他科研院所的研究人员有效利用这些设施开展研究，多出高水平研究成果，中国科学院与国家自然科学基金委员会共同设立了大科学装置科学研究联合基金，共同支持全国的研究单位在中国科学院的大装置上做科学研究，2009年遴选出首批77个科学研究项目。

为提高在建大科学装置的管理水平，做到不超预算、保质保量按时完成大科学工程建设，2009年3月9－10日召开了中国科学院大科学装置建设年会，进一步推动大科学工程的建设进程，相互交流经验。为进一步规范运行装置的管理，中国科学院大装置办公室两次组织专家对11个装置的运行经费、运行岗位进行了实地审核，强调加强运行经费的预决算管理，同时检查大装置的运行管理，逐步实行科学化、规范化管理。2009年8月31日至9月3日召开院大科学装置运行年会，检查各装置的年度工作进展，评选出7项装置运行获得的突出成果，审议下年度的运行计划，遴选了重大维修改造项目，并就如何进一步做好开放研究进行了讨论。

院大科学装置办公室建立了全新的大科学装置网页，加大了宣传力度；编印了《中国科学院大科学装置2008年度报告》，编译两册《大科学装置研究文集》，初步完成了“大科学装置建设手册”的编制工作。

四、科技基础设施建设

（一）信息化工作

2009年，院信息化各项工作全面开展，整体上做到了部署到位、管理有序，实施计划推进顺利，应用和服务不断加强，总体态势良好，取得重要阶段性进展。

1. 需求牵引，扎实推进院“十一五”信息化各项建设任务

互联网络环境建设与服务项目。网络覆盖面和管理水平进一步提高，院内100多家单位及院外100多家科研单位接入中国科技网，北京至分院的信道带宽已有6个升至2.5G。开展了大科学装置和野外台站联网建设，截至2009年底已完成9个台站的建设任务。开

通了 CNGI 网络服务并提供了视频、邮件、IPv6 服务等增值服务和网络安全服务。

超级计算环境建设与应用项目。按地域学科布局的超算环境的三层架构已经呈现，顶层计算能力是通用 146 万亿次、专用（GPU 应用）1000 万亿次；深圳、合肥、昆明、青岛、兰州等 5 个分中心基本接入院网格环境；苏州纳米技术与纳米仿生研究所、北京基因组研究所、上海药物研究所、上海天文台、南京天文台、山西煤碳化学研究所、高能物理研究所、微生物研究所、福建物质结构研究所等 9 家所级超算中心已签署协议。GPU 超算已在 10 家院内用户进行推广应用。

数据应用环境建设与服务项目。整合建设了丰富的数据资源，完成 14 个科学数据库整合布局及 37 个专业数据库部署，数据资源中心已经具备 600TB 的服务能力。数据基础设施方面实现了对科学数据库、中国科学院资源规划（ARP）等资源的存储备份和国内外优质数据资源的镜像服务。建立了支撑科技创新的云存储服务中心，以及面向科研人员的科学数据及应用服务中心和面向科研应用的知识服务中心。

网络化运行管理平台项目。4 家新建研究所 ARP 于 2009 年 7 月 29 日完成实施工作，试运行状况良好。2009 年 12 月 1 日，全院 124 家院属单位公文系统全面上线运行，院所之间实现电子公文流转。2009 年 12 月底，ARP 所级系统 V1.3 版启动全面部署工作。通过 ARP 系统的 IRC（信息资源中心），已向办公厅、人事教育局、计划财务局、规划战略局、基本建设局、院地合作局、高技术研究与发展局等业务主管部门提供信息服务。注重标准规范建设，完成《ARP 系统标准规范汇编》的编写工作。

网络化信息发布平台项目。2009 年，在院统建的网站群平台上建成了中英文版主站，建成了院领导、院机关各部门及院属各单位中文版子站 159 个，英文版子站 116 个。2009 年 10 月 29 日，中国科学院网站群正式发布。开通了庆祝中国科学院成立 60 周年专题网站 www.cas60.cn。初步建立了运维机制、标准规范和监控服务平台。在本年度全国政府门户网站综合评估活动中，中国科学院网站获得 2009 年度中国优秀政府网站。

网络化科学传播平台项目。构建院网络科普门户“中国科普博览”，对门户与专业科普网站、院网站以及院网络科普联盟网站进行了深度集成，并建立了互动体验专区和手机博览网（WAP）。已部署了 30 个资源项目。结合重大事件，完成“关注‘甲型 H5N1’流感”、“哥本哈根全球空前合作背后的科学解读”、“2009 日全食异地多路联合直播”、“缅怀中国航天之父钱学森”等多个重大专题的建设。服务于全院网络科普工作的共建共享环境初步建成。

网络化教育培训平台项目。通过对原有教育业务管理系统的改建、扩建，已具备全面支撑全院硕博士招生管理、学籍管理、教师管理、学位评审、教务管理等核心教育业务的能力，已为全院 8000 名教师、3 万名学生提供服务。截至 2009 年底，继续教育等部分子系统已在 10 个研究所开始试点运行。

科研信息化（e-Science）应用示范项目。在第一批 4 个 e-Science 应用示范项目的基础上，完成第二、第三批共 10 个应用示范项目的遴选和立项，示范应用基本覆盖了基础、资源环境、生物、高技术四大领域。

信息化安全保障体系规划项目。完成全院信息化安全体系保障规划的研究制定并通过评审，并启动了有关建设。

2. 多策并举，不断完善信息化发展与应用软环境

建立机制引导信息化工作健康快速发展。首次印发《中国科学院关于进一步推进院属单位信息化工作的指导意见》，下达《中国科学院信息化工作管理办法》、《全院信息化2009年年度工作要点》，实施《院信息化专项各项目2009年度工作计划》，加强了对全院信息化工作的指导和规范管理。

强化信息化建设任务的内外监管力度。坚持对项目进行内外监管不放松，坚持每月召开各项目总体会，每季度实行信息化专项现场检查会；2009年初通过招标引入中百信咨询公司作为项目第三方工程监理，确保信息化建设的质量与进度。

持续开展全院信息化评估工作。2009年首次采用在线问卷系统对院属单位的信息化评估数据进行采集；加大检查力度，对24家京内外研究所信息化工作进行现场抽查核实。本年度评估工作为科学指导全院信息化工作以及制定“十二五”信息化规划提供一手资料。

多角度加大信息化宣传力度。院信息化网站（www. ecas. cn）已初步建成并投入试运行，逐步成为各界各方了解我院信息化工作的窗口。创办了《信息化研究与应用快报》并完成24期的出刊工作，将《院信息化工作动态》由单月刊改版为双月刊。

推动信息化人才梯队素质提升。组织全院性质的信息化培训40余次，培训累计人数3000余人，培训涉及高性能计算、数据库技术、网络、科普、协同环境、ARP技术、网站群技术等多个方面。2009年10月首次举办院信息化主管干部培训班，邀请院内外权威专家学者对全院信息化主管干部进行培训。

积极探索体制机制改革发展。以科技网为试点，组织制定了《中国科技网改革方案》。中国科技网作为网络中心事业部，以事业部机制运行管理院网，成立了12个分中心，并对各分中心运维工作进行年度考核。为加强中国科技网与广大用户之间的交流和互动，成立了中国科技网用户委员会并召开首次会议。

加强国内外合作交流。2009年12月3日，与科学技术部、国家自然科学基金委员会共同成功地举办了“中国科研信息化论坛”。策划并组织了与Oracle、CERN召开网格计算与云计算研讨会。积极参与中欧大科学装置与信息化基础设施领域交流、两岸三院信息技术与应用研讨，推动与院外的科研信息化合作。

延伸国家信息化服务支撑深度。积极发挥国家思想库的作用，组织各方力量，向中央领导同志上报4篇关于我国信息化事业的建议咨询报告，其中3篇获得中央领导批示，推动了相关工作的开展。

3. 科学前瞻，认真做好“十二五”信息化发展规划研究编制工作

积极向国家信息化支撑层面延伸，完成国家发展和改革委员会、工业和信息化部牵头的《国民经济和社会发展的十二五规划信息化规划专题思路报告》；以全面建成面向服务的中国科学院信息化平台为目标，完成《面向2020国家科技支撑规划——信息化专题规划总体思路报告》。

适时启动院“十二五”信息化发展规划的研究编制工作，成立“十二五”信息化规划编写组，并在原有院信息化专家委员会的基础上成立了信息化规划咨询专家组。经过多轮内部研讨及专家意见征集，已初步完成规划基本框架的制定。

4. 严抓治理，推动域名管理与服务健康发展

CN 域名注册、应用实现双主流，多语种域名获重大突破，2009 年 11 月正式递交“. 中国”域名写入全球根域名系统的国际申请。贯彻中央精神，开展域名专项治理，对已注册的 CN 域名开展全面清查，对新注册域名实行书面审核流程，加强实名制注册管理。加大技术支撑力度，为准入、物理接入、身份核对等要素的源头治理和管理提供域名信息查询接口。与多个单位建立处理网上不良信息的联动机制，截至 12 月 31 日，共停止涉黄 CN 域名解析 13997 个（包括社会举报和联动处理）。

（二）野外观测研究台站

对三大野外台站网络（中国生态系统研究网络、特殊环境与灾害监测与研究网络、日地空间环境网络）中的纳木错站、珠穆站、藏东南站、三江站和武汉电离层站等 5 个野外台站进行了基础设施建设，完善了野外台站的布局。

对野外台站开展首次基础设施维修建设，设计统一方案，并在 12 个台站开始实施，计划 5 年内完成所有院级野外台站的第一轮次维修。对中国生态系统研究网络、特殊环境与灾害监测与研究网络、区域大气本底监测网和地磁台链等 4 个野外网络的 9 个中心/分中心进行基础设施（实验条件、平台环境、电力系统等）的维修和更新建设。完成知识创新工程野外台站先进技术基础设施建设的部分内容，为完善中国科学院及国家层面的野外科技基础条件平台打下基础。

在中国生态系统研究网络的 10 个生态站启动了土壤样品库的试点建设。

（三）植物园与标本馆建设

15 个植物园（树木园）（表 10）共引进具有科学研究意义、潜在经济价值、珍稀特有植物 13952 种次，培育新品种 20 种，优化专类园 58 个，进园参观达 618 万人次，数字植物园访问量达 130 万人次。由中国科学院、广东省、广州市三方共建的华南植物园项目顺利通过验收，全面、超额并高质量地完成了计划建设内容，实现了“政府满意、专家满意、人民满意”的共建目标。

表 10　中国科学院植物园（树木园）基本情况

序　号	植物园（树木园）名称	所在地区和单位	2009 年引进物种数
1	武汉植物园	湖北　中国科学院	953
2	华南植物园	广东　中国科学院	1600
3	西双版纳热带植物园	云南　中国科学院	1858
4	北京植物园	北京　植物研究所	500
5	昆明植物园	云南　昆明植物研究所	1351
6	鼎湖山树木园	广东　华南植物园	13
7	华西亚高山植物园	四川　植物研究所	92
8	吐鲁番沙漠植物园	新疆　新疆生态与地理研究所	530

续表

序　号	植物园（树木园）名称	所在地区和单位	2009 年引进物种数
9	沈阳树木园	辽宁　沈阳应用生态研究所	148
10	秦岭国家植物园	陕西　陕西省人民政府	24
11	深圳仙湖植物园	广东　深圳市人民政府	710
12	庐山植物园	江西　江西省人民政府	5100
13	南京中山植物园	江苏　江苏省人民政府	128
14	桂林植物园	广西　广西壮族自治区人民政府	445
15	上海辰山植物园	上海　上海市人民政府	500

21 个生物标本馆（博物馆）（表 11）共增加标本 45 万号（份），新鉴定标本 12 万号（份），标本馆数据库访问量为 239 万人次，中国数字植物标本馆（CVH）访问量达 457 万人次，中国植物图像库访问量达 660 万人次，科普参观人数达 42 万人次。标本保藏条件得到进一步改善，标本馆日常管理得到进一步强化和优化，馆藏标本使用效率得到提高，数字化标本馆的平台建设得到进一步完善，科普功能得到进一步显现，社会效益显著。

表 11　中国科学院生物标本馆（博物馆）基本情况

序　号	生物标本馆（博物馆）名称	所在地区和单位	2009 年新增标本数/号（份）
1	动物研究所动物标本馆	北京　动物研究所	250000
2	动物研究所标本展示馆	北京　动物研究所	13
3	水生生物研究所水生生物博物馆	湖北　水生生物研究所	3200
4	水生所白鳍豚馆	湖北　水生研究所	87
5	昆明动物研究所动物标本库	云南　昆明动物研究所	9500
6	昆明动物研究所昆明动物博物馆	云南　昆明动物研究所	40
7	植物研究所植物标本馆	北京　植物研究所	34792
8	昆明植物研究所标本馆	云南　昆明植物研究所	38817
9	华南植物园标本馆	广东　华南植物园	23670
10	微生物研究所菌物标本馆	北京　微生物研究所	11032
11	海洋研究所海洋生物标本馆	山东　海洋研究所	9097
12	上海昆虫博物馆	上海　上海生命科学研究院植物生理生态研究所	15200
13	武汉植物园标本馆	湖北　武汉植物园	2000
14	西双版纳热带植物园热带植物标本馆	云南　西双版纳热带植物园	13514
15	沈阳应用生态研究所东北生物标本馆	辽宁　沈阳应用生态研究所	6012

续表

序　号	生物标本馆（博物馆）名称	所在地区和单位	2009年新增标本数/号（份）
16	新疆生态与地理研究所标本馆	新疆　新疆生态与地理研究所	3000
17	西北高原生物研究所青藏高原生物标本馆	青海　西北高原生物研究所	3613
18	成都生物研究所两栖爬行动物、植物标本馆	四川　成都生物研究所	10200
19	南海海洋研究所南海海洋生物标本馆	广东　南海海洋研究所	8923
20	南京地质古生物研究所南京古生物博物馆	江苏　南京地质古生物研究所	
21	古脊椎动物与古人类研究所标本馆	北京　古脊椎动物与古人类研究所	7400

（四）文献情报与期刊

1．文献情报系统建设

在战略情报方面，完成《重要国家和国际组织关注的科技与发展重要问题》、《国际科技竞争力研究》和《国家创新体系其他单元发展态势分析》等专题报告；《国际重要科技信息专报》定期报送院、局领导参阅，其中若干重要特刊专门呈报国家和有关部门；完成《中国与美日德法英五国科技的比较研究》、《重要科技领域路线图研究情报服务与科技发展趋势分析研究》等报告，为院宏观决策、创新基地重点方向及学科发展的情报需求提供支撑服务。

在资源保障体系建设与服务方面，全院外文电子科技期刊达11353种，中文电子期刊达10434种，外文电子图书达46523种，中文电子图书达28万种。文献全文下载量达2756万篇，原文传递服务6万余篇，满足率达95%。首批启动了生物物理研究所学科战略情报研究特色分馆、青岛生物能源与过程研究所学科战略情报研究特色分馆、力学研究所机构综合数字知识管理特色分馆、深圳先进技术研究院区域联合资源保障体系特色分馆等4个特色分馆建设。成立了院文献情报系统业务协调工作小组，建立新型院所协同工作机制，积极推行“融入一线、嵌入过程”的个性化、学科化、知识化服务，使全院文献情报服务工作进入新的发展阶段。

2．科技期刊与图书出版

在进一步深化《中国科学》和《科学通报》改革试点工作的基础上，积极推动上海生命科学研究院以 *Cell Research* 为核心的期刊群改革试点和上海光学精密机械研究所基于网络平台的光学期刊集群化改革试点，启动了金属研究所材料冶金领域特色学科期刊平台建设。

科学出版社出版的《中国植物志》荣获国家自然科学奖一等奖，《好玩的数学》获国家科技进步奖二等奖，《超声电机技术与应用》荣获第二届中华优秀出版物奖；院重大出版项目《创新2050：科学技术与中国的未来》中国科学院战略研究系列报告推出中英文版，英文版在法兰克福国际书展上进行国际首发，得到国内外广泛关注。科学出版社在全国出版社首次等级评估中，荣膺“全国百佳图书出版单位”荣誉称号，中国科学出版集团荣获“全国文化体制改革先进企业”称号。

创办了《干旱区科学（英）》、《岩土工程与岩石力学学报（英）》和《电脑爱好者（校园版）》。2009年，中国科学院又有1种科技期刊进入美国SCI光盘版。目前，我国科技期刊进入SCI光盘版为22种，中国科学院有19种，占86.4%；我国科技期刊进入SCI扩展版为127种，中国科学院有63种，占49.6%。

五、科研装备与技术监督

（一）科研装备建设工作

1. 大型仪器区域中心建设工作

落实《中国科学院“十一五”科研装备建设规划》，稳步推进大型仪器区域中心建设工作。根据院长办公会审定通过的10个大型仪器区域中心框架以及《中国科学院科研装备专项实施方案》的有关规定，组织完成了上海生命科学大型仪器区域中心建设方案的编制工作，至此，“十一五”规划的10个大型仪器区域中心建设工作全部启动，涵盖45个研究所，建设总经费约12亿元，院支持经费约5亿元（含蛋白质平台二期经费共2亿元）。按照边建设、边运行的原则，建立了区域中心的组织管理体系，给予每个中心相应的运行补助经费支持等，逐步推动区域中心的开放共享。

2. 所级公共技术服务中心建设工作

所级公共技术服务中心是指由研究所自主建立的集仪器设备运行维护、方法开发和技术服务于一体的公共支撑平台。根据《中国科学院技术支撑系统建设实施方案》，2009年共受理研究所申报的所级公共技术服务中心76个，经现场评估，29个研究所的所级公共技术服务中心获得了院运行经费补助支持，共核拨运行经费补助1435万元，平均每个所级中心运行经费补助为49万元。

3. 全院大型仪器共享网的建设

为了有效推动全院大型仪器共享工作，在院所两级公共技术服务中心建设的同时，逐步推动全院大型仪器共享网的建设工作，全年共有2000多台总值达28亿元的仪器设备陆续通过网络实现了预约使用和共享，初步形成了以所级中心为基础、院大型仪器区域中心为骨干的全院大型仪器共享服务网络。为了支持企业应对金融危机的影响，自年4月起，大型仪器共享网络的仪器设备免费向企业提供分析测试服务，截至年底共向企业免费提供服务机时数38000小时。

院级科研装备研制项目的组织管理工作

高申报项目质量，加强申报单位在科研装备建设工作中的主体作用，2009年单位限项申报，全院共受理科研装备研制项目143项，项目总经费约5.6亿助约3.7亿元。研制仪器设备类型包括材料制备、加工、性能分析，理化测试与分析设备，各种光学检测及测试设备，空间、天文、海洋观测设备等多种类型。经过形式审查、书面评审和综合答辩，全院共批准47个项目，涉及40个研究所，项目总经费14066万元，院资助经费为8236万元。

根据需要重新修订并于2009年4月在全院范围内印发了《中国科学院科研装备研制项目管理办法》。进一步加强了研制项目的管理工作，严格项目的验收工作，规范和加强了项目验收前的测试工作。2009年共组织专家完成项目验收工作55项。

（二）国家重大科研装备研制项目的组织争取工作

自2006年财政部支持中国科学院开展国家重大科研装备自主创新试点工作以来，截至2008年底，全院共启动了10个试点项目。2009年，经过广泛调研和精心策划，组织完成了“4m量级高精度SiC非球面反射镜集成制造系统”、“超高分辨宽能段光电子实验系统”和“新一代厘米—分米波射电日像仪”实施方案编制及立项评审等工作，并获得财政部支持，项目总经费34210万元，全部由财政部专项经费支持。

加强10个在研的国家重大科研装备研制项目管理和经费落实工作。坚持研究所法人负责制，坚持项目监理制度，加强过程监督与管理。同时，积极与财政部沟通交流，落实年度经费，2009年财政部共下达10个在研项目年度经费9342万元，为项目的顺利实施提供了有效的支持。

（三）技术监督工作

2009年7月24日，全国宇航技术及其应用标准化技术委员会空间环境分技术委员会（SAC/TC425/SC1）在北京成立，秘书处承担单位是中科院空间科学与应用研究中心。该委员会主要负责空间环境领域的国家标准制修订工作。

2009年10月20日，全国光电测量标准化技术委员会（SAC/TC487）在北京成立，秘书处承担单位是中国科学院光电研究院。该委员会主要负责光电测量系统名词术语、通用技术、应用技术、光电器件、光电材料特性、光电系统性能参数的校准与测量方法，还包括光电器件与光电测量系统的光学要求、环境要求、机械要求与安全性要求，光电测量系统功能接口等领域的国家标准制修订工作。

根据国家认证认可监督管理委员会的国家计量认证评审计划，2009年国家计量认证中国科学院评审组完成了10个机构（中国科学院南海海洋研究所海洋环境检测中心、中国科学院广州地球化学研究所有机分析测试中心、中国科学院广州地球化学研究所工程地质检测中心、中国科学院声学计量测试站、中国科学院空间科学与应用研究中心环境模拟实验室、中国科学院武汉物理与数学研究所波谱与原子分子物理国家重点实验室、中国科学院长春光学精密机械与物理研究所测试部、中国科学院东北地理与农业生态研究所测试部、中国科学院成都几何量及光电精密机械测试实验室、中国科学院成都分院分析测试中心）的复查评审，完成了2个机构（中国科学院软件研究所基础软件测评实验室、中国科学院广州能源研究所测试中心）的首次评审。

中国质量协会科学技术分会已有单位会员60个（院属单位54个，高校6个），个人会员201人。2009年举办17期培训班，参与人员达941人次。

高技术产业化与院地合作

一、院地合作与科技成果转移转化

2009年，中国科学院进一步加强与国家创新体系各单元的联合合作，加强科技成果转移转化工作，坚持“企业满意、地方政府满意、老百姓满意”的院地合作理念，充分发挥研究所的主体作用，发挥分院的区域统筹协调作用，以“人才+成果”为主要手段，通过与地方政府、企业共建研究机构和技术转移转化平台、实施面向地方科技需求的专项工程、加强人员交流与培养等多种形式，形成为国家经济建设和社会发展服务的院地合作新局面。

（一）院地合作工作成效显著

2009年，中国科学院科技成果转移转化使社会企业新增销售收入1404亿元，比上年同期增长46%；利税217亿元，比上年同期增长61%。全院转移项目在技术市场进行合同登记1756项，成交金额约15亿元（图1）。

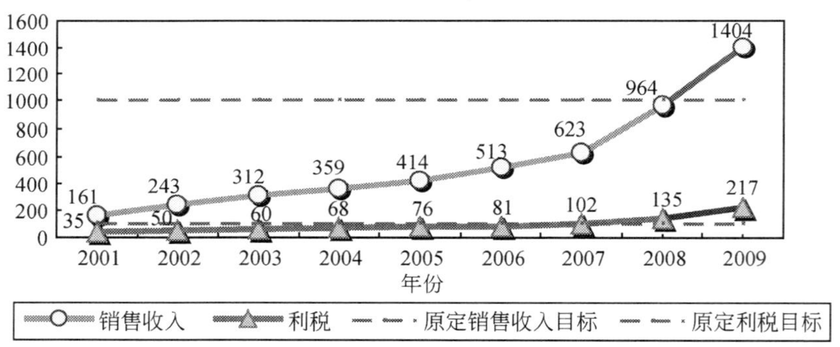

图1　中国科学院2001－2009年科技成果转移转化使社会企业增加销售收入情况（单位：亿元）

2009年全院转移项目在技术市场进行合同登记1756项，成交金额约14.82亿元。专利许可和专利转让468项次（图2）。

6个省（自治区、直辖市）和19个重点城市在政府工作报告中对院地合作给予肯定。9个省（自治区）和有关单位致信感谢中国科学院给予的支持和帮助。院属单位2009年度获省部级奖163项，省政府部门及地市级政府奖87项。

（二）建立院地高层领导推动院地合作的工作机制

建立了院地高层领导推动院地合作的工作机制，强化了对院地合作工作的组织领导。2009年3月，组织召开了院与24个省（自治区、直辖市）的科技合作工作会。院地高层领导定期会商，有利于院地双方高效务实开展合作工作。2009年会谈确定的99项重点合作任务中，17项短期工作目标的任务已全部完成；中长期工作目标的82项任务有71项进展顺利并取得显著成效。

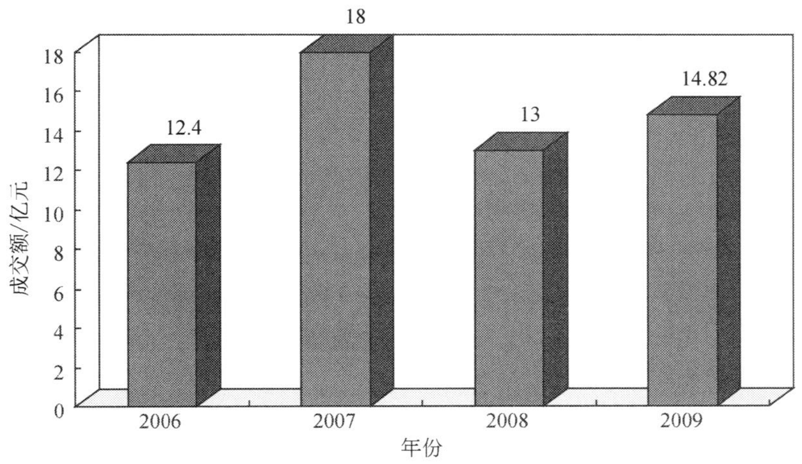

图2 中国科学院2006－2009年转移项目成交额

（三）与地方共建研究院所取得重大突破

2004年以来中国科学院与地方政府共建了宁波材料技术与工程研究所等10个研究院（所）。2009年7月，中央编制委员会办公室批准了深圳先进技术研究院、苏州纳米技术与纳米仿生研究所、青岛生物能源与过程研究所、烟台海岸带研究所、城市环境研究所的设立（表1）；2009年10月，中国科学院与上述5个所的7个共建省市的领导，在苏州共同完成了对5个所的预验收；2009年12月，中国科学院与共建省市的主要领导，逐一完成了对5个所的正式验收。截至2009年底，10个新建研究所人才队伍规模达3314人，建成科研及配套设施45.6万m^2，争取各类经费13.34亿元，申请专利570项，发表论文1220篇。

表1 2009年通过中央编制委员会办公室批准的院地共建研究所

序 号	名 称	地 址
1	深圳先进技术研究院	深圳市南山区西丽深圳大学城学苑大道1068号
2	苏州纳米技术与纳米仿生研究所	苏州工业园区独墅湖高等教育区若水路398号
3	青岛生物能源与过程研究所	青岛市崂山区松岭路189号
4	烟台海岸带研究所	烟台市莱山区春晖路17号
5	城市环境研究所	厦门市集美大道1799号

（四）转移转化平台建设扎实推进

2009年，中国科学院与地方政府共建了佛山中心等12个产业技术创新与育成中心（表2）。平台型（育成）中心由9个增至21个。2009年平台型（育成）中心、科技园、中介型中心共转移转化项目 493 个，新增销售额 73 亿元，转移转化队伍超过 1 万人。台州中心等 8 个中心被批准为第二批国家技术转移示范机构。中国科学院目前共有 17 个国家技术转移示范机构，占全国的 12.7%。

所级成果转移转化机构蓬勃发展。目前，所级共建转移转化机构达到 798 个，其中 2009 年新增 168 个；在这些共建机构中工作的人员约 1.6 万人。

表 2 中国科学院与地方政府共建的平台型（育成）中心

序号	中心名称	地址
1	唐山高新技术研究与转化中心	唐山高新技术开发区创新大厦
2	南京高新技术研发与产业化中心	南京市成贤街 118 号科技中心 211 室
3	长沙产业技术创新及育成中心	长沙市岳麓大道科技大厦
4	佛山产业技术创新及育成中心	佛山市禅城区华宝南路 13 号
5	河南省中国科学院科技成果转移转化中心	郑州市红专路 58 号
6	宁波材料技术与工程研究所育成中心	宁波市镇海区庄市大道 519 号
7	苏州纳米技术与纳米仿生研究所育成中心	苏州工业园区独墅湖高等教育区若水路 398 号
8	苏州生物医学工程技术研究所育成中心	苏州高新区龙山路 14 号
9	厦门城市环境研究所育成中心	厦门市集美大道 1799 号
10	深圳先进技术研究院育成中心	深圳市南山区西丽深圳大学城学苑大道 1068 号
11	广州生物医药与健康研究院育成中心	广州科学城开源大道 190 号
12	青岛生物能源与过程研究所育成中心	青岛市崂山区松岭路 189 号

（五）大力推动科技成果转移转化和规模产业化

摸清院地供需，为院地双方提供信息服务。组织 831 名专家深入 12 个省市的 688 家企业实地考察调研，已编制印发了 10 个地区的《产业科技需求调研报告》。编印发布了 21 期《地方企业科技技术需求简报》、12 类 7 册《中国科学院院地合作科技成果汇编》、《中国科学院研究所简介》、《中国科学院科技成果转移转化统计报告》。为研究所、企业开展院地合作、成果转移转化提供了参考信息。

搭建交流平台，有效组织科技成果转移转化。2009 年共组织召开各类科技成果展会、对接会和洽谈会 48 个，转移科技成果 618 项，合同金额 24 亿元。共组织、接待地方政府、企业到院属研究所考察、调研和项目洽谈 314 次，促成合作项目 679 项。

大力推动开展重点合作项目。按院部署，通过明确工作目标、设立院专项工程项目、组织对接会、为地方培训人员等方式，着力推动广东新高地、上海浦东科技园、浙江“432”等重点合作工作。

继续组织实施院地合作专项计划和工程。在东北、西部等 7 个专项工程基础上，

2009年启动了三峡创新工程和广东新高地建设专项工程。目前，9个专项已立项212个，院投资1.4亿元，吸引社会投资约18亿元。已完成验收项目51个，使企业实现销售收入约87亿元。项目的实施得到了院领导、地方政府部门的充分肯定。

（六）不断完善科技副职工作

印发了《中国科学院科技副职工作管理办法》和《2009年科技副职工作实施方案》，2009年在任科技副职119人，接收地方挂职干部19人。积极探索科技特派员工作机制，2009年向浙江、广东等地派出科技特派员350余人。

二、经营性国有资产管理及成效

经统计，2009年全院纳入统计范围的413家院所投资企业共实现营业收入1737.56亿元，同比增加0.55%；利润总额64.79亿元，同比增加44.30%；净资产351.05亿元，同比增加26.90%。中国科学院经营性国有资产权益为134.41亿元，同比增加9.28%。中国科学院国有资产经营有限责任公司（简称国科控股）28家持股企业实现营业收入1567.53亿元，利润总额48.01亿元；净资产达到160.91亿元，院属权益85.07亿元。

2009年，国科控股各持股企业申报国家和地方科技项目获批55项，项目总经费为8.27亿元，获得国家和地方支持5.32亿元。

进一步加快企业股权社会化改革，完成了联想控股股权转让和中国科学出版集团的产权划转工作；继续研究解决转制科研机构有关历史遗留问题，保持企业稳定；启动研究所投资企业清理整顿工作；完成第一批7家控股企业动态监管试点工作，取得初步成效，启动第二批7家控股企业进行动态监管试点；完成资本平台与IP运营平台搭建，与社会投资人合作建立完善投资人网络，与地方共建技术转移风险基金。

全面展开中国科学院联想学院培训工作。除继续开办联想之星班、实训班、研修班外，新增所局级领导高级班；为配合中国科学院“应对金融危机支撑经济发展科技创新专项行动计划”，在长江三角洲和珠江三角洲分别开办了地方中小企业创新发展培训班。2009年，联想学院共培训各类学员374人，其中院内194人，院外180人。

国际合作与港澳台工作

2009年，中国科学院加强国际合作战略研究与规划，加强国际人才引进与交流，加强国际合作重大项目策划与组织，加强国际合作战略伙伴关系的建立与拓展，加强国际合作工作的协调与管理，全院国际合作工作进展顺利，成效显著。

一、开展国际合作战略研究

持续开展国际合作战略研究，深入分析新时期国际合作的特点和作用，明确未来工作思路，为高层决策提供科学依据。在认真梳理全院国际合作现状、调研国际合作需求的基础上，开展了院“十二五”国际合作发展规划的预研工作，提出了系列研究报告，明确了新时期全院国际合作的目标和发展思路。配合中国科学院建院60周年系列庆祝活动，在院刊上发表《中国科学院国际合作六十周年》，系统回顾了建院60年来国际合作的历程，全面总结了各个历史时期国际合作的状况，深入分析了各个历史时期开展国际合作的特点，提出了进一步促进国际合作与交流的方针政策。为应对金融危机和国际热点问题，积极开展国别政策及科技合作动态研究，组织撰写和编译了一批重要报告，为高层领导参与相关重要国际活动以及国家有关部门顺利开展国际合作提供了重要支撑。

二、实施国际人才引进与交流计划

启动实施了“中国科学院外国专家特聘研究员计划”和“中国科学院外籍青年科学家计划”，调整了“中国科学院爱因斯坦讲习教授计划”管理机制，在新疆地区利用上海合作组织框架下国家科学院间合作机制，试行“院属单位与周边国家开展人才引进与交流工作”。初步形成面向科技发达国家、周边和发展中国家以及国际科技组织的国际合作与交流人才计划体系。

2009年，19名爱因斯坦讲习教授、159名外国专家特聘研究员和55名外籍青年科学家纳入年度被邀请资助计划。通过CAS-TWAS奖学金计划，58名来自发展中国家的科技人员到中国科学院访问、进修、研究和学习。中国科学院设立的国际科技合作奖已在国内外引起广泛影响，近两年向国家政府部门推荐的5位外国专家全部获得了中华人民共和国“友谊奖”和中华人民共和国“国际科技合作奖”。3位外国专家获得中国科学院2009年度国际科技合作奖。继续与人事教育局联合实施“创新团队国际合作伙伴计划”和“中欧联合培养博士生计划”。2009年与法国国家科研中心签署了联合培养博士研究生项目实施协议，向德国和法国共派出50名博士研究生。

三、策划并组织对外合作重大项目

2009年，中国科学院围绕科技创新发展需求，结合中外双方优势科研领域，创新项目策划组织机制，启动支持了21项对外科技合作项目（表1），持续支持2008年度国际科技合作项目26项。此外，启动了“国际空间天气子午圈计划”、“第三极环境国际计划”两个以我为主的国际科学研究计划项目，继续支持“季风亚洲区域集成研究”国际计划项目。与中国科学技术协会合作，成功争取国际科学理事会“国际科学减灾计划”项目办公室落户中国科学院对地观测与数字地球科学中心，这是首个落户中国的国际科学理事会科学计划办公室。

表1 中国科学院2009年启动的对外科技合作项目

序号	项目名称	承担单位
1	森林生物多样性和气候对生态系统碳通量的影响	植物研究所
2	颞叶癫痫病的突触、细胞和神经环路机制	上海生命科学研究院神经科学研究所
3	贵阳市百花水库沉积物中汞的形态分布、甲基化与生物积累研究	地球化学研究所
4	克隆生活史性状在植物入侵中的作用	植物研究所
5	基因工程培育适宜生物基及生物燃料应用的木薯新种质	上海生命科学研究院植物生理生态研究所
6	发展多粒度生物分子模拟技术	中国科学技术大学
7	我国地下水砷污染预测模型研究	生态环境研究中心
8	两类不同环境条件的河流水质及污染动力学	生态环境研究中心
9	泛素介导的内质网蛋白质质量控制的分子机理和结构基础	上海生命科学研究院生物化学与细胞生物学研究所
10	可持续城市水环境管理	生态环境研究中心
11	用于监测干细胞分化的纳米生物芯片的开发	上海生命科学院计算生物学研究所
12	中亚地区棉葵科药用植物活性成分研究	上海药物研究所
13	世界黑土质量演变及持续高效管理参比研究	东北地理与农业生态研究所
14	稀土硫化物着色剂的研发及应用	长春应用化学研究所
15	国际空间天气子午圈计划深化论证	空间科学与应用研究中心
16	气候变化影响下喜马拉雅山－兴都库什山地地表工程与区域适应对策研究	成都山地灾害与环境研究所
17	中日新型驻波模式的无线声表面波陀螺仪研究	声学研究所
18	热带优质杂交水稻在泰国等东盟国家的示范及推广	成都生物研究所

续表

序　号	项目名称	承担单位
19	依托上海光源的X射线医学成像新方法及其应用国际合作计划	上海应用物理研究所
20	中秘生物多样性合作与能力建设	华南植物园
21	第三极环境计划	青藏高原研究所

在项目的策划组织机制上进行创新，通过采取专项计划的方式支持项目。如支持马普青年科学家小组4个，中瑞环境合作项目11个，中荷水资源合作项目4个，诺和诺德项目12个，并初步确定支持中澳生物合作项目3个。

“依托LAMOST中美银河系结构巡天合作”项目通过了国际同行专家可行性论证，中国科学院主导的“帕米尔－天山构造结抬升过程及其环境构造意义”、“大湄公河次区域生物多样性考察”等周边国家合作项目在相关国家引起强烈反响，由中国科学院科学家牵头发起的“第三极环境国际计划”等国际计划、“全球环境变化遥感对比研究计划”等区域合作研究计划得到国外相关机构的积极响应。

加强国际合作部际协调机制，积极建议并承担了一批科学技术部、商务部、国家自然科学基金委员会、国家外国专家局等部门的合作项目、引智项目和科技援外项目。“整体煤气化联合循环低排放技术”等一批项目得到科学技术部重大国际科技合作计划的支持。中国科学院推荐的19名外籍青年学者纳入国家自然科学基金委员会“外国青年学者研究基金”计划，第二批31名已经推荐申请。中国科学院4个大科学装置引智工作、若干高技术领域引智项目、18个国际合作创新团队、5个境外培训班以及中国科学技术大学、中国科学院研究生院文教专家国外智力引进计划得到国家外国专家局支持。5个科技援外培训班获得商务部支持。

四、巩固国际合作战略伙伴关系

积极推进全方位、高层次国际交流活动，发展与主要国际合作伙伴的关系。全年审批出访10307人次，审核来访17129人次，审批审核337个国际学术会议。全年策划组织了48项高层出访，安排60项高层团组来访，院领导和相关所（局）领导与国外政要、科技部长、科学院院长、大学校长、跨国企业领导、国际组织代表等进行了密切的交流。新签续签21个院级国际合作协议（表2）。

表2　中国科学院2009年新签续签国际合作协议

序　号	协议名称	签署时间	签署地点
1	中国科学院与日本国独立行政法人情报通讯研究机构关于在信息通讯技术领域进行合作的备忘录	2009. 8. 3	东　京
2	中国科学院与阿普杜拉国王科技大学关于教育和科技合作的谅解备忘录	2009. 11. 12	利雅德

续表

序　号	协议名称	签署时间	签署地点
3	中国科学院与印度科技部关于科技合作的谅解备忘录	2009. 10. 28	新德里
4	中国科学院与印度科技与工业研究理事会关于科技合作的谅解备忘录	2009. 10. 29	新德里
5	中国科学院与波音公司技术合作谅解备忘录	2009. 10. 21	上　海
6	中国科学院澳大利亚格里菲斯大学关于在气候变化适应研究领域开展合作的谅解备忘录	2009. 4. 15	北　京
7	中国科学院澳大利亚蒙纳士大学关于科研和学术合作谅解备忘录	2009. 4. 17	北　京
8	中国科学院与墨尔本大学关于 2008 年度签订的合作谅解备忘录的执行计划（续签）	2009. 8. 11	墨尔本
9	中国科学院与澳大利亚昆士兰政府就业、经济发展和创新部关于科学技术合作的合作意向书草稿	2009. 8. 14	布里斯班
10	中国科学院与昆士兰大学学术合作谅解备忘录	2009. 9. 6	北　京
11	中国科学院与澳大利亚必和必拓公司补充谅解备忘录	2009. 7. 6	北　京
12	中国科学院与昆士兰科技大学合作谅解备忘录	2009. 9. 23	北　京
13	中国科学院与新南威尔士大学谅解备忘录	2009. 10. 14	厦　门
14	中国科学院与哥斯达黎加大学研究与学术合作谅解备忘录	2009. 9. 16	圣何塞
15	中国科学院与哥斯达黎加国家生物多样性研究院科技合作谅解备忘录	2009. 9. 17	圣何塞
16	中国科学院与英国 BP 环球投资有限公司关于共建长期战略合作伙伴的框架协议	2009. 2. 2	伦　敦
17	中国科学院与英国罗罗公司关于钛铝技术合作的谅解备忘录	2009. 2. 2	伦　敦
18	中国科学院与法国原子能委员会关于基础研究与应用研究合作框架协议（续签）	2009. 4. 22	北　京
19	中国科学院与法国国家科研中心关于成立中法矿化和纳米结构联合国际实验室的协议	2009. 9. 10	函　签
20	中国科学院与法国国家科研中心联合培养博士生项目实施协议	2009. 6. 20	函　签
21	中国科学院和瑞士苏黎世联邦工业大学科技合作协议（续签）	2009. 5. 13	北　京

在不断深化已有战略合作伙伴关系的基础上，开拓与中国科学院尚无实质合作关系国家的科技合作，拓展与跨国企业在优势互补的领域的合作关系。组织召开了中澳科技研讨会、中英荷前沿研讨会、中俄新材料研讨会、中德前沿科研研讨会、中日科技政策研讨会等一批高层战略、政策、交叉前沿科学研讨会。在气候、能源、环境、先进材料、人类健康等国际热点领域进行了深入探讨，开拓和加强了战略伙伴关系。积极推动与中小科技发达国家的科技交流与合作。在政府合作框架下，紧扣双方优势与特色领域，形成项目合作、联合培养研究生、共建联合研究机构等多种形式并存的发展模式。组织了外国使节“走进中国科学院”活动，来自42个国家近百名科技外交官员参观了建院60年成就展，北京、上海的研究所，以及合肥物质研究院和中国科技大学，并与中国科学院科学家面对面交流，以加深了解，架起其所在国与中国科学院合作的桥梁。主动策划，向国际合作伙伴介绍中国科学院60年来取得的成就，35个国外著名科研机构、大学和跨国公司发来贺电，并高度评价中国科学院取得的成就及在国际上的重要影响。

2009年，中国科学院与美国能源部、波音公司签署了能源、材料方面的合作备忘录，开拓了与美实质合作的新局面。中国科学院与澳大利亚新南威尔士大学、昆士兰大学、蒙纳士大学、昆士兰科技大学、格里菲斯大学（气候变化专项协议）、昆士兰州政府等签署一系列合作协议，与澳合作呈现蓬勃向上的趋势。与欧洲的合作深入发展，与BP公司签署关于共建长期战略合作伙伴框架协议，与罗罗公司签署关于钛铝技术合作谅解备忘录，并在中国科技大学组建中科院－马普宇宙学和天体物理研究伙伴中心。在金融危机背景下，不失时机地推动中国科学院与跨国大企业在新技术研发方面的合作，开展了引进有关国家企业技术人才工作。充分利用战略合作伙伴关系，持续推进实施CAS-TWAS奖学金计划、欧洲非英语国家联合培养博士生计划，启动实施上合组织框架下周边国家人才引进与培养计划，不断丰富国际合作模式。

通过推动新建所与老所共同承担合作项目、在新建所举办国际会议、推荐新建所专家参与国际计划等形式，帮助新建所拓展国际合作关系。

五、进一步扩大在国际组织中的作用

联合国教科文组织（UNESCO）第一个用于世界遗产研究的空间技术机构“空间信息技术应用于自然与文化遗产保护与监测”二类研究中心落户中国科学院；“第三极环境计划”被UNESCO-SCOPE（国际环境问题科学委员会）纳入联合共同支持项目；“气候变化生物学效应”被国际生物科学联合会（IUBS）纳入其国际研究计划框架。中国科学院组织翻译的2009年“G8＋5”国家科学院“气候变化与面向低碳未来的能源技术改造”及“国际移民：需要全球关注的挑战”联合声明，被中共中央办公厅、国务院办公厅信息刊物采用。中国科学院正与中国科协合作，加强国际组织后备队伍建设，主动推荐青年科学家到国际组织中实习或工作，为未来竞聘重要国际组织职位做好铺垫。

六、推动与港澳台地区的科技合作

准确把握中央港澳台工作的方针与政策，加强内地与香港的实质性交流，并以香港为平台拓展多边合作渠道；充分利用珠江三角洲地区的经济整合机会，开拓与澳门的合作；着眼两岸和平发展大局，围绕海西经济区建设，在福建物质结构研究所和厦门城市环境研究所组建中国科学院对台科技合作交流基地，推进对台工作迈上新台阶。安排部级院领导率团访问台湾工业技术研究院，就未来两院科技合作事宜进行深入交流，进一步推动中国科学院与台湾科技交流与合作向实质方向发展。

七、完善国际合作管理机制

深入24个研究所进行工作调研，推进与研究所和科学家的直接沟通与互动，注重听取院属单位意见和建议，并及时予以反馈和落实。加大国际合作战略、政策和计划的宣讲力度，加强对研究所国际合作工作的指导。建立了较为完整的国际合作人才计划的管理制度，制定了详细的项目立项规则和工作规程，推进计划的有效实施；印发了针对外籍人才、国际合作、外事工作的若干管理文件，制定了“中国科学院中外联合研究单元管理办法”，全院国际合作管理工作更加规范。国际合作信息化工作进展迅速，利用信息化手段及时宣传中国科学院国际人才引进与交流计划，扩大了社会影响力，拓展了计划的参与面，取得了一定实效；配合全院网页的改版，完成了国际合作中、英文网页的改版工作，并印制系列中、英文材料，加大对外宣传力度；ARP国际合作系统开发工作基本完成，进入试用阶段；“中国科学院国际合作会议平台”建设工作已经启动，预计2010年上线。

基本建设

一、基本建设立项审批

2009年，全院批复项目建议书10项，总建筑面积45.5万m^2，全部为新建面积。总投资20.9亿元，均由研究所多渠道筹措资金。

2009年，全院批复建设项目可行性研究报告63项，总建筑面积63.1万m^2，总投资22.2亿元。其中国家批复院“十一五”建设项目可行性研究报告7项，建筑面积18.4万m^2，总投资5.8亿元，国家投资4.1亿元；院批复56项建设项目，建筑面积44.7万m^2，总投资16.4亿元。

2009年，全院批复建设项目初步设计及概算66项，总建筑面积143.6万m^2，总投资83.4亿元。其中国家批复院“十一五”建设项目初步设计及概算31项，建筑面积122.7万m^2（新建面积109.9万m^2），总投资50.9亿元（国家投资28.4亿元，院所自筹22.5亿元）；院批复35个项目初步设计及概算，建筑面积20.9万m^2，总投资32.5亿元（国家及院投资22.2亿元，建设单位自筹10.3亿元）。另外，批复住宅项目2项，建筑面积16.6万m^2，总投资6.8亿元。

截至2009年底，院“十一五”需报国家审批的72个项目（186个子项）的可行性研究报告均上报完毕，并全部通过国家审批；目前71项（185个子项）初步设计及概算已通过国家审批。

二、启动“十二五”建设规划制定工作

2009年，深入基层展开调研，与研究所领导进行沟通和座谈，了解研究所的科研发展规划，听取研究所对园区建设规划工作的设想与需求。同时，对全院“十一五”建设项目实施完成后的科研、教育及辅助用房现状和基本建设投入情况进行了调研统计，并按所处地区、业务联系关系、业务内涵或特点进行了综合分析，为制定“十二五”基本建设规划工作夯实了数据基础。建立了项目储备库，初步形成院“十二五”规划设想方案。

在与分管副院长和局长就基础研究片、地球科学片、生命科学片、高技术片研究所的储备项目情况于进行了全面沟通，深入交换意见的基础上，2009年11月18日，“十二五”基本建设规划初步设想方案通过了院规划领导小组的审议。

三、基本建设投资计划

2009年，编制基本建设投资计划10批，安排资金36.83亿元，涉及建设单位96个，建设项目169项。安排资金中本年度预算内投资26.86亿元，往年结转预算2.78

亿元，院投资 3.03 亿元，自筹 4.16 亿元。

四、基本建设投资情况

2008 年，基本建设完成投资 43.1 亿元。其中，国家拨款资金 24.78 亿元，院投资 4.89 亿元，自筹资金 13.43 亿元。

完成的国家拨款资金中，包括科教基础设施改造建设项目投资 13.61 亿元，大科学工程专项投资 4.73 亿元，引进人才项目投资 0.28 亿元，其他专项（含产业化等）投资 6.16 亿元。

完成的院投资中，包括科教基础设施改造建设项目投资 3.15 亿元，大科学工程专项投资 1.28 亿元，标本馆专项投资 0.19 亿元，其他专项（含产业化等）投资 0.27 亿元。

五、工程建设及完成情况

2009 年，新开工建设项目 45 个（不包括住宅类建设项目），其中科研及辅助用房改造建设项目 37 个，园区基础设施改造建设项目 5 个，教育设施及流动人员公寓改造建设项目 3 个。

新开工项目总建筑面积为 124.41 万 m^2（新建面积 113.78 万 m^2，改造面积 10.63 万 m^2）。其中科研及辅助用房改造建设项目新建面积 56.67 万 m^2，改造面积 10.63 万 m^2；园区基础设施改造建设项目新建面积 0.32 万 m^2；教育设施及流动人员公寓改造建设项目新建面积 56.79 万 m^2。

2009 年，新竣工项目 27 个（不包括住宅类建设项目），其中科研及辅助用房改造建设项目 19 个，园区基础设施改造建设项目 6 个，教育设施及流动人员公寓改造建设项目 2 个。

新竣工项目总建筑面积 15.58 万 m^2，新建面积 11.15 万 m^2，改造面积 4.43 万 m^2；其中科研及辅助用房改造建设项目新建面积 10.06 万 m^2，改造面积 3.76 万 m^2；园区基础设施改造建设项目新建面积 0.51 万 m^2，改造面积 0.42 万 m^2；教育设施及流动人员公寓改造建设项目新建面积 0.58 万 m^2，改造面积 0.25 万 m^2。

六、工程验收情况

2009 年，组织并完成了北京、上海、昆明、西安、兰州、沈阳 6 个地区 41 个建设单位，48 个基本建设项目验收工作。其中，大科学工程 4 项，知识创新工程二期项目 14 项，知识创新工程一期项目 2 项，院投资项目 5 项，国家发展和改革委员会专项、产业化等其他项目 21 项，住宅 2 项。

2009 年，顺利完成深圳先进技术研究院、苏州纳米技术与纳米仿生研究所、青岛生物能源与过程研究所、烟台海岸带研究所、城市环境研究所 5 个新建研究所基建验收任务。

截至 2009 年底，知识创新工程二期建设项目 303 项（按初步设计批复数统计），已完成验收 270 项，占总项目的 89%，未验收项目 33 项。

中国科学院2009年统计公报
（摘 要）

一、全院概况

（一）中国科学院院士

2009年末，中国科学院院士共714人，其中女性45人。数学物理学部137人，化学部125人，生命科学和医学学部126人，地学部116人，信息技术科学部83人，技术科学部127人。

中国科学院外籍院士共56人。

（二）机构

2009年末，院直属事业单位117个，包括：科学研究机构97个（含3个植物园）；学校及公共支撑机构5个（其中学校2个、技术支撑机构1个、文献情报机构1个、新闻出版机构1个）；院与分院管理机构12个；其他机构3个。正在筹建的院直属事业单位4个。院直属事业单位的下属事业单位26个。

院直接投资的控股企业24家。

（三）事业单位在职职工

2009年末，中国科学院事业单位在职职工（不含博士后、客座和返聘人员）为5.46万人，比上年增加0.43万人，增长率为8.4%。其中女职工1.77万人，占在职职工的32.4%，与上年基本持平。

专业技术人员4.20万人，占在职职工的76.9%。其中高级专业技术人员1.63万人（正高级0.63万人），中级专业技术人员1.54万人，分别占专业技术人员的38.8%（15.0%）和36.7%。

职员0.55万人，占在职职工的10.1%。

工人0.71万人，占在职职工的13.0%。

年末离、退休人员达4.36万人，比上年增长1.7%。

事业单位在职职工中，具有博士学位的人员占26.4%，具有学士学位及以上人员占62.1%（表1）。

事业单位在职职工中30岁及以下年龄组人员占25.2%，所占比例最高。以下依次是31－35岁、41－45岁年龄组，分别占15.9%和14.6%（表2）。

表1 事业单位在职职工学位、学历情况

		人数/万人	占在职职工比例/%
学 位	博 士	1.44	26.4
	硕 士	1.08	19.8
	学 士	0.87	15.9
学 历	博士研究生	1.40	25.6
	硕士研究生	1.14	20.9
	大 学	1.33	24.3
	大 专	0.65	11.9
	中 专	0.15	2.8
	其 他	0.79	14.5

表2 事业单位在职职工年龄情况

年龄组	人数/万人	占在职职工比例/%
30岁及以下	1.38	25.2
31–35岁	0.87	15.9
36–40岁	0.66	12.1
41–45岁	0.80	14.6
46–50岁	0.71	13.0
51–55岁	0.62	11.5
56–60岁	0.36	6.6
60岁以上	0.06	1.1

科技创新队伍整体素质和结构进一步优化。知识创新岗位聘任人员年末已达2.55万人，其中女性占29.8%。科研岗位聘任1.91万人，占75.0%；支撑岗位聘任0.34万人，占13.2%；管理岗位聘任0.30万人，占11.8%。

在创新岗位聘任人员中，具有高级学历、高级岗位的人员过半。具有博士学位的占47.2%，具有硕士学位的占24.4%。正高级专业技术人员占21.4%，副高级专业技术人员占28.8%。

在创新岗位聘任人员中40岁以下的人员占63.1%；41–50岁年龄人员占25.8%；51岁及以上年龄人员占11.1%。

（四）基本建设项目进展情况

全年基本建设完成投资43.10亿元。其中，国家拨款资金24.78亿元；院投资4.89亿元；自筹资金13.43亿元。

2009 年，新开工建设项目 45 个（不包括住宅类建设项目），其中科研及辅助用房改造建设项目 37 个，园区基础设施改造建设项目 5 个，教育设施及流动人员公寓改造建设项目 3 个。

新开工项目总建筑面积 124.41 万 m^2，新建面积 113.78 万 m^2，改造面积 10.63 万 m^2。其中科研及辅助用房改造建设项目新建面积 56.67 万 m^2，改造面积 10.63 万 m^2；园区基础设施改造建设项目新建面积 0.32 万 m^2；教育设施及流动人员公寓改造建设项目新建面积 56.79 万 m^2。

2009 年，新竣工项目 27 个（不包括住宅类建设项目），其中科研及辅助用房改造建设项目 19 个，园区基础设施改造建设项目 6 个，教育设施及流动人员公寓改造建设项目 2 个。

新竣工项目总建筑面积 15.58 万 m^2，新建面积 11.15 万 m^2，改造面积 4.43 万 m^2；其中科研及辅助用房改造建设项目新建面积 10.06 万 m^2，改造面积 3.76 万 m^2；园区基础设施改造建设项目新建面积 0.51 万 m^2，改造面积 0.42 万 m^2；教育设施及流动人员公寓改造建设项目新建面积 0.58 万 m^2，改造面积 0.25 万 m^2。

（五）科技活动课题情况

截至 2009 年年末，全院在研课题 2.49 万个。其中，当年开题 0.79 万个。课题经费支出 119.32 亿元，比上年增长 26.1%。课题投入人员（折合全时工作量）4.75 万人年，其中本单位人员较上年增长 12.7%（表 3）。

表 3　全院科技活动课题情况

	课题数/个	课题经费支出/亿元	课题投入人员/人年	
			本单位人员	流动人员
合　计	24937	119.32	25293	22202
科研机构（97 个）	23180	115.77	24125	21569
学校及公共支撑机构（5 个）	1757	3.55	1168	633

注：课题投入人员中的流动人员包括参与课题研究的在学研究生、在站博士后、客座及外聘人员等。

（六）科技论文、专利与成果情况

科技论文数量和质量不断提升。利用国际三大检索工具，于 2009 年对 2008 年度科技论文进行检索，中国科学院科技人员作为第一作者被国际三大检索系统收录的论文 26569 篇，比 2007 年增长 10.5%。其中，被 SCI（扩展版）收录论文 13761 篇，比 2007 年增长 10.8%；被 EI 收录论文 8988 篇，比 2007 年增加 397 篇；被 ISTP 收录论文 3820 篇，比 2007 年增长 26.0%。

SCI（光盘版）被引论文 23284 篇，比 2007 年增长 17.3%，被引次数达 78600 次（2003 年—2007 年 SCI 收录我院论文在 2008 年被引用情况），比 2007 年增长 26.8%。我院被引用论文平均被引证次数为 3.38 次。

中国科学院科技人员被1868种国内科技期刊收录论文13673篇，比2007年减少199篇。

专利申请量持续增长。2009年度，全院专利申请6222件（含国外专利申请204件），专利申请总量比上年增长10.8%。其中，国内发明专利申请5481件，比上年增长13.6%，实用新型专利申请529件，外观设计专利申请8件。

专利授权3167件（含国外专利授权34件），专利授权总量比上年增长18.8%。其中，国内发明专利授权2579件，实用新型专利授权539件，外观设计专利授权15件。

2009年度上报院科技成果登记393项。其中，基础理论成果94项，占成果登记总数的23.9%；应用技术成果298项，占成果登记总数的75.8%；软科学成果1项。

中国科学院作为第一完成单位或第一完成人获2009年度国家科学技术奖29项，其中，获国家自然科学奖一等奖1项、二等奖12项；获国家技术发明奖二等奖2项；获国家科技进步奖二等奖14项（表4）。另外，中国科学院推荐的美国物理学博士沈元壤（Yuen- Ron Shen）教授、法国物理化学和无机化学专家石·米歇尔（Michel Che）教授、日本理学博士有马朗人（Arima Akito）教授获国际科技合作奖。

表4 获国家科学技术奖情况

	合 计	一等奖	二等奖
总 计	29	1	28
国家自然科学奖	13	1	12
国家技术发明奖	2		2
国家科技进步奖	14		14

（七）人才培养与引进

研究生教育快速发展，质量持续提高。全院共有116个单位招收研究生，有100个单位共建立了155个博士后流动站。

2009年度中国科学院录取研究生15893人，比上年增加7.9%。其中博士生6111人，硕士生9782人。在学研究生44978人，其中博士生20479人，硕士生24499人。授予博士学位5155人，硕士学位5848人。年末博士后在站人员2570人。

2008－2009年，全院入选国家“千人计划”70人，占全国“千人计划”引进海外高层次创新人才总数的14.0%。物理研究所、地质与地球物理研究、金属研究所、大连化学物理研究所、上海生命科学研究院、深圳先进技术研究院、中国科学技术大学7个单位被授予国家海外高层次人才创新创业基地。

1994－2009年，院“百人计划”共引进和培养优秀人才1846人，其中“引进国外杰出人才”入选者1292人，国内“百人计划”入选者250人，项目“百人计划”入选者78人，并有226位“国家杰出青年科学基金”获得者受到“百人计划”专项经费的资助。另外，按照“依托基地，先行启动，择优支持”的原则，知识创新工程三期以来“中国科学院－国家外国专家局创新团队国际合作伙伴计划”共部署组建创新团队

57 个，2009 年新组建创新团队 22 个，同时对 2008 年度组建的 19 个团队进行试运行评估，遴选出中国科学院“海外知名学者”127 名。

2009 年，中国科学院共招聘“百人计划”入选者 231 人，其中“引进国外杰出人才”入选者 176 人。108 位已工作 1 年以上的入选者获得择优支持，其中，“引进国外杰出人才”入选者 104 人。

全年中国科学院公派留学人员 206 人。其中“高级访问学者”项目派出 70 人，“访问学者”项目派出 101 人，“成组配套”项目派出 35 人。

“西部之光”人才培养计划顺利实施。资助西部地区各类人才 170 人，其中联合学者 12 人，重点和一般项目 61 人，新引进博士 81 人，在职博士研究生 16 人。另接受西部地区的来访学者 36 人。

2009 年，中国科学院启动实施了“支撑与管理人才培养计划”，当年度评选出“现有关键技术人才”19 名，“引进杰出技术人才”7 名，“中国科学院技术能手”10 名。

（八）院与省市、企业合作项目

进一步加强院地合作，促进高技术产业发展成果显著。2009 年，全院与地方企业通过技术转移的方式，正在执行的项目 5108 项，企业形成年度销售收入 1403.5 亿元，比上年增加 45.6%；年度利税 216.5 亿元，比上年增加 60.8%（其中当年新增项目 1204 个，形成年度销售收入 264.0 亿元，年度利税 50.0 亿元）（表 5）。

表 5　2009 年全院科技成果转移转化社会经济效益按合作地区分类表

合作企业所在地区	项目数/项	年度销售收入/亿元	年度利税/亿元
合　计	5108	1403.5	216.5
江苏省	1104	316.5	49.2
广东省	457	148.9	19.4
山东省	213	118.4	21.0
浙江省	318	109.3	17.4
辽宁省	140	72.4	7.2
北京市	1093	54.7	4.5
吉林省	90	51.5	8.7
安徽省	170	47.5	7.2
黑龙江省	43	41.5	7.3
天津市	110	37.2	1.6
河北省	132	37.0	3.6
福建省	20	36.7	4.3
山西省	64	35.4	4.1
河南省	115	35.3	12.1
四川省	325	34.3	9.0

续表

合作企业所在地区	项目数/项	年度销售收入/亿元	年度利税/亿元
湖南省	46	32.7	6.8
湖北省	88	29.0	6.8
内蒙古自治区	53	22.5	6.1
云南省	58	19.9	3.5
甘肃省	71	19.7	2.4
陕西省	89	19.0	3.5
青海省	39	18.7	3.0
新疆维吾尔自治区	54	18.6	1.1
上海市	43	16.2	2.3
重庆市	59	11.5	1.9
贵州省	8	8.0	1.0
江西省	37	7.1	0.6
广西壮族自治区	25	2.2	0.3
海南省	10	0.9	0.1
宁夏回族自治区	18	0.8	0.4
西藏自治区	16	0.1	0.02

注：本表数据按各省年度销售收入降序排列。

（九）国际合作及港、澳、台交流

与国际和港、澳、台地区的科技合作不断深化。2009年度中国科学院邀请来访17668人次，比上年增加1188人次，其中合作研究3730人次，考察访问5480人次，国际会议和海峡两岸会议7885人次，参加培训、展览和技术洽谈等573人次。中国科学院派出10447人次，比上年增加1764人次，其中合作研究2585人次，考察访问1165人次，国际会议和海峡两岸会议6173人次，参加培训、展览和技术洽谈等524人次。

中国科学院启动并实施“中国科学院国际合作与交流人才计划”，其中“外籍特聘研究员计划”共资助159人次，“青年科学家计划”资助了55人次，“爱因斯坦讲席教授计划”资助了20人次，“中国科学院－第三世界科学院（CAS-TWAS）奖学金计划”资助了47人次。组建了国际合作创新伙伴团队14个。3位外籍科学家获得“中国科学院国际合作奖”，5位与我院有长期合作关系的外籍科学家获得“2009年度国家国际科技合作奖”。

二、科学研究机构情况

（一）院属科研机构在职职工

2009年末，院属科研机构共有在职职工4.70万人，比上年增加0.44万人。从事科技活动人员3.86万人，其中女性占33.4%。

从事科技活动人员中，科技管理人员有0.48万人，占在职职工10.2%；课题活动人员（指编制在课题组人员）有2.71万人，占在职职工57.8%；科技服务人员有0.67万人，占在职职工的14.3%。

从事生产经营活动人员有0.18万人，占在职职工3.9%。后勤服务人员有0.30万人，占在职职工6.3%。不在岗人员有0.35万人，占在职职工7.5%，比上年减少365人。

（二）科技经费

全年科研机构科技活动收入为208.85亿元。其中，财政补助占52.3%，承担政府科研项目占27.4%。全年科研机构科技活动经费内部支出178.39亿元，其中人员费用占24.5%。

（三）投入科学研究与试验发展活动人员

科研机构用于科学研究与试验发展活动的经费（R&D经费支出）持续增长。2009年达到199.98亿元（含用于R&D活动的科研基建费29.39亿元），比上年增加46.45亿元。其中，基础研究、应用研究和试验发展三类活动经费的比例分别为35.6%，57.3%和7.1%。

投入科学研究与试验发展活动的人员（R&D人员）工作量达5.12万人年（注：包括R&D课题中的本单位及流动人员，科技管理人员和为R&D课题直接提供服务的科技服务人员），比上年增长12.9%。

（四）在研课题及参与人员（表6）

科研机构在研课题有2.32万个，比上年增加0.33万个，其中，当年开题0.72万个。

课题经费支出为115.77亿元，占科研机构科技活动经费内部支出的64.9%，较上年增加1.1个百分点。2009年每个课题平均经费支出为49.90万元，较上年增加8.5%。

参与课题活动的流动人员继续增加。全年课题投入人员（折合全时工作量）4.57万人年，比上年增加11.46%。其中，本单位人员投入2.41万人年，比上年增长18.7%；流动人员投入2.16万人年。每个课题平均投入1.97人年。每个人年平均课题经费支出为25.34万元。

表6 科研机构课题分类情况

	课题		课题经费		课题投入人员/人年		
	数量/个	比例/%	内部支出/亿元	比例/%	本单位人员	流动人员	比例%
合计	23180	100.0	115.77	100.0	24125	21569	100.0
基础研究	9845	42.5	37.90	32.7	8398	9356	38.9
应用研究	11658	50.3	64.29	55.5	12742	10695	51.3
试验发展	770	3.3	8.41	7.3	1517	828	5.1
R&D成果应用	391	1.7	2.15	1.9	641	315	2.1
科技服务	472	2.0	2.67	2.3	701	333	2.3
生产性活动	44	0.2	0.35	0.3	127	42	0.4

在全部课题经费支出中，国家任务占54.3%；中国科学院计划项目占22.9%；研究所自选课题占8.6%；国际合作项目占1.9%；地方任务和企业委托分别占4.0%和7.0%。

在承担国家任务的课题经费支出中，“973”项目占24.1%；“863”计划占31.1%；国家科技支撑计划占9.6%；国家自然科学基金占35.2%。

在承担中国科学院计划项目的课题经费支出中,知识创新工程重大项目占10.4%；知识创新工程重要方向项目占34.0%。

在研究所自选课题经费支出中，“知识创新工程领域前沿项目”占40.0%。

全部课题中，属技术领域的课题18062个，课题经费支出为97.42亿元，占全部课题经费支出的84.2%。课题经费支出占全部技术领域课题经费支出的比例超过10%的技术领域有信息技术、生物和现代农业技术、资源与环境技术、新材料技术，分别占19.3%、17.5%、15.5和12.6%。

（五）科研仪器设备

2009年末科研机构科研仪器设备（原值）总额达181.89亿元，比上年增长25%，其中进口科研仪器设备达100.80亿元，占总额的55.4%。单价在10万元以上的有2.57万台（套），达132.51亿元，占总额的72.9%。在总额中，20世纪90年代制造的占10.3%；2000年及以后制造的占85.9%。

（六）科技专著出版

科研机构出版科技专著329种，达12887万字。其中译成外文50种，达1032万字。大专院校教科书55种，达874万字。科普著作48种，达1343万字。

三、重点实验室情况

2009年，全院有国家实验室4个，国家实验室（筹）3个，国家重点实验室75个，院重点实验室165个。

2009年末国家重点实验室（含科学技术部批准的4个国家实验室，下同）固定人员5186人，其中，高级专业技术人员3273人。客座人员2341人，其中，外籍人员462人，国内高级职称1087人。在读博士生、硕士生和在站博士后16002人。

国家重点实验室有在研课题7390个，课题经费投入为40.44亿元（含客座人员课题），其中：国家自然科学基金课题2363个，经费7.46亿元；国家科技支撑计划课题92个，经费1.27亿元；国家重点基础研究发展计划（973）课题484个，经费10.29亿元；中国高技术研究发展计划（863）课题380个，经费3.17亿元；学委会审批课题625个，经费1.61亿元；省部委课题1921个，经费10.93亿元；国际合作课题332个，经费1.67亿元，其他课题1193个，经费4.05亿元。

国家重点实验室在国际刊物发表论文8104篇，在国内刊物发表论文4016篇。出版中文专著96种，外文专著44种。

国家重点实验室发明专利授权894项。获国家级奖24项，省部级奖81项。

四、工程中心情况

2009年全院有国家级工程中心30个，院级工程中心7个。

2009年年末全院工程中心总人数4273人，其中专业技术人员3754人，占总人数的87.8%。具有博士学位人员622人，占总人数的14.5%；具有硕士学位人员987人，占总人数的23.1%。研究与开发人员2450人，占总人数的57.3%；市场营销人员267人，占总人数的6.2%。

全年工程中心收入总额25.79亿元，其中生产性收入15.12亿元，占收入总额的58.6%。

2009年年末有30个工程中心的收入超千万元，其中前5名为：国家高性能计算机工程技术研究中心收入6.07亿元；机器人技术国家工程研究中心收入4.73亿元；中国科学院热安全工程研究中心收入1.49亿元；国家真空仪器装置工程技术研究中心收入1.48亿元；国家光栅制造与应用工程技术研究中心收入1.36亿元；

2009年末工程中心资产总额达38.12亿元。

全年工程中心专利申请受理590件，专利授权273件，获各种奖项74项。

全年通过工程中心的技术转让，使受让企业新增产值超32.09亿元。

中国科学院2009年大事记

一　月

1.5　中国科学院、中国工程院2009年院士增选工作会议在北京召开。国务院38个部门和30个省（自治区、直辖市）以及中国科协、解放军四总部、相关大型国有企业的部门负责人出席了会议。中国科学院副院长李静海、中国工程院副院长旭日干、中国科学院学部主席团执行委员会秘书长王恩哥、中国工程院副秘书长白玉良等到会。会议分别通报了中国科学院和中国工程院2009年院士增选工作情况，并进行了分组讨论。

1.5　国家重大科技基础设施项目——东半球空间环境地基综合监测子午链（简称子午工程）开工仪式在北京举行。国家发展和改革委员会副主任张晓强和中国科学院副院长阴和俊共同为子午工程开工剪彩。

1.7　无锡物联网产业研究院（原名中科院无锡高新微纳传感网工程技术研发中心）成立。该院是在中国科学院、江苏省院省合作框架下，由中国科学院上海微系统与信息技术研究所、无锡高新区合作成立的独立事业法人单位，位于无锡高新区太科园，主要从事物联网的研发、设计以及中试与生产。

1.8　中国科学院院士，核物理学家，中国原子能科学研究院研究员黄胜年，因病在北京逝世，享年77岁。

1.9　中共中央、国务院在人民大会堂召开2008年度国家科技奖励大会，向2008年度国家最高科技奖、国家自然科学奖、国家技术发明奖和国家科技进步奖的获奖人和获奖单位颁奖。中国科学院作为第一完成人或完成单位，获得2008年度国家科技奖34项，其中国家自然科学奖二等奖17项，占国家授奖总数的50%；国家技术发明奖二等奖3项；国家科技进步奖14项，其中一等奖1项，二等奖13项。

1.12　中国科学院2009年度工作会议在北京国谊宾馆召开。会议的主要任务是：以邓小平理论和“三个代表”重要思想为指导，认真学习贯彻党的十七大和十七届三中全会精神，深入学习实践科学发展观，总结2008年工作，部署2009年重点工作，继续推进科技创新基地建设，继续推进若干重大战略部署和改革发展，前瞻谋划未来，提升创新能力，促进创新跨越和持续发展，建设改革创新和谐奋进的中国科学院，以实际行动迎接新中国成立60周年。在大会开幕式上，路甬祥院长发表了重要讲话，白春礼常务副院长代表院党组和院务会议作了2009年工作报告。

1.16 中国科学院向中央呈报《迎接新科技革命挑战，支持科学与持续发展——关于中国面向2050年科技发展战略的思考》战略研究总报告。

1.18 由全国妇联与11家中央主要新闻媒体联合主办的第七届中国十大女杰评选活动在京揭晓。中国科学院光电研究院副院长高铭作为为我国航天事业作出突出贡献的载人航天工程唯一女总指挥获此殊荣。

1.19 第三世界妇女科学组织（TWOWS）中国委员会在北京正式成立。中国科学院党组副书记、TWOWS副主席方新当选TWOWS中国委员会主席。

1.22 中共中央政治局委员、国务委员刘延东在中国科学院常务副院长白春礼、副院长詹文龙的陪同下，到中国科学院物理研究所慰问科技人员，并向全国广大科技工作者致以诚挚的问候和新春的祝福。

1.22 广东省人民政府、中国科学院在广州共同签署《广东省人民政府与中国科学院全面战略合作协议》。中共中央政治局委员、广东省委书记汪洋，全国人大常委会副委员长、中国科学院院长路甬祥，广东省委副书记、省长黄华华，中国科学院副院长施尔畏、詹文龙等出席签约仪式，广东省副省长宋海主持签约仪式。

1.22 印发《关于进一步推进科教紧密结合，培养创新人才工作的实施意见》。

1.26 中国科学院院士，医学免疫学家，北京大学基础医学院教授陈慰峰，因病在北京逝世，享年74岁。

二　月

2.2 中国科学院与英国石油公司（BP）、英国罗罗公司（Rolls Royce）在唐宁街10号英国首相官邸签署了《关于共建长期战略合作伙伴关系的框架协议》和《关于钛铝技术合作的谅解备忘录》。中国科学院副院长江绵恒代表中国科学院分别与英国石油公司研究与技术高级副总裁John Morgan、英国罗罗公司首席执行官John Rose在协议书和备忘录上签字。

2.5 印发《中国科学院关于加强新形势下离退休干部工作的若干意见》。

2.5 中国科学院向国务院呈报《关于重视民用和军事工程承受爆破荷载效应研究的建议》的报告。

2.10 2008年度中国基础研究十大新闻在京揭晓。中国科学院参研的神舟七号成功发射并完成各项既定任务、公布中国首幅全月球影像图，以及独立完成的铁基高温超导研究取得重要进展、大天区面积多目标光纤光谱天文望远镜（LAMOST）落成、兰州重离子加速器冷却储存环建成投入运行、流感病毒聚合酶PA亚基与PB1多肽复合体的精细三维结构、发现暗物质湮灭的一个可能的证据等7项成果入选。

2.10 中国科学院人才工作领导小组成立。中国科学院常务副院长白春礼任组长，副院长李家洋、阴和俊任副组长。

2.11　中共中央总书记、国家主席胡锦涛在沙特阿拉伯参观阿卜杜勒·阿齐兹国王科技城期间，考察了中国科学院北京基因组研究所与科技城共同开展的椰枣基因组研究计划项目。

2.11　印发《中国科学院党组深入学习实践科学发展观整改落实方案》。

2.17　国家自然科学基金委员会-中国科学院“大科学装置科学研究联合基金”设立。该基金依托北京正负电子对撞机（北京谱仪和北京同步辐射装置）、兰州重离子加速器与冷却储存环装置、上海光源装置、合肥同步辐射装置，鼓励我国科学家在前沿科学领域、多学科交叉研究领域进行创新性研究。基金首批投入经费4000万元，由国家自然科学基金委员会与中国科学院各出资二分之一，执行期为2009年至2011年。

2.19　印发《中国科学院技术支撑系统建设实施方案》。

2.23　公布2008年度“西部之光”人才培养计划获资助人选和2004年度入选者评估优秀获后续支持人选。邱传凯等13位学者获联合学者项目资助；刘红等59位学者获重点项目和一般项目资助；李强等88位青年学者获西部博士专项资助；李满良等16位青年学者获在职博士研究生项目资助；昆明、西安和新疆3个分院组织的地区培训班获资助。胡松等6位2004年度“西部之光”入选者终期评估优秀，获后续支持。

2.23　印发《中国科学院“爱因斯坦讲席教授”计划管理办法》、《中国科学院外国专家特聘研究员计划管理办法（试行）》、《中国科学院外籍青年科学家计划管理办法（试行）》。

2.23　中国科学院向国务院呈报《关于“保增长，扩内需，调结构”的建议》的报告。

2.24　表彰第三届“中国科学院十大杰出妇女”。国家天文台台长助理、乌鲁木齐天文站站长王娜研究员等10位同志获“中国科学院十大杰出妇女”荣誉称号，中国科学院植物研究所田世平研究员等10位同志获“中国科学院十大杰出妇女”提名奖。

2.24　印发《关于表彰第四届中国科学院创新文化建设先进团队和先进个人的决定》。中国科学院光电研究院空间科学与应用总体部等10个集体和中国科学院研究生院教授杨佳等21位个人受到表彰。

2.25　中国科学院向国务院呈报《内蒙古阿拉善地区生态困局与对策》、《5.12汶川大地震灾后重建若干问题的建议》。

2.26　中国科学院党组召开深入学习实践科学发展观活动群众满意度测评暨总结大会。院长、党组书记路甬祥代表院党组、院学习实践活动领导小组作了学习实践活动工作总结报告。党组副书记方新就院党组深入学习实践科学发展观整改落实方案有关情况作了说明。中央学习实践活动第十九指导检查组副组长钱景林出席会议并讲话。会议由常务副院长、党组副书记白春礼主持。

2.26　《自然》（*Nature*）杂志第457卷第7233期发表中国科学院上海生命科

学研究院生物化学与细胞生物学研究所裴钢研究组的研究成果。该研究揭示了胰岛素耐受和II型糖尿病发生的新机制，为胰岛素耐受及II型糖尿病的治疗提供了可借鉴的新策略，提示β-arrestin 2蛋白及β-arrestin 2蛋白/胰岛素受体复合体有望成为研发胰岛素耐受相关的代谢性疾病治疗药物的新靶点。

2.27　中国科学院资深院士，理论物理学家，吉林大学教授吴式枢，因病在长春逝世，享年86岁。

三　月

3.2　中国科学院核能发展工作组成立，副院长詹文龙任组长，秘书长李志刚任副组长。

3.2　中国科学院与青岛市人民政府在北京签署全面战略合作协议。协议规定，双方将共建中国科学院能源科学与技术中心、中国科学院青岛产业技术创新与育成中心，建设中国科学院软件研究所青岛研发和生产基地、中国科学院光电研究院青岛研发基地，定期联合举办青岛高新技术成果对接洽谈会，构建产业技术联盟，建立人员挂职和人才流动制度等。全国人大常委会副委员长、中国科学院院长路甬祥，中国科学院副院长施尔畏、副秘书长邓麦村和青岛市委副书记、市长夏耕等出席了签字仪式。

3.4　中国科学院与吉林省人民政府在北京签署联合实施“粮食增产技术创新合作”框架协议。协议规定，双方将在土地资源保护与开发、水资源合理利用、良种培育与推广、高效绿色生态农业生产技术研发与集成、生态环境建设、农业区划与政策战略研究、农业与农村改革、区域科技创新体系构建、人才培养等方面开展全面合作。中国科学院常务副院长白春礼，副院长施尔畏、李家洋，副秘书长邓麦村和吉林省省长韩长赋、副省长竺延风等出席了签字仪式。李家洋、竺延风分别代表双方在协议书上签字。

3.4　中国科学院向中共中央呈报《中国科学院党组深入学习实践科学发展观活动总结报告》。

3.6　中国科学院与山东省人民政府在北京续签全面战略合作协议。协议规定，双方将以农业、海洋与海岸带、先进材料与先进制造、生物产业、信息产业、生态环境保护等作为合作重点。全国人大常委会副委员长、中国科学院院长路甬祥，副院长施尔畏，中纪委驻中国科学院纪检组组长王庭大，副秘书长邓麦村和山东省委书记、省人大常委会主任姜异康，省委副书记、省长姜大明等出席了签字仪式。路甬祥、姜大明分别代表双方在协议书上签字。

3.6　中国科学院国家天文台大视场多色巡天项目组（BATC）于1997年10月8日发现的小行星1997TA27，获得国际永久编号第58605号，经国际天文学联合会小天体提名委员会批准，由国际天文学联合会小行星通报第63993号通知国际社会，正式命名为“刘东生”星。

3.7　中国科学院与陕西省人民政府在北京签署科技与经济全面合作协议。协议规定，陕西省和中国科学院将在战略研究、技术研究机构和重点实验室建设、陕西经济发展所需技术研究、人员交流与创新型人才培养等方面全面加强合作。中国科学院常务副院长白春礼，副院长施尔畏、李家洋、詹文龙、丁仲礼，副秘书长邓麦村和陕西省委书记赵乐际，省委副书记、省长袁纯清，常务副省长赵正永，副省长朱静芝等出席了签字仪式。赵正永、施尔畏分别代表双方在协议书上签字。

3.8　中国科学院与重庆市人民政府在京签署深化市院合作共同推进重庆城乡统筹发展合作协议。协议规定，双方将围绕重庆市统筹城乡改革和发展的重大问题，通过市院合作，共同推动重庆区域创新体系建设，提高重庆科技自主创新能力，助推重庆建设长江上游科技创新中心；双方继续在重庆市汽车摩托车、装备制造、石油天然气化工、材料工业、电子信息五大支柱产业和生态环保、现代农业等领域加深合作，共同促进重庆高新技术产业发展和传统产业改造提升，促进生态与环境不断改善，助推重庆建设长江上游科技成果产业化基地。中国科学院常务副院长白春礼，副院长施尔畏、詹文龙，重庆市委副书记、市长王鸿举，重庆市副市长童小平等出席了签字仪式。施尔畏、童小平分别代表双方在协议书上签字。

3.9　中国科学院向国务院呈报《MPP系统芯片体系结构的发展对策建议》的报告。

3.9　中国科学院主持的4项下一代互联网业务试商用及设备产业化专项项目获国家发展和改革委员会批复，项目总投资1.98亿元，获得国拨资金4000万元。

3.10　中国科学院向国务院呈报《促进我国物理科学与21世纪生命科学交叉的建议》的报告。

3.10　中国科学院与甘肃省人民政府在京签署全面战略科技合作协议。协议规定，双方将进一步加强和巩固高层领导会商机制；中国科学院将继续为甘肃省国家重大生态工程提供科技支撑，积极配合甘肃省政府发展新能源产业，继续实施并做好“科技支甘工程”，加强与大型骨干企业合作，促进产业结构优化升级，共同争取国家支持，进一步加强人才培养。中国科学院副院长施尔畏与甘肃省副省长郝远代表双方签字。中国科学院副院长詹文龙，甘肃省委副书记刘伟平出席会议并讲话。

3.10　中国科学院与青海省人民政府在京签署《中国科学院青海省人民政府关于科技促进青海藏区经济社会发展合作备忘录》。根据备忘录，中国科学院将动员相关科技力量，促进青海省经济社会持续发展，重点在三江源国家生态保护综合试验区科学规划与系统监测、高原生态农牧业技术体系建设、太阳能规模化利用、柴达木循环经济试验区资源综合开发利用、重大科技问题咨询等领域开展科技合作。中国科学院副院长施尔畏与青海省副省长高云龙代表双方签署备忘录。中国科学院副院长丁仲礼出席会议并讲话。

3.11　中国科学院与天津市人民政府在京签署共建“中科院天津工业生物技术研究所”协议。中共中央政治局委员、天津市委书记张高丽，全国人大常委会副委员长、中国科学院院长路甬祥出席签约仪式并讲话。中国科学院常务副院长白春礼，副院长施尔畏、李家洋、阴和俊，党组副书记方新，秘书长李志刚，以及天津市市长黄兴国，天津市委常委、科技工委书记陈超英，天津市委常委、市委秘书长段春华，天津市委常委、滨海新区管委会主任苟利军，天津市副市长王治平等出席签约仪式。施尔畏、苟利军分别代表双方在协议书上签字。

3.11　中国科学院、教育部和安徽省人民政府在京签署持续重点共建中国科学技术大学的协议。全国人大常委会副委员长、中国科学院院长路甬祥出席会议并讲话。中国科学院常务副院长白春礼主持签约仪式，并与教育部部长周济、安徽省省长王三运在协议书上签字。

3.12　印发《关于表彰中国科学院纪检监察审计工作先进团队和先进个人的决定》，中国科学院高能物理研究所纪委等 10 个集体和沈阳分院李彩梅等 15 位个人受到表彰。

3.13　中国科学院资深院士，地理学家，中国科学院地理科学与资源研究所研究员吴传钧，因病在北京逝世，享年 91 岁。

3.13　中国科学院向国务院呈报《关于培养世界前沿水平高级专家的若干体制和机制建议》、《关于改革博士后制度和壮大博士后队伍的建议》、《关于科学与工程教育创新的建议》的报告。

3.13　中国科学院与西藏自治区在京签署科技合作协议书。根据协议，中科院将进一步促进西藏可再生能源综合利用、区域生态环境保护与改善、农牧业稳步发展与藏药现代化，为实现西藏经济社会稳步和谐发展提供科技支持。中国科学院常务副院长白春礼，副院长詹文龙、丁仲礼，西藏自治区党委副书记、自治区主席向巴平措，西藏自治区常务副主席吴英杰等出席签字仪式。施尔畏、吴英杰分别代表双方在协议书上签字。

3.17　印发《关于研究制定我院“十二五”发展规划的工作方案》

3.17　印度科学院公布 2009 年新当选的印度科学院荣誉院士名单，中国科学院常务副院长白春礼院士被推选为该院外籍荣誉院士，成为我国首位获此荣誉的科学家。

3.17　中国科学院资深院士，高分子化学与物理学家，中山大学化学与化学工程学院教授林尚安，因病在广州逝世，享年 85 岁。

3.19 印发《中国科学院 2009 年党的建设工作要点》。

3.19 《细胞》（*Cell*）杂志第 136 卷第 6 期发表中国科学院上海生命科学研究院神经科学研究所蒲慕明和段树民研究组发现膜蛋白通过神经元分子筛的新机制的研究成果，该成果为研究神经元蛋白的极性分布提供了崭新的角度。

3.20 中国科学院党风廉政建设工作会议在北京召开。全国人大常委会副委员长，中国科学院院长、党组书记路甬祥出席会议并作重要讲话，中国科学院党组副书记方新作了中国科学院党风廉政建设工作报告。中国科学院院领导、院党风廉政建设领导小组成员、院机关各部门主要负责同志、院属各单位与院投资控股企业的党委书记和纪委书记等出席会议。审计署科学工程审计局副局长李凤雏、中央纪委第三纪检监察室副主任罗兴平应邀出席会议。会议由中纪委驻中国科学院纪检组组长、院党组成员王庭大主持。

3.20 利用山西煤化学研究所自主知识产权技术、建于内蒙古鄂尔多斯市准格尔旗大路煤化工基地的伊泰 16 万 t/a 煤间接液化工业示范项目，一次投料试车成功，产出合格油品。

3.22 中国科学院上海浦东科技园建设领导小组成立，中国科学院副院长江绵恒任组长，副院长施尔畏任副组长。

3.22 《自然·遗传学》（*Nature Genetics*）杂志第 41 卷第 4 期发表中国农业科学院中国水稻研究所研究员钱前研究团队与中国科学院遗传与发育生物学研究所傅向东研究团队从中国超级稻品种中成功分离出控制水稻产量的关键基因“*DEP1*”，并在世界上首次成功克隆这一基因的研究成果。该研究表明，突变的 *DEP1* 基因能促进细胞分裂，使稻穗变密、枝梗数增加、每穗籽粒数增多，从而促进水稻增产 15% –20% 。

3.23 在荷兰阿姆斯特丹举行的国际科学院委员会（IAC）第九次全体理事会会议上，中国科学院院长路甬祥再次当选 IAC 联合主席。

3.26 《自然》（*Nature*）杂志第 458 卷第 26 期发表中国科学院古脊椎动物与古人类研究所朱敏研究员带领的早期脊椎动物课题组的题为《最古老的完整保存的硬骨鱼揭示原始有颌类的特征组合》的研究成果。该研究为探索有颌类的早期分化以及硬骨鱼类的起源提供了迄今为止最好、最完整的化石资料，为脊椎动物进化的一个重大分歧事件（辐鳍鱼类与肉鳍鱼类的分化）提供了一个新的、确凿的最近时间校正点。

3.26-27 “G8 +5”科学院院长会议在意大利首都罗马举行，中国科学院院长路甬祥应邀参加了会议。路甬祥向与会者作了题为《能源技术创新的新机会、新挑战与新战略》的报告，并向大会提交了题为 *In and Out: Brain Flow in China* 的书面报告。

3.30 由中国科学院地理科学与资源研究所牵头组织的“中国 1∶100 万数字地

貌研究及其应用”项目，自1978年以来，经前后三代人、200多位地貌学家的持续研究和联合攻关，率先在国际上完成国家级地貌数据库共享系统，并出版《中华人民共和国地貌图集（1∶100万）》，填补了国内空白。

四　月

4.1　由中国科学院、广东省、广州市三方各出资1亿元联合共建的中国科学院华南植物园工程项目通过专家验收。中国科学院副院长李家洋、广东省副省长宋海、广州市常务副市长邬毅敏出席验收会。

4.2　中国科学院科教结合工作指导委员会成立。中国科学院常务副院长白春礼任主任，秘书长李志刚、副秘书长王恩哥任副主任。

4.2　印发《关于启动中国科学院“三期创新工程”的通知》。

4.9　由CNNIC自主研发的服务器域名证书——网址卫士顺利通过全球最权威、最严谨的Webtrust安全标准审计，并成为国内首款得到微软IE等世界主流浏览器信任的服务器域名证书，填补了我国自主研发、自我管理的域名安全服务领域的空白。

4.13　中国科学技术大学潘建伟教授领导的研究小组在合肥建成世界上首个光量子电话网，标志着绝对安全的量子通信由实验室走进了日常生活。光学领域国际著名期刊《光学快递》（*Optic Express*）杂志第17卷第8期发表了这一成果。随后，《科学》（*Science*）杂志、《物理世界》（*Physics World*）杂志分别以“量子电话呼叫”、“中国诞生量子网络”为题进行了报道。

4.15　由中国科学院上海药物研究所和安徽环球药业股份有限公司联合研制的国家一类新药盐酸安妥沙星（Antofloxacin Hydrochloride）及其片剂获得国家食品药品监督管理局（SFDA）颁发的新药证书及药品批准文号。该药是国家实施“重大新药创制”重大科技专项后第一个获准上市的创新药物。

4.16　国家自然科学基金委员会与中国科学院合作开展的“2011～2020年我国学科发展战略研究”协议签字仪式在京举行。全国人大常委会副委员长、中国科学院院长路甬祥，国家自然科学基金委员会主任陈宜瑜出席仪式并致辞。国家自然科学基金委员会副主任孙家广与中国科学院副院长李静海代表双方签署了合作协议。

4.20　中国科学院向外界宣布：中国科学院过程工程研究所研制成功我国第一套单精度峰值超过每秒1000万亿次浮点运算的超级计算系统。

4.20　中国科学院资深院士，力学家，大连理工大学原校长钱令希，因病在大连逝世，享年93岁。

4.21　我国第一套单精度峰值超过每秒1000万亿次浮点运算的超级计算系统由中国科学院过程工程研究所研制成功并投入使用。

4.22　中国科学院院长路甬祥会见法国原子能委员会主席兼政府专员 Bernard Bigot 一行。路甬祥院长和 Bigot 主席分别代表双方续签了未来五年的框架合作协议。协议确定双方将继续在能源、信息、材料、生物医学及大科学装置等领域开展合作。

4.28　中国科学院、国务院发展研究中心向国务院呈报《中国山区战略地位与面临的挑战及对策建议》。

4.29　中国科学院申报的首批信息安全专项项目（2项）获国家发展和改革委员会正式批复。项目总投资6460万元，获得国家补助资金1600万元。

4.30　第十三届“中国青年五四奖章”暨2008年度“全国优秀共青团员”“全国优秀共青团干部”“全国五四红旗团委（团支部）”颁奖仪式在北京举行。中国科学院电子研究所丁赤飚、计算机网络信息中心李晓东、长春光学精密机械与物理研究所王建立、合肥物质科学研究院等离子体研究所宋云涛4人获得“中国青年五四奖章”。

五　月

5.4　中国科学技术大学潘建伟研究小组在合肥建成世界上首个光量子电话网，通过商业光纤网络，多个用户之间可以不怕任何窃听。该技术标志着绝对安全的量子通信由实验室走进日常生活，第一次真正展现了它的实用价值。

5.7　中国科学院向国务院呈报《关于第二代生物燃料技术研究进展的调研分析报告》。

5.7　《自然》（*Nature*）杂志第459卷第7247期发表中国科学技术大学陈仙辉研究组通过氧和铁同位素交换发现铁基超导体中同位素效应的研究成果。该发现表明，探寻晶格与自旋自由度之间的相互作用对理解普适的高温超导电性机理十分重要；铁基高温超导体同位素效应可能具有和铜氧高温超导体同位素效应类似的物理起源，这为普适的高温超导机理研究开辟了新思路。

5.7　中国科学院福建物质结构研究所与江苏丹化集团、上海金煤化工新技术有限公司联合开发的“世界首创万吨级煤制乙二醇工业化示范”项目新闻发布会在人民大会堂举行。该成果标志着我国在世界上领先实现了全套“煤制乙二醇”技术路线和工业化应用，是一项拥有完全自主知识产权的世界首创技术。

5.9　中国科学院新型综合科学考察船——“实验1号”在海南三亚首航成功。

5.10 《自然物理》（*Nature Physics*）第5卷第6期发表中国科学院物理研究所方忠研究员领导的研究组在拓扑绝缘体的研究中取得的成果。该成果预言了一类新的强拓扑绝缘体材料系统（Bi_2Se_3、Bi_2Te_3 和 Sb_2Te_3），且可以在室温下实现。拓扑绝缘体的表面金属态受到对称性的保护而非常稳定，并可以实现低能耗的输运过程，从而有望导致未来电子技术的突破。

5.14 中共中央政治局委员、国务委员刘延东在广东省委副书记、省长黄华华，中国科学院常务副院长白春礼，教育部、文化部、广东省、深圳市相关领导的陪同下视察中国科学院深圳先进技术研究院。

5.14 第六届中国科学院学部主席团第三次会议在北京举行。全国人大常委会副委员长，中国科学院院长、学部主席团执行主席路甬祥主持会议。会议审议确认了2009年中国科学院院士增选有效候选人名单，审议确认了2009年中国科学院外籍院士选举有效候选人名单，通报了与国家自然科学基金委员会合作开展“2011－2020年我国学科发展战略研究”的有关情况，审议了《中国科学院学部咨询评议工作条例》（修改稿），通报了中国科学院学部举办的新时期科学思想库建设高层研讨会的有关情况。

5.14 中国科学院向国务院呈报《我国基础教育改革存在的问题及建议》、《我国计算科学的发展与对策建议》、《关于重视发展现代建筑技术科学的建议》的报告。

5.25 中国科学院向国务院呈报《关于重视技术科学对建设创新型国家的作用的建议》。

5.27 2008年度中华人民共和国国际科学技术合作奖颁奖仪式在北京友谊宾馆举行。中国科学院2008年度国际科技合作奖获奖专家洛塔·雷博士和罗斯高博士分别获此殊荣。中共中央政治局委员、国务委员刘延东出席仪式并向在场获奖者颁发奖章和获奖证书。

5.28 中国科学院与河南省人民政府签署“高产高效现代农业示范工程”项目合作框架协议。协议规定，将封丘作为试验基地，开展大面积科技增粮的核心示范县建设，并选择4个扩展县开展县域规模的示范。中国科学院副院长李家洋、河南省副省长刘满仓在协议书上签字。

六　月

6.1 散裂中子源工程建设领导小组成立。全国人大常委会副委员长、中国科学院院长路甬祥任组长，广东省省长黄华华任副组长。

6.4 国家重大科学工程——大天区面积光纤光谱天文望远镜（LAMOST），在中国科学院国家天文台河北兴隆观测基地通过由国家发展和改革委员会组织的国家竣工验收。

6.8－10 中国科学院高层战略研讨会在京召开。会议听取了路线图战略研究报告总体介绍，听取了重要领域科技发展路线图研究组围绕支撑我国八大经济社会基础和战略体系建设提出的中国科学院面向2020年的科技战略重点建议。

6.9 中央政治局常委、国家副主席习近平在中共中央书记处书记、组织部部长李源潮以及甘肃省相关领导的陪同下视察中国科学院近代物理研究所。

6.9 经中共中央组织部批准，中国科学院大连化学物理研究所、深圳先进技术研究院（筹）、地质与地球物理研究所成为我国第二批海外高层次人才创新创业基地。

6.9 印发《中国科学院信息化工作管理办法》。

6.10 召开《创新2050：科学技术与中国的未来》中国科学院战略研究系列报告新闻发布会，《科技革命与中国的现代化》、《中国至2020年人口健康科技发展路线图》等15本系列路线图报告中文版陆续与社会见面。

6.12 《中国科学院、北京市人民政府共建中国科学院北京怀柔科教产业园合作协议》签约仪式暨钱学森工程科学实验基地项目落户怀柔启动仪式在北京举行。中共中央政治局委员、北京市委书记刘淇，全国人大常委会副委员长、中国科学院院长路甬祥为产业园揭牌；北京市市长郭金龙、中国科学院常务副院长白春礼致辞；中国科学院副院长丁仲礼、北京市副市长苟仲文分别代表双方在协议书上签字。

6.16 中国科学院向国务院呈报《关于唐家山堰塞湖整治与北川地震遗址保护问题的建议》的报告。

6.19 中央机构编制委员会办公室批准撤销科学出版社事业单位建制，相应核销经费自理事业编制515名。

6.21 《自然·细胞生物学》（*Nature Cell Biology*）杂志第11卷第7期在线发表中国科学院上海生命科学研究院植物生理生态研究所植物分子遗传国家重点实验室林鸿宣研究员领导的研究组在水稻重要性状遗传与功能基因研究方面的重要进展。该研究通过对水稻耐盐相关基因*OsHAL3*的功能分析，揭示了光调控植物发育的一个新机制。

6.24 中国科学院向国务院呈报《我国航空航天中湍流研究和计算流体力学应用的现状及对策建议》的报告。

6.25 中国科学院批准中国科学院国有资产经营有限责任公司转让持有的联想控股有限公司29%股权，转让后还持有36%的股权。

七　月

7.2 中国科学院批准设立中国科学院研究生院基金会，由中国科学院担任基金会业务主管单位。

7.4－5 中国科学院作为上海合作组织成员组织代表团参加在俄罗斯新西伯利亚科学城举行的第二届上海合作组织国立科研机构研讨会。会上，中国科学院副院长李家洋和俄罗斯、哈萨克斯坦、吉尔吉斯共和国、塔吉克共和国科学院有关领导就在重点优先领域制定和完善继续推进合作的保障机制、合作形式和近期拟采取的主要举措等进行了讨论，并共同签署了《第二届上海合作组织国立科研机构研讨会致上海合作组织成员国政府的建议书》。

7.13 中共中央政治局委员、国务委员刘延东，在全国人大常委会副委员长、中国科学院院长路甬祥，教育部部长周济，国务院副秘书长项兆伦，国务院研究室副主任江小涓，科学技术部副部长杜占元和国家自然科学基金委员会主任陈宜瑜等陪同下，视察了中国科学院过程工程研究所和计算机网络信息中心。

7.13 中国科学院与广东省佛山市签署全面合作协议，共建中国科学院佛山产业技术创新与育成中心。该中心将用5年左右时间，建成8－15家专业中心，每年成功孵化5－10家自主创新型企业。

7.17 中国科学院向国务院呈报《青藏高原冰川冻土变化影响分析与应对措施》的报告。

7.17 我国“十五”期间重大科学工程、总投资6.4亿元的“北京正负电子对撞机重大改造工程”（BEPCII）在中国科学院高能物理研究所通过国家竣工验收。改造后的电子对撞机性能提高30倍，每秒钟可实现碰撞1亿多次，对撞亮度在一定能量区域里是美国康奈尔大学的加速器CESR曾创下的世界纪录的4倍。

7.20－24 中国科学院2009年夏季党组扩大会议在京召开。会议以邓小平理论和“三个代表”重要思想为指导，全面贯彻落实科学发展观，深入学习了党的十七大精神和中央领导同志近期重要讲话精神，系统回顾总结了知识创新工程12年的成就与经验，深入分析了中国科学院未来发展面临的形势和环境，研究提出了至2020年发展的战略重点领域和方向。

7.22 中央机构编制委员会办公室批准设立中国科学院青岛生物能源与过程研究所，核定财政补助事业编制150名；设立中国科学院烟台海岸带研究所，核定财政补助事业编制150名；设立中国科学院苏州纳米技术与纳米仿生研究所，核定财政补助事业编制250名；设立中国科学院城市环境研究所，核定财政补助事业编制150名；设立中国科学院深圳先进技术研究院，核定财政补助事业编制500名。上述所需编制从院内所属事业单位调剂解决。批复调整海洋研究所等15个院属事业单位机构编制。至此，中国科学院事业单位由127个增加到132个，事业编制仍为75534名，其中财政补助事业编制74742名，经费自理事业编制792名。

7.23 《自然》（*Nature*）杂志第461卷第7260期在线发表动物研究所周琪研

究员领导的研究组和上海交通大学医学院曾凡一教授领导的研究组共同完成的研究成果——利用 iPS 细胞通过四倍体囊胚注射得到存活并具有繁殖能力的小鼠。此项工作在世界上第一次证明了 iPS 细胞的全能性，为进一步研究 iPS 技术在干细胞、发育生物学和再生医学领域的应用提供了技术平台，将 iPS 细胞研究推到了新的高度，为中国在这一国际热点研究领域作出了重要的贡献。

7.26 中共中央政治局常委、国务院总理温家宝在吉林省委书记王珉、省长韩长赋等陪同下视察中国科学院长春光学精密机械与物理研究所。

7.27 中国科学院向国务院呈报《关于加强以光传输和光交换为特征的新的下一代网络研究的建议》的报告。

7.30 中国科学院资深院士，化学工程学家，清华大学教授汪家鼎，因病在北京逝世，享年 90 岁。

八　月

8.6 中共中央政治局常委、国务院总理温家宝先后看望为我国科技事业作出突出贡献的中国科学院院士朱光亚、何泽慧、钱学森、王大珩，向他们致以亲切的问候和良好的祝愿。

8.7 中共中央政治局常委、国务院总理温家宝视察中国科学院无锡高新微纳传感网工程技术研发中心。

8.9 中国科学院、海南省人民政府在海口签署科技合作协议。中国科学院副院长丁仲礼、海南省副省长林方略在协议书上签字。海南省政协副主席、科技厅厅长王路，海南省政府副秘书长王杨俊，中国科学院有关部门和广州分院领导出席了签约仪式。

8.12 公布 2008 年度中国科学院院地合作奖先进集体和先进个人评选结果。授予沈阳自动化研究所等 20 个单位“2008 年度院地合作奖先进集体”荣誉称号，授予蒋菊英等 40 位同志“2008 年度院地合作奖先进个人”荣誉称号。

8.13 中共中央政治局委员、国务委员刘延东在教育部副部长袁贵仁，国务院政策研究室副主任江小涓，中国科学院副院长詹文龙，江苏省委副书记王国生、副省长杨新力和曹卫星等陪同下视察中国科学院紫金山天文台。

8.14 印发《关于加强创新创业人才培育促进科技成果转移转化的意见》。

8.23 – 28 由中国科学院生态环境研究中心主办的第 29 届国际二噁英大会在北京召开。中共中央政治局委员、国务委员刘延东发来贺信。

8.26 印发《中国科学院高级技术支撑人才引进与培养实施细则》、《中国科学院技术能手评选与奖励办法（暂行）》、《中国科学院引进海外高层次人才管理实施细则》、《关于实施“中国科学院人才培养引进系统工程”的意见》。

8. 27　印发《中国科学院党风廉政建设责任制的规定》。

8. 29　自动化研究所主创的三维动画数字影片《麋鹿王》荣获第十三届中国电影华表奖优秀动画片奖。

8. 30　大气物理研究所提出了短期气候预测的“热带相似”方法和“年际增量”方法，被用于我国夏季降水和西北太平洋台风活动的气候预测研究中。对过去几十年的系统性预测试验表明，新方法可以大大提高预测准确度。这两种新方法的提出，为提高我国关键区域实际短期气候预测的准确率、满足国家在防灾减灾方面的重大需求提供了新途径。

8. 31　由大连化学物理研究所与中国石油天然气股份公司石化研究院合作开发、具有自主知识产权的润滑油基础油加氢异构脱蜡催化剂及成套技术在中国石油大庆炼化分公司 20 万 t/a 高压加氢装置上成功应用，这标志着我国石油炼制加氢催化剂的研发和制备技术步入世界领先行列。

8. 31　中国科学院与国家自然科学基金委员会在京联合召开新闻发布会，宣告学术期刊《中国科学》和《自然科学进展》合并办刊。全国人大常委会副委员长、中国科学院院长、《中国科学》和《科学通报》理事会理事长路甬祥，中国科学院常务副院长白春礼，国家自然科学基金委员会主任陈宜瑜，中国科学技术协会书记处书记冯长根，全国人大教科文卫委副主任程津培，北京大学校长周其凤，浙江大学校长杨卫等出席新闻发布会。新闻发布会由中国科学院副院长李静海主持。

九　月

9. 1　“中国科学院王宽诚人才奖”颁奖仪式在京举行，20 位“西部学者突出贡献奖”和 50 位“卢嘉锡青年人才奖”获得者受到表彰。中国科学院常务副院长白春礼等院领导和香港王宽诚教育基金会董事王凯彦、王彭彦为获奖者颁发荣誉证书。

9. 1　中共中央政治局常委、国务院副总理李克强在吉林省委书记王珉、长春市委书记高广滨、长春市长崔杰等陪同下视察中国科学院长春光学精密机械与物理研究所。

9. 4　中国科学院服务国家宏观决策的科技支持系统领导小组成立。全国人大常委会副委员长、中国科学院院长路甬祥任组长，中国科学院副院长李静海、副院长丁仲礼、党组副书记方新、秘书长李志刚、副秘书长曹效业任副组长。

9. 4　人力资源和社会保障部公布第 7 批博士后科研流动站增设结果。中国科学院申报的 42 个流动站中共有 20 个获得批准。至此，中国科学院博士后科研流动站已达155个，居全国第一，覆盖了大部分的理工学科。

9.5 中国科学院资深院士，导弹和火箭专家，中国航天科技集团公司和中国航天科工集团公司高级技术顾问梁守槃，因病在北京逝世，享年93岁。

9.7 中国科学院向国务院呈报《关于2009年哥本哈根气候谈判的若干建议》的报告。

9.8 中国科学院向国务院呈报《加速器驱动次临界系统（ADS）与核能可持续发展》的报告。

9.9 由国际数字地球学会、中国科学院主办的第六届国际数字地球会议（The 6th International Symposium on Digital Earth，ISDE6）在京开幕，中共中央政治局委员、国务委员刘延东作大会书面报告，全国人大常委会副委员长、国际数字地球学会主席、中国科学院院长路甬祥致欢迎辞。

9.10 中国科学院向国务院呈报《环渤海陆域和近岸持久性有机污染物污染现状调查与控制对策》的报告。

9.10 印发《中国科学院学部咨询评议工作条例（修订稿）》。

9.10 第四届全国杰出专业技术人才表彰大会在京举行。中国科学院西安光学精密机械研究所光学遥感项目团队荣获“全国专业技术人才先进集体”荣誉称号，国家天文台南京天文光学技术研究所所长崔向群研究员获“杰出专业技术人才”荣誉称号。

9.12 公布2009年度中国科学院优秀博士学位论文、中国科学院优秀研究生指导教师奖评审结果，共评选出优秀博士学位论文50篇、优秀研究生指导教师50名。

9.12 公布2009年度中国科学院院长奖、中国科学院优秀导师奖评审结果。共有20名在读博士研究生获中国科学院院长特别奖，200名在读博士、硕士研究生获中国科学院院长优秀奖，20名研究生导师获优秀导师奖。

9.14 由丹麦国家研究基金会（DNRF）和中国国家自然科学基金委员会（NSFC）共同资助的中丹纳米金属研究中心成立仪式在丹麦Risø国家实验室（Risø-DTU）举行。该研究中心由丹麦Risø国家实验室材料研究部和中国科学院金属研究所沈阳材料国家（联合）实验室、清华大学和重庆大学相关研究人员组成，丹麦Risø国家实验室Dorte Juul Jensen博士和中国科学院金属研究所卢柯研究员共同担任该研究中心主任。

9.15 印发《中国科学院研究所领导干部选拔任用工作的实施办法》和《中国科学院所局级后备干部选拔培养和管理办法》。

9.16 印发《中国科学院研究所领导班子建设与干部管理办法》。

9.17 中国科学院资深院士，地质学家，地质教育家，中国地质大学教授杨遵仪，因病在北京逝世，享年101岁。

9.17 教育部公布2009年度全国优秀博士学位论文评选结果。中国科学院共有20篇论文获奖，占全部获奖总数的20.4%；有29篇入选全国优博论文提名论文，入选比例均高于全国平均水平。

9.21 中共中央政治局常委、中央书记处书记、国家副主席习近平与王兆国、刘淇、刘云山、刘延东、李源潮、令计划、路甬祥、韩启德等中央领导同志到中国科学院植物研究所北京植物园，同首都各界群众和青少年一起参加全国科普日活动。

9.21 中国科学院在京召开学习传达党的十七届四中全会精神大会。中国科学院院长、党组书记路甬祥传达了胡锦涛总书记代表中央政治局向全会所作的工作报告和在第二次全体会议上讲话的精神，并就中国科学院学习贯彻落实四中全会精神提出了明确要求；中国科学院常务副院长、党组副书记白春礼传达了习近平同志就《中共中央关于加强和改进新形势下党的建设若干重大问题的决定（讨论稿）》所作说明的主要精神。

9.21 第六届中国科学院学部主席团第四次会议在北京召开，全国人大常委会副委员长，中国科学院院长、学部主席团执行主席路甬祥主持会议。会议传达了党的第十七届四中全会精神，投票产生了2009年中国科学院外籍院士正式候选人名单，审议并确定了2009年中国科学院院士增选评审暨选举会议议程，审议了《关于研究制订学部“十二五”发展规划的工作方案》。

9.22 中国科学院向国务院呈报《高影响天气气候事件对我国可持续发展的影响和对策》的报告。

9.22-23 中国科学院院党组召开专题扩大会议，审议并原则通过了“创新2020”方案。该方案系统规划了未来10年的发展战略、发展目标、主要任务和重要改革举措，是中国科学院未来发展的蓝图和行动纲领。

9.23 中国科学院向国务院呈报《加强自旋电子学技术研发，实现我国自主创新跨越式发展》的报告。

9.23 自动化研究所人脸识别技术成功应用于北京天安门地区整体防控体系。

9.29 2009年度国家“友谊奖”颁奖大会在人民大会堂举行。中国科学院2009年国际科技合作奖获奖专家——日本科学技术振兴财团会长有马朗人教授、美国伯克利加州大学沈元壤教授和法国巴黎第六大学石·米歇尔教授荣获国家2009年度“友谊奖”。

9.29 国务院第五次全国民族团结进步表彰大会在京举行。中国科学院合肥物质科学研究院李淼研究员被评为“全国民族团结进步模范个人”。

9.29 中国科学院公布2009年度获“引进国外杰出人才”计划资助人员名单，数学与系统科学研究院付保华等104位入选者获资助。

9.29 印发《中国科学院与地方共建研究机构岗位管理办法》。

9.29 中国科学院资深院士，药物化学家，中国医学科学院药物研究所研究员梁晓天，因病在北京逝世，享年86岁。

9.30 中国科学院批准将科学出版社有限责任公司的国有股权无偿转划到中国科学院国有资产经营有限责任公司。

十　月

10.9　中共中央政治局委员、国务委员刘延东在中国科学院常务副院长白春礼的陪同下，到家中看望106岁的中国科学院院士贝时璋，向他致以亲切的慰问和生日的祝福。

10.14　法兰克福书展上，中国科学出版集团和施普林格（Springer）出版集团联合举办了路线图系列报告英文版首发式，*Science & Technology in China：A Roadmap to* 2050、*Science & Technology on Public Health in China：A Roadmap to* 2050 等7本路线图报告英文版在首发式上推出。

10.15　印发《关于研究制订中国科学院学部“十二五”发展规划的工作方案》。

10.15　由联合国科教文组织第35届全会批准成立的“联合国科教文组织国际自然与文化遗产空间技术研究中心”挂靠中国科学院对地观测与数字地球科学中心，这是联合国科教文组织在全球设立的第一个用于世界遗产研究的空间技术机构。

10.16　中国科学院资深院士，植物生理学家、农业科学家和教育家，中国农业大学教授娄成后，因病在京逝世，享年98岁。

10.17　中共中央政治局常委、国务院总理温家宝等中央领导同志在甘肃省委书记陆浩、省长徐守盛的陪同下视察中国科学院寒区旱区环境与工程研究所。

10.17　中共中央政治局常委李长春在安徽省委书记王金山、合肥市委书记孙金龙等同志陪同下，视察中国科学院合肥物质科学研究院等离子体研究所全超导托卡马克装置（EAST）。

10.18　中国科学院与云南省人民政府签署新一轮科技合作协议。协议规定，双方将进一步加强战略研究；中国科学院将围绕云南优势资源转换战略和区域发展的重大科技问题提供相应咨询服务，在矿产资源综合开发利用、清洁生产、循环经济等方面加强技术转移转化；在人才培养和交流、科普等方面继续开展深入合作。中国科学院副院长丁仲礼和云南省副省长曹建方分别代表双方在协议书上签字。

10.19　由科学技术部组织的国家重点基础研究发展计划（973）项目和重大科学研究计划项目实施会议在京召开。围绕农业、能源、信息、资源环境、人口与健康、材料、综合交叉和重要科学前沿等8个领域的78个项目（不含7项传染病等专项）批准立项，其中，中国科学院作为第一承担单位或第一依托部门的项目共有24项，占全国的30.8%；同时，启动国家重大科学研究计划项目39项，其中，中国科学院承担或作为首席的共有17项，占全国项目的43.59%。

10.20　中国科学技术大学郭光灿教授、施蕴渝教授，中国科学院生物物理研究所陈霖研究员在发展中国家科学院（TWAS）第20届全体院士大会上当选为 TWAS 院士。在此次会议上，中国共有 5 位科学家当选。同时，中国科学院化学研究所万立俊研究员、物理研究所高鸿钧研究员分别获 TWAS 化学、物理奖。

10.20－23 在南非德班市举行的发展中国家科学院（TWAS）第 20 届院士大会上，TWAS 副院长、中国科学院常务副院长白春礼院士再次当为选 TWAS 副院长。

10.22 中国科学院上海硅酸盐研究所与上海市电力公司合作，成功研制出具有自主知识产权的容量为 650Ah 的钠硫储能单体电池，使我国成为继日本之后世界上第二个掌握大容量钠硫单体电池核心技术的国家。

10.22 由中国科学院上海药物研究所和安徽环球药业股份有限公司联合研制的国家一类新药盐酸安妥沙星（Antofloxacin Hydrochloride）及其片剂获得国家食品药品监督管理局（SFDA）颁发的新药证书及药品批准文号，这是国内研制的具有自主知识产权（专利号：ZL97106728.7）的第一个喹诺酮类创新药物。

10.25 中共中央政治局委员、国务委员刘延东在河北省委副书记、省长胡春华，科学技术部党组书记、副部长李学勇，国务院副秘书长项兆伦，国务院研究室副主任江小涓，中国科学院副院长丁仲礼，河北省委常委、唐山市委书记赵勇，河北省省长助理、省政府秘书长尹亚力以及国务院有关部门负责同志的陪同下，视察中国科学院唐山高新技术研究与转化中心。

10.29 中共中央总书记、国家主席、中央军委主席胡锦涛致信祝贺中国科学院成立 60 周年，并向为我国科学技术发展作出突出贡献的全体院士和科技工作者致以热烈的祝贺和诚挚的问候。

10.29 《自然》（*Nature*）杂志第 461 卷第 7268 期发表中国科学技术大学杜江峰研究组和香港中文大学刘仁保等专家合作取得的量子计算研究成果。该研究通过电子自旋共振实验技术，在国际上首次通过固态体系实验实现了最优动力学解耦，极大地提高了电子自旋相干时间。

10.29 中国科学院资深院士，生物学家和教育家，中国科学院生物物理研究所研究员贝时璋，在北京逝世，享年 107 岁。

10.30 中国科学院建院 60 周年纪念会在北京举行。中共中央政治局委员、国务委员刘延东宣读胡锦涛总书记的贺信并发表重要讲话。全国人大常委会副委员长、中国科学院院长路甬祥，全国人大常委会副委员长、中国科学技术协会主席韩启德，全国政协副主席、科学技术部部长万钢，全国政协副主席王志珍，全国政协原副主席、原中国工程院原院长宋健出席。中国科学院常务副院长白春礼主持纪念会。

10.30 《细胞》（*Cell*）杂志第 139 卷第 3 期发表中国科学院上海生命科学研究院生物化学与细胞生物学研究所裴钢研究组关于脊椎动物体内调控转录抑制因子功能的一种新机制的研究成果。该研究首次揭示了信号蛋白

β-arrestin1 在脊椎动物造血发育过程中的新功能。

10.31 中国科学院资深院士，中国工程院资深院士，力学家，我国航天事业的奠基人钱学森，因病在北京逝世，享年98岁。

十一月

11.1 由科学技术部、农业部、财政部、商务部、教育部、中国科学院等18个部委和陕西省人民政府共同主办的第十六届中国杨凌农业高新科技成果博览会在陕西省杨凌示范区开幕。中共中央政治局委员、国务委员刘延东出席并宣布展会开幕。中国科学院12个分院、35个研究所的100余项农业科研成果在展会上展出，成为本届展会的最大展团之一。刘延东在陕西省委书记赵乐际、科学技术部部长万钢、中国科学院副院长施尔畏等陪同下视察了中国科学院展区。

11.2 中共中央政治局常委、国务院总理温家宝到中国科学院奥运科技园区参观“与科学共进，与祖国同行——中国科学院建院60周年展”，并听取了中国科学院知识创新工程成就及科技创新工作汇报。中共中央政治局委员、国务委员刘延东，全国人大常委会副委员长、中国科学院院长路甬祥，全国政协副主席、科学技术部部长万钢，以及中国科学院常务副院长白春礼等有关领导同志陪同参观。

11.3 中共中央政治局常委、国务院总理温家宝在人民大会堂向首都科技界发表题为《让科技引领中国可持续发展》的讲话。中共中央政治局委员、国务委员刘延东，全国人大常委会副委员长、中国科学院院长路甬祥，全国人大常委会副委员长桑国卫，全国政协副主席、科学技术部部长万钢，全国政协副主席王志珍以及中国科学院和中国工程院院士代表，国家科技重大专项课题组部分专家，首都高等院校科技专业教师代表和有关部门负责人等出席了会议。

11.5 中国科学院、国家外国专家局公布2009年度“创新团队国际合作伙伴计划”试运行团队名单。中国科学院“干旱区特殊生态过程样带研究”等22个创新团队通过专家论证，并正式启动。

11.6 成立中国科学院ITER计划专项国内配套研究项目实施工作领导小组。中国科学院副院长詹文龙任组长，秘书长李志刚任副组长。

11.9 中国科学院党务公开工作领导小组成立，中国科学院党组副书记方新任组长，中纪委驻中国科学院纪检组长王庭大、中国科学院副秘书长何岩任副组长。

11.12 江苏省、中国科学院、无锡市签署共建“中国物联网研究发展中心”协议书。江苏省省长罗志军、中国科学院副院长江绵恒、无锡市副市长谈学明分别代表各方在协议书上签字。根据协议，该中心将发挥三方优势，先行试点，在江苏无锡建设从研发、系统集成、典型应用示范及产业化的创新价值链，成为国家“感知中国”创新基地。

11.19 中央政治局委员、国务委员刘延东在湖北省委书记、人大主任罗清泉，科学技术部党组书记、副部长李学勇，中国工程院党组副书记周济等陪同下视察中国科学院水生生物研究所。

11.19 《自然》（*Nature*）杂志第462卷第7271期发表中国科学院物理研究所周兴江研究员领导的研究组在铜氧化物高温超导物性和超导机理方面取得的研究成果。该研究利用自主研发的国际首台超高能量分辨率真空紫外激光角分辨光电子能谱仪，在铜氧化合物Bi2201中首次直接观察到费米口袋（Fermi pocket）。观察到的费米口袋为空穴型，与量子振荡所认为的电子型有明显区别；费米口袋显示出特别的掺杂依赖关系：它只在适当的欠掺杂区域存在，在重欠掺杂和最佳掺杂样品中则没有表现。值得重视的是，在正常态实验观察到费米口袋和费米弧（Fermi arc）共存的情形，目前尚未有理论所预计到。

11.20 第六届中国科学院学部主席团第五次会议在北京召开，会议由全国人大常委会副委员长、中国科学院院长、学部主席团执行主席路甬祥主持。会议听取了各学部常委会主任关于本学部院士选举情况的报告，审议并批准了2009年中国科学院院士增选选举结果，听取了各学部主任关于研究制订学部“十二五”发展规划以及各学部与国家自然科学基金委员会共同组织的学科发展战略研究报告咨询情况的汇报，并进行了认真讨论。

11.23 中国科学院公布2009年度“西部之光”人才培养计划各类资助人员名单。罗应刚等180位学者获得资助，唐小萍等8位终期评估优秀者获得后续经费支持。

11.24 印发《中国科学院与合作方共建研究机构理事会章程》。

11.24 国家重大科学工程“中国西南野生生物种质资源库”通过国家验收。建成后的资源库成为目前世界上两个按国际标准建立的野生生物种质资源保藏设施之一，产生了重要国际影响，将在全球生物多样性保护、研究和生物产业发展中发挥重要作用。

11.27 《科学》（*Science*）杂志第326卷第5957期发表中国科学院化学研究所韩布兴研究组关于高效、清洁制备环己酮的研究成果。该研究发现在苯酚加氢制备环己酮反应中，路易斯酸对普通商业负载型钯催化剂催化性能具有很好的协同作用，为从源头消除污染、节省资源，开辟了高效、清洁制备环己酮的新途径，将引起化学、化工生产方式的变革。

11.28 中共中央政治局常委、国务院总理温家宝在上海、江苏考察工作时，到中国科学院上海硅酸盐研究所考察电动汽车和钠硫电池研究进展情况。

11.29 中共中央政治局常委、国务院副总理李克强考察中国科学院合肥物质科学研究院等离子体研究所。

11.30 中国科学院、山东省、青岛市共同筹建的中国科学院青岛生物能源与过程研究所验收会议暨揭牌仪式在青岛市举行。全国人大常委会副委员长、中国科学院院长路甬祥，山东省委书记、省人大常委会主任姜异康，山东省委常委、青岛市委书记阎启俊，中国科学院副院长、党组成员施尔畏出席会议并为研究所揭牌。

11.30 《科学通报》第54卷第22期发表中国科学院广州地球化学研究所陈鸣科研小组的研究论文《岫岩陨石撞击坑的证实》。该论文报道了陈鸣等人历经3年探索，证实我国第一个陨石撞击坑——岫岩陨石坑的研究成果。这一发现，填补了中国领土上此类独特地质构造形迹的空白。

十二月

12.1 中国科学院、山东省、烟台市共同筹建的中国科学院烟台海岸带研究所在烟台通过验收。中国科学院院长路甬祥、山东省委书记姜异康、山东省副省长李兆前、烟台市委书记孙永春、中国科学院副秘书长邓麦村出席验收会。验收会由中国科学院副院长施尔畏主持。

12.4 中国科学院院士增选结果新闻发布会在北京召开。全国人大常委会副委员长、中国科学院院长、中国科学院学部主席团执行主席路甬祥院士宣布，35名中国科学家当选为中国科学院院士，6名外国科学家当选为中国科学院外籍院士。中国科学院副院长李静海院士宣读了新当选院士和外籍院士名单。新闻发布会由中国科学院副秘书长、中国科学院新闻发言人邓麦村主持。

12.7 由中国科学院福建物质结构研究所联合江苏丹化集团有限责任公司和上海金煤化工新技术有限公司开展技术攻关的世界首创20万t煤制乙二醇工业示范项目打通全流程，试车成功并生产出合格的乙二醇产品。此项技术的投产，标志着我国在世界上率先实现了煤制乙二醇成套技术的工业化应用。

12.8 中国科学院在京召开学习传达中央经济工作会议精神大会。中国科学院院长、党组书记路甬祥，中国科学院常务副院长、党组副书记白春礼分别传达了胡锦涛总书记、温家宝总理在中央经济工作会议上的重要讲话精神，路甬祥院长就中国科学院学习贯彻会议精神提出了要求。中国科学院党组副书记方新主持会议。

12.9 中国科学院、江苏省、苏州市筹建的中科院苏州纳米技术与纳米仿生研究所在苏州通过验收。全国人大常委会副委员长、中国科学院院长路甬祥，江苏省人大副主任赵龙、副省长何权，江苏省政协副主席、中国科学院南京分院院长周健民，苏州市市长阎立，江苏省人大副秘书长滕勇，江苏省政府副秘书长朱步楼，中国科学院副秘书长邓麦村，苏州市副市长周伟强，苏州工业园区工委书记马明龙出席验收会。中国科学院副院长施尔畏主持验收会。

12.10 中共中央下发中委〔2009〕210号文件，任命李志刚同志为中纪委驻中国科学院纪检组组长，免去王庭大同志的中纪委驻中国科学院纪检组组长职务。

12.10 中国科学院北京生命科学研究院（简称北京生科院）成立。北京生科院根据院部授权，对院北京地区生命科学领域研究所的发展进行规划、协调和管理，为这些研究所提供公共支撑系统服务，并承担中国科学院研究生院生命科学学院的管理职能。北京生科院为院非法人单元，实行院长负责制。

12.10 由中国科学院、厦门市共同筹建的中国科学院城市环境研究所在厦门通过验收。全国人大常委会副委员长、中国科学院院长路甬祥，中国科学院副院长施尔畏，中国科学院副秘书长、办公厅主任邓麦村，厦门市市长刘赐贵，厦门市政协主席陈修茂，厦门市人大副主任曾国玲，厦门市副市长叶重耕等出席验收会。验收会议由施尔畏主持。

12.11 自动化研究所组织并实施的广播电视舆情监测系统荣获2009年度国家广电总局科技创新一等奖。

12.14－16 中国科学院战略性先导科技专项评议会在北京召开，院内45位相关领域高水平专家对15个候选专项进行了研讨评议。

12.17 中国科学院深圳先进技术研究院通过中科院和深圳市正式验收。全国人大常委会副委员长、中国科学院院长路甬祥，广东省委常委、深圳市代市长王荣为深圳先进技术研究院揭牌。香港中文大学校长刘遵义、深圳市党委副书记刘应力、深圳市副市长陈应春、中国科学院副秘书长邓麦村出席验收会。中国科学院副院长施尔畏主持验收会。

12.21 中国科学院与北京市人民政府正式签署联合推动中关村国家自主创新示范区建设合作协议。标志着中国科学院将从股权激励试点、国家重大专项经费列支等方面全面支持国家首个自主创新示范区的建设工作。中共中央政治局委员、北京市委书记刘淇，全国人大常委会副委员长、中国科学院院长路甬祥，北京市委副书记、市长郭金龙，北京市常务副市长吉林，北京市副市长苟仲文，中国科学院副院长施尔畏，中国科学院副院长丁仲礼，中纪委驻中国科学院纪检组长李志刚，中国科学院副秘书长何岩等领导同志出席了签字仪式，丁仲礼、苟仲文分别代表双方在协议书上签字。

12.23 印发《中国科学院博士后管理暂行办法》。

12.25 中共中央政治局常委、中央纪委书记贺国强和中央纪委监察部领导班子成员一起到中国科学院奥运科技园区参观“与科学共进，与祖国同行——中国科学院建院60周年展”。

12.28 中共中央组织部召开海外高层次人才引进工作会议，向首批入选“海外高层次人才创新创业基地”的中央企业、高等院校、科研机构和国家级高新技术产业开发区的20个单位颁发铜牌。中国科学院物理研究所、金属研究所、上海生命科学研究院、中国科学技术大学等4家单位入选。

12.29 国家重大科技基础设施项目海洋科学综合考察船项目建造合同签字仪式在北京人民大会堂举行。全国人大常委会副委员长、中国科学院院长路甬祥，中国科学院副院长丁仲礼，中纪委驻中国科学院纪检组组长李志刚，中国气象局副局长宇如聪等，以及国家发展和改革委员会、教育部、中国科学院、中国船舶重工集团公司等单位和部门领导出席，项目法人单位、共建单位、设计单位和中国科学院相关研究所的领导参加了签字仪式。本次海洋科学综合考察船项目建设合同的签署，标志着项目已进入全面建设阶段。

12.31 印发《中国科学院院地合作专项管理办法》的通知。

12.31 中国科学院向国务院呈送《关于重点发展几类全固态激光器技术的建议》、《采取有力措施加速深海生物及其基因资源研究的建议》的报告。

学部与院士工作

中国科学院学部领导机构

第六届中国科学院学部主席团

名誉主席　周光召

执行主席　路甬祥

成　　员　（按姓氏笔画排列）

王志珍（女）　叶恒强　白以龙　白春礼　朱作言
朱道本　刘盛纲　孙　枢　杨　卫　杨国桢　李衍达
李家洋　李静海　佟振合　沈文庆　张礼和　陈宜瑜
林其谁　周兴铭　秦大河　顾秉林　徐冠华　路甬祥

第六届中国科学院学部主席团执行委员会

执行主席　路甬祥

成　　员　（按姓氏笔画排列）

白春礼　朱作言　朱道本　杨　卫　李衍达　李静海
沈文庆　陈宜瑜　林其谁　秦大河　路甬祥

秘 书 长　王恩哥

第六届中国科学院学部主席团顾问

万　钢　朱之鑫　李安东　张玉台　陈求发　陈宜瑜
陈奎元　赵沁平　徐匡迪　韩启德　谢伏瞻　廖晓军

中国科学院学部第四届咨询评议工作委员会

主　　任　朱道本

副 主 任　马志明　陈　颙

委　　员　（按姓氏笔画排列）

马志明　王占国　方荣祥　方精云　朱道本　刘嘉麒
安芷生　杨玉良　李家春　吴培亨　吴硕贤　沈　岩
陈　颙　欧阳钟灿　周兴铭　周孝信　祝世宁　费维扬

中国科学院学部第四届科学道德建设委员会

主　　任　陈宜瑜

副 主 任　苏肇冰　周　远

委　　员　（按姓氏笔画排列）

方荣祥　孙义燧　苏肇冰　李德仁　吴宏鑫　陈宜瑜
林惠民　周　远　周其凤　郑　度　程津培　薛其坤

中国科学院学部第二届科普和出版工作委员会

主　　任　朱作言

副 主 任　白以龙　吴国雄

委　　员　（按姓氏笔画排列）

王志珍（女）　王鼎盛　叶恒强　白以龙　冯守华
戎嘉余　朱作言　李　未　吴国雄　吴常信　陈运泰
陈祖煜　林国强　郑厚植　洪茂椿　夏建白　顾逸东
郭光灿

中国科学院数学物理学部第十四届常务委员会

主　　任　沈文庆

副 主 任　马志明　孙义燧　郑厚植　崔尔杰

委　　员　（按姓氏笔画排列）

马志明　孙义燧　杨　乐　李家春　沈文庆　张　杰
陈木法　陈建生　欧阳钟灿　郑厚植　姜伯驹　洪家兴
徐至展　崔尔杰　彭实戈　葛墨林　詹文龙

中国科学院化学部第十四届常务委员会

主　　任　白春礼

副 主 任　何鸣元　洪茂椿　杨玉良　周其凤

委　　员　（按姓氏笔画排列）

万惠霖　白春礼　冯守华　杨玉良　李　灿　何鸣元
张玉奎　陈凯先　林国强　周其凤　郑兰荪　赵玉芬（女）
侯建国　洪茂椿　费维扬　高　松　程津培

中国科学院生命科学和医学学部第十四届常务委员会

主　　任　林其谁

副 主 任　方荣祥　王志珍（女）　曾益新　张亚平

委　　员　（按姓氏笔画排列）

王志珍（女）　方荣祥　方精云　邓子新　叶玉如（女）
朱作言　许智宏　李家洋　沈　岩　张亚平　张启发
陈　竺　陈晓亚　林其谁　施蕴渝（女）　郭爱克
曾益新

中国科学院地学部第十四届常务委员会

主　　任　秦大河

副 主 任　安芷生　戎嘉余　李德仁　陈运泰　黄荣辉

委　　员　（按姓氏笔画排列）

丁仲礼　王　水　石耀霖　戎嘉余　朱日祥　刘嘉麒
安芷生　李德仁　李曙光　张国伟　陆大道　陈　颙
陈运泰　姚檀栋　秦大河　涂传诒　黄荣辉　符淙斌
程国栋

中国科学院信息技术科学部第十四届常务委员会

主　　任　李衍达

副 主 任　王占国　林惠民　吴培亨　郭光灿

委　　员　（按姓氏笔画排列）

王占国　王家骐　包为民　李　未　李启虎　李衍达
吴培亨　何积丰　林惠民　林尊琪　夏建白　郭光灿
郭　雷　黄民强　褚君浩

中国科学院技术科学部第十四届常务委员会

主　　任　杨　卫

副 主 任　叶恒强　薛其坤　叶培建　周孝信　吴硕贤

委　　员　（按姓氏笔画排列）

叶恒强　叶培建　杨　卫　李　天　李济生　吴硕贤
陈祖煜　范守善　周　远　周孝信　胡海岩　祝世宁
顾秉林　顾逸东　徐建中　薛其坤

2009 年中国科学院院士名单

（714 人，分学部按姓氏汉语拼音排列）

数学物理学部（137 人）

艾国祥　白以龙　陈　彪　陈和生　陈佳洱　陈建生　陈木法
陈难先　陈式刚　程开甲　崔尔杰　崔向群(女)　戴元本
丁伟岳　丁夏畦　范海福　方　成　方守贤　冯　端　甘子钊
葛墨林　龚昌德　谷超豪　郭柏灵　郭尚平　郝柏林　何泽慧(女)
何祚庥　贺贤土　洪朝生　洪家兴　胡和生(女)　胡仁宇
黄润乾　黄祖洽　霍裕平　姜伯驹　经福谦　邝宇平　李安民
李邦河　李大潜　李德平　李方华(女)　李家春　李家明
李惕碚　李荫远　李正武　林　群　刘应明　龙以明　陆启铿
陆　埮　吕　敏　罗　俊　马大猷　马志明　闵乃本　欧阳钟灿
彭实戈　钱伟长　曲钦岳　沈文庆　沈学础　石钟慈　苏定强
苏肇冰　孙昌璞　孙义燧　汤定元　唐孝威　陶瑞宝　田　刚
童秉纲　万哲先　汪承灏　王鼎盛　王恩哥　王乃彦　王诗宬
王世绩　王绶琯　王　迅　王业宁(女)　王　元　王梓坤
魏宝文　魏荣爵　文　兰　吴文俊　吴岳良　席南华　夏道行
冼鼎昌　谢家麟　解思深　邢定钰　熊大闰　徐叙瑢　徐至展
严加安　杨福家　杨国桢　杨　乐　杨应昌　叶朝辉　叶叔华(女)
应崇福　于　渌　于　敏　俞昌旋　詹文龙　张殿琳　张恭庆
张涵信　张焕乔　张家铝　张　杰　张仁和　张淑仪(女)
张伟平　张裕恒　张宗烨(女)　章　综　赵光达　赵忠贤
郑厚植　郑晓静(女)　周光召　周　恒　周又元　周毓麟
朱邦芬　朱光亚　庄逢甘　邹广田

化学部（125 人）

白春礼　包信和　蔡启瑞　曹　镛　柴之芳　陈冠荣　陈洪渊
陈家镛　陈俊武　陈凯先　陈庆云　陈茹玉(女)　陈小明
陈新滋　陈　懿　程津培　程镕时　戴立信　段　雪　费维扬
冯守华　高　鸿　高　松　郭景坤　郭慕孙　何国钟　何鸣元
洪茂椿　侯建国　胡宏纹　胡　英　黄本立　黄春辉(女)
黄　量(女)　黄乃正　黄维垣　黄　宪　黄志镗　嵇汝运

计亮年　江桂斌　江　雷　江　龙　江　明　江元生　蒋锡夔
黎乐民　李　灿　李洪钟　李静海　梁敬魁　林国强　林励吾
刘若庄　刘有成　刘元方　卢佩章　陆婉珍(女)　陆熙炎
麻生明　麦松威　闵恩泽　倪嘉缵　彭少逸　钱逸泰　任詠华(女)
沙国河　申泮文　沈家骢　沈天慧(女)　沈之荃(女)
宋礼成　苏　锵　孙家钟　唐本忠　唐有祺　田昭武　田中群
佟振合　涂永强　万惠霖　万立骏　汪尔康　王方定　王佛松
王　夔　吴浩青　吴　奇　吴新涛　吴养洁　吴云东　谢毓元
徐光宪　徐如人　徐　僖　徐晓白(女)　严东生　颜德岳
杨玉良　姚建年　姚守拙　游效曾　余国琮　俞汝勤　袁承业
袁　权　查全性　张存浩　张礼和　张　滂　张乾二　张　希
张玉奎　赵东元　赵玉芬(女)　郑兰荪　支志明　周其凤
周其林　周同惠　周维善　朱道本　朱起鹤　朱清时　卓仁禧

生命科学和医学学部（126 人）

曹文宣　常文瑞　陈可冀　陈　霖　陈润生　陈文新(女)
陈晓亚　陈宜瑜　陈宜张　陈　竺　陈子元　邓子新　段树民
方精云　方荣祥　龚岳亭　郭爱克　韩济生　韩启德　郝　水
贺福初　贺　林　洪德元　洪国藩　洪孟民　侯凡凡(女)
蒋有绪　金国章　鞠　躬　孔祥复　匡廷云(女)　李朝义
李季伦　李家洋　李振声　梁栋材　梁智仁　林鸿宣　林其谁
刘建康　刘瑞玉　刘新垣　刘以训　刘允怡　卢永根　陆士新
毛江森　孟安明　裴　钢　戚正武　强伯勤　邱式邦　饶子和
尚永丰　沈善炯　沈　岩　沈允钢　沈自尹　施教耐　施履吉
施蕴渝(女)　石元春　苏国辉　隋森芳　孙大业　孙汉董
孙曼霁　孙儒泳　唐崇惕(女)　唐守正　田　波　童坦君
汪忠镐　王大成　王恩多(女)　王世真　王文采　王正敏
王志新　王志珍(女)　魏江春　魏于全　吴常信　吴建屏
吴阶平　吴孟超　吴　旻　吴征镒　吴祖泽　武维华　谢华安
谢联辉　许智宏　薛社普　阳含熙　杨福愉　杨弘远　杨焕明
杨雄里　姚开泰　叶玉如(女)　尹文英(女)　印象初
曾益新　曾　毅　翟中和　张春霆　张广学　张启发　张树政(女)
张新时　张亚平　张永莲(女)　张友尚　赵尔宓　赵国屏
赵进东　郑光美　郑国锠　郑儒永(女)　郑守仪(女)
周　俊　朱兆良　朱作言　庄巧生　庄文颖(女)

地学部（116人）

安芷生　常印佛　巢纪平　陈俊勇　陈梦熊　陈　旭　陈　颙
陈运泰　程国栋　丑纪范　戴金星　邓起东　丁国瑜　丁仲礼
董申保　冯士筰　符淙斌　傅家谟　高　俊　顾知微　郭令智
侯仁之　胡敦欣　黄荣辉　贾承造　金振民　李崇银　李德仁
李德生　李吉均　李曙光　李廷栋　李小文　李星学　林学钰(女)
刘宝珺　刘昌明　刘光鼎　刘嘉麒　刘振兴　陆大道　吕达仁
马　瑾(女)　马在田　马宗晋　莫宣学　穆　穆　欧阳自远
秦大河　秦蕴珊　邱占祥　任纪舜　戎嘉余　沈其韩　施雅风
石耀霖　苏纪兰　孙鸿烈　孙　枢　陶诗言　陶　澍　滕吉文
田在艺　童庆禧　涂传诒　汪集旸　汪品先　王德滋　王鸿祯
王　水　王铁冠　王　颖(女)　魏奉思　文圣常　吴国雄
吴新智　伍荣生　肖序常　谢学锦　徐冠华　徐世浙　许厚泽
许志琴(女)　薛禹群　杨　起　杨文采　杨元喜　姚檀栋
姚振兴　叶大年　叶笃正　叶嘉安　殷鸿福　於崇文　袁道先
曾庆存　曾融生　翟明国　翟裕生　张本仁　张国伟　张　经
张弥曼(女)　张彭熹　张宗祜　赵柏林　赵鹏大　赵其国
郑　度　郑永飞　钟大赉　周卫健(女)　周秀骥　周志炎
朱日祥　朱显谟

信息技术科学部（83人）

包为民　保　铮　陈定昌　陈桂林　陈国良　陈翰馥　陈俊亮
陈星弼　陈星旦　褚君浩　戴汝为　董韫美　冯纯伯　干福熹
高庆狮　郭光灿　郭　雷　何积丰　侯朝焕　侯　洵　怀进鹏
黄宏嘉　黄　琳　黄民强　黄纬禄　简水生　匡定波　雷啸霖
李启虎　李　未　李衍达　李志坚　梁思礼　林惠民　林为干
林尊琪　刘国治　刘盛纲　刘颂豪　刘永坦　陆汝钤　陆元九
罗沛霖　母国光　彭堃墀　秦国刚　阙端麟　沈绪榜　宋　健
孙钟秀　王大珩　王家骐　王启明　王守觉　王守武　王　圩
王阳元　王育竹　王　越　王占国　王之江　吴德馨(女)
吴宏鑫　吴培亨　吴一戎　夏建白　夏培肃(女)　许宁生
薛永祺　杨芙清(女)　姚建铨　叶培大　张　钹　张景中
张嗣瀛　张效祥　张　煦　郑耀宗　郑有炓　周炳琨　周巢尘
周兴铭　朱中梁

技术科学部（127 人）

蔡其巩	蔡睿贤	曹楚南	曹春晓	陈创天	陈　达	陈能宽
陈学俊	陈祖煜	程耿东	程时杰	都有为	范守善	高镇同
葛昌纯	顾秉林	顾诵芬	顾逸东	过增元	韩祯祥	胡海昌
胡海岩	胡文瑞	胡聿贤	黄克智	姜中宏	蒋民华	金展鹏
柯　俊	李济生	李敏华(女)		李述汤	李　天	李依依(女)
林秉南	林　皋	刘宝镛	刘广均	刘竹生	柳百新	卢　柯
卢　强	路甬祥	闵桂荣	欧阳予	潘际銮	潘家铮	彭一刚
齐　康	邱大洪	任露泉	任新民	邵象华	申长雨	沈志云
师昌绪	宋家树	宋玉泉	宋振骐	孙家栋	孙　钧	唐叔贤
陶文铨	屠守锷	汪　耕	王补宣	王崇愚	王大中	王淀佐
王光谦	王克明	王立鼎	王希季	王锡凡	王　曦	王自强
魏寿昆	温诗铸	闻邦椿	吴承康	吴良镛	吴硕贤	伍小平(女)
肖纪美	谢光选	邢球痕	熊有伦	徐采栋	徐建中	徐性初
徐祖耀	许学彦	薛其坤	严陆光	颜鸣皋	杨叔子	杨　卫
杨　槱	姚　熹	叶恒强	叶培建	于起峰	余梦伦	俞鸿儒
张楚汉	张光斗	张兴钤	张佑启	张　泽	赵淳生	赵仁恺
郑时龄	郑哲敏	钟万勰	钟香崇	周干峙	周国治	周锡元
周孝信	周尧和	周　远	朱　静(女)		朱森元	朱位秋
祝世宁	庄逢辰	邹世昌				

2009 年中国科学院外籍院士名单

（共 56 人，按英文姓氏音序排序）

中文姓名	英文姓名	国　籍	当选年份
若列斯·阿尔费罗夫	Zhores I. Alferov	俄罗斯	2006
伯奇费尔	Burrell Clark Burchfiel	美　国	1998
张永山	Y. Austin Chang	美　国	2000
钱煦	Shu Chien	美　国	2006
卓以和	Alfred Y. Cho	美　国	1996
朱经武	Paul Ching-Wu Chu	美　国	1996
朱棣文	Steven Chu	美　国	1998
蔡南海	Nam-Hai Chua	新加坡	2006
菲立普·希阿雷	Philippe G. Ciarlet	法　国	2009
万森·库尔提欧	Vincent Courtillot	法　国	2007
盖伊·德泰	Guy Blaudin de Thé	法　国	2004
罗伯特·迪金森	Robert E. Dickinson	美　国	2006
法捷耶夫	Ludwig D. Faddeev	俄罗斯	2007
傅睿思（女）	Else Marie Friis	丹　麦	2002
冯元桢	Yuan-Cheng Fung	美　国	1994
萨姆韦尔·格里戈良	Samvel S. Grigorian	俄罗斯	2006
艾伦·黑格	Alan J. Heeger	美　国	2007
何毓琦	Yu-Chi Ho	美　国	2000
霍克弗尔特	Tomas Hökfelt	瑞　典	2000
霍西金斯	Brian John Hoskins	英　国	2002
胡正明	Chenming Calvin Hu	美　国	2007
黄煦涛	Thomas S. Huang	美　国	2002
井口洋夫	Hiroo Inokuchi	日　本	2000
简悦威	Yuet Wai Kan	美　国	1996
高锟	Charles K. Kao	美　国	1996
库什	Gurdev S. Khush	印　度	2002
克劳斯·冯·克利钦	Klaus Von Klitzing	德　国	2006
葛守仁	Ernest Shiu-Jen Kuh	美　国	1998
李政道	Tsung-Dao Lee	美　国	1994
杰马里·莱恩	Jean-Marie Lehn	法　国	2004
黎念之	Norman N. Li	美　国	1998

林家翘	Chia-Chiao Lin	美　国	1994
马佐平	Tso-Ping Ma	美　国	2009
毛河光	Ho-kwang (David) Mao	美　国	1996
马库斯	Rudolph A. Marcus	美　国	1998
米歇尔	Hartmut Michiel	德　国	2000
莫里茨	Helmut Moritz	奥地利	1998
弗里德·穆拉德	Ferid Murad	美　国	2007
雷文	Peter H. Raven	美　国	1994
萨支唐	Chih-Tang Sah	美　国	2000
沈元壤	Yuen-Ron Shen	澳大利亚	1996
肖荫堂	Yum-Tong Siu	美　国	2004
彼得史唐	Peter J. Stang	美　国	2006
郎尼·汤姆森	Lonnie Thompson	美　国	2009
丁肇中	Samuel C. C. Ting	美　国	1994
崔琦	Daniel Chee Tsui	美　国	2000
徐立之	Lap-Chee Tsui	加拿大	2009
王中林	Zhong Lin Wang	美　国	2009
托斯登·威塞尔	Torsten N. Wiesel	美　国	2004
吴耀祖	Theodore Yao-Tsu WU	美　国	2002
彼得·威利	Peter J. Wyllie	英　国	1996
杨振宁	Chen Ning Yang	美　国	1994
姚期智	Andrew Chi-Chih Yao	美　国	2004
丘成桐	Shing-Tung Yau	美　国	1994
理查德·杰尔	Richard N. Zare	美　国	2004
哈迈德·泽维尔	Ahmed H. Zewail	美　国	2009

2009 年逝世的中国科学院院士名单

姓　名	所属学部	逝世时间
黄胜年	数学物理学部	2009-1-8
陈慰峰	生命科学和医学学部	2009-1-26
吴式枢	数学物理学部	2009-2-27
吴传钧	地学部	2009-3-13
林尚安	化学部	2009-3-17
钱令希	技术科学部	2009-4-20
汪家鼎	化学部	2009-7-30
梁守槃	技术科学部	2009-9-5
杨遵仪	地学部	2009-9-17
梁晓天	化学部	2009-9-29
娄成后	生命科学和医学学部	2009-10-16
贝时璋	生命科学和医学学部	2009-10-29
钱学森	数学物理学部	2009-10-31

2009 年逝世的中国科学院外籍院士名单

（2009 年 12 月 31 日统计，共 1 名）

姓　名	国　籍	逝世时间
辛克维奇（Olgierd Ceal Zienkiewicz）	英　国	2009-1-2

院士增选和外籍院士选举工作

2009 年，中国科学院学部严格按照《中国科学院院士章程》、《院士增选工作实施细则》和《外籍院士选举办法》等规定，顺利完成院士增选和外籍院士选举工作。

一、中国科学院院士增选工作

中国科学院院士增选是院士队伍建设的重要环节，是中国科学院学部的核心工作之一。高标准高质量地做好院士增选工作，对于保持院士群体活力、推动院士队伍建设、促进我国科技事业发展具有十分重要的意义。

2009 年中国科学院院士增选工作于 2009 年 1 月初正式启动。截至 4 月 30 日，共收到院士和归口部门报送的 302 人的推荐材料，经学部主席团六届三次会议审议，确认有效候选人为 296 名。经过各学部通信评审，共选出初步候选人 145 名。

在院士增选评审暨选举会议上，在充分讨论评议的基础上，进行无记名投票，按得票数产生了 72 名正式候选人。其中数学物理学部 12 名，化学部 12 名，生命科学和医学学部 14 名，地学部 12 名，信息技术科学部 9 名，技术科学部 13 名。

学部常委会组织院士对本学部的正式候选人进行无记名投票选举，35 名候选人获得赞同票，不少于投票人数三分之二。其中数学物理学部 6 名，化学部 8 名，生命科学和医学学部 5 名，地学部 5 名，信息技术科学部 4 名，技术科学部 7 名。

各学部常委会审查确认本学部的选举结果，经学部主席团第六届五次会议审议批准后，呈报国务院备案。2009 年 12 月 4 日，中国科学院召开新闻发布会，公布了 2009 年中国科学院院士增选结果。

二、中国科学院外籍院士选举工作

2009 年中国科学院外籍院士选举工作于 2009 年 1 月初正式启动。截至 4 月 30 日，共收到 196 名院士报送的 19 名外籍院士候选人的推荐书，这 19 名候选人均获得 5 名或 5 名以上院士推荐。经学部主席团六届三次会议审议，确认 19 名候选人均为有效候选人。

外籍院士候选人通信预选工作于 2009 年 6 月 1 日至 7 月 10 日进行。院士工作局将外籍院士有效候选人推荐书汇总，印发给参加选举工作的 492 名院士。截止到规定时间，共收到 425 位院士的预投选票。7 月 31 日，院士工作局计（监）票工作小组按程序进行了计票工作。

根据 2009 年外籍院士选举通信预选结果，各学部常委会召开会议，讨论了属于本学部学科专业领域的外籍院士候选人的情况，并对候选人进行了排序。

根据各学部的讨论和排序结果，学部主席团六届四次会议讨论并投票产生了 6 名外籍院士正式候选人。

2009 年 11 月 2 日，在全体院士大会上，各学部常委会指定的介绍人分别对这 6 名正式候选人的情况进行了介绍。经无记名投票，上述 6 名正式候选人的得票数均超过了投票人数的三分之二，当选为 2009 年中国科学院外籍院士。

2009年中国科学院院士增选当选院士名单

（共35人，分学部按姓氏笔画为序）

数学物理学部（6人）

姓　名	年　龄	专　业	工作单位
孙昌璞	46	理论物理	中国科学院理论物理研究所
李安民	62	数学	四川大学
罗　俊	52	引力物理	华中科技大学
郑晓静（女）	51	力学	兰州大学
席南华	46	数学	中国科学院数学与系统科学研究院
崔向群（女）	57	天体物理	中国科学院国家天文台南京天文光学技术研究所

化学部（8人）

姓　名	年　龄	专　业	工作单位
万立骏	51	物理化学	中国科学院化学研究所
包信和	49	物理化学	中国科学院大连化学物理研究所
江　雷	44	无机化学	中国科学院化学研究所、北京航空航天大学
江桂斌	51	分析化学、环境化学	中国科学院生态环境研究中心
陈小明	47	无机化学	中山大学
周其林	52	有机化学	南开大学
唐本忠	52	高分子化学与物理	香港科技大学
涂永强	50	有机化学	兰州大学

生命科学和医学学部（5人）

姓　名	年　龄	专　业	工作单位
庄文颖（女）	60	真菌学	中国科学院微生物研究所
尚永丰	45	生物化学与分子生物学	北京大学
林鸿宣	48	作物遗传学	中国科学院上海生命科学研究院
侯凡凡（女）	58	内科学（肾脏病学）	南方医科大学
隋森芳	64	生物物理学	清华大学

地学部（5 人）

姓　名	年　龄	专　业	工作单位
周卫健（女）	56	宇宙成因核素与全球变化	中国科学院地球环境研究所
郑永飞	49	地球化学	中国科学技术大学
莫宣学	70	岩石学	中国地质大学（北京）
陶　澍	58	环境地理	北京大学
翟明国	61	前寒武纪地质与变质地质学	中国科学院地质与地球物理研究所

信息技术科学部（4 人）

姓　名	年　龄	专　业	工作单位
刘国治	48	高功率微波	中国核试验基地
许宁生	51	真空微纳光电子学	中山大学
怀进鹏	46	计算机软件	北京航空航天大学
陈定昌	72	导航、制导与控制	中国航天科工集团科技委

技术科学部（7 人）

姓　名	年　龄	专　业	工作单位
于起峰	51	实验力学、精密光测	国防科学技术大学
王　曦	42	材料科学	中国科学院上海微系统与信息技术研究所
王光谦	47	水力学及河流动力学	清华大学
王自强	70	固体力学	中国科学院力学研究所
王锡凡	73	电力系统	西安交通大学
申长雨	46	塑料成型及模具技术	郑州大学
刘竹生	69	火箭总体设计	中国航天科技集团公司第一研究院

2009 年中国科学院当选外籍院士名单

（共 6 人，按学科领域排序）

姓名	年龄	国籍	专业	工作单位
菲立普 · 希阿雷 Philippe G. Ciarlet	71	法国	应用数学	香港城市大学
哈迈德 · 泽维尔 Ahmed H. Zewail	63	美国	化学	美国加州理工学院
徐立之 Lap-Chee Tsui	59	加拿大	高等教育及基因研究	香港大学
郎尼 · 汤姆森 Lonnie Thompson	61	美国	地学	美国俄亥俄州立大学
马佐平 Tso-Ping Ma	64	美国	微纳电子科学	美国耶鲁大学
王中林 Zhong Lin Wang	48	美国	材料科学和纳米技术	美国佐治亚理工学院

咨询评议工作

2009年，学部围绕开展咨询研究，着力组织跨学部、学科交叉的咨询项目，积极就国家社会经济发展以及与科技相关的问题建言献策。

一、积极开展重大咨询课题研究

2009年，学部通过充分调研，从国家的核心利益、未来战略、紧迫需求等角度出发，在全球气候变化、科技体制与政策、基础研究与产业发展、科技平台建设等重大问题布局重大咨询项目，给予重点支持。

1. 全球气候变化

学部咨委会部署成立由方精云院士领衔的“气候变化的影响和适应”咨询组。2009年9月，咨询组先行向党中央和国务院提交“关于2009哥本哈根气候谈判的若干建议”的咨询报告，受到领导的高度重视，有关领导做了重要批示。

2. 科技体制与政策

学部咨委会部署成立由王志珍院士领衔的“关于中国科技体制与政策的建议”咨询组，从科技法制建设、资源规划和配置、科技专项管理、基础研究、科研队伍建设和人才培养、科研评价标准与机制等方面提出政策建议。

3. 基础研究与产业发展

学部咨委会部署成立由欧阳钟灿院士领衔的“基础研究与产业发展”咨询组，从新能源产业、生物信息与遗传工程、极大规模基础电路制造产业、新一代网络技术产业、节能建筑产业几个领域与基础研究的关联等几个方面开展咨询研究。

4. 科技平台建设

学部咨委会部署成立由赵忠贤院士领衔的“国家科技基础条件平台建设和管理”咨询组，在调研国外发达国家科技基础条件平台管理体制机制、相关政策法规和专业人才队伍建设等的基础上，充分借鉴我国已有经验，进行咨询研究，提出进一步优化发展的咨询建议。

二、为应对世界金融危机开展咨询活动

为应对全球性金融危机，中国科学院学部快速响应，组织相关院士专家开展若干专项咨询研究。“关于‘保增长、扩内需、调结构’的建议”咨询报告，分析透彻，建议措施操作性强，得到了中央和有关部门领导的高度重视；成立由马志明院士领衔的“全球金融危机背景下货币政策、财政政策研究及其宏观调控作用分析”咨询项目；用数学方法模拟经济运行和社会发展巨系统，为中央提供未来决策模型。

2009年4月，中国科学院学部参加中央组织部组织的部分省市院士专家咨询服务

活动，组织院士专家先后前往江苏、浙江、广东等省市为地方政府提供咨询服务，解决中小企业面临的实际问题。根据中国科学院与各地签订的院地合作协议，院士工作局负责承担地方经济社会发展以及科技创新等方面的政策和技术咨询工作。根据全年进度安排，院士工作局在实地调研和充分协商的基础上，组织院士专家分阶段、按主题赴各地开展各项活动，为当地的经济社会发展出谋划策，为产业结构调整提建议，并动员院士以各种形式开展工作，积极支持当地企事业单位开展科技研发、人才培养和成果转化，促进提高自主创新能力，加快经济发展方式的转变。

在学部咨委会、学部常委会与地方省市合作的各种会议活动中，积极组织院士有针对性地在一些地区开展“院士行”活动。学部咨委会利用在昆明、新疆、重庆召开会议期间，深入调研上百家企业，千方百计帮助有困难的企业解决问题，并尽可能结合咨询研究项目提出可操作性的咨询建议，同时开展专题讲座。

三、顶层谋划学部咨询发展战略

1. 适时召开“新时期科学思想库建设”高层研讨会

2009 年 4 月，学部组织召开了“新时期科学思想库建设”高层研讨会，特邀国务院有关部门领导和院士专家，在国家科学思想库建设的基本原则、根本任务和实践管理等方面进行深入研讨并达成多项共识。这些新成果和新理念正在学部工作中切实加以落实。

2. 编写《咨询项目重点领域和方向参考指南》

为了认真落实院党组关于咨询工作的指示精神，更有效地集成多学科优势，统筹发挥院士、专家群体智慧，编写了全年《咨询项目重点领域和方向参考指南》，供咨委会和各学部立项参考。

四、继续开展“天山南北院士行”活动

2009 年 6 月，“天山南北院士行”主题科技活动在新疆乌鲁木齐、昌吉回族州、阿勒泰等多个城市举行。这次活动是对以往 3 年活动的阶段性总结，谋划了未来几年与自治区开展咨询评议工作的思路，并有针对性地开展了系列咨询活动，有力促进了中国科学院与新疆在煤化工领域的实质性合作。本次活动再次受到新疆维吾尔自治区领导的高度重视，双方联合召开院士专家座谈会，回顾过去几年活动的成果，共商新疆发展大计。根据工作安排，院士、专家一行到奎北新区考察，对新区的建设和规划提出了建议和意见。部分学部咨委会委员应邀出席在乌鲁木齐市举行的“乌昌一体化——新型工业化发展战略”论坛，并围绕乌昌一体化和新型工业化深入乌昌地区进行了考察调研。乌鲁木齐市委市政府有关领导与参加考察的院士专家进行专题座谈，针对乌昌地区产业调整、工业化发展、资源开发和环境保护等一系列重大问题，以及信息工业化建设、大规模可再生能源、环境保护和新能源、新材料及高新技术产业发展等方面进行了交流和探讨。活动期间，学部咨委会委员吴培亨院士为阿勒泰地区 400 余位领导干部和公务员作

了以《读书、学习、勇担重任》为题的报告。

五、加强学科前沿和产业发展趋势的咨询研究

各学部持续组织开展以学科为基础的战略前沿问题咨询。2009 年 4 月，中国科学院与国家自然科学基金委员会签署合作开展“2011－2020 年我国学科发展战略研究”协议。这项战略研究，旨在充分发挥中国科学院院士群体作为国家最高学术咨询团体的重要作用，推动我国学科均衡协调可持续发展。双方计划组织以战略科学家为核心的团队开展相关研究，主要任务是分析我国学科发展规律、基础研究规律、人才培养规律和环境建设需求。2009 年 11 月，在院士增选会议期间，各学部与国家自然科学基金委员会相关学部分别召开了学科战略咨询会议。目前，各学部已完成相关学科研究的初稿，并按照工作计划稳步推进。各学部常委会组织院士和专家对相关学科领域的科技、经济社会发展的重要问题进行了广泛而深入的调查研究，通过对国际前沿学科发展态势的分析和国内外学科布局演变的比较，推动新的咨询研究项目立项以及结题报告的审议和上报。

立项咨询项目近 30 项。如“国家科技基础条件平台建设和管理”、“基础研究与产业发展”、“关于中国科技体制与政策的建议”、“气候变化的影响和适应”、“我国（快堆）核燃料循环技术发展战略研究”、“稀土和钍的战略资源保护和合理利用”、“我国磷科技发展关键问题与对策”、“盐湖战略锂资源的保护与高值化开发”、“构建符合我国国情的智能电网”、“我国海洋高技术产业发展战略研究”等。

上报国务院咨询报告共 20 份。如“高影响天气气候事件对我国可持续发展的影响和对策”、“青藏高原冰川冻土变化影响分析与应对措施”、“关于重视民用和军用工程承受爆破荷载效应研究的建议”、“MPP 系统芯片体系结构的发展对策建议”、“关于唐家山堰塞湖整治与北川地震遗址保护问题的建议”、“我国航空航天工程中湍流研究和计算流体力学应用的现状及对策建议”等。

上报国务院“院士建议”共 14 期。内容涉及新能源、环保、农业、全球气候变化等重点、热点问题，部分院士建议得到中央领导的批示。

六、完善学部咨询工作规范和制度

为了更好地发挥院士专家群体的智慧和作用，充分体现学部咨询在国家战略决策中的作用和价值，学部咨委会进一步完善学部咨询制度设计，改进咨询评议工作模式，规范立项程序，分层次设立课题，广泛联合全国科技界共同开展重大咨询项目研究。

学部主席团审议并通过了《中国科学院学部咨询评议工作条例》，咨询评议工作委员会审议并通过了《中国科学院咨询评议项目管理细则》，讨论并原则通过了《关于设立咨询学术秘书的有关办法》。

科学道德建设

科学道德与学风建设是中国科学院学部建设的重要内容之一。2009 年，学部大力弘扬科学精神，加强科学道德和学风建设，宣传院士科学道德和学风方面的楷模，加强院士自律，充分发挥院士群体治学典范和明德楷模的表率作用，学部科学道德和学风建设工作稳步推进。

一、宣传科学道德和学风方面的楷模

大力弘扬科学精神，广泛宣传院士群体的优良道德与学风，积极推动和促进我国科技界的道德与学风建设，营造科技界良好的科学道德环境，既是学部科学道德建设的重要工作内容，也是院士群体的责任。为加强对院士中科学道德与学风典范的宣传，通过在有关媒体刊登报道院士报效祖国、献身科学，无私奉献、淡泊名利的文章，在社会上宣传院士群体明德楷模的表率作用，引起了良好反响。

二、关注科学道德和学风方面的动态

中国科学院学部积极组织院士参加国际国内的有关科学道德和学风方面的学术活动，关注科学道德和学风方面的动态，搜集整理有关科学道德和科技伦理方面的参考资料，供学部领导和有关院士参考。

学术交流和科学普及活动

“科学与中国”院士专家巡讲团针对地方的需求，组织院士专家系列报告，注重实效开展科普宣传工作。尤其是在遍及世界的金融风暴影响下，企业的发展受到很大的冲击，为配合国家提出的以科技支撑经济发展的战略部署，把应对经济危机、支撑经济发展作为巡讲重点，及时组织“科学与中国”院士专家企业行活动，组织院士专家作科普报告，组织咨询会、研讨会和院士专家与企业项目对接会等系列活动。

2009 年，“科学与中国”院士专家巡讲团共组织巡讲报告会 80 场，院士专家作报告 92 人次，巡讲团足迹遍及北京、上海、天津、湖南、湖北、山东、山西、陕西、甘肃、新疆、安徽、江苏、浙江、云南、贵州、四川、福建、辽宁、吉林、广东等 20 余个省（自治区、直辖市），直接听众约 3.2 万人，编发工作简报 41 期。

巡讲活动在应对世界金融危机的国际大形势下，加强针对性，注重实效，以多种形式开展巡讲活动。从单纯以科普为主向为经济建设社会发展服务和科普宣传并重转变，深入基层单位企业调研，为地方经济社会发展和行业、企业直接需求服务，为国家的行业政策制定以及企业发展等出谋划策，努力提高巡讲团组织活动效果，使巡讲活动呈现出新的特点。

一、应对世界金融危机组织“科学与中国”院士专家企业行活动

为应对世界金融危机，配合国家的“应对金融危机促进经济发展科技创新专项行动”，组织了“院士专家顺德行”、“院士专家湘西行”、“院士常德行”、“上海浦东院士专家企业行”、“面向未来创新驱动科学发展”南京院士高层论坛等活动，共组织 100 余位院士专家深入 60 余家企业开展调研和咨询活动。院士专家就应对金融危机、产业结构调整以及产学研结合等问题与地方领导和企业家进行了研讨，探讨了合作事宜。

“科学与中国”院士专家企业行活动通过搭建科研院所与各地方企业的合作平台，让更多的研究所和院士专家了解了当地实际技术需求，为地方的产业开发和产品研发服务，为促进当地科技、经济更好发展发挥了作用。

（一）“科学与中国”院士专家顺德行活动

2009 年 4 月，组织王佛松等 10 位院士和研究所的 3 位专家在广东省佛山市顺德区开展“院士专家顺德行”活动。根据顺德近百个企业提出的 350 多个问题，重点针对家用电器、电子信息、机械装备、精细化工、金属材料等高新技术支柱产业深入企业开展调研和咨询活动。调研期间，举办了以“应对金融海啸，制造业转型发展战略”为主题的研讨会。院士专家就应对金融危机，产业结构调整以及产学研结合等问题与顺德区领导和企业家进行了研讨，提出了有关建议。此外，还结合对青少年的励志教育和产业

结构调整的需求，举办了2场院士报告会。

在“院士专家顺德行”活动后，为加深了解和促进与中国科学院的合作，顺德区组织了近30个企业专程来京，走访了10个研究所，洽谈了合作项目并取得成果。

（二）“科学与中国”院士专家湘西行活动

2009年6月，组织了周俊、张国成等院士，以及生物制药、化工、有色金属冶金、矿产品深加工等专业的12位院士专家参加了“科学与中国”院士专家湘西行活动。活动内容包括：院士专家与企业家座谈，破解企业发展困境；深入企业现场把脉，解决实际技术难题；举办“加强科技创新，促进经济、社会、环境可持续协调发展”专题报告会等。

湘西自治州州委领导表示，通过组织院士专家到偏远湘西开展科技活动，传递当今国内外最先进的科学理念和高新技术，促进地方产学研结合，为实现湘西自治州经济、社会又好又快的发展提供了强有力的科技支撑，在湘西自治州生物制药产业、矿产品精深加工等方面起到了积极的促进作用。

“科学与中国”院士专家湘西行活动，使中国科学院相关院所的科研人员对湘西自治州的技术需求有了实际了解，为湘西自治州与中国科学院进行长期技术合作打下了良好基础。共有8家企业与中国科学院相关研究所签订了技术合作意向书，并实现了技术对接。

（三）“科学与中国”院士常德行活动

2009年3月，“科学与中国”院士常德行活动在湖南省常德市举行。活动期间，举办了湖南文理学院“学科建设与科学发展”院士专题指导会、院士企业行、院士与企业家和企业科技人员座谈会等系列活动。常德市政府领导表示，这次“科学与中国”院士常德行活动对于目前正处在加快发展关键时期的常德而言，有着重大的意义，将对提升常德科技创新水平产生深远影响。这次活动，也为常德企业提供了一次学习、交流、交友的难得机会。此次活动后，常德市希望与院士建立长期稳定的合作机制，为常德市企业或行业提供一个咨询、交流的平台，解决共性的关键技术问题。

（四）“科学与中国”上海浦东院士专家企业行活动

2009年3月，与上海市科学技术协会、浦东新区科学技术协会共同主办了上海“浦东院士专家企业行”活动，10多位院士走进浦东新区多家企业，为其出谋划策、排忧解难，积极为当地经济社会发展和区域自主创新服务，受到了企业的欢迎。

（五）“科学与中国”天山南北院士行活动

2009年6月，中国科学院和新疆维吾尔自治区政府联合组织开展了2009年“天山南北院士行”活动。活动内容包括：举办院士专家与新疆维吾尔自治区党政领导座谈会；举办阿勒泰地区“公务员学习实践科学发展观院士报告会”等。中共中央政治局委员、自治区党委王乐泉书记对“天山南北院士行”活动给予了高度评价。他认为，院士和专家对新疆的经济社会发展提出了很多具有前瞻性和可操作性的意见和建议，为中央制定新疆发展的有关政策提供参考，有的建议已经运用到新疆经济社会发展的实践中，为推动新疆的科学发展发挥了积极作用。

二、结合不同内容开展多种形式的报告会

（一）召开“科学与中国”院士专家巡讲团“纪念达尔文诞辰200周年”专题报告会

2009年5月，“科学与中国”院士专家巡讲团纪念达尔文诞辰200周年专题报告会在中国科学院研究生院礼堂隆重举行。路甬祥院长应邀作题为“纪念达尔文”的专题报告。来自中国科学院生物物理研究所、古脊椎动物与古人类研究所、植物研究所、动物研究所、遗传与发育生物学研究所、文献情报中心、北京基因组研究所、微生物研究所、自然科学史研究所、北京分院、研究生院、生命科学与生物技术局、院士工作局等有关单位和部门的研究人员、管理人员、教师和学生，以及在京的生命科学和医学学部的院士近700人参加了报告会。

（二）召开“科学与中国”院士专家巡讲团“纪念伽利略用天文望远镜进行天文观测400周年”专题报告会

2009年12月，“科学与中国”院士专家巡讲团“纪念伽利略用天文望远镜进行天文观测400周年”专题报告会在中国科学院研究生院隆重举行。路甬祥院长应邀作题为“从仰望星空到走向太空”的专题报告。中国科学院京区研究所的部分科研人员，研究生院、京区高校研究生，中关村第三小学的师生，在京部分院士以及中国科学院机关的部分管理工作者近400人出席了报告会。

（三）组织召开庆祝中科院建院60周年院士系列报告会

根据巡讲团组委会的安排，在中国科学院建院60周年庆祝活动期间，巡讲团于10月—11月在北京、上海、南京、沈阳、长春、合肥、天津、杭州、武汉、广州、成都、昆明、西安、兰州、深圳、贵阳等地共举办“科学与中国”院士专家巡讲团暨庆祝中国科学院建院60周年科普报告会31场。有33位院士、专家作报告。会场直接听众近万人。

本次院庆系列报告会是中国科学院回顾建院60年来科学技术发展历程的一项重大活动，不仅在社会公众中普及了科学知识，同时也为加强中国科学院与各地高校和科研部门的科技合作与人才交流发挥了积极的作用。

（四）面向各地需求，积极组织日常巡讲活动

2009年，巡讲团面向各地需求，积极组织了日常巡讲报告会39场，有28位院士、专家作报告。结合无锡“科技创业与现代产业发展”科技论坛活动，组织王恩哥、郭光灿、王阳元、杨芙清、陆汝钤等5位院士在无锡、锡山、江阴三地作报告；结合大连

“中国航天空间与空间科学”科普系列活动，组织顾逸东、童庆禧、赵玉芬等3位院士作报告；结合福建省“院士专家科普报告团老区行”活动，组织陈运泰、郭光灿、顾逸东等3位院士在福建省莆田市、泉州市、武夷山市等地作报告；结合深圳首届“自主创新大讲堂—（深圳宝安）节能减排高峰论坛”活动，邀请了金涌院士作报告；结合“2009浦东院士科普讲坛”活动，邀请了叶培建院士作报告。活动受到了有关方面的热烈欢迎。

（五）召开“技术科学论坛”学术报告会

技术科学论坛是信息技术科学部和技术科学部组织的、由院士和专家共同参与的高水平的学术活动，在学术界和社会上产生了很好的影响，对学部的中心工作起到了重要的促进作用。2009年，论坛围绕光学、微电子、工程力学、材料科学等领域共举办了6场报告会，来自47个单位科研一线的52位院士和中青年学者参加了论坛活动。

三、积极推进“两刊”改革，与《中国科学》杂志社共同举办报告会

为积极推进《中国科学》《科学通报》改革工作，“科学与中国”院士专家巡讲团与《中国科学》杂志社于2009年6月共同主办了“与中国科学一起成长——《中国科学》《科学通报》走进科研院校”武汉地区专项活动。朱作言、王鼎盛、殷鸿福等院士在武汉大学分别作了题为“与中国科学一起成长”、“中国物理论文与《中国科学G辑》”、“‘两刊’在推介新兴学科中的作用——以地球生物学为例”的报告。查全性、杨弘远、金振民等院士，武汉大学副校长李文鑫、李清泉，以及武汉大学近200名师生参加了报告会。此次报告会是武汉专项活动的一个重要组成部分，通过这次活动，“两刊”深入到高端科研群体之中，倾听一线科学家的声音，增进了与科学家的联系和感情，加深了科研人员对“两刊”的理解和支持。

2009年12月，“科学与中国”院士专家巡讲团西安行活动暨《中国科学》和《科学通报》报告会在陕西省西安市举行。活动期间，“科学与中国”院士专家巡讲团在西北大学、西安交通大学举办了2场报告会。朱作言院士和简水生院士在西北大学报告厅分别作了题为“建设基于中国科学发展的国际学术交流平台”和“能源、信息与环境”的报告，西北大学近400名师生聆听了报告；杨乐院士和顾逸东院士在西安交通大学作了“数学 创新 成才”和“载人航天与空间科学”的报告。西安交通大学的近400名师生参加了报告会。

陈嘉庚科学奖基金会工作

2009年，在基金会理事会的领导下，基金办公室重点做好2010年度陈嘉庚科学奖的推荐和评审工作，采取积极措施提高推荐的数量和质量，狠抓同行通信评审，保证各项评奖程序有序进行；加强宣传，启动陈嘉庚科学奖报告会工作，请获奖人做报告，建设基金会网站；加强规范化建设，建立工作会议制度，积极推动各项工作；完成基金会2008年年检，法人、账户资金转移、银行印鉴变更等有关工作。2009年，陈嘉庚科学奖被国家科学技术奖励办公室评为优秀。

一、2010年度陈嘉庚科学奖推荐和评审情况

2010年度陈嘉庚科学奖推荐工作于2009年1月初正式启动。办公室向推荐专家发送《关于推荐2010年度陈嘉庚科学奖候选奖项的通知》共计1979份。

截至2009年4月30日，陈嘉庚科学奖基金会办公室共收到推荐项目52项，推荐人65位，比2008年度推荐项目增加约20%。经第三届陈嘉庚科学奖评奖委员会主任联席会议和第二届理事会第二次（通信）会议审议确认，47项为有效推荐。2009年6－7月，陈嘉庚科学奖各评奖委员会分别召开评审会议，评审出16个有效候选奖项进入同行专家通信评审程序。办公室配合各评奖委员会整理出各有效候选奖项的国内外同行评审专家名单共300余位，并与相关推荐人联系有效候选奖项的中、英文同行评审材料，为了提高同行评审的效率和质量，对同行专家评审表（中、英文）、《实施细则》英文版和评审专家邀请信进行修订，并经各评奖委员会主任审定后，于2009年9月初寄送给148位国内和157位国外同行评审专家。办公室共收到国内和国外反馈评审意见各100份。2009年12月，陈嘉庚科学奖6个评奖委员会分别召开评审会议，共投票产生6项正式候选项目。2010年度陈嘉庚科学奖推荐与评审情况如表1所示。

表1　2010年度陈嘉庚科学奖推荐与评审情况汇总

奖　项	推荐项目	推荐人	有效候选奖项	正式候选项目
数理科学奖	4	4	2	1
化学科学奖	4	6	1	1
生命科学奖	15	17	6	2
地球科学奖	5	5	2	1
信息技术科学奖	7	8	2	0
技术科学奖	17	25	3	1
合　计	52	65	16	6

2010 年度陈嘉庚科学奖正式获奖项目将于 2010 年召开的第二届理事会第三次会议上投票产生。

二、陈嘉庚科学奖报告会

为了加强宣传，扩大影响，2009 年启动了陈嘉庚科学奖报告会。陈嘉庚科学奖首场报告会于 2009 年 4 月 18 日在中国科学院国家科学图书馆报告厅举行。2008 年度陈嘉庚地球科学奖获得者安芷生院士和 2006 年度陈嘉庚生命科学奖获得者饶子和院士分别就黄土与季风、SARS 与禽流感病毒的蛋白质结构作了精彩报告。李静海副院长，科学技术部基础司张先恩司长，以及来自首都高校和科研院所的科研骨干和研究生 300 余人参加了报告会。陈嘉庚科学奖第二场报告会于 2009 年 11 月 11 日在中国银行总部大厦举行。首届陈嘉庚物质科学奖获得者赵忠贤院士做了题为“科技进步、科技创新及转化——科学技术服务于科学发展”的科普报告。来自中国银行、中国科学院京区研究所、首都高校的听众及社会公众约 300 人参加了报告会。

三、网站建设

作为基金会的宣传平台，陈嘉庚科学奖基金会网站（注册域名 www. tsaf. ac. cn 和 www. tsaf. cas. cn）中文版于 2009 年 3 月 31 日完成建设，2009 年 4 月 7 日对外开放，有效促进了与国内外的交流。网站英文版将于 2010 年建设完成。同时，为了规范推荐与通信评审工作，提高工作效率，正在建设推荐评审系统，将基金会网站建设成为基金会的管理平台和数据库。

四、规范化建设

为了加强规范化建设，基金会建立了工作会议制度，积极推动各项工作，工作会于双月适时召开。

为了加强品牌建设，统一在网站以及各种材料上使用同样的基金会 logo。编印了陈嘉庚科学奖基金会年报（2008）、宣传折页（中英文），以及信纸、手提袋、文件夹等。另外，为了统一对外联系，基金会还申请了专门信箱。

五、陈嘉庚科学奖被评为优秀

2008 年底，国家科学技术奖励工作办公室组织专家对经科学技术部批准登记并运行了 3 年以上的 103 家未考核的全国性社会力量设立的科学技术奖进行了考核。考核重点为评审制度，评审工作的公平、公正性，以及对激励自主创新、推动行业科技进步和促进科技人才成长的作用及影响等内容。根据《国家科学技术奖励工作办公室公告》第 52 号（国科奖字〔2009〕61 号），陈嘉庚科学奖被评为优秀。

院直属单位情况

分 院 机 构

北京分院（筹）

院　　长：丁仲礼（兼）
地　　址：北京市海淀区中关村南四街18号紫金数码园1号楼
邮政编码：100190
电　　话：010－62661266
传　　真：010－62661245
电子信箱：bjb@cashq.ac.cn
网　　址：http://www.bjb.cas.cn

中国科学院北京分院筹建于2005年3月1日，与中国科学院京区党委采用“同一机构、两块牌子”的方式合署办公。

北京分院是中国科学院机关派出机构，负责联络和协调中国科学院在北京、山西和天津的41个研究机构、1个教育机构、2个公共支撑单位和1个新闻单位。

截至2009年底，北京分院系统共有在职职工17529人。其中科技人员13111人，包括中国科学院院士158人、中国工程院院士22人。京区党委所属基层党组织58个，党员总数30574人。

一、加强领导班子建设

（1）思想建设。北京分院组织了党的四中全会专题辅导报告，指导京区单位学习贯彻全会精神；制定印发中心组学习计划，组织中心组学习交流会，继续组织巡听基层单位中心组学习情况；坚持新任党委书记、纪委书记上岗培训和分院领导及管理人员参加基层单位民主生活会制度，全年共派人参加40余家企事业单位的民主生活会，同时加强了对基层落实民主生活会制度的指导。

（2）组织建设。北京分院完成了21个单位的班子换届、届中和个别调整考核工作，指导16个基层党委完成换届选举工作；与相关领导班子成员谈话1300余人次、填写领导班子测评表1800余份、谈话1300余人次，形成考核报告和公示文件近15万字；完成19个单位经济责任审计工作，审计总金额达138.4亿元。

（3）党风廉政建设。北京分院在贯彻落实《建立健全惩治和预防腐败体系2008—2012年工作规划》时，大力推进党风廉政建设责任制，与44个事业单位党政负责人签订责任书，指导38个单位与下属部门签订责任书；组织560多位重点岗位人员参加廉政讲座，年度参加廉政诫勉谈话、述职述廉的所局级干部近400人次。

（4）后备干部队伍建设。北京分院组建5个工作组，谈话近2000次；完成了系统内43个单位所局级后备干部的集中调整工作，推荐后备干部134人。

二、推进院地合作

在北京分院的大力推动下，中国科学院与北京、天津、内蒙古、山西等区域的科技合作取得了重要进展。2009年，北京分院责任区域共实现销售收入187亿元，同比增长31.8%；在责任区域外实现销售收入196亿元，同比增长73%。

（1）与北京市合作取得突破性进展。①积极推动中关村国家自主创新示范区建设。根据双方签署的联合推动中关村国家自主创新示范区建设协议，2009年院市双方密切合作，共同推动中国科学院计算技术研究所“龙芯通用CPU产业化”、化学研究所“绿色制版技术产业化”等一批重大项目落户北京，组织过程工程研究所等8个单位共计11个项目纳入中关村国家自主创新示范区首批股权激励试点。②北京怀柔科教产业园进入全面建设阶段。2009年6月，院市签署共建怀柔园区协议，计划将怀柔园区建设成为中国科学院在北京地区继中关村园区、奥运园区之后第三个综合型科技园区。截至2009年底，中国科学院研究生院基建项目已开工建设，电子研究所、力学研究所、山西煤炭化学研究所有关基建项目已全部封顶，以上项目总投资近30亿元，建设规模56万m^2；空间科学与应用研究中心等5个单位的建设项目进入设计立项阶段；地质与地球物理研究所等5个单位已达成项目落户共识。③首都科技条件平台建设取得显著成效。根据中国科学院与北京市科委联合签署的全面战略合作协议及共建“中科院研发实验服务基地”协议，中国科学院有13家成员单位为2148家企业、2540家院所和高校提供了研发实验服务，服务合同总额4.84亿元，其中与企业签订合同3.92亿元，占首都科技条件平台总服务量的50%。

（2）中科天津电子信息技术产业园与天津专项进展顺利。根据中国科学院北京分院与天津市签署共建中科天津电子信息技术产业园的协议要求，中国科学院曙光高性能计算机等5个重大项目取得显著成绩，其中曙光年产值逾8亿元；中国科学院认真实施天津滨海新区建设的“天津专项”，全年共支持项目39个，吸引社会投资3.99亿元，预计项目完成后可实现销售收入30亿元。

（3）唐山高新技术研究与转化中心开局良好。2009年，北京分院重点组织过程工程研究所等5个单位的11个项目与唐山市企业合作。

（4）继续推动与内蒙古和山西的合作。2009年，北京分院继续加强与内蒙古的合作，推动中科院内蒙古草业中心和恩格贝生态文明示范区的建设；积极推动与山西省的合作，与山西晋中市签署了全面合作协议。

三、深化党建和创新文化建设

（1）认真落实整改和“回头看”工作。在学习实践科学发展观整改落实阶段，北京分院党组认真查找问题，深入分析检查，不断改进工作，注意把中央的总体要求与中国科学院实际紧密结合，切实增强“回头看”的针对性和实效性，群众满意度测评“满意”和“比较满意”达到100%。

为推动学习实践活动，党组累计编印院简报134期、快报131期，为京区单位提供学习材料2600多本。

（2）深入学习贯彻党的四中全会精神。通过印发学习通知、举办求是论坛和专题讲座、树立工作典型等方式，引导基层单位结合科技创新实践落实会议精神。分院党组带头学习，组织了3次专题中心组学习会。

（3）进一步加强基层党组织建设。积极推动京区协作片开展基层党支部书记培训和开展党务公开工作，针对不同类型党员的特点，开展有针对性的分类教育；继续组织和推动基层单位开展“两个主题”活动；全年完成两期近500名入党积极分子的培训，发展党员488人。

（4）不断推进创新文化建设。充分利用分院创新文化广场的广阔平台，策划、组织多项营造氛围的文化活动。如“十一”前夕组织“迎国庆、升国旗、唱国歌”活动以及各项科学文化传播活动等。

（5）扎实推进统战工作。积极与各民主党派、北京市委协商沟通，推进民革、民建和致公党在中国科学院成立基层委员会。民革中国科学院委员会于2009年10月正式成立，成为中国科学院第五个民主党派基层委员会。完成了民盟中国科学院委员会换届工作。

（6）进一步规范群众组织工作。制定《共青团工作条例》，完善体协章程；完成院团委、院妇工委、院体协和京区体协等领导班子换届任务，并指导27个基层单位组织换届工作；深入推进“职工之家”、五四红旗团委、优秀妇委会建设；成功举办中国科学院第二届职工乒乓球比赛，组织全院庆祝“首个全民健身日”活动，500余人参加太极拳展示；8次组队参加中央国家机关等职工比赛、展示并取得优异成绩。

四、完成其他各项工作

（1）认真落实中国科学院党组学习实践活动整改落实方案有关任务。组织完成分院系统单位《所长负责制实施细则》、《党委工作实施细则》、《职代会工作实施细则》和《学术委员会工作细则》等4个所级规章的修改制定工作。

（2）认真履行院文明办、院党建三个办事机构的职能。组织完成了《2010—2020创新文化建设发展纲要》制定、党建工作调研、基层单位党务公开、全国党建研究会科研院所专委会成立大会筹备工作等；召开创新文化建设十周年总结交流会，表彰先进。

（3）圆满完成院庆60周年系列活动。成功举办主题为“爱国奉献、创新报国”的全院职工文艺晚会和职工艺术作品展；圆满完成了迎院庆“中科院女科技工作者座谈会”、院庆科技封首发式等活动；编辑出版了《科学春天里的年轻人》一书。

（4）切实为基层办实事。组织1059名所局级领导和科研管理骨干体检，为京区40个单位160人解决享受副司局级医疗待遇问题，为18个研究所185人办理就医绿色通道；解决168位科技骨干夫妻两地分居、6名京区引进人才配偶就业、55位科研管理骨干子女小升初等问题；接收优秀毕业生2061人。

（撰稿：王敬泽　审稿：欧龙新）

沈阳分院

院　　长：包信和

地　　址：辽宁省沈阳市和平区三好街24号

邮政编码：110004

电　　话：024－23983356；024－23983359

传　　真：024－23983343

电子信箱：syb@mail.syb.ac.cn

网　　址：http://www.syb.cas.cn

中国科学院沈阳分院的前身是1951年成立的中国科学院东北分院，负责管理中国科学院驻东北的工业化学研究所等8个科研单位。1954年8月东北分院撤销，所属研究所归中国科学院直接领导。1958年12月，成立中国科学院辽宁分院，负责管理中国科学院在辽宁地区和地方的科研机构。1961年8月辽宁分院撤销，所属科研机构划归辽宁省科委领导。1962年10月恢复中国科学院东北分院，负责管理中国科学院在东北的科研单位。1970年8月东北分院撤销，所属单位归地方领导。1978年5月中央批准恢复成立中国科学院沈阳分院。

沈阳分院是中国科学院机关的派出机构，负责联络和协调中国科学院在辽宁地区的大连化学物理研究所、金属研究所、沈阳应用生态研究所、沈阳自动化研究所，驻山东省的海洋研究所、青岛生物能源与过程研究所、烟台海岸带研究所。

截至2009年底，沈阳分院系统共有在职职工3772人。其中高级研究人员1282人，包括中国科学院院士17人、中国工程院院士10人、第三世界科学院院士5人。

一、领导班子建设

2009年，沈阳分院完成了分院机关领导班子换届，协助院完成了沈阳自动化研究所、海洋研究所、大连化学物理研究所届中考核，以及青岛生物能源与过程研究所、烟台海岸带研究所的领导班子考核组建工作；配合中国科学院国有资产经营有限责任公司完成沈阳计算技术研究所有限公司中期考核、沈阳科学仪器研制中心有限公司换届考核工作；举办沈阳分院第23期所级领导干部暑期学习班，并以专题报告的形式交流了相关工作；继续按照分院党组多年来形成的领导班子思想建设有关制度的要求，全年组织党委书记学习日及领导干部理论学习交流活动4次，重点学习党的十七届四中全会精神，加强对后备干部的培养和教育；认真落实中纪委和院党风廉政建设工作会议精神，加强领导干部党风廉政建设工作，督促各单位领导干部认真做好收入申报、重大事项申报和述职述廉活动，分院4名领导全部在分院全体职工大会上作述职报告，接受群众的监督和评议；按照院下发的后备干部选拔和管理办法要求，完成了分院机关、沈阳自动化研究所和大连化学物理研究所的后备干部推荐工作。

二、院地合作

（1）联合长春分院在院内率先开展“践行科学发展观，科技人员服务企业行动”。沈阳分院组织33支科技小分队深入企业一线开展产业需求调研，有47家科研单位的361人次参加了活动。分院系统75台（套）大型分析仪器设备向社会免费开放1年。

（2）积极配合辽宁省开展9大特色产业基

地建设。沈阳分院同辽宁省营口市、盘锦市续签了全面科技合作协议，落实合作项目 11 个；不断推进科技成果在辽宁转移转化，可视化热加工项目在辽宁转化 10 余家，大规格河蟹养成技术、造纸磨浆机叶轮开发、国内首台波纹管自动焊接系统、特种合金节能减排技术开发、多功能生物有机肥产业化开发等 20 个项目正在实施；全年签订合作合同、协议 89 项，资金 6893 万元；拟定并上报《辽宁省产业科技需求调研报告》、《中国科学院与辽宁省十二五战略合作规划》等。2009 年，沈阳分院系统从辽宁省和沈阳市共争取到项目支持经费 2950 万元。

继续推进中科院大连科技园建设。截至 2009 年底，坐落在大连高新区的 1.5 万 m^2 的孵化大厦即将验收交付使用，已签订 20 个入驻项目；地处大连旅顺的产业化园创新大厦，已经完工并投入使用。继续推进海洋生态园建设，中国科学院海洋研究所与大连市长海县共建了黄海海洋长期观测与研究网络平台，并与獐子岛渔业集团共建了海洋健康养殖联合实验室；2009 年 7 月，大连化学物理研究所与长兴岛新区正式签署了共建中科院大连化物所长兴岛新园区的协议，园区占地面积 1200 亩，一期建设用地 800 亩。

2009 年，沈阳分院与辽宁省合作实现销售收入超过 70 亿元，实现利税 7 亿元，增加社会效益 30 亿元。

（3）与山东省合作势头强劲。2009 年 3 月，中国科学院与山东省、青岛市分别签署了全面战略合作协议，沈阳分院也相继与山东省烟台市、淄博市、济宁市签署了全面合作协议；推进院企战略联盟和科技创新平台建设，积极推动建立了镁产业技术创新战略联盟（依托金属研究所）、青岛生物源农药产业技术创新战略联盟（依托海洋研究所）、青岛锂电池材料产业技术创新战略联盟（依托化学研究所）；重点推进建立中国科学院软件研究所、光电研究院和兰州化学物理研究所青岛研发基地等 10 个创新平台建设；实施“创新服务山东”行动，组织院及山东省共 38 个单位的 80 位专家，对山东省 16 个市的 324 家企业进行实地考察、调研，共收集技术需求 900 多项；主办或支持地方举办科技对接会 13 个，参与省内外成果洽谈活动 13 次，参与的地方企业 2000 多家，促进了一批合作项目立项。2009 年，共在山东省签订技术合同 27 项，合同金额 12599 万元；签订合作协议 50 项，协议金额 19610 万元；院地合作成效显著，山东企业实现销售收入接近 120 亿元，实现利税 20 亿元，增加社会效益 80 亿元；预计增加社会经济效益超过 100 亿元。

（4）完成了 2009 年院东北振兴科技行动计划项目的中期检查；举办“东北振兴高级数控人员培训班”一期，培训高级数控人员 40 名；组织进行东北振兴科技行动计划二期方案编制工作，已完成规划初稿。

（5）2009 年新派遣科技副职 3 人，共有科技副职 9 人。本年度届满考核 3 人。

（6）顺利完成第四届东北亚高新技术博览会中国科学展区的组织和布展工作。沈阳分院先后组织系统各单位参加了第八届中国（淄博）新材料技术论坛暨国际科技成果招商洽谈会、2009 年中国国际工业博览会等 27 个展会，共接待临沂市科技代表团、广州中国科学院工业技术研究院等 22 个代表团以及博览会参展人员 370 余人。

三、党的建设

沈阳分院党组积极组织开展学习实践科学发展观“回头看”自查活动。召开了分院系统党建工作会议，总结交流加强基层党建工作的经验。分院机关被辽宁省直机关工委评为 2008 年度目标管理先进单位。

分院党组大力抓好党风廉政建设，到 5 个研究所开展党风廉政建设互动活动；在分院网站建立党风与反腐倡廉咨询服务信箱；探索在分院机关建立岗位反腐控制点，全面加强纪检监督工作。受中国科学院国有资产经营有限责任公司委托，分院党组对沈阳计算技术研究所有限公司、沈阳科学仪器研制中心有限公司的党风廉政建设进行了检查与督促。

（撰稿：周　峰　审稿：马　思）

长春分院

院　　长：王利祥
地　　址：吉林省长春市人民大街7520号
邮政编码：130022
电　　话：0431－85380224
传　　真：0431－85384068
电子信箱：yzb@ms. ccb. ac. cn
网　　址：http://www. ccb. ac. cn

中国科学院长春分院成立于1978年5月，是中国科学院的派出机构，负责联络和协调中国科学院驻长春地区的长春光学精密机械与物理研究所、长春应用化学研究所、东北地理与农业生态研究所及国家天文台长春人造卫星观测站。截至2009年底，长春分院系统共有在职职工3060人。其中科技人员2632人，包括中国科学院院士5人、中国工程院院士1人、发展中国家科学院院士3人。

一、领导班子建设

2009年，长春分院召开了第18期所长书记研讨会，对各所（站）开展“十二五”发展规划编制工作进行了深入交流；为了进一步加强领导班子作风建设，完善落实反腐倡廉工作责任制，分院与各所（站）领导签订了《党风廉政建设责任书》，并召开领导班子民主生活会，开诚布公地进行批评与自我批评；围绕贯彻落实党的十七届四中全会精神和建院60周年中央领导贺信与重要讲话精神，长春分院及各研究所开展了理论中心组学习活动；协助国家天文台完成了长春人造卫星地面站领导班子换届和党委换届工作，完成了长春光学精密机械与物理研究所党委副书记、纪委书记的增补工作，完成了长春应用化学研究所党委换届工作，完成了光学精密机械与物理研究所、长春应用化学研究所后备干部的调整工作。

二、院地合作

2009年，长春分院围绕区域经济社会发展需求，通过组织科技人员服务企业行动、实施省院合作资金项目、加快长春中俄科技园建设、策划东北振兴科技计划二期规划等，继续大力加强与吉林省、黑龙江省的院地合作；积极落实和推进增产商品粮计划，协助院生命科学与生物技术局承办了东北粮食增产科技支撑计划项目启动会暨东北粮食增产十二五战略规划研讨会；协助院生命科学与生物技术局召开了“中科院北方粳稻分子育种联合研究中心2009年水稻高峰论坛”，为黑龙江省千亿斤粮食增产计划提供了重要科技支撑；组织了由30多个研究所的120余位专家组成的8支科技小分队，深入吉黑两省近40家大中型企业开展技术需求调研和技术服务，形成了《黑龙江省产业科技需求调研报告》和《吉林省产业科技需求调研报告》；加强策划，做好东北振兴科技计划二期规划启动的各项准备工作，与沈阳分院组成联合调研组到有关研究所进行调研，初步形成了东北振兴科技计划二期规划框架，凝练了重点项目并加强了平台建设；推进省院合作资金项目及东北振兴项目实施，完成了省院合作资金当期项目审计、验收以及2009年度17个项目的立项工作；对东北振兴科技计划一期项目进行中期检查，已进行了总结；长春中俄科技园建设被列入国家发展和改革委员会东北老工业基地与俄罗斯远东地区合作规划、长吉图开发开放先导区建设规划，科技园现有入园企业14家，新增在孵项目10项，与俄罗斯等国家各科研机构签订科技合作协议4项，与吉林大学及俄罗斯国立大学共同组建了中俄清洁能源联合实验室。

三、党建和创新文化建设

长春分院党组开展党建工作调研，对存在的问题进行了分析，提出了进一步加强分院系统党建工作的举措；设立党建及思想政治工作软课题，开展党建及思想政治工作理论研究，并将研究成果在分院系统党建及思想政治工作研讨会上进行交流；举办了第五期党的积极分子培训班、长春分院系统组织工作干部培训班；大力加强反腐倡廉建设，开展纪监审工作体制机制、党风廉政建设责任制、反腐倡廉建设工作评价办法等工作调研，形成了专题调研报告，举办党风廉政建设专题报告会；加强对课题经费等八个重点领域的监督和预防；成功举办长春分院系统庆祝建国建院60周年文艺汇演，并以庆祝建院60周年活动为载体，大力宏扬艰苦奋斗、团结协作、求真务实、不断创新的精神，深入开展创新文化建设。

四、其他工作

分院进一步加强机关建设，提高管理能力，加强制度建设，规范工作流程，细化岗位职责，创新工作机制。如积极落实院安全保卫保密工作会议精神，与各所站签订了安全保卫保密责任书。加强分院机关保密体系建设，以较好的成绩通过了院保密体系建设验收；举办各研究所新进岗位管理人员培训班，加强对新进人员的培训与管理；重视离退休工作，制订了离退休困难职工帮扶机制；注重加强重大信息宣传报道的策划，报送的“关于东北农产品加工业发展面临问题分析及建议”被国务院办公厅采用，回良玉副总理做了重要批示；加强信息资源开发应用，为长春光学精密机械与物理研究所在北京等6个地区的8场远程视频招聘会提供了全程技术和网络支持，取得了良好效果。

（撰稿：张振生　审稿：甘建国）

上海分院

院　　长：江绵恒（兼）
地　　址：上海市徐汇区岳阳路319号
邮政编码：200031
电　　话：86－21－64310242
传　　真：86－21－64374915
电子信箱：zhousg@shb.ac.cn
网　　址：http://www.shb.ac.cn

中国科学院上海分院的前身是1950年3月经政务院批准成立的中国科学院华东办事处。1958年11月，华东办事处在接管并改造原中央研究院和北平研究院在上海、南京的研究机构的基础上，正式成立了中国科学院上海分院。1961年，上海分院改为华东分院。1970年，中国科学院撤销分院建制。1977年11月，恢复成立中国科学院上海分院。

上海分院是中国科学院机关的派出机构，负责联系和管理中国科学院驻上海、浙江、福建地区的研究院（所）。上海分院现有13个法人研究机构，包括上海微系统与信息技术研究所、上海硅酸盐研究所、上海光学精密机械研究所、上海应用物理研究所、上海技术物理研究所、上海有机化学研究所、上海生命科学研究院、上海天文台、上海药物研究所、上海巴斯德研究所、福建物质结构研究所、宁波材料技术与工程研究所、城市环境研究所，还有筹建中的中国科学院上海高等研究院。

截至2009年底，上海分院系统共有在职职工7000多人。其中高级研究人员2000多人，包括中国科学院院士52人、中国工程院院士12人。

一、开展院地合作，适应社会需求

（1）上海浦东科技园建设初见成效。浦东科技园一期4个项目，占地面积23hm^2，建筑面积20.58万m^2，总投资16.15亿元。上海分院采取有效措施有力地推动了园区建设：①抓机制。成立了建设指挥部，具备了强力协调能力。②抓进度。2万m^2“新药创制项目”结构封顶，10万m^2“新技术基地项目”已有4栋5.5万m^{2}结构封顶，5万m^2“交叉前沿项目”和3万m^2“蛋白质项目”已启动建设。③抓市政配套。7.5km道路以及水、电、燃气、通信管网等全面开工建设，部分已完成。④抓规划。确定以中国科学院立项、上海市支持10亿元经费的方式启动了二期5个项目约20万m^{2}的建设。一、二期项目建设将促进中国科学院在浦东形成具有自主与集成创新能力的区域创新与转化集群。

（2）上海高等研究院筹建粗具规模。2009年9月，中国科学院上海高等研究院入驻张江，完成了地方事业法人注册并全面开展工作。在进一步凝练科技创新目标的基础上，本着“边筹建，边研发，边招聘”的原则，在研项目达23项，经费达2.2亿元，其中上海市支持0.8亿元；整合与新建研发中心，创办了企业，引进了科研与管理骨干。目前，中国科学院上海高等研究院已有7个研发中心，近300名员工，参建10家高技术公司。

(3) 建设研发机构和科研平台。上海同步辐射光源于2009年4月29日正式竣工并对用户开放，有关专家认定，上海光源已成为国际上最先进的同步辐射装置之一，是大科学装置建设的一个典范。上海辰山植物园4.5km的绿环堆筑接近完成，1.5万m^2的科研楼以及专家公寓开始装饰施工，1.4万m^2的温室工程已完成基础施工，成立了中科院上海辰山植物科学研究中心，植物园计划在2010年4月正式开园。65m射电望远镜项目建设投资1.3亿元，上海市匹配0.7亿元已到位，完成地块调整、规划审批、设备招标以及配套设施解决方案等，并已开工建设。

(4) 中科院嘉定高新技术产业化基地建设形成新格局。与上海市嘉定区人民政府签订协议，形成“五所一中心”的新格局，围绕能源、新材料、信息及实施重大专项等建立研发中心或高新技术企业，新征土地近800亩。

(5) 积极承担院市合作项目。上海分院系统承担上海科研项目140项，经费1亿多元；合作竞争承担国家重大科技专项11项，经费约20亿元。

(6) 为上海“科技世博”服务。按照上海“科技世博”项目要求，与院机关有关部门一起组织公共安全、反恐、信息系统集成与演示等领域约20个项目参与世博会的运行保障和科技成果展示，为“科技世博”添彩。

二、应对金融危机，支撑经济发展

(1) 促进与地方的信息交流。积极落实中国科学院“加快科技创新、应对金融危机、支撑经济发展”部署，一年来组织大型技术交流洽谈会15次，小型会40次，参加单位282所次，参加人员1200多人次，对接项目1900项次，签订合同与协议200多项。上海微系统与信息技术研究所在无锡转移无线传感网技术，为应对金融危机、发展物联网战略性新兴产业方面发挥引领作用，得到了中央领导的充分肯定。

(2) 加强与上海企业的对接。上海分院紧紧围绕新能源等9个重点发展领域加强与企业对接，提供科技支撑。一是召开落实工作推进会，部署工作重点；二是参与组织2009年中国国际工业博览会、上海嘉定产学研洽谈会，并与电气、华谊集团等企业对接；三是加强与政府主管部门协调，重点推进新能源领域的电动车、钠硫电池等项目的产业化，新建十几家产业化企业，得到政府大力支持与肯定；四是运用研发公共服务平台，开通仪器租赁频道，为企业提供服务，占上海对外服务总数的30.6%；五是促进技术成果转移618项，成交金额7.16亿元，比上年增长17.6%。

(3) 加强浙江“一所两园三中心”平台建设，实施“432”计划。宁波材料技术与工程研究所启动二期建设，新建新能源技术研究所、先进制造技术研究所，努力建设综合性研发平台，免费为企业开展测试服务和技术咨询，与企业携手抗击金融风暴。中科院嘉兴应用技术研究与转化中心新建2个中心和3家孵化型企业，已有16个工程中心、15个研发实验室和9个孵化型企业，科技人员400多人，2009年转化效益超过15亿元并启动二期建设。中科院湖州应用技术研究与产业化中心新建营养与健康、现代农业生物两中心，初步成为专业性生物技术转移平台，有两项技术转移给企业，促成了总投资4.5亿元的两个项目顺利投产。中科院台州应用技术研究与产业化中心建成3个专业中心，与企业共建7个联合实验室。中科院金华科技园已引进3家中国科学院的研发平台。中科院杭州科技园开始新一轮共建创新载体。推进实施“432”计划，分别在宁波、温州、金华、衢州等城市组织项目对接会，其中宁波市对接会参加企业170多家，人员近200人次，项目53项，合同金额3亿多元。确定首批科技特派员112名，其中中国科学院系统派驻浙江科技特派员95名。

(4) 进一步落实中国科学院与福建省合作协议。城市环境研究所通过验收正式成立，并成立了产业技术创新与育成中心；福建物质结构研究所“20万吨煤制乙二醇工业装置”打通了全流程并生产出合格的乙二醇产品，对我国的能源和化工产业将产生重大影响；围绕“应对金融危机、突出海峡特色”分别组织100多个项目在福州、厦门、莆田等地进行项目对接。

（5）通过交叉中心建立学术交流平台。上海分院通过中科院上海交叉学科研究中心，理顺管理体制，打造跨学科、跨所的国内外合作学术交流平台，突出重点主题，开展学术交流，举办交叉学科论坛、东方科技论坛、科学沙龙、研讨会等；承办中德系列前沿探索圆桌会议，促进国际交流。

三、加强班子建设，营造创新文化

（1）开展学习活动。围绕中国科学院党组提出的“九个转变”，举办领导干部学习班；开展学习“胡锦涛总书记致中科院建院60周年的贺信”等，明确使命，增强责任；研究所领导班子继续保持开拓创新，勤奋务实的作风，在应对金融危机的形势下表现出较强的驾驭能力，取得了在逆势中发展的好成绩。

（2）调整领导班子。按照中国科学院党组要求，顺利平稳实现所长更替，注重素质和班子成员结构互补，新任命领导干部9人；完成3个研究所班子换届、6个研究所党委改选、1个班子增补和1个新班子组建工作，涉及职务变动21人；加强干部培训，举办党委书记培训班，提高新任党委领导履职能力；精心组织，完成后备干部调整工作。

（3）深化思想教育。制定落实党风廉政责任制实施办法，签订《党风廉政责任书》，明确责任分工，强化责任落实；加强制度体系建设，完善体系，建立网络，组建基建采购、信访、学术道德建设和内控内审等4个专题工作小组，合力推进纪检监察工作取得实效；注重预防，重在监督，做好领导干部谈心谈话和上岗教育工作，增强领导干部廉洁自律意识。

（4）营造创新文化。上海分院总结与弘扬科研、党务工作先进典型，推动树立正确价值观；将庆祝新中国成立60周年、建院60周年等重大活动与文明单位创建活动相结合，弘扬和传承科技创新精神，营造良好文化氛围，推进创新文化建设。

（撰稿：周四根　审稿：王建宇）

南京分院

院　　长： 周健民
地　　址： 江苏省南京市北京东路39号
邮政编码： 210008
电　　话： 025－83376846
传　　真： 025－83362239
电子信箱： ffzhu@njbas.ac.cn
网　　址： http://www.njb.cas.cn

中国科学院南京分院的前身是中国科学院华东办事处。1950年，中国科学院接管原中央研究院在南京的科研单位，成立了中国科学院华东办事处。1969年，华东办事处撤销，全部业务交由江苏省科技主管部门管理。1978年11月，经国务院批准恢复成立中国科学院南京分院。

南京分院是中国科学院机关的派出机构，负责联络和协调中国科学院在南京地区的紫金山天文台、南京地质古生物研究所、南京土壤研究所、南京地理与湖泊研究所、南京中科天文仪器有限公司、国家天文台南京天文光学技术研究所、苏州纳米技术与纳米仿生研究所、苏州生物医学工程技术研究所（筹）和江苏省中国科学院植物研究所（双重领导）等单位。

截至2009年底，南京分院系统共有在职职工1754人。其中科技人员1257人，包括中国科学院院士12人、中国工程院院士1人。

一、领导班子建设

（1）组织建设。2009年5月，院党组配合院人事教育局完成了对南京分院领导班子的换届考核，形成了年龄层次有机衔接、能力秉性相辅相承、知识结构布局合理的新领导班子；配合院党组、人事教育局完成了对苏州纳米技术与纳米仿生研究所领导班子的考核工作。

（2）思想建设。通过分院党组中心组专题学习、所级领导干部集中学习、纪检监察审计工作研讨会等形式，及时组织传达学习党的十七届四中全会精神和中纪委第三次、第四次全会相关文件，进一步深刻领会党中央加强党建的各项理论知识。

二、院地合作

2009 年，南京分院依靠全院力量，以项目支撑、真诚服务为院地合作搭平台、建机构、上项目、增效益，院地合作工作取得了可喜进展。

（1）开展科技需求调研。南京分院组织专家组进行江苏沿海三市科技需求调研，撰写“江苏沿海地区发展科技需求调研及院省合作工作重点建议”上报院里；组织中科院－江西省院地合作座谈会；与苏州、淮安等科技局座谈，为地方提供院成果信息 800 多条次。

（2）举办各种对接活动，推动成果有效转化。在南京分院的推动下，组织了中国科学院 12 个分院 80 多个研究所的 170 多名代表参加“中国·江苏第二届产学研合作成果展示洽谈会”，展示成果近 400 项，签订合作意向 30 多个；参与主办或协办各类科技活动 36 次；组织参加区域外各类科技活动 8 次。

（3）积极争取科技资源。南京分院获省级科技创新与成果转化专项引导资金 20 项，总经费 7.7 亿元，并获省拨款 1800 万元；获省重大科技成果转化基金 6 项，项目总经费 6.7 亿元，省拨款 6800 万元；共承担苏赣地方科技任务项目 285 项，科技任务收入 3.7 亿元。

（4）保持共建平台良好发展态势。新建中国物联网研究发展中心，建成中科院南京高新技术研发与产业化中心和中科院苏州产业技术创新与育成中心及其他平台 40 多个。

苏州纳米技术与纳米仿生研究所已承担各类项目 83 项，获得各类竞争性经费近 1.2 亿元，申请专利 73 项，转移转化科技成果 6 项，创办、参股、引进高科技公司 5 家并通过了验收；苏州生物医学工程技术研究所（筹）已发布 3 项最新成果和 3 个新产品，申报的江苏省光电医疗仪器工程技术研究中心获批。

中科院扬州应用技术研发与产业化中心、中科院常州先进制造技术研发与产业化中心和中科院泰州应用技术研发及产业化中心共新增入驻项目 27 项，转化项目 21 项，孵化企业 6 个，技术转让收入 964 万元，研发经费收入 5508 万元，销售收入近 17 亿元，利税 3.5 亿元。中科院能源动力研究中心建成 2.3 万 m^2 实验厂房、1.6 万 m^2 研发综合楼及配套设施，工程按预期进度正在完成。

建立院士团队工作站 53 个。另有一批共建研发平台和重大项目落户江苏。

（5）院地合作新增销售额更上一层楼。截至 2009 年底，在苏赣转化的中国科学院科技项目共 1100 个，其中 400 多个是近 3 年新增项目；为地方企业新增销售收入 321.2 亿元，增长 49.2%，利税 49.7 亿元，增长 43.2%，提前完成预定目标。南京分院荣获 2008 年度中国科学院院地合作奖先进分院一等奖和中国产学研合作促进奖。

（6）科技副职有效开展工作。2009 年，南京分院引进科技副职 7 名，续签 2 名，考核离任 2 名；有 12 名科技副职共为地方引进项目 103 项，资金 25.3 亿元；组织院地、所企对接活动 85 次，科技扶贫活动 10 次，科技支农活动 12 次，科普宣传活动 29 次，获得各级政府及院表彰 5 人次，为地方撰写调研报告 13 篇，为地方发展建言献策 12 篇；落实 40 多名院地合作创新岗位，召开创新人员和科技副职工作交流会。

三、党建与创新文化建设

2009 年，南京分院党组深入推进学习实践科学发展观活动，加强整改，在广泛征求意见的基础上，形成领导班子分析检查报告，制定整改措施，集中解决突出问题，开展群众评议，确保教育活动取得扎实效果，群众满意率达 100%。

分院党组成立了党风廉政建设领导小组，制定了党风廉政建设实施细则，明确各级党政领导班子和领导干部对党风廉政建设应负的责任，并与江苏地区 6 个研究所党政主要领导签订了党风廉政建设责任书。南京分院党风廉政建设领导小组与南京分院机关 4 个行政部门主要负责人签订了《党风廉政建设责任书》。

开展形式多样的科普和院士咨询活动，结合日全食现象进行天文科普教育；动员在苏各研究所的科普资源力量，开展科普宣传周活动；组织院士专家作科普报告 90 多场；举办《物种起源》发表 150 周年暨达尔文诞辰 200 周年纪念展；组织院属宁区单位开放科普场馆，编写科普读物，组织绘画与征文比赛、图片展、化石鉴赏会等，为提高全民文化素质服务。

四、院士工作及其他

充分发挥院士科学思想库和智囊团作用，开展决策咨询与创新活动。南京分院组织在苏院士为沿海开发战略建言献策；组织院士专家赴南京汤山一带考察调研，推进南京汤山新城的规划与建设，促成汤山“地质长廊”的开工建设和正式申报国家地质公园等；组织部分院士专家以江苏、上海和北京等为重点调查地区对我国基础教育状况、存在问题和改革方向进行考察调研，撰写《我国基础教育改革存在的问题及建议》咨询报告，得到了刘延东国务委员的批示。

分院牵头协调推动系统内研究所园区拓展工作，组织院属宁区单位为开辟新科研园区进行调研和考察，与南京有关单位进行实质性沟通，并将结果上报院里；协助完成院属宁区各单位“十二五”基建项目报告的汇总上报；通过院保密体系建设验收。

（撰稿：朱飞飞　审稿：王京明）

武汉分院

院　　长：朱耀仲
地　　址：湖北省武汉市武昌区小洪山
邮政编码：430071
电　　话：027－87197170
传　　真：027－87199480
电子信箱：whb@ms.whb.ac.cn
网　　址：http://www.whb.ac.cn

中国科学院武汉分院于1956年开始筹建，1958年7月正式成立。1961年与广州分院合并成立中国科学院中南分院，武汉分院调整为中国科学院中南分院武汉办事处。1969年中南分院撤销，1970年中南分院武汉办事处撤销。1978年经国务院批准恢复中国科学院武汉分院建制。

武汉分院是中国科学院机关的派出机构，负责联络和协调中国科学院在武汉地区的武汉岩土力学研究所、武汉物理与数学研究所、测量与地球物理研究所、水生生物研究所、武汉病毒研究所、武汉植物园和中国科学院国家科学图书馆武汉分馆。

截至2009年底，武汉分院系统拥有在职职工1770多人。其中科技人员1190人，包括中国科学院院士6人、中国工程院院士1人。

一、抓好领导班子建设，提升领导科技创新能力

（1）努力提高领导干部战略谋划能力。2009年，武汉分院积极组织“学习实践科学发展观，切实加强领导班子建设”为专题的中心组学习，不断深化各级领导干部对科学发展观的理解和把握；召开“加强战略谋划，促进研究所创新发展”专题研讨会，组织所领导围绕如何加强所际联合、积极拓展新的学科领域、形成整体学科优势等问题开展深入研讨；紧密结合研究所科技发展需要，部署“面向2020的科技人才队伍建设规划”工作，推动研究所加大优秀人才引进、培养力度；组织召开人力资源管理与开发研讨会，开展国家和院重点实验室人才队伍情况调研。

（2）抓好领导班子组织建设。积极配合院党组和院人事教育局，严格按照有关原则和程序，完成了武汉岩土力学研究所、测量与地球物理研究所、武汉植物园行政领导班子换届考核，同时做好三个单位党委、纪委换届选举工作，建立健全党的基层组织；研究制定《院属在汉单位后备干部集中调整工作方案》，于2009年11月初开始组织开展对各单位后备干部的集中调整，先后完成了武汉岩土力学研究所、水生生物研究所、武汉病毒研究所和测量与地球物理研究所等后备干部集中调整工作。

（3）加强领导班子思想政治建设。坚持通过大力加强领导干部的政治理论学习、党性党风党纪教育和廉洁从政教育，形成运用领导干部中心组学习、理论辅导报告会、廉政教育月、作风建设年活动、民主生活会、考核结果反馈、岗前谈话、廉政谈话、深入调研、交心谈心等各种方式深化领导班子思想政治建设、作风建设和党风

廉政建设的工作格局，有效地促进了领导干部增强政治意识、提高党性修养、树立良好作风。

（4）抓好领导班子党风廉政建设。坚持从严管理，对禁止违规参加营业性娱乐活动、加强公车管理、坚持厉行节约、严格招待费开支、开展工程建设领域突出问题专项治理工作等问题先后发文提出明确要求；以完善和落实制度为重点，加快推进惩治和预防腐败体系建设；严格执行党风廉政建设责任制，督促各单位层层签订党风廉政建设责任书，并制定党风廉政建设责任实施细则；针对群众反映涉及领导干部廉洁自律的问题，认真调查了解情况，及时谈话提醒；努力构建拒腐防变的长效机制，组织各所有关人员认真开展相关软课题研究，为建立、健全权力运行制约和监督机制提供理论与制度支撑。

二、着力寻找突破口，在谋求为区域经济发展作贡献上下功夫

（1）主动投身于地方经济社会发展。第一，认真落实路甬祥院长关于“把湖北作为在中部地区开展院地合作的重中之重，全面推进与湖北的合作”的指示，组织制订《中科院与湖北省科技合作实施方案》，进一步明确了院省合作的方向与目标。第二，积极参与武汉城市圈“两型社会”建设重大项目——大东湖生态水网构建工程（总投资预计158亿元）建设，组织协调水生生物研究所、武汉植物园承担其总体规划及生态修复、生态调水、监测研究平台和东湖湖岸带建设示范等核心工作；继续深入推进“汉阳六湖水网工程生态构建工程”等项目。第三，积极推动国家利用湖北云应盐穴溶腔的自然条件，部署能源地下储存项目。云应盐矿储气库项目已列入国家西气东输二线工程储气库配套工程，总投资计划35亿元；储油库项目已纳入国家发展和改革委员会“十二五”计划。第四，组织开展血吸虫病生态治理综合示范研究，积极参与仙洪新农村建设，与企业开展名优水产健康高效养殖技术及产业化示范合作。第五，做好与湖北省丹江口市、宜恩县对口帮扶，与大悟县芳畈村“城乡互联，结对共建”等工作，突出发挥科技优势，服务地方经济建设。

（2）探索与大企业合作新模式。积极推进与三峡总公司的纵深合作，围绕其建设大型清洁能源集团的科技发展需求，启动“三峡创新工程项目”，部署了涉及水电和可持续发展、新技术在水电工程中的应用、新能源与可再生资源、煤的高效清洁综合利用等四个方面的10个项目，已带动企业配套经费2740万元。通过专项资金引导与企业资源投入的结合，探索建立企业需求牵引、充分发挥各自优势、推动院企共同发展的创新合作模式。同时，着力推进与三峡总公司的平台建设，中国科学院三峡总公司三峡水库香溪河生态系统实验站已经揭牌，并已完成水利水电生态与环境保护技术国家工程实验室建设报告，各项申报工作正在准备之中。

（3）推进中国科学院成果在湖南转移转化。第一，围绕湖南省高新技术产业技术需求展开调研，以推动成立湖南技术转移中心为抓手，以长沙、株洲、湘潭为重点合作地区，积极推进中国科学院成果在湖南的转移转化。第二，以新成立的湖南技术转移中心为平台，大力推进一批合作项目，新签合作项目18项，合作项目新增销售收入呈现快速增长态势，中国科学院在湖南省合作项目2009年新增销售收入预计超过10亿元，提前实现“十一五”计划目标。

三、着力开展统筹谋划，在推动分院工作整体共进上下功夫

（1）积极组织研究所发挥集成优势，为区域经济发展服务。推动武汉岩土力学研究所、武汉物理与数学研究所、测量与地球物理研究所发挥学科优势，建设国家深部地下科学与工程实验室，建立相关基础科学与工程研究实验平台，并启动前期研究。组织相关研究所的科研力量，围绕武汉国家生物产业基地的发展需求，瞄准长江流域生态环境问题联合开展相关工作，组建生物环境研究中心。积极推动院省共建区域生命科学公共技术支撑平台和超级计算中心。

（2）整体推进分院系统党建、党风廉政建设、创新文化建设等工作。在坚持中心组学习制度、组织学习贯彻党的十七届四中全会精神、推进学习型党组织建设、开展“作风建设年”活动、开展党的知识培训、举办“在所长负责制的领导体制下如何加强和改进党的建设”专题

研讨会、举办各级领导干部参加的理论辅导班、推动文明单位创建活动与创新文化建设紧密结合、开展党建工作和党风廉政建设工作考评检查等方面做了大量工作，取得良好成效。

（3）武汉教育基地积极发挥组织协调作用。2009年组织争取博士增招指标16名，向地方争取硕士增招指标46名。进一步优化高级水生生物学、分子病毒学、生物信息学引论等精品课程和高端学术活动“小洪山讲坛”，带动教育基地整体教学质量提升。发挥《博闻苑》的平台作用，深化和拓展人文教育。统一开展“入学教育活动周”、“心理健康咨询”等符合研究生特点的各种文化活动，提升研究生综合素质。

（4）抓好机关自身建设，推动各单位各项工作的落实。加强能力培训，全方位提高机关人员综合素质，深化分院机关服务文化建设和“六型”机关建设，进一步提升服务研究所的责任和效率；加强对院属在武汉各单位信息宣传工作的组织、协调和服务，建立协调机制，通过构建分院“大宣传”体系，营造良好宣传氛围；推进信息化建设，加强对各单位ARP运行系统管理服务，顺利完成院网站群武汉分院各单位子网站上线；加强对各单位安全保密工作的严格管理和检查落实，深入开展“保密宣传月”活动，建立健全三级保密管理工作网络，形成各级领导高度重视安全保密工作的良好氛围，分院在2009年安全保密体系建设验收工作中得到院保密办公室的好评。

四、完善协调机制，着力解决群众关注的热点难点问题

（1）切实发挥分院系统各单位离退休工作协调领导小组的作用，在规范地区离休干部津贴补贴发放标准、调整退休人员计发退休费比例、医疗费报销管理和去世人员丧葬费标准等问题上，形成调研、讨论、决议等机制，顺利推进了相关工作，有效化解了矛盾、理顺了情绪。

（2）切实发挥小洪山园区管理委员会的作用，规划修建公共活动场地；针对地区研究所发展的需求，开展调研，规划新园区建设；组织集资建房工作，统一制定分房方案，平衡协调各方面利益。

（3）切实发挥各单位工会组织和社区居委会的作用，以隆重庆祝建国、建院60周年为契机，组织大型文艺汇演、书画展览等活动，极大地激发了职工群众爱国、爱院的热情，增强了凝聚力和向心力。

（撰稿：洪成浩　审稿：何长才）

广州分院

院　　长：陈　勇

地　　址：广东省广州市先烈中路100号

邮政编码：510070

电　　话：020－87685256

传　　真：020－87685791

电子信箱：bgs@gzb.ac.cn

网　　址：http://www.gzb.ac.cn

中国科学院广州分院于1956年筹建，1958年成立。1961年广州分院与武汉分院合并成立中南分院。1969年中南分院撤销。1978年5月恢复成立广州分院。

广州分院是中国科学院的派出机构，联系中国科学院南海海洋研究所、华南植物园、广州能源研究所、广州地球化学研究所、亚热带农业生态研究所、广州生物医药与健康研究院、深圳先进技术研究院、广州化学有限公司、中科院广州电子技术有限公司等9个单位。

截至2009年底，广州分院共有在职职工2743人。其中科技人员2278人，包括中国科学院院士1人、俄罗斯科学院外籍院士1人、国际欧亚科学院院士4人。

一、领导班子建设

（1）加强组织建设。2009年，广州分院完成了南海海洋研究所行政领导班子届中考核、深圳先进技术研究院班子人选推荐、南海海洋研究所副所长人选推荐工作；协助中国科学院人事教育局完成了广州分院领导班子任期届满考核工作；完成了华南植物园、广州电子技术有限公司、南海海洋研究所、广州地球化学研究所党委

换届工作；组织完成了广州生物医药与健康研究院第一届党委成立工作。此外，开展了后备干部集中调整工作，已完成了广州分院所属6个研究所的所级后备干部民主推荐工作。

（2）继续深入学习实践科学发展观。广州分院组织开展了以“转变作风抓落实”为主题的实践活动，抓好党员干部特别是领导干部的学习培训工作，召开了以“在院所长负责制领导体制下如何发挥党组织、党员作用”为主题的党建工作研讨交流会，“加强基层党支部建设”为主题的思想政治工作理论研讨会，选派5名所级领导参加中国科学院所（局）级领导干部上岗培训。

（3）推进党风廉政建设。广州分院开展了以“加强作风建设，保障科学发展”为主题的纪律教育学习月活动，举办了以“科研经费管理与使用”为主题的法纪教育与风险防范研修班；与所属各单位签订了《党风廉政建设责任书》；落实“三谈两述”制度，纪委负责人同下级党政主要负责人谈话32人次，对新任领导干部任前廉政谈话55人，诫勉谈话3人，领导干部述职述廉64人次；实施经济责任审计7项，审计资产总额29.93亿元，纠正违规金额487万元。

二、院地合作

（1）启动省院战略合作。2009年1月22日，《广东省人民政府与中国科学院全面战略合作协议》在广州正式签署。2009年12月，广州分院协调召开广东省中国科学院科技合作座谈会，中共中央政治局委员、广东省委书记汪洋，全国人大常委会副委员长、中国科学院院长路甬祥对合作取得的初步成效表示充分肯定。2009年省院合作完成了以佛山为重点的工作目标，中国科学院68个直属科研机构与广东近千家企业开展了各种形式的产学研合作，400多项科技成果在广东转移转化，新增产值148亿元，新增利税超过20亿元。此外，在广州分院的具体协助下，2009年8月9日，《海南省人民政府与中国科学院科技合作协议》在海口正式签署。

（2）开展重大战略装备规划研究。2009年5月下旬，成立了省院战略规划研究联合工作组，启动广东省战略装备规划编制工作。规划研究集中在新能源产业、环保产业、海洋产业、生物医药产业、电子信息产业5个方面，并据此成立了5个相应的研究小组。

（3）共建产业技术育成中心。2009年7月，中国科学院佛山产业技术创新与育成中心正式成立，同时佛山市18家企业分别与中国科学院18个研究所签署了所企合作协议，启动了能源环境技术、新材料、工业与信息技术、中医药生物科技产业、环保技术与装备、有机材料和化学品共6个专业中心的建设。至2009年12月，中心已完成150多人创新团队的组建工作，市、区两级财政已落实了3年给予1.51亿元的平台建设资金，以及安排10000余平方米的过渡性科研用房，并提供了部分配套住房。

（4）组织中小企业培训。利用联想学院的培训优势，在佛山、东莞分别举办了“中国科学院联想学院珠三角中小企业CEO创新发展培训班”，两期培训班共108名地方企业高管和6名科技管理人员。

（5）派遣科技特派员。以项目为载体，协调中国科学院研究所派遣了200多名科技人员深入广东，协助企业摸清技术需求，解决发展中的科技问题。同时，积极协调利用中国科学院“百人计划”品牌优势为企业引进高端人才，协助起草了《广东省与中科院联合引进高层次人才实施管理办法》。

（6）实施一批省院合作项目。广东省设立省院合作专项资金1亿元，500家广东企业、84家中国科学院单位、36所省内外院校联合参与申报。申报合作项目共450项，申请资金9.3亿元，地方政府承诺配套7.36亿元，企业自筹配套30.94亿元。经评审获批188项，其中重大与重点项目23项、面上支持项目165项。

（7）推动重大科学工程项目。2009年8月下旬，在广州召开了散裂中子源工程建设领导小组第一次会议，中国科学院院长路甬祥、广东省省长黄华华出席会议并作重要讲话。会议明确了工程领导小组、工程指挥部、工程经理部的职责和组成，确定2010年3月项目正式动工兴建。至2009年12月，项目已完成了一期建设用地400亩的征地工作。此外，广州分院还协调推动重离子治癌、纳米绿色制版技术、超级计算、云计算、干细胞与再生医学、龙芯、先进润滑油、低成本医疗等重要技术在广东实施，并积极探索实施这些项目的运行机制。

（8）加强技术转移工作。广州分院组织参加各类对接展洽会10多场，展出项目400多项次。其中，广州分院代表中国科学院参与承办第十一届中国国际高新技术交易会，组织中国科学院40多个单位320多个项目成果参展。中国科学院被中国国际高新技术交易会组委会授予最高级别的“优秀组织奖”、“优秀展示奖”。广州分院与佛山顺德区科技局、顺德容桂街办事处共建中国科学院广州技术转移中心顺德工作站。至2009年12月，中国科学院广州技术转移中心在韶关、佛山、肇庆、中山、汕头、柳州、惠州、顺德建立了8个分中心。据统计，2009年中国科学院在广东、广西、海南三省（自治区）社会企业实施成果转化项目592项，为地方新增产值152亿元。

三、项目与获奖

广州分院组织院属单位联合申报广东省科技计划重大项目、联合基金项目，全年共执行科研课题2185项，课题总经费15亿元，到位科研经费4.96亿元；获新批准或新合同科研项目1473项，新增合同经费6.90亿元；全年取得科技成果69项，发表论文1421篇，SCI论文724篇，出版专著20种共859万字；获2009年国家自然科学奖一等奖1项、广东省科学技术奖一等奖4项、湖南省科学技术奖一等奖1项；全年专利申请受理量334件（发明专利280件）、专利申请授权量159件（发明专利87件），获国家专利优秀奖、广东省专利金奖、广东省专利优秀奖各1项。

四、其他工作

2009年，广州分院新增国家级重点实验室1个（合作共建）、中国科学院重点实验室1个、广东省重点实验室1个。至2009年12月，广州分院拥有国家级和省部级重点实验室23个，其中，国家级重点实验室3个（2个为合作共建）、中国科学院重点实验室11个、省级重点实验室9个。

2009年，广州教育基地8个研究生培养单位共有二级学科博士研究生培养点15个，二级学科硕士研究生培养点28个，并设有博士后流动站5个；招收研究生592人（博士生240人、硕士生352人），毕业研究生400人（博士生192人、硕士生208人），毕业就业率为93%；共有在读研究生1818人（博士生856人、硕士生962人）。

（撰稿：张吉天　审稿：郭　震）

成都分院

院　　长：彭宇行
地　　址：四川省成都市人民南路四段9号
邮政编码：610041
电　　话：028－85223696
传　　真：028－85223719
电子信箱：bgs@cdb.ac.cn
网　　址：http://www.cdb.ac.cn

中国科学院成都分院前身是1958年3月成立的中国科学院四川分院，1962年机构调整更名为西南分院，1970年下放四川省管理，1978年1月恢复重建后使用现名。

成都分院是中国科学院机关派出机构，负责联络和协调中国科学院驻四川地区的研究院所和公司，包括光电技术研究所、成都生物研究所、成都山地灾害与环境研究所、中国科学院成都有机化学有限公司、中国科学院成都信息技术有限公司、成都中科唯实仪器有限责任公司、国家科学图书馆成都分馆。

截至2009年底，成都分院系统共有在职职工近3000人。其中科技人员近2000人，包括中国科学院院士2人、中国工程院院士2人，研究员近200人、副研究员近600人。

一、领导班子和人才队伍建设

成都分院按照院党组的要求，把所级领导班子建设作为首要任务，有计划地组织领导干部进行理论学习，努力建设适应知识创新工程需要的高素质领导干部队伍。根据《中国科学院所局级后备干部选拔培养和管理办法》的有关规定，组织开展院属成都地区研究所、分馆所局级后备干部集中调整考察，通过民主推荐、个别谈话推荐、深入考察等途径产生了一批后备干部人选。同时，以实施“百人计划”、“西部之光”和“联合学者计划”为契机，以青年创新团队为重点，组织参加部分“西部之光”项目实施情况的跟踪检查活动。

二、院地合作

在成都分院的积极协调与配合下，2009 年，中国科学院与川、渝、藏开展合作项目 388 项，实现销售收入 40.3 亿元、利税 9.68 亿元、社会经济效益 40.1 亿元。

（1）积极利用科技力量助推灾区恢复重建。依托无线宽带通信技术等创新成果，实施中国科学院“应对金融危机、支撑经济发展科技创新专项行动计划”；推进四川省信息化建设，先后共同推动“四川农村宽带网络示范工程”项目申报；推动国家重大科技专项“感知中国”项目、“面向地震灾区地质灾害监测的无线宽带技术的验证与应用”的策划与申报；促进四川灾后重建项目“卧龙大熊猫基地‘数字卧龙’”的申报立项及实施；促进中国科学院相关研究所与成都市共建无线宽带技术研发及应用平台；帮助中国科学院植物研究所推进华西亚高山植物园的恢复重建，落实玉堂基地的选址、征地等，并办理相关用地指标的批复手续。

（2）以重点地区、企业为重点，拓展与四川省的合作。推进四川省国家中药现代化科技产业基地建设；为乐山硅材料产业化基地及稀土资源萃取分离工艺提供科技支撑；推进中国科学院与绵阳市签署 12 项科技城建设项目合作协议。

（3）以共建为重点推进与重庆市的合作。围绕重庆市统筹城乡改革与发展、重庆市重点产业发展和三峡生态与环境保护等科技需求，推动由中国科学院软件研究所、计算技术研究所、北京神州龙芯集成电路设计有限公司及重庆大学共同承担的 100 万台低成本笔记本等项目的研究工作。

（4）以项目为切入点推进与西藏的合作。重点在藏药现代化、高原农牧业、可再生能源综合利用、藏文信息化和生态环境等特色产业及领域加强合作。据统计，科技援藏工程一期共为西藏自治区新增产值 1849 万元、利税 123 万元，取得社会效益 46187 万元，农牧民增收 324 万元，开发农牧业新品种 14 个，开发工业新产品 14 个，申请专利 26 项。

三、党建及创新文化建设

（1）成都分院作为四川省第二批深入学习实践科学发展观活动单位，根据四川省委、中国科学院党组的统一部署，建立了院所两级学习实践科学发展观活动领导机构和工作机构。分院成立了指导检查组，对所属单位学习实践活动进行指导督查，圆满完成了学习实践活动前期准备、学习调研、分析检查、整改落实各阶段和各环节的工作任务，达到了突出实践特色的预期目标；编印《中国科学院成都分院深入学习实践科学发展观活动简报》59 期，制作了深入学习实践科学发展观专题网页。

（2）成都分院认真组织学习、宣传和贯彻党的十七届四中全会精神，落实党建工作责任制；坚持党建、纪检监察工作联席会制度；加强纪监审干部培训研讨和专项业务工作培训，共有 65 人次参加了培训学习；贯彻落实《建立健全惩治和预防腐败体系 2008—2012 年工作规划》，完成分院与系统各单位、分院与机关各部门层层签订党风廉政建设责任书，明确责任到岗到人；开展中共中央办公厅、国务院办公厅《关于开展工程建设领域突出问题专项治理工作的意见》的贯彻落实工作，督促检查系统各单位落实情况。

（3）圆满完成建院 60 周年系列庆祝活动。在中国科学院举行的以“爱国奉献、创新报国”为主题的庆祝建院 60 周年职工文艺汇演活动中，成都分院获得优秀组织奖，分院系统有关单位推荐的节目《地奥之魂》获得一等奖，《日出》和《责任与使命》获得三等奖；承办“科学与中国”院士报告会，邀请屠基达院士、孙九林院士分别作了题为《世界新军事变革和军用飞行器的发展》、《自强不息，迎接挑战》的报告；

受院办公厅委托，编撰出版了《汶川大地震与科技救灾》一书；与院网络中心共同制作“中科院汶川地震科技救灾网络科普专题”；配合建院60周年宣传活动，在《科学时报》“辉煌甲子 永志创新”专栏上进行了《大院地合作理念推动西南科技创新发展》的宣传。

四、服务支撑体系建设

成都分院认真履行分院综合协调职责，积极开展服务支撑体系建设。后勤服务公司顺利组建运行；继续推进后勤服务社会化工作，启动园区天然气改造工程；完成了灾后恢复与重建项目的可行性研究报告及初设和概算。

（撰稿：谢　军　赵光明　审稿：陈　锋）

昆明分院

院　　长：王庆礼
地　　址：云南省昆明市茨坝青松路19号
邮政编码：650204
电　　话：0871－5223106
传　　真：0871－5223217
电子信箱：office@mail.kmb.ac.cn
网　　址：http://www.kmb.ac.cn

中国科学院昆明分院的前身是中国科学院1957年成立的中国科学院昆明办事处，1958年扩建为中国科学院云南分院。1962年，中国科学院云南分院与四川分院、贵州分院合并，在成都成立中国科学院西南分院。1978年10月，经国务院批准，西南分院撤销，成立中国科学院昆明分院。

昆明分院是中国科学院机关的派出机构，负责联络和协调中国科学院在云南和贵州地区的昆明植物研究所、昆明动物研究所、西双版纳热带植物园、地球化学研究所、国家天文台云南天文台5个科研单位。

截至2009年底，昆明分院系统共有在职职工1553人。其中科技人员1121人、科技支撑人员287人，包括中国科学院院士6人、第三世界科学院院士1人。

一、领导班子建设

（1）组织建设。2009年，昆明分院完成了昆明动物研究所、昆明植物研究所、地球化学研究所、西双版纳热带植物园领导班子换届工作；协助完成了国家天文台云南天文台领导班子换届工作；完成了昆明植物研究所、地球化学研究所党委和纪委换届的批复工作；制定了昆明分院后备干部集中调整方案；完成了昆明植物研究所、昆明动物研究所、西双版纳热带植物园、地球化学研究所后备干部的推荐工作。

（2）思想和作风建设。组织召开昆明分院党组中心组学习贯彻党的十七大精神专题学习会、座谈会，以及党务、纪监审工作研讨会等，加强班子思想作风建设；成立昆明分院党风廉政建设领导小组，研究制定《中国科学院昆明分院党风廉政建设责任制实施细则》；建立分院纪检组“警示教育平台”；坚持分院领导参加研究所领导班子民主生活会制度，帮助班子成员分析和查找工作中的不足，制定整改措施，提高解决自身问题的能力。

二、院地合作

（1）积极与地方政府搭建科技合作平台。昆明分院积极协调，促成签订新一轮的《中国科学院与云南省人民政府全面科技合作协议》，进一步夯实了“十二五”院省合作的基础；经过院省领导审议通过了由昆明分院与院地合作局、贵州省科技厅共同编制的《中国科学院－贵州省人民政府全面战略合作规划纲要（2009—2015年）》；与昆明市人民政府、临沧市人民政府首次签订了全面科技合作协议；组织队伍考察贵州毕节地区，呼应“国家可持续发展示范区”建设。

（2）加强“科技支黔工程”项目的组织实施。“科技支黔工程”一期14个项目的社会经济效果显著，为贵州省新增经济效益5.5亿元，新增利税5403万元；在完成“科技支黔工程”一期验收的基础上加强对二期项目的评审和部署，遴选出8个合作项目立项；共组织实施了个贵州毕节实验区的科技合作项目，为毕节地区新增产值2394万元，新增利税714万元。

（3）积极推动重大科技平台建设。院省投资1.48亿元建设的中国西南野生生物种质资源库已投入运行，超额完成了国家发展和改革委员会批复的建设期物种收集保存标准并通过了工程验收；西南生物多样性实验室在分院的组织协调下正式开工；组建成立了云南科委司法鉴定中心。

（4）协助研究所争取院外资源和成果申报。昆明分院组织和协助研究所申报国家和地方各类项目478项，获准项目248项，获得支持经费16953.1万元；组织推荐所属研究所的12项成果申报云南省科学技术奖，其中7项获奖；推荐2项成果申报贵州省科学技术奖；《中国植物志》荣获2009年度国家自然科学奖一等奖。

（5）积极推动科技成果转移转化。2009年，中国科学院在云南和贵州两省转移转化的技术项目共67项，为云贵两省合作企业实现年度销售收入27.71亿元，实现利税4.51亿元，社会效益达24.61亿元。

（6）继续实施澜沧科技扶贫项目。通过4个澜沧科技扶贫项目的实施，新增经济效益418万元，进一步促进了边疆农民脱贫致富；组织开展各种科普宣传活动26次，宣传面达11万人次；开展各种农村实用技术培训1140期，受训人数达9万人次，招收农函大学员4050人；拨付五万元扶贫资金支援澜沧县建设。

（7）组织参加科技成果展示会。组织中国科学院所属34个研究所的108项技术成果参加了第一届中国昆明大院名校科技成果展示交易会，20个技术项目在展交会上与云南省有关企业达成合作意向并签订了合作协议；组织本系统31项科技成果和有关科技人员分别参加了湖北产学研项目洽谈会、新疆科技合作洽谈会和杨凌农业高新科技成果博览会。

三、管理能力与人才队伍建设

（1）加强机关队伍建设，健全管理能力。针对机关队伍老化、人力资源缺乏、知识结构欠合理的实际情况，分院通过两次人员调整和招聘，机关人员平均年龄由48岁下降到42岁，具有研究生学历人员由26%上升到33%；通过举办各类专题研讨会、学习会、培训班，进一步提高管理干部的业务水平和能力。

（2）抓好“西部之光”人才培养计划。分院组织申报“西部之光”项目15项，联合学者项目1项；资助地方在读博士生的论文工作4项，获总资助经费341万元；启动西部博士科研资助项目16项，获资助经费160万元；对已有“西部之光”项目进行了终期考核或阶段考评。

四、党建与创新文化建设

组织党员干部到科技一线调研，召开学习实践科学发展观活动总结大会，完成了学习实践活动各阶段各环节的任务；召开基层党组织建设专题研讨会，收到论文19篇；共有11个先进基层党支部、66名优秀共产党员和11名优秀党务工作者在党员干部大会上受到表彰。举办“迎国庆、庆中秋”、“迎国庆红歌演唱会”、“研究生迎元旦联欢晚会”等活动，丰富文体生活，倡导和谐向上精神。

（撰稿：房　露　审稿：解继武）

西安分院

院　　长：郭　际
地　　址：陕西省西安市咸宁中路125号
邮政编码：710043
电　　话：029－82160921
传　　真：029－82160911
电子信箱：baihua@ms. xab. ac. cn
网　　址：http://www. xab. ac. cn

中国科学院西安分院前身是1954年7月成立的中国科学院西北分院，负责管理中国科学院在陕西的中国科学院西北农业生物土壤研究所、中国科学院考古研究所西安考古室、兰州中兽医研究室、北京地质所兰州地质研究室、兰州图书馆、中国科学院地球物理所兰州观象台、兰州物理研究所、大连石油所兰州分所等8个研究单位。1956年4月，中国科学院西北分院迁到兰州，同时在西安建立了中国科学院西北分院西安办事处。1958 年 4 月，中国科学院西北分院西安办事处更名为中国科学院陕西分院。1962 年 9 月，在中国科学院兰州分院和陕西分院的基础上，建立中国科学院西北分院，负责管理中国科学院在西北地区的研究单位。1967 年 2 月，中国科学院西北分院撤销，所属科研机构划归陕西省政府科技局领导。1978 年 11 月经国务院批准中国科学院西安分院恢复成立。

西安分院是中国科学院机关在陕西省的派出机构，与陕西省科学院合署办公。西安分院负责联络和协调中国科学院驻陕西地区的西安光学精密机械研究所、国家授时中心、地球环境研究所、中国科学院和教育部水土保持与生态环境研究中心、中科院陕西省国家秦岭植物园。

截至 2009 年底，分院系统共有在职职工 1402 人。其中专业技术人员 980 人，包括中国科学院院士 4 人、中国工程院院士 1 人。

一、党的建设与领导班子建设

（1）领导班子建设。2009 年，西安分院以建设“善于学习、理念先进，善于实践、能打硬仗，敬业爱岗、清正廉洁”的领导团队为目标，以理论学习为重点加强思想建设，以反腐倡廉为抓手加强作风建设，以考核换届为契机加强组织建设，高质量完成学习实践科学发展观活动第二、第三阶段和“回头看”工作，制定了整改落实方案，学习实践活动整体工作群众满意度在 93% 以上；组织领导干部深入学习领会党的十七届四中全会精神，加强党的建设，建设学习型党政领导班子。全年组织中心学习组学习会 5 次；分别邀请中国科学院党组书记方新、副秘书长曹效业、监察审计局局长沈颖作专题报告，并组织领导班子成员和党支部书记到井冈山进行革命传统教育；为加强领导班子能力建设，举办分院系统领导班子建设系列研讨班；根据院党组的部署，配合院人事教充局，指导协助国家授时中心、西安光学精密机械研究所进行党委及纪委换届选举工作，完成了分省院机关党委主要领导的调整工作；指导完成了省院 2 个研究所的党委及纪委换届选举工作；完成了陕西省科学院 4 个所的换届考核和届中考核工作。

（2）党的建设。按照院党建工作领导小组的安排，组织完成分院系统党建工作调研，并形成调研报告；在党风廉政建设和反腐倡廉工作中，分院狠抓学习和警示教育，召开分省院纪检监察审计工作会议，印发《2009 年度纪检监察审计工作安排》，并多次组织纪检干部学习中纪委、中国科学院党组及陕西省纪委有关文件精神，组织省院系统干部赴陕西省铜川崔家沟监狱开展防腐倡廉警示教育活动，省院系统 8 个单位的所长和党委书记分别签订了《党风廉政建设责任书》。

三、院地合作与科研成果转化

本着“服务地方，服务人民，为区域社会经济发展作贡献”的宗旨，按照“巩固基础、拓展领域、发挥优势、重点突破”的思路，西安分院院地合作工作有了突破性的进展。2009 年，分院所属单位承担地方、企业科技项目 158 个，经费达 6192 余万元；分院成果在区域内转化收入 4700 多万元，区域内成果在其他区域转化收入 900 多万元，区域内资源环境、农业等推广项目 50 个，区域外 3 个。

（1）积极与陕西省发展和改革委员会、中国科学院院地合作局沟通，组织协调了“两会”期间院、省高层会谈，签署了《中国科学院、陕西省人民政府科技与经济全面合作协议》，成立了分院、省合作领导小组和办公室，合作有了实质性的进展。

（2）为落实省院合作协议，与陕西省发展和改革委员会及有关高校共同发起成立了陕西循环经济工程技术院；与陕西省宝鸡市和澄城县签订了《科技合作协议》，协助宝鸡市政府开展“院士宝鸡行”活动；与延安市吴起县共建西北特色生物资源应用研究开发中心。

（3）开展“践行科学发展观，科技人员服务企业行动”活动，组织科技团队下基层和企业进行需求调研，为企业培训技术骨干人才；依托“西部之光”项目，与陕西省科技厅联合举办“市县科技局长培训班”，对全省市、县（区）120 余名科技管理干部进行了培训。

（4）成功组织分院展团参加第十六届杨凌农业高新技术博览会。国务委员刘延东视察了分院展区。中国科学院展团获得优秀组织奖和展示奖。

四、其他工作

发挥西安分院网络中心作用，为研究所提供信息化建设相关技术支撑。自2005年以来，分院一直坚持使用ARP系统进行发文管理，为研究所全面启用积累经验；积极协助院ARP中心，推进西安地区ARP二期平台建设，完成了ARP二期硬件的升级迁移，实现了院所两级公文系统的应用；协助院ARP中心举办三期“ARP公文处理系统上岗培训”培训班，全院100多个单位的相关人员参加了培训；按照院网站群建设的统一部署，督促和协调西安分院各单位同步建设，按时发布；完成《信息化工作动态》西安分院专题报道。

组织协调西安地区各单位在《科学时报》进行大型系列国庆、院庆报道，举办文艺演出和职工摄影作品展，在分省院网站开辟“辉煌60年”专栏；按照院办公厅关于《加强分院保密体系建设工作的通知》要求，加强分省院保密工作体系建设并通过了院保密资格认证；通过举办各类讲座、培训班，以及中科院北京－西安民主党派工作交流研讨会、北京分院部分研究所与西安分院办公室业务座谈交流会、中国科学院西北片办公室业务研讨会等，增强机关职工的综合素质，提高服务水平和质量。

（撰稿：时学勤　审稿：白　桦）

兰州分院

院　　长：程国栋
地　　址：兰州市天水中路6号
邮政编码：730000
电　　话：0931－2198855
传　　真：0931－8279855
电子信箱：lzb@lzb.ac.cn
网　　址：http://www.lzb.cas.cn

中国科学院兰州分院的前身是1954年经政务院批准成立的中国科学院西北分院筹委会，1958年中国科学院决定撤销西北分院筹委会，成立中国科学院兰州分院。1962年，中共中央西北局与中国科学院商定撤销陕、甘、宁、青四省（区）分院，成立中国科学院西北分院。1970年，中国科学院西北分院撤销。1978年重新恢复中国科学院兰州分院。

兰州分院是中国科学院机关的派出机构，负责联络和协调中国科学院驻甘肃、青海两省的近代物理研究所、兰州化学物理研究所、寒区旱区环境与工程研究所、青海盐湖研究所、西北高原生物研究所、兰州油气资源研究中心和国家科学图书馆兰州分馆7个法人研究机构。

截至2009年底，兰州分院系统共有在职职工2243人，其中专业技术人员1617人，包括中国科学院院士7人、中国工程院院士1人。

一、党建工作与领导班子建设

（1）深入学习，加强思想建设。学习实践科学发展观活动取得显著成效，测评满意度达98.6%；分院党组成员和各所党委书记带头在党员干部中做学习辅导报告，加强对党的十七届四中全会精神、院党组扩大会议和院工作会议精神的理解；分院党组深入各单位，与支部书记、科技人员、管理干部和离退休代表开展座谈，并在调查研究的基础上形成了党建工作调研报告。在甘肃省委党建工作督查考核中，兰州分院党建工作获得好评。

（2）认真考核，推进组织建设。完成分院班子届中考核以及西北高原生物研究所党委班子换届工作；进一步健全国家科学图馆兰州分馆、兰州油气中心纪委机构；按照正职1:2、副职1:1的比例，选拔后备干部，完善科研队伍。

坚持开好并参加研究所领导班子民主生活会和组织生活会；通过召开所长、书记联席会议，加强各创新单元的交流与沟通；坚持实行中心组季度专题学习与研讨制度。

（3）完善制度，搞好作风建设。全面落实《惩治和预防腐败体系2008—2012年工作规划》；制定《兰州分院党风廉政建设责任制实施细则》、修订《信访工作条例》，积极构建“畅通、有序、务实、高效”的信访工作新秩序，协调处理好信访事件；与所属各创新单元、机关各部门签订《党风廉政建设责任书》。

二、院地合作与区域创新体系建设

2009 年，兰州分院积极开展院地合作，取得了较好的经济效益和社会效益。年度科技合作项目在甘青两省企业形成销售收入约 38.55 亿元、利税约 5.5 亿元，社会效益约 9.86 亿元。

（1）明确思路，推动重点工作。2009 年，兰州分院院地合作工作主要结合西部生态环境建设，重大生态工程建设的科技支撑工作，结合区域经济社会的重点科技需求抓“科技支青”、“科技支甘”两个工程，结合甘肃、青海两省省情做好重点地区、重点领域、重点企业的科技合作。根据这一思路，协助院与甘肃省签署了新一轮全面战略科技合作协议，与青海省签署了科技促进青海藏区经济社会发展合作备忘录，基本完成两会期间院地领导会谈后部署的各项重点工作。

（2）争取项目，推进成果转化。在甘青两省共获得地方和企业合作项目 63 项，争取经费 1764 万元，转化收入 1220 万元，在其他地区转化收入 2295 万元；积极组织各所与企业联合申报科技人员服务企业行动项目，批准 13 项，经费 520 万元。截至 2009 年底，重离子治癌项目正式签约并在兰州开工建设；“黄土高原丘陵沟壑区雨养人工植被建植优化模式实验区示范”在兰州南北两山推广应用 24 万亩；协助地方政府积极争取将中科院白银高技术产业园晋级国家级产业园待国务院批准；结合院“太阳能行动计划”，与青海省签署共建太阳能发电技术研究示范基地；能源作物甜高粱的种植示范推广及深加工取得可喜进展。

（3）组织专家，开展科学传播。组织院士、专家为甘肃、青海两省省委中心组做专题学习报告和讲座，主办以“同在蓝天下——努力打造生态文明的和谐新农村建设”为主题的两届创新发展科学家论坛，在全国科技周和“中国科学院公众科学日”期间开展一系列丰富多彩、形式多样的公益科学传播活动。

三、综合协调服务

（1）加强基础设施建设，做好条件支撑工作。新建一幢 2.3 万 m^2 职工住宅楼，进一步改善科研人员住房条件；新建机关办公楼，并投入使用；宁卧庄科研园区基础设施项目、供电系统改造项目进展顺利；积极协调所属各创新单元抓好 ARP1.3 版改造升级、网站群建设、信息安全等工作。

（2）履行保密制度，通过体系认证。签订《保密承诺书》，建立分院安全保卫保密工作标准，修订《兰州分院保密管理规定》，开展多种形式的保密教育和培训，保密工作通过了院保密体系认证。

（3）积极协调，解决相关问题。为稳定和吸引人才，分院积极主动为科技人员提供保障服务。与兰州市政府拟签订联合办学协议，在土地和资产隶属关系不变的情况下，由省市政府提供聘用人员工资待遇和办学公用经费，创新兰州分院中、小学办学管理体制；积极协调解决皋兰生态农业实验站 200 多亩土地权属问题；协调解决《生态经济学报》期刊正式出版审批问题；统一规范人事政策等属地化各项工作，在坚持工作情况通报等制度的基础上，进一步落实离退休同志的政治和生活待遇问题。

（撰稿：宋华龙　审稿：王学定）

新疆分院

院　　长：张小雷
地　　址：新疆维吾尔自治区乌鲁木齐市北京南路 40 号
邮政编码：830011
联系电话：0991－3835430
传　　真：0991－3835229
电子信箱：wangxl@ms.xjb.ac.cn
网　　址：http://www.xjb.ac.cn

中国科学院新疆分院成立于 1957 年 7 月 30 日，设有水土生物土壤资源综合研究所、物理研究所、化学研究所、地质地理研究所、民族历史研究所，“文革”中下放地方。1977 年 11 月 27 日经党中央、国务院批准，恢复了中国科学院新疆分院。

新疆分院是中国科学院机关的派出机构，负责联系驻新疆地区的新疆生态与地理研究所、新疆理化技术研究所、国家天文台乌鲁木齐天文站。

截至2009年底，新疆分院系统共有在职职工807人，由14个民族构成，其中高级研究人员251人。

一、积极妥善应对“7.5”事件，为维护民族团结和社会稳定贡献力量

新疆“7.5”事件暴发后，新疆分院坚决贯彻执行中央及新疆维吾尔自治区党委处理事件的一系列政策措施，及时传达中央及自治区领导的重要讲话精神，使广大干部职工与中央和自治区党委保持一致，不信谣、不传谣，不做不利于民族团结的事，不说不利于民族团结的话，不对民族对立情绪推波助澜。

为加强安全防范，新疆分院坚持在办公楼、实验楼和研究生公寓等重要部位昼夜值班巡逻，对野外站、水源地、配电房、车库和车辆等设施、设备加强安保，与新疆维吾尔自治区科技厅、地震局等单位实行联动机制、联防联守，以防重大事件发生。出差在外地的各级领导迅速返回单位，保证在第一线指挥和值班。

新疆分院积极选派维稳工作队，参加自治区维稳工作；向社区赠送管理软件，协助开展居民清查工作，并向社区赠送工作用车一辆；和自治区科技厅共同出资120万元，建立社区公共场所视频监控系统。

新疆分院建议新疆维吾尔自治区公安、武警采用中国科学院自主研发的宽带无线通信系统执行维稳任务，得到了公安部、新疆维吾尔自治区和中国科学院领导的高度重视。在自治区相关单位支持配合下，上海微系统与信息技术研究所、微电子研究所会同新疆理化技术研究所在十天内完成了选址、基站架设、网络测试、系统优化、骨干网建设等工作，完成了乌鲁木齐主城区三分之二范围的网络覆盖测试和多终端业务测试，完成公安厅主控机房视频服务器、网管主机的安装配置。系统实施以后，各个分系统及业务前端运行稳定，在乌鲁木齐维稳工作中发挥了重要作用。

二、加强领导班子建设

由中国科学院国家天文台和新疆分院共同组成的考核组，完成了对国家天文台乌鲁木齐天文站领导班子换届考核和党委换届选举工作；完成了对新疆生态与地理研究所领导班子届中考核和审计工作；配合院人事教育局完成了新疆分院领导班子换届考核和审计工作。

三、成功举办第五届中科院－新疆科技合作洽谈会

第五届中科院－新疆科技合作洽谈会是“7.5”事件发生以后新疆维吾尔自治区举办的第一个大型展会。新疆分院克服通信联络不畅等困难，加强与办会各方的协调，遴选编印了《新疆渴求科技－项目对接手册（第三集2009）》、《中国科学院科技成果选编》。北京分院等10个分院的39个研究所90多人参加了本次展会，并有203项科研成果与新疆企业进行对接。共签署合作协议438个，签约金额达18.81亿元，较上届增长0.89亿元，其中中国科学院与新疆维吾尔自治区及新疆兵团企业共签订科技合作协议27项。

四、继续推进深入学习实践科学发展观活动

新疆分院党组组织召开群众评议大会，对《中国科学院新疆分院领导班子分析检查报告》进了评议，并在听取评议意见的基础上提出了16条整改项目；分院召开领导班子学习实践科学发展观活动群众满意度测评大会，分院系统484名干部职工和离退休职工参加了测评，满意和比较满意470票，占总数的97.1%。

五、普及科学知识，传播文明生活

新疆分院发起了熄灯一小时“暗夜保护行动”；启动了中国科学院第五届公众科学日暨科技活动周活动；对社会开放实验室、科普基地、野外台站一个星期；围绕“节约能源资源、保护生态环境、保障安全健康”，组织了46个科普讲座和报告；举办“科学与你同行——中国科学院新疆分院系统科普及成果展”；开展了路边天文活动；组织纪念达尔文诞辰200周年暨《物种起源》发表150周年活动。

六、发挥自身优势，开展科技扶贫

新疆分院为墨玉县奥依巴格社区捐赠了10台电脑和新疆理化技术研究所自主研发的“社区管理”软件，通过现代化管理手段提高当地社区管理工作人员的管理水平，维护区域社会稳定。

七、加强公共事务管理，保证行政工作有效运转

新疆分院研究生、客座公寓工程进展顺利；按照中国科学院离退休干部管理局要求，新疆分院在已有科学城老年大学的基础上，组建中国科学院新疆分院科学城老年大学，并成立了新一届校委会，以推动老年大学规范化办学；分院与所、站领导签订了《安全保卫保密责任书》，通过了新疆维吾尔自治区保密局对分院保密工作检查验收和中国科学院保密体系建设认证；承办了中国科学院分院院长、书记联席会。

（撰稿：侯　铁　审稿：张小雷）

科 研 机 构

数学与系统科学研究院

院　　长：郭　雷
地　　址：北京市海淀区中关村东路55号
邮政编码：100190
电　　话：010－62553063
传　　真：010－62541829
电子信箱：contact@amss.ac.cn
网　　址：http://www.amss.cas.cn

中国科学院数学与系统科学研究院（以下简称数学院）成立于1998年12月28日，由中国科学院数学研究所、应用数学研究所、系统科学研究所、计算数学与科学工程计算研究所整合而成，是中国科学院知识创新工程的首批试点单位之一。

数学院是综合性国立学术研究机构，覆盖了数学与系统科学的主要研究方向。数学院的优势研究领域有：分析数学与数学物理，数论、代数、几何与拓扑，运筹与管理科学，系统与控制科学，概率统计，科学计算，计算机数学。新兴交叉学科有：金融数学，生物信息学，复杂系统科学，不确定性决策，复杂网络理论，计算材料科学，知识科学理论等。应用研究领域有：工程技术，经济金融，生命科学，生态与环境等。

数学院共有4个研究所：

中国科学院数学研究所　该所成立于1952年7月1日，著名数学家华罗庚教授为首任所长。数学研究所成立之初，确立了纯粹数学与应用数学协同发展的方针；改革开放以后，以基础理论研究为主，兼顾应用数学、计算数学和计算机科学等其他方向，50多年来，数学研究所在科学研究和人才培养方面取得了辉煌成绩。

中国科学院应用数学研究所　1979年3月经国务院批准，成立中国科学院应用数学研究推广办公室；1979年10月中国科学院报经国务院批准，在应用数学推广办公室的基础上，扩建为中国科学院应用数学研究所。著名数学家华罗庚教授为首任所长。该所以基础理论研究为主，从事具有实际背景的数学理论研究，发展和创造在自然科学，高新技术，经济金融和管理决策等领域中有普遍意义的数学分支和方法，为国民经济建设服务。

中国科学院系统科学研究所　该所成立于1979年10月，我国著名科学家关肇直院士、吴文俊院士、许国志院士为主要创始人。该研究所以多学科交叉为特点，在系统控制、数学机械化、系统运筹与管理、统计与科学计算、复杂系统以及某些近代数学分支等多个学科领域的研究具有鲜明的特色和突出的优势。

计算数学与科学工程计算研究所　该所成立于1995年，其前身是已故冯康院士创立的中国科学院计算中心。研究所的主要任务和发展定位是面向科学与工程中的重大应用问题，着眼于基础性和关键性的计算方法理论创新和技术创新；伴随计算机技术的进步，进行反映国际科学计算最新研究成果的高性能计算程序和软件的研究与开发；同时培养和造就大批适应时代需求的科学与工程计算的高素质人才。

此外，数学院还设有科学与工程计算国家重点实验室，中国科学院管理决策与信息系统重点实验室、系统控制重点实验室、数学机械化重点实验室、华罗庚数学重点实验室、随机复杂结构与数据科学重点实验室，中国科学院晨兴数学中心、预测科学研究中心。数学院拥有全国馆藏最为丰富的数学专业图书馆，订有大量国外期刊，藏书逾21万册。数学院有先进的计算机及网络系统，包括24万亿次机群和多个超级计算服务器，并拥有多种大型数学软件包。

截至2009年底，数学院共有在职职工339人。其中科技人员232人，包括中国科学院院士16人、中国工程院院士2人、第三世界科学院院士5人，研究员和正研级高工110人、副研究员及副研级高工 51 人，中国科学院“百人计划”入选者 24 人，国家杰出青年科学基金获得者 55 人（其中 A 类 36 人，B 类 18 人，C 类 1 人）。数学院进入创新岗位 247 人。

数学院下属 4 个研究所是我国首批具有硕士、博士学位授予权的单位之一，并均为国内首批博士后流动站。数学院现有数学、系统科学、管理科学与工程 3 个专业一级学科博士研究生培养点，基础数学、计算数学、概率论与数理统计、应用数学、运筹学与控制论、系统建模与控制理论、优化决策、系统理论、复杂系统与控制、计算机软件与理论、管理科学与工程、管理运筹学 12 个专业二级学科博士及硕士研究生培养点，并设有数学、系统科学、管理科学与工程 3 个专业一级学科博士后流动站，共有在学研究生 484 人（其中硕士生 217 人、博士生 267 人）、在站博士后 50 人。

2009 年，数学院进一步加强战略研究，对科研管理和人才培养工作进行深化改革和总体部署。在科研管理方面，改革学术评估体制，突出成果本身意义，弱化量化指标；针对具体重大科学问题在全球范围邀请专家进行交流讨论，形成重大前沿问题专题国际计划；成立优化与应用研究中心，提升在优化技术领域的综合研究实力，加强理论、计算与应用的紧密结合，促进优化计算与其他重要科学计算方向的交融，开展相关系统优化技术研究；与国家纳米中心成立纳米技术与统计科学联合实验室，充分发挥数学理论与纳米技术的优势，为纳米科学发展与纳米技术应用提供统计科学工具，为解决材料科学和工业领域的重大技术和科学前沿问题作出贡献。在人才管理方面，继续开展“数学基金”人才计划，实施公派出国留学项目；引进“千人计划”、“百人计划”入选者 2 人；与中国科技大学、大连理工大学、北京航空航天大学签署全面合作协议，联合开展人才培养与科研交流活动；与中国科技大学和北京航空航天大学合作创办华罗庚本科实验班，探索从本科生起培养优秀数学人才的新模式。

2009 年，数学院共有各类在研项目 296 项。其中，新增项目 139 项，主要包括国家自然科学基金重点项目 4 项、面上项目 23 项，国家杰出青年基金项目 2 项、青年基金项目 10 项，创新研究群体项目 2 项，重大研究计划项目 2 项；中国科学院知识创新工程重大项目、重要方向项目 4 项，“百人计划”项目 4 项；院地合作及其他项目 65 项；国际合作项目 23 项。

2009 年，数学院取得了一批原创性、突破性和关键性重大理论与应用成果。如：几何有限有理函数动力系统的拓扑特征，超紧基数的一个新特征及其应用，关于粘弹性力学方程组的整体光滑解，高秩椭圆量子代数的方法研究，聚焦临界 Schrodinger 方程的刚性定理，布尔网络和布尔控制网络的分析与综合，随机偏微分方程的能控能观性研究，数值和符号混合方法求解非线性数值多项式方程组，Maxwell 方程组的区域分解方法及相关问题研究，Delta 函数积分的高精度数值近似在高频波动计算中的应用等。全年累计获得各类重要科研成果奖励 10 项。其中，科学与工程计算国家重点实验室陈志明研究员完成的“非线性偏微分方程的自适应与多尺度计算方法”研究成果获 2009 年度国家自然科学二等奖；李邦河院士获第九届华罗庚数学奖；数学院副院长汪寿阳研究员获 2009 年度复旦管理学杰出贡献奖；中国科学院系统控制重点实验室吕金虎副研究员获第十一届中国青年科技奖。

2009 年，数学院国际合作与交流活动呈现良好局面。全年来访的国外（境外）科学家有 330 余人次，主要来自美国、德国、法国、英国、日本等国家；应邀出国（境）参加国际会议或进行学术交流 210 人次；举办各种规模国际会议 19 项，如第 48 届 IEEE 决策与控制会议、数学控制论国际会议和复分析及其相关领域国际会议等；与澳联邦科工组织下属的计算与模拟科学平台（CSS）联合签署了关于计算模拟科学合作意向书。此外，数学院获得了中国科学院第一批“外籍青年科学家计划”和第二批“外聘研究员计划”支持，分别邀请国外学者与数学院科研人员进行合作研究，以及向研究生授课和做学术报告。

中国数学会（CMS）、中国运筹学会（ORSC）和中国系统工程学会（SESC）3 个国家一级学会挂靠在数学院。数学院主办的学术刊物有 *Acta Mathematica Sinica*、*Acta Mathematicae Appli-*

catae Sinica、*Algebra Colloquium*、*Journal of Systems Science and Complexity*、*ournal of Computational Mathematics* 等 13 种，其中 5 种刊物被 SCIE 收录。

（撰稿：丁晓蕾　审稿：王跃飞）

物理研究所

所　　长：王玉鹏
地　　址：北京市海淀区中关村南三街 8 号
邮政编码：100190
电　　话：010 - 82649258
传　　真：010 - 82649533
电子信箱：zhc@iphy.ac.cn
网　　址：http://www.iop.cas.cn

中国科学院物理研究所（以下简称物理所）前身是成立于 1928 年的国立中央研究院物理研究所和成立于 1929 年的北平研究院物理研究所，1950 年在两所合并的基础上成立了中国科学院应用物理研究所，1958 年更名为中国科学院物理研究所。物理所是中国科学院知识创新工程首批试点单位和知识创新工程三期研究所综合配套改革 7 个试点单位之一。

物理所是以物理学基础研究与应用基础研究为主的多学科、综合性研究机构。其战略定位是：面向国家战略需求，面向世界科技前沿；主要发展目标是：将研究所建成国际一流的物质科学研究基地；研究方向是：以凝聚态物理为主，包括凝聚态物理、光物理、原子分子物理、等离子体物理、软物质物理、凝聚态理论和计算物理等。

物理所是北京凝聚态物理国家实验室（筹）的依托单位，现有超导、磁学、表面物理 3 个国家重点实验室，光物理、先进材料与结构分析、纳米物理与器件、极端条件物理、软物质物理 5 个中国科学院重点实验室，凝聚态理论与材料计算、固态量子信息与计算、清洁能源 3 个所级实验室，它们与国际量子结构中心、量子模拟科学中心、北京散裂中子源靶站谱仪工程中心、清洁能源中心、超导技术应用中心、功能晶体研究与应用中心 6 个研究中心共同构成物理所的研究体系；微加工实验室、低温条件保障中心、电子学仪器部、分析测试部、图书馆、网络中心和机械加工厂等构成了全所的技术支撑体系。其中，物理所清洁能源实验室于 2009 年 8 月 17 日正式成立，中国科学院软物质物理重点实验室于 2009 年 12 月 29 日获准成立。

截至 2009 年底，物理所共有在职职工 465 人。其中科技人员 209 人、科技支撑人员 103 人，包括中国科学院院士 12 人、中国工程院院士 1 人、发展中国家科学院院士 6 人，研究员及正高级工程技术人员 130 人、副研究员及高级工程技术人员 128 人，国家海外高层次人才培养计划（“千人计划”）4 人、中国科学院“百人计划”入选者 42 人、国家杰出青年科学基金获得者 35 人。全所进入创新岗位 329 人。

物理所是国务院学位委员会批准的首批博士、硕士学位授予单位和全国首批建立博士后流动站的单位之一。现有物理学一级学科博士研究生培养点，凝聚态物理、理论物理、光学、等离子体物理 4 个专业二级学科博士研究生培养点；物理学一级学科硕士研究生培养点，凝聚态物理、理论物理、光学、等离子体物理、无线电物理 5 个专业二级学科硕士研究生培养点；设有物理学一级学科博士后流动站。现有在读研究生 651 人（其中硕士生 233 人、博士生 418 人）、在站博士后 19 人。

2009 年，物理所共有在研项目（课题）437 项。其中国家重大科学研究计划项目 8 项，国家重点基础研究发展计划（973）项目（课题）24 项，中国高技术研究发展计划（863）项目（课题）9 项，国家载人航天材料分系统 1 项，重大科研装备自主创新试点项目（课题）9 项；国家自然科学基金重点项目 20 项，重大国际合作与交流项目 5 项，联合资助重点项目 1 项，创新研究群体 6 项，国家杰出青年基金项目 11 项；中国科学院知识创新工程重要方向项目 24 项，海外创新团队专项 4 项，创新平台专项 5 项，创新仪器研制专项 3 项；与地方政府合作项目 4 项。

2009 年，物理所新增科研项目（课题）121 项。其中国家重大科学研究计划项目（课题）5

项，“973”项目（课题）1项，“863”项目（课题）1项；国家自然科学基金重点项目4项、重大研究计划项目6项、面上项目42项、创新研究群体2项、科学仪器专项1项，国家杰出青年基金项目2项；中国科学院知识创新工程重要方向项目33项，创新平台专项2项，创新人才专项4项，创新仪器研制专项1项，院地合作项目1项；国家科技基础条件平台建设项目1项；与地方政府合作项目1项。

2009年，物理所在《自然》（*Nature*）、《科学》（*Science*）、《美国化学学会会志》（*Journal of the American Chemical Society*）、《物理评论快报》（*Physical Review Letters*）等高水平期刊上发表论文37篇；共申请专利95项（其中外国专利2项），获得专利授权74项（其中外国专利授权1项）。据中国科学技术信息研究所2009年11月公布的“2008年中国百篇最具影响国际学术论文”统计，物理所以第一单位发表的10篇关于铁基高温超导研究的国际学术论文入选；据2009年美国汤姆森-路透科学观察统计，2008年中国有6篇论文入围全世界物理和化学领域被引用前20名，其中4篇来自物理所的铁基高温超导相关研究。

2009年，物理所多位科研人员获得奖励和荣誉。高鸿钧研究员获发展中国家科学院物理奖；王楠林研究员、任治安副研究员、祝熙宇博士、闻海虎研究员、赵忠贤院士（按姓氏笔画排列）获香港求是科技基金会求是杰出科技成就集体奖；李方华院士获何梁何利基金科学与技术进步奖；周兴江研究员获胡刚复物理奖；王楠林研究员获叶企孙物理奖；汪卫华研究员获周培源物理奖；任治安副研究员获中国科学院卢嘉锡青年人才奖；梁敬魁院士获卢嘉锡优秀导师奖。

2009年，物理所的国际合作从以项目合作为主转变为以机构间合作为主，实行项目、人才、基地相结合。在研重点国际合作项目9项，国际合作团队4个；与瑞士保罗谢勒研究所、美国路易斯安那州立大学以及美国Brookhaven国家实验室等研究机构签署了合作协议。全年接待国（境）外来访人员约494人次，其中诺贝尔奖获得者、国外科学院、部长级高层等重要外宾人数30余位；组织出国（境）参加国际会议209人次，其中129人次应邀作了学术报告，约占参加会议人次的61.72%。2009年12月，《先进材料》（*Advanced Materials*）出版物理所专刊，集中展示了物理所近年来在新材料探索、材料物理及材料应用等方面的研究取得的一系列成果，受到了国际同行的广泛关注。

物理所以高性能磁性材料、锂离子电池、半导体技术及光学技术等知识产权投资入股成立的公司有8家，技术转移与成果辐射的地区有北京、上海、天津、新疆、江苏、浙江等，从事科技开发工作的人员数达到50人左右。

物理所是中国物理学会的挂靠单位；联合主办的科技期刊有《物理学报》、*Chinese Physics Letters*、*Chinese Physics B*和《物理》。

（撰稿：赵　岩　审稿：陈　伟）

理论物理研究所

名誉所长：彭桓武
所　　长：吴岳良
地　　址：北京市海淀区中关村东路55号
邮政编码：100190
电　　话：010-62554447
传　　真：010-62562587
电子信箱：anhm@itp.ac.cn
网　　址：http://www.itp.ac.cn

中国科学院理论物理研究所（以下简称理论物理所）成立于1978年6月，是在理论物理学领域各主要方向上从事基础研究的专业研究所。1985年，理论物理所成为中国科学院向国内外首批开放的研究所，1993年被第三世界科学院选为首批参加协联计划的优秀中心，1998年8月被列为中国科学院知识创新工程首批试点单位之一，2004年12月被批准为中国科学院与第三世界科学院奖学金学者培训基地。

理论物理所面向国家战略需求、面向世界科技前沿，以在探索自然界物质结构以及基本运动规律方面作出具有国际影响的重大创新成果为目标，形成了粒子理论物质微观结构理论、场论与宇观结构理论、引力理论与宇宙学、凝聚态理论、非线性科学与理论生物物理兼生物信息学、量子物理与量子信息六大研究方向，并正在设立模拟和计算物理学新的研究方向。

理论物理所设有第一研究室、第二研究室2个研究部门，同时设有中国科学院交叉学科理论研究中心、依托理论物理所管理的非法人研究单元中国科学院卡弗里理论物理研究所（Kavli Institute for Theoretical Physics China at the Chinese Academy of Sciences，KITPC，以下简称卡弗里理论物理所）和以理论物理所为依托单位的中国科学院理论物理前沿重点实验室。

理论物理所图书馆现有中西文图书6585册，西文原版期刊29种，中文期刊36种。在电子资源方面，为读者开通了美国物理协会（The American Physical Society）数据库、美国物理学联合会（American Institute of Physics）数据库、荷兰爱思维尔（Science Direct）数据库、德国斯普利格（Springer Link）数据库、英国物理学会（The Institute of Physics）数据库，以及英文杂志《科学》（*Science*）、《自然》（*Nature*）、《自然物理》（*Nature Physics*）等电子刊物。理论物理所计算机网络系统运算速度峰值达2.5万亿次，磁盘存储容量为3.6T。

2009年，理论物理所规划了三步走发展目标，即逐步形成具有代表国家理论物理水平、具有国际竞争力的国家理论物理中心和世界一流水平的研究所；卡弗里理论物理所的工作，受到国内外一致好评；针对建设“国家理论物理中心”的目标，中国科学院理论物理前沿重点实验室以“问题驱动”模式积极开展前沿问题研究，在参与中国科学院重点实验室评估中获得优秀成绩。为全面落实院中长期发展规划，理论物理所继续将人才吸引和培养工作作为重中之重，吸引了2位“百人计划”入选者到所工作。

截至2009年底，理论物理所共有在职职工56人。其中科研人员33人、科技支撑人员10人，包括中国科学院院士7人（其中2009年新当选院士1人）、第三世界科学院院士3人，研究员26人、副研究员及高级工程技术人员7人，中国科学院“百人计划”入选者13人、国家杰出青年科学基金获得者11人。全所进入创新岗位43人。

理论物理所是国务院学位委员会批准的首批博士学位授予单位之一，现有理论物理专业硕士、博士研究生培养点，并设有理论物理专业博士后流动站；2009年共有在学研究生118人，其中博士生76人、硕士生42人，有在站博士后16人。

2009年，理论物理所共有在研项目64项，其中国家重点基础研究发展计划（973）项目（课题）7项；国家自然科学基金创新群体项目1项、重点项目5项、面上项目16项、国家杰出青年科学基金项目2项，其他基金项目6项；中国科学院知识创新工程重要方向项目10项，百人计划项目2项，国际合作项目1项。

2009年，理论物理所积极争取国家任务，新立项项目26项，其中作为依托单位的国家重点基础研究发展计划（973）项目1项（项目名称：暗物质的理论研究和实验预研，含课题2个），“973”计划课题1个；国家自然科学基金重点项目1项、面上项目10项、其他基金项目6项；中国科学院知识创新工程重要方向项目1项，其他项目6项。

2009年，理论物理所科研人员共发表期刊论文167篇，其中SCI论文138篇，影响因子4以上的63篇。周海军研究员获第11届中国青年科技奖。

2009年，理论物理所开展了系列国际合作与交流。卡弗里理论物理所运行了7个各具特色的长期项目，共计492名（其中国外168名）研究学者和国内约200名研究生参与了这些项目，为我国科研工作者提供了一个高水准的、长期稳定的学术交流和合作研究的平台，促进了世界范围内前沿交叉及新兴学科的基础研究，加强了人才培养。全年共举办大型国际会议3次，其中复杂社会网络和城市动力学研讨会是理论物理所第五次与美国圣塔菲研究所（Santa Fe Institute）的成功合作；接待境外来访学者64人次，国内来访学者37人次，所内研究人员出访22人次；与俄罗斯联合核子研究所、雅典国家技术大学、韩国亚太理论物理中心等研究机构签订合作协议5项。共举办前沿交叉论坛6次，报告人包括有诺贝尔奖得主鲁道夫·马库斯（Rudolph A. Marcus）、李政道及荷兰科学院院长罗伯特·迪格拉夫（Robbert Dijkgraaf）等；专题讨论会（Colloquium）系列报告 6 次，专题学术报告 100 次，午餐会 10 次，通过这些活动，营造了活跃的学术氛围。

2009 年，理论物理所成功组织了周光召院士从事物理工作 55 周年学术思想和科学精神研讨会。通过回顾周光召先生对中国理论物理发展作出的贡献以及他的学术思想和科学精神，希望青年科学家和研究生学习老一辈科学家胸怀祖国、爱国奉献的科学精神。

由理论物理所主办和承办的英文期刊《理论物理通讯》（*Communications in Theoretical Physics*）受到国内外理论物理界的广泛关注，自 1984 年至今连续被世界著名的 SCI 检索系统收录。2008 年 1 月起，由英国物理学会代理该刊的纸版和网络版在海外的发行工作。英国物理学会方面提供的数据显示，该刊在英国物理学会网站的全文下载量一直不断上升。

（撰稿：安慧敏　审稿：吴岳良）

高能物理研究所

所　　长：陈和生

地　　址：北京市石景山区玉泉路 19 号乙院

邮政编码：100049

电　　话：010－88233092

传　　真：010－88233105

电子信箱：ihep@ihep.ac.cn

网　　址：http://www.ihep.ac.cn

中国科学院高能物理研究所（以下简称高能所）成立于 1973 年，是以基础研究和应用基础研究为主的多学科综合性研究所。高能所的前身是 1950 年成立的中国科学院近代物理研究所，1953 年改称物理所，1958 年改称原子能研究所。根据周恩来总理的指示，1973 年 2 月在原子能研究所一部的基础上组建了高能所。

高能所的中长期发展目标是成为有显著影响力的世界粒子物理研究中心，成为我国相关大科学装置发展的骨干力量，成为具有世界先进水平的、高度开放的、多学科、综合性大型研究基地；主要学科方向是高能物理研究、先进加速器技术研究和先进射线技术及应用研究，并兼顾核分析技术及交叉学科研究；优势研究领域是高能物理、粒子天体物理、同步辐射及其应用、加速器物理及技术、核分析技术。

高能所设有实验物理研究中心、粒子天体物理研究中心、理论物理室、计算中心、加速器技术研究中心、多学科研究中心、研发中心 7 个研究单位，建有北京正负电子对撞机国家实验室和核分析技术重点实验室（北京分部）、粒子天体物理重点实验室、纳米生物效应与安全性重点实验室（与国家纳米中心联建）、核探测器与核电子学重点实验室（与中国科技大学联建）4 个院级重点实验室，有北京正负电子对撞机、北京谱仪、北京同步辐射装置、西藏羊八井国际宇宙线观测站等大型科研装置。

截至 2009 年底，高能所共有在职职工 1131 人。其中科技人员 827 人，包括中国科学院院士 8 人、中国工程院院士 2 人，正高级专业技术人员 145 人、副高级专业技术人员 228 人，中国科学院“百人计划”入选者 31 人、国家杰出青年科学基金获得者 16 人。

高能所是国务院学位委员会批准的首批硕士、博士学位授予单位之一，现有理论物理、粒子物理与原子核物理、凝聚态物理、光学、生物无机化学 5 个理学博士研究生培养点，核技术及应用、计算机应用技术 2 个工学博士研究生培养点，无机化学理学硕士研究生培养点，并设有物理学、核科学与技术 2 个博士后流动站，共有在读研究生 415 人（其中硕士生 176 人、博士生 229 人、全日制工程硕士生 10 人）、在站博士后 59 人。

2009 年，高能所共有在研项目或课题 532 项（包括 2009 年新增项目 170 项）。其中，国家重点基础研究发展计划（973）项目或课题 24 个（新增 13 个课题），中国高技术研究发展计划（863）项目或课题 8 个（新增 1 个课题）；国家自然科学基金重大项目 2 项、课题 5 个（新增项目 1 项、课题 2 个），重点项目 18 项（新增 4

项）、面上项目115项（新增34项），国家杰出青年基金项目8项（新增1项），创新研究群体1项（新增）；中国科学院知识创新工程重要方向项目31项（新增8项），“百人计划”项目9项（新增4项），知识创新工程前沿自主部署项目101项（新增41项），院地合作项目1项（新增）；科学技术部国际合作和其他国际合作项目7项（新增其他国际合作项目2项）。

2009年高能所科研工作取得长足进步。①北京正负电子对撞机重大改造工程（BEPCII）按进度、按指标、按预算、高质量地完成了各项建设任务，并于7月17日顺利通过国家验收，主要性能指标亮度为改造前的30多倍，是此前该能区对撞机亮度世界纪录的4倍以上。它的建成是中国高能物理发展的又一个里程碑。BEPCII试运行期间，北京谱仪III共采集到一亿多ψ（2S）和两亿多J/ψ事例，是目前世界上最大的数据样本，并已取得了重要的物理结果。“BEPCII通过国家竣工验收”为2009年“中国基础研究十大新闻”榜首。②大亚湾反应堆中微子实验建设顺利，完成了80%的隧道土建工程和大部分探测器的建造工作，并于11月开始探测器的正式组装，电子学、数据读出处理和离线软件开发方面已顺利完成了从探测器到离线分析的全流程测试。③中国散裂中子源工程（CSNS）前期工作取得很大进展，可行性研究报告已完成评审，初步设计及报告正在编写中，建设用地的相关报批手续正在进行，建筑及工艺设计工作也正在紧张有序的开展，2010年将正式动工。④调制望远镜项目前期工作已基本完成，将在2010年立项。⑤在宇宙线和粒子天体物理研究领域、多学科研究、加速器驱动的次临界系统（ADS）预研等方面都取得了重要进展。此外，根据中国科学技术信息研究所发布的2008年度中国科技论文统计结果显示，高能所2008年发表SCI论文249篇，居全国研究机构第13位。高能所2009年授权发明专利8项，实用新型专利2项；申请专利20项；获批计算机软件著作权7项。

“北京正负电子对撞机束流管系统的研制”获教育部科学技术进步奖二等奖。6项成果获北京市科学技术奖，其中“BEPCII正电子源”获一等奖；“BEPCII对撞区双孔径四极磁铁的研制”和“重要纳米颗粒的生物安全性研究”获二等奖；“高精度小型正电子发射断层扫描仪”、“确定暗能量状态方程和精灵（Quintom）模型”和“北京谱仪－II ψ（3770）和D物理若干前沿及重大疑难问题的研究”获三等奖。

2009年，已完成社会化改革的7家参股公司重新起步，并继续对不良企业进行清理外，依托已建立的科技成果孵化及与企、事业单位共同成立的众多联合研发中心等支撑平台，在项目研发、科技成果转化及产业化、所地合作、社会化服务等方面都取得了可喜进展。在加速器研制、核探测及核分析、核医学成像、超导技术、网络安全等较为成熟的优势科技资源基础上，成功研制了目前国内功率最高的10MeV/22KW型号电子辐照加速器，并已进入产业化发展轨道；乳腺癌早期检测仪已通过正式验收，进入临床取证阶段；超导磁体研制技术已转移到企业，正着手产业化推广。此外，在国际合作与开发方面完成了来自美国、欧洲、韩国、日本等国家的合同。全所参与科技开发和科技成果转化工作的人员已达160多人。

2009年，高能所积极推进国际合作。组织或参加的重要国际科技合作项目有中美高能物理合作、北京谱仪国际合作实验、大亚湾国际合作、西藏羊八井宇宙线观测中意合作和中日合作、中日据点大学群合作、与欧洲核子研究中心的合作（CMS实验、ATLAS实验、阿尔法磁谱仪等）、与德国电子同步加速器中心的合作等。以上各项合作都取得了不同程度的进展，其中续签了与美国能源部的高能物理合作协议和与日本高能加速器研究所的合作协议。2009年，请进外宾826人次，派出人员369人次，组织召开各类国际会议12个。

高能所是高能物理学会、粒子加速器学会、同步辐射专业委员会、核电子学与探测技术学会、引力与相对论专业委员会的挂靠单位；主办的刊物有《中国物理C》（月刊）、《现代物理知识》（科普双月刊）。

（撰稿：蒙　巍　审稿：陈和生）

力学研究所

所　　长：樊　菁
地　　址：北京市海淀区北四环西路 15 号
邮政编码：100190
电　　话：010－62560914
传　　真：010－62561284
电子信箱：imech@imech.ac.cn
网　　址：http://www.imech.cas.cn

中国科学院力学研究所（以下简称力学所）成立于 1956 年，是以工程科学思想建所的综合性国家级力学研究基地，在国际力学界享有盛誉。钱学森、钱伟长为第一任正、副所长。

力学所加强空天、海洋、环境、能源与交通等重要领域的科学创新和高新技术集成，以微尺度力学与跨尺度关联，高温气体动力学与跨大气层飞行，微重力科学与应用，海洋与环境、能源与交通中的重大力学问题，先进制造工艺力学，生物力学与生物工程等为主攻方向。

力学所现设有 6 个重点实验室和 1 个中心：非线性力学国家重点实验室（LNM）、高温气体动力学重点实验室（LHD）、中国科学院微重力重点实验室（NML）、水动力学与海洋工程重点实验室（LHO）、环境力学重点实验室（LEM）、先进制造工艺力学重点实验室（MAM）、等离子体与燃烧中心（CPCR）。根据国家重大科技任务与学科交叉融合的需求，力学所部署了 6 个跨学科跨部门的科技中心：中国科学院高超声速科技中心、中国科学院海洋工程科学技术研究中心、北京国际力学中心、生物力学与生物工程研究中心、材料与力学研究中心。为加强研究所与产业部门的合作与发展，力学所还成立了 4 个联合研究中心：国家经贸委中国科学院产学研激光毛化技术开发推广中心、发动机科学与工程联合实验室、冲击动力学工程研究中心、中国科学院先进轨道交通力学研究中心等。另外，国家相关重大专项还依托力学所成立了 2 个分中心。

力学所以自主创新为主，建设了多尺度力学实验研究系统、高温气体动力学实验技术系统、微重力科技实验技术系统、工程科学实验技术系统以及先进制造工艺力学实验技术系统，构建了所级信息与网络共享平台和全所的公共技术支撑体系。

2009 年，力学所进一步加强研究所管理。组织制定研究所“十二五”发展规划和“十二五”科研装备发展规划，组织做好各实验室（中心）的“十二五”发展规划；加强制度建设，制定和修订规章制度 23 个；协调各类人才的均衡发展，组织各实验室（中心）制定人才发展规划，加强创新领军人才的引进与培养，建立和完善人员考评、晋升与合理流动机制，建立人才培养、培训体系。

截至 2009 年底，力学所共有在职职工 393 人。其中科研人员 277 人、科技支撑人员 78 人，包括中国科学院院士 8 人、中国工程院院士 1 人，研究员及正高级工程技术人员 64 人、副研究员及高级工程技术人员 120 人，中国科学院“百人计划”入选者 15 人、国家杰出青年科学基金获得者 9 人。全所进入创新岗位 299 人。

力学所是国务院学位委员会批准的首批博士、硕士学位授予单位之一，设有一般力学与力学基础、固体力学、流体力学、工程力学 4 个专业一级学科博士研究生培养点，一般力学与力学基础、固体力学、流体力学、工程力学 4 个一级（或二级）专业学科硕士研究生培养点，并设有 1 个一级专业学科博士后流动站。现有在学研究生 323 人（其中博士生 119 人、硕士生 204 人），在站博士后 20 人。

2009 年，力学所共有在研项目 200 余项，其中国家重点基础研究发展计划（973）项目 1 项、课题 4 项、子课题 9 项，中国高技术研究发展计划（863）课题 6 项、子课题 6 项，国家科技支撑计划课题 1 项、子课题 2 项，重大专项课题 1 项，国家重大科研装备研制项目 1 项；国家自然科学基金重点项目 9 项、面上项目 56 项，国家杰出青年基金项目 3 项，创新研究群体项目 2 项，重大研究计划课题 11 项，青年基金 27 项，主任基金 4 项，专项基金 2 项，其他合作基金 11 项；中国科学院知识创新工程重大项目 1 项、重要方向项目 8 项，国际合作团队项目 1 项，重要院地合作项目21项，创新研制装备项目3项，“百人计划”项目2项，空间预研项目2项，其他院项目4项；国家国防科技工业局项目2项。

2009年，力学所新增项目144项。其中国家重点基础研究发展计划（973）项目1项、子课题4项，中国高技术研究发展计划（863）子课题1项，国家科技支撑计划课题1项，国家重大专项课题1项；国家自然科学基金重点项目2项、子课题2项，面上项目16项，青年基金10项，重大研究计划一般项目2项、重大研究计划重点项目1项，主任基金2项、专项基金2项；中国科学院知识创新工程重大项目1项、重要方向项目2项，空间预研项目2项，装备项目1项，其他院项目2项；与地方政府合作项目91项。

2009年，在国家科技支撑项目支持下，围绕新一代高速列车开展了减阻降噪和运行安全评估研究。一年来，针对“和谐号”CRH3型高速列车，对受电弓和空调装置整流罩、转向架区域、车辆连接部件及裙板等部件进行了减阻设计，武广高速铁路在线实验表明，优化后高速列车总阻力减少5.4%。针对“和谐号”CRH2平台基础上设计的10个新头型，分别从气动阻力、升力、噪声、隧道交会压力波等方面进行了全面评估，为我国自主研制新一代高速列车提供了理论和决策依据。

力学所作为第一署名单位，2009年共发表论文269篇，其中被SCI收录论文135篇，EI收录115篇，出版专著3本，提交科技报告38篇，ISTP收录国际会议论文25篇。共申请专利32项，其中发明专利32项；授权专利38项，其中发明专利34项、实用新型4项；另有软件登记8项。

2009年，力学所有131人次出访到21个国家和地区进行多种形式学术交流与合作，有129多名境外学者来所进行学术交流与访问；举办和承办国际会议4个；签署国际合作协议6个、国际合作项目9项；合作发表学术论文41篇；有25位科学家在70多个国际学术组织、学术期刊编委会任职。

力学所是中国力学学会的挂靠单位；主办或联合主办的学术期刊有*Acta Mechanica Sinica*、《力学学报》、《力学进展》、《力学与实践》、《中国力学文摘》。

（撰稿：王宇星　审稿：王育人）

声学研究所

所　　长：王小民
地　　址：北京市海淀区北四环西路21号
邮政编码：100190
电　　话：010-62644116
传　　真：010-62553898
电子信箱：zhou@mail.ioa.ac.cn
网　　址：http://www.ioa.cas.cn

中国科学院声学研究所（以下简称声学所）成立于1964年，其前身是中国科学院电子学研究所的水声学研究室、空气声学研究室、超声学研究室和位于海南、上海、青岛的3个研究站。

声学所主要从事声学和信号信息处理研究，特色研究领域包括水声物理与水声探测技术、环境声学与噪声控制技术、超声学与声学微机电技术、通信声学与语音信号处理技术、声学制导与数字系统集成技术、网络新媒体与高性能网络技术。

声学所在知识创新工程三期建有与中国科学院创新基地科技目标和组织方式相适应的网络化、矩阵式层级组织结构。目前在北京有18个实验室（研究中心），包括声场声信息国家重点实验室、院噪声与振动重点实验室、院水声环境特性重点实验室和国家网络新媒体工程技术研究中心等；在海南、上海、青岛设有3个研究站；在嘉兴建有声学技术转移中心。

2009年，声学所成立了水声学、超声学、音频声学、信号与信息学4个战略研究学科组，深入开展发展战略研究，凝练科技目标。在海南成立了南海声学与海洋综合观测实验站和声场声信息国家重点实验室海南实验基地，标志着我国海洋声学和海洋综合观测实验研究工作建立了临海的实验平台。为了全面落实科学发展观，进一步推进研究所管理的科学化、民主化和规范化，组织完成了“清理完善研究所管理规章制度”工作，对建所以来出台和制定的各项规章制度进行了清理，编辑出版了《中国科学院声学研究所规章制度汇编》。

2009年，声学所不断优化人才环境，凝聚培养优秀科技创新人才。截至2009年底，声学所有14人次担任国际学术组织任职成员，20人担任国家标准化技术委员会委员，26人次担任国家级专家组成员，42人次担任国内学术组织任职成员，26人次担任重大项目首席、专家等。

截至2009年底，声学所共有在职职工710人。其中科技人员523人、科技支撑人员138人，包括中国科学院院士6人，研究员及正高级工程技术人员78人、副研究员及高级工程技术人员131人，中国科学院“百人计划”入选者9人、国家杰出青年科学基金获得者1人。全所进入创新岗位334人。

声学所是国务院学位委员会批准的首批博士、硕士学位授予单位之一，现有声学、信号与信息处理2个专业二级学科博士研究生培养点，声学、信号与信息处理2个专业二级学科硕士研究生培养点，并设有物理学、信息与通信工程2个专业一级学科博士后流动站，共有在学研究生355人（其中硕士生170人、博士生185人）、在站博士后21人。

2009年，声学所共有在研项目544项。其中，国家重点基础研究发展计划（973）项目（课题、专题）16项，中国高技术研究发展计划（863）项目（课题）43项，国家科技支撑计划项目（课题）11项，国家科技重大专项课题（任务）10项，高技术产业化项目8项；国家自然科学基金重点项目8项、面上项目39项、重点实验室基金项目1项、主任基金项目2项、国家杰出青年基金项目1项、青年科学基金项目9项；中国科学院知识创新工程重大项目（课题）3项、重要方向项目（课题）20项，“科技助残”项目4项，“西部计划”项目2项；院地合作（企事业单位横向委托）项目154项；国际合作项目20项。

2009年，声学所新增项目184项，其中，“973”项目（课题、专题）4项，“863”项目（课题）8项，国家科技支撑计划项目（课题）3项，国家科技重大专项课题（任务）9项，高技术产业化项目5项；国家自然科学基金重点项目1项、面上项目10项，国家杰出青年基金项目1项，青年科学基金项目4项；中国科学院知识创新工程重要方向项目（课题）11项，“科技助残”项目1项；院地合作（企事业单位横向委托）项目73项；国际合作项目11项。

2009年，声学所科研工作取得重要进展和突出成果。“7000米载人潜水器声学系统”项目在完成各项设备研制和系统集成的基础上，参加了载人潜水器1000m海上试验；声学所参试人员战胜了各种困难，多人参加下潜试验，为试验取得成功作出了重要贡献，受到了科学技术部通令嘉奖。面向国家建设下一代广播电视网（NGB）的重大需求，声学所开展了有线电视网双向业务及HFC网络IPTV应用关键技术研究并取得重要突破，为下一代广播电视网的建设提供了强有力的技术支撑。声学所还基于多年工作基础，解决了“正交偶极声波测井换能器”的多项关键技术难题，研制成功具有自主知识产权的低频、小体积、耐高温高压的正交偶极声波测井换能器，并实现了批量生产，产品性能指标达到了国外同类产品水平；该项成果的取得打破了国外技术垄断和贸易封锁，极大推动了国产声波测井仪器的技术升级，具有重要的经济和社会效益。由声学所与中国科学院南海海洋研究所、沈阳自动化研究所联合建造的我国第一艘大型小水线面双体科学考察船“实验1号”成功首航并投入使用，为我国在近海、远洋进行水声学、海洋学等多学科和交叉学科综合科学考察提供了重要的支撑平台。

2009年，声学所共上报登记成果7项，其中基础理论成果4项，应用发展类成果3项；获得省部级科技奖励7项。发表论文501篇，其中被SCI、EI收录131篇。申请专利151件，其中发明专利139件；获得专利授权72件，其中发明专利63件。申请计算机软件登记70项，获软件著作权67项。主持和参与制定国家标准5项、企业标准2项。

2009年，声学所共承担国际合作项目20项，与韩国亚洲大学（Ajou University，S. Korea）合作开展的“新型驻波模式的无线声表面波陀螺仪研究”、与日本北陆先端科学技术大学院大学（Japan Advanced Institute of Sciences and Technology）合作开展的“泛在语音通信中的智能语音接口技术研究”等项目均取得重要进展，与阿曼喀布斯大学（Sultan Qaboos University, Oman）合作开展的“波斯湾郑和沉船探测研究”项目已成功进行了第一次海上考察，获得了大量的实测数据，初步确定了数个沉船可疑位置，为开展下一阶段探测研究工作奠定了良好的基础。2009年，声学所还主办了第十届西太平洋声学会议（the 10th Western Pacific Acoustics Conference）、第二届国际浅海声学会议（2nd International Conference on Shallow Water Acoustics）、第二届环太平洋水声学国际学术会议（Pacific Rim Underwater Acoustic Conference, PRUAC2009）3个国际会议。

2009年，声学所共有12个公司从事与科技产品开发相关的工作，其中所投资公司7个，所控股公司投资公司5个，从事科技开发人员约200人，主要从事声表面波、电子声学、语音识别、多媒体网络终端和多媒体通讯、海洋探测石油测井等领域的技术开发和相关产品的生产和销售，相关企业共实现年度销售收入14500万元，实现利税1800万元。

声学所是中国声学学会、全国声学标准化技术委员会、中国环境科学学会环境物理委员会等学术机构或组织的挂靠单位；主办的专业期刊有《声学学报》（中英文版）、《应用声学》、《微计算机应用》、《声学技术》、《中国医学影像技术》和《中国介入影像与治疗学》等。

（撰稿：李忠香　审稿：王小民）

理化技术研究所

所　　长：张丽萍
地　　址：北京市海淀区中关村北一条2号
邮政编码：100190
电　　话：010－82543770
传　　真：010－62554670
电子信箱：zhc@mail.ipc.ac.cn
网　　址：http://www.ipc.cas.cn

中国科学院理化技术研究所（以下简称理化所）组建于1999年6月，是以原中国科学院感光化学研究所、低温技术实验中心为主体，联合北京人工晶体研究发展中心和工程塑料国家工程中心及中科院化学研究所的相关部分整合而成。

理化所是以物理、化学和工程技术为学科背景，以技术创新与发展为主的研究机构，重点研究领域为光功能材料与器件、低温工程学新技术、绿色化学合成新技术、能源材料与新技术。理化所现有1个国家工程研究中心和3个中国科学院重点实验室，即工程塑料国家工程研究中心、中国科学院光化学转换与功能材料重点实验室、中国科学院功能晶体与激光技术重点实验室与中国科学院低温工程学重点实验室。理化所下设5个技术支撑机构，即测试中心、信息中心、精密与特种加工中心、低温计量站和抗菌检测中心。

2009年，理化所顺利完成了所领导班子的调整工作；重点实验室建设取得新成绩，低温工程学重点实验室正式成为院级重点实验室；启动了理化所“十二五”规划的组织实施工作；加强研究所制度建设，全面清理和修订研究所规章制度，推进研究所规范化管理，提升管理水平；顺利通过质量管理体系监督审核，保证了质量管理体系的正常、有效运行。

截至2009年底，理化所共有在职职工417人。其中，科技人员324人、科技支撑人员33人，包括中国科学院院士4人、中国工程院院士2人、第三世界科学院院士1人，研究员及正高级工程技术人员68人、副高级专业技术人员93人，中国科学院“百人计划”入选者18人、国家杰出青年基金获得者6人。全所进入创新岗位237人。

理化所现有有机化学、物理化学、无机化学、凝聚态物理、制冷及低温工程二级学科硕士、博士研究生培养点和应用化学二级学科硕士研究生培养点，并设有化学、物理学、动力工程及工程热物理一级学科博士后流动站，共有在读研究生391人（其中硕士生193人、博士生198人）、在站博士后17人、留学生2人。

2009年，理化所在研项目共有487项。其中，国家重点基础研究发展计划（973）项目（课题）15项，中国高技术研究发展计划（863）项目（课题）32项，国家重大科学研究计划项目1项，国家科技支撑计划项目1项，科学技术部国际合作项目3项；国家自然科学基金重点项目2项、面上项目和青年基金项目28项、国际合作项目1项；中国科学院知识创新工程重大项目1项、重要方向项目34项，仪器研制项目12项，国际合作项目8项，其他项目10项；北京市科学技术委员会项目9项；与地方政府、企业合作横向项目296项；其他项目34项。

2009年，理化所新增项目221项。其中“973”项目1项（首席科学家，含2个课题），“863”项目（课题）6项，国家科技支撑计划项目1项，科学技术部国际合作项目1项；国家自然科学基金重点项目2项、面上基金项目12项，青年基金项目14项，主任基金项目3项，国际合作项目1项；中国科学院知识创新工程重要方向项目5项，院科研装备研制项目2项，国际合作项目3项，院其他项目8项；北京市科学技术委员会项目6项；与地方政府、企业合作横向项目149项；其他项目7项。

2009年，理化所在科研工作中取得一系列重要成果。成功研制出国际首台ns脉冲177.3nm深紫外固态激光源实用化样机；我国首台星载同轴脉冲管制冷机成功应用，通过了成果的鉴定，填补了国内空白，处于国际先进水平；成功研制出世界首台70L/d的4.2K G－M制冷机做冷源的小型氦液化器，指标达到了采用小型低温制冷机做冷源的同类小型氦液化装置的世界最好水平；“二氧化硅纳米球粒度标准物质”顺利通过科学技术成果鉴定，研制的二氧化硅纳米球达到了国际粒度标准物质先进水平，填补了国内100nm以下的二氧化硅纳米级粒度标准物质的空白；研制出微波光子材料与器件，全面发展了从分子设计到器件制备的全套技术，具有自主知识产权，完成了结题验收；研制出液氦温区低温靶，该项目已经通过专家组验收，各项指标优异，填补了国内空白，处于国内领先水平。全年共发表科技论文374篇，其中被SCI核心刊物收录论文224篇，EI收录46篇，ISTP收录10篇。发表论著3部。新申请专利118项，其中发明专利104项，实用新型专利14项；获授权专利63项，其中发明专利53项，实用新型专利10项。

“KBBF族深紫外非线性光学晶体的发现、生长和应用”获得2008年度北京市科学技术进步奖一等奖；“室温金属流体芯片散热技术的提出与发展”获得2008年度中国电子学会电子信息科学技术奖二等奖；某摄影胶片的研制，获得某部委科技进步二等奖。

2009年，理化所成果技术转化工作稳步发展，共有15项成果转让给地方、企业，与企业签署技术开发协议37项。为加快高新技术育成，发起设立了中科天津金属粉体公司、北京中科协众公司。分别与台州黄岩区政府、杭州下沙开发区、天津高新区、力函科技等各类高新园区和国内外知名的企业建立战略合作关系，为理化所进一步拓宽对外的合作打下了基础。

2009年，理化所积极推进国际合作与交流。全年学术交流出访人数61人次，来访66人次；有8名科学家在相关专业的国际组织中任职；聘请了7名国际知名学者作为理化所客座教授，与日本、法国、香港等国家和地区联合培养研究生6人；申请院公派出国留学4人。成功举办了2009年有机光子学与有机电子学国际会议暨第十一届有机非线性光学会议（ICOPE2009/ICONO11），其中国内来宾297人、国外来宾162人；在与国际热核聚变实验反应堆组织（ITER）低温系统多年科研合作的基础上，2009年10月通过国际竞标赢得了ITER低温系统国际科研合作项目。接待了包括主编Prof. R. Eisenberg等的美国化学会《无机化学》代表团、美国科学院院士/加州大学教授/TMT（Thirty Meter Telescope）项目首席科学家Jerry Nelson率领的代表团、香港裘搓基金会、日本新能源·产业技术综合开发机构（NEDO）、荷兰皇家帝斯曼集团（DSM）、宝洁公司等国外科学组织和著名企业到所参观访问。

理化所是中国感光学会、中国化学会光化学委员会和中国制冷学会低温专业委员会的挂靠单位；负责编辑出版《影像科学与光化学》学术期刊。

（撰稿：张　方　审稿：张丽萍）

化学研究所

所　　长：万立骏
地　　址：北京市海淀区中关村北一街 2 号
邮政编码：100190
电　　话：010 - 62554626
传　　真：010 - 62569564
电子信箱：huaxs@iccas.ac.cn
网　　址：http://www.ic.cas.cn

中国科学院化学研究所（以下简称化学所）始建于 1956 年。多年来，中国科学院以化学所某些学科方向为主先后组建了青海盐湖研究所（1958 年）、感光化学研究所（1975 年）和生态环境研究中心（1975 年）；成都有机化学研究所成立时吸纳了化学所的十几位业务骨干；化学所有机氟工作于 1963 年并入上海有机化学研究所；1999 年工程塑料国家工程中心并入新成立的理化技术研究所。化学所 1994 年成为科学技术部和中国科学院基础性研究改革试点单位，1998 年首批进入中国科学院知识创新工程试点，1999 年 3 月成立中国科学院分子科学中心，2003 年 11 月科学技术部批准化学所与北京大学共同筹建北京分子科学国家实验室。

化学所主要学科方向为高分子科学、物理化学、有机化学、分析化学。在中国科学院知识创新工程三期，化学所重点发展分子与纳米科学前沿、有机/高分子材料、化学生物学、能源与绿色化学四大领域，并建设和完善面向国家重大战略需求的先进高分子材料基地。

化学所设有北京分子科学国家实验室（与北京大学化学与分子工程学院联合筹建）和 3 个国家重点实验室、7 个院重点实验室、2 个所级实验室、2 个研究中心、1 个分析测试中心。国家重点实验室包括分子反应动力学国家重点实验室，分子动态与稳态结构国家重点实验室，高分子物理与化学国家重点实验室；院重点实验室包括有机固体院重点实验室，光化学院重点实验室，分子纳米结构与纳米技术院重点实验室，胶体、界面与化学热力学院重点实验室，工程塑料重点实验室，分子识别与功能院重点实验室，活体分析化学院重点实验室；所级实验室包括高技术材料实验室，新材料实验室；研究中心包括化学生物学研究中心，能源与绿色化学研究中心。

2009 年，化学所进一步加强战略规划研究，调整科研组织结构，成立了中国科学院活体分析化学重点实验室。化学所原始创新能力不断提高，中国科学技术信息研究所发布的 2008 年度中国科技论文统计结果显示：2008 年化学所发表的 SCI 论文数与被 SCI 引用的论文篇数均继续名列全国科研机构第一名；化学所在化学、材料类最高水平的学术期刊如 *Science*，*PNAS*，*Acc. Chem. Res.*，*J. Am. Chem. Soc.*，*Angew. Chem. Int. Ed.*，*Adv. Mater.* 上共发表论文 57 篇。面向国家战略需求，“纳米材料绿色打印制版技术”等高技术项目取得重大进展；全面启动“十二五”战略规划；北京分子科学国家实验室（筹）召开夏季学术交流会；国家大型科学仪器中心的建设与完善项目通过验收；分子器件研究平台初步建成。创新文化建设取得优异成绩，化学所连续六年被评为中央国家机关文明单位。“分子科学创新研究平台建设”项目的前期准备工作进展顺利。

由科学技术部、中国科学院、教育部共建的北京质谱中心设在化学所，与中国科学院共建的核磁共振实验室挂靠在化学所；高性能大型共用仪器主要有：X 射线单晶面探仪、X 射线粉末衍射仪、高分辨透射电镜、场发射扫描电镜、600 兆和 400 兆核磁共振谱仪、X 射线光电子能谱仪、纳秒级激光闪光光解仪、电子顺磁共振波谱仪、液质 - 气质联用质谱仪等。

截至 2009 年底，化学所共有在职职工 555 人，离退休人员 547 人，进入创新岗位人员 414 人。在职职工中，共有科技人员 392 人、科技支撑人员 42 人，包括中国科学院院士 9 人、第三世界科学院院士 2 人，研究员及正高级工程技术人员 89 人、副研究员及高级工程技术人员 177 人，中国科学院“百人计划”入选者 40 人、国家杰出青年科学基金获得者 40 人，项目聘用人员 50 人。

化学所是国务院学位委员会批准的首批博士、硕士学位授予单位之一，现有化学一级学科硕士、博士研究生培养点，材料学二级学科硕士、博士研究生培养点，并设有化学一级学科博士后科研流动站。2009 年共有在学研究生 892 人，其中博士生 631 人、硕士生 261 人，有在站博士后 55 人。

2009 年，化学所在争取和承担国家重要科技任务方面取得新突破，共有在研项目共 387 项，其中国家重点基础研究发展计划（973）项目 6 项，中国高技术研究发展计划（863）项目 20 项，国家科技支撑计划重大项目 1 项、课题 6 项；国家重大专项课题 4 项；国家自然科学基金重大（重点）项目 51 项、面上项目 112 项，国家杰出青年基金项目 9 项，创新研究群体 3 项；中国科学院知识创新工程重大项目 1 项、重要方向项目 25 项，中科院“百人计划”项目 14 项，国际合作项目 7 项；等等。

2009 年，化学所新增项目共 187 项，其中国家重点基础研究发展计划（973）项目 1 项，中国高技术研究发展计划（863）项目 5 项，国家科技支撑计划重大项目课题 2 项；国家自然科学基金重大、重点项目 14 项、面上项目 36 项，国家杰出青年基金项目 4 项；中国科学院知识创新工程重大项目课题 2 项、重要方向项目 12 项，中科院“百人计划”项目 2 项，国际合作项目 4 项；等等。

截至 2009 年底，化学所共与 30 多个国家和地区建立了科技合作与交流关系；参加境外国际会议、学术交流、合作研究 220 人次，接待来所参加学术交流及合作项目的外宾约 300 多人次；组织和主办国际会议 5 次，组织“分子科学论坛”报告会 7 次；新聘名誉教授 1 名；化学所在国际学术组织任职 37 人次，国际期刊任职 92 人次。

化学所是中国化学会的挂靠单位，并与中国化学会共同主办《化学通报》、《高分子学报》、《高分子通报》、《高分子科学》（英文版）等学术期刊。

（撰稿：李　丹　审稿：石永军）

国家纳米科学中心

主　　任： 王　琛

地　　址： 北京市海淀区中关村北一条 11 号

邮政编码： 100190

电　　话： 010－62652116

传　　真： 010－62656765

电子信箱： webmaster@nanoctr.cn

网　　址： http://www.nanoctr.cn

国家纳米科学中心（以下简称纳米中心）是由中国科学院纳米科技中心、北京大学和清华大学联合发起，中国科学院与教育部共同建设，于 2003 年 12 月 31 日正式成立的具有独立事业法人资格的全额拨款直属事业单位，事业编制 155 人。纳米中心采取理事会领导下的主任负责制，理事会由国家发展和改革委员会、教育部、科学技术部、财政部、卫生部、北京市人民政府、中国科学院、中国工程院、国家自然科学基金委员会、北京大学、清华大学等单位选派代表组成。纳米中心设立学术委员会，协助理事会确定中心的重要研究领域和发展方向。纳米中心主任、副主任分别由中国科学院、北京大学、清华大学选派专家出任。

纳米中心主要学科方向是纳米科学的基础研究和应用研究，重点研究领域包括纳米结构的系统和集成技术、纳米技术标准化和纳米标准物质的研制、纳米结构的生物学效应和安全性研究、纳米制造的相关基础研究、具有重大意义的纳米结构制备和关键分析技术，其目标是要建成具有国际先进水平、面向国内外开放的纳米科学研究公共技术平台和研究基地。

纳米中心设有 6 个研究室、2 个实验室。其中，纳米器件研究室主要从事功能纳米结构的制备和集成技术；纳米材料研究室主要从事新型纳米材料的制备和组装，以及功能纳米材料在环境科学和新能源中应用的相关研究工作；纳米生物效应与安全研究室主要研究纳米结构和生物体之间相互作用、利用纳米科学和技术探索生命科学的基本问题；纳米表征研究室主要从事对低维材料体系的结构与性能关系的研究，探索分子材料的组装规律和相关物性，不断完善和发展对纳米尺度结构和性能的表征方法和研究设备；纳米标准研究室主要从事纳米技术标准化的研究，如纳米检测技术标准化、纳米标准物质与样品的研制、纳米计量溯源等；纳米制造与应用基础研究室主要以设计、制备、修饰、操纵和集成纳米尺度单元为手段，以实现集纳米材料和结构的量化制备及经济性、可靠性为一体，体现“纳米效应”的产品和系统而开展的应用基础研究；纳米检测实验室主要从事纳米检测技术服务，致力于建设技术先进、管理规范、服务高效的纳米检测服务体系，并开展与纳米检测技术相关的培训和研发工作，为纳米技术创新提供有力支撑；纳米加工技术实验室主要从事纳米结构加工、器件制备及系统技术研究，并作为公共开放平台为我国纳米科学与技术基础及应用基础研究提供先进加工技术。纳米中心与北京大学医学部等单位共建协作实验室 19 个。2009 年经中国科学院批准，依托单位为纳米中心的中国科学院纳米标准与检测重点实验室正式成立。

截至 2009 年底，纳米中心共有在职职工 122 人。其中科技人员 71 人、科技支撑人员 23 人，包括研究员及正高级工程技术人员 18 人、副研究员及高级工程技术人员 26 人，中国科学院“百人计划”入选者 10 人、国家杰出青年科学基金获得者 1 人。全中心进入创新岗位 96 人。

纳米中心现有凝聚态物理和物理化学专业博士研究生培养点，并设有化学专业一级学科博士后流动站，共有在学研究生 142 人（其中硕士生 61 人、博士生 76 人，留学生 5 人）、在站博士后 9 人。

2009 年，纳米中心共有在研项目 83 项（包括 2009 年新增项目 42 项）。其中：国家重点基础研究发展计划（973）项目（课题）5 项（新增 2 项），中国高技术研究发展计划（863）项目（课题）5 项（新增 2 项）；国家自然科学基金重大项目 1 项（新增）、重点项目 2 项，国家杰出青年基金项目 1 项；中国科学院知识创新工程重大项目 1 项（新增）、重要方向项目 4 项（新增 2 项），院地合作项目 12 项（新增 7 项），国际合作项目 10 项（新增 6 项），仪器改造、数据库项目 2 项（新增）；与地方政府合作项目 2 项（新增 1 项）。

2009 年，纳米中心多项科研成果通过验收并推广应用。如纳米中心与有关单位合作完成的“新型电力防污闪纳米复合室温硫化硅橡胶（RTV）材料”通过中国科学院鉴定，在国家电网投入应用。由纳米中心自主研制、具有自主知识产权的“纳米级氧化铝比表面积标准物质”，经国家质量监督检验检疫总局批准为国家一级比表面积标准物质。纳米中心在利用多级组装方法构筑低维分子纳米结构研究、建立体外多种细胞 - 细胞相互作用模型研究、致病多肽的聚集机理及其调控的单分子研究、光致异构分子多重性研究、构造石墨烯纳米结构研究、手性螺旋导电聚苯胺纳米纤维研究、碳纳米管增强复合材料研究等多方面都取得新进展。

2009 年，纳米中心裘晓辉研究员当选为发展中国家科学院（TWAS）青年会员，魏志祥研究员获中国化学会青年化学奖，方英副研究员获卢嘉锡青年人才奖。

2009 年，纳米中心在国际交流与合作方面取得了多方面的发展。新争取各类国际合作项目 13 个；主办或承办双边和多边国际性纳米科学领域会议 7 次，包括有中丹双边科研项目会议、中德纳米技术与纳米标准化会议、中巴纳米科技交流会、NIH 双边研讨会、中芬纳米合作第六次工作组会议，特别是成功举办 2009 年中国国际纳米科技大会，有 40 多个国家和地区 1000 多位代表出席，众多高水平的专家到会做学术报告，在国际国内纳米科技界赢得了好评；由纳米中心与英国皇家化学会出版社联合出版一本新的期刊 *Nanoscale* 在 2009 年 9 月正式发行。

纳米中心是全国纳米技术标准化技术委员会纳米材料分技术委员会（SAC/TC279/SC1）、中国合格评定国家认可委员会（CNAS）实验室技术委员会纳米专业委员会、中国微米纳米技术学会纳米科学技术分会的挂靠单位。

（撰稿：刘卫卫　审稿：王　琛）

生态环境研究中心

主　　任：曲久辉
地　　址：北京市海淀区双清路18号
邮政编码：100085
电　　话：010－62923549
传　　真：010－62923549
电子信箱：zhb@rcees.ac.cn
网　　址：http://www.rcees.cas.cn

中国科学院生态环境研究中心（以下简称生态环境中心）始建于1975年，前身为经国务院批准在原中国科学院化学研究所二部基础上成立的中国科学院环境化学研究所。经原国家科学技术委员会和中国科学院批准，1986年与中国科学院生态学研究中心（筹）合并，改为现名。

生态环境中心以“国家生态环境安全与可持续发展”为战略主题，在环境科学、环境工程、环境生物学、系统生态与生态工程四大研究领域开展工作。现设有环境化学与生态毒理学国家重点实验室、城市与区域生态国家重点实验室、环境水质学国家重点实验室、环境生物技术研究室、大气化学与大气污染控制技术研究室、水污染控制技术研究室、中澳土壤环境联合研究室、环境纳米材料研究室8个研究室，另设有文献信息中心、大型分析仪器实验室、二噁英实验室和环境样品库，以及北京城市生态系统研究站。现有“土地利用与生态过程”、“持久性有毒污染物形态、环境过程与毒理效应”、“环境微界面过程与污染控制”3个国家自然科学基金创新研究群体。二噁英实验室通过了实验室认可和计量认证；联合国环境规划署POPs分析示范实验室落户生态环境中心；与南澳大利亚水务公司共建国际水科学技术中心，与浙江嘉兴市政府共建生态中心－嘉兴市生态环境科技创新基地，与挪威共建中－挪环境综合研究中心；住房和城乡建设部农村污水处理技术北方研究中心依托在生态环境中心。生态环境中心是农业部批准的农药登记残留试验认证单位之一。

生态环境中心围绕科技创新目标，更加注重新兴领域的学科建设。2009年，联合所内外、院内外成立了环境与健康研究中心，申请建立的环境工程与材料中关村开放实验室2009年4月挂牌成立，并通过了北京市中关村科技园区管委会的评估。

截至2009年底，生态环境中心共有在职职工394人。其中，科研人员257人、科技支撑人员99人，包括中国科学院院士2人、中国工程院院士3人，研究员50人、副高级专业技术人员91人，中国科学院“百人计划”入选者20人、国家杰出青年科学基金获得者10人。

生态环境中心设有环境科学、环境工程、生态学、环境经济与环境管理博士研究生培养点，其中环境工程学科获北京市教委重点学科建设专项经费支持；设有环境科学、环境工程、生态学、环境经济与环境管理、分析化学、人口资源与环境经济学、有机化学硕士研究生培养点；设有环境科学与工程、生物学两个一级学科博士后流动站。现有在读研究生556人，其中博士生357人、硕士生199人；另有留学生2人，在站博士后58人。

2009年，生态环境中心共有在研项目300余项（包括新争取项目80项），其中，国家重点基础研究发展计划（973）项目3项，中国高技术研究发展计划（863）项目（课题）20项，国家科技支撑计划项目15项；国家自然科学基金重大项目1项、重点项目3项，国家杰出青年基金项目3项；中国科学院知识创新工程重大项目1项、重要方向项目6项，院地合作项目3项，国际合作项目6项；与地方政府合作项目12项，并积极开展南极新型持久性有机污染物考察。

2009年，城市与区域生态国家重点实验室通过验收；2个国家自然科学基金委创新研究群体通过终期结题验收并获得滚动支持，重点基金“环境纳米污染物与纳米材料的微界面反应过程与生态环境效应”通过结题验收。毛细管电泳－激光诱导荧光偏振分析装置与DNA缠绕检测取得新进展，发现一种测定DNA构象变化的新方法，并以此为基础，揭示了一种DNA修复机制。

2009年，朱永官研究员负责的“土壤－植物系统典型污染物迁移转化机制与控制原理”获国家自然科学奖二等奖，作为第二完成单位合作完成的“低能耗膜－生物反应器污水资源化新技术与工程应用”获国家科技进步奖二等奖。欧阳志云研究员负责的“全国生态功能区划”获环境保护科学技术奖一等奖。“一种高纯纳米型聚合氯化铝溶胶的制备方法”获北京市首届发明专利奖二等奖、“分体式膜生物反应器”获北京市首届发明专利奖三等奖。曲久辉研究员获何梁何利基金科学与技术奖。4件专利成功实现转移转化，另有近40件专利在生态环境中心与企业签订的技术开发合同和技术服务合同中得到实施许可。生态环境中心水处理与净化技术继续在江苏徐州、连云港，安徽豪州、山东新泰等地得到推广应用。

2009年，生态环境中心在国内外期刊发表论文616篇，其中SCI收录论文387篇，中文核心199篇；申请专利102件，其中发明专利100件，实用新型1件、PCT1件；获授权发明专利28件；出版专著5部。根据中国科技信息研究所检索结果，2008年生态环境中心在SCI刊物上发表论文301篇，全国科研机构排名第10位，在环境科学领域排名全国第1位；EI收录论文215篇，在全国科研机构排名第11位；SCI被引548篇1774次，居全国科研机构第11位；国内被引3902次，居全国科研单位第5位。发文和引文2项指标在本领域均居第1位。

2009年，国内外合作与交流继续稳健发展，来访规格和层次提高。全年共派出183人次（包括港澳台），出访国家和地区20余个，接待外宾专访70人次、顺访350人次。与横滨国立大学联合共建亚洲国际生态环境安全管理中国联合研究中心，启动了中欧生物多样性项目“主体功能区生态和生物多样性保护政策研究”等。2009年，成功主办了第29届国际二噁英大会，国务委员刘延东给大会发来贺信，来自44个国家和地区的近1100名代表参加了大会。另组织召开了中法城市生态学术交流会，第八届深、港、珠、澳供水界学术交流会暨第五届海峡两岸水质安全控制技术与管理研讨会，IWA第二届亚太地区青年水研究者研讨会等。2009年，吕永龙研究员当选国际环境问题科学委员会（SCOPE）主席。

生态环境中心是国际科联环境问题科学委员会中国委员会、中国生态学学会的挂靠单位；负责编辑出版*Journal of Environmental Sciences*（SCI收录）、《环境科学学报》、《生态学报》、《环境科学》（EI收录）、《环境化学》、《环境工程学报》、《生态毒理学报》7种自然科学期刊，国际刊物*Environmental Science & Technology* Asian Office设在生态环境中心。根据2009年12月第四届中国期刊创新年会公布的“新中国60年有影响力的期刊”评选结果，《生态学报》、《环境科学》被评为“新中国60年有影响力的期刊”。

（撰稿：杨克武　审稿：胡仁桥）

过程工程研究所

名誉所长：郭慕孙
常务副所长：张锁江
地　　址：北京市海淀区中关村北二条1号
邮政编码：100190
联系电话：010－62554241
图文传真：010－62561822
电子信箱：office@home.ipe.ac.cn
网　　址：http://www.ipe.cas.cn

中国科学院过程工程研究所（以下简称过程工程所）前身是1958年成立的中国科学院化工冶金研究所。50多年来，研究范围逐步扩展到能源化工、生化工程、材料化工、资源/环境工程等领域，学科方向由“化工冶金”发展为“过程工程”。2001年更为现名。

过程工程所面向国家过程工业战略需求，面向世界过程工程科技前沿，针对制约过程工业发展的共性科技问题，提出了“过程工业绿色化与信息化”的发展战略和“一个核心、四个层次”的科研布局，即以时空多尺度结构为核心，突破关键性科学难题；在共性问题和方法学、数据信息和实验计算平台、工艺和过程调控、工程应用四个层次，系统研究与发展过程工程科学，形成资源高效清洁转化和产品高值化制备的过程工程平台。“一个核心”与“四个层次”是有机、开放的整体，旨在落实战略目标，突破科研—开发—设计—工程分离的体制机制障碍，促进实验室成果产业化，输出高效清洁的物质转化新工艺、新过程（新设备）和集成技术，带动过程工业的技术升级换代和生产模式根本变革。

过程工程所现有生化工程国家重点实验室和国家生化工程技术研究中心（北京）、多相复杂系统国家重点实验室、湿法冶金清洁生产技术国家工程实验室、中国科学院绿色过程与工程重点实验室以及过程工程研发中心、生物质研究中心等科研机构。

截至2009年底，共有在职职工356人。其中科技人员246人、科技支撑人员30人，包括中国科学院院士4人、中国工程院院士1人，研究员51人、副研究员163人，国家海外高层次人才培养计划（千人计划）入选者1人、中国科学院“百人计划”入选者16人。

过程工程所是国务院学位委员会批准的首批博士、硕士学位授予单位之一，设有化学工程与技术一级学科和材料学、环境工程两个二级学科博士/硕士研究生培养点，并设有1个一级学科博士后流动站。现有博士生导师38人、硕士生导师75人，博士研究生204人、硕士研究生188人，在站博士后16人。

2009年，过程工程所共有在研项目365项，其中：主持国家重点基础研究发展计划（973）项目3项、参加11项，承担中国高技术研究发展计划（863）项目36项，国家科技支撑计划项目16项；国家自然科学基金项目114项；科学技术部、环境保护部等单位重大项目6项；中国科学院知识创新工程方向项目53项；科研仪器设备研制项目11项；等等。

2009年新增项目60项，其中：主持国家重点基础研究发展计划（973）项目1项，参加项目3项；国家自然科学基金项目32项；中国科学院知识创新工程方向项目9项；其他项目14项。全年纵向到款1.7亿元，较2008年增长60.7%，新增合同留所经费1.06亿元。

2009年，过程工程所共取得科研成果22项，获国际、国家、省部级成果奖12项。其中，由毛在砂、陈家镛、杨超、王跃发完成的“多相体系的化学反应工程和反应器的基础研究及应用”项目，荣获国家自然科学奖二等奖，该项目以30多年的科研积累推动了化学工程学科的发展，为过程工业设备的优化操作和科学放大设计提供了可靠的应用基础，为化工、石油等过程工业作出了重要贡献。由马光辉、苏志国、王连艳、王佳兴、巩方玲、周青竹完成的《尺寸均一、可控的乳液、微球和微囊的制备技术》项目，荣获国家技术发明奖二等奖，该项目发明了一种全新的乳液、微球和微囊制备技术，采用微孔膜为介质，通过控制分散相与膜孔的界面张力和液滴形成速度，制备出尺寸均一的乳液、微球和微囊，相关专利技术及产品已在国内外数十家单位获得应用。由陈洪章与安徽大学合作完成的《真菌杀虫剂产业化及森林害虫持续控制技术》项目，荣获国家科技进步奖二等奖，该项目通过生物质类高值化的创新技术体系，在固态发酵技术产业化和秸秆组分分离及其生物量全利用领域中，成功实施了固态发酵纯种培养规模化与产业化，江西生产基地的建立改变了我国真菌杀虫剂商业产品为零的现状，带动了地方经济的发展，对促进林业、农业可持续发展具有重要的社会意义和经济效益。

2009年，过程工程所科技开发工作成效显著。全年共签订技术合同126份，合同金额9100万元；实现横向收入4900多万元，较2008年增长约140%。科技开发工作形成良好局面，全年与地方政府或企业开展科技交流活动130余次，与地方政府或企业新建16个联合实验室或研发基地；与国内相关行业的骨干企业共同组建了太阳能光热、冶金法太阳能多晶硅、海外有色金属资源开发等9个产业技术创新联盟；成立了知识产权办公室，科技开发工作辐射到全国27个省区市；廊坊中试基地顺利获得建设项目三证。多尺度模拟仿真计算技术逐步在冶金、石化等流程工业中的得到应用，亚熔盐氧化铝清洁生产、循环流化床磁化焙烧处理贫铁矿、以离子液体技术为平台的化工清洁生产、动态高温钢坯防氧化与功能粉体及涂层、生物介质及膜乳化法制备微球微囊、纤维素生物质制备丁醇、工业烟气脱硫、焦化废水处理等技术实现产业化，带动了我国相关产业的技术创新与进步。

2009年过程工程所国际合作与交流活跃。与研究所长期保持密切合作来自瑞士的洛塔·雷教授被授予“2008年度中华人民共和国国际科学技术合作奖”。研究所成功举办了第五届中美化学工程会议、第二届中英颗粒技术论坛等重要国际会议，同时与美国能源部国家能源技术实验室、佐治亚理工学院、佛罗里达磷酸盐研究所等知名高校和研究机构签订了合作备忘录。2009年全所共出访87人次，来访282人次。

中国颗粒学会挂靠过程工程所，主办的刊物有《过程工程学报》、《颗粒学报》（*Particuology*）和《计算机与应用化学》。

（撰稿：刘 伟 审稿：张锁江）

地理科学与资源研究所

所 长：刘 毅
地 址：北京市朝阳区大屯路甲11号
邮政编码：100101
电 话：010－64889276
传 真：010－64854230
电子信箱：office@igsnrr.ac.cn
网 址：http://www.igsnrr.ac.cn

中国科学院地理科学与资源研究所（以下简称地理资源所）于1999年9月经中国科学院批准，由中国科学院地理研究所（前身是1940年成立的中国地理研究所）和自然资源综合考察委员会（1956年成立）整合而成。

地理资源所战略定位是：通过对陆地表层系统中物质流、能量流、人流和信息流的综合分析，研究在自然和人类活动共同影响下陆地表层系统中物质与能量的空间分布格局、迁移转化规律与形成演化机理，及其与人口、资源、环境、区域发展间的相互作用机制；揭示地球表层系统和人地系统动态机制及各组成要素间相互作用机理；发展以地球信息科学与技术为基础的陆地表层系统与人地系统综合集成研究方法。与此同时，在地理科学与资源科学基础理论和方法论的支持下，以人口、资源、环境和经济协调发展为目标，瞄准国家资源环境安全、生态建设和区域可持续发展等重大国家需求，在资源持续利用、环境整治、区域可持续发展、生态系统优化管理、地球信息与数据集成及信息共享等领域，开展综合性的基础与应用研究，重点解决国家在可持续发展战略实施过程中面临的相关重大问题，为政府决策提供科学依据。

地理资源所确立了7个重点学科领域，包括自然地理与全球变化研究、人地系统与区域发展研究、自然资源研究、地球信息机理与系统模拟、陆地水循环与水资源安全研究、生态系统综合研究、农业政策研究。根据学科布局，研究所科研组织体系由3个研究部、3个重点实验室和1个研究中心构成，即自然地理与全球变化研究部、人文地理与区域发展研究部、自然资源与环境安全研究部、资源与环境信息系统国家重点实验室、陆地水循环及地表过程重点实验室、生态系统研究网络观测与模拟重点实验室、农业政策研究中心，在其体系内组建有26个学科团队（研究室、中心、站）。

截至2009年底，地理资源所共有在职职工572人，流动人员1007人，离退休人员534人。在职职工中，共有科技人员310人、科技支撑人员79人，包括中国科学院院士4人、中国工程院院士3人、第三世界科学院院士1人，研究员及正高级工程技术人员118人、副研究员及高级工程技术人员166人，中国科学院“百人计划”入选者24人、国家杰出青年科学基金获得者16人；全所进入创新岗位人员389人。流动人员中，有高访客座人员47人，项目聘用人员194人等。

地理资源所是国务院学位委员会批准的首批博士、硕士学位授予单位之一。现有地理学一级学科与自然资源学、生态学、环境科学和农业经济管理4个二级学科博士研究生培养点，自然地理学、人文地理学、地图学与地理信息系统、自然资源学、生态学、气象学、环境工程、环境科学和农业经济管理学科硕士研究生培养点，并设有地理学和生物学（生态）一级学科博士后流动站。现有研究生导师183人（其中博士生导师76人、硕士生导师107人），在学研究生635人（其中博士生398人、硕士生231人、外国留学生5人、台湾籍学生1人），在站博士后126人。

2009年，地理资源所共有在研项目657项。其中：国家重点基础研究发展计划（973）项目2项、课题10项，中国高技术研究发展计划（863）项目1项、专题课题18项、重点项目课题5项，国家科技支撑计划课题31项，国家科技基础性工作专项项目2项、课题4项，国家科技重大专项2项；国家自然科学基金重大项目1项、重点项目11项、面上项目116项、国家杰出青年基金项目4项；中国科学院知识创新工程重大项目1项、重要方向项目27项、其他项目16项；科学技术部农业科技成果转化资金项目1项、国际合作项目5项，经费在100万元以上的其他国际合作项目14项，国家部委委托项目8项；与地方政府合作项目20项。

2009年新增项目219项。其中："973"项目2项、课题5项，国家科技支撑计划课题5项，"863"专题课题1项，国家科技重大专项2项；国家自然科学基金面上项目46项、国家杰出青年科学基金项目1项；中国科学院知识创新工程重要方向项目13项、其他项目5项；国家发展和改革委员会电子政务项目1项，经费在100万元以上的国际合作项目3项；与地方政府合作项目11项；另有一批部门、地方及国际合作项目等。

2009年，地理资源所主持完成的"中国1∶100万数字地貌图研究及其应用"获国家科技进步二等奖，该成果建成国际上第一个国家级地貌数据库共享系统，并出版《中华人民共和国地貌图集（1∶100万）》；"中国地域空间开发的理论体系研究及重大规划实践研究集体"获中国科学院杰出科技成就奖；另获得国家及省部级奖励5项。

在国内外发表论文900余篇，其中，SCI和SSCI刊物收录论文230余篇、EI及ISTP论文70余篇；出版科研著作40部；主持和参与起草国家标准及行业标准5项；申请专利49项，获授权发明专利5项；完成55项软件著作权登记；新增在研转移转化项目42项，已转移转化项目21项。与重庆市发展和改革委员会等8家地方政府签署了科技合作协议。《中科院院士关于警惕借各类"新区"建设规划之名实施大规模"造城"的建议》等34份咨询报告得到党和国家领导人重要批示或被中共中央办公厅、国务院办公厅刊物采用。

孙鸿烈院士获"全国野外科技工作突出贡献者"称号，苏奋振、梁涛研究员获第十一届中国青年科技奖，李栓科研究员入选新中国60年百名优秀出版人物，王金霞研究员获得国家自然科学基金委员会国家杰出青年科学基金资助。《地理学报》荣获"中国科协精品科技期刊"称号、"中国百种杰出学术期刊"奖。

2009年，地理资源所国际交流与合作进展良好。派出参加各类国际交流合作活动人员358人次，接待外国科学家347人次，主办6个国际研讨会和3个两岸会议，新争取国际合作项目30个。国际型人才引进和推出工作初见成效。获得中国科学院"外国专家特聘研究员计划"和"外籍青年科学家交流计划"的资助，先后2批引进7位外籍研究员和3位外籍青年。孙鸿烈院士获意大利马约拉纳和平奖，李召良博士荣获法国功勋金质奖章，夏军研究员当选国际水资源协会（IWRA）主席（2010－2012年），这是IWRA历史上中国学者首次当选主席一职。

地理资源所是中国地理学会、中国自然资源学会和中国青藏高原研究会的挂靠单位。国际地圈生物圈计划中国全国委员会秘书处、国际全球环境变化人文因素计划中国国家委员会秘书处、全球碳计划亚洲区域办公室和全球土地计划北京节点办公室等12个国际组织或科学计划的相关分支机构设在该所。主办的刊物有《地理学报》（中、英文版）、《地理研究》、《地理科学进展》、《自然资源学报》、《资源科学》、《地球信息科学》、《中国地理与资源文摘》、《中国国家地理》、《资源与生态学报》（英文版）等。

（撰稿：张国义　审稿：刘　毅）

国家天文台

台　　长：严　俊
地　　址：北京朝阳区大屯路甲 20 号
邮政编码：100012
电　　话：010－64881686
传　　真：010－64888708
电子信箱：goffice@nao. cas. cn
网　　址：http://www. bao. ac. cn

中国科学院国家天文台成立于 2001 年 4 月，系由中国科学院天文领域原四台三站一中心撤并整合而成。国家天文台包括总部及 4 个直属单位：中国科学院国家天文台云南天文台、中国科学院国家天文台南京天文光学技术研究所、中国科学院国家天文台乌鲁木齐天文站和中国科学院国家天文台长春人造卫星观测站。紫金山天文台、上海天文台继续保留院直属事业单位的法人资格，为国家天文台的组成单位。

云南天文台　前身是原中央研究院天文研究所迁回南京后在云南留下的一个工作站，该站隶属关系几经变更，1972 年经国家计委批准成立中国科学院云南天文台。云南天文台现设大样本恒星演化、高能天体物理、光电实验室、恒星物理研究、射电天文观测与研究、太阳活动和 CME 理论研究、应用天文研究 7 个研究团组和抚仙湖太阳观测和研究基地、南方基地。主要学科方向包括活动星系核、恒星演化、变星和双星、太阳活动区物理、南方天文选址、天体测量与精密定位、天文新技术研究等。

南京天文光学技术研究所　组建于 2001 年 4 月 21 日，其前身为成立于 1958 年的原中国科学院南京天文仪器研制中心的科研部分及高技术镜面实验室，1998 年首批进入中国科学院知识创新工程试点。该所是我国专业天文仪器研制及天文技术研究和发展的重要基地。

乌鲁木齐天文站　建于 1957 年，主要从事天体物理、射电天文技术、空间目标和碎片、天文应用等研究，以脉冲星、活动星系核、恒星形成与演化、微波接收机技术等为主要研究方向，拥有南山基地等 4 个野外站。

长春人造卫星观测站　创建于 1957 年 11 月。初创阶段以观测原苏联和美国的卫星为主，并开展轨道理论的基础研究。随着国防事业和空间科学的快速发展，目前主要从事人造天体的精密观测和精密定轨研究、卫星动力学和天文地球动力学基础研究。该站具备多种观测手段，是以观测为主、观测与应用研究相结合的综合站。

国家天文台总部坚持面向国家战略需求和世界科学前沿，主要从事天文观测和理论以及天文高技术研究，并统筹我国天文学科发展布局、大中型观测设备运行和承担国家大科学工程建设项目，负责科研工作的宏观协调、优化资源和人才配置。国家天文台总部以星系宇宙学、恒星和致密天体、太阳磁活动和日地空间环境、应用天文、空间科学和深空探测、天文新技术和新方法为主要研究领域，着眼于质的显著提升，着力解决重大、关键的科学问题和国家战略需求问题，不断增强自主科技创新能力，促进和实现我国天文学的统筹协调和创新跨越发展。

国家天文台建有中国科学院光学天文、太阳活动和天文光学技术等重点实验室，并与十几所大学及研究机构合作，建立了多个联合研究中心或实验室。中国科学院探月工程总体部等均依托在国家天文台总部。

截至 2009 年底，国家天文台共有在职职工 943 人。其中科技人员 803 人、科技支撑人员 324 人，包括中国科学院院士 7 人、中国工程院院士 1 人、第三世界科学院院士 1 人，研究员及正高级工程技术人员 114 人、副研究员及高级工程技术人员 160 人，中国科学院“百人计划”入选者 22 人、国家杰出青年科学基金获得者 24 人。全台进入创新岗位 473 人。

国家天文台设有天文学一级学科博士、硕士研究生培养点和博士后流动站。现有在学研究生 421 人，其中博士生 166 人、硕士生 255 人，有在站博士后 23 人。

2009 年，研究所共有在研项目 241 项。其中：国家专项任务 14 项，国家重点基础研究发展计划（973）项目（课题）11 项，中国高技术研究发展计划（863）项目 6 项，财政部重大科研装备研制项目1项，其他国家任务6项；国家自然科学基金重大项目1项、重点项目9项、国家杰出青年科学基金项目1项、面上项目44项、创新研究群体1项、青年科学基金项目23项、天文联合基金项目26项；重要方向项目16项，院科研装备研制项目2项，院其他任务26项，院地合作项目24项，国际合作项目13项，与地方政府合作项目17项。

2009年，国家天文台新增项目103项。其中：国家专项任务5项，“973”项目（课题）4项，“863”项目1项，财政部重大科研装备研制项目1项；国家自然科学基金重点项目1项、面上项目21项、创新研究群体1项、青年科学基金项目15项、天文联合基金项目6项；重要方向项目7项，院科研装备研制项目1项，院其他任务18项，院地合作项目7项，国际合作项目6项，与地方政府合作项目9项。

近年来，国家天文台承担了多项国家重大专项任务、大科学工程项目和国家战略高技术项目，先后主持了7项“973”项目。备受国内外瞩目的国家大科学工程“大天区面积多目标光纤光谱望远镜（LAMOST）”于2009年6月通过国家验收并投入科学运行；“500m口径球面射电望远镜（FAST）”于2008年12月在贵州奠基，2009年开工建设。在我国首次绕月探测工程中，国家天文台圆满完成了地面应用系统研制、建设和运行以及VLBI测轨等任务，处理和制作了我国第一幅全月面图像和全月球三维影像图，后续科研工作正在进行中。目前，探月工程二期任务也已全面展开。此外，国家天文台还承担了载人航天工程等重大任务。

2009年，国家天文台获得国家科学技术进步奖特等奖一项，国家自然科学奖二等奖一项，省部级一等奖2项；出版学术专著3部；申请发明专利8项；共发表SCI和EI论文220多篇，引用次数近1300次。

国家天文台与欧、美、日、韩等多国天文研究机构有经常性人员互访，并举办国际学术会议12次。

国家天文台系中国天文学会团体会员单位，创办了拥有自主知识产权的国际核心英文学术期刊 *Chinese Journal of Astronomy and Astrophysics*（ChJAA，2005年起被收录于SCI）。2009年，ChJAA改版为更加国际化的天文学术刊物 *Research in Astronomy and Astrophysics*（RAA，月刊）。国家天文台还办有中文核心期刊《国家天文台台刊》和现代科普刊物《中国国家天文》。

（撰稿：薛随建　审稿：陆　烨）

遥感应用研究所

所　　长：顾行发
地　　址：北京市朝阳区大屯路甲20号北
邮政编码：100101
电　　话：010－64879268
传　　真：010－64889570
电子信箱：admi@irsa.ac.cn
网　　址：http://www.irsa.ac.cn

中国科学院遥感应用研究所（以下简称遥感所）于1979年12月经国务院批准成立，其前身为1978年成立的地理所二部，是我国遥感科学基础研究与综合应用技术的国家级、开放型研究机构。遥感所先后由著名的遥感专家陈述彭院士、杨世仁研究员、童庆禧院士、徐冠华院士、郭华东研究员、李小文院士担任所长。

遥感所是从事遥感基础理论、前沿技术、应用方法和综合遥感应用的研究机构，其战略定位是：以遥感科学与技术创新为基础，以天空地一体化遥感系统论证、综合国情遥感监测与预警系统为支撑，以遥感科学与试验、遥感技术前沿与信息挖掘、遥感综合应用、遥感信息工程为主要科研方向，全面提升自主创新能力，引领我国遥感科技发展，为国家安全、资源开发、防灾减灾、环境保护以及社会可持续发展提供科学决策依据，为国防现代化、信息化建设提供遥感应用技术支撑，为地方政府、重大工程、企业和公众用户提供空间信息服务。

遥感所目前拥有遥感科学国家重点实验室、国家航天局航天遥感论证中心、国家遥感应用工程技术研究中心、遥感卫星应用国家工程实验室4个国家级科研机构，设有14个研究室作为基本创新单元：遥感辐射传输研究室、环境遥感前沿研究室、高光谱遥感研究室、微波遥感研究室、遥感定标与真实性检验研究室、遥感图像处理研究室、农业与生态遥感研究室、减灾与应急遥感监测研究室、遥感空间信息系统研究室、数字地球与导航定位研究室、国土资源遥感研究室、环境遥感应用技术研究室、非再生资源遥感研究室和遥感与地球系统模拟研究室。遥感所建有遥感卫星数据接收站、遥感综合试验场、遥感数据网络中心等科研支撑体系。

本着面向国家重大需求、构建与行业用户联盟的新型科技创新体系的发展战略，遥感所与环境保护部、国家海洋局、国务院三峡工程建设委员会办公室水库管理司、国家禁毒委员会办公室、国家文物局、军事医学科学院、二十一世纪空间科技有限公司建立了国家环境保护卫星遥感重点实验室、三峡工程生态与环境监测系统信息管理中心、毒品原植物遥感监测研究中心等数个联合研究中心。

截至 2009 年底，遥感所共有在职职工 261 人，流动人员 132 人，离退休人员 102 人，进入创新岗位人员 126 人。在职人员中，共有科研人员 170 人、科技支撑人员 20 人，包括中国科学院院士 3 人，正高级专业技术人员 36 人、副高级专业技术人员 46 人，中国科学院“百人计划”入选者 7 人。流动人员中，有客座研究员 14 人。进入知识创新工程以来，遥感所进一步加大优秀人才的引进与科研队伍的建设，设立了青年创新基金，截至 2009 年底，遥感所科研队伍平均年龄 39 岁，57% 的人员具有博士学位。

遥感所设有地图学与地理信息系统二级学科博士、硕士学位和信号与信息处理二级学科博士、硕士学位以及电子与通信工程专业硕士培养点，并设有地理学博士后科研流动站。现有在学博士生 166 人、硕士生 132 人，在站博士后 30 人。

2009 年，遥感所在研项目近 770 项。其中：国家重点基础研究发展计划（973）项目（课题）14 项，中国高技术研究发展计划（863）项目（课题）71 项，国家科技支撑计划课题 56 项；国家自然科学基金项目 71 项；中国科学院知识创新工程重要方向项目（课题）近 96 项，国际合作项目 8 项，高技术应用项目 5 项；军工科研项目 15 项；“921”计划载人航天项目 1 项；公益行业专项 4 项；其他部委院所、高校企业委托的横向项目近 360 项。

2009 年，遥感所争取科研项目共计 250 项。其中：承担“863”项目课题 8 项、子课题 14 项，国家科技支撑计划课题 2 项、子课题 11 项；承担国家自然科学基金项目共 18 项，其中重点项目 1 项、面上项目 15 项（其中青年科学基金 6 项）、专项基金项目 2 项；承担中国科学院知识创新工程重要方向项目 4 项、课题和子课题 7 项，院重大装备及自主研发 2 项，院地合作项目 3 项，院信息化专项 1 项，院科普专项 3 项；承担国际合作项目 3 项，其中国家级国际合作项目 2 项；承担国家重大科技专项课题 1 项，部委和科研院所委托的横向项目近 80 项；与地方政府合作项目近 15 项；与企业合作项目近 15 项。

遥感所 2009 年共发表学术论文 415 篇，其中 SCI 论文 122 篇，EI 论文 73 篇，中文论文 220 篇；完成 34 项软件著作权登记和 12 项专利申请。遥感所参与的“森林资源遥感监测技术与业务化应用”项目获得 2009 年度国家科技进步奖二等奖，参与的“飞行模拟视景关键技术研究”项目获 2009 年度天津市科技进步奖二等奖。

2009 年，遥感所进一步加强国际合作。全年出访 86 人次，接待外宾来访 88 人次。举办了 GEO 国际研讨会“构建全球农业监测系统的系统”国际会议、第三十届亚洲遥感大会。顾行发所长担任第三十届亚洲遥感大会共同主席、光学与光子学协会地球观测系统分会共同主席并当选亚洲遥感协会副秘书长；童庆禧院士当选亚洲遥感协会基金会主席；王晋年副所长担任第三十届亚洲遥感大会组委会共同主席、亚洲遥感协会顾问委员会委员并当选亚洲遥感协会基金会秘书长。2009 年 12 月 1 日至 4 日，遥感所与泰国地理信息与空间技术发展局签订合作备忘录。遥感所与埃及、澳大利亚、哈萨克斯坦、匈牙利等国家开展的国际合作项目已取得一定成果，中哈项目出版了 *Sustainable, Development and Cycle Sconomy Informationization* 成果著作；中匈项目计划双方通过 SPOT 卫星影像和 HJ-1 卫星影像，开展了 LAI 定量反演，优选出最佳反演模型，并进行了真实性检验研究；中埃项目也在农业方面取得了一定成果。

遥感所有6家所属企业，从事科研开发人员有350名，业务范围包括：虚拟四叉树数据组织技术（全局数据库）、TB级空间信息服务技术、分布集中混合部署软件技术、三维数字地球技术、数字城市空间信息共享平台技术等，在国内具有领先地位。在空间信息网络搜索技术方面，建成了国内首个具备海、陆、空、天信息一体化集成的大型三维空间信息软件。2009年各公司总产值达8000万元，利润总额达到200万元。

遥感所是亚洲遥感协会、中国遥感委员会、中国地理学会环境遥感分会、中国环境科学学会环境信息系统与遥感专业委员会的挂靠单位，中国遥感应用协会搬迁到遥感所地址办公。遥感所负责主办《遥感学报》和《中国图像图形学报》2部科技核心期刊。《遥感学报》荣获“2008年百种中国杰出学术期刊”奖及2008年中国科技期刊综合评价总分第6名。

（撰稿：路　遥　审稿：发　强）

地质与地球物理研究所

所　　长：朱日祥
地　　址：北京朝阳区北土城西路19号
邮　　编：100029
电　　话：010－82998001
传　　真：010－62010846
电子信箱：suoban@mail.iggcas.ac.cn
网　　址：http://www.igg.cas.cn

中国科学院地质与地球物理研究所（以下简称地质地球所）1999年6月由原中国科学院地质研究所和中国科学院地球物理研究所两所整合而成。整合前的两个研究所都有长达近60年的历史和丰厚的科研成果，在国内外学术界具有很高的地位。2004年将中国科学院武汉数学物理研究所的电离层研究室整体调整到所。2006年整合原中国科学院兰州地质研究所，建立兰州油气资源研究中心。

地质地球所以固体地球各圈层相互作用及其资源、环境、工程地质问题作为主攻方向。整合以来，在科研布局上基本形成了地球动力学、环境与灾害、矿产资源“三足鼎立”的研究格局，共设有地球深部结构与过程、岩石圈演化、青藏高原、油气资源、固体矿产资源、工程地质与水资源、新生代地质与环境、地磁与空间物理8个研究室；同时建有岩石圈演化国家重点实验室以及工程地质力学、矿产资源研究、地球深部研究、油气资源研究和新生代地质与环境5个中国科学院重点实验室。另外在干旱区环境演化与全球变化、地球磁场与地球外核动力学、俯冲碰撞造山的岩石学过程、青藏高原东部隆升的深部结构与地表过程响应等研究方向上建成4个国家自然科学基金创新研究群体。

根据国家经济建设和社会发展对油气资源的需求及西部大开发战略和“西气东输”工程的资源保障要求，兰州油气资源研究中心重点研究我国中西部含油气盆地石油、天然气富集的地质地球化学条件等，为国家油气资源探明储量的持续增长提供理论和战略指导。其重点科学领域为石油天然气地质学和气体地球化学。

截至2009年底，地质地球所共有职工总人数557人（包括兰州油气资源研究中心97人）。其中从事科研活动的人员244人（包括兰州油气中心53人），包括中国科学院院士11人、中国工程院院士1人、第三世界科学院院士4人，研究员及正高级工程技术人员118人（包括兰州油气中心13人）、副研究员及高级工程技术人员115人（包括兰州油气中心12人）。另外，研究所（北京地区）共有支撑系统人员81人，管理人员45人，全所进入创新岗位344人（包括兰州油气中心53人）。

地质地球所是国务院学位委员会批准的首批硕士、博士学位授予单位和博士后流动站单位之一，设有地质学、地球物理学两个一级学科博士研究生培养点，以及地质工程二级学科博士研究生培养点，并设有地质学、地球物理学、地质资源与地质工程三个一级学科博士后流动站。2009年有在读博士生336人，硕士生194人，在站博士后110人。并有留学生2人，来所短期访问、实习学生20人。另外，有3人获得中国科学院留学基金，1 人获得国家留学基金，联合培养研究生 3 人。2009 年被中组部授予“海外高层次人才创新创业基地”，引进人才“千人计划”入选者 1 人，“百人计划”入选者 1 人。

地质地球所承担了多项国家重点基础研究发展计划（973）项目、国家自然科学基金重点项目、国家高技术研究发展计划（863）项目的科研工作，取得一批重要科研成果。全所在研各类科研项目 654 项。其中“973”计划首席项目 1 项、“973”计划二级课题 27 项、“863”计划课题 5 项；国家自然科学基金重点项目 28 项，国家杰出青年科学基金项目 5 项，面上项目 66 项，创新群体基金项目 3 项；在研中国科学院重大创新项目 1 项、重大二级课题 5 项，重要方向性项目 24 项、“百人计划”项目 2 项；横向课题 222 项。其中，2009 年新增加项目 264 项。包括国家重大专项课题 2 项、“973”计划二级课题 2 项；国家自然科学基金重大研究计划重点项目 4 项、国家杰出青年科学基金 3 项、面上基金 33 项、青年基金 16 项；中国科学院创新方向性项目 7 项；横向课题 93 项。2009 年全年以第一署名单位发表科技论文约 430 篇，其中被 SCI 收录 257 篇，出版专著 4 部。拥有授权发明专利约 40 项，新申请 18 项；新增加 9 项发明专利、2 项实用新型专利；新增加软件著作权 30 个。

2009 年地质地球所共派出参加国际会议、合作研究和交流培训 172 人次，其中合作研究项目 35 项 66 人次，参加国际会议 60 项 92 人次，考察、访问和培训 11 项 14 人次。邀请美国、法国、澳大利亚等 20 个国家和地区的科学家来所进行合作研究、学术交流和参加会议等活动 145 人次，举办国际会议 2 次，1 人新当选国际组织主席。

地质地球所配置了开展固体地球科学研究的大型观测和测试分析仪器，形成了地球物质成分与物质性质分析、地球深部结构观测、地质年代学测定、空间环境探测、古环境数据分析、数据处理计算等六大观测、实验、分析系统。此外，兰州油气资源研究中心还拥有固体组成分析、气体组成分析、有机组成分析、元素和同位素组成分析、古地磁和物相分析、样品前处理系列等高水平大型仪器设备，为地球科学测试、观测和实验提供了必要条件。研究所在漠河、北京、三亚的地磁台，以及南极台，共同构成了国际上最长的地磁台子午链的重要组成部分。

地质地球所图书馆目前藏书约有 35000 余册，中外文学术期刊现刊 350 种，电子数据库 20 个，电子期刊及其他网络资源数十种，与国际著名大学和研究机构保持长期的交流。

地质地球所主办的国家一级学术刊物有：《地球物理学报》（SCI 收录）、《岩石学报》（SCI 收录）、《第四纪研究》、《地质科学》、《工程地质学报》、《地球物理学进展》、《沉积学报》和《天然气地球科学》。研究所是三个国家一级学会：中国地球物理学会、中国岩石力学与工程学会、中国第四纪研究会的挂靠单位。此外，甘肃省一级学会矿物岩石地球化学学会挂靠在兰州油气资源研究中心。

（撰稿：张　维　审稿：朱日祥）

青藏高原研究所

所　　长：姚檀栋
地　　址：北京市海淀区双清路 18 号
邮政编码：100085
电　　话：010－62849309
传　　真：010－62849886
电子信箱：itpcas@itpcas.ac.cn
网　　址：http://www.itpcas.cas.cn

中国科学院青藏高原研究所（以下简称青藏高原所）于 2003 年成立，实行“一所三部”的特殊运行方式，三个部分别设在北京、拉萨和昆明。北京部的主要功能是室内研究基地、室内科学实验基地、国际学术交流基地和综合协调基地；拉萨部的主要功能是科学观测研究的野外基地、国际合作研究的野外基地、西藏高水平科学实验基地、西藏社会经济发展的服务基地和西藏科学普及与爱国主义教育基地；昆明部的主要功能是青藏高原种质资源保存基地和极端环境下生物的生态适应性及遗传资源研究基地。

青藏高原所的研究方向是：围绕青藏高原隆

升过程及其对亚洲和北半球气候环境影响这一核心科学问题，研究青藏高原地球动力、地表过程与环境变化和极端环境下生物的生态适应性及生物遗传资源等若干领域的国际前沿科学问题，力争作出独创性的、有重大国际影响的新成果，为适应和改善东亚地区人类生存环境服务；科学目标是：通过第一手原始数据和国际前沿的研究手段，在青藏高原特殊地表过程及其区域环境效应、青藏高原地质与地球动力学研究两个重大创新贡献领域中产出原创性的具有重大国际影响的研究成果，形成国际一流团队，建立国际青藏高原研究中心。

青藏高原所设有纳木错圈层相互作用综合观测研究站、珠穆朗玛大气与环境综合观测研究站和藏东南高山环境综合观测研究站3个院级野外台站，阿里高原荒漠环境综合观测研究站和慕士塔格西风带气候综合观测研究站2个所级野外台站和青藏高原环境变化与地表过程重点实验室、大陆碰撞与高原隆升重点实验室2个院级重点实验室。

截至2009年底，青藏高原所共有在职职工137人。其中，科技人员105人、科技支撑人员40人，包括中国科学院院士1人、中国科学院外籍院士1人（美籍学术副所长），研究员及正高级工程技术人员24人、副研究员及副高级工程技术人员33人，中国科学院“百人计划”入选者12人（其中6人待择优支持）、国家杰出青年科学基金获得者4人，项目聘用人员14人。流动人员中，共有客座研究员8人、访问学者2人等；全所进入创新岗位123人。

青藏高原所现有地理学、地质学、大气科学和地球物理学一级学科硕士、博士研究生培养点，并设有地理学和地质学一级学科博士后流动站；2009年共有在学研究生129人，其中博士生61人、硕士生68人，有在站博士后18人。

2009年，青藏高原所共有在研项目92项，其中，国家重点基础研究发展计划（973）项目1项、课题5项，国家科技支撑计划项目1项；国家自然科学基金国家杰出青年科学基金项目2项，重点项目5项，重大国际合作项目3项，面上项目32项，青年科学基金13项；中国科学院知识创新工程重要方向项目7项，中国科学院国际合作重点项目2项；国际合作项目4项（国外来源）；与地方政府合作项目2项。

2009年，青藏高原所新增项目32项。其中，“973”课题2项，国土资源部行业部门项目1项，国家发展和改革委员会油气重大专项课题1项；国家自然科学基金重点项目1项，重大国际合作项目1项，面上项目8项，青年基金6项；中国科学院知识创新工程重要方向项目5项，院地合作项目1项，国际合作项目2项，中国科学院与国家外国专家局创新团队伙伴计划项目1项；国际合作项目1项（国外来源）；与地方政府合作项目2项。

青藏高原所以国家“973”项目、国家自然科学基金项目和院级项目支持的项目群为导向，在青藏高原特殊地表过程及其区域环境效应研究方面取得了重要成果。《美国科学院院刊》（*PNAS*）发表了青藏高原所徐柏青研究员为第一署名作者的研究论文 Black soot and the survival of Tibetan glaciers，研究结果表明黑碳在青藏高原冰川的沉降会强化冰川融化。2009年1月14日，著名科学媒体——《美国科学日报》以“雪冰细菌可能记录气候变化”报道了中国科学家的青藏高原研究成果。12月15日，该媒体又以“喜马拉雅雪冰的沉积黑碳威胁世界‘第三极’”为题，报道了中国科学家及其合作者关于青藏高原研究的最新成果，引起国际广泛关注。2009年，青藏高原所共发表SCI文章127篇，授权专利1项。到2009年，中国青藏高原的发文量和引用率的国际排名均由2000年的排名第三位上升为排名第一位，青藏高原所的研究成果为此作出了重要贡献。

2009年，青藏高原所重点推动实施以我为主的实质性国际合作，提出、推动并主导了第三极环境（TPE）计划，该计划吸引了发达国家和青藏高原周边国家的大量科学家参加；举办了第五届青藏高原国际学术研讨会、第六届中德青藏高原研讨会；主持召开了第一次第三极环境（TPE）专家讨论会；举办了首届中德青藏高原研究生暑期班；培养了外籍青年人才，包括美国博士后、尼泊尔博士和美国大学生。

（撰稿：安宝晟　审稿：姚檀栋）

古脊椎动物与古人类研究所

常务副所长：周忠和
地　　　址：北京市西直门外大街142号
邮 政 编 码：100044
电　　　话：010－68351363
传　　　真：010－68337001
电 子 信 箱：bgs@ivpp.ac.cn
网　　　址：http://www.ivpp.ac.cn

中国科学院古脊椎动物与古人类研究所（简称古脊椎所）的前身是创建于1929年原中国农商部地质调查所新生代研究室，1946年迁至南京。1951年中国科学院古生物研究所在南京成立，并入该所，改称新生代及古脊椎动物组。1953年从古生物所分出，于北京建立中国科学院古脊椎动物研究室，1957年改为研究所，1960年改称中国科学院古脊椎动物与古人类研究所如今，古今，古脊椎所已经成为我国古脊椎动物与古人类两门基础学科的专门研究机构，在国际上享有盛誉。

截至2009年底，古脊椎所拥有在职职工134人。其中科技人员120人，包括中国科学院院士3人，正高级专业技术人员25人（其中研究员23人）、副高级专业技术人员38人（其中副研究员19人）。全所进入创新岗位95人。

古脊椎所设有古生物学与地层学、地球生物学、科技考古专业的博士、硕士研究生培养点和古生物学与地层学、地球生物学、科技考古专业的博士后科研流动站，现有在读研究生57人，其中博士生21人、硕士生36人，在站博士后12人。

古脊椎所设有3个研究室和1个研究中心，即古低等脊椎动物研究室、古哺乳动物研究室、古人类－旧石器研究室和周口店古人类研究中心，主要研究脊椎动物起源、演化和分类，建立和完善中国及全球年代地层系统，探讨生物与环境的协同演化关系；研究古人类体质特征、行为特点和旧石器技术与文化，探索人类的起源和进化，重建早期人类演化迁徙和文化发展的历史；开展周口店遗址的综合研究工作。古脊椎所拥有中国科学院脊椎动物进化系统学重点实验室，2009年在中国科学院重点实验室评估中评优秀；与中国科学院研究生院联合建立了“人类演化与科技考古联合实验室”，并和德国马普学会人类研究所签署了建立中德联合实验室的协议。

古脊椎所标本馆收藏有该所自20世纪20年代至今发现的古脊椎动物与古人类化石和旧石器标本及现生脊椎动物、人类骨骼标本和模型20余万件，馆藏量居亚洲首位，在世界同类研究单位中名列前茅。近年来，采集收藏的珍贵标本日益增多，大量产自辽西的“带毛”恐龙和古鸟类化石以及产自贵州的水生爬行动物化石标本典藏入库，仅在*Science*、*Nature*等国际知名学术刊物上发表的正型标本就达近百件。标本馆根据多年的标本管理经验，自行研制了《古脊椎所标本馆标本管理信息系统》，在此基础上实现了标本的全面网络自动化管理，极大地提高了现代化管理水平。标本馆内建立了标本观察室并配置了高级显微镜，购置了大型加湿设备使库房基本实现了恒温恒湿。这些措施使馆藏标本在存放、保护、管理条件上有了极大的改善。每年接待中外专业研究人员近千人次。

古脊椎所与高能物理研究所、自动化研究所共同研发的225KV－3D微分辨ICT、450KV通用型ICT进入测试阶段，225KV微分辨ICT已扫描了古鱼类头部、啮齿类牙齿、古猿牙齿20余个样品，研究者对三维重建后的效果感到满意。450KV通用ICT做好了对比样品测试的前期准备工作。新购进的环境扫描电镜S－3700N、牛津半导体致冷X射线能谱仪从2009年3月开始工作，已为研究所94人次和4个外单位完成扫描任务（其中包括古生物志的工作）。CT实验室环境评估、实验室基建设计方案审批均获得通过，进入施工队伍招标阶段。建立世界规模最大、条件最齐全的标本修理室，为化石标本的室内修理和研究提供技术支持。

2009年，古脊椎所承担科研项目78项。其中，承担国家重点基础研究发展计划（973）项目子课题4项，国家科技基础性工作专项2项，重大国际合作项目2项；承担国家自然科学基金项目30项（包括重点项目4项、国家杰出青年基金1项、面上项目21项、国家基础科学人才培养基金项目1项、创新研究群体项目1项、国际合作项目1项、科普项目1项），获国家自然科学基金资助的项目10项；承担中国科学院创新重要方向项目8项，院化石发掘和修理专项经费项目1项，院创新团队国际合作伙伴计划专项1项。

2009年，古脊椎所取得了一系列重要的基础研究成果，并在国际古生物界产生了重要影响。比如：①古鱼类研究方面，新发现被命名为梦幻鬼鱼的古鱼，是迄今为止全球最古老的保存完整的硬骨鱼乃至有颌脊椎动物化石，也是志留纪唯一完整保存的有颌类，其将有颌脊椎动物几大类群的特征汇于一身，大大填充了它们之间的形态学鸿沟，第一次近乎完整地呈现了有颌脊椎动物祖先可能具有的特征组合。该研究成果为探索有颌类的早期分化以及硬骨鱼类的起源提供了迄今为止最好、最完整的化石资料，为脊椎动物进化的一个重大分歧事件（辐鳍鱼类与肉鳍鱼类的分化）提供了一个新的、确凿的最近时间校正点。②鸟类起源研究方面，新发现被命名为赫氏近鸟龙的似鸟类恐龙化石，代表了目前世界上最早的长有羽毛的物种，进一步支持了四翼恐龙的假说，提出了兽脚类恐龙分异的时间框架新假说，反驳了有关鸟类起源的“时间倒置”论；新发表的被命为泥潭龙的化石研究成果，将有望消除古生物学资料和现代发育学资料有关鸟类手指同源问题产生的矛盾。这两项研究成果均标志着我国学者在鸟类起源研究领域的重大突破。③古人类研究方面，在广西崇左江州区木榄山智人洞发现的距今11.1万年的早期现代人下颌骨化石，保持有现代人初始状态的解剖特征，为现代人起源的多地区连续进化学说提供了极具说服力的证据。该研究成果对于解决关于现代人起源的多地区连续进化说和非洲起源说的对立、研究现代人起源环境背景具有十分重要的意义。④周口店研究取得新的进展和突破。研究所科研人员与国内外科学家合作，采用铝铍放射测年法将北京猿人生存的下部年代提前至77万年前，对当时人类生存的环境做了新的阐释。该成果在*Nature*上发表后引起国内外学术界热烈反响和讨论。《科学通报》以专辑的形式刊登了一组由研究所人员撰写的古人类－旧石器的研究论文，集中反映了该领域的新发展和新成果。此外，研究所2009年共在*Nature*发表论文5篇，在*PNAS*发表论文1篇；有关鸟类起源的研究成果分别被评为了2009年中国基础研究十大新闻、2009年中国地质科技十大进展以及两院院士评选的2009年中国十大科技进展。

古脊椎所与美国、英国、加拿大、瑞典、法国、俄罗斯、日本、韩国、芬兰、南非、澳大利亚、巴西、斯洛伐克等国家的科研院所、高等院校、博物馆开展涉及早期脊椎动物、恐龙、翼龙、哺乳动物演化、早期人类起源及技术、旧石器考古、古地理环境恢复与重建等多个学科方向的国际合作研究。

所地合作也呈现良好的势态，在辽宁朝阳、甘肃酒泉、河南许昌、湖北建始、宁夏灵武、贵州盘县、山东平邑、山东莱阳、山东诸城等具有丰富化石和古文化资源的地区设立科考站或科普基地，拓展了研究所的标本来源和学术影响力。

古脊椎动物与古人类研究所是中国古脊椎动物学分会、中国第四纪科学研究会古人类－旧石器专业委员会、中国第四纪科学研究会地层专业委员会的挂靠单位；主办的刊物有《中国古生物志》（丙、丁种）、《古脊椎动物学报》、《人类学学报》、《中国科学院古脊椎动物与古人类研究所集刊》、《化石》、《恐龙》杂志。

（撰稿：李利娜　审稿：张永红）

大气物理研究所

名誉所长：叶笃正

所　　长：王会军

地　　址：北京市朝阳区德胜门外祁家豁子

邮政编码：100029

电　　话：010－82995275

传　　真：010－62028604

电子信箱：iap@mail.iap.ac.cn

网　　址：http://www.iap.cas.cn

中国科学院大气物理研究所（以下简称大气所）的前身是1928年成立的原国立中央研究院气象研究所。1950年1月，中国科学院将气象、地磁和地震等部分科研机构合并组建为中国科学院地球物理研究所。1966年1月，根据我国气象事业发展的需要，中国科学院决定将气象研究室从地球物理研究所分出，正式成立中国科学院大气物理研究所。大气所是中国现代史上第一个研究气象科学的最高学术机构，目前已发展成为涵盖大气科学领域各分支学科的大气科学综合研究机构。

大气所主要研究大气中各种运动和物理化学过程的基本规律及其与周围环境的相互作用，特别是研究在青藏高原、热带太平洋和我国复杂陆面作用下东亚天气气候和环境的变化机理、预测理论及其探测方法，以建立东亚气候系统和季风环境系统理论体系及遥感观测体系，发展新的探测和试验手段，为天气、气候和环境的监测、预测和控制提供理论和方法。大气所确立的知识创新工程三期重点发展的六大学科领域为：东亚季风系统动力学，地球系统模式发展和气候预测理论，亚洲季风环境变化集成研究与有序人类活动，大气化学、大气环境变化及其预测理论，中层大气物理化学过程、气候环境遥感理论，高影响天气物理、动力与可预报性理论。

大气所现设有2个国家重点实验室，2个中国科学院重点实验室、6个所级实验室和研究中心。国家重点实验室包括：大气科学和地球流体力学数值模拟国家重点实验室、大气边界层物理与大气化学国家重点实验室；院重点实验室包括：中国科学院东亚区域气候－环境重点实验室（全球变化东亚区域研究中心）、中国科学院中层大气和全球环境探测重点实验室；所级实验室和研究中心包括：国际气候与环境科学中心、竺可桢－南森国际研究中心、中层大气与全球环境探测实验室、云降水物理与强风暴实验室、季风系统研究中心、中国生态系统研究网络大气分中心。另外，还设有信息科学中心，在河北香河、兴隆和吉林通榆设有野外综合观测站。中国科学院气候变化研究中心和中国科学院减灾中心挂靠在大气所。目前，大气所拥有IBMP690的高性能并行计算机，联想深腾1800、SGI ORIGIN 300服务器，SGI origin 2000超级计算服务器，SGI origin 3400超级计算服务器，以及用于研究城市大气污染和大气边界层物理研究的高达325米的气象铁塔及边界层遥感探测系统和中层大气探测系统等。

2009年，大气所继续深化体制机制改革，加强人才队伍建设。经中国科学院审核批准，中国科学院中层大气和全球环境探测实验室于12月9日正式揭牌。非法人单位－中国科学院全球变化研究中心于7月6日正式挂牌；灾害性气候研究与预测中心与国际气候与环境科学研究中心整合成为新的国际气候与环境科学研究中心。研究所新引进中国科学院“百人计划”入选者2人。

截至2009年底，大气所共有在职职工382人。其中科技人员275人、科技支撑人员35人，包括中国科学院院士8人、第三世界科学院院士2人，研究员及正高级工程技术人员60人、副研究员及高级专业技术人员94人，中国科学院“百人计划”入选者20人、国家杰出青年科学基金获得者10人。全所进入创新岗位218人。

大气所是国务院学位委员会批准的首批博士、硕士学位授予单位之一，现有一级学科硕士、博士研究生培养点，并设有一级学科博士后流动站。2009年共有在学研究生420人，其中博士生253人、硕士生167人；有在站博士后16人。

2009年，大气所共有在研项目440项，其中国家重点基础研究发展计划（973）项目（课题）20项，中国高技术研究发展计划（863）项目（课题）4项，国家科技支撑计划项目（课题及专题）30项；国家自然科学基金重大项目1项、重点项目9项，国家杰出青年科学基金项目3项，重大国际合作项目4项；中国科学院知识创新工程重大项目及课题13项、重要方向项目及课题26项，院地合作项目50项；国际合作项目43项。

2009年研究所新增项目68项，其中“973”项目（课题）5项，“863”项目（课题）2项，国家科技支撑计划项目（课题及专题）3项；国家自然科学基金重点项目2项，国家杰出青年科学基金项目1项；中国科学院知识创新工程重大项目1项、重要方向项目7项；院地合作项目15

项；国际合作项目 13 项。

2009 年，大气所因在保障 2008 北京奥运会、残奥会空气质量方面作出的重要贡献，被国家授予“中央国家机关五·一劳动奖状”，并获得“第四届中国科学院创新文化建设先进团队”荣誉称号。2009 年度大气所获福建省科学技术奖二等奖 1 项，沈阳市科技进步奖二等奖 1 项，上海市科学技术奖二等奖 1 项。全年共发表科技论文 624 篇，出版论著 3 部，其中 SCI（E）收录论文 337 篇、EI 收录论文 8 篇、国内核心期刊收录论文 235 篇，SCI 收录论文较 2008 年增加了 57 篇。范可研究员荣获第十一届中国青年科技奖，刘屹岷研究员荣获国家杰出青年科学基金，郑飞博士荣获全国百篇优秀博士论文奖，段晚锁博士和崔晓鹏博士荣获 2009 年度“中国科学院卢嘉锡青年人才奖”等。

2009 年，大气所共举办了 9 次大型国际会议；与澳门地球物理暨气象局、俄罗斯水文气象大学、美国国家大气研究中心分别签署了合作协议；代表中国科学院与德国科隆大学签订了气候变化和能源合作备忘录。2009 年，大气所共出访 220 人次，来访 446 人次；朱江、林朝晖研究员担任发展中国家政府间国际科技合作组织委员会职务；2009 年大气所一级学科（大气科学）整体水平又获全国第一位。

大气所是中国科学探险协会、中国气象学会动力气象学委员会、大气环境学委员会、统计气象学委员会的挂靠单位；主办的刊物有：《大气科学》（中文版）、《大气科学进展》（英文版）、《气候与环境研究》（中文版）、《大气和海洋科学快报》（英文版）。2009 年，《大气科学》第 5 次被中国科学技术信息研究所评选为“百种中国杰出学术期刊”，是大气科学类期刊唯一的入选期刊。《大气科学进展》被收入 SCI 核心版。

（撰稿：谢　力　审稿：李　军）

植物研究所

所　　长：马克平
地　　址：北京市海淀区香山南辛村 20 号
邮政编码：100093
电　　话：010 – 62590835
传　　真：010 – 62590835
电子信箱：suoban@ibcas. ac. cn
网　　址：http://www. ibcas. ac. cn

中国科学院植物研究所（以下简称植物所）是我国建立最早的植物基础科学综合性研究机构，前身为 1928 年创建的静生生物调查所和 1929 年成立的国立北平研究院植物研究所，1950 年合并为中国科学院植物分类研究所，1953 年改名为中国科学院植物研究所。

植物所以整合植物生物学为学科定位，主要研究方向为系统进化、生态环境、现代农业和植物资源可持续利用，主要发展目标是将植物所建成国际著名的植物科学研究机构，引领和推动我国整合植物生物学的发展。

植物所现有 9 个研究和支撑部门、1 个中外联合实验室、2 个国家重点实验室、2 个院重点实验室、10 个野外台站，还有 1 个公共技术服务中心和中国科学院生态系统研究网络（CERN）生物分中心。研究和支撑部门包括：系统与进化植物学研究中心、植物生态学研究中心、分子与发育生物学研究中心、光合作用研究中心、信号转导与代谢组学研究中心、能源植物研发中心、北京植物园、华西亚高山植物园、文献与信息管理中心；中外联合实验室为 IOB – TLL 甜高粱联合研发实验室；国家重点实验室包括：系统与进化植物学国家重点实验室、植被与环境变化国家重点实验室；院重点实验室包括：中国科学院光合作用与环境分子生理学重点实验室、中国科学院光生物学重点实验室；野外台站包括：内蒙古锡林郭勒草原生态系统国家野外科学观测研究站、内蒙古鄂尔多斯草地生态系统国家野外科学观测研究站、湖北神农架森林生态系统国家野外科学观测研究站、中国科学院北京森林生态系统定位研究站、中国科学院植物研究所正蓝旗浑善达克防沙治沙生态研究试验站、中国科学院植物研究所多伦恢复生态学试验示范研究站、中国科学院植物研究所中国北方林生态系统定位研究站、中国科学院植物研究所内蒙古东乌珠穆沁草原生态系统管理研究站、中国科学院植物研究所古田山森林生物多样性与气候变化研究站、中国科学院植物所内蒙古农牧业科学院乌兰察布草地生态研究站。此外，植物所还拥有植物标本馆、数字化植物标本馆和植物图像库，其中植物标本馆为亚洲最大，截至2009年底共收藏标本255万份，包括化石标本7万余份、种子标本8万余份；数字化植物标本馆共收录标本信息182万份，图像信息163万张；2008年开始建设的植物图像库目前已收录图片39万幅。研究所拥有价值10万元以上的专用仪器设备共194台（套），如全自动基因分析仪、双光子激光扫描共聚焦显微镜、稳定同位素质谱仪、激光共聚焦全内反射系统等。

2009年，植物所进一步加强人才队伍建设。第一次引入国际评估，坚持“引进和培养”并举，推行分层管理、分级负责、分类考核的人才队伍管理机制，为培养后备力量制定了多项激励政策。截至2009年底，植物所共有在职职工526人，其中科研人员277人、科技支撑人员139，包括中国科学院院士4人，研究员及正高级工程技术人员69人、副研究员及高级工程师等114人，中国科学院“百人计划”入选者22人、国家杰出青年科学基金获得者14人。全所进入创新岗位305人。

植物所是国务院学位委员会批准的首批博士、硕士学位授予单位之一，现有植物学、发育生物学、生态学3个专业二级学科博士研究生培养点，植物学、发育生物学、生态学、细胞生物学4个专业二级学科硕士研究生培养点，并设有植物学、发育生物学、生态学学科3个专业一级学科博士后流动站，共有在学研究生610人（其中硕士生301人、博士生309人）、在站博士后47人。

2009年，植物所共有在研项目335项。其中，国家重点基础研究发展计划（973）项目（课题）19项，中国高技术研究发展计划（863）项目（课题）15项，国家科技支撑计划项目7项；国家自然科学基金重大项目3项、重点项目9项，国家杰出青年科学基金项目8项；中国科学院知识创新工程重大项目2项、重要方向项目22项，院地合作项目49项，国际合作项目25项；与地方政府合作项目26项。

2009年，植物所新增项目82项。其中，“973”项目（课题）5项，国家自然科学基金重大项目1项、重点项目1项，国家杰出青年科学基金项目1项；中国科学院知识创新工程重要方向项目9项，项目百人2项，院地合作项目24项，国际合作项目12项；与地方政府合作项目15项。

2009年，植物所在植物系统进化、生态学、植物发育、信号转导和光合作用等领域的研究取得了重要进展。全年发表论文405篇，其中SCI论文224篇，有137篇发表在学科前30%的SCI刊物上，影响因子在5.0以上的29篇，2.0以上的133篇；出版专著4部；授权专利14项。植物所作为第一完成单位参与完成的世界上规模最大、内容最丰富的植物志书籍——《中国植物志》的编研获2009年度国家自然科学奖一等奖。

2009年，植物所与地方政府和企业联合成立了2个共建平台和1个合作公司。其中，与内蒙古农牧业科学院共建了乌兰察布草地生态研究站；与唐山市共建了中国科学院唐山高新技术研究与转化中心工程植物事业部；与深圳佳美投资发展有限公司、中国科学院沈阳应用生态研究所合作成立了正蓝旗中科草原开发有限公司。

2009年，植物所共签署对外合作协议6项；科研人员出访93批131人，来访65批145人；举办7次国际（双边）学术会议、1次海峡两岸学术研讨会和1次国际培训班；全所共有27人在国际组织和国际期刊中任职50项（其中2009年新任职的5人）；与汇丰银行（The Hongkong and Shanghai Banking Corporation Limited，HSBC）、地球观察研究所（Earthwatch Institute）合作在植物所古田山森林生物多样性与气候变化研究站建立了中国区域气候研究中心；与美国密苏里植物园合作的Flora of China项目进展良好，美方主编Peter H. Raven教授因此获得了中国科学院2009年度国际科技合作奖。

植物所是中国植物学会、北京生态学会、北京植物生理学会、中国植物学会植物园分会、中国花卉协会蕨类植物分会、*Flora of China*编辑委员会和《植物生理学杂志》（*Journal of Plant Physiology*）中国编辑部的挂靠单位。主办的刊物有：《植物学报》（*Journal of Integrative Plant*

Biology）、《植物分类学报》（*Journal of Systematics and Evolution*）、《植物生态学报》（*Journal of Plant Ecology*），《植物生态学报》、《植物学报》、《生物多样性》、《生命世界》，其中前3种被SCI收录。

（撰稿：周凌娟　审稿：张运海）

动物研究所

所　　长：孟安明

地　　址：北京市朝阳区北辰西路1号院5号

邮政编码：100101

联系电话：010－64807098

传　　真：010－64807099

电子信箱：ioz@ioz.ac.cn

网　　址：http://www.ioz.ac.cn

中国科学院动物研究所（以下简称动物所）的前身是1928年成立的静生生物调查所、1929年成立的北平研究院动物研究所和1930年成立的中央研究院动物研究所。新中国成立后，中国科学院接收上述三个研究所和原徐家汇博物馆（创建于1860年，1930年后改称震旦大学博物院）的部分资料、标本和设备，于1950年成立了中国科学院昆虫研究室和动物标本整理委员会。二者分别发展为昆虫研究所和动物研究所，1962年两所合并为现在的动物所。

动物所是以动物科学基础研究为主的社会公益型国家级科研机构，主要定位是：以人、动物与自然和谐发展为主题，以整合生物学为主线，围绕农业、生态环境和人类健康的重大需求和科学问题，加强多学科交叉融合，在整合生物学、保护生物学、进化生物学、生殖生物学、细胞分化生物学领域开展基础性、前瞻性和战略性研究；加强科技自主创新与技术集成，在生物多样性保护与可持续利用、农业生物灾害可持续控制、野生动物疫病预警与防控、人类生殖健康等领域作出重大创新性贡献。

研究所现有3个国家重点实验室、2个院级重点实验室和1个博物馆，包括农业虫害鼠害综合治理研究国家重点实验室、计划生育生殖生物学国家重点实验室、生物膜与膜生物工程国家重点实验室、动物生态与保护生物学院重点实验室、动物进化与系统学院重点实验室和国家动物博物馆。

动物所拥有亚洲最大的动物标本馆，馆藏各类动物标本540余万号，其中鸟类标本6万余号，兽类标本近3万号，鱼类和两栖爬行类标本8万余号，昆虫标本360万号，其它无脊椎动物标本130万号；拥有总藏书量25万余册及图书资料较为齐全的专业图书馆以及计算机网络中心，形成了科学研究与技术支持相结合的完整体系。

截至2009年底，动物所共有在职职工354人。其中科技人员195人、科技支撑人员104人，包括中国科学院院士3人，研究员及正高级工程技术人员67人、副研究员及副高级工程技术人员76人，“引进国外杰出人才”（千人计划）入选者1人、中国科学院“百人计划”入选者36人、国家杰出青年基金获得者20人、海外杰出青年基金获得者2人；国家重点基础研究发展计划（973）项目首席科学家6人，国家级有突出贡献青年科学家奖获得者3人、院级有突出贡献青年科学家奖或院级优秀青年科学家奖获得者5人、“新世纪百千万人才”入选者16人。全所进入创新岗位239人。

动物所是国务院学位委员会批准的首批具有博士、硕士学位授予权单位之一，设有生物学一级学科博士、硕士研究生培养点和博士后科研流动站。2009年共有在读研究生488人、在站博士后60人。

2009年，动物所共有在研项目423项，含科研课题639个。其中，主持中国家重点基础研究发展计划（973）项目5项，中国高技术研究发展计划（863）项目1项，国家科技基础性工作专项2项、国家公益性行业科研专项2项；国家自然科学基金重大项目1项，重点项目14项，创新研究群体项目1项，国家杰出青年科学基金项目6项，面上项目及青年科学基金项目81项；中国科学院知识创新工程重要方向项目20项，“百人计划”项目8项，战略生物资源专项6项。

根据中国科学技术信息所2009年1月发布的数据，按论文数量排序，2008年度SCI共收录动物所为第一作者单位的论文220篇，在全国科研机构中排名第18位；2008年美国《医学索引》（*MEDLINE*）收录动物所为第一作者单位的论文114篇，在全国科研机构中排名第8位。

2009年7月23日，*Nature*在线发表了动物所周琪研究员领导的研究组和上海交通大学医学院曾凡一研究员领导的研究组的研究成果，首次利用iPS细胞通过四倍体囊胚注射得到存活并具有繁殖能力的小鼠，从而在世界上第一次证明了iPS细胞的传代能力。这项工作为进一步研究iPS技术在干细胞、发育生物学和再生医学领域的应用提供了技术平台，将iPS细胞研究推到了新的高度，也为中国在这一国际热点研究领域作出了重要的贡献。2009年11月，由河南省济源白云实业有限公司和动物所联合申请的国家高技术产业化专项项目“系列新型高效病毒生物农药高技术产业化”获得国家发展和改革委员会批准，目前公司投资4000余万元建成了四条昆虫饲育和三条产品加工生产线，可年生产昆虫病毒原药5t，制剂200t，可使用面积达3000万亩次，已成为我国最大的昆虫病毒杀虫剂研发与生产基地。

2009年，动物研究所举办国际会议数量大幅增加。先后举办了第23届国际保护生物学大会、第三届整合动物学国际研讨会暨达尔文诞辰200周年纪念大会、第六届亚太昆虫学大会、中国科学院干细胞与再生医学国际学术研讨会、国际重要系统昆虫学机构2009年年会、生命条形码联盟北京会议、首次味觉和嗅觉研究国际会议等7个重要国际会议。

国家动物博物馆展示馆于2009年5月17日正式开馆运行。开馆半年多接待社会各界参观者7万人次，举办大型科普活动7次。50多位中央领导和部委领导视察了国家动物博物馆。

中国昆虫学会、中国动物学会、中国动物志编辑委员会和中华人民共和国濒危物种科学委员会挂靠在动物研究所。动物研究所与学会共同主办*Insect Science*（SCI源期刊，英文版）、*Integrative Zoology*（英文版）、*Current Zoology*（英文版）、《昆虫学报》、《动物分类学报》、《动物学杂志》、《昆虫知识》7种学术刊物。

（撰写：孙　忻　审稿：孟安明）

心理研究所

所　　长：张　侃

地　　址：北京朝阳区大屯路甲4号

邮政编码：100101

电　　话：010－64879520

传　　真：010－64872070

电子信箱：webmaster@psych.ac.cn

网　　址：http://www.psych.ac.cn

中国科学院心理研究所（以下简称心理所）成立于1951年，前身是1929年成立的中央研究院心理研究所。

心理所的发展战略是：以“实现心理学完整价值链”为中心任务，注重心理学研究的重要特色，争取在心理科学前沿领域取得突破性进展，为“人口素质与健康”和“社会稳定与发展”的国家战略目标服务，逐步建设成为国内领先的心理学研究单元、中央政府重要的思想库、全国人民了解心理学的一面旗帜、全国心理学研究和心理学服务的源头、国际心理学界著名的研究所。

心理所知识创新工程三期将科研布局调整为发展与教育心理学、认知与实验心理学、心理健康（含老年心理学）、社会与经济行为、行为遗传学5个方向。2008年，在汶川地震灾害后，根据国家需求成立危机干预中心（成都），将全所科研布局调整为6个方向。其中心理健康实验室是中国科学院重点实验室。

截至2009年底，心理所共有在职职工153人。其中科技人员103人、科技支撑人员26人，包括第三世界科学院院士1人，研究员及正高级工程技术人员26人、副研究员及高级工程技术人员32人，中国科学院“百人计划”入选者7人、国家杰出青年科学基金获得者1人、“新世纪百千万人才”入选者4人。全所进入创新岗位98人。

心理所是国务院学位委员会批准的首批博

士、硕士学位授予单位之一，现设有基础心理学、发展与教育心理学、应用心理学、医学心理学、认知神经科学、行为遗传学和生物心理学 7 个博士培养点，基础心理学、发展与教育心理学、应用心理学、医学心理学、认知神经科学和行为遗传学 6 个硕士培养点，并设有心理学学科博士后流动站。现有在学研究生 246 人（硕士生 128 人、博士生 118 人）、在站博士后 20 人。

2009 年，心理所共有在研项目 154 项（包括新争取项目 68 项），其中科学技术部科技基础性工作专项 1 项，国家重点基础研究发展计划（973）课题 5 项，中国高技术研究发展计划（863）课题 2 项，国家科技支撑计划项目 2 项；国家自然科学基金重点项目 1 项；中国科学院知识创新工程重要方向项目 8 项，院地合作项目 41 项。

2009 年，心理所共发表 SCI/SSCI/EI 收录的期刊论文 172 篇，其中第一作者论文 134 篇；发表 CSCD 收录的中文期刊论文 139 篇，其中第一作者论文 119 篇；出版专著（译著）19 本；主持修订、制定国家标准并正式发布 3 项；专利获批 3 项。

2009 年，心理所在基础研究和基础应用研究方面取得了一系列重要进展。注意与认知领域，在国际上首次同时从空间记忆的编码和提取阶段考察空间记忆的特性；关于面孔认知的研究揭示了人类面孔匹配中基于图像相似性的特点；关于内隐学习的研究发现人们主观上没有意识到的知识也可以使人们作出正确判断，从而在行为上表现出一定的控制能力。风险认知与决策领域，发现决策者是规避风险还是规避后悔具有领域特异性（domain-specific）；发现中国人喜欢接收明确的数字概率信息来表达可能性，但倾向于用比较模糊的文字概率方式来传达这些信息；发现了时间折扣神经机制的新证据。对精神分裂症的研究发现高危人群脑结构的缺损及其证据；发现精神分裂症高危人群表现出持续的注意缺损，精神分裂症患者在对话情境中理解负性的语调存在缺损；发现精神分裂症患者在进行面孔情绪加工时存在显著的大脑激活异常。对疼痛及镇痛机理的研究发现皮层传出对急性疼痛有易化作用，而对慢性疼痛有抑制作用；在皮层和丘脑水平上阐明了吗啡的镇痛机理。对其他精神疾病和脑功能的研究中，揭示了脑 ERK 信号通路在抑郁行为中的作用，发现海马或前额叶皮质的 ERK 信号通路都参与了抑郁行为的调节，但两个脑区 ERK 通路在对具体的抑郁行为表现的调节上存在一定的差异；发现高频电刺激可以修复帕金森大鼠神经及行为功能。灾害心理学领域的研究发现，PTSD 在汶川地震灾区是一种较为常见的心理疾患；在女性、羌族、受教育水平较低者、有更多创伤经历者以及社会支持水平较低者中 PTSD 症状相对比较严重；灾难发生时的客观和主观创伤暴露水平是 PTSD 症状发生和发展的主要因素。

2009 年，心理所共邀请国外学者来访 40 余人次，进行讲座 31 场次，成功举办 3 次国际会议，受邀在会议上进行特邀报告 5 人次，担任国际会议驻华秘书长 1 人次；与德国 Sarrland 大学联合主办了首届中德国际研究培训计划“适应·大脑：神经和环境对学习和记忆的影响”短期培训班。共派出 42 人次参加国际会议或出访，其中有 7 名科研人员赴美国、德国、英国等做访问学者；与澳大利亚 Adelaide 大学正式签订合作备忘录。

心理所是中国心理学会挂靠单位；主办《心理科学进展》，并与中国心理学会共同主办《心理学报》。

（撰稿：陈雪峰　审稿：傅小兰）

微生物研究所

常务副所长：黄　力
地　　　址：北京市朝阳区北辰西路 1 号院 3 号
邮 政 编 码：100101
电　　　话：010 - 64807462
传　　　真：010 - 64807468
电 子 信 箱：office@im. ac. cn
网　　　址：http://www. im. cas. cn

中国科学院微生物研究所（以下简称微生物所）是目前国内学科最齐全的微生物学研究机构，成立于 1958 年 12 月 3 日，前身是中国科学院北京微生物研究室和中国科学院应用真菌研究所。

微生物所以“微生物，高科技，大产业”为长期指导思想，面向工业升级、农业发展、人口健康和环境保护等方面的国家重大需求，瞄准微生物学科的发展前沿，以微生物资源、微生物生物技术、病原微生物与免疫为主要研究领域，努力创建从微生物资源挖掘、功能改造和利用、生物技术创新到成果转化的自主研发体系，建设一流的国际化微生物学研究中心和微生物产业开发基地，为国民经济和社会可持续发展提供知识、技术和人才。

微生物所设有微生物资源前期开发国家重点实验室、植物基因组学国家重点实验室（与中国科学院遗传与发育生物学研究所共建）、中国科学院真菌地衣系统学重点实验室、中国科学院病原微生物与免疫学重点实验室和工业微生物与生物技术实验室，拥有亚洲最大的含48万号标本的菌物标本馆和国内最大的含3.7万多株菌种的微生物菌种保藏中心，建有微生物菌种与细胞保藏中心、微生物资源信息管理平台、大型仪器中心和生物安全三级实验室等技术支撑平台，拥有一个藏书（刊）5万余册的专业性图书馆。

2009年，微生物所以科学发展观为指导，全面部署实施综合配套改革试点工作方案，努力打造微生物资源中心、科学研究中心和技术转移转化中心高效联动的转化链式科研活动组织架构，推动从基础研究、应用研究到技术转化、产业形成的完整创新价值链的构建。为强化资源优势，促进成果转化，微生物所成立了微生物资源中心（BRC）并积极筹建了技术转移转化中心。同时，在5个研究室的基础上，成立了4个研究中心，部署了一批新的学科生长点。

截至2009年底，微生物所共有在职职工341人。其中科技人员192人、科技支撑人员54人，包括中国科学院院士6人，研究员及正高级工程技术人员51人、副研究员及高级工程技术人员34人，中国科学院“百人计划”入选者16人、国家杰出青年科学基金获得者11人。全所进入创新岗位217人。

微生物所是国务院学位委员会批准的首批博士、硕士学位授予单位之一，现有微生物学、遗传学、生物化学与分子生物学3个专业二级学科博士研究生、硕士研究生培养点，并设有3个专业二级学科博士后流动站，共有在学研究生369人（硕士生145人，博士生224人），在站博士后32人。

2009年，微生物所共有在研项目367项（包括2009年新增项目107项）。其中国家重点基础研究发展计划（973）项目或课题33项，中国高技术研究发展计划（863）项目或课题34项，国家科技支撑计划项目9项；国家自然科学基金重大项目2项、重点项目5项（新增1项），国家杰出青年科学基金项目4项（新增2项）；中国科学院知识创新工程重大项目3项、重要方向项目42项（新增7项），院地合作项目38项（新增22项），国际合作项目10项（新增3项）。

微生物所在极端微生物研究与利用、抗生素生物合成调控、真菌生存策略导向的活性物质研究、热稳定碱性蛋白酶定向改造、流感病毒与宿主互作等课题研究方面取得了重大进展。由微生物所主持的“973”项目“极端微生物及其功能利用的基础研究”顺利通过科学技术部验收。该项目实施5年来，建立了我国首个极端微生物物种和基因资源库，通过揭示极端微生物对环境全局性响应机制，建立了深层次开发极端微生物资源的思路、策略和技术体系。从嗜盐古菌资源的获得到其生产PHA专利技术的成功转让，验证了极端微生物资源，尤其是极端古菌资源利用的可行性。更重要的是，项目的实施在微生物所凝聚了一支具有国际竞争力的科研团队，多位研究骨干担任了国际专业刊物的编辑。该团队在2006年和2009年两次组织举办极端微生物国际大会，提高了我国在该研究领域的国际影响力。

2009年，微生物所在SCI收录杂志上发表和已被接受的论文共计182篇，篇均影响因子为2.77。根据2008年JCR各领域杂志排名表，属于本领域前30% SCI刊物（TOP30%为各领域包括综述型杂志在内的所有杂志的前30%）的论文为77篇。全年度获12项专利授权，新申请专利32项，其中包括PCT专利1项。

2009年，微生物所与山东瀚霖生物技术有限公司合作的长链二元酸产业化一期工程正式投产，生产规模为1万t/a，预计年利润为1.3亿元。此项目总体规划为生成能力6万t/a，总投资30亿元，计划5年内分三期建设完成。二期工程于2009年9月底开工建设，建设规模为2万t/a，投资10亿元。微生物所与山东莱阳签署了联合共建中国科学院微生物所莱阳生物产业基地的协议，并以此为切入点，大力发展国内外领先的生物化工、生物制药等高技术项目；与唐山市科技局签署协议，成立了微生物事业部，主要以酶制剂以及功能性酵母开发为切入点，开展与唐山市企业的合作。研究所与全国各地多家大中型企业签署技术合同22项。

2009年，微生物所获得7项国际人才引进与交流计划项目，与5个国家签署了7项合作谅解备忘录；举办了第十届国际嗜热微生物大会，协办了第十五届国际放线菌生物学大会、中国菌物基因组研究国际研讨会等高级别国际会议；新增3项国际合作项目，其中与全球结核病药物研发联盟（TB Alliance）开展“结核病新药发现计划”项目，获25.6万美元资助。微生物所全年接待国际来访420人次，有11人在21个国际组织或国际专业期刊任职。

微生物所的挂靠单位有中国微生物学会、中国菌物学会、中国生物工程学会3个国家级学会，与相关学会共同主持编辑出版的学术刊物有《微生物学报》、《微生物学通报》、《菌物系统》及《生物工程学报》（中英文版）。

（撰稿：刘黎琼　审稿：程　萍）

生物物理研究所

所　　长：徐　涛
地　　址：北京市朝阳区大屯路15号
邮政编码：100101
电　　话：010－64889872
传　　真：010－64871293
电子信箱：office@ibp.ac.cn
网　　址：http://www.ibp.ac.cn

中国科学院生物物理研究所（以下简称生物物理所）创建于1958年，其前身是1957年建立的北京实验生物学研究所，著名生物学家贝时璋院士任第一任所长。

生物物理所是国家生命科学基础研究所，主要研究方向集中在蛋白质科学和脑与认知科学两大领域。蛋白质科学研究领域主要包括蛋白质三维结构与功能、生物膜和膜蛋白、蛋白质翻译与折叠、蛋白质相互作用网络、感染与免疫的分子基础、感知觉的分子基础、蛋白质与多肽药物、蛋白质研究新技术新方法8个重点研究方向；脑与认知科学研究领域主要包括复杂认知过程及其脑机制、视知觉和注意的基本表达、感知觉信息加工的脑机制、脑与认知功能障碍4个重点研究方向。

生物物理所设有生物大分子国家重点实验室、脑与认知科学国家重点实验室、中国科学院感染与免疫重点实验室，以及中日结构病毒学与免疫学实验室、中澳表型组学联合中心、中美人脑直接成像中心等联合研究机构。此外，还有2006年12月开始筹建的蛋白质科学国家实验室。

2009年，中国科学院蛋白质与多肽药物研发分中心正式启动建设。中国科学院蛋白质研究平台二期建设稳步推进，价值9783万元的31台套大型仪器设备已完成安装调试，整体运行良好；建筑面积1.5万m^2、总投资6300万元的中国科学院蛋白质科学中心大楼于2009年12月正式投入使用。科研平台建设累计投入达3.7亿元，初步建成了具有国际先进水平的蛋白质研究设施，并成为北京生科院生命科学仪器创新中心和北京生命科学大型仪器区域中心的建设依托单位。生物物理所拥有1100m^2的图书馆，馆藏图书28000余册、期刊合订本33000余册；数据库11个，可访问2500余种外文电子期刊。

截至2009年底，生物物理所在职职工419人，流动人员610人（含研究生、博士后），离退休469人。在职职工中共有科研人员235人、科技支撑人员49人，包括中国科学院院士10人，正高级专业技术人员72人、副高级专业技术人员69人，国家“海外高层次人才引进计划”（“千人计划”）入选者4人、中国科学院“百人计划”入选者35人、国家杰出青年科学基金获得者12人，项目聘用人员87人。全所进入创新岗位221人。

生物物理所是国务院学位委员会批准的首批

博士、硕士学位授予单位之一，现拥有1个一级学科硕士、博士研究生培养点，并设有6个二级学科博士后流动站。2009年共有在学研究生490人，其中博士生245人、硕士生245人，在站博士后37人。

2009年，生物物理所共有在研项目247项（包括2009年新增项目），其中国家重点基础研究发展计划（973）项目（课题）42项，中国高技术研究发展计划（863）课题10项；国家自然科学基金重大项目3项、重大专项7项，重点项目16项、国家杰出青年科学基金项目6项；中国科学院知识创新工程重大项目3项、重要方向项目65项，院地合作项目47项，国际合作项目6项。2009年新增项目72项，其中，“973”项目（课题）5项；国家自然科学基金重点项目1项，重大项目2项，面上项目14项，青年科学基金11项，国家杰出青年科学基金项目2项；中国科学院知识创新工程重要方向项目20项，院地合作项目11项，国际合作项目5项。

2009年，生物物理所以第一通讯作者单位在《自然》及其系列杂志上发表论文2篇；在疾病相关重要蛋白质功能与结构研究、脑与认知等领域取得一系列重要成果，共发表论文221篇，其中SCI收录论文207篇，位列本领域前30% SCI刊物发表的论文127篇，占发表论文总数的57.47%；申请专利15项，其中发明专利12项，国际发明3项，授权发明专利12项。

2009年度，重大科研进展有：①2009年2月5日，*Nature* 再次在线发表了在禽流感病毒RNA聚合酶研究上取得的合作研究成果——Crystal structure of an avian influenza polymerase PAN reveals an endonuclease active site。②2009年9月6日，*Nature Neuroscience* 发表了 Change detection by thalamic reticular neurons。*Nature China* 点评认为，该研究在解答偏离偏好机理方面获得了重要进展，也为未来进一步研究TRN神经元提供了重要信息。③2009年6月，*Genes & Development* 发表了在人源“LanCL1（lanthionine synthetase C-like protein-1）”蛋白研究上的最新研究成果——Structure of Human Lanthionine Synthetase C-like Protein 1 and Its Interaction with Eps8 and Glutathione。该结果不仅为深入研究人源LanCL1的功能指明了研究方向，而且为研究影响神经细胞分化的信号传导通路开启了新的研究领域。

2009年度，生物物理所与地方合作进展良好，合同经费到款431.45万元；3家参股公司——中生北控生物科技股份有限公司、北京百奥药业有限责任公司、北京百川飞虹生物科技有限公司经营良好，累计销售收入达19030.38万元，净利润2742万元，上缴利税3266.52万元。参股公司自主创新能力稳步提升。例如中生北控公司的产品——高密度脂蛋白胆固醇的定量测定试剂及试剂盒荣获国家发明专利，丙氨酸氨基转移酶试剂盒等25项体外诊断试剂顺利通过北京市科委自主创新产品认定，免疫诊断产品体系通过国家药监局考核；百奥药业公司作为中关村科技园区重点扶植的生物医药企业与国家发展和改革委员“蚓激酶系列产品及蚯蚓产业化示范工程”产业化示范基地，在研产品“注射用前列地尔胶束”因创新性和先进性获北京市科学技术委员会“科技计划重大项目”资助，并列入“北京市高成长企业自主创新科技专项”；百川飞虹公司2009年承担“863”重点项目，朝阳区科技项目、国家支撑计划重点项目各1项、卫生部重大新药创制两项。

2009年，生物物理所先后举办了第十次全国暨首次国际膜生物学研讨会、亚洲晶体学会－中国晶体学会联合大会、中－澳神经科学与认知研讨会等高层次国际学术会议；承办了由中国科学院（CAS）与第三世界科学院（TWAS）联合举办的发展中国家蛋白质前沿技术与方法培训班和由商务部主办的发展中国家生物医药高新技术培训班等大型援外科技交流活动。

作为中国生物物理学会挂靠单位，研究所负责出版《生物物理学报》和《生物化学与生物物理进展》两种学术刊物，其中《生物化学与生物物理进展》是SCIE收录期刊。

（撰稿：翟　涛　审稿：陈长杰）

遗传与发育生物学研究所

所　　长：薛勇彪
地　　址：北京市朝阳区北辰西路1号院2号
邮政编码：100101
电　　话：010－64856610
传　　真：010－64889338
电子信箱：office@genetics.ac.cn
网　　址：http://www.genetics.ac.cn

中国科学院遗传与发育生物学研究所（以下简称遗传发育所）于2001—2003年由原中国科学院遗传研究所（成立于1959年）、中国科学院发育生物学研究所（成立于1980年）和中国科学院石家庄农业现代化研究所（成立于1978年）整合而成。

遗传发育所瞄准农业可持续发展和人口健康的国家重大战略需求，针对重要农艺性状分子机理、细胞分化与器官发育、生物分子网络、动植物品种设计以及农业资源高效利用等领域的关键科学问题，开展原始创新和集成创新研究，提出和发展具有重大影响的科学理论和概念；建立和完善动植物品种分子设计和培育的方法、重要遗传疾病研发以及农业资源高效利用的技术体系。

遗传发育所下设5个研究中心：基因组生物学研究中心、分子农业生物学研究中心、发育生物学研究中心、分子系统生物学研究中心和农业资源研究中心；拥有现代温室、实验动物中心以及河北栾城农田生态系统国家野外观测试验站等网络台站支撑系统；拥有植物基因组学国家重点实验室、植物细胞与染色体工程国家重点实验室、中国科学院分子发育生物学重点实验室、中国科学院农业水资源重点实验室、河北省节水农业重点实验室和计算生物学所级开放重点实验室，是国家植物基因研究中心（北京）的依托单位。

截至2009年底，全所共有在职职工566人。其中，专业技术人员460人，包括中国科学院院士2人，研究员62人，国家杰出青年科学基金获得者26人、中国科学院“百人计划”获得者和引进国外杰出青年人才41人；国家自然科学基金委员会“创新研究群体”3个，中国科学院“创新团队国际合作伙伴计划”团队2个，创新研究组61个。

遗传发育所设有遗传学、发育生物学、细胞生物学、生态学和生物信息学专业硕士、博士学位培养点及博士后流动站。现有博士生导师61人，在读研究生536人（博士生409人），在站博士后42人。

遗传发育所根据长远发展目标和学科发展需求，部署人才引进工作。2009年，1人获国家杰出青年基金，1人获“百人计划”终期评估优秀，1人获“百人计划”择优支持，“百人计划”全职到位工作5人。

2009年，遗传发育所共有在研项目474项（包括2009年新增项目数）。其中，国家重点基础研究发展计划（973）项目（课题）21项，中国高技术研究发展计划（863）项目（课题）29项；国家自然科学基金重大项目2项、重点项目11项，国家杰出青年科学基金项目9项，“创新研究群体”2项，重大研究计划11项；中国科学院知识创新工程重大项目1项、重要方向项目26项，国际合作项目3项；与地方政府合作项目6项。

2009年，遗传发育所新增项目（课题）50项，其中国家重大专项“转基因生物新品种培育”课题17项；国家自然科学基金重点项目6项，国家杰出青年科学基金1项，创新研究群体项目1项，国际合作重大项目1项；中国科学院知识创新工程项目5项。新增合同经费总额8600万元。

2009年，遗传发育所共发表SCI论文198篇，其中*Nature*、*Science*及其系列杂志论文3篇，以第一或通讯作者发表影响因子10以上的论文11篇，影响因子5以上15篇；申请专利27项，专利授权21项；审定（认定）水稻、小麦、棉花等新品种11个；获国家科技进步奖二等奖1项，省部级科技奖4项。

2009年，遗传发育所成功主办了中日模式动物发育与疾病双边研讨会，并与英国利兹大学、日本理化研究院举办了双边学术研讨会；选派10名研究生代表赴日本参加2009年第三届日本奈良先端科学技术大学全球COE学生国际交流会；与瑞士先正达公司的合作进展顺利，双方已启动了20个特性基因的产业化应用研究；10月，在第三世界科学院（TWAS）第二十届院士大会暨该院第十一次学术大会上，遗传发育所李振声院士获得了本年度的TWAS讲演奖。

为了实现科研为国家服务的战略目标，推动科技与经济的有机结合，遗传发育所加入了北京中关村农业生物技术产业技术创新战略联盟；与安徽农业大学签署科技合作框架协议，在科研项目、研究基地、人才培养、学术交流等方面开展广泛合作，积极筹划联合在安徽省建立小麦新品种的示范推广基地。

遗传发育所是中国遗传学会的挂靠单位，负责编辑出版 *Journal of Genetics and Genomics*、《遗传》和《中国生态农业学报》。

（撰稿：亓　磊　审稿：杨维才）

北京基因组研究所

所　　长：吴仲义
地　　址：北京市朝阳区北土城西路7号
邮政编码：100029
电　　话：010－82995400
传　　真：010－82995401
电子信箱：office@big.ac.cn
网　　址：http://www.big.cas.cn

中国科学院北京基因组研究所（以下简称基因组所）于2003年11月28日正式成立，是中国科学院生命科学基础研究所。研究所秉承"利用高通量测序技术解决重大科学问题"的科研方向和学术思想，以加强基因组学前沿研究，引领国际、国内基因组学研究潮流为发展目标，为成长为一个世界著名的研究机构并作为国际基因组学的领导者而努力进取。

基因组所设有中国科学院基因组科学及信息重点实验室、中科院北京基因组研究所－浪潮基因组科学联合实验室、所级基因组和生物信息平台等研究机构。2009年，研究所对基因组和生物信息平台进行了重点建设，该平台的主要装备包括13台新一代高通量测序仪（Solid、Solexa及454测序仪）、3台3730xl测序仪等，全年平均开机率达到70%以上，运转情况良好，形成了以第二代高通量测序系统为主导的基因测序平台。

截至2009年底，基因组所共有在职职工219人。其中科研人员95人、科技支撑人员92人，包括研究员及正高级工程技术人员19人、副研究员及高级工程技术人员18人，国家"千人计划"入选者1人、中国科学院"百人计划"入选者7人。全所进入创新岗位119人。

基因组所现有遗传学、生物化学与分子生物学、生物信息学和基因组学4个专业二级学科硕士、博士研究生培养点，共有在学研究生188人（硕士生80人、博士生108人）。2009年9月基因组所获得生物学专业一级学科博士后流动站资格，目前正在招聘博士后人员。

2009年，基因组所共有在研项目145项（包括2009年新增项目70项）。其中，主持中国家重点基础研究发展计划（973）项目2项（新增1项）、承担或参加课题14项（新增4项），参加中国高技术研究发展计划（863）课题4项，承担药物研发专项课题1项（新增）；承担农业部转基因专项课题1项（新增）、参加1项（新增），参加传染病专项课题5项（新增2项）；承担国家自然科学基金重大项目1项、重点项目1项、主任基金1项（新增）、面上项目33项（新增11项），国家自然科学基金重大研究计划重点项目1项（新增）；承担中国科学院知识创新工程重大项目课题1项（新增）、重要方向项目5项（新增2项），重大仪器研制项目1项，"十二五"预研项目1项（主持）、课题1项（新增），院长基金项目1项（新增）；院地合作项目60余项（新增41项）；国际合作项目3项；与地方政府合作项目3项。

科研工作取得重要进展。于军研究员主持的科学技术部重大科学研究计划项目"以细胞为单元的人类基因转录组与蛋白质组的关联性研究”的部分工作分别发表在 *PLoS ONE*、*Cell Research*、*Cancer Research*、*BMC genomics* 等学术期刊上。基因组所研制的“甲型 H1N1 流感病毒核酸检测试剂盒（RT-PCR-荧光探针法）”通过国务院联防联控工作机制科技专家组的考核，从全国报名的 68 种核酸检测产品中脱颖而出，成为测评通过并获推荐的 8 种产品之一，在国内外重要学术刊物上发表论文 62 篇。

开展国际合作，促进学术交流。分别与沙特阿拉伯、加拿大、美国等国家联合开展了椰枣基因组研究、关联分析法定位急性心肌梗塞的致病风险因子研究、藏族高血氧饱和度的遗传机制研究等。邀请 7 位相关领域的国外知名专家学者来所进行短期交流活动。作为主办单位联合中国遗传学会举办了 2009 年国际基因组学大会。

加强横向联合，促进成果转化。截至 2009 年底，基因组所已与国内近 50 家研究单位建立了合作关系，合作研究领域包括微生物、病毒、高等生物全基因组及蛋白质组研究等，利用 EST 或 SAGE 技术对多个物种进行基因表达、转录组研究，并对一些人类疾病相关基因的遗传连锁进行分析等；与地方政府和企业签订横向课题 40 项；与浪潮集团有限公司高效能服务器与存储技术国家重点实验室联合成立了中科院基因组所－浪潮基因组科学联合实验室，主要进行基因组学新技术的开发、硬件设备研发、软件开发，以及基因组科学、个体化医学相关领域的基础科学研究和应用科学研究。

基因组所主办的英文版科技期刊《基因组蛋白质组与生物信息学报》（*Genomics, Proteomics & Bioinformatics*, *GPB*）由科学出版社与国际著名出版集团 Elsevier 合作出版发行，是中国科学引文数据库（CSCD）核心期刊，被美国化学文摘（*CA*）、医学索引（*PubMed/MEDLINE*）、ISI Master Journal List、Elsevier 书刊目录库（包括荷兰《医学文摘》）、俄罗斯文摘杂志、中国学术期刊文摘、中国期刊全文数据库、万方期刊数据库、维普期刊数据库等国内外检索系统收录。2009 年，该刊被国际检索系统《哥白尼索引》收录。

（撰稿：潘立颖　审稿：杨卫平）

计算技术研究所

所　　长： 李国杰
地　　址： 北京市海淀区中关村科学院南路 6 号
邮政编码： 100190
电　　话： 010－62601166
传　　真： 010－62562786
电子信箱： office@ict.ac.cn
网　　址： http://www.ict.ac.cn

中国科学院计算技术研究所（以下简称计算所）创建于 1956 年，是中国第一个专门从事计算机科学技术综合性研究的学术机构，是中国科学院知识创新工程首批试点单位和创新三期研究所综合配套改革首批 7 个试点所之一，目前已发展成为由本部核心和建在上海、苏州、宁波、东莞、肇庆、台州、秦皇岛等地的若干个分部组成的网络型研究所。

计算所的主要学科方向为计算机系统结构、网络科学与技术、智能信息处理、普适计算，主要发展目标是在计算机科学的基础理论研究和应用基础研究方面达到世界一流水平。

2009 年，计算所在认真执行中国科学院知识创新工程三期规划方案和面向 2020 年的战略规划的基础上，继续召开每年春秋两季的战略规划会和战略研讨会，在科研方向上坚持做明确目标的应用基础研究和共性关键技术（核心技术）研究。

计算所本部分 3 个研究部，其中包括 4 个重点实验室、7 个工程技术中心。3 个研究部包括计算机系统研究部、网络科学与技术研究部和智能信息处理研究部；4 个重点实验室包括系统结构重点实验室、网络重点实验室、智能信息重点实验室以及前瞻研究实验室；7 个工程技术中心包括：高性能计算机研究中心、微处理器研究中心、网络技术研究中心、信息安全研究中心、普适计算研究中心、集成应用中心、先进无线技术中心。计算机系统研究部主要从事与计算机系统相关的研究，如计算机体系结构、微处理器设计、网络存储、编译和空间信息处理等；网络科学与技术研究部主要研究网络科学的基础理论体系、新一代网络通信/互联标准与关键技术、网络体系结构与系统软件平台、惠及大众的低成本网络服务软件以及网络与信息安全关键技术与系统；智能信息处理研究部主要从事智能信息处理相关的基础理论研究和技术前沿的探索性、创新性研究。重点实验室主要从事基础性、前瞻性和交叉学科的研究。此外，计算所还有中国科学院计算机系统结构重点实验室、中国科学院智能信息处理重点实验室2个院级重点实验室，信息内容安全技术国家工程实验室和国家高性能计算机工程技术研究中心、国家并行计算机工程技术研究中心2个国家工程中心。

截至2009年底，计算所拥有在职职工702人，流动人员80人（博士后与客座访问学者），离退休人员945人。在职人员中，共有科研人员453人、科技支撑人员128人，包括中国科学院院士1人、中国工程院院士2人，正高级专业技术人员共55人（研究员44人）、副高级专业技术人员193人（副研究员98人），中国科学院“百人计划”入选者11人、国家杰出青年科学基金获得者3人。国内外合作学者中，包括中国科学院“爱因斯坦”讲席教授1人、中国科学院创新团队1个（5名国外知名专家）、中国科学院特聘研究员3人、客座研究员/客座副研究员110人。全所进创新岗位277人。

计算所是国务院学位委员会批准的首批博士、硕士学位授予单位之一，现设有计算机科学与技术一级学科专业博士、硕士培养点及博士后流动站。2009年共有在学研究生1044人，其中博士生450人、硕士生594人；有在站博士后61人。

2009年，计算所共有在研项目369项。其中新立项目164项，包括中国高技术研究发展计划（863）项目11项，国家科技支撑计划项目3项，国际合作项目1项；国家自然科学基金创新研究群体项目1项、国家杰出青年科学基金项目1项、重点项目1项、联合基金1项、面上和青年基金25项；北京市创意文化产业项目1项；中国科学院知识创新工程重要方向性项目3项、对外合作重点项目1项。另外还有院地合作等其他项目。

2009年，计算所共取得科技成果31项。其中，“863”计划重大成果“曙光5000A”系统峰值运算速度达到233.5万亿次，Linpack值为180.6万亿次，在2008年11月发布的第32届TOP500排行榜上位列第10，是当时除美国以外世界上最快的高性能计算机，受到鉴定委员会的高度评价。依托计算所承担的国家“863”重大项目课题“曙光6000千万亿次高效能计算机系统研制”，全面符合《国家中长期科学和技术发展纲要》的要求，将通过产学研用的共同努力，使我国高性能计算机系统研发技术与普及应用推广到国际一流水平，引导“中国制造”向“中国创造”发展。全年共发表学术论文562篇，其中期刊论文178篇，会议报告384篇；SCI收录49篇，EI收录89篇（不含已经被SCI收录的）；申请专利142项，授权专利152项。

2009年，计算所实现横向开发项目4821.75万元，通过分部转移成功项目收入1833.43万元，现有11家控股、参股公司，8个分部，从事科技开发工作的人员731名，实现销售收入67035.23万元、利税5763.5万元。高性能计算机、龙芯技术、网络安全、企业信息化平台、凤芯、AVS、网格、网络计算机、云计算等技术项目成功孵化，尤其高性能计算机曙光系列服务器、龙芯产品正逐渐形成规模产业化，大龙芯公司已落户北京。目前已经在长江三角洲、珠江三角洲、环渤海地区建立苏州、上海、肇庆、宁波、东莞、台州、秦皇岛、顺德共8个分部，得到地方政府以股本金以及项目资金支持总额近3亿元。计算所的近百项技术通过分部辐射到当地中小企业，对当地企业核心竞争力的增强和产品利润的提升起了关键作用，带动当地超过100亿元的经济和社会效益。

2009年有3位外籍教授依托计算所被聘请为“中国科学院外国专家特聘研究员”，分别是Branka Vucetic、Paolo Ienne Lopez和Olivier Temam教授。无线通讯领域国际知名专家Branka Vucetic依托计算所，成为2009年第一批入选“中科院外国专家特聘研究员资助计划”的教授。计算所还举办了第五届语义、知识与网格国际会议和 Hadoop 2009 技术沙龙。

中国计算机学会挂靠在计算所；计算所承办的科技期刊有 *Journal of Computer Science and Technology*、《计算机学报》、《计算机研究与发展》、《计算机辅助设计与图形学学报》。

（撰稿：郭红松　审稿：孙凝晖）

软件研究所

所　　长：李明树

地　　址：北京市海淀区中关村南四街 4 号

邮政编码：100190

电　　话：010－62661012

传　　真：010－62562533

电子信箱：office@iscas.ac.cn

网　　址：http://www.is.cas.cn

中国科学院软件研究所（以下简称软件所）成立于 1985 年，其前身是中国科学院计算技术研究所的软件研究室。1995 年原计算中心计算机应用部分并入软件所；2003 年 1 月，中国科学院软件园区综合管理服务中心整建制划归软件所管理。1999 年，软件所成为首批中国科学院知识创新工程试点单位之一。

软件所是致力于计算机科学理论与软件高新技术研究与发展的综合性基地型研究所。按照中国科学院知识创新工程对基地型研究所提出的进行基础性、战略性、前瞻性科研工作的要求，软件所在原有研究方向的基础上组织优势力量凝练如下学科方向：计算机科学与软件理论，基础软件技术与系统，信息安全理论、关键技术及应用，互联网信息处理的理论、方法与技术，综合信息系统技术及应用。

按照软件基础前沿研究、战略高技术研究和国防战略高技术研究三大创新科研体系，软件所形成了以国家级研究机构为核心的"32"科技创新基地，即软件基础研究部、软件高技术研究部和软件应用研究部 3 个研究部，每个研究部重点建设 2 个国家级研究机构，设立若干中心（实验室）和研究小组，包括计算机科学国家重点实验室、信息安全国家重点实验室、基础软件国家工程研究中心、信息安全共性技术国家工程研究中心、综合信息系统技术国家级重点实验室、卫星导航应用国家工程研究中心分中心、软件工程技术研究开发中心、人机交互技术与智能信息处理实验室、互联网软件技术实验室、并行软件与计算科学实验室等创新基地研究部门以及无线自组织网络和中文信息处理等研究小组；设立总体部，使之成为顶层设计和横向联合的中枢机构；成立软件发展研究部，部署在创新基地外重点开展院地合作、国际合作、促进成果转化等工作；结合区域经济与社会发展需求以及研究所总体布局和战略需求，成立无锡分部、重庆分部和哈尔滨分部。

截至 2009 年底，软件所共有在职职工 575 人。其中科技人员 404 人、科技支撑人员 58 人，包括中国科学院院士 3 人，正高级专业技术人员 54 人、副高级专业技术人员 85 人，中国科学院"百人计划"入选者 7 人、国家杰出青年科学基金获得者 3 人。全所进入创新岗位 264 人。

软件所设有计算机科学与技术专业一级学科博士、硕士培养点，并建有计算机科学与技术专业博士后科研工作流动站。2009 年 9 月，获准招收培养全日制专业硕士学位研究生。2009 年共有在学博士研究生 179 人、硕士研究生 317 人，在站博士后 9 人。

2009 年，软件所共有在研课题 248 项（包括新争取项目 65 项），其中，国家重点基础研究发展计划（973）课题 5 项，高技术研究发展计划（863）课题 27 项，国家科技支撑计划课题 2 项，高技术产业化项目 3 项；国家自然科学基金重点项目 5 项、面上项目 45 项、创新研究群体项目 1 项；中国科学院知识创新工程重要方向项目 3 项，国际合作项目 5 项，与地方政府和企业合作项目 22 项。

截至 2009 年底，软件所以第一完成单位获院、部级以上成果奖 28 项；申请发明专利 43 项、实用新型 3 项、PCT 专利 1 项、美国专利 1 项，获得授权的发明专利 21 项、实用新型专利 3 项；软件著作权申请 73 项，登记 47 项；发表高水平论文 234 篇；成果登记 9 项。

2009 年，软件所新增院地合作合同 117 项，其中技术合同90项，与企业签署合作意向协议21项，与地方签署共建协议2项，与大学、企业和其他科研机构合作申请国家及地方科技计划项目53项。院地合作项目的直接课题收入760万元。

软件所整合社会资源组建了中科软科技股份有限公司、北京中科红旗软件技术有限公司、中科方德软件有限公司、中科正阳信息安全技术有限公司等10家高技术企业。2009年所投资企业营业收入105446.21万元，利税8761.44万元，从业人数3923人。

2009年，软件所继续促进国际交流与合作。全年出访185人次，来访210人次；组织了2009年国际服务科学会议、国际软件过程大会和第11届信息与通讯安全国际会议3个国际会议；与英国波恩茅斯大学签署了合作意向备忘录；软件所信息安全国家重点实验室与沙特国王大学王子穆克瑞主席安全实验室签署了合作协议。

软件所是中国中文信息学会、中国软件行业协会数学软件分会、中国密码学会密码技术专业委员会的挂靠单位；主办《软件学报》、*International Journal of Software and Informatics*、《中文信息学报》和《计算机系统应用》；图书馆藏书2万余册，期刊300余种、3万余册。

（撰稿：韩鸿泉　审稿：李明树）

半导体研究所

所　　长：李晋闽
地　　址：北京市海淀区清华东路甲35号（林业大学北路中段）
邮政编码：100083
电　　话：010－82304210
传　　真：010－82305052
电子信箱：semi@semi.ac.cn
网　　址：http://www.semi.ac.cn

中国科学院半导体研究所（以下简称半导体所）是1956年按照国家“12年科学发展远景规划”中“四项紧急措施”开始筹建的，直接服务于当时的国家重大目标，是集半导体物理、材料、器件研究及其系统集成应用于一体的国家级半导体科学技术综合性研究所，正式成立于1960年。

半导体所主要研究领域包括：光电子及其集成技术，体、薄膜、微结构半导体材料科学技术，低维量子体系和量子工程、量子器件的基础研究，半导体人工神经网络和特种微电子技术等；设有2个国家级研究中心，即国家光电子工艺中心、光电子器件国家工程研究中心；3个国家重点实验室，即半导体超晶格国家重点实验室、集成光电子学国家重点联合实验室、表面物理国家重点实验室（半导体所区）；1个国际研发基地，即半导体照明国际研发基地；2个院级实验室（中心），即中科院半导体材料科学重点实验室、中科院半导体照明研发中心。另外还有半导体集成技术工程研究中心、光电子研究发展中心、半导体材料科学中心、半导体人工神经网络实验室、纳米光电子实验室、高性能集成电路实验室、光电系统实验室、全固态光源实验室和半导体能源研究发展中心等。全所现有科研固定资产5.93亿元，拥有全套先进的半导体物理、材料、器件及电路研究、分析测试和制备设备。

截至2009年底，半导体所共有在职职工582人。其中科技人员353人、科技支撑人员98人，包括中国科学院院士7人、中国工程院院士2人，研究员及正高级工程技术人员78人、副研究员及高级工程技术人员94人，中国科学院“百人计划”入选者17人、国家杰出青年科学基金获得者15人。全所进入创新岗位315人。

半导体所是国务院学位委员会批准的首批博士、硕士学位授予单位之一，现有凝聚态物理、材料物理与化学、微电子学与固体电子学、物理电子学4个学科博士研究生培养点；凝聚态物理、材料物理与化学、微电子学与固体电子学、物理电子学、电路与系统5个学科硕士研究生培养点；材料工程、电子与通信工程、集成电路工程3个工程专业硕士学位培养点；设有物理学、电子科学与技术、材料科学与工程3个一级学科博士后流动站。共有在学研究生532人（硕士生256人、博士生276人）、在站博士后28人。

2009年，半导体所共有在研项目278项（包括新争取项目79项）。其中，国家重点基础研究发展计划（973）项目17项（主持4项），中国高技术研究发展计划（863）项目43项（重大项目课题5项、重点项目课题2项）；国家自然科学基金111项（基金重大、重点22项，面上项目46项、青年科学基金项目27项、国家杰出青年科学基金项目6项、创新研究群体项目1项、其他基金9项）；中国科学院知识创新工程重要方向性项目13项，中国科学院仪器装备项目10项，“百人计划”项目4项，国际合作项目17项（2009年新立项11项），院地合作项目3项；其他项目60项。

2009年，半导体所取得了丰硕的科研成果。在“863”项目“半导体照明工程”项目支持下，大功率白光LED的发光效率超过90lm/W，突破垂直结构LED关键工艺技术，光通量达到90lm以上，为目前国内研发的最好水平；在国内第一次成功制备了波长在300nm以下的深紫外发光二级管器件，输出功率突破1mW@20mA；自主研发的图形衬底制备LED发光效率提高一倍，并进行了批量生产验证，器件整体性能处于国内高端水平。在设备制造领域，攻克了LED产业核心重大装备MOCVD的设计和制造的关键技术，自主研制出国内首台7片2英寸GaN MOCVD工程化样机，并用该设备成功生长了LED外延材料，制造的蓝光LED在20mA电流下发光功率大于8mW，为国产设备获得的最好指标。在新一代宽禁带氮化镓（GaN）基微波功率器件材料研发方面，研制出性能为国内领先和国际先进水平、部分指标为国际领先水平的GaN功率MMIC用外延材料，完成了所承担国家核心电子器件项目的初样研究任务，提供给用户单位满足合同指标的外延材料50余片进行器件和电路研制，促进了我国“核高基重大专项”的顺利实施。在项目“工业化高功率全固态激光器及成套焊接装备”的支持下，研制出国产化高可靠、机电一体化的工业级3~5kW、400μm光纤耦合系列全固态激光器，与企业联合开发出高功率全固态激光焊接机器人装备，实现了5mm厚的不锈钢、低碳钢板的拼焊和搭接焊，效果与进口装备相当，这是迄今为止我国首次研制成功的满足工业需求的光纤耦合高功率全固态激光器及激光焊接装备。“973”课题“微纳结构中的量子调制方案和器件效应研究”在激发态电子自旋相干过程和微波对电子自旋相干过程的影响的实验研究在国内处于领先地位。

2009年，半导体所研究成果“半导体低维结构光学与输运特性”荣获国家自然科学奖二等奖一项。全年共申请专利167项，专利授权109项，专利许可2项；发表SCI收录文章301篇，EI收录文章300篇，ISTP62篇。与嘉兴市嘉善县人民政府和杭州市萧山区人民政府分别签署框架协议，与苏州市吴中区人民政府签署战略合作框架协议。被列为首都科技条件平台“中科院研发实验服务基地”单位之一。

2009年，半导体所有146人次出国参加国际学术会议、合作研究和访问考察等，有168人次的外籍专家学者来所访问考察、开展学术交流和洽谈合作，共邀请22位国际知名专家学者在黄昆半导体科学技术论坛上作有关半导体科技进展的报告；举办了第5届中德光电子、微电子器件与电路联合研讨会和第2届中日氮化镓基材料与器件联合研讨会；与国外知名研究机构和大学签署了7项合作协议；申请到科学技术部、国家自然科学基金委员会、外国专家局和中国科学院的国际合作项目11项，其中包括国家自然科学基金委员会重大国际合作项目1项（中美合作）、中国科学院“外籍专家特聘研究员计划”2项；同日本名古屋工业大学和美国桑地亚国家实验室的合作得到了进一步的深化；与加拿大国家研究理事会微结构科学研究所开展了实质性的科技合作并签署了合作协议，该协议是两院协议下的第一份所级协议。

半导体所是中国电子学会半导体与集成技术分会、中国物理学会半导体物理专业委员会挂靠单位；主办的刊物《半导体学报》，2009年被授予“中国科协示范精品科技期刊”名称；图书馆藏书8万余册（其中中文3万册，外文5万册），期刊1208种（其中中文751种，外文457种），可使用的网络数据库达157个，电子期刊超过15000种。

（撰稿：慕　东　审稿：李晋闽）

微电子研究所

所　　长： 叶甜春
地　　址： 北京市朝阳区北土城西路3号
邮政编码： 100029
电　　话： 010-82995501
传　　真： 010-62021601
电子信箱： chenrp@ime.ac.cn
网　　址： http://www.ime.cas.cn

中国科学院微电子研究所（以下简称微电子所）的前身是中国科学院109厂。1958年，为满足国家研制“两弹一星”和高频晶体管计算机的战略需求，109厂应运而生；1965年9月成为独立法人单位，由中国科学院直接领导。1986年，109厂与中国科学院半导体研究所、计算技术研究所有关研制大规模集成电路部分合并，更名为中国科学院微电子中心，2003年9月更名为中国科学院微电子研究所。

微电子所重点研究方向是：核心电子器件产品与技术、高端通用芯片产品与技术、面向产业的公共技术创新平台、集成电路核心技术与先导工艺技术和纳电子基础前沿研究。

微电子所设有10个研究室和1个中国科学院重点实验室，即硅器件与集成技术研究室、专用集成电路与系统研究室、微细加工与纳米技术研究室、微波器件与集成电路研究室、通信与多媒体SOC研究室、电子系统总体技术研究室、电子设计平台与共性技术研究室、微电子设备技术研究室、系统封装技术研究室、集成电路先导工艺研发中心和中国科学院微电子器件与集成技术重点实验室。

截至2009年底，微电子所共有在职职工598人，流动人员409人（包括研究生和博士后），离退休人员552人。在职职工中，共有科研人员455人、科技支撑人员104人，其中包括中国科学院院士2人，正高级专业技术人员43人、副高级专业技术人员87人，中国科学院“百人计划”入选者7人、“千人计划”入选者1名、国家杰出青年科学基金获得者2人。流动人员中，共有项目聘用人员395人、客座研究员17人。

微电子所现有电子科学与技术一级学科下设的二级学科微电子学与固体电子学硕士、博士研究生培养点，并设有电子科学与技术一级学科博士后流动站。共有在学研究生324人，其中博士生98人、硕士生172人、联合培养生53人，有在站博士后13人。

2009年，微电子所共有在研项目168项，其中，国家重点基础研究发展计划（973）项目（课题）11项，中国高技术研究发展计划（863）项目（课题）14项、国家重大专项18项；自然科学基金重点项目12项，国家杰出青年科学基金项目2项；中国科学院知识创新工程重要方向项目14项，国际合作项目2项；与地方政府合作项目5项；国家其他项目20项；所长基金项目70项。

2009年，微电子所新增项目62项。其中，国家重大专项18项，“973”项目3项，“863”项目（课题）5项；国家自然科学基金重点项目3项；中国科学院知识创新工程重要方向项目9项，科研装备项目5项；国家其他项目8项；所长基金项目13项。

2009年，微电子所取得主要成果有：①高可靠0.35μm SOI CMOS工艺开发成功。该工艺是国内首个完全具有自主知识产权，唯一可进行实用化产品生产的0.35μm SOI CMOS工艺。②GaAs HBT基超高速数模混合电路芯片。该芯片的研制成功，不仅为国内研制超高速数模混合集成电路积累了成功经验，同时也为我国核心元器件研制和应用打下了坚实基础，并且打破了西方国家对我国高端超高速电路的技术壁垒。③高速并行光互连收发模块。该项目建成后的光模块中试线利用率极高，将成为高速光互连模块及相关产品研发的重要试验基地。④高性能多模卫星导航接收芯片。目前该原型机的TTFF、捕获灵敏度、跟踪灵敏度等多项核心指标达到世界一流水平。⑤无线传感网络核心芯片研制成功。为我国物联网战略的实现提供了技术储备；可制造性设计（DFM）研究成果对中芯国际等代工厂的先进工艺研发具有重要意义。⑥常压等离子体纺织设备研制取得创新成果，是推动等离子技术在纺织印染工业生产领域广泛使用的一大突破性进展。经中国纺织工业协会鉴定，该设备应用于棉布轧染的前处理流程，可节能减排约30%。⑦基于纳米结构高效太阳能电池研究取得突破。该成果拥有完全自主知识产权并已申请国家发明专利；手持电视基带SoC及配套平台。优异的性能以及完善的解决方案使该SoC芯片已经具备规模量产实验的条件。

在2008年工作的基础上，2009年，中国科学院电子设计自动化软件中心（简称EDA中心）顺利为中国科学院计算技术研究所完成了“863”计划重大项目支持的“曙光5000A高效能计算机”互连交换ASIC芯片D5K Switch开发的1053Pin FCBGA封装。该芯片顺利通过测试。由EDA中心参与的“863”目标导向项目“无线传感网节点芯片”完成了节点设计、组网调试和节点的全功能测试，各项功能和芯片功耗等性能指标均达到设计要求，并完成现场大规模组网调试。同时，中国科学院EDA中心通过国家密码管理局审核，获得商用密码产品销售许可证，该资质的获得，使得EDA中心能够向广大用户提供商用密码IP及算法的授权和技术服务，将进一步拓宽EDA中心SoC/IP平台的服务范围。截至2009年底，EDA中心已与众多知名EDA厂商成立多个联合实验室，分别为：与Synopsys公司共建的“先进SoC设计联合实验室”，与Mentor Graphics公司共建的“先进SoC验证联合实验室”，与Mentor Graphics公司共建的“系统设计联合实验室”，与Cadence系统设计公司共建的“射频与混合信号IC设计联合实验室”、“射频与混合信号IC设计联合培训中心”，与Magma公司共建的“纳米技术IC设计联合实验室”，与Agilent公司共建的“微波SoC设计与验证联合实验室”。

2009年，微电子所获专利受理379项，其中发明专利361项，实用新型18项；获专利授权66项，其中发明专利64项，实用新型2项；共发表期刊论文155篇，会议论文51篇，影响因子总数89.79。

截至2009年底，微电子所共有持股企业11家，新增5个高科技公司。职工350人，资产总额10470万元，营业收入3273万元。

2009年，微电子所共接待国外专家来访和学术交流15个团组共40人，派遣出国访问、讲学、交流21个团组共50人次；聘任国外名誉和客座研究员8人。

微电子所是全国半导体设备与材料标准化技术委员会微光刻分技术委员会秘书处、全国纳米技术标准化技术委员会微纳加工技术工作组秘书处、北京电子学会半导体专业技术委员会制版（光掩模制造）分技术委员会秘书处挂靠单位。

（撰稿：王　芳　审稿：杨　旭）

电子学研究所

所　　长：吴一戎
地　　址：北京市海淀区北四环西路19号
邮政编码：100190
电　　话：010－58887003
传　　真：010－58887555
电子信箱：iecas@mail.ie.ac.cn
网　　址：http://www.ie.cas.cn

中国科学院电子学研究所（以下简称电子所）创建于1956年，是我国第一个综合型电子与信息科学研究所，主要从事电子与信息科学技术领域的应用基础研究和高技术创新研究，目前已形成了微波成像雷达及其应用技术、微波器件与技术、高功率气体激光技术、传感器与微系统技术和空间信息处理与应用领域五个优势学科以及探地雷达和FPGA技术两个新技术增长点。

电子所研究机构分高技术研究和应用基础研究两种。其中，高技术研究机构由空间行波管研发中心、高功率气体激光技术部、航天微波遥感系统部、航空微波遥感系统部、空间信息处理与应用系统技术院重点实验室和可编程芯片与系统研究室组成，主要从事相关的高技术研究，并承担国家重大工程、攻关任务和面向未来发展的前瞻性、战略性高技术创新研究；应用基础研究机构由微波成像技术国家级重点实验室、高功率微波源与技术院重点实验室、传感技术国家重点实验室（北方基地）、高功率微波与电磁辐射院重点实验室组成。

截至2009年底，电子所拥有在职职工895人，流动人员549人（客座研究员21人），离退休人员747人。在职职工中，共有科研人员490人、科技支撑人员113人，包括中国科学院院士1人，正高级专业技术人员72人、副高级专业技术人员162人，国家杰出青年科学基金获得者2人、“新世纪百千万人才”入选者4人、中国科学院“百人计划”入选者8人。全所进入创新岗位332人，有项目聘用人员455人。

电子所是国务院学位委员会批准的首批博士、硕士学位授予单位之一，现有2个一级学科硕士、博士研究生培养点，并设有2个一级学科博士后流动站。2009年共有在学研究生471人，其中博士生215人，硕士生256人；有在站博士后3人。

2009年，电子所共有在研项目332项。其中，“核高基”国家重大专项项目5项，中国高技术研究发展计划（863）项目（课题）46项，国家重点基础研究发展计划（973）项目4项，国家科技支撑计划课题5项；国家自然科学基金项目27项（含国家杰出青年科学基金项目1项，重大项目1项）；中国科学院知识创新工程重大项目3项，重要方向项目7项，国际合作项目18项，百人计划4项，研究所领域前沿项目46项。

2009年，电子所发表各种期刊论文332篇，其中被SCI收录72篇，出版科技著作7部；受理专利107项（其中发明专利102项），获授权专利40项（均为发明专利）；有4项科技成果完成了技术鉴定，4项科技成果进行了登记；两项获国防科技进步奖一等奖（第一完成单位），一项获国防科技进步奖三等奖（第一完成单位），一项获中国科学院杰出成就奖（第一完成单位），一项获北京市科技进步奖三等奖（第二完成单位）。

院地合作取得重要进展。先后与东莞市共建成立了中国科学院电子所（东莞）信息技术研发中心，联合当地高新技术企业为东莞市开发应急平台系统；与江苏省无锡市合作成立了中国科学院电子学研究所传感器网络信息技术无锡研发中心，致力于传感网信息技术领域的高技术开发及应用。积极组织相关项目的地方交流，参加项目洽谈对接会等10余次，接待地方调研、项目洽谈等近20次。电子所作为加入首都科技条件平台“中国科学院研发实验服务基地”的首批成员单位，2009年对外服务32项，合作金额5313.34万元，到位经费1688万元。其中对京区企业服务9项，合作金额1129.27万元；对京外企业服务9项，合作金额1508.7万元；对京区院校服务11项，合作金额2617.12万元；对京外院校服务3项，合作金额62.25万元。

电子所是中国电子学会电路与系统分会、中国质量协会科学技术分会挂靠单位，主办的刊物有《电子与信息学报》、*Journal of Electronics* (*China*) 和《中国无线电电子学文摘》。

（撰稿：袁胜华　审稿：张晓光）

自动化研究所

副 所 长：王东琳

地　　址：北京市海淀区中关村东路95号

邮政编码：100190

电　　话：010－62551575

传　　真：010－82614508

电子信箱：casia@ia.ac.cn

网　　址：http://www.ia.ac.cn

中国科学院自动化研究所（以下简称自动化所）成立于1956年10月，是我国最早成立的国立自动化研究机构，是中国科学院知识创新工程首批试点单位之一。

经过多年的发展，自动化所已形成立足智能技术，聚焦复杂信息智能计算、复杂系统智能控制、集成化智能系统3个重要方向，基础研究、应用开发与高技术产业化“三位一体”相互支持、相互补充的良好格局。现设有模式识别国家重点实验室、国家专用集成电路设计工程研究中心、复杂系统与智能科学中国科学院重点实验室、高技术创新中心和综合信息系统研究中心5个科研开发部门，有中法信息、自动化与应用数学联合实验室，中国－新加坡数字媒体研究院，中国科学院自动化所和香港科技大学智能识别联合实验室3个与国际其他创新单元共建的联合研发部门，另有汉王科技股份有限公司、北京中科虹霸科技有限公司、中自科技产业孵化器有限公司、北京中自百佳技术服务有限公司、北京中自技术集团、北京数字指通软件技术有限公司、中科联创科技有限公司、北京中科智控科技有限公司、北京嘉恒中自图像设备有限公司、北京中科模识科技有限公司、北京新科永创科技有限公司、北京三博中自科技有限公司、北京中科恒业中自技术有限公司、北京中科新华网络科技有限公司14家持股高科技公司。

截至2009年底，自动化所共有在职职工397人。其中科技人员330人、科技支撑人员28人，包括中国科学院院士1人，正高级专业技术人员50人、副高级专业技术人员94人，中国科学院“百人计划”入选者13人、国家杰出青年科学基金获得者8人。全所进入创新岗位207人。

自动化所是国务院学位委员会批准的首批博士、硕士学位授予单位之一，现有控制理论与控制工程专业、模式识别与智能系统专业和计算机应用技术专业博士、硕士研究生培养点，并设有控制科学与工程博士后流动站，共有在读研究生593人（其中硕士生256人、博士生337人）、在站博士后51人。

2009年，自动化所共有在研项目300项（包括2009年新增项目127项）。其中国家重点基础研究发展计划（973）项目10项，中国高技术研究发展计划（863）项目（课题）47项（新增18项），国家科技支撑计划项目9项（新增6项）；国家自然科学基金项目64项，其中重大项目1项（新增）、重点项目11项（新增6项），国家杰出青年科学基金项目4项（新增2项）；中国科学院知识创新工程重大项目2项（新增1项）、重要方向项目4项（新增3项），院地合作项目58项（新增20项），国际合作项目9项（新增6项）；与地方政府合作项目8项（新增3项）。

2009年，自动化所研发的具有完全知识产权的人脸识别技术成功应用于北京天安门地区整体防控体系，并运用于中国2010年上海世博会安保部门核心区域；平行管理系统一期工程在中石化茂名公司乙烯生产过程中成功上线；“江苏省听力口语自动化考试”项目圆满完成了对江苏省13个市近90万中考考生的英语考试听力答案和口语录音的全自动化评分，成功实现了中国基础教育第一次全自动大规模评估；广播电视舆情监测系统获得2009年度国家广播电影电视总局科技创新一等奖；主创三维动画数字影片《麋鹿王》荣获第十三届中国电影华表奖优秀动画片奖；以自动化所为主起草的《交通信号控制机与上位机间的数据通信协议》（标准编号GB/T20999－2007）由国家质量监督检验检疫总局和国家标准化管理委员会联合颁布，正式成为国家标准予以实施；虹膜识别算法、口语翻译系统分别在国际虹膜识别算法公开竞赛和国际口语翻译系统评测中荣膺第一。

2009年，自动化所派出科技人员短期出国和到港澳地区交流174人次，接待国外及港澳地区科研机构、高校及政府等科技外事来访146人次；在国际组织任职20人，5人获国际奖项，联合发表文章123篇；主办或参与举办计算医学国际研讨会、中国－苏格兰信号图像处理研究院（SIPRA）研讨会等国际会议8次；新争取“视觉场景图像中的文字信息检测、抽取与识别技术研究”、“综合中医西医的医疗领域专用搜索引擎——COREMINE Medical”等国际合作项目6项。作为国内第一个从事基础研究的中外联合实验室，中法信息、自动化与应用数学联合实验室（LIAMA）在中欧科技合作中扮演着重要的角色。同时，中法基金会（FFCSA）挂靠在研究所，进一步加深了研究所与法国之间的交流与联系。

2009年，智能化信息系统研究平台建设项目举行奠基仪式，智能化大厦建设正式开工，将为自动化所一系列战略部署的实施和战略目标的实现提供更加坚实的物质条件保障。

自动化所是中国自动化学会和中国图像图形学学会的挂靠单位；重要出版物有《自动化学报》、《国际自动化与计算杂志》。

（撰稿：熊文娟　审稿：刘光仪）

电工研究所

所　　长：肖立业
地　　址：北京市海淀区中关村北二条6号
邮政编码：100190
电　　话：010－82547001
传　　真：010－82547000
电子信箱：office@mail.iee.ac.cn
网　　址：http://www.iee.ac.cn

中国科学院电工研究所（以下简称电工所）于1958年在原中国科学院长春机械电机研究所部分研究室的基础上筹建，1963年在北京正式成立，是中国科学院唯一以电气工程学科为主要研究方向的专业研究所，在我国能源与电气科学领域具有独特地位。目前，主要从事先进能源电力技术和电气科学前沿交叉的研究。

电工所现有9个研究部，下设19个研究组（中心）。可再生能源技术研究部下设可再生能源发电研究发展中心、太阳能热发电技术研究组、太阳能电池技术研究组、海洋能发电技术研究组、中国科学院太阳光伏发电系统和风力发电系统质量检测中心、可再生能源发电咨询与培训中心；电力电子与电气驱动技术研究部下设磁悬浮与直线驱动技术研究中心、电动汽车技术研究发展中心、汽车电子应用技术研究组；电力设备新技术研究部下设蒸发冷却技术研究发展中心；电力系统新技术研究部下设分布式电力与储能技术研究组；极端电磁环境科学技术研究部下设强流脉冲技术研究组；应用超导研究部下设超导电力科学技术研究发展中心、超导磁体及强磁场应用研究组、超导材料及强磁场科学研究组；生物医学工程研究部下设电磁生物工程研究组、电磁成像技术研究组；微纳加工技术研究部下设电子束曝光技术研究组、微纳技术及应用研究组；前沿探索研究部。

另外还设有4个中国科学院重点实验室、2个检测中心（站）、2个研究中心和1个非法人研究单元，包括应用超导重点实验室、太阳能热利用及光伏系统重点实验室、风能利用重点实验室（联）、电力电子与电气驱动重点实验室；中国科学院太阳光伏发电系统和风力发电系统质量检测中心、中国科学院电工研究所避雷装置安全检测站；能源战略与经济研究中心、智能电网技术研究中心；中国科学院太阳能发电技术研究示范中心（筹）。

电工所还与地方政府、企业共建了中国科学院电工研究所无锡分所、中国科学院太阳光伏发电和风力发电质量检测中心华东中心以及11个联合研究机构；与国际研究机构和企业共同成立了6个国际联合实验室。

电工所主要控股和参股公司有：北京中科电气高技术有限公司、北京科诺伟业科技有限公司、上海振发机电设备有限公司、北京科峰公寓。

截至2009年底，电工所共有在职职工354人。其中科技人员294人、科技支撑人员38人，包括中国科学院院士1人、中国工程院院士1人，研究员及正高级工程技术人员35人、副研究员及高级工程技术人员71人，中国科学院“百人计划”入选者3人、国家杰出青年科学基金获得者2人、“新世纪百千万人才工程”国家级入选者6人。全所进入创新岗位207人。

电工所是国务院学位委员会批准的首批博士、硕士学位授予单位之一，现有国家电气工程一级学科博士（硕士）研究生培养点和博士后流动站，设有电工理论与新技术、电机与电器、高电压与绝缘技术、电力电子与电力传动、电力系统及其自动化、生物电工、微纳电工技术、能源与电工新材料8个博士与硕士学位二级学科专业。现有在学研究生241人（博士生127人、硕士生114人），在站博士后14人。

2009年，电工研究所共有在研项目228项（包括2009年新增项目97项），其中国家重点基础研究发展计划（973）项目（课题）5项（新增1项），国家高技术研究发展计划（863）项目（课题）21项（新增4项），国家科技支撑计划项目14项（新增4项）；国家自然科学基金项目40项（新增13项），创新团队国际合作伙伴计划项目1项；中国科学院知识创新工程项目46项（新增26项）、重要方向项目16项（新增

7项），院地合作项目76项（新增40项），国际合作项目4项（新增3项）；与地方政府合作项目11项（新增4项）。

电工所研制的高温真空集热管是槽式太阳能热发电系统中的核心部件，2009年完成了4m长高温真空集热管的中试生产，解决了玻璃与金属封接的技术难题；成功研制了国内首座吨级太阳能加湿－除湿海水淡化示范系统，达到国际先进水平；成功研制的国内最大的具有独立自主知识产权的500kVA光伏并网逆变器，标志着我国已掌握了该类装备的核心技术。

2009年，电工所获得科技奖励4项。其中"复杂磁场分布的高热容与热导无液氦超导磁体技术"项目获得国家科技进步奖二等奖；"高压纳秒脉冲绝缘材料特性研究"项目获得中国电工技术学会科学技术发明奖一等奖；"高储能密度的超导脉冲功率技术与应用"获得中国机械工业科学技术奖一等奖；"风力发电变桨用超级电容器储能系统"获得江苏省科技进步奖二等奖。

2009年，电工所发表论文、著作共计377篇，其中SCI论文56篇、EI论文133篇，学术专著1部、编/译著7部；申请专利80项，其中发明专利79项（含2项国际发明），实用新型1项；获得授权专利74项；软件著作权登记3项；制定太阳能热发电术语国家标准1项。

2009年，电工所与保定市人民政府共建保定光伏系统检测实验室，与青海省科学技术厅签署共建青海太阳能综合研究与示范基地协议，成立了太阳能光热产业技术创新战略联盟。

2009年，电工所主办和承办了3次国际学术会议，包括2009年太阳能热发电技术三亚国际论坛会议、第二十一届国际磁体技术会议、中日韩超导测量标准合作会议；共有18人次在国际科技机构任职；与国外科研机构联合设立了中美太阳能光伏测试中心、超导电工技术创新团队等4个科研机构。

电工所是中国电工技术学会机电一体化专业委员会（二级学会）、中国电机工程学会超导与磁流体发电专业委员会（二级学会）、中国农村能源行业协会小型电源专业委员会（二级学会）、中国电工技术学会超导应用专业委员会（二级学会）、中国电机工程学会高压专业委员会高压新技术分专业委员会（三级学会）的挂靠单位；主办《电工电能新技术》专业期刊。

（撰稿：刘素珍　审稿：肖立业）

工程热物理研究所

所　　长：秦　伟
地　　址：北京市海淀区北四环西路11号
邮政编码：100190
联系电话：010－62554126（综合处）
010－82543013（科技发展处）
010－82543002（值班室）
图文传真：010－82543019
电子信箱：zhb-etp@mail.etp.ac.cn
网　　址：http://www.etp.ac.cn

中国科学院工程热物理研究所（以下简称工程热物理所）的前身是1956年成立的中国科学院动力研究室，1960年合并到中国科学院力学研究所，1980年独立建所。

工程热物理所定位是：立足国际高技术发展前沿，紧扣国家重大需求，在能源、动力、环境领域中，针对低碳经济和节能减排，开展IGCC/多联产、燃气轮机、循环流化床、分布式供能、可再生能源及温室气体控制等方向的基础性研究和关键技术研究。战略目标是：在理论上有所建树，技术上有所突破，掌握核心技术，形成具有知识产权的重大系统集成创新和系统解决方案，奠定在领域中的国际地位和国内优势地位。与地方、企业紧密合作，进行技术转移转化和辐射，为提升国家和企业相关领域的国际竞争力做出贡献。2009年，研究所形成了今后5－10年发展战略和科技发展规划草案，为下一步发展奠定了良好基础。

研究所现设有8个研究机构：国家能源风电叶片研发（实验）中心（筹）、中国科学院能源动力研究中心、中国科学院先进能源动力重点实验室、中国科学院风能利用（联合）实验室、循环流化床实验室、推进与动力实验室、总能系统与可再生能源实验室、轻型动力中心。2009年，国家能源风电叶片研发（实验）中心获批准挂牌，新组建的传热传质研究中心发展势头良好，轻型动力中心开始发挥作用，依托研究所建设的中国科学院能源动力研究中心各项工作正在顺利推进，廊坊科研中试基地基本建设接近尾声。

截至2009年底，工程热物理所共有在职职工228人。其中科技人员191人（含科技支撑人员35人），包括中国科学院院士2人，研究员及正高级工程技术人员24人、副研究员及副高级工程技术人员49人，中国科学院“百人计划”入选者8人、国家杰出青年科学基金获得者1人、国家高层次人才培养计划（“千人计划”）入选者1人。

工程热物理所设有动力工程及工程热物理专业一级学科博士、硕士研究生培养点，环境工程专业二级学科硕士研究生培养点，并设有动力工程及工程热物理专业一级学科博士后流动站。现有在读博士生93人、硕士生103人，在站博士后10人。

2009年，工程热物理所共有在研项目124项（包括2009年新增项目43项），其中国家重点基础研究发展计划（973）项目（课题）9项（新增项目1项），中国高技术研究发展计划（863）项目（课题）20项（新增项目2项），国家科技支撑计划项目2项，科学技术部国际合作项目1项；国家自然科学基金重点项目3项（新增项目2项），面上项目25项（新增项目12项）；中国科学院知识创新工程重大项目子课题2项、重要方向性项目8项（新增项目4项），仪器研制项目2项，“百人计划”项目3项（新增项目2项），院地合作项目18项（新增项目8项），国际合作项目6项（新增项目3项）；与地方政府合作项目2项（新增项目2项）；研究所领域前沿项目8项（新增项目2项），其他项目2项。落实合同经费达2.33亿元。

科研工作取得重要进展。其中“能源动力系统中能的综合梯级利用和CO_2控制原理与方法”获2009年度国家自然科学奖二等奖，“高效洁净煤制甲醇与联合循环集成系统的研发和示范”作为第二单位获2009年国家科技进步奖二等奖。牵头组织并立项的“973”项目“多能源互补的分布式冷热电联供系统基础研究”进展顺利。继续开展“以煤气化为基础的多联产示范工程”“863”重大项目3个课题的研发工作，开展了粉煤加压密相输运床气化冷态实验、气化反应动力学、热态试验研究，多联产示范工程中试系统的施工图设计基本完成，装置主体基础和厂房基本完成。“863”项目“风力机先进翼型族的设计与实验研究”按计划完成了本年度工作，并通过了专家组和科学技术部的年度工作检查；循环流化床技术，与济南黄台煤气炉有限公司签署了“流化床煤气炉的合作开发”协议，针对首个煤气炉用户的设计开发工作已基本完成，与无锡华光锅炉股份有限公司新签订了“博茨瓦纳 Morupule B4150MW 循环流化床锅炉合作”合同，相关工作进展顺利。全年申报国家发明专利40项、实用新型专利17项、国防专利1项，其中授权发明专利25项，授权实用新型专利9项；软件著作权登记1项；共发表学术论文287篇，其中SCI收录54篇、EI收录133篇；出版专著1部。

院地合作取得成效。参与中国科学院/广东省战略合作计划中传热传质佛山育成中心的筹建工作，并获项目支持1项；组织人员参加上海工博会、江苏科技成果展示会等，深入苏州、烟台、佛山、南通等地参与数十次所地合作洽谈和对接交流活动，并与江苏双良公司、烟台冰轮集团、南通瑞帆集团等企业建立了合作关系；与济南黄台煤气炉有限公司、无锡华光锅炉股份有限公司、济南锅炉集团有限公司、华能集团北京热电有限责任公司、北京势焰天强科技有限公司等签订了相关合同，与中航贵州永红航空机械公司签署了共建热交换技术工程中心协议。

2009年，研究所与马亚西亚海鸥能源（马）有限公司建立了高强度传热新技术联合实验室。邀请美国 Idaho 州立大学机械工程系、美国国家能源实验室等科研单位的一批外国专家学者到所交流和讲学，邀请日本宇宙航空研究开发机构的山本孝正教授作为特聘研究员到所做短期访问研究。全年出访约50人次，来访100多人次。

中国工程热物理学会和北京工程热物理学会

挂靠在工程热物理研究所；主办学术刊物《工程热物理学报》、《热科学学报》（英文版）。

（撰稿：忻妙新　审稿：秦　伟）

空间科学与应用研究中心

名誉主任：王大珩
主　　任：吴　季
地　　址：北京市海淀区中关村南二条一号
邮政编码：100190
电　　话：010－62560947
传　　真：010－62576921
电子信箱：kjzx@cssar.ac.cn
网　　址：http://www.cssar.cas.cn

中国科学院空间科学与应用研究中心（以下简称空间中心）成立于1987年，其前身为空间物理所（1958年成立的原应用地球物理所）和空间科学技术中心（1979年成立）。

空间中心着力发展空间物理、空间环境、微波遥感和电子信息等相关科学与技术，主要从事载人航天工程、地球空间双星探测计划、嫦娥工程、子午工程、中俄联合火星探测计划，多颗应用卫星有效载荷和支持系统，空间物理基础研究国家重大项目，多领域的中国高技术研究发展计划（863）项目等工作。现已建立空间科学和探测所需的核心科学研究和技术支撑体系，下设空间技术研究与发展部、空间科学部、空间环境部、微波遥感与信息技术部和探空部5个研究部。并设有空间天气学国家重点实验室、国家863计划微波遥感技术实验室（2009年12月29日成为中国科学院重点实验室）、中国科学院微波遥感技术重点实验室等研究机构。此外，还设有海南探空火箭发射基地和海南空间天气国家野外科学观测研究站、广州宇宙线观测站、北京小牛坊宇宙线中子堆观测站、北京延庆及河北廊坊空间物理观测台站和科研设施基地。空间中心是中国科学院空间环境研究预报中心的挂靠单位。

截至2009年底，空间中心共有在职职工531名，其中中国科学院院士2人、中国工程院院士1人，研究员47人、副研究员及高级工程师153人，国家杰出青年科学基金获得者4人、中国科学院“百人计划”入选者6人。

空间中心设有空间物理学、计算机应用技术、地球与空间探测技术、电磁场与微波技术4个专业的博士、硕士研究生培养点，飞行器设计专业硕士研究生培养点和空间物理学专业博士后流动站。现有在学博士生100人，硕士生179人，在站博士后10人。

2009年，空间中心共有在研项目595项，包括基础和预研类课题488项，工程型号类课题107项。其中国家重点基础研究发展计划（973）项目9项，中国高技术研究发展计划（863）项目20项，国家科技支撑计划项目2项；国家自然科学基金重大项目1项、重点项目3项、面上项目30项、青年基金项目33项；中国科学院知识创新工程重要方向项目22项，国际合作项目4项。

2009年，空间中心新增项目167项。其中“863”项目1项，国家科技支撑计划项目2项；国家自然科学基金面上项目11项、青年基金项目6项；中国科学院知识创新工程国际合作项目2项。

2009年，空间中心科研工作取得重大进展。空间中心承担的“萤火一号”、“子午工程”、“风云三号”、“海洋二号”、“嫦娥工程”、载人航天二期等相关任务进展顺利。空间中心是探月工程有效载荷总体单位，“嫦娥二号”完成了正样系统联试，“嫦娥三号”完成了有效载荷的方案设计并转入初样阶段；完成了中俄火星联合探测项目“萤火一号”探测器正样产品的全部研制工作；2009年是子午工程建设的攻坚年，主要完成了各类设备的采购、到货验收、安装集成及测试工作；顺利完成载人航天工程二期应用系统中四个分系统、一个专项的任务的各项任务；“风云二号”、“风云三号”卫星有效载荷研制进展顺利；“海洋二号”卫星有效载荷顺利完成航空校飞工作；“863”重大任务“临近空间大气环境探测示范站”重大设备研制任务取得突破；由中心提出并与欧洲空间局合作的“地球空间双星探测计划”数据分析和科学研究工作进展顺利，在2009年又有多项重要发现；由中心牵头的“中国科学院元器件空间环境特殊效应实验平台建设项目”顺利通过评审，于2009年底正式启动；空间中心提出的“国际空间天气子午圈计划”得到了院里的支持，并分别与巴西空间研究院和加拿大航天局正式签订了《“国际空间天气子午圈计划”合作备忘录》。全年共获得部委级科技进步奖特等奖、三等奖各1项，二等奖2项。完成基础类、应用技术类成果鉴定2项，成果登记3项。发表学术论文286篇，其中SCI收录69篇，EI收录58篇，ISTP收录32篇。专利申请47项，其中发明专利31项；获专利授权28项，其中发明专利12项。

空间中心加强院地合作，推进产业化发展。落实了与中国气象局探测中心“研制新型陆基大气廓线微波探测仪”等院地合作项目；受国际金融危机等多种原因影响，中心下属的中科九章公司经营受到较大影响，年总产值1537万元，低于2008年。科空物业公司2009年营业收入为480万元，利润总额为24万元。空间会议中心2009全年收入共计380万元，利润50万元。

由空间中心推荐的国际空间研究委员会主席Roger Maurice Bonnet教授（法国）教授荣获“中国科学院2009年度国际科技合作奖”。成功举办了第五届中欧空间科学双边研讨会、第九届中俄空间天气学术研讨会、2009年国际亚暴研讨会、第二届全球华人空间天气大会暨国际空间天气研讨会等大中型国际会议；作为国际空间研究委员会中国委员会秘书处所在单位，中心在2009年组织召开了CNCOSPAR全体会议，来自30多家相关单位的45名COSPAR中国委员会委员参加会议，并全体通过增选中国科学院阴和俊副院长为CNCOSPAR副主席。空间中心科研人员出访项目97项，超过225人次；来访专家约80人次。

空间中心是中国空间科学学会、国际空间研究委员会中国委员会、世界数据中心中国空间科学学科中心等全国性空间科学学术组织的挂靠单位；负责主办《空间科学学报》。

（撰稿：周　瑶　审稿：王树志）

光电研究院

院　　长：相里斌
地　　址：北京市海淀区中关村东路95号
邮　　编：100190
电　　话：010－82612850
传　　真：010－82616607
电子信箱：office@aoe.ac.cn
网　　址：http://aoe.cas.ac.cn

中国科学院光电研究院（以下简称光电院）建于2003年11月，作为中国科学院知识创新工程中体制机制创新的重大改革举措之一，是兼具总体管理与总体技术职能的高技术研究单位。2003年12月，中国科学院党组决定将中国科学院空间科学与应用总体部划归光电院；2009年3月，中国科学院成立二代导航专项总体部，依托光电院，构成了光电院在光电与空间领域的总体构架。

光电院的主要学科领域是光电工程领域以及与光电信息获取、传输、处理和应用相关的航空科技领域、航天科技领域和应用科技领域，重点开展新型光电探测、测量系统总体设计及其标准化技术研究，新型激光技术应用系统总体设计集成研究，空间应用系统总体设计集成技术研究，空间有效载荷支持系统关键技术研究，对地观测信息与导航处理与应用系统技术研究，高空科学气球、系留气球工程和平流层飞艇（近空间飞行器）系统集成及其关键技术研究。

光电院建立了系统总体的组织机构与管理体制，主要科研单元有空间系统工程研究部、光电系统工程研究部、有效载荷应用中心、对地观测应用技术研究部以及与中国科学院高能物理研究所联合组建的气球飞行器研究中心，建立了可靠性保障中心、空间软件评测站作为科研支撑部门。同时，为拓展科研领域，加强院地合作，光电院与国家减灾中心联合组建了中国空间技术减灾应用研究中心，与西安电子科技大学、北京国科环宇空间技术有限公司联合成立数据压缩联合实验室；与青岛市政府共建光电院青岛研发基地。

截至2009年底，光电院共有在职职工309人，流动人员206人，离退休人员6人，进创新岗位134人。在职职工中，共有科研人员223人、科技支撑人员37人，包括中国科学院院士1人，正高级专业技术人员37人、副高级专业技术人员90人，中国科学院“百人计划”入选者2人，项目聘用人员170人。

光电院现有6个二级学科硕士、博士研究生培养点，并设博士后流动站。共有在读研究生139人，其中博士生30人、硕士生109人；有在站博士后2人。

2009年，光电院共有在研项目167项，新增项目58项。其中载人航天专项25项，中国高技术研究发展计划（863）项目（课题）17项，国家科技支撑计划项目3项，国家自然科学基金重点项目1项，中国科学院知识创新工程重大项目1项、重要方向项目10项，国际合作项目5项，与地方政府合作项目2项。

2009年，光电院承担载人航天空间应用系统总体任务按照研制进度稳步推进，并行组织开展“天宫一号”、“天宫二号”、“神舟八号”各项空间应用项目；圆满完成“神舟七号”飞船伴星在轨试验任务。10月30日11时左右，“神舟七号”飞船伴星历经400天在轨运行、绕地球飞行6350圈后进入大气层自然陨落。截止到陨落日，卫星各功能模块工作正常，卫星平台工况正常，整星能源平衡，姿态稳定。光电院获得全军科技进步奖集体奖一等奖1名，集体奖二等奖6名，集体奖三等奖1名。光电院承担的新一代激光显示工程化重点项目已列入科学技术部牵头的“科技支撑产业振兴计划”的方向之一，并完成“863”计划重点项目课题，在课题中期检查评估中获得优秀。光电院围绕集成电路制造装备的需求，开展大功率紫外激光系统技术研究，不断推进其工程化和应用的发展，在小型化、高效率激光技术、激光相干散斑测量以及系统集成多方面取得突破。光电院作为总体单位承担了科学技术部“无人机遥感载荷综合验证系统”项目，总经费8000多万元，涉及包括中国科学院长春光学精密机械研究所、中国科学院电子学研究所等10余家单位。各项研制工作顺利进行。10月，该项目6个课题全部通过了中国科学技术部遥感中心组织的中期检查。

2009年，光电院国际交流项目立项34项，执行32项；出访58人次，来访、顺访约36人次；申请国际合作项目5项，已立项3项，立项经费约为565万元。

2009年9月1日，光电院与青岛市人民政府签订了《共建光电研究院青岛研发基地共建协议》。基地将建立研发中心、孵化中心和若干企业，形成一个成果转移转化平台。光电院将向青岛基地转移部分成熟技术。11月29日，举行了研发基地奠基仪式，12月光电院青岛研发中心注册成立。

（撰稿：邵雪天　审稿：相里斌）

对地观测与数字地球科学中心

主　　任：郭华东
地　　址：北京市海淀区中关村北一条9号
邮政编码：100190
电　　话：010－58887301
传　　真：010－58887302
电子信箱：office@ceode.ac.cn
网　　址：http://www.ceode.cas.cn

中国科学院对地观测与数字地球科学中心（简称对地观测中心）在中国科学院中国遥感卫星地面站、中国科学院航空遥感中心和数字地球实验室的基础上组建，于2007年8月27日成立，为研究与运行相结合的综合性科研机构。

对地观测中心主要开展航天航空对地观测系统的高质量运行和面向政府、行业、地区的数据服务，进行对地观测前沿技术探索和应用示范，研究数字地球科学理论、关键技术及在全球、国家、区域三个层次上的综合应用，建设数字地球科学平台。战略目标是建设具有获取、传输、处理、存储与分发航天、航空遥感数据和图像能力的运行系统，开展综合性对地观测前沿技术研究，构建专业化、系统化、集成化、标准化、实用化的遥感数据库和遥感信息库，建立国家遥感数据与信息档案中心，以遥感信息为基础，结合其他信息资源，建设数字地球科学平台并开展应用示范研究。对地观测中心的重点研究方向为地球空间信息探测机理与方法、数字信号获取与地面处理技术、高性能地学计算与网络化数据工程、空间数据同化理论与技术、地球系统空间模型、数字地球科学平台及其综合应用。

对地观测中心设置科技机构、合作研究机构、学术支撑机构、学术咨询机构等，其中卫星遥感中心、航空遥感中心、空间数据中心和数字地球重点实验室是对地观测中心运行与科研工作的主体。

对地观测中心现有遥感卫星地面站和航空遥感飞机两个大科学装置，同时承担陆地观测卫星数据全国接收站网和航空遥感系统两个国家大科学工程建设项目。其中，遥感卫星地面站是国际资源卫星地面站网成员，是世界上接收与处理卫星数量最多的地面站之一，数据接收与分发量居于世界前四位，可高效高质地实现 11 颗国内外卫星的数据接收、处理和产品生产，在我国遥感卫星地面系统领域起到了先锋和示范作用。目前遥感卫星地面站保存的对地观测卫星数据资料达 245 余万景，所有存档数据均通过互联网提供 24 小时的不间断在线检索与查询服务，是我国最大的对地观测卫星数据档案库。目前，全国陆地观测卫星地面接收站网工程取得重大进展，预计于 2010 年全面建成一个由密云、喀什、三亚卫星数据接收站组成的覆盖全国以及 70% 亚洲疆土的遥感卫星地面接收系统。

对地观测中心现有两架高空遥感飞机，配有先进的 GPS 导航和 POS 等系统，具有全天候飞行作业的能力，配有航空照相机、成像光谱仪、成像雷达等多种遥感器，累计承担了近百项各种类型的航空遥感应用项目，安全飞行 8000 多架次，飞行面积超过 210 万 km^2，在满足国家重大需求、综合应用实验、重大自然灾害监测、遥感设备技术进步等方面均发挥了重要的作用，并通过各种飞行试验为航天遥感技术发展、地球系统科学研究提供了先进的实验平台和有效的技术手段。已正式开工建设的“航空遥感系统”项目将引进两架性能更为先进的遥感飞机，将与高分辨率线阵、面阵数字航空相机、高分辨率极化干涉合成孔径雷达等十多种新型高性能遥感设备综合集成，形成在国际上名列前茅的航空遥感系统。

对地观测中心运行体系保持可靠、稳定、高效运行，并不断改进和完善，管理水平不断提高，人才队伍水平不断提升。截至 2009 年底，对地观测中心共有在职职工 290 人，其中科技、支撑和管理人员 255 人，包括研究员及正高级工程师 31 人，中国科学院特聘外籍研究员 3 人，中国科学院“百人计划”入选者 1 人，客座研究员 5 人；中心进入创新岗位 180 人。

对地观测中心现有地图学与地理信息系统、信号与信息处理 2 个专业二级学科博士研究生培养点，地图学与地理信息系统、信号与信息处理、电子与通信工程 3 个专业二级学科硕士研究生培养点，共有在学研究生 143 人，其中硕士生 115 人、博士生 28 人。

2009 年，对地观测中心共有在研项目 118 项，其中国家重点基础研究发展计划（973）项目、课题 6 项，国家高技术研究发展计划（863）项目、课题 16 项，国家科技支撑计划项目 4 项，国家自然科学基金面上项目 22 项，中国科学院知识创新工程重大项目 1 项，中国科学院知识创新工程重要方向项目 1 项，院地合作项目 4 项，国际合作项目 4 项。

2009 年，对地观测中心科研工作发展迅速，新增项目 79 项。科研成果方面，2009 年度申请发明专利 14 项，计算机软件著作权登记 25 项，出版著作 6 本，发表高水平论文 147 篇。

2009 年，对地观测中心进一步巩固并加强国内外学术交流与合作，并取得丰硕成果。其中成功举办第六届国际数字地球会议（the 6th International Symposium on Digital Earth, ISDE6），共有 40 多个国家的 1000 余位学者、企业家和管理专家出席，并通过了预示数字地球发展新阶段的纲领性文件——《2009 数字地球北京宣言》，进一步明确了数字地球的未来发展和应用目标，在数字地球发展史上具有里程碑意义。

依托中心建设的联合国教科文组织国际自然

与文化遗产空间技术研究中心获联合国批准，这是教科文组织在全球设立的第一个用于世界遗产研究的空间技术机构；中心争取的国际科学理事会（International Council for Science，ICSU）灾害综合研究计划国际项目办公室（the International Programme Office for Integrated Research on Disaster Risk，IPO-IRDR）获准通过，这是我国承办的第一个国科联体系的国际项目办公室。由对地观测中心发起，联合澳大利亚、巴西、加拿大对地观测与全球变化的相关机构开展的全球环境变化遥感对比研究计划（ABCC）于2009年5月正式启动；国际科学院组织（the InterAcademy Panel on International Issues，IAP）自然灾害减灾项目结题，其项目研究报告《自然灾害减灾》正式出版。2009年，中心成立了由20位国际专家担任委员的国际专家委员会，并成功召开第一次专家委员会会议。秘书处及中国国家委员会挂靠在对地观测中心的国际数字地球学会（International Society for Digital Earth，ISDE）于2009年被吸收为地球观测组织（Group on Earth Observations，GEO）成员；由对地观测中心科学家担任主编、学会的学术刊物《国际数字地球学报》（*International Journal of Digital Earth*，IJDE）被收录为SCI-E刊物。

（撰稿：王小梅　审稿：黄铭瑞）

自然科学史研究所

所　　长：张柏春
地　　址：北京市海淀区中关村东路55号
邮政编码：100190
电　　话：010－57552515
传　　真：010－57552567
电子信箱：fengzhj@ihns.ac.cn
网　　址：http://www.ihns.cas.cn

中国科学院自然科学史研究所（以下简称科学史所）的前身中国自然科学史研究室，是在郭沫若、竺可桢等老一辈院领导的关怀下于1957年元旦成立的，1975年升为所级建制，是中国科学院所属的少数兼具自然科学与人文社会科学功能的研究实体之一，也是中国唯一的国家级多学科和综合性的科技史专门研究机构。

科学史所的主要学科是科学技术史（理学一级学科）、科技哲学（二级学科）、科技考古（二级学科），主要研究方向有中国古代科技史、近现代科技史（包括中国科学院院史）、科技发展战略、科学文化和中外科技的比较与交流，主要发展目标是立足科学技术史，保持中国科技史研究在世界上的核心地位，介入国家组织的重大文化工程，继续扩大国际影响，把研究所建设成国家科学思想库的一个重要组成部分，代表国家水平的科学技术史研究中心和世界知名的科学技术史研究机构。

科学史所现有1个研究部、3个研究中心、1个研究室和1个伙伴小组。研究部主要负责研究人员的行政管理和学术活动。中国传统科技文明研究中心按照史学研究的价值理念与方法开展相关学术研究，以满足科技文明时代史学建设的新需求，并为社会提供本领域符合时代精神之文化产品的目标。科学与文化研究中心致力于理解科学与哲学、宗教、伦理、传统思想、教育、艺术、大众文化、政治、现代化、人类之未来等关系，特别是理解何种文化和制度环境更有利于科学的发展，从而为中国科学、文化和教育事业的发展提供建议。中国科学院史研究室以中国现代科学史和中国科学院的历史为主要研究方向，开展院史编研、专题研究、口述科学史和中国现代科学史料的搜集整理等工作。马普科学史研究所伙伴小组的研究方向是“边界与接点：中国传统科技与社会的多元交汇”，为中国传统科技史研究开辟新路。中国科学院传统工艺与文物科技研究中心主要致力于文化遗产的科学技术研究与保护。

截至2009年底，科学史所共有在职职工88人，其中科技人员74人，包括正高级专业技术人员17人（其中研究员16人）、副高级专业技术人员21人（其中副研究员16人）。

科学史所设有科学技术史、科技哲学专业硕士、博士研究生培养点，并设有博士后流动站，共有在读研究生71人（其中博士生38人、硕士生33人)，有在站博士后4人。

2009年，科学史所共有在研项目80余项(包括2009年新增项目)。其中国家项目2项，包括：①国家清史项目《天文志》和《科学技术志》的编撰。②《中华大典·数学典》的编撰。《中华大典》是国务院批准的、列为国家文化发展纲要的重点出版工程项目，是“十一五”国家重大工程出版规划之首。国家自然科学基金项目3项，国家社会科学基金青年基金1项。中国科学院“八五”重点项目1项(李约瑟《中国科学技术史》的翻译出版)，中国科学院知识创新重要方向项目2项，院规划战略局专项20余项，国际合作项目2项，院其他项目10余项，研究所知识创新前沿项目6项。中国科学技术协会项目10项，北京市科学技术委员会项目2项，与地方政府、企业合作项目10余项。

2009年，科学史所新增项目21项。其中国家自然科学基金项目2项，中国科学院项目8项，国际合作项目1项，研究所知识创新前沿项目4项，中国科学技术协会项目2项，北京市科协项目2项，与地方政府及企业合作项目2项。

在中国科学院建院60周年之际，中国科学院史研究室承担了反映中国科学院1949-1997年发展历史的展览大纲、展览脚本的撰稿工作，参与展板内容设计和审定工作；主持编撰《中国科学院六十年》画册。“中国科学院院史研究与编撰”项目的主要成果《中国科学院院史丛书》出版了《中国科学院教育发展史》、《中国科学院院属单位简史》、《中国科学院人物传》等。

2009年，科学史所科研工作取得进展。旨在对山西陶寺天文台遗址进行全面考古天文学研究的国家自然科学基金面上项目“陶寺史前天文台的考古天文学研究”，组织第二次模拟测量，对主表测影的研究取得重要进展，并与中国社会科学院考古研究所合作进行天文考古调查，发表论文5篇，编辑天文学史专刊1期；与动物研究所等单位联合开展的中国科学院知识创新重要方向项目“中国近现代生物学史研究”，在阅读文献的基础上，收集资料，整理了科学家名录、大事年表等，并组织了学术沙龙，报告了“中国近代生物学发展的特点”；中国科学院规划战略局和基础科学局专项课题“中外科学技术发展比较研究”、“中德的力学史合作研究”、“重大科技创新带动经济社会发展的案例和启示”、“150年来中国科技发展及其研究”(属于“创新型国家建设中的自主创新能力提升研究”项目)等项目研究进展顺利，课题组成员还参与了中国科学院“科技战略路线图”项目总体组工作和总报告的起草工作；受人力资源和社会保障部委托为开展创新能力建设公需科目培训而编写的教材和培训资料“专业技术人才创新能力建设案例”于2009年6月正式出版，受到有关专家的认可和好评；在明清科技史、东西科学交流和科学传播的相关研究中，共出版著作(合著)3种，发表论文4篇、百科全书条目数篇。2009年全所共发表论文58篇，译文3篇，论著(含译著、文献、科普、教材等)22部，科普、文献28篇，其他文章14篇。

2009年，科学史所稳步推进科技合作与国际交流，共举办4次国际会议和12次高水平科技史系列学术报告会，包括“文化视角的亚洲可持续发展”国际学术研讨会、“李约瑟以来—中英科学合作的过去、现在与未来”国际研讨会、中德科技交流390年暨《奇器图说》出版381年纪念会以及纪念元大都天文台建立730周年暨“天文仪器与天文学发展”国际学术研讨会等。研究所与德国马普学会科学史所于2007年共同建立的新的马普伙伴小组合作课题“边界与接点”进展顺利，并互派科研人员到国外从事科研工作和学习。

科学史所有4人在重要的国际组织担任大会主席、副主席等职务。2009年刘钝研究员被推选为国际科学史学会主席，任期为2009-2013年，这是该组织62年历史上的第19任主席，也是自1981年我国正式加入该组织以来中国学者担任的最高职位。2009年8月在巴西里约热内卢国际天文学联合会(IAU)第27届代表大会上，科学史所孙小淳研究员当选天文学史专业委员会理事，任期为2009-2012年。

(撰稿：冯志杰　审稿：张柏春)

科技政策与管理科学研究所

所　　长：穆荣平
地　　址：北京市海淀区中关村东路55号
邮政编码：100190
电　　话：010－62542623
传　　真：010－62542619
电子信箱：ylx@casipm.ac.cn
网　　址：http://www.ipm.cas.cn

中国科学院科技政策与管理科学研究所（以下简称政策与管理所）成立于1985年6月，是以自然科学和社会科学交叉为特点的软科学研究所。其前身为中国科学院政策研究室、中国科学院管理学组、《自然辩证法通讯》杂志社，1987年中国科学院应用数学研究所优选法与管理科学研究室整建制划入政策与管理所。

政策与管理所主要从事发展战略、政策、管理和相关学科前沿理论方法研究，围绕国家科教兴国战略、可持续发展战略和人才强国战略涉及的重大问题，开展战略问题研究，提出有科学依据和重大影响的国家发展战略选择；发挥跨学科集成研究优势，开展技术预见、科技管理与评估、创新创业政策、能源与环境政策研究，以及区域发展管理、应急管理和管理科学前沿理论方法研究，为建设和谐社会和创新型国家提供有力支撑。其研究领域主要包括：国家发展战略研究、国家（区域）发展和改革政策研究、公共管理和区域发展理论及其应用研究、中国科学院发展与改革战略问题研究等。其发展目标是：成为科技政策与管理领域国际著名研究所，国家宏观决策思想库。

政策与管理所设有科技政策、管理科学与工程、社会与可持续发展、科技管理与评估、创新创业政策5个研究室及政策模拟研究中心和国际问题研究中心2个所级研究中心，还设有中国科学院战略研究中心（下设中国科学院管理创新与评估研究中心、中国科学院战略问题咨询研究中心、中国科学院科技伦理研究中心）、中国科学院创新发展研究中心、中国科学院自然与社会交叉科学研究中心、中国科学院评估研究中心、中国科学院知识产权研究与培训中心5个院级研究中心。此外，还设有与合作伙伴共建的能源与环境政策研究中心、北京科技政策研究中心及北京城市运行与发展研究中心。

截至2009年底，政策与管理所拥有在职职工114人。其中研究人员80人，包括第三世界科学院院士1人，研究员21人、副研究员30人，国家杰出青年科学基金获得者2人。

政策与管理所设有管理科学与工程一级学科硕士、博士培养点，技术经济及管理二级学科硕士培养点，管理科学与工程学科博士后科研流动站，具有管理科学与工程在职硕士学位授予资格。其中管理科学与工程被评为北京市重点学科。共有在学研究生154人，其中博士生87人、硕士生67人；在站博士后18人。

2009年，政策与管理所承担在研项目190项。其中国家高技术研究发展计划（863）课题1项，国家科技支撑计划项目1项；国家自然科学基金重点项目2项，国家杰出青年科学基金项目1项，国家软科学重大项目5项；国家发展和改革委员会委托项目4项；中国科学院知识创新工程重大项目课题1项、重要方向项目6项，院地合作项目4项，国际合作项目9项，与地方政府合作项目31项。

2009年，政策与管理所新增项目133项。其中国家自然科学基金重点项目1项，中国科学院知识创新工程重要方向项目3项，院地合作项目4项，国际合作项目5项，与地方政府合作项目25项。

2009年，政策与管理所科研工作稳步推进。全年完成出版学术著作5部，公开发表科研论文300余篇。围绕自主创新促进经济社会又好又快发展、区域创新服务体系建设与管理问题等，承担了国家发展和改革委员会重大问题软科学研究项目，开展了“国家自主创新能力建设‘十二五’规划战略研究”；围绕碳排放趋势、碳市场和低碳经济，承担了中国科学院创新工程重要方向群项目；围绕提高自主创新能力，加快建设国家创新型城市，开展了创新型城市建设思路和试点方案研究，完成了《广州市建设国家创新型城市规划纲要》编制工作；继续开展国家高新区“二次创业”战略转型与政策框架体系研究，为高新区发展提供了有效的咨询意见。

政策与管理所注重发挥科学思想库作用，围绕“推动低碳经济，促进科学发展”、“推动流域综合管理优先行动”、“促进核电健康发展”、“国家创新能力建设发展政策与措施”等重大问题，完成多篇咨询报告，为国家领导人相关决策提供支撑。

政策与管理所主持出版的“科学与社会系列报告”之《2009中国可持续发展战略报告》和《2009高技术发展报告》正式发布，送达两会，引起社会广泛关注。此外，还发布了《2009中国创新发展报告》和《2009中国科学发展报告》。

2009年，政策与管理所学术交流频繁，在国内外学术界影响力日益扩大。以我为主的国际合作趋势开始显现，实质性的国际合作稳步推进，组团式学术出访、参加重大国际学术活动出访和年轻科研人员出访均明显增多。截至2009年底，研究所已与世界上14个著名学术机构签订了合作协议。

政策与管理所是中国科学学与科技政策研究会、中国优选法统筹法与经济数学研究会、中国高技术产业发展促进会、中国科学院科技政策与管理研究会的挂靠单位；设有《中国科学院院刊》编辑部和《中国管理科学》、《科研管理》、《科学学研究》、《科学对社会影响》等学术期刊编辑部以及《世界科学技术》杂志社。

（撰稿：杨立新　审稿：穆荣平）

山西煤炭化学研究所

所　　长：王建国
名誉所长：彭少逸
地　　址：山西省太原市桃园南路27号
邮政编码：030001
电　　话：0351－4041627
传　　真：0351－4041153
电子信箱：dangzb@sxicc.ac.cn
网　　址：http://www.sxicc.cas.cn

中国科学院山西煤炭化学研究所（以下简称山西煤化所）的前身是中国科学院煤炭研究室，于1954年在大连成立。1961年，煤炭研究室扩建为中国科学院煤炭化学研究所并迁往太原。1978年9月改名为中国科学院山西煤炭化学研究所并沿用至今。

山西煤化所的发展战略是：围绕以煤炭优化利用为主的能源环境、绿色化工和先进材料的科技创新，开展基础性、战略性、前瞻性科技创新研究和高新技术产业化，提供满足国家对能源的重大战略需求与可持续发展的科技成果和高层次科技人才，实现基础研究国际化、高技术研究产权化、应用研究产业化；作为高技术基地型研究所，山西煤化所致力于能源环境、先进材料和绿色化工三大领域的应用基础和高技术研究与开发。

山西煤化所主要学科方向为：煤化学和化工、催化化学与工程、新型炭材料和化学反应工程。主要研究煤基合成液体燃料、煤气化过程的集成优化、燃煤污染控制、能源环境新材料、高性能炭材料、煤深加工及下游产品、精细化工、超临界化工及萃取、特种气体制备及净化等。

山西煤化所现已形成一个研究基地与两个研究主体：以煤转化国家重点实验室、煤炭间接液化国家工程实验室、合成油品工程中心和粉煤气化山西省工程中心组成的煤高效洁净利用研究基地；以中国科学院炭材料重点实验室和高性能碳纤维工程中心组成的炭材料与功能材料研究主体；以应用催化与绿色化工实验室和能源化工技术咨询与设计中心组成的绿色化工研究主体。2009年2月26日，国家发展和改革委员会发文批准山西煤化所建立碳纤维制备技术国家工程实验室。

截至2009年底，山西煤化所共有在职职工544人。其中科技人员381人、科技支撑人员94人，包括中国科学院院士1人，研究员及正高级工程技术人员45人、副研究员及高级工程技术人员94人，中国科学院“百人计划”入选者7人、国家杰出青年科学基金获得者2人。全所进入创新岗位292人。

山西煤化所是国务院学位委员会批准的首批博士、硕士学位授予单位之一，现有物理化学、材料学、化学工艺及工业催化4个专业二级学科博士研究生培养点，有机化学、物理化学、材料学、化学工程、化学工艺及工业催化6个专业二级学科硕士研究生培养点，并设有物理化学1个专业二级学科博士后流动站，共有在学研究生295人（其中硕士生136人、博士生159人）、在站博士后1人。

2009年，山西煤化所共有在研项目236项（包括2009年新增项目60项）。其中国家重点基础研究发展计划（973）项目14项（新增1项），中国高技术研究发展计划（863）项目17项（新增2项），国家科技支撑计划项目2项，国家其他项目23项（新增8项）；国家自然科学基金重大项目2项、重点基金项目2项（新增加1项）、面上基金项目11项（新增4项），国家杰出青年科学基金项目1项、其他项目15项（新增3项）；中国科学院知识创新工程重要方向项目16项（新增6项）、院地合作项目1项、国际合作项目9项（新增3项）、其他项目24项（新增5项）；与地方政府合作项目28项（新增10项）、与企业合作项目38项（新增13项）；研究所知识创新工程重要方向项目15项、其他项目2项。全年科研总收入20163万元。

2009年，山西煤化所煤间接液化、粗苯加氢精制催化、顺酐低压加氢生产、甲醇制汽油及灰熔聚煤气化技术等工艺技术取得重大突破。采用研究所自主知识产权煤炭间接液化技术建设的伊泰16万t/a煤基合成油示范项目和山西潞安矿业集团16万t/a煤炭间接液化工业示范项目一次投料试车成功，产出合格油品，工艺过程系统配置稳定可靠，是目前国际领先的新一代煤炭间接液化技术；内蒙古4000t/a γ-丁内酯项目的催化反应系统和蒸馏全面联动一次成功，所产的γ-丁内酯质量达到一级品；采用研究所开发的粗苯加氢精制催化剂在山东建设的8万t/a加氢精制催化剂装置一次投料生产成功，成为我国首套使用国产此催化剂的装置；晋煤集团10万t/a合成油示范工程项目中，采用研究所发明专利“灰熔聚流化床粉煤气化技术”的工业气化装置实现了高灰、高灰熔点、高硫“三高”无烟煤的连续稳定气化，各项技术指标达到设计要求，并成功实现甲醇生产全流程贯通。山西煤化所牵头承担的重大基金项目“能源发展中的若干关键化学科学基础问题”圆满结题，验收专家组认为该项目是从基础研究-关键技术突破-成功实施工业放大，产-学-研结合的典型范例。

2009年，山西煤化所708组获中国科学院杰出科技成就奖（集体）。获授权专利56项。发表论文249篇，其中国际期刊131篇，国内期刊118篇，国际、国内会议99篇；被SCI收录149篇，EI收录144篇，收录论文影响因子最高达到10.879。此外，根据中国科学技术信息研究所的统计数据，2008年度我所EI收录论文数136篇，在全国研究机构排序位居第20位。

2009年，山西煤化所与企业签订合同52项，金额5074.6万元。与上海高等研究院及山西潞安集团签订共建上海低碳能源转化技术中心战略协议，有效推动洁净煤技术产业化和技术先进性；与泰兴市人民政府签署合作协议，重点围绕六个方面展开全面合作。

2009年，山西煤化所积极开展国际合作。全年共计来访178人次、出访53人次，在研国际合作项目经费2400万元。与荷兰壳牌公司、德国拜尔公司签订新协议；获荷兰技术计划经济部、英国研究理事会及英国-中国科技创新计划项目资助各1项；举行了“2009年度西格里集团优秀研究生奖学金和助研奖颁奖仪式”；举办了能源基础知识及卷烟生产过程能源消耗技术经济分析项目工作会议、首届中国科学院炭材料重点实验室青年学者论坛、能源环境催化新材料高级研修班和煤化工发展战略高层论坛。

山西煤化所主办有《燃料化学学报》和《新型炭材料》等刊物。根据中国科学技术信息研究所公布的《中国科技期刊引证报告（核心版）》统计数据，《燃料化学学报》2008年度的影响因子为0.832；《新型炭材料》2008年度的影响因子为1，居材料科学技术类期刊的榜首，连续8年摘取材料科学技术类期刊榜首的桂冠。

（撰稿：王　军　审稿：李晶平）

大连化学物理研究所

所　　长：张　涛
地　　址：辽宁省大连市中山路457号
邮政编码：116023
电　　话：0411－84379135
传　　真：0411－84691570
电子信箱：bgs@dicp.ac.cn
网　　址：http://www.dicp.cas.cn

中国科学院大连化学物理研究所（以下简称大连化物所）创建于1949年3月，当时定名为大连大学科学研究所。1950年9月，更名为东北科学研究所大连分所，1952年转属中国科学院，更名为中国科学院工业化学研究所，1954年6月，更名为中国科学院石油研究所，1962年正式命名为中国科学院大连化学物理研究所。

大连化物所是一个基础研究与应用研究并重、应用研究和技术转化相结合、以任务带学科为主要特色的综合性研究所。中国科学院知识创新工程三期确立了“发挥学科综合优势，加强技术集成创新，以可持续发展的能源研究为主导，坚持资源环境优化和生物技术创新协调发展，创建世界一流研究所”的发展战略目标，在我国能源的可持续发展、资源优化利用、国家安全，以及国民生命与健康等领域发挥着重要作用。

大连化物所设有11个研究室，包括催化基础国家重点实验室、分子反应动力学国家重点实验室2个从事基础研究的国家重点实验室；燃料电池研究室、化学激光研究室、航天催化与新材料研究室3个从事重大项目研发的研究室；仪器分析化学研究室、精细化工研究室、应用催化研究室、现代化工研究室、低碳催化与工程研究部和生物技术研究部6个从事应用研究的研究室。建有甲醇制烯烃国家工程实验室和国家催化工程技术研究中心、膜技术国家工程研究中心和燃料电池及氢源技术国家工程中心3个国家级工程中心。另外，与国外著名大学、公司和研究机构联合设立了中法催化联合实验室、中法可持续能源联合实验室、中德催化纳米技术伙伴小组、中韩燃料电池联合实验室和DICP-BP能源创新实验室等十几个国际合作研究机构。

截至2009年底，大连化物所共有职工1300人，其中事业编制职工912人，博士后66人，非事业编制职工137人，流动人员185人；流动人员中，有客座研究员25人、访问学者26人。离退休人员815人，创新岗位人员630人。在岗职工中，共有科研人员542人，管理人员77人，技术支撑人员138人。大连化物所是国家海外高层次人才创新创业基地，现有中国科学院院士9人、中国工程院院士3人，正高级专业技术人员107人、副高级专业技术人员235人，引进海外高层次人才（“千人计划”入选者）1人，中国科学院“百人计划”入选者31人、国家杰出青年科学基金获得者11人。

大连化物所是国务院学位委员会批准的首批博士、硕士学位授予单位，现有化学和化学工程与技术一级学科硕士、博士研究生培养点，2009年共有在学研究生706人，其中博士研究生458人，硕士研究生248人。

2009年，大连化物所继续推进洁净能源国家实验室建设，在学科布局、人才引进、平台建设等方面取得了较好进展。低碳催化与工程研究部、节能减排及能源环境工程研究部相继成立；中国科学院太阳能光化学转化研究中心落户太阳能转化与利用研究部；化石资源优化利用、燃料电池及储能、氢能、太阳能转化与利用、生物能源、能源基础和战略、近海可再生能源7个研究部和能源研究技术平台正在建设中。辽宁省科学技术厅先后资助700万元用于洁净能源国家实验室平台建设；大连市1亿元资助正在积极落实。

2009年，大连化物所共有在研项目473项（不包括2009年新增项目），其中国家重点基础研究发展计划（973）项目4项，中国高技术研究发展计划（863）项目49项，国家科技支撑计划项目1项，国家自然科学基金重点项目10项，国家杰出青年科学基金项目4项；中国科学院知识创新工程重要方向项目27项，院地合作项目

312 项，国际合作项目 44 项；与地方政府合作项目 22 项。

2009 年，大连化物所共有新增项目 171 项，其中国家重点基础研究发展计划（973）项目 1 项，中国高技术研究发展计划（863）项目 11 项，国家自然科学基金重点项目 5 项，中国科学院知识创新工程重要方向项目 28 项，院地合作 126 项，国际合作项目 20 项；与地方政府合作项目 12 项。

2009 年，大连化物所共获得省部级以上奖励 10 项，其中 8 项为第一完成单位。航天催化新材料团队获得中国科学院杰出科技成就奖；石·米歇尔教授获得中华人民共和国国际科学技术合作奖。申请专利 307 件，授权 100 件；登记成果 34 项；全所正式公开发表论文 696 篇，国际会议论文 290 篇；被 SCI 收录 654 篇，其中作为第一产权单位发表的论文是 433 篇。2009 年 12 月公布的 2008 年度中国科技论文统计结果显示，2008 年度 SCI 收录大连化物所论文 511 篇，居全国研究机构第 5 位；国际论文被引 973 篇/4066 次，居全国科研机构第 5 位。

2009 年，大连化物所科技人员分别在 116 个国际机构中担当理事、大会主席、分会主席、理事学术委员会委员、主编和地区编委等职务；成功举办了 400 余人参加的第 24 届国际微尺度生物分离分析大会、第 23 届国际分子束研讨会等共 10 个国际性会议；共有来自 20 多个国家和地区的近 500 位国（境）外科学家应邀来华进行学术交流和访问；全所共有 150 多位研究人员到美国、英国和德国等 20 多个国家和地区进行科技交流和进修，其中参加各类国际会议 100 多人次；进行学术访问和合作研究近 50 人。

大连化物所是中国化学会的会员单位，负责编辑出版《色谱》、《催化学报》和 *Journal of Natural Gas Chemistry* 三种学术期刊。2009 年《色谱》和《催化学报》被评选为中国科技精品期刊。

（撰稿：孙　洋　审稿：申　林）

金属研究所

名誉所长：师昌绪
所　　长：卢　柯
地　　址：辽宁省沈阳市沈河区文化路 72 号
邮政编码：110016
电　　话：024－23843605
传　　真：024－23891320
电子信箱：imr@imr.ac.cn
网　　址：http://www.imr.cas.cn

中国科学院金属研究所（以下简称金属所）成立于 1953 年，是新中国成立后中国科学院新创建的首批研究所之一。创建者是我国著名的物理冶金学家李薰先生。1999 年 5 月，根据中国科学院党组知识创新工程试点工作的统一部署，在“东北高性能材料研究发展基地”建设中，中国科学院金属研究所与中国科学院金属腐蚀与防护研究所整合成立现所。2008 年 12 月，中共中央总书记、国家主席胡锦涛视察金属所，并指出：金属所是我们国家材料科学和工程研究的重要基地。

金属所的学科方向和研究领域是：纳米尺度下超高性能材料的设计与制备、耐苛刻环境超级结构材料、金属材料失效机理与防护技术、材料制备加工技术、基于计算的材料与工艺设计、新型能源材料与生物材料。

金属所现有沈阳材料科学国家（联合）实验室和金属腐蚀与防护国家重点实验室，其中沈阳材料科学国家（联合）实验室是我国第一个研究类国家实验室；应用研究方面拥有沈阳先进材料研究发展中心、材料环境腐蚀研究中心和两个国家工程中心（高性能均质合金国家工程研究中心和国家金属腐蚀控制工程技术研究中心）。2009 年，金属所设立了材料发展战略研究中心、材料失效分析中心、材料基础数据研究中心等单元，进一步加强了战略研究工作力度。

金属研究所坚持实施“人才兴所”战略，

按照“用好现有人才，稳定关键人才，引进急需人才，培养未来人才”的原则，坚持“以事业的发展凝聚人，以正确的价值观引导人，以良好的创新环境吸引人，以合理的待遇激励人，以创新实践培养造就人”，培养和凝聚了大批优秀的材料科学家和工程技术专家。

截至2009年底，金属研究所共有在职职工833人。其中科技人员407人、科技支撑人员136人，包括中国科学院院士6人、中国工程院院士3人、第三世界科学院院士2人；研究员及正高级工程技术人员111人、副研究员及高级工程技术人员221人；中国科学院“百人计划”入选者23人、国家杰出青年科学基金获得者16人（B类3人）。全所进入创新岗位549人。

金属所是国务院学位委员会批准的首批博士、硕士学位授予单位之一，现有材料科学与工程1个一级学科博士研究生培养点、材料科学与工程1个一级学科硕士研究生培养点，包含材料物理与化学、材料学、材料加工工程、腐蚀科学与防护4个二级学科博士、硕士研究生培养点，并设有材料科学与工程1个一级学科博士后流动站，共有在学研究生618人（其中硕士生258人、博士生360人）、在站博士后33人。

2009年，金属所共有在研项目416项（包括2009年新增项目143项）。其中国家重点基础研究发展计划（973）项目（课题）22项（新增7项），中国高技术研究发展计划（863）项目（课题）13项（新增5项），国家科技支撑计划项目5项（新增2项）；国家自然科学基金重大项目1项、重点项目5项（新增1项），国家杰出青年科学基金项目4项，优秀创新群体项目2项（新增1项），重大国际合作项目1项（新增），面上项目94项（新增24项）；中国科学院知识创新工程重要方向项目14项（新增3项）、创新团队项目1项，百人计划8项，院地合作项目83项（新增43项），国际合作项目22项（新增5项）；与地方政府合作项目27项（新增19项），其他114项（新增29项）。

2009年，金属所高性能涂层与阴极保护结合的联合防腐技术再立新功，保证舟山金塘大桥的顺利通车；动车组转向架材料研究组建立了CRH5型车的采购技术规范，CRH3型车材料的国产化研究如期展开；核电装备材料及技术研究逐步实现了工程化；Ti2448合金接骨板通过了临床试验；精密铸造TiAl合金叶片通过了国际知名公司的合格供应商认证；高技术新材料研制生产进展顺利；纳米孪晶纯铜极值强度的形成机制、利用纳米尺度共格界面强化提高材料综合强韧性等材料理论研究在*Science*上发表，前者并入选“2009中国基础研究十大新闻”，进一步确立了金属所在纳米金属材料方向的国际领先地位；净水材料、纳米炭材料、耐高温陶瓷材料、磁性材料的研究稳步推进。一些长期坚持的研究方向获得各级奖励，得到广泛认可：“飞机日历寿命定量评价方法及其延寿应用”获国家科技进步奖二等奖；“金属材料表面纳米化技术和机理”获辽宁省自然科学奖一等奖；“可视化铸锻技术”研究集体获得中国科学院杰出科技成就奖。此外，金属所院地合作工作获得中国科学院院地合作集体一等奖（2008年）。

2009年，金属所科研人员参加海外举办国际会议108人，其中40人作邀请报告，占参会总人数的37%。金属所中外联合发表论文119篇，其中发表在SCIQ1级期刊上的论文有60篇，占总数的50.42%。2009年，金属所举办中德先进材料与技术研讨会、第三届亚洲镁合金研讨会等5个国际研讨会，与美国波音公司等签署5个国际合作协议。截至2009年底，金属所已有14名科研人员在25个国际学术组织任职，10名科研人员在20个国际期刊任职。

金属所受中国金属学会、中国材料研究学会、国际材料物理中心、国家自然科学基金委员会、中国腐蚀与防护学会等委托，编辑出版《金属学报》（中、英文版）、《材料科学与技术》（英文版）、《材料研究学报》（中文版）、《中国腐蚀与防护学报》、《腐蚀科学与防护技术》等6种学术刊物。其中，《金属学报》荣获“新中国60年有影响力的期刊”称号。

（撰稿：刘　言　审稿：徐　岩）

沈阳应用生态研究所

所　　长：韩兴国
地　　址：辽宁省沈阳市沈河区文化路72号
邮政编码：110016
电　　话：024－83970200
传　　真：024－83970300
电子信箱：syiae@iae.ac.cn
网　　址：http://www.iae.ac.cn

中国科学院沈阳应用生态研究所（以下简称沈阳生态所）成立于1954年，当时命名为中国科学院林业土壤研究所，1987年改为现名。沈阳生态所是以林业、土壤、植物、微生物与环境科学为基础的综合性的应用生态学研究机构。

沈阳生态所瞄准国家重大需求和国际学科前沿，以应用生态学为主攻学科，以实验生态学方法和现代生物技术、信息技术为主要手段，以陆地主要生态系统为研究对象，重点开展生态系统生态过程与格局、退化生态系统恢复与重建、生态系统调控与管理等方面的研究，丰富和发展应用生态学理论与技术体系，为保障区域生态安全和可持续发展，实现人与自然的和谐提供科学基础、决策依据和关键技术，在国家应用生态学科技创新体系中发挥引领作用。研究所主要从事三大领域六个研究方向的工作。三大领域是：森林生态与林业生态工程、农田生态与农业生态工程、污染生态与环境生态工程；六个研究方向是：森林生态系统格局与过程、森林植被恢复与环境效应、农田生态系统物质循环与调控、微生物资源与生物技术、污染生态过程与生态毒理、土壤环境与生态修复。

沈阳生态所下设中国科学院陆地生态过程重点实验室、辽宁省陆地生态过程与生态安全重点实验室、辽宁省节水农业重点实验室、辽宁省新型肥料研究中心、辽宁省生态公益林经营管理重点实验室、森林生态与林业生态工程研究中心、土壤生态与农业生态工程研究中心、污染生态与环境生态工程研究中心，有中国科学院长白山森林生态系统定位研究站（国家野外观测站、院开放站、CERN重点站）、中国科学院沈阳生态实验站（国家野外观测站、院开放站、CERN重点站）、中国科学院会同森林生态系统试验站（国家野外观测站、CERN重点站）、中国科学院乌兰敖都荒漠化试验站（国家林业局荒漠化监测中心之一）、清原森林生态实验站、大青沟生态研究站、中国科学院沈阳生态植物园和中国科学院东北生物标本馆与东亚苔藓研究中心，以及中俄自然资源与生态环境联合研究中心。此外，还建有国家绿色食品定点检测中心及绿色食品环境质量监测中心、无公害农产品定点检测机构，装备有同位素比例质谱仪、液质联用仪、气质联用仪、等离子体发射光谱仪、超临界萃取仪、PCR电泳仪等先进仪器设备，有微（痕）量元素、有机污染物、微观形态分析测试能力，可以进行环境、农业、医药、食品等领域的分析测试和研究工作。

2009年，以创新团队组建、杰出人才引进和青年人才培养为人才队伍建设工作的重点，启动了“东北典型生态系统碳、氮、水循环与耦合机制研究”创新团队国际合作伙伴计划，入选“引进国外杰出人才”2人。通过加强能力素质培训、国际化培养、青年专项基金投入等措施，推进了青年人才的培养。

截至2009年底，沈阳生态所共有在职职工389人。其中科技人员169人、科技支撑人员84人，包括中国科学院院士1人；研究员及正高级工程技术人员47人、副研究员及高级工程技术人员93人；中国科学院“百人计划”入选者10人、国家杰出青年科学基金获得者3人。全所进入创新岗位194人。

沈阳生态所是国务院学位委员会批准的首批博士、硕士学位授予单位之一，现有生态学、微生物学、土壤学、环境科学4个专业二级学科博士研究生培养点，生态学、微生物学、土壤学、植物学、森林培育、环境科学6个专业二级学科硕士研究生培养点，并设有生物学、农业资源利用一级学科博士后流动站，共有在学研究生284人（其中硕士生149人、博士生135人）、在站博士后25人。

2009年，沈阳生态所共有在研项目492项。

其中国家重点基础研究发展计划（973）项目1项，课题3项，中国高技术研究发展计划（863）课题2项，国家科技支撑计划项目1项，课题9项；国家自然科学基金重点项目4项，国家杰出青年科学基金项目1项；中国科学院知识创新工程重要方向项目9项，院地合作项目25项，国际合作项目8项；与地方政府合作项目48项。

2009年，沈阳生态所新增项目141项。其中国家科技支撑计划项目1项；国家自然科学基金重点项目3项，国家杰出青年科学基金项目1项；中国科学院知识创新工程重要方向项目2项，院地合作项目9项，国际合作项目2项；与地方政府合作项目11项。

2009年，沈阳生态所推荐国家奖励1项、辽宁省科技奖励2项，获省科技奖励2项。其中“森林资源数字化管理体系的建立及应用”获辽宁省科技进步奖二等奖，“三种外来杂草胜红蓟、马樱丹和三裂叶豚草的化感作用”获辽宁省自然科学奖三等奖；申请专利71项，授权专利38项；软件登记3项；发表学术论文500余篇，其中SCI收录论文150篇（SCI I区7篇、II区44篇），EI收录论文23篇，CSCD 241篇；出版专著1部。

2009年，沈阳生态共派出科技人员54人次，调研企业技术需求100余项，现场解答技术需求30余项。共签署技术合作、转让、服务等合同或协议39项，合同额1879万元。

2009年，沈阳生态所组建了“东北典型生态系统碳、氮、水循环与耦合机制”国际合作伙伴计划研究创新团队，与22个国家和地区开展国际学术交流与合作，总交流量为145人次，签署国际合作与交流协议1项，发表国际合作论文20篇，主办了东北亚生态论坛、生态学未来之展望研讨会、工业区环境污染与生态修复国际研讨会和中韩双边气候变化与森林生态系统管理研讨会。

沈阳生态所是辽宁省生态学会、辽宁省植物学会、辽宁省土壤学会、沈阳市植物学会的挂靠单位；编辑出版《应用生态学报》、《生态学杂志》等学术刊物。

（撰稿：宗文君　审稿：郭秀银）

沈阳自动化研究所

所　　长：王越超
副 所 长：于海斌、桑子刚、史泽林
地　　址：辽宁省沈阳市东陵区南塔街114号
邮政编码：110016
电　　话：024－23970012
传　　真：024－23970013
电子信箱：sia@sia.cn
网　　址：http://www.sia.cas.cn

中国科学院沈阳自动化研究所（以下简称沈阳自动化所）成立于1958年11月，长期从事机器人、工业自动化、光电信息技术的研究、开发与应用工作，是我国机器人事业的摇篮，是机器人技术国家工程研究中心、机器人学国家重点实验室、科学技术部高技术成果转化产业化基地、辽宁省图像理解与视觉计算重点实验室、中国科学院光电信息处理重点实验室、辽宁省工业通信与控制系统重点实验室、辽宁省数字化协同制造与管理重点实验室依托单位。主要学科领域为制造科学，主要研究方向包括智能机器、先进制造系统和光电技术等。

沈阳自动化所设有6个研究室、2个支撑部门和8个管理部门。研究室包括：机器人学研究室、水下机器人研究室、工业信息学研究室、光电信息学研究室、自动化系统研究室和现代装备研究室。支撑部门包括：信息中心、机电产品制造中心。管理部门包括：综合办公室、科技处、工程项目处、人事教育处、财务处、质量管理处、条件处、产业发展办公室。

截至2009年底，沈阳自动化所共有在职职工660余人。其中科技人员545人、科技支撑人员147人，包括中国工程院院士2人，研究员及正高级工程技术人员76人、副研究员及高级工程技术人员130人，中国科学院“百人计划”入选者5人、国家杰出青年科学基金获得者1人。全所进入创新岗位452人。

沈阳自动化所拥有机械电子工程、模式识别

与智能系统2个博士研究生培养点和机械电子工程、模式识别与智能系统、控制理论与控制工程、计算机应用技术4个硕士研究生培养点，有机械电子工程、控制科学与工程2个博士后流动站。2009年共有在读硕士生154人、博士生163人，在站博士后23人。

2009年，沈阳自动化所共有在研项目280项，新立项102项。其中国家重点基础研究发展计划（973）项目1项，中国高技术研究发展计划（863）项目12项；国家自然科学基金项目6项；中国科学院知识创新工程重要方向项目4项，国际合作项目1项。

沈阳自动化所新申请专利161件，其中发明专利93件、实用新型68件、PCT国际申请3件；授权专利79件，其中发明专利33件、实用新型专利46件。软件著作权登记27件，软件著作权登记受理22件。发表论文357篇，其中进入EI索引的论文210篇，进入SCI索引的论文23篇；出版专著、编著各5部。2009年获得国家科学技术发明奖二等奖1项。

沈阳自动化所投资的高技术公司继续呈现良好发展态势。截至2009年底，所投资公司共有10家，从事科技开发工作的人员数共有909人。研究所在机器人技术、自动化技术、自动化生产线及装备自动化、企业信息化技术以及光电信息等领域保持技术优势，主要成果及产品包括特种及救援机器人、水下机器人、工业自动化网络技术、自动化成套装备以及企业信息化生产调度、执行及管理系统。通过国家及地方企业项目研究开发，不仅为企业带来可观的经济效益，同时也产生了巨大的社会效益，如反恐防暴机器人、高压线巡检机器人、长兴岛污水处理系统、农村卫生医疗终端设备、无线智能抄表系统等产品、系统均已投入使用。2009年院地合作工作成绩显著，获得中国科学院院地合作先进集体一等奖及先进个人二等奖1项。获首届中国产学研合作创新奖。

2009年，沈阳自动化所与美国、英国、瑞士、日本、韩国、香港等18个国家和地区的有关单位进行了学术交流与交往。全年派出53人次出访，其中短期派出51人次，长期派出3人次。全年共接待12个国家和地区29人次来访。成功举办了2009微纳操控与器件制造（MNMD09）学术研讨会；在中国科学院与日本IHI公司合作协议框架下完成的全自动激光拼焊生产线的合作已在南京试运行，填补了我国在激光拼焊领域上的空白。

中国自动化学会机器人专业委员会（首任主任委员蒋新松、现主任委员王越超）、辽宁省自动化学会（首任理事长蒋新松、现理事长王天然）、中国图像图形学会东北地区分会（首任会长徐心平、现会长刘积仁）、辽宁省计算机用户协会（首任理事长尹朝万、现理事长黄其励）和沈阳科研院所科协联合会（首任会长李兆慈）挂靠在沈阳自动化所，柳成林任秘书长。沈阳自动化所主办两个科技类一级学术期刊《机器人》、《信息与控制》。

（撰稿：刘　洋　审稿：周　船）

海洋研究所

所　　长：孙　松
地　　址：山东省青岛市南海路7号
邮政编码：266071
电　　话：0532－2898611
传　　真：0532－2898612
电子信箱：iocas@ms. qdio. ac. cn
网　　址：http://www. qdio. ac. cn

中国科学院海洋研究所（以下简称海洋所）始建于1950年8月，其前身为中国科学院水生生物研究所青岛海洋生物研究室，是新中国建立的第一个从事海洋科学基础研究、应用基础研究和高新技术研发的多学科、综合性科研机构。

海洋所围绕国家对海洋资源与生态环境发展的战略需求，重点在海洋资源持续利用和海洋环境安全保障两大领域开展基础性、前瞻性、战略性研究。设有实验海洋生物学、海洋生态与环境科学、海洋环流与波动、海洋地质与环境4个中国科学院重点实验室，以及海洋生物分类与系统演化实验室、海洋生物工程技术研究发展中心、海洋环境工程技术研究发展中心、海洋腐蚀与防护研究发展中心、海洋分析测试中心、文献信息中心和海洋油气研究中心等。山东胶州湾海洋生态系统国家野外科学观测研究站，中国科学院现代海底热液活动研究青年实验室、海洋科学大型仪器区域中心、高性能计算青岛分中心和农业部贝类产业技术体系研发中心等设在海洋所。与国内外联合建立的机构有：山东省腐蚀科学重点实验室、海洋环境探测与模拟实验室、海洋环境监测技术联合实验室、青岛海洋生物技术重点实验室、青岛海洋环境腐蚀与防护重点实验室、中国科学院海洋研究所－獐子岛渔业海洋生态养殖联合实验室、海珍品良种选育与生态养殖实验室、山东黄海岛屿生物资源保护与利用研究所，以及中美联合海洋生态动力学开放实验室、海洋环境与气候环境联合研究中心、中日海洋腐蚀环境共同研究中心、中日海洋防腐涂料研究发展中心等。另外，海洋所还建有以“科学一号”、“科学三号”为代表的海洋科学综合考察船队，大科学工程建设项目——海洋科学综合考察船建造合同签字仪式于 2009 年 12 月 29 日在人民大会堂举行。共有大型仪器设备 73 台套。

海洋所拥有我国规模最大、亚洲馆藏量最丰富的中国科学院海洋生物标本馆，建有海洋生物标本资源共享平台，在馆藏的 76 万多号标本中近 50 万号实现数字化，其中近 28 万号实现数字共享。海洋生物标本馆网络信息系统－国际海洋生物地理信息系统（OBIS）中国节点近 7 万条记录和 7 个专业数据库实行国际共享。

海洋所重视战略研究与发展规划制定。作为中国科学院《中国至 2050 年海洋科技领域发展路线图》编研牵头单位，组织完成了发展战略研究任务；承担并负责完成了《中国海洋观测网络建设编制方案》，国家海洋农业“十二五”科技发展规划，国家“863”海洋农业科技战略规划、海洋技术－遥感技术和海洋技术生物资源保护与利用“十二五”规划等编研任务。确定了研究所挺进深海大洋发展战略，提出了“蓝色行动计划”和“深海大洋行动计划框架”。

海洋所注重人才引进和培养。2009 年，中国科学院院士穆穆加盟海洋所，引进各类人才 35 人（其中博士 25 人、硕士 7 人）。有 3 人入选 2009 年“新世纪百千万人才工程”国家级人选，3 人获国务院政府特殊津贴，1 人获“新中国 60 年来有影响力的期刊人”，2 人获山东省有突出贡献的中青年专家，2 人获第六届山东省优秀科技工作者，5 人获青岛市专业技术拔尖人才等称号；1 人获中国科学院卢嘉锡青年人才奖，1 人获青岛市十大杰出青年提名奖；1 位“百人计划”入选者终期评估获优秀；中国科学院“海洋生物功能基因组学研究及其应用”国际合作创新团队终期评估获优秀；“蓝色农业生物技术创新团队”入选山东省优秀创新团队。曾呈奎院士被评为新中国成立 60 年十大海洋人物；曾呈奎、郑守仪院士入选“山东省 100 位为新中国成立、建设作出突出贡献的英雄模范人物”。

截至 2009 年底，海洋所共有在职职工 588 人。其中专业技术人员 431 人，包括中国科学院院士 5 人、中国工程院院士 2 人，正高级专业技术人员 73 人、副高级专业技术人员 102 人，中国科学院“百人计划”入选者 11 人、国家杰出青年科学基金获得者 3 人、山东省“泰山学者”特聘专家 5 人。全所进入创新岗位 377 人。

海洋所是国务院学位委员会批准的首批博士、硕士学位授予单位之一，设有学术型博士研究生培养点 10 个、硕士研究生培养点 12 个，专业工程硕士研究生培养点 3 个，并设有海洋科学一级学科博士后科研流动站，共有在读研究生 462 人（其中博士生 215 人、硕士生 247 人），在站博士后 46 人。

2009 年，海洋所共有在研项目 478 项，新争取项目 148 项。在研项目包括：国家重点基础研究发展计划（973）项目 1 个，研究课题 12 个；中国高技术研究发展计划（863）课题 31 个，国家科技支撑计划项目 3 个、研究课题 16 个；国家自然科学基金项目 147 个（其中创新研究群体 1 个、国家杰出青年科学基金项目 3 个、重大项目 1 个、重点项目 13 个）；国家“908”专项课题 12 个，山东“908”专项课题 2 个；农业部行业专项项目 2 个，研究课题 9 个；国家海洋公益性专项 3 个，研究课题 5 个；地矿部海洋地质专项课题 4 个，国家环保专项项目 1 个，科学技术部农转基金项目 3 个；国家人才基金项目 7 个；地方政府项目 63 个，大中型企业委托项目 51 个；中国科学院项目 61 个（其中重点、重大项目各1个）；研究所知识创新领域前沿项目20个，重点实验室领域前沿探索项目25个。新争取项目包括：“973”项目2个，研究课题4个，“863”课题3个；国家自然科学基金项目39个（其中国家杰出青年科学基金项目1个，重大国际合作项目1个，重点项目1个）；国家“908”专项项目1个；农业部行业专项项目1个；科学技术部农转基金项目1个；国家海洋公益性专项项目1个；国家其他项目31个；地方政府项目18个，大中型企业委托项目28个；中国科学院项目19个。2009年新争取项目合同经费2.28亿元。同时研究所还部署领域前沿项目16个。

2009年，海洋所申请专利68件，其中发明专利65件；获授权专利37件，其中国际发明专利1件，国内发明专利34件；出版专著8部；发表研究论文596篇，其中SCI/EI收录335篇、JCR各学科TOP15期刊发表论文67篇；有12个项目通过验收，7项研究成果通过鉴定，其中1项整体达国际先进水平、部分居国际领先水平，6项达国际先进水平。有11项成果获科技奖励，其中张国范研究员等完成的“菲律宾蛤仔现代养殖产业技术体系的构建和应用”获国家科技进步奖二等奖；侯保荣院士获“山东省科学技术最高奖”；刘瑞玉院士获“青岛市科学技术最高奖”；“中国红藻基础生物学研究”等2项成果获国家海洋局创新成果奖一等奖。

2009年，海洋所积极推进国际交流与合作，新增国际合作项目15项。接待来自美国、加拿大、挪威、日本等国家和地区的专家学者170人次来访或进行合作研究与学术交流；派出150人次赴20多个国家和地区参加合作研究及学术交流等。承办了SCOR与LOICZ第132联合工作组会议和全球有害藻华生态学与海洋学国际研究计划第二届有害藻华与富营养化开放科学大会等国际会议；主办了“西北太平洋海洋环流与气候试验（NPOCE）科学计划”国际学术研讨会和中德结构生物学国际学术研讨会；牡蛎基因组项目启动及研究进展在世界动植物基因组大会（PAG）上宣布，得到国际同行的广泛关注和认同。逄少军研究员被选举为国际海藻协会委员会（ISAC）委员；有37人次在国际学术组织任职。

海洋所是中国海洋湖沼学会的挂靠单位；出版的学术期刊有《海洋与湖沼》、《中国海洋湖沼学报（英文版）》（SCIE）、《海洋科学》、《海洋科学集刊》。《海洋与湖沼》被评为新中国60年来有影响力的期刊，并获2009年度百种中国杰出学术期刊奖；这是该刊连续第8次获得此项殊荣。

（撰稿：邢桂方　审稿：王启尧）

青岛生物能源与过程研究所

所　　长：王利生
地　　址：山东省青岛市崂山区松岭路189号
邮政编码：266101
电　　话：0532－80662776
传　　真：0532－80662778
电子信箱：dingna@qibebt.ac.cn
网　　址：http://www.qibebt.cas.cn

中国科学院青岛生物能源与过程研究所（以下简称青岛能源所）由中国科学院与山东省人民政府、青岛市人民政府于2006年共同出资筹建，于2009年7月22日获中央编制委员会办公室批复正式成立，2009年11月30日通过中国科学院、山东省人民政府、青岛市人民政府组织的筹建工作验收。

青岛能源所的战略定位是：面向国家能源、资源与环境等重大战略需求，面向国际生物加工与转化科技前沿，紧密结合地方经济社会发展需要，基于生物资源，以工业生物技术和物理化学转化技术为主要手段，研究开发生物基能源、生物基材料的产品、工艺或技术，服务于国家和地方在资源开发、能源利用和清洁过程等领域的需求。主要研究领域是：生物资源领域、生物催化与绿色化工、生物基产品领域、过程放大与系统集成领域、战略研究与评价领域。重要研究方向是：能源植物/藻类的培育与改良、能源微生物筛选与构建、能源生物功能基因组学、能源生物信息工程、预处理工程、微生物代谢工程、生物催化与酶工程、热化学转化工程、生物液体燃料、生物气体燃料、生物基材料、过程仿真与放大、过程装备与系统、可持续发展战略研究、重要技术的安全性评价。

青岛能源所设有4个科研中心、8个所级和省部级支撑平台、1个中试基地。4个科研中心包括：生物资源中心、生物催化与转化中心、生物材料中心和能源应用技术中心。8个所级和省部级支撑平台包括：公共实验室、规划战略与信息中心、中试技术服务中心3个所级平台（目前已基本建成并开始为所内科研服务）；中国科学院生物燃料重点实验室、中国科学院超级计算环境青岛分中心、中国科学院国家科学图书馆生物能源学科情报研究特色分馆、山东省能源生物遗传资源重点实验室、青岛市生物质功能利用工程技术研究中心5个省部级平台（前4个平台已成功申报并在筹建之中）。此外，在青岛平度市（占地200亩，位于平度市同和生态产业园内）的中试基地也已进入筹建阶段。截至2009年12月，累计完成科研装备订货价值9843万元，2009年新增科研装备价值近3800万元。

截至2009年底，青岛能源所共有在职职工218人。其中科技人员152人、科技支撑人员45人，包括研究员及正高级工程技术人员19人、副研究员及高级工程技术人员25人，中国科学院“百人计划”入选者11人、泰山学者1人。全所进入创新岗位148人。

青岛能源所通过院内相关单位代招研究生。现有在读研究生93人，其中博士生42人，硕士生51人。

2009年是青岛能源所筹建工作的验收年。8月19日至9月10日，研究所顺利通过科研活动与管理、人才队伍、基建、装备与平台、资产财务、公共事务和审计工作7个专项验收；10月11日，顺利通过中国科学院、山东省和青岛市共建三方组织的预验收；11月30日，顺利通过共建三方的正式验收。青岛能源所的工作重心正式转向全面提升科技创新能力，实现科技创新跨越式发展的新阶段。

2009年，青岛能源所共有在研项目146项（包括2009年新增项目数）。其中国家重点基础研究发展计划（973）课题1项，中国高技术研究发展计划（863）项目（课题）6项，国家科技支撑计划项目3项；国家自然科学基金项目20项；国家级其他项目6项；中国科学院知识创新工程重大项目3项、重要方向项目13项，院地合作项目7项，其他项目19项；国际合作项目12项；与地方政府合作项目32项，其他合作类项目24项。

2009年，青岛能源所新增科研项目99项，总合同经费8299.1万元。其中“863”项目（课题）3项，国家自然科学基金项目13项；其他国家级项目5项；中国科学院知识创新工程重要方向项目11项，院地合作项目4项，其他项目13项；国际合作项目10项，包括与壳牌公司合作3项、与波音公司合作2项、其他国际合作项目5项；与地方政府合作项目16项，其中山东省科技发展计划项目11项、青岛市科技发展计划项目4项、广东省科技发展计划1项；其他合作类项目24项。

2009年，青岛能源所发表科技论文60篇，被SCI/EI收录的论文34篇；申请专利34件，其中发明专利32件，授权专利1件。建成了木塑材料中试生产线（1500t/a）、可移动式生物柴油中试系统（300t/a）、能源微藻规模化培养中试系统（1200L）等一批中试系统。

2009年，青岛能源所与美国亚利桑那州立大学、瑞典隆德大学、澳大利亚西澳大学、美国西北太平洋国家实验室等国际知名高校、研究机构开展合作交流，共举办学术交流会30余次；联合成立了中澳生物质综合利用联合研究中心、“能源微藻与生物炼制”国际合作伙伴创新团队、青岛－麦迪逊代谢物组学联合数据库等合作研究平台，同时与英荷皇家壳牌集团、波音公司等跨国企业联合开发微藻制生物柴油、生物航空燃料等项目，共获得100余万美元的经费支持；共交换培养、派出科研人员或学生70人次。

（撰稿：丁　娜　审稿：滕晓龙）

烟台海岸带研究所

所　　长：施　平

地　　址：山东省烟台市莱山区春晖路17号

邮政编码：264003
电　　话：0535－2109018
传　　真：0535－2109000
电子信箱：yic@yic.ac.cn
网　　址：http://www.yic.cas.cn

中国科学院烟台海岸带研究所（以下简称烟台海岸带所）于2006年6月开始筹建，筹建期名为中国科学院烟台海岸带可持续发展研究所（筹），是中国科学院与山东省、烟台市共建的资源环境与高技术交叉领域的国家研究机构。2009年7月22日获中央机构编制委员会办公室批准正式成立，12月1日通过中国科学院、山东省、烟台市共同组织的验收。

烟台海岸带所的战略定位是：面向国家对海岸带资源与环境的可持续发展战略需求、面向海岸带可持续发展国际研究前沿，重点开展环境友好型海岸带资源化学与化工技术、海岸带环境与生态过程与退化环境的修复、海岸带信息集成与综合管理等领域的基础性、战略性、前瞻性创新研究，加强海岸带可持续发展基础理论研究、关键技术研发、系统集成和工程示范，致力于实现我国海岸带可持续发展领域科技创新跨越发展、推动海岸带区域经济社会与资源环境协调可持续发展。主要研究领域是：海岸带资源化学与化工关键技术、海岸带环境与生态过程及其监测调控技术、海岸带信息与海岸带综合管理技术及其应用。

根据发展规划和学科特点，成立了海岸带生物资源实验室、环境化学监测实验室、海岸带污染过程与控制实验室、近岸生态与环境实验室、滨海湿地生态实验室、海岸带信息与可持续发展实验室6个科研创新单元；构建了以所级公共分析测试中心、黄河三角洲野外台站、烟台牟平临海台站为核心的科技创新条件平台。

与企业、高校和地方政府开展院地合作、共建区域性科技创新平台。2009年，烟台海岸带所与滨州学院共建的“中国科学院烟台海岸带可持续发展研究所滨海湿地研究基地”正式揭牌投入运行，为参与黄河三角洲区域高效生态经济建设、服务区域经济社会发展提供了区域合作平台；与莱州市政府签订全面科技合作协议；与烟台市牟平区建立全面科技合作关系；与区域海洋经济龙头企业——山东东方海洋科技股份有限公司共建了海岸带生物资源转移转化中心，合作开发的“陆海一号”富硒胶原蛋白－菊粉胶囊已经实现成果转化，产品正式推向市场；参与山东省“一体两翼”黄河三角洲生态经济战略的实施。针对山东提出的黄河三角洲高效生态经济区建设发展战略对生态环境的科技需求，提出了结合区域生态学和区域可持续发展模式与优化管理的思路，得到了科学技术部、山东省和东营市等科技主管部门的肯定，已纳入到黄河三角洲生态建设科技规划；积极为区域可持续发展试验区提供科技支撑。根据烟台区域经济社会可持续发展所面临的科技瓶颈，重点解决区域海洋渔业、黄金矿产、海岸生态防护和节水农业四个方面的科技支撑问题。

此外，海岸带所还拥有4300万元的科研仪器设备，初步形成了所级公共分析测试中心、重点学科公共实验室、企业联合研发和成果转化中心、院地合作共建实验室、野外生态环境观测台站、e-Science支撑平台、区域网络科技文献服务平台等科技条件平台建设。2009年通过了中国科学院海岸带环境过程重点实验室现场评审，以及山东省海岸带环境过程重点实验室的现场验收。科技文献服务实现与国际接轨，实现了面向科研、面向用户的桌面化新型文献服务，将涉及多学科研究过程的科学数据、会议信息、仪器设备等各类信息与文献资源集成检索平台，以全面提升研究所的文献信息服务支撑体系。

截至2009年底，烟台海岸带所共有在职职工151人。其中科研岗位人员110人，包括研究员16名、中国科学院“百人计划”入选者7人、山东省“泰山学者”1名；全所具有博士学位职工90人。2009年被评为“烟台市人才工作先进集体”。

烟台海岸带所从2007年起通过挂靠中国科学院青岛海洋研究所、南海海洋研究所招收研究生，目前共招收研究生127人，其中博士生55人。2009年研究生教育工作发展迅速，1名博士生导师获“朱李月华优秀教师”奖，12名研究生荣获中国科学院研究生院“优秀学生”称号，

1名学生获得“中国科学院院长优秀奖”，3名学生获得“中国科学院朱李月华优秀博士生”奖，1项课题获2009年度中国科学院研究生科技创新专项资助。

2009年，烟台海岸带所共有在研项目151项，合同总经费近5800万元。其中中国高技术研究发展计划（863）项目1项，国家科技支撑计划项目1项，国家自然科学基金26项，中国科学院知识创新工程方向项目16项，山东省科技发展计划项目21项，烟台市科技发展计划项目13项，与企业合作研发项目10项。

烟台海岸带所全年共发表学术论文167篇，其中SCI论文66篇、EI论文38篇。出版专著2部。申请专利34项，其中发明专利32项；获授权专利3项，其中发明专利2项，实用新型1项。2009年由烟台海岸带研究所环境化学实验室承担的山东省科技发展计划项目“海水重金属污染物的快速检测传感器技术研究”通过项目验收及成果鉴定，其研究成果被国际著名学术期刊《美国化学会志》（J. Am. Chem. Soc.，影响因子8.091）以通讯的形式进行了报道。

2009年，烟台海岸带研究所进一步加强国际交流合作。2009年出访法国、德国、意大利、澳大利亚和韩国等国家共计11人次，接待来访专家32人次。与德国GKSS研究中心海岸带研究所、德国汉堡大学共同召开中德海岸带环境研讨会；与联合国教育培训事务所（UNITAR），海岸带陆海相互作用国际办公室（LOICZ）三方共同举办“面向一个基于环境监测技术的安全海岸带生态环境－有效的科学交流与培训”培训会；2009年成功申请由澳大利亚政府出资的青年大使发展项目。

（撰稿：高丽梅　审稿：王德强）

长春光学精密机械与物理研究所

名誉所长：王大珩
所　　长：宣　明
地　　址：吉林省长春市东南湖大路3888号
邮政编码：130033
电　　话：0431－86176813
传　　真：0431－85682346
电子信箱：ciomp@ciomp.ac.cn
网　　址：http://www.ciomp.cas.cn

中国科学院长春光学精密机械与物理研究所（以下简称长春光机所）是由中国科学院长春光学精密机械研究所（前身为始建于1952年的中国科学院仪器馆和始建于1953年的中国科学院机电研究所）与长春物理研究所（前身为始建于1958年的中国科学院吉林分院技术物理所）于1999年整合组建而成。

长春光机所是以知识创新和高技术创新为主线，从事基础研究、应用基础研究、工程技术研究以及高新技术转化的多学科综合性基地型研究所。其主要学科方向包括发光学、应用光学、光学工程、精密机械与仪器四个研究领域，科研工作分为基础研究、应用基础研究和工程技术研究三个方面，三者之间相互牵引、相互依托、相互促进，形成了完整的科研体系。截至2009年底，长春光机所共有应用光学国家重点实验室、国家光栅制造与应用工程技术研究中心、国家光学机械质量监督检测中心、中国科学院激发态物理重点实验室、中国科学院光学系统先进制造技术重点实验室、空间光学研究部、航空成像与测量技术研究部、光电对抗研究部、光电测控研究部、快速捕获与图像处理技术研究室、新技术研究室、光电探测技术研究室和光电技术研发中心13个研究部（室）。

截至2009年底，长春光机所共有在职职工1774人，其中科技人员722人、科技支撑人员93人，管理人员124人。科技人员中，共有中国科学院院士4人，研究员及正高级工程技术人员162人、副研究员及高级工程技术人员249人，中国科学院“百人计划”入选者14人、国家杰出青年科学基金获得者1人。全所进入创新岗位822人。

长春光机所是国务院学位委员会批准的首批博士、硕士学位授予单位之一，现有光学工程1个专业一级学科博士研究生培养点，光学、凝聚态物理、机械制造及其自动化、机械电子工程、电路与系统5个专业二级学科博士研究生培养点；光学工程1个专业一级学科硕士研究生培养点，光学、凝聚态物理、机械制造及其自动化、机械电子工程、计算机应用技术、测试计量技术及仪器、电路与系统7个专业二级学科硕士研究生培养点；并设有物理学、机械工程、光学工程3个专业一级学科博士后流动站。2009年共有在学研究生867人（其中硕士生446人、博士生421人）、在站博士后22人。

2009年，长春光机所共有在研项目378项。其中国家重点基础研究发展计划（973）项目（课题）2项，中国高技术研究发展计划（863）项目（课题）50项，国家科技支撑计划项目2项；国家自然科学基金重点项目5项；中国科学院知识创新工程重大项目1项、重要方向项目1项，国际合作项目1项；与地方政府合作项目47项。

2009年，长春光机所新增项目201项。其中“973”项目（课题）2项，“863”项目（课题）16项，中国科学院知识创新工程重大项目1项；与地方政府合作项目19项。

2009年，长春光机所承担了科学技术部重大专项——极紫外光刻关键技术研究和高NA浸没光学系统关键技术研究及光学检测设备研制；研制的谐衍射红外双波段成像系统充分利用谐衍射元件的独特性质，通过一套光学系统实现两个波段同时成像，在中波红外和长波红外两个波段同时实现校正像差以及减热差的需要，在红外成像、光电探测等方面将起到至关重要的作用；新型复眼光学系统的应用研究，首次研制出了一种新的高分辨力、超轻量化和大视场的空间遥感光学系统；特大口径碳化硅反射镜技术研究取得突破性进展；大面积高精度衍射光栅刻划系统研制项目即将进入设计评审阶段；基于量子点的多靶标免疫量化检测光纤传感器，研制成可用于某些重大疾病如妇科癌症等的无创或微创早期超微量2种或2种以上生物靶标免疫量化检测的光纤生物传感器，本器件在动物体内单靶标检测出的特异性、敏感性等指标接近或超过国家医学临床现行标准的要求；研制出满足实际照明要求的多种与蓝色和近紫外LED芯片匹配的高效新型荧光粉，并获得荧光粉批量生产技术；试剂预封装式小型自动微光谱生化分析系统（先进制造领域），解决了紫外/可见高灵敏度连续探测微型光谱仪研制、高精度进样与快速混合集成器件研制和基于MEMS技术的低成本试剂预封装技术；该所自行研制的单码道绝对式光栅尺在试验装置上实现了正确的组合读数，误码率得到有效控制，能够直接在单一码道上提供唯一的位置值，较已有的七码道绝对编码技术更先进，标志着我国线位移光栅单码道技术的重大突破，为绝对式光栅尺最终实现产业化和中国机床制造业实现从量到质的飞跃奠定了基础；结合地基大口径望远镜工程的实际需求，该所研制出一套精密双排异径球转盘轴承向跳动0.009mm，径向跳动0.006mm，最大空载启动摩擦力矩30N · m，承载能力优于30t，达到了大型望远镜大承载、高精度和低摩擦力矩的技术要求，属国内首创；2009年12月，该所“离轴三反光学系统先进制造技术”项目通过了中国科学院成果鉴定，实现了以计算机控制光学表面成形技术为核心，涵盖以大口径离轴非球面自动加工设备、大口径高精度离轴非球面加工艺技术、离轴高精度非球面检测技术、离轴三反高精度系统装调技术为核心的重大突破，成果属国内最高水平、国际先进，多项关键技术国际领先；12月15日，遥感卫星八号发射升空，长春光机所研制的有效载荷，获取图片信息清晰，效果良好。

2009年，长春光机所获吉林省科技进步奖一等奖、三等奖1项、国防科技进步奖二等奖1项。申报发明专利174项，获授权发明专利108项。以第一单位发表期刊论文701篇，其中影响因子3.0以上论文48篇，影响因子最高达8.191。年内，研究所有1人荣获中国青年五四奖章，1人被评为全国女职工建功立业标兵，1人荣获赵九章优秀中青年科学奖，1人被评为吉林省特等劳动模范，该所已故英模人物蒋筑英副研究员当选全国“双百”人物和中华全国总工会组织评选的“时代领跑者”称号，1名研究生获中国科学院院长特别奖，1名研究生博士论文被评为中国科学院优秀博士学位论文。

长春光机所现有高科技投资企业7家，2009年控股及相对控股企业实现销售收入4.12亿元，净利润7600万元，上缴税金5400万元，实现投资回报3360万元。2009年，长春光机所分别在北京、上海成立办事处，为企业产品销售搭建营销平台。2009年10月23日，该所投资企业长春奥普光电技术股份有限公司通过中国证券监督管理委员会IPO审核，并作为中国科学院系统第一家携军工概念的公司，将于2010年年初挂牌上市；长春新产业光电技术有限公司被授予“科技型中小企业技术创新基金实施十周年优秀企业”称号，该公司产品半导体泵浦全固态激光器被认定为首批国家自主创新产品；长春希达电子技术有限公司自主研制的高清晰高均匀度全色LED大屏幕被选为制作国庆60周年吉林省彩车，并被吉林省授予项目创新成果奖，公司产品高清晰LED全彩色集成三合一显示屏被认定为首批国家自主创新产品。

2009年，长春光机所积极开展实质性的国际合作与交流活动，接待来自10个国家和地区的来访专家、代表团30余人次；派往10个国家参加国际会议、项目合作、技术培训和学术交流人员56人次；与美国OSA签订合作协议4项，与俄罗斯、白俄罗斯分别签署合作协议1项；研究所还成功邀请到俄罗斯著名物理学家、诺贝尔物理学获奖者、俄罗斯科学院副院长若尔斯·伊万诺维奇·阿尔费罗夫（Zhores Ivanovich ALFEROV）院士到所作报告。

长春光机所是中国空间科学学会空间机械专业委员会、中国物理学会发光分会、中国物理学会液晶分会、吉林省光学学会、吉林省机械工程学会传动分会、吉林省机械工程学会设计分会以及长春市仪器仪表学会的挂靠单位。长春光机所主办4种学术刊物和1种情报刊物，分别为《光学 精密工程》、《发光学报》、《液晶与显示》、《中国光学与应用光学》和《光机电信息》。2009年，《光学 精密工程》不仅保持了在EI数据库论文的100%入选率，而且在EI数据下载率排行榜中列位第三，巩固了在国内机械仪表行业领域学术期刊影响力第一的位置。

（撰稿：李 蓉 审稿：刘文武）

长春应用化学研究所

所　　长：安立佳
地　　址：吉林省长春市人民大街5625号
邮　　编：130022
电　　话：0431－85687300
传　　真：0431－85685653
电子信箱：ciac@ciac.jl.cn
网　　址：http://www.ciac.jl.cn

中国科学院长春应用化学研究所（以下简称长春应化所）是1948年12月长春解放后在“伪满大陆科学院”的废址上建立起来的，时称“东北工业研究所”，后几经更名和改变归属，1978年12月命名为中国科学院长春应用化学研究所。

长春应化所是一个集基础研究、应用研究和高技术创新研究于一体的综合性化学研究所。目前主要学科方向是高分子科学、无机化学、分析化学、有机化学和物理化学；主要研究领域是资源与环境、先进材料和新能源；重点开发稀土、二氧化碳、植物和水四类资源；突出发展先进结构、先进复合和先进功能三类材料；主要开拓清洁能源、高密度存储和节能三类技术。

长春应化所建有从事基础研究的高分子物理与化学、电分析化学、稀土资源利用3个国家重点实验室和化学生物学实验室；从事战略高技术研究的中国科学院高分子复合材料工程化研发平台；从事应用研究的中国科学院生态环境高分子材料重点实验室和绿色化学与过程、洁净能源、现代分析技术工程4个实验室；技术支撑集合在国家电化学与光谱研究分析中心。2009年建成了稀土资源利用国家重点实验室、中国科学院生态环境高分子材料重点实验室和中国科学院高分子复合材料工程化研发平台。

截至2009年底，长春应化所共有在职职工838人。其中科技人员413人、科技支撑人员109人，包括中国科学院院士4人、第三世界科学院士3人，研究员及正高级工程技术人员100人、副研究员及高级工程技术人员206人，中国科学院“百人计划”入选者29人、国家杰出青年科学基金获得者22人。全所进入创新岗位462人。

长春应化所是国务院学位委员会首批批准的博士、硕士学位授予单位之一，现有化学一级学科和高分子化学与物理、无机化学、分析化学、物理化学、有机化学 5 个化学专业二级学科博士、硕士研究生培养点，并设有上述 5 个化学专业二级学科博士后流动站，共有在学研究生 667 人（其中硕士生 256 人、博士生 411 人），在站博士后 61 人。

2009 年，长春应化所共有在研项目 652 项。其中国家重点基础研究发展计划（973）项目 10 项、中国高技术研究发展计划（863）项目 3 项、国家科技支撑计划项目 4 项，重大国际合作项目 2 项；国家自然科学基金重大项目 2 项、重点项目 14 项，重大研究计划项目 3 项，面上基金项目 73 项，专项基金项目 4 项，创新研究群体项目 3 项，国家杰出青年科学基金项目 3 项；中国科学院知识创新工程重要方向性项目 13 项、“百人计划”项目 7 项、国际合作伙伴创新团队项目 1 项、院地合作项目 20 项、其他项目 65 项；与地方政府合作项目 66 项。

2009 年，长春应化所新增项目 196 项。其中“973”项目 6 项、“863”项目 1 项，国家科技支撑计划项目 1 项，重大国际合作项目 2 项；国家自然科学基金重大项目 1 项、重点项目 6 项，面上基金项目 34 项，专项基金项目 2 项，重大研究计划项目 2 项，创新研究群体项目 1 项，国家杰出青年科学基金项目 1 项；中国科学院知识创新工程重大方向性项目 11 项，“百人计划”项目 1 项，国际合作伙伴创新团队项目 1 项，院地合作项目 6 项，国际合作项目 22 项；与地方政府合作项目 24 项。

2009 年，长春应化所共荣获省部级以上科技成果奖 9 项，其中以第一完成单位荣获国家成果奖 3 项，分别是：“电化学发光及其毛细管电泳联用的分析方法研究”和“有机高分子发光材料及其在显示器件中的应用”获国家自然科学奖二等奖、“聚烯烃材料的化学与生物改性及其大规模应用”获国家科技进步奖二等奖。荣获吉林省科技进步奖一等奖 4 项，其中以第一完成单位获奖的项目 3 项，分别是“多种形态与尺度发光材料的制备、结构、性能及其应用探索的研究”、“高质量无机纳米晶体制备及性能研究”和“人参、西洋参标准化及系列产品的开发研究”；第三完成单位获奖的项目 1 项。以第一完成单位荣获总装科技进步二等奖 1 项、以第二完成单位荣获山东省科技进步奖一等奖 1 项。荣获“2008 年度中国稀土行业十大科技新闻”2 项、“2008 年度中海油十大科技新闻”1 项；申请专利 166 项、授权 112 项。据中国科技信息研究所 2009 年 12 月公布的 2008 年中国专利统计结果显示，长春应化所专利授权总数位居全国研究机构第 4 名；以第一单位被 SCI 收录论文 673 篇，据中国科技信息研究所 2009 年 12 月公布的“2008 年中国科技论文统计结果”显示，长春应化所国际论文被引用篇次、被 SCI 收录论文篇数分别位居全国研究机构第 3 和第 2 名，1999－2008 年被 SCI 收录论文总数名列全国研究机构第 4 名，在新增的全国“表现不俗论文”篇数排序中，位居全国研究机构第 4 名。

2009 年，长春应化所国际合作与交流取得新进展。共承担科学技术部、国家自然科学基金委员会、中国科学院和地方以及国外公司国际合作项目 20 多项；举办了第十二届国际电分析化学研讨会、中韩双边高分子材料学术研讨会和国际生物材料学术研讨会；选派近百人次赴国外参加国际会议、开展合作研究和学术交流；接待包括诺贝尔奖得主、美国科学院院士马可斯教授在内的近 600 人次国外专家学者来所进行各类学术活动；截至 2009 年底，共有 14 名科研人员在 29 个国际学术组织或国际期刊中任职。

长春应化所现有以高技术入股成立的公司共 20 家。其中上市公司 2 家（中科英华和青岛金王）。2009 年实现销售收入近 13.9 亿元、利润 5200 多万元。与杭州市政府、浙江省科技厅共同组建了中国科学院长春应化所浙江（杭州）材料与化工技术研究院，在长春高新区打造了“长东北先进材料与产业化孵化基地”，新建研发中心 4 个、科技有限公司 4 个、新加入产学研创新联盟 4 个，研究所分别荣获 2008 年中国科学院院地合作先进集体二等奖和首届中国产学研合作创新奖。

长春应化所是中国化学会的挂靠单位，受中国化学会委托，编辑出版《分析化学》（月刊）、《应用化学》（月刊）和《化学通讯》（双月刊），《分析化学》和《应用化学》均为全国科技核心期刊。2009 年，《分析化学》再次入选“百种全国杰出学术期刊”并被评为“新中国 60

年有影响的期刊”。

（撰稿：于柏林 审稿：周光远）

东北地理与农业生态研究所

所　　长：何兴元
地　　址：吉林省长春市高新技术产业开发区蔚山路3195号
邮政编码：130012
电　　话：0431－85542266
传　　真：0431－85542298
电子信箱：neigae@neigae.ac.cn
网　　址：http://www.neigae.ac.cn

中国科学院东北地理与农业生态研究所（以下简称东北地理所）的前身为中国科学院长春地理研究所，成立于1958年8月。2002年3月，原长春地理研究所和原黑龙江农业现代化研究所整合组建而成现所。

东北地理所是从事地理学和农业生态学研究的专门机构，主要发展目标是：针对湿地科学研究的国际前沿和国家对湿地生态、资源与环境的战略需求，结合东北地区农业生态与现代农业发展态势，以湿地科学研究为特色和优势学科，以湿地生态环境和区域农业生态为重点研究领域，以及密切相关的地理遥感信息、东北区域发展等学科领域研究，系统开展资源、环境、生态、现代农业和区域可持续发展研究。其学科方向及研究领域是：以湿地、黑土、碱地构成的区域陆地表层系统和东北人－地关系作用机制作为研究重点，形成基于陆地表层系统过程的湿地科学和农业生态学创新研究体系，全面提高为东北区域可持续发展和国家粮食安全、生态安全提供理论基础及技术支撑的能力。

东北地理所目前设有4个学术研究中心：湿地生态与环境研究中心（包括湿地生态过程实验室、生物地球化学实验室、水资源实验室、环境分析与评价实验室）、区域农业研究中心、遥感与地理信息研究中心和东北区域发展研究中心。建有2个院级重点实验室：中国科学院湿地生态与环境重点实验室和中国科学院黑土区农业生态重点实验室（2009年新增）；1个省级重点实验室：黑龙江省黑土生态重点实验室；2个共建实验室：吉林省生态恢复与生态系统管理重点实验室（与东北师范大学、吉林农业大学联合建设的科学技术部和吉林省共建重点实验室）和吉林省碱地生态经济工程实验室（与吉林省生态发展协会共建）；构筑了以湿地科学、区域农业为主要研究领域的基础研究平台，包括2个国家级野外观测研究站：三江平原沼泽湿地生态系统国家野外观测研究站和海伦农田生态系统国家野外观测研究站；形成了包括三江平原沼泽湿地、辽宁双台河口滨海湿地、兴凯湖滨湖湿地和大兴安岭南瓮河森林湿地在内的东北湿地野外台站网络；所内还建有1个院级试验站：中国科学院长春净月潭遥感试验站；与吉林省合作建立2个野外研究台站：中国大安碱地生态试验站和长岭草地农牧生态研究站；设立1个标本馆：中国湿地植物标本馆。主要下属单位有中国科学院东北地理与农业生态研究所农业技术中心。

截至2009年底，东北地理所共有在职职工304人，流动人员245人，离退休人员225人。在职人员中，共有科研人员215人、科技支撑人员68人，包括中国工程院院士1人，正高级专业技术人员48人、副高级专业技术人员56人，中国科学院“百人计划”入选者3人。流动人员中，共有客座研究员15人、项目聘用人员49人。全所进入创新岗位176人。

东北地理所是国务院学位委员会批准的首批硕士学位授予单位之一，现有环境科学、地图学与地理信息系统、生态学、人文地理学4个二级学科博士、硕士研究生培养点和自然地理学二级学科硕士研究生培养点，并设有环境科学与工程一级学科博士后流动站。2009年共有在学研究生156人，其中博士生94人、硕士生62人；有在站博士后12人。

2009年，东北地理所共有在研科研项目220项，其中国家科技支撑计划重点项目1项、课题1项，国家公益性行业（农业）科研专项经费项目课题1项，国家重点基础研究发展计划（973）课题2项，中国高技术研究发展计划（863）导向类课题4项；国家自然科学基金重点项目3

项；中国科学院知识创新工程重要方向性项目13项，院地合作项目3项，国际合作项目2项；与地方政府合作项目50项。

2009年，东北地理所获得省级科技奖励6项，推荐2项成果申报国家级科技奖励；发表SCI论文65篇，EI论文55篇，CSCD 312篇；受理和授权专利38项，审定农作物新品种2个，软件著作权登记3项，提交并获采用咨询报告5项（其中获国家领导人批示2项）。

东北地理所是中国科学院湿地研究中心、吉林省地理学会、吉林省遥感学会、吉林省环境科学学会环境地学专业委员会、中国生态学会湿地生态专业委员会的挂靠单位。主办的学术刊物有《地理科学》、*Chinese Geographical Science*、《湿地科学》、《农业系统科学与综合研究》，均为中国科学引文数据库（CSCD）核心期刊，其中 *Chinese Geographical Science* 被SCI-E收录。

（撰稿：初立光　审稿：邵庆春）

上海微系统与信息技术研究所

所　　长：封松林
地　　址：上海市长宁路865号
邮政编码：200050
电　　话：021－62511070
传　　真：021－62524192
电子信箱：simit@mail.sim.ac.cn
网　　址：http://www.sim.cas.cn

中国科学院上海微系统与信息技术研究所（以下简称上海微系统所）的前身是成立于1928年的国立中央研究院工程研究所，1970年10月在"解放军一六零三研究所"基础上组建中国科学院上海冶金研究所，2001年8月更名为中国科学院上海微系统与信息技术研究所。

上海微系统所围绕电子科学与技术、信息与通信工程两大学科方向，利用在功能材料与器件研究方面的积累，开展低轨通信小卫星及星座系统、无线传感网、宽带无线通信、集成微光机电系统、半导体微结构材料与器件、太赫兹物理与器件、纳电子材料与器件、SOI材料与器件及新型高效微能源系统等方面的研究，具有硅MEMS加工和封装、化合物半导体材料MBE生长和半导体器件研制以及无线传感网与无线通信研发、测试等技术平台，拥有微系统、微结构器件、半导体微结构材料的研究设备和研发能力。

上海微系统所设有2个国家重点实验室，即传感技术联合国家重点实验室和信息功能材料国家重点实验室；5个与地方共建的技术研发和转移转化中心，即上海微小卫星工程中心、上海无线通信研究中心、中国科学院无锡高新微纳传感网工程技术研发中心、中国科学院嘉兴无线传感网工程中心和中国科学院南京宽带无线移动通信研究中心。

2009年，上海微系统所积极开始组织结构调整，设立军工办公室、重大项目办公室和所地合作办公室，撤销EDA和网络中心，使管理线条更加清晰。开展新一轮中层干部公开招聘、上岗培训等，提高了管理效率。深入开展"十二五"规划研讨，初步形成研究所"十二五"战略发展规划。制定出台了《鼓励技术转移和成果转化暂行办法》、《对外投资管理暂行办法》、《鼓励承担横向项目管理暂行办法》、《共建分支机构管理暂行办法》等十多项管理规范，管理体系更加科学完善。在健全基本收入分配制度的基础上，实行研究员、室主任、部门负责人、所级项目负责人全员考核，实施"千人计划"协议工资、所内"百人计划"、成果转化激励等灵活多样的管理机制，有效调动了员工的积极性。

2009年是上海微系统所人才建设的丰收年。王曦研究员当选为2009年中国科学院院士，是本年度当选的最年轻院士；刘海涛研究员获得2009 CCTV中国经济年度人物评选年度创新奖；3人入选国家"百千万人才工程"；4人获得"2009年上海市领军人才"称号；从海外成功引进6名优秀科技人员；首次开展了"所内百人计划"和优秀标兵评选，11人入选。1篇论文入选全国优秀博士论文、中国科学院优秀博士论文，8名博士生列入中外联合培养研究生。

截至2009年底，上海微系统所共有在职职工759人。其中科技人员393人、科技支撑人员204人，包括中国科学院院士2人、中国工程院院士1人、美国国家科学院外籍院士1人，研究员及正高级工程技术人员57人、副研究员及高级工程技术人员74人，中国科学院“百人计划”入选者15人、国家杰出青年科学基金获得者4人、国家“百千万人才工程”入选者3人、上海市科技领军人才6人次。全所进入创新岗位391人。

上海微系统所是国务院学位委员会批准的首批博士、硕士学位授予单位之一，现设有通信与信息系统、微电子学与固体电子学、材料物理化学3个二级学科博士研究生培养点和3个二级学科硕士研究生培养点；有电子科学与技术、材料科学与工程2个一级学科博士后流动站。现有在学研究生365人（其中硕士生159人、博士生206人），在站博士后26人。

2009年，上海微系统所共有在研项目243项。其中国家重点基础研究发展计划（973）项目12项，中国高技术研究发展计划（863）项目25项，国家科技支撑计划项目3项；国家自然科学基金重大项目1项，国家杰出青年科学基金项目1项；中国科学院知识创新工程重大项目4项、重要方向项目9项，国际合作项目6项。

2009年，上海微系统所围绕国家重大战略需求，有效发挥科技创新引领示范作用，科研工作取得重要进展。①针对“感知中国”的应用开展物联网核心技术研发，实施“上海浦东机场电子围栏防护”、“太湖水质监控传感网平台”等项目，并成立传感网国际标准化工作组，引领国家标准的制订，推动我国物联网核心技术研发和产业发展。②宽带无线应急通信系统在应急通信、国家安全、数字化城市、行业专网等领域形成了卓有成效的系统级应用示范，在各类突发事件中为维护国家安全和社会稳定发挥了不可替代的作用。③为使防入侵传感网、宽带无线应急通信系统、荧光聚合物传感器、智能交通车流量检测雷达等多项科技成果应用于2010上海世博会的城市管理做了大量前期准备工作。④加强基础、前沿探索研究和高技术研究，为可持续发展奠定了基础。如多种MEMS传感器、微纳加工与自组装技术、生化检测与分析系统等，达到了国际先进和国内领先水平；自主研制出太赫兹量子级联激光器（THzQCL）原型器件，实现了THz波的图像传输演示（2.2m）；在国内首先制备出纳米量级PCRAM器件单元，实现了器件单元的可逆相变过程；突破了SOI衬底离子注入抗辐射加固的关键技术，抗辐照SOI材料已在空间飞行试验中得以应用。全年获得授权专利70项；发表论文314篇，其中期刊发表207篇（EI收录29篇，SCI收录123篇），国内外会议发表107篇。

根据“九个转变”的要求，上海微系统所成立了成果转移转化工作委员会，完善了成果转化激励机制和孵化管道。加速度传感器已经具备批量供应、满足国内用户使用的能力，传感器产品还与企业达成授权生产。荧光聚合物探测器技术转移，用户覆盖全国18个省（自治区、直辖市），所承担的“863”课题被科学技术部选为纳米专题两个最亮点课题之一。智能交通用车流量检测雷达系统成功实现技术转移。

2009年，上海微系统所新增与芬兰、德国、澳大利亚、日本、加拿大等国的国际合作项目，项目总经费为1540万元。中德合作“新原理超导量子干涉器件/读出电路研究”取得重要进展，在南京举办的东亚超导电子学会议作了首次公开报告，已联合申报国际专利。与澳大利亚合作设计了在THz频段具有强光电响应特性的双层石墨烯纳米带结构，为研究基于石墨烯材料的THz探测器提供了理论依据。

上海微系统所是国家传感网标准化工作组的组长单位，是全国纳米技术标准化技术委员会微纳加工工作组代管理单位，是《上海传感技术学会》的挂靠单位，承办科技期刊《功能材料与器件学报》。

（撰稿：孙东旭　审稿：孔朝晖）

上海技术物理研究所

所　　长：何　力

地　　址：上海市虹口区中山北一路420号

邮政编码：200083

电　　话：021－65420850
传　　真：021－63248028
电子信箱：sitp@mail. sitp. ac. cn
网　　址：http://www. sitp. ac. cn

中国科学院上海技术物理研究所（以下简称上海技物所）始建于1958年10月，建所初期以半导体研究为主要领域和学科方向。20世纪60年代，上海技物所的研究发展方向聚焦于红外技术领域，成为我国第一个红外技术与物理研究领域的专业研究所。长期以来，上海技物所以国家对红外、光电技术的重大需求为导向，坚持聚焦战略高技术、坚持“以红外、光电技术领域的科技创新服务国家重大战略需求”的定位，逐步发展成为我国红外、光电技术领域的骨干单位和主要研发单位，为满足国家需求，推进国民经济和社会发展作出了重要贡献。上海技物所是中国科学院知识创新工程首批试点单位和院综合配套改革首批7个试点所之一。

上海技物所围绕红外、光电探测技术，重点发展对地观测及光电信息获取和处理，红外焦平面和红外、光电系统核心元部件，基础性红外物理理论研究三大领域，设有相应的研究部门14个，建有红外物理国家重点实验室、传感器国家重点实验室（红外分部）以及中国科学院红外成像材料与器件重点实验室。上海技物所在承担我国气象卫星、载人航天工程、探月工程、海洋卫星、环境卫星等国家重大任务有关研制工作中，形成了以航天航空遥感探测仪器和装备等红外、光电系统技术研究为代表，集元器件、制冷和光学薄膜等核心支撑技术研究，红外物理等基础性前沿前瞻研究和高技术产业为一体的，较为完整的研发技术链和价值发展链。上海技物所在承担国家重大研制任务的过程中，建立了工程管理和质量管理体系，具备了服务国家需求、持续创造价值的发展能力。同时，研究所还积极拓展数字健康、远程医疗、太阳能电池、量子通信等新兴、交叉学科领域。

截至2009年底，上海技物所在职职工756人。其中科技人员623人、科技支撑人员75人，包括中国科学院院士6人、中国工程院院士2人、国际欧亚科学院院士1人，研究员及正高级工程技术人员96人、副研究员及高级工程师152人，中国科学院“百人计划”入选者5人、国家杰出青年科学基金获得者5人。全所进入创新岗位共有440人。流动人员中，共有客座研究员41人、访问学者4人。年内新增卫星工程型号副总师1人、国家重大科学研究计划项目首席科学家1人；引进国家“千人计划”1人、中国科学院“外国专家特聘研究员计划”1人。“红外探测的基础物理研究”、“太阳能电池技术研究”获中国科学院创新团队国际合作伙伴计划支持，分别进入正式运行和试运行阶段。

上海技物所是国务院学位委员会批准的首批博士、硕士学位授予单位之一，现有电子科学与技术一级学科博士、硕士学位培养点，信号与信息处理、光学工程、制冷与低温工程、凝聚态物理、光学、摄影测量与遥感6个硕士学位培养点，建有电子科学与技术一级学科博士后流动站。2009年共有在学研究生357人（其中博士生184人、硕士生173人），在站博士后15人。

2009年，上海技物所承担了十余个航天型号有效载荷和单机的研制任务，先后参与了3次航天发射任务。随星发射的红外地球敏感器、红外地平仪在轨运行正常；“希望一号”卫星“天圆地方”模型在轨成功获取图像；承担了“辐射探测技术中的量子效应及机理研究”国家自然科学基金重大项目、“基于纳米材料的太阳能光伏转换应用基础研究”科学技术部重大科学研究计划项目、“宽幅高光谱仪载荷技术研究”中国高技术研究发展计划（863）重点项目等重大任务；“热电制冷InGaAs长线列焦平面探测技术”、“全波段室温热敏薄膜探测材料器件研究”获上海市优秀学科带头人计划资助。

2009年，上海技物所所共有在研项目207项。其中国家重点基础研究发展计划（973）项目（课题）16项，中国高技术研究发展计划（863）项目（课题）21项，国家科技支撑计划项目3项；国家自然科学基金重大项目1项、重点项目3项，国家杰出青年科学基金项目1项；中国科学院知识创新工程重大项目（课题）4项、重要方向项目13项，院地合作项目2项，国际合作项目4项；与地方政府合作项目3项；固定资产投资建设项目7项。研究所新增项目

83项。其中国家"973"项目（课题）5项，"863"项目（课题）6项；国家自然科学基金重大项目1项；中国科学院知识创新工程重大项目（课题）3项、重要方向项目6项，院地合作项目3项，国际合作项目2项；与地方政府合作项目1项；固定资产投资建设项目4项。

上海技物所承担的"环境与灾害监测预报小卫星星座红外相机"项目获上海市科技进步一等奖，"风云三号气象卫星地球辐射探测仪"、"航天LED照明技术研究与应用"获上海市科技进步奖二等奖。2009年申请发明专利87项、授权58项。出版了 *Device Physics of Narrow Gap Semiconductors* 英文学术专著。2009年，上海技物所荣获"全国文明单位"荣誉称号，连续第六次被评为"上海市文明单位"。

按照综合配套改革试点的要求，稳步推进改革创新工作。上海技物所以提高工程型号研发制造和创新学习两个能力为根本，以用户满意度作为评价标准，以提高社会和经济效益为目的，推进内部流程再造，加快综合协调发展。研究所逐步实施多项改革措施，推进工作目标管理，部署研究所创新专项及装备建设专项，启动创新种子基金，统筹经济资源管理，制定优秀人才引进与培养管理试行办法，加强岗位设置与管理，完成GB/T19001－2008质量管理体系换版审核。

上海德福光电技术公司作为上海技物所控股公司，履行研究所对外投资、创办公司、经营管理的职能。目前投资包括上海尼赛拉传感器有限公司在内的20家企业，主要从事各类传感器及应用品、磁性器材和光通信无源器件等产品的研发、生产和销售，涉足遥感航摄、医疗信息和新能源等新兴领域。2009年，上海德福光电技术公司投资企业经营情况逐季好转，业绩总体好于预期。上海技物所面向长三角区域经济，成立中国科学院常州中心上海技物所分中心，不断加强院地合作，推进科技成果转移转化。

2009年，上海技物所在空间用超声波电机、铍铝合金技术和辐射制冷器等方面与相关国家开展了合作研究。

上海技物所是中国光学学会红外专业委员会、中国空间学会遥感专业委员会和中国宇航学会遥感专业委员会的挂靠单位；编辑出版《红外与毫米波学报》、《红外》等学术期刊。

（撰稿：孙　迪　审稿：程　东）

上海光学精密机械研究所

所　　长：李儒新
地　　址：上海市嘉定区清河路390号
邮政编码：201800
电　　话：021－69918000
传　　真：021－69918800
电子信箱：siom@mail.shcnc.ac.cn
网　　址：http://www.siom.cas.cn

中国科学院上海光学精密机械研究所（以下简称上海光机所）成立于1964年，是我国建立最早、规模最大的激光科学技术专业研究所。现已发展成为以探索现代光学重大基础及应用基础前沿研究、发展大型激光工程技术并开拓激光与光电子技术应用为重点的综合型研究所。

上海光机所设有10个研究室。其中基础类研究实验室3个，包括强场激光物理国家重点实验室、量子光学重点实验室、信息光学开放实验室；高技术应用类实验室3个，包括高功率激光物理联合实验室、高密度光存储技术实验室、先进激光技术与应用系统实验室；研究与发展中心4个，包括高功率激光单元技术研究与发展中心、精密光电测控研究与发展中心、激光与光电子功能材料研究与发展中心、光学薄膜技术研究与发展中心。研究所重点学科领域包括强激光技术、强场物理与强光光学、信息光学、量子光学、激光与光电子器件、光学材料等。

截至2009年底，上海光机所共有在职职工790人。其中专业技术人员548人，包括中国科学院院士6人、中国工程院院士1人，研究员和正研级高级工程师72人、副研究员和高级工程师146人，中国科学院"百人计划"入选者22人、国家杰出青年科学基金获得者3人、"国家百千万人才工程"入选1人、突出贡献中青年专家4人。

上海光机所是国务院学位委员会批准的首批博士、硕士学位授予单位之一，现设有物理学、光学工程两个一级学科和材料学博士、硕士研究生培养点，物理学、光学工程以及材料学博士后流动站，共有在学研究生451人（其中博士生216人、硕士生235人）、在站博士后8人。

2009年，上海光机所共承担省部级以上科研项目247项。其中国家重点基础研究发展计划（973）项目12项，中国高技术研究发展计划（863）项目51项；国家自然科学基金重点项目2项、重大项目1项，面上项目53项，国家杰出青年科学基金项目1项；中国科学院知识创新工程重要方向项目13项，“百人计划”项目9项；科学技术部国际合作项目1项；上海市科委国际合作项目3项，上海市科研项目32项。

2009年，上海光机所科研工作取得重要进展。“新型星载原子钟”项目通过验收，为我国下一步工程化星载原子钟打下基础；神光Ⅱ装置第九路完成“Ⅰ+Ⅱ”类KDP晶体实验；合成孔径激光成像雷达技术研究率先在国际上取得突破性进展；成功实现阿秒脉冲的动态啁啾控制，首次提出了利用驱动激光场控制色散特性来补偿阿秒脉冲固有啁啾的新方法；脉冲光纤激光器获得平均功率150W的高重频、窄脉宽激光输出。此外，“强场超快科学前沿交叉研究”、“非线性超分辨光盘研究”、“高频势阱原子波导研究”、“微纳结构的高速大面积光学制造”等项目的研究工作取得重要进展；“微小三维内窥镜成像仪器”、“新型透红外纳米微晶玻璃研究”、“利用集成电路工艺改进固体照明外效率的研究”、“共掺Ce-Cr-Yb-Er磷酸盐系激光玻璃及能量转移光谱研究”等18个项目通过验收；“铌酸锂晶体三维光学集成”项目荣获上海市科学技术进步奖二等奖，“嫦娥一号卫星激光高度计研制”项目荣获上海市科学技术进步奖一等奖（合作）。研究所全年共申请专利146件，其中发明专利135项；专利授权193项，其中发明专利授权119项；转让专利4项。共发表科技论文600余篇，其中SCI收录论文400余篇。

2009年，上海光机所院地合作取得重要成效。承担地方政府和企业科技项目100余项；特殊型号配套产品取得重大突破，由1项配套发展到5项配套；参加上海、江苏、浙江、福建等地和中国科学院科技对接洽谈会11次；大力推进下属企业股权社会化改革，在保证国有资产增值的前提下，顺利完成上海恒进光电子有限公司的增资扩股、完成上海华中雷鸥激光设备有限公司和上海轻工斯米克公司的股权转让；成功申报上海市重点技术改造项目和高新技术产业化项目；上海大恒光学技能培训学校完成光学刻磨高级工考核鉴定，增设研究生光学系统实用工艺培训班、玻璃熔炼工培训班。

2009年，上海光机所举办多边国际会议2个、双边国际会议3个，首次主办在中国（上海）举行的环太平洋激光与光电子国际会议（CLEO/PR2009），共有28个国家和地区的800余人参会；新建中外联合单元1个、设立国际秘书处1个；与国外人员合作发表论文46篇，新签国际合作项目8个；聘任国外客座教授2名。

上海光机所承办《中国激光》、《光学学报》、《中国光学快报》（*Chinese Optics Letters* 英文版）和《激光与光电子学进展》4种学术期刊。其中，*Chinese Optics Letters* 被SCI-E收录；《中国激光》、《光学学报》入选2009年“中国百种杰出学术期刊”。

（撰稿：孙涤非　审稿：屈　炜）

上海硅酸盐研究所

名誉所长：严东生
现任所长：罗宏杰
地　　址：上海市定西路1295号
邮政编码：200050
电　　话：021－52412990
传　　真：021－52413903
电子邮件：siccas@sumn.shcnc.ac.cn
网　　址：http://www.sic.ac.cn

中国科学院上海硅酸盐研究所（以下简称上海硅酸盐所）渊源于1928年成立的国立中央研究院工程研究所。1950年6月20日，中国科学院宣布国立中央研究院工程研究所改建为中国科学院工学实验馆（简称工学馆），工学馆设有窑业组。1953 年 1 月，经中国科学院办公厅批准，工学馆更名为中国科学院冶金陶瓷研究所（简称冶陶所）。1954 年，窑业组改建为冶陶所陶瓷（硅酸盐）研究室。1959 年 1 月 12 日，中国科学院冶金陶瓷研究所陶瓷研究室分出，成立中国科学院硅酸盐化学与工学研究所（简称硅酸盐所）。1970 年 12 月 18 日，国务院批准硅酸盐所更名为中国科学院上海硅酸盐化学与工学研究所。1984 年 12 月 18 日，中国科学院批复同意中国科学院上海硅酸盐化学与工学研究所更名为中国科学院上海硅酸盐研究所。

上海硅酸盐所是一个以基础性研究为先导，以高技术创新和应用发展研究为主体的无机非金属材料综合性研究机构。学科方向是先进无机材料科学与工程，主要研究领域涵盖了人工晶体、高性能结构与功能陶瓷、特种玻璃、无机涂层、生物环境材料、能源材料、复合材料及先进无机材料性能检测与表征等，是该领域科学研究单位中门类最为齐全的研究所。

上海硅酸盐所设有高性能陶瓷与超微结构国家重点实验室、中国科学院能量转换材料与固体缺陷重点实验室、中国科学院透明光功能无机材料重点实验室（人工晶体研究中心）、中国科学院特种无机涂层重点实验室（特种无机涂层研究中心）、上海无机能源材料与电源工程技术研究中心（能源材料研究中心）、古陶瓷与工业陶瓷工程研究中心（古陶瓷科学研究国家文物局重点科研基地）、信息功能材料与器件研究中心、生物材料与组织工程研究中心等科研部门，设有通过国家认证的无机材料分析测试中心、以中试生产为主要任务的中试基地以及信息情报中心等技术支撑部门。此外，还设有与索尼公司共建的上海硅酸盐所 - 索尼联合实验室。

截至 2009 年底，上海硅酸盐所共有在职职工 671 人。其中科技人员 362 人、科技支撑人员 119 人，包括中国科学院院士 3 人、中国工程院院士 2 人、第三世界科学院院士 2 人，研究员及正高级工程技术人员 72 人、副研究员及高级工程技术人员 152 人，中国科学院“百人计划”入选者 25 人、国家杰出青年科学基金获得者 8 人、“引进国外杰出人才”入选者 1 人、国家海外高层次人才培养计划（“千人计划”）1 人。全所进入创新岗位 391 人。

上海硅酸盐所设有材料科学与工程 1 个一级学科博士和硕士研究生培养点，材料物理与化学、材料学和物理化学（含化学物理）3 个博士和硕士研究生培养点，并设有材料科学与工程学科博士后流动站，共有在读研究生 344 人（其中博士研究生 178 人、硕士研究生 166 人）、在站博士后 31 人。

2009 年，上海硅酸盐所共有在研项目 273 项（包括 2009 年新增项目 81 项）。其中国家重点基础研究发展计划（973）项目（课题）8 项（新增 2 项），中国高技术研究发展计划（863）项目（课题）25 项（新增 5 项），国家科技支撑计划项目 2 项；国家自然科学基金重点项目 10 项（新增 4 项），国家杰出青年科学基金项目 3 项（新增 1 项）；中国科学院知识创新工程重大项目 1 项（新增 1 项）、重要方向项目 17 项（新增 5 项），国际合作项目 8 项（新增 3 项）；与地方政府合作项目 32 项（新增 10 项）。

2009 年，上海硅酸盐所共取得科技成果 45 项，获得省部级科技奖励 3 项；发表 SCI 收录的论文 447 篇，EI 收录的论文 22 篇，影响因子大于 3 的论文有 73 篇；根据中国科学技术信息研究所发布的 2008 年度中国科技论文统计结果，硅酸盐所 SCI、EI 科技论文在国内研究机构中继续保持在前 10 名内。发表中文编著 2 部、外文编著 2 部、外文专著 1 部。申请专利 207 件，其中发明专利 196 件，实用新型专利 11 件；授权专利 78 件，其中发明专利 73 件。

上海硅酸盐所共有上海硅酸盐研究所中试基地、上海西卡思新技术总公司、浙江中科天一照明有限公司、宁波光通信技术有限公司、中科高温材料有限公司、浙江达峰汽车技术有限公司 6 家企业，从事科技开发人员共有 161 人，产品主要为各类晶体、陶瓷、复合材料与器件等，2009 年总产值为 1.66 亿元。

上海硅酸盐所大力加强国际合作。2009 年分别与国际知名研究所、大学签订科技合作协议 8 项；在研的 7 项政府间、院级重要合作项目取得可喜进展；举办和承办了2009年古陶瓷科学技术国际讨论会、第一届中日铁电材料及其应用论坛、第五届中韩日先进无机材料论坛、首届中俄双边材料论坛－新型光学材料与技术等国际会议；全所科研人员赴国外参加国际会议、项目合作、技术培训、博士生联合培养等共计151人次，接待来所访问、学术交流、国外学生来所培养、洽谈项目合作等外国专家、学者和代表团230人次。

上海硅酸盐学会、上海硅酸盐工业协会和上海古陶瓷科学技术研究会挂靠在硅酸盐所。由上海硅酸盐所主办的《无机材料学报》入选2008年度“中国百种杰出学术期刊”。根据2008年度中国科技论文和科技期刊统计结果及《中国科技期刊引证报告》（2009年版），2008年《无机材料学报》的影响因子达0.788，在同类期刊中排名第4位；总被引频次达到1696次，在同类期刊中排名第5位；总分数值为77.30，在1868种统计源期刊中排名第59位。

（撰稿：张爱琼　审稿：吴　瑞）

上海有机化学研究所

所　　长：丁奎玲
地　　址：上海市徐汇区零陵路345号
邮　　编：200032
电　　话：021－54925000
传　　真：021－64166128
电子信箱：sioc@mail.sioc.ac.cn
网　　址：http://www.sioc.ac.cn

中国科学院上海有机化学研究所（简称上海有机所）于1950年5月在前中央研究院化学研究所（建于1928年）、前北平研究院化学研究所与药物研究所的基础上成立，名为中国科学院有机化学研究所。1970年，经中国科学院和上海市革委会批准改为现名。

上海有机所的战略定位是：面向国家战略需求，面向世界科学前沿，研究解决经济增长、国家安全、社会可持续发展和科学技术发展中基础性、战略性、前瞻性的化学（重点有机化学）问题；围绕人口与健康、资源与环境、新材料三大领域，在“三横”（化学生物学、化学转化方法学、软物质创制科学）“三纵”（基础研究、高技术研究、产业化）发展战略思想指引下，争取为我国医药、化工行业和国防工业发展提供科学基础和关键技术，将上海有机所办成中国有机化学的研究中心、中国有机化学家的摇篮、世界有机化学的重要研究基地，跨入国际一流研究所的行列。

上海有机所设有2个国家重点实验室、2个院重点实验室、4个所级实验室，分别是：生命有机化学国家重点实验室、金属有机化学国家重点实验室，中国科学院有机氟化学重点实验室，中国科学院天然产物有机合成化学重点实验室，上海技物所物理有机化学研究室、高分子材料研究室、计算机化学与化学信息学研究室、分析化学研究室与分析测试中心。此外，还设有与和国内外大学、企业联合共建的沪港化学合成联合实验室、三维药物研究中心和SIOC－CAS联合情报中心。

截至2009年底，上海有机所共有在职职工624人。其中科技人员465人、科技支撑人员60人，包括中国科学院院士8人，研究员及正高级工程技术人员53人、副研究员及高级工程技术人员89人，中国科学院“百人计划”入选者30人、国家杰出青年科学基金获得者18人。全所进入创新岗位397人。2009年，研究所共引进“百人计划”项目研究员1人、课题组副研究员7人。

上海有机所是国务院学位委员会批准的首批有机化学专业博士、硕士学位授予单位之一，现设有化学一级学科博士、硕士学位培养点和化学学科博士后流动站，共有在学研究生439人（其中硕士生193人、博士生246人）、在站博士后28人。

2009年，上海有机所共有在研项目253项（包括2009年新增项目107项）。其中国家重点基础研究发展计划（973）项目（课题）10项（新增6项），中国高技术研究发展计划（863）项目（课题）8项，国家科技支撑计划项目2项；国家自然科学基金重点项目19项（新增6

项），国家杰出青年科学基金项目4项（新增1项）；中国科学院知识创新工程重大项目1项、重要方向项目14项（新增5项），院地合作项目37项（新增11项），国际合作项目7项（新增1项）；与地方政府合作项目55项（新增13项）。

科学研究取得重要进展。“绿色化学农药的创制研究”结题验收，经过3年多的努力，建立了16种高效的微量筛选模型，完成了2349个新化合物的合成及结构鉴定和2679个新化合物的室内生物活性筛选，发现了2类分别具有除草活性和杀虫活性的农药先导化合物和3类具有自主知识产权和高效生物活性的农药二级先导化合物，筛选出了6个具有明确应用对象和开发前景的候选化合物，建立了集农药分子设计、合成、鉴定和生物活性评价的绿色农药创制研发平台。“四个抗肿瘤活性复杂天然大环化合物的全合成研究”结题验收，项目围绕四个具有显著生物活性、结构复杂的大环天然产物，开展了具有挑战性的全合成研究，取得了重要成果，受到了国内外同行的关注和高度评价。“含有全氟环丁基结构的耐热有机玻璃的研制”“863”专项课题结题验收，项目从价廉易得的化工原料——四氟乙烯、苯酚和联苯酚中简单高效地合成一系列化合物，再聚合得到具有不同分子量和不同分子量分布的均聚物和共聚物，研制的耐热有机玻璃还可以被开发用作高性能的信息和通讯材料、生产光盘和光导纤维等。“大环内酯类抗生素代谢工程菌的构建与筛选”项目构建了10多株性状改良的代谢工程菌，实现了代谢工程技术在生产菌种改良方面的重要突破。“基于组合方法与组装策略的新型手性催化剂研究”获得2009年度国家自然科学奖二等奖。研究所作为主要完成者的“碳纤维工程化团队”获得2009年度中国科学院杰出科技成就奖（集体）。全所以第一单位发表论文278篇，其中影响因子大于5.2的有60篇，比2008年增加22篇；撰写专著或参与编写书籍16部；申请发明专利45项、实用新型3项，授权发明专利26项，其中加拿大专利1项；当年申请软件著作权登记5项，已获证书3项。截至2009年底，共维持有效专利251项。

2009年，上海有机所举办或承办了英国皇家化学会第三届ChemComm国际学术研讨会（Third ChemComm International Symposium）、第13届亚洲化学大会暨第15届亚洲化学学会联合会大会（13th Asian Chemical Congress & 15th FACS General Assembly）、第四届太平洋自由基化学会议（4thPacific Symposium on Radical Chemistry，PSRC-4）、第三届中国科学院－德国拜耳公司研讨会（Chinese Academy of Sciences-Bayer AG 3rd Joint Scientific Symposium）、中日有机化学前沿研讨会（China-Japan Symposium on Advanced Organic Chemistry）、上海有机所－日本有机合成化学学会有机化学双边研讨会（SIOC-SSOCJ Cooperative Symposium on Organic Chemistry 2009）。邀请和接待约500人次来访，共外派90人次参加国际会议、进行合作研究、考察访问等。截至2009年底，上海有机所共有12位科学家在30个国际学术刊物和国际组织任职。

受中国化学会委托，上海有机所负责编辑出版《化学学报》、《中国化学》和《有机化学》。三刊参加了于2009年11月举办的第四届华东地区优秀期刊评选活动，《化学学报》和《中国化学》被评为优秀期刊。

（撰稿：蔡正骏　审稿：顾嘉佷）

上海应用物理研究所

所　　长：赵振堂

地　　址：上海市嘉定区嘉罗公路2019号（嘉定园区）
上海市浦东新区张衡路239号（张江园区）

邮政编码：201800（嘉定园区）
201204（张江园区）

电　　话：021－59553998；021－33933998

传　　真：021－59553021；021－33933021

电子信箱：sinap00@sinap.ac.cn

网　　址：http://www.sinap.ac.cn

中国科学院上海应用物理研究所（以下简称上海应用物理所）的前身是成立于1959年的中国科学院上海原子核研究所，2003年6月经国家批准定为现名。

上海应用物理所是国立综合性核技术科学研究机构，在光子科学、加速器科学技术、核能技术、核科学技术与前沿交叉科学等领域，从事面向世界前沿和国家战略需求的国际一流水平的科学研究、大科学装置的研制与运行利用，以期不断作出基础性、战略性、前瞻性的重大创新贡献，成为我国独具特色、不可或缺与不可替代的国立研究机构。上海应用物理所是国家重大科技基础设施——上海光源（SSRF）的工程承建和运行单位，并建有中国科学院核分析技术重点实验室、上海市低温超导高频腔技术重点实验室；拥有两大园区，分别坐落于上海市科技卫星城嘉定区和浦东张江高科技园区，占地面积700余亩。

截至2009年底，上海应用物理所共有在职职工784人。其中科技人员599人、科技支撑人员128人，包括中国科学院院士1人，研究员及正高级工程技术人员66人、副研究员及高级工程技术人员129人，中国科学院“百人计划”入选者15人、国家杰出青年科学基金获得者4人，百千万人才国家级人选3人、全所进入创新岗位474人。

上海应用物理所现有粒子物理与原子核物理、核技术及应用、无机化学3个专业的二级学科博士研究生培养点，光学工程1个专业的一级学科硕士研究生培养点，粒子物理与原子核物理、核技术及应用、无机化学、电磁场与微波技术、信号与信息处理、生物物理学6个专业的二级学科硕士研究生培养点，并设有物理学、核科学与技术2个专业的一级学科博士后流动站，共有在学研究生357人（其中硕士生201人、博士生156人）、在站博士后18人。

2009年，上海应用物理所共有在研项目201项（包括2009年新增项目52项）。其中国家重点基础研究发展计划（973）项目（课题）9项（新增项目1项、课题1项），中国高技术研究发展计划（863）课题1项；国家自然科学基金重大研究计划培育项目2项、重点项目1项，国家杰出青年科学基金项目2项、面上项目69项；卫生部科技重大研究专项1项；中国科学院重要方向项目8项（新增3项），大科学装置维修改造项目2项（新增），横向科研项目4项（新增），院地合作项目4项，国际合作项目1项；与地方政府合作项目25项。

2009年4月29日，上海光源举行竣工典礼，标志着工程全面、优质、按期建设完成。经专家测试、国际评议和工艺鉴定，上海光源建设质量达到了世界一流水平，其性能参数均达到或优于设计指标，进入国际上性能指标领先的第三代同步辐射光源的行列，其中储存环的有效发射度、轨道稳定度、束流耦合度和软X射线谱学显微线站的能量分辨与空间分辨、生物大分子晶体学光束线总体性能均属国际上同类装置的最高水平之列。5月6日起，上海光源对用户开放试运行，年内首批7条光束线站累计提供用户机时14428小时，执行公共用户课题395个，涉及100家单位的实验人员1520人次、用户932人，取得了一批很好的实验结果；整体装置运行稳定可靠，达到国际同类装置第一年运行的先进水平，得到用户的好评。

加速器科学技术方面，上海极紫外自由电子激光装置实现了高增益自由电子激光出光；国内首次自主研制成功真空室内波荡器。光子科学方面，成功利用同步辐射X射线吸收精细结构分析（XAFS）方法对室温下离子液体的原子内部精细结构进行了测定；首次将X射线荧光全息方法应用到形状记忆合金$Ti_{50}Ni_{44}Fe_6$随温度变化相变过程的研究。核科学技术与前沿交叉科学方面，发现了第一个反物质超核——反超氚核；利用受限于细纳米管内水分子氢键取向的协同性，提出并数值验证了微弱信号可通过水传递和放大；发现了纳米金粒子可以动态调节聚合酶链式反应体系中聚合酶活性，以实现类似“热启动”的高效DNA体外复制过程；发现了DNA的构型变化能够有效地阻碍离子的扩散；构建了一种多色纳米信标，并应用该探针实现多种肿瘤基因标志物的同步检测。核能技术方面，成立上海应用物理所核能工作领导小组和总体组，确立了以钍基熔盐反应堆为主攻方向、以核能材料研究为特色的核能发展策略，积极争取未来先进裂变核能战略性先导科技专项。

2009年，上海应用物理所名誉教授有马朗人先生获2009年度国家友谊奖和国家国际科学技术合作奖，“几种荧光量子点的制备、修饰及生物检测方法研究”获2009年中国分析测试协会科学技术奖（CAIA奖）一等奖。据不完全统计，全所全年发表论文267篇（不包括会议论文），其中SCI收录论文174篇、EI论文14篇，以第一作者单位发表影响因子3以上论文58篇（其中影响因子5以上论文25篇）；申请专利27个（其中发明专利22个），专利授权18个（其中发明专利16个）；全年签订科技成果“四技”合同39项、合同额达1521万元。

2009年，上海应用物理所成功举办了第四届亚太同步辐射论坛等9个多边及双边国际会议、同步辐射与环境科学等3期东方科技论坛以及“核技术与核能”等多项专题系列研讨会，与美国劳伦斯伯克利国家实验室开展先进超导波荡器技术合作研究；依托上海光源，与加拿大光源和澳大利亚光源合作开展X射线医学成像新方法及其应用国际合作。

上海应用物理所是上海市核学会、中国核学会辐射研究与辐射工艺学分会的挂靠单位；主办《核技术》、《核科学与技术》（英文版）、《辐射研究与辐射工艺学报》等学术刊物。

（撰稿：张晓斐　审稿：贺战军）

中国科学院上海天文台

台　　长：洪晓瑜
地　　址：上海市徐汇区南丹路80号
邮政编码：200030
电　　话：021－64386191
传　　真：021－64384618
电子信箱：office@shao.ac.cn
网　　址：http://www.shao.ac.cn

中国科学院上海天文台成立于1962年，其前身是1872年建立的徐家汇天文台和1900年建立的佘山天文台。目前总部设在上海市徐家汇，天文观测台站位于上海松江佘山。

上海天文台以天文地球动力学、星系宇宙为重点学科方向，主要从事天文学基础和应用研究，同时积极发展现代天文观测技术和时频技术，努力为天文观测研究和国家战略需求提供科学和技术支持。

上海天文台设有天文地球动力学研究中心、星系和宇宙学研究中心、VLBI研究室和天文技术研究室4个研究部门，下设8个创新研究团组、1个创新实验室和1个创新观测基地；拥有甚长基线干涉测量（VLBI）观测台站（25m口径射电望远镜）、VLBI数据处理中心、1.56m口径光学望远镜、60cm口径卫星激光测距望远镜（SLR）、全球定位系统（GPS）等多项现代空间天文观测技术和国际一流的观测基地和资料分析研究中心，是世界上同时拥有这些技术的7个台站之一。上海天文台是全国科普教育基地、全国青少年科技基地、上海市青少年教育基地和上海市科普教育基地。

截至2009年底，上海天文台共有在职职工216人，流动人员205人，离退休人员259人，进创新岗位人员126人。在职职工中，共有科研人员169人、科技支撑人员26人，包括中国科学院院士1人、中国工程院院士1人，正高级专业技术人员41人、副高级专业技术人员36人，中国科学院“百人计划”入选者13人（2009年引进4位）、国家杰出青年科学基金获得者5人，项目聘用人员27人；流动人员中，共有客座研究员22人、访问学者10人。

上海天文台现有天文学一级学科博士学位培养点，并设有天体测量与天体力学、天体物理和天文技术与方法3个二级学科博士、硕士培养点和博士后流动站。2009年共有在学研究生139人，其中博士生56人、硕士生68人，联合培养15人；有在站博士后14人。

2009年，上海天文台共有在研项目60项，其中国家重点基础研究发展计划（973）项目（课题）2项，中国高技术研究发展计划（863）项目（课题）5项；国家自然科学基金面上项目33项、重点项目3项，国家杰出青年科学基金项目2项，创新研究群体项目1项；中国科学院知识创新工程重要方向项目1项，国际合作项目5项；与地方政府合作项目7项，院市合作重大项目1项。

2009年上海天文台新增项目50多项。其中国家自然科学基金面上项目7项，国家杰出青年科学基金项目1项，联合专项1项，青年科学基金项目5项，外国青年学者研究基金2项、国际合作与交流项目2项；中国科学院创新团队国际合作伙伴计划1项，院与俄乌白三国科技合作项目3项、国际组织任职人员资助计划3项、国际会议资助2项，爱因斯坦讲席教授1项、院级协议1项，外籍专家特聘研究员2项、外籍青年科学家项目2项；科学技术部政府间科技合作项目1项；上海市优秀学科带头人计划1项，上海市自然科学基金项目6项，上海市地方匹配资金项目7项，上海市科委国际会议资助1项、非政府间国际合作项目1项。

2009年，上海天文台积极推进科研工作。正在研制的口径为65m的大型射电望远镜项目于2009年12月29日正式奠基；上海65m射电望远镜天线设计方案通过国际评审，进入新的研制阶段。科技人员全年在正式学术期刊上发表论文223篇（第一作者157篇），其中被SCI杂志收录95篇（第一作者55篇），被SCI论文独立引用474篇次。“星系形成的理论和观测研究”项目获2009年度上海市自然科学奖一等奖，景益鹏获上海市自然科学牡丹奖，艾伯特·伯纳教授获中国科学院2009年度国际科技合作奖。

进一步加强院地合作与学术交流。上海天文台与中国科技大学合作成立星系宇宙学研究联合实验室；与上海师范大学共建上海市天体物理联合研究中心；与上海市科学技术委员会共建上海市空间导航定位技术重点实验室和天文博物馆；作为中国科学院天文地球动力学联合研究中心的主持单位，上海天文台积极促进各单位、各学科间的合作与交流；作为中国VLBI网和中国卫星激光测距网的总体技术支撑和观测运行责任单位，上海天文台努力发挥学科和技术优势，起到了重要的支撑作用。

进一步加强国际合作与交流。上海天文台2009年争取到国际合作项目11项，签订国际合作项目协议7个；聘用外籍名誉和客座研究员7人，接收外籍博士后1人；新增国际组织任职人员2人；共出访116人次，来访252人次；举办3次高水准多边国际会议，包括褐矮星和太阳系外行星的天文新探测技术国际会议，银河系中心国际会议和第一届伽利略-徐光启国际会议；作为中德马普伙伴研究小组成员单位、国际合作项目“亚太地区空间地球动力学研究计划APSG”中央局所在地、欧洲VLBI网（EVN）和国际VLBI在测地学和天体测量服务（IVS）的成员，上海天文台积极开展学术研究和技术服务，作出了重要贡献。

上海天文台是上海天文学会挂靠单位；负责主办《上海天文台年刊》、《天文学进展》以及《地球自转参数年报》、《地球自转参数公报》、《原子时公报》等期刊。

（撰稿：朱仁义　审稿：陆晓峰）

上海生命科学研究院

院　　长：陈晓亚
地　　址：上海市岳阳路320号
邮政编码：200031
电　　话：021-54920021
传　　真：021-54920078
电子信箱：sibs@sibs.ac.cn
网　　址：http://www.sibs.ac.cn

中国科学院上海生命科学研究院（简称上海生科院）成立于1999年7月，是由中国科学院上海生物化学研究所、上海细胞生物学研究所、上海生理研究所、上海脑研究所、上海药物研究所、上海植物生理研究所、上海昆虫研究所和上海生物工程研究中心8个生物学研究所经结构调整、体制创新而组建成立。经过体制改革后，上海生科院现有8个研究机构，其中包括2个独立法人单位和6个非法人研究机构。

生物化学与细胞生物学研究所　该所成立于2000年5月，由原中国科学院上海生物化学研究所与原中国科学院上海细胞生物学研究所整合而成。两所前身是1950年成立的中国科学院生理生化研究所生化大组与1950年成立的中国科学院实验生物研究所发生生理研究室。该所致力于生命科学基础研究，其主要内容涵盖生物化学、分子生物学、细胞生物学等学科领域，以蛋白质科学和表观遗传学、细胞行为与命运决定和干细胞与个体发育为主线，着重于基因功能及表达调控和细胞信号网络及作用机理两大方向的研究。研究所设有分子生物学国家重点实验室和中国科学院分子细胞生物学重点实验室，55 个研究组分别以固定及客座研究组的形式加入重点实验室。

神经科学研究所 该所成立于 1999 年 11 月 27 日，其主要任务是开展神经科学前沿领域的研究，争取取得国际一流的研究成果和培养优秀人才。主要研究方向是：分子与细胞神经科学、发育神经科学、系统计算与认知神经科学以及神经疾病等。研究所设有 4 个研究部门，部门下设 26 个研究组（Lab）和 1 个青年科研小组（Unit）。

上海药物研究所 该所的前身是 1932 年创建的国立北平研究院药物研究所，1953 年 1 月经中国科学院批准正式成立中国科学院药物研究所，1978 年更名为中国科学院上海药物研究所。该所主要从事创新药物的基础研究、应用基础和应用开发研究，其重点研究领域包括天然活性物质的发现、化合物的合成和结构修饰、药物作用的细胞和分子机制、药效评价新动物模型、新靶标的确证、药物 - 靶标相互作用和构效关系、分子药物设计、高通量和高内涵药物筛选、药物的早期代谢特征和安全性评价、药物新型传递系统等。研究所设有 3 个国家级研究中心：新药研究国家重点实验室、国家新药筛选中心、中药标准化技术国家工程实验室；5 个研究室：药物化学研究室、天然药物化学研究室、药理学第一研究室、药理学第二研究室、药理学第三研究室、分析化学研究室；6 个新药研发技术平台：药物发现与设计中心、药效评价研究中心、药物代谢研究中心、药物安全评价研究中心、药物释放系统研究中心、中药现代化研究中心；4 个支撑服务机构：分析化学研究室、图书情报室、实验动物室、期刊联合编辑部。

植物生理生态研究所 该所由原中国科学院上海植物生理研究所与原中国科学院上海昆虫研究所于 1999 年 5 月 19 日整合而成。该所主要围绕国家对农业、资源和环境可持续发展的战略需求和国际生命科学与生物技术发展的前沿，在植物、昆虫、微生物等领域进行创新性研究和生物技术开发，深入开展植物、昆虫和微生物功能基因组学与分子生理学研究，加强植物基因工程和分子育种、工业生物技术（生物能源与生物基化学品开发）、分子生态、协同进化、昆虫与植物相互作用、害虫生物防治等的研究与开发。努力建设国际高水平的研究机构、人才培养基地和科学传播基地。研究所设有植物分子遗传国家重点实验室、中国科学院合成生物学重点实验室、光合作用与生物质研究实验室、昆虫发育与进化生物学重点实验室、中国科学院国家基因中心、上海生科院工业生物技术研究中心、昆虫科学研究中心和中国科学院上海昆虫博物馆。

健康科学研究所 该所是 1999 年由中国科学院上海生命科学研究院、上海交通大学医学院联合组成的健康科学中心更名而来，2002 年 4 月开始实体化运作，2005 年 11 月 9 日正式更名为健康科学研究所。该所瞄准生物医学领域的前沿课题和社会发展需求，围绕人类重大疾病，重点开展与临床结合的基础和应用性研究，其主要研究领域包括免疫机制和防治新策略研究、干细胞医学应用、重大疾病机制和防治新策略研究等。研究所设有 3 个研究部，即以生物学基础研究为重点的基础研究部、以疾病为研究对象的医学研究部、以直接推动创新诊断治疗方法为目的的临床实验基地。

营养科学研究所 该所于 2003 年 12 月 15 日在上海正式成立。该所将发展方向与国家需求相结合、关键科学问题与学科带头人优势相结合、国际新营养科学热点与传统营养学相结合、基础研究与人群研究相结合，重点开展营养与代谢相关疾病研究、食品安全研究以及营养资源开发和公众营养教育等工作。设有人体测量系统、临床生化检测、营养基因组学、质谱分析检测、分子细胞研究、小鼠模型研究、斑马鱼模型研究 7 个技术平台。

上海巴斯德研究所 该所是根据中国科学院、上海市和法国巴斯德研究所 2004 年 8 月 30 日签署的合作总协议建立的研究机构，于 2004 年 10 月 11 日揭牌，2005 年 7 月开始运行。该所的宗旨是：根据国家公众健康需求，通过面向应用的基础研究和教育活动，为传染性疾病的预防和治疗作出贡献。其主要任务是：开展传染病（特别是病毒性传染病，包括艾滋病、呼吸道疾病如SARS和禽流感、肝炎、脑炎等）的致病机理研究；基于基础研究，发展公众健康事业所需的应用技术，建立生物医学技术平台；开发新的诊断技术、预防疫苗和治疗药物；开展传染病及其防控知识的教育与培训活动；建立企业孵化器，把研究成果推向实际应用。

计算生物学伙伴研究所 成立于2005年10月，是中国科学院和德国马普学会合作共建、联合资助、共同管理的一个国际化研究机构。该所主要开展与实验科学紧密结合的计算和理论生物学研究，补充完善上海生科院和马普研究所的科研系统，传播科学知识，培养造就人才，以简洁优美的语言解读生命玄机，为推动生命科学发展作出积极贡献。研究所设有组合数学与几何学、计算基因组学、调控基因组学、生物物理学4个实验室和比较生物学、蛋白质动力学与进化、植物系统生物学、功能基因组学5个青年科学家小组，共拥有15个研究小组，在计算生物学领域中具有一定的研究规模和竞争力。

上海生科院以服务社会主义现代化建设为目标，以提升自主创新能力和可持续发展能力为主线，以解决关系国家全局和长远发展的基础性、战略性、前瞻性的重大科技问题为着力点，以人口与健康为核心，聚焦生命现象本质的前沿探索和基础研究，聚焦人口健康重大问题的转化型研究，着力突破保障改善民生的重大公益性科技问题。为进一步加强战略研究，上海生科院于2009年组建了发展战略研究中心，组织开展了“十二五”发展战略系列研讨活动。

上海生科院主要聚焦科技创新活动于以下重点研究领域：功能基因组、蛋白质组和生物信息学，生物大分子的结构、相互作用及功能，细胞活动的分子网络调控，脑发育与脑功能的分子与细胞机制研究，防治重要疾病的新药研究开发、中药现代化研究以及药物研究的理论和方法，植物分子生理和植物与环境的相互作用，生物技术的创新和应用，生物医学转化型研究，现代营养科学研究，病毒学与免疫学研究，计算生物学研究，以及生命科学与其他学科的交叉研究。

上海生科院（不含药物所，以下同）共有3个国家重点实验室、7个中国科学院重点实验室和3个支撑机构。国家重点实验室包括分子生物学国家重点实验室、植物分子遗传国家重点实验室、神经科学国家重点实验室（2009年通过组建验收）；中国科学院重点实验室包括分子细胞生物学重点实验室、干细胞生物学重点实验室、系统生物学重点实验室、营养与代谢重点实验室、合成生物学重点实验室、计算生物学重点实验室（2009年成立）、昆虫发育与进化生物学重点实验室（2009年成立）；支撑机构包括生命科学信息中心、伍佰豪生物工程研究发展有限公司和实验动物中心。

截至2009年底，上海生科院共有在职职工1843人（进入创新岗位1354人）。其中科技人员1346人、科技支撑人员289人，包括中国科学院院士21人、中国工程院院士2人，研究员237人、副研究员及高级工程师等224人，中国科学院“百人计划”入选者89人、国家杰出青年科学基金获得者43人。

上海生科院设有生物学一级学科1个、二级学科博士研究生培养点17个、硕士研究生培养点2个，并设有生物学一级学科博士后流动站1个。2009年全院共有在读研究生1518人（其中博士生991人，硕士生527人）、在站博士后126人。

作为首批入选“海外高层次人才创新创业基地”单位之一，上海生科院共有国家海外高层次人才培养计划（“千人计划”）入选者5人，2009年入选3人，其中1人被选聘担任生化与细胞所所长；新增中国科学院院士1名，美国国家科学院院士1名；新增国家重点基础研究发展计划（973）首席科学家1名、国家杰出青年科学基金获得者5名；引进25位年轻学科带头人，其中14人获得中国科学院“百人计划”入选资格，2人获得中国科学院项目“百人计划”入选资格及择优支持，2人获得“引进杰出技术人才”入选资格及择优支持；新组建一支中国科学院－国家外国专家局创新团队国际合作伙伴计划队伍。

2009年，上海生科院共有在研项目730项（包括2009年新增项目），其中国家重点基础研究发展计划（973）项目（课题）15项（新增8项），中国高技术研究发展计划（863）项目（课题）26项（新增3项）；国家科技重大专项16项（新增）；国家自然科学基金重点项目23项（新增8项），重大研究计划项目9项（新增），国家杰出青年科学基金项目13项（新增5项）；中国科学院知识创新工程重大项目2项（新增1项）、重要方向项目92项（新增32项）；地方政府项目148项（新增57项）。2009年新增各类项目合同经费总额达3.46亿元。

2009年，上海生科院科研工作取得重要进展。全院获2009年度国家科技进步奖1项、上海市科学技术奖励4项、上海市国际合作奖1项；发表SCI论文734篇，其中影响因子大于7的50篇，在《细胞》（*Cell*）、《自然》（*Nature*）、《科学》（*Science*）及其系列期刊上发表论文20篇；申请专利92项，专利授权35项，其中发明专利34项；通过与企业合作和成果转化，签订合同金额9189万元，实现到账金额2203万元，其中技术转让和专利许可金额468万元。

大力推进院地合作与成果转移转化。与浙江省湖州市政府在共建工业生物技术中心的基础上，共同组建湖州营养与健康产业创新中心和湖州现代农业生物技术产业创新中心；与上海市徐汇区签署合作协议，围绕枫林生命科学园区建设、生物技术和生物医药产业发展、"三生"人才高地建设、提高市民健康水平等方面的12项内容开展合作；继续积极参与中国科学院浦东科技园和上海市辰山植物园建设，扎实推进上海生物医学工程研究中心、上海工业生物技术研发中心建设。

国际合作成效显著。上海生科院2009年新增国际合作项目42项，其中包括中国科学院"外国专家特聘研究员计划"项目10项，中国科学院"外籍青年科学家计划"项目8项，中国科学院"爱因斯坦讲席教授计划"项目1项；出访团组342批共474人次，涉及39个国家和地区，接待来访695人次；巩固和拓展与国外著名研究机构及跨国公司的战略合作伙伴关系，包括与美国安捷伦科技有限公司、丹麦诺和诺德公司共建联合研究中心，与瑞士辉瑞公司、法国液空集团基金会、德国波鸿鲁尔大学、波恩大学波恩——亚琛信息技术研究所及信息学研究所、哥斯达黎加生物多样性研究所等签订合作协议或备忘录等；院所举办多边和双边国际会议19次，包括共同举办第21届国际生物化学与分子生物学联盟代表大会暨学术大会和第12届亚洲大洋洲生物化学家与分子生物学家学术大会（简称2009年国际生化大会），主办国际生化大会青年科学家论坛，主办第十一届分子系统生物学国际会议，主办神经科学前沿研讨会等。

上海生科院现有4个全国性挂靠学会、6个地方性挂靠学会和11种学术期刊。《细胞研究》（*Cell Research*）2009年度影响因子为4.535，在JCR公布的中国期刊中已连续4年排名第1位，并首次实现了我国科技期刊SCI影响因子4.5的突破，进入国际同领域期刊的前30%；《生物化学与生物物理学报》（*Acta Biochimica et Biophysica Sinica*）影响因子1.086，排名入选SCI中国期刊的第13位；《分子植物》（*Molecular Plant*）已经进入SCIE。此外，2009年新创办的期刊《分子细胞生物学报》（*Journal of molecular cell biology*）与牛津大学出版社（OUP）正式开展国际出版合作，至此，承办的5种英文期刊已全部与《自然》出版集团（NPG）、牛津大学出版社（OUP）、施普林格（Springer）等国际知名出版商进行了国际出版合作。

（撰稿：林滨霞　审稿：张建新）

上海药物研究所

所　　长：丁　健

地　　址：上海浦东张江祖冲之路555号

邮政编码：201203

电　　话：021-50806600

传　　真：021-50807088

电子信箱：suoban@mail.shcnc.ac.cn

网　　址：http://www.simm.cas.cn

中国科学院上海药物研究所（以下简称上海药物所）前身是1932年创建的国立北平研究院药物研究所，1953年1月经中国科学院批准正式成立中国科学院药物研究所，1978年更名为中国科学院上海药物研究所。

上海药物所以创新药物的基础研究、应用基础和应用开发研究为主，通过生物学和化学两大学科的密切合作，阐明生物活性物质的结构、活性及其相互关系，探索药物作用的新机理、新靶点，完成新药临床前综合评价及研究，大力推进新药成果转化。研究所重点研究领域天然活性物质的发现、化合物的合成和结构修饰、药物作用的细胞和分子机制、药效评价新动物模型、新靶标的确证、药物－靶标相互作用和构效关系、分子药物设计、高通量和高内涵药物筛选、药物的早期代谢特征和安全性评价、药物新型传递系统等，同时密切关注生命组学、系统生物学和干细胞等生命科学前沿领域最新进展，迅速应用其最新成果提升药物研究的源头创新能力，并通过学科交叉，重点研究治疗恶性肿瘤、神经精神性疾病、心脑血管疾病、代谢性疾病和自身免疫性疾病的新药，对感染性和突发性疾病等开展新药研发，加强现代中药研发。

上海药物所设有3个国家级研究中心：新药研究国家重点实验室、国家新药筛选中心、中药标准化技术国家工程实验室；5个研究室：药物化学研究室、天然药物化学研究室、药理学第一研究室、药理学第二研究室、药理学第三研究室、分析化学研究室；6个新药研发技术平台：药物发现与设计中心、药效评价研究中心、药物代谢研究中心、药物安全评价研究中心、药物释放系统研究中心、中药现代化研究中心；4个支撑服务机构：分析化学研究室、图书情报室、实验动物室、期刊联合编辑部。

截至2009年底，上海药物所共有在职职工536人。其中科技人员382人、科技支撑人员116人，包括中国科学院院士7人、中国工程院院士3人，研究员及正高级工程技术人员79人、副研究员及高级工程技术人员79人，中国科学院“百人计划”入选者25人、国家杰出青年科学基金获得者14人。全所进入创新岗位226人。

上海药物所是国务院学位委员会批准的首批博士、硕士学位授予单位之一，现设有药学专业一级学科博士、硕士研究生培养点，其招生专业包括药物化学、药剂学、药物设计学、药理学、药物分析学等；设有化学、药学专业一级学科博士后流动站2个。截至2009年底，研究所共有在学研究生409人（其中硕士生201人、博士生208人）、在站博士后24人。

2009年，上海药物所共有在研项目434项（包括2009年新增项目126项）。其中国家重点基础研究发展计划（973）项目（课题）17项（新增3项），中国高技术研究发展计划（863）项目（课题）30项，国家科技支撑计划项目5项，重大科学研究计划项目2项（新增2项）；国家自然科学基金重大项目1项、重点项目6项，国家杰出青年科学基金项目7项（新增4项）；中国科学院知识创新工程重大项目2项、重要方向项目9项（新增1项），国际合作项目39项（新增1项）；与地方政府合作项目73项（新增18项）。

2009年，上海药物所科研工作取得重要进展。研究所承担的国家“十一五”重大专项“重大新药创制”在研项目取得良好进展；国家一类抗菌新药盐酸安妥沙星获得2个新药证书并成功上市，这是国家实施“重大新药创制”重大科技专项后第一个获准上市的创新药物；抗肿瘤新药沙尔威辛准备进入Ⅱ期临床研究，抗心律失常新药硫酸舒欣啶国内Ⅰ期临床研究已近尾声，国际临床研究正在申请过程中。2009年，研究所获得国家自然科学奖二等奖1项，其他奖项5项；发表论文300篇，其中SCI收录论文达290篇，影响因子5以上的论文35篇；获中国专利授权20项，国外授权2项；申请发明专利79项，其中PCT申请16项；软件登记2项；递交进入国家阶段申请15项，达历年之最；共获临床批件5个。

技术平台建设日趋完善。上海药物所紧紧抓住丹麦诺和诺德制药公司捐赠50万个小分子化合物样品的契机，建设具有天然产物高效分离、鉴定技术和高效合成技术、具有国内第一规模和自身特色的国家级化合物样品库，并汇聚多个新药研发技术平台的新药创制技术保障条件建设项目，完成了新园区大部分土建、安装、装潢、总体工程建设工作。

院地合作与技术转移转化取得明显成效。2009年共签订各类“四技”合同120余项，合同金额7100余万元，实际到位4800余万元；二类中药丹参多酚酸盐注射剂年销售额达1.2亿元，该药已纳入《国家基本医疗保险、工伤保险和生育保险药品目录（2009年版）》；一类抗菌新药盐酸安妥沙星片于2009年4月15日获得新药证书，并于当年7月初上市，年销售额400万元左右；与常州市共建的中国科学院上海药物研究所常州药物研究开发中心完成了新药产业化技术平台设计规划，于9月正式施工建设；与上海医药（集团）有限公司中央研究院合作研发的化药1.1类雷藤舒及其片剂于9月16日获得临床研究批文；以丁侃实验室为主与无限极（中国）有限公司合作成立了中国科学院上海药物研究所无限极中草药多糖联合实验室，双方将共同开展5个多糖研究的合作项目的研究。

国际合作和交流取得突出进展。2009年，上海药物所与美国、英国、法国、德国等国家的制药企业和科研机构新签国际合作项目协议5个，到位经费3450万元。2009年3月，降糖活性先导化合物DC250188以国际可比价格转让给法国最大的独立制药集团施维雅（Servier）公司，表明上海药物所新药研发正在逐步与国际水平接轨。与全球第四大制药企业阿斯利康制药有限公司共建的新药安全性评价联合研究中心，正按照国际GLP标准和规范进行建设，力求达到欧盟OECD等国际权威机构认证的世界一流新药实验室的安全性评价标准。2009年，上海药物所还组织和承办了第三届亚太地区男科学论坛暨《亚洲男科学杂志》创刊十周年庆（2009年10月10-13日）、蛋白质结构和功能研讨会（2009年10月30-31日）等6次国际会议。

上海药物所主办了两本英文学术杂志 *Acta Pharmacologica Sinica*（《中国药理学报》）和 *Asian Journal of Andrology*（《亚洲男性学杂志》）。*Acta Pharmacologica Sinica* 是我国药理学及药学领域唯一被收录至科学引文索引（SCI）的学术期刊，其影响因子（IF）为1.677；*Asian Journal of Andrology* 是我国重要的洲际学会国际性会刊，影响因子为2.059，在国际男科学领域期刊排名第3位，在国内临床医学领域SCI期刊榜排名第1位。研究所同时还主办了以非处方药物为主的科普杂志《家庭用药》。

（撰稿：徐晓萍；审稿：厉　骏）

宁波材料技术与工程研究所

所　　长：崔　平
地　　址：浙江省宁波市镇海区庄市大道519号
邮政编码：315201
电　　话：0574-86685115
传　　真：0574-87910728
电子信箱：nimte@nimte.ac.cn
网　　址：http://www.nimte.ac.cn

中国科学院宁波材料技术与工程研究所（以下简称宁波材料所）始建于2004年，2007年通过中国科学院、浙江省、宁波市组织的筹建工作验收，正式成立，是中国科学院在浙江省建立的首家直属研究机构。为满足国家、区域创新创业和经济转型升级的迫切需要，发挥国家级研发机构的重要支撑和引领作用，2009年3月13日，中国科学院、浙江省和宁波市三方再次携手，签署协议，建设宁波材料所二期——宁波工业技术研究院（简称宁波工研院），宁波工研院下设3个研究所，分别是材料技术研究所、新能源技术研究所和先进制造技术研究所。

宁波材料所的定位是：以制造业和材料产业的发展需求为导向，以材料科技进步为牵引，瞄准世界前沿，面向全国需求，立足浙江、服务全国、走向世界，逐步形成与国家需求、地方经济发展、企业需求和国际发展相结合的产研布局以及机制互补、特色鲜明的管理格局。

宁波材料所设有6个科研事业部：高分子材料及其复合材料事业部、磁性材料与先进机电装备事业部、功能材料与纳米器件事业部、表面工程与再制造事业部、燃料电池与能源技术事业部、纤维材料事业部。建有国家发展和改革委员会碳纤维制备技术国家工程实验室、科学技术部国际合作基地、中国科学院宁波材料所企业育成平台、宁波市无机微纳功能材料及应用重点实验室等。同时加强所地合作，与企业共建19个工程中心。公共技术服务中心顺利通过CNAS认证。2009年在研究所二期建设及“十二五”规划的基础上，完善了研究所的管理布局，除现有的综合办公室、科技发展部、人力资源部、所地合作与转移办公室等职能部门和公共技术服务中心支撑部门外，增设了规划战略部、园区建设办公室及安心工程办公室，为建设一个更具战略性、创新性和人文性的研究机构，奠定了坚实的基础。

截至2009年底，宁波材料所共有在所职工327人（包括客聘27人），其中科技岗位227人，支撑岗位65人，管理岗位35人。2009年引进了包括1名院士、10名正高级、11名副高级在内的各类人才118人，外国专家特聘研究员1人。2009年，1人获得首批浙江省海外高层次人才计划，4名“百人计划”入选者全部通过择优，新增“百人计划”2人，人力资源和社会保障部留学人员项目择优入选者2人，新增王宽诚基金获得者3人，新增浙江省钱江人才计划入选者1人，新增宁波市4321人才工程入选者2人，获宁波市优秀留学回国人员和浙江省侨界杰出人才1人，获得全国“三八红旗手”和中国科学院十大杰出妇女称号1人。

宁波材料所现设有材料物理与化学、高分子化学与物理2个博士研究生培养点和材料物理与化学、高分子化学与物理、材料工程（专业学位）3个硕士研究生培养点。2009年共有在学研究生158人，其中硕士生110人，博士生48人。

2009年，宁波材料所新增科研项目98项，其中中国高技术研究发展计划（863）项目1项，国家重点基础研究发展计划（973）项目1项，国家科技支撑计划项目1项；国家自然科学基金项目6项；国家发展与改革委员会实验室及产业化项目2项；中国科学院知识创新工程方向项目7项，中国科学院平台项目3项、基金项目4项、项目百人4项；省级项目15项，市级、企业类项目54项。新增浙江省创新团队2.5个，宁波市创新团队3个。全年新增合同经费额达2.39亿元，到位竞争性经费达1.3602亿元。

2009年，宁波材料所共发表学术论文122篇，其中期刊论文63篇，会议论文59篇；外刊论文54篇，国内期刊论文9篇；期刊论文SCI影响因子1.0以上的40篇，3.0以上的13篇。申请发明专利81项，获得申请号62项，获授权专利5项。

2009年，宁波材料所加大技术转移转化力度，被科学技术部评为国家技术转移示范机构；与企业共建的工程中心实现科技成果技术转移4个，合同金额共计达1475万元。积极推进院地合作与交流，由浙江省政府、中国科学院主办，浙江省科技厅、中国科学院院地合作局、宁波市人民政府承办的省院科技合作现场交流会于2009年6月23日在宁波材料所召开，中国科学院57个研究院所的领导和专家与浙江省近300家企业进行了现场科技合作对接交流，这是中国科学院和浙江省有史以来规模最大、范围最广、层次最高的一次合作交流活动。为了充分发挥国家级科研机构的作用，在金融危机暴发过程中，为区域内高新技术企业提供免费测试、技术咨询服务。

2009年，宁波材料所获科学技术部国际合作基地称号，同时，申请并获得宁波市国际合作项目1项。与国外签署合作协议3个，派遣研究人员参加各类国际会议14次，出访人数23人次。

作为主办单位之一，宁波材料所与中国塑料加工行业协会工程塑料专委会共同出版发行《工程塑料通讯》。

（撰稿：周　亦　审稿：陶永怀）

福建物质结构研究所

所　　长：洪茂椿
地　　址：福建省福州市杨桥西路155号
邮政编码：350002
电　　话：0591－83714517
传　　真：0591－83714946
电子信箱：fjirsm@ms.fjirsm.ac.cn
网　　址：http://www.fjirsm.ac.cm

中国科学院福建物质结构研究所（以下简称福建物构所）创建于1960年，其前身是中国科学院福建分院1960年筹建的技术物理所、应用化学所、电子学所、数学力所、自动化所、稀有金属所和生物物理研究室。1961 年，中国科学院将福建分院及筹建的 7 个研究所（研究室）调整合并为中国科学院理化研究所，1962 年更名为华东物质结构研究所，1973 年定名为中国科学院福建物质结构研究所。我国著名科学家、教育家卢嘉锡院士为该所创始人。经过几代人的努力，福建物构所逐渐发展成为在国际上有特色、有影响的结构化学和新晶体材料的重要综合性研究基地之一。

福建物构所以无机化学、金属有机化学和物理化学前沿领域的金属簇化学及新技术晶体材料为主攻方向，进行系统的基础研究和应用研究，重点探索新型化合物的晶体和分子结构及其与宏观性能（即化学性能、物理性能和生物活性）之间的相互关系，并重视其可能的潜在应用，同时适当开展生物大分子（包括金属酶）的晶体结构和分子结构研究。

2009 年，福建物构所根据所中长期战略发展规划的要求，在科研和管理机构方面进行了调整。在科研方面，设立了 6 个研究平台、7 个研究室和 1 个中心。6 个研究平台包括结构化学国家重点实验室、国家光电子晶体材料工程技术研究中心、中国科学院光电材料化学与物理重点实验室、福建省纳米材料重点实验室、福建省纳米材料工程实验室、福建省激光技术集成与应用工程技术研究中心；7 个研究室和 1 个中心包括结构基础研究室、纳米材料研究室、理论与计算化学研究室、化学生物学研究室、晶体材料研究室、材料物理与化学研究室、激光工程研究室和应用化学研究中心。在管理方面，在原有的 6 个处室的基础上，新增设了所地合作处、质量安全处和园区建设办公室。此外，研究所还编制了《福建物构所规章制度汇编 2006 - 2009》，修订了《关于科研绩效奖励及经费配套有关规定》等 15 项管理规章制度，使各项管理工作走上了有章可循的轨道。

截至 2009 年底，福建物构所共有在职职工 362 人，流动员工 71 人，进入创新岗位人员 207 人，离退休人员 335 人。在职职工中，共有中国科学院院士 2 人，研究员 50 人、副研究员及高级工程师 43 人，国家杰出青年科学基金资助获得者 10 人、“百人计划”获得者有 19 人、国家级“百千万人才工程”入选者 7 人。

福建物构所设有化学学科博士后流动站，无机化学、物理化学、有机化学、凝聚态物理、材料物理与化学、生物化学与分子生物学 6 个博士点，以及与博士点相应的硕士点。共有在学研究生共 300 人（其中博士生 138 人、硕士生 162 人），在站博士后 8 人。

2009 年福建物构所共有在研项目 411 项（课题 623 个），其中国家重点基础研究发展计划（973）项目（课题）13 项，中国高技术研究发展计划（863）项目（课题）7 项，国家科技支撑计划项目或课题 3 项；国家自然科学基金创新研究群体项目 1 项，重大研究计划、重大（重点）项目 14 项，国家杰出青年科学基金项目 6 项，青年基金、面上项目 53 项；中国科学院知识创新工程重大项目和重要方向项目 17 项；中国科学院海外创新团队项目 1 项。

由福建物构所姚元根研究员领衔的“煤制乙二醇”攻关组联合企业开展“煤制乙二醇”工业示范装置技术攻关，解决了催化剂规模化制备，建成了具有我国自主知识产权的世界上第一套万吨级煤制乙二醇工业化试验装置。2009 年 3 月 18 日，“万吨级 CO 气相催化合成草酸酯和草酸酯催化加氢合成乙二醇成套工艺技术”通过中国科学院组织的成果鉴定。2009 年 5 月 7 日，“世界首创万吨级煤制乙二醇工业化示范”新闻发布会在北京人民大会堂隆重举行。2009 年 12 月 7 日，20 万 t 煤制乙二醇工业装置打通全流程并生产出合格的乙二醇产品，标志着我国在世界上率先实现了煤制乙二醇成套技术的工业化应用，也是我国 C1 化工的一项重大成就。此外，“万吨级煤制乙二醇成功实现工业化示范”入选两院院士评选的“2009 年中国十大科技进展”，“万吨级煤制乙二醇技术攻关组”获得 2009 年中国科学院杰出科技成就奖。

2009 年，福建物构所共发表（含合作）SCI 论文 351 篇，其中 SCI 影响因子大于 2.0 的论文 177 篇、大于 3.0 的论文 148 篇、大于 4.0 的论文 78 篇；第一单位论文 288 篇，其中在 *Angew. Chem. Int. Ed.* 发表 2 篇、在 *J. Am. Chem. Soc.* 发表 5 篇、在 *Coord. Chem. Rev.* 发表 3 篇，高

水平论文（IF > 3.0）数量较 2008 年增长 35%。据中国科学技术信息研究所 2008 年度中国科技论文统计结果，福建物构所 2008 年 SCI 收录论文数位居全国科研机构第 9 位，SCI 被引用论文篇次位居全国科研机构第 8 位，表现不俗的论文数居全国研究机构第 10 位；1999 - 2008 年 SCI 收录论文累计被引用篇次位居全国科研机构第 10 位，SCI 收录论文数连续 6 年、SCI 收录论文被引用篇数连续 5 年名列全国科研机构前 10 位。

2009 年，福建物构所共申请专利 107 件，首次突破年申请百件关口。其中发明专利 105 件、实用新型专利 2 件；授权发明专利 22 件，覆盖了材料的基础研究与应用、晶体材料与器件和激光技术等方面，构筑了较为完整的知识产权体系。

福建物构所注重开展对外学术交流活动，充分发挥跨学科的协作优势，努力提高对外学术交流质量和水平，形成了全方位、宽领域、多层次的合作局面，促进提升科技创新能力，提高了在国内外的影响力和知名度。2009 年共有 16 人次出访进行学术交流与合作，有 35 名国外学者来所进行学术交流与访问。主（承）办了中国 - 丹麦双边蛋白水解酶与肿瘤研讨会和计算材料科学国际专题研讨会，承办了第三届全国多酸化学学术研讨会等 2 次全国性会议，2 次双边学术交流会议等。

中国化学会和福建物构所联合主办的《结构化学》刊物已成为我国化学研究的重要学术刊物之一。

（撰稿：赵　榕　审稿：洪茂椿）

城市环境研究所

所　　长：朱永官

地　　址：福建省厦门市集美大道 1799 号

邮政编码：361021

电　　话：0592 - 6190978

传　　真：0592 - 6190977

电子信箱：iue@iue.ac.cn

网　　址：http://www.iue.cas.cn

中国科学院城市环境研究所（以下简称城市环境所）自 2006 年开始筹建，于 2009 年 7 月 22 日经中央机构编制委员会办公室批准成立（中央编办复字〔2009〕107 号）。城市环境所是中国科学院下属的事业法人单位，是中国科学院资源环境与高技术交叉领域的研究所，是目前国际上唯一的专门从事城市环境综合研究的独立研究机构，是国家级对台科技合作与交流基地，是科学技术部国际科技合作基地。

城市环境所的学科方向为环境化学与分析化学、环境经济与环境管理、生态学、环境生物与生物技术、环境工程与环境材料；重点研究领域为城市生态健康与环境安全、城市环境污染控制与资源化技术、城市环境工程与循环经济、城市生态环境规划与管理；研究单元设置为城市生态健康与环境安全研究中心、城市环境污染控制与资源化技术研究中心、城市环境工程与循环经济研究中心、城市生态环境规划与管理研究中心、仪器设备实验中心，以及 2 个科学观测研究站。2009 年成立中国科学院城市环境与健康重点实验室和厦门市水环境安全与水质保障工程技术研究中心。

截至 2009 年底，城市环境所共有在职职工 110 人，其中进入创新岗位人员 100 人，项目聘用人员 10 人。在职职工中，共有科研人员 78 人、科技支撑人员 16 人，包括研究员 18 人、副研究员及高级实验师 17 人，中国科学院“百人计划”入选者 7 人、国家杰出青年科学基金获得者 2 人；流动人员 153 人中，共有客座研究员 10 人、访问学者 8 人，在学研究生 129 人（其中博士生 61 人，硕士生 68 人）、在站博士后 6 人。

2009 年，城市环境所争取科研项目 58 项，项目金额总计 2853.75 万元。其中科学技术部国际合作项目 1 项，国家科技支撑计划项目课题 2 项，国家自然科学基金项目 6 项，中国科学院项目 17 项，厦门科技计划项目 6 项，福建科技计划项目及基金 10 项，国家重点实验室项目 2 项，横向课题 14 项，技术服务项目 2 项。

2009 年，城市环境所申请发明专利 8 项，实用新型专利 4 项；正式出版科技论文 53 篇，其中SCI收录17篇，EI收录2篇，中国科学引文数据库（CSCD）收录34篇。在膜生物反应器膜污染控制关键技术及其微生物分子生态学机理研究、城市湿地生态与功能、近岸海域环境变化的生态风险评价、土壤含水层典型有机污染物的生物和化学修复机制和污染风险削减、畜禽养殖废水污染控制关键技术集成及示范、生态环境规划、可持续城市建设理论与方法等方面的研究取得重要进展。

2009年，城市环境所举办了中法城市环境与可持续发展研讨会、第六届中澳科技会议、第二届城市环境科学与技术研讨会暨两岸四地生态与环境研讨会等多次国际学术会议；英国驻广州总领事馆Wayne Ives、瑞士副总领事、澳大利亚科学院院长、澳大利亚工程院院长及多名海外科学家来访，所里有多人次到英国、澳大利亚、美国、德国、中国香港、中国台湾等国家和地区进行学术交流；与香港理工大学共建的城市环境与健康联合实验室挂牌成立，中国科学院创新团队国际合作伙伴计划“城市环境质量与健康效应”团队通过组建论证并获批准；科学技术部国际科技合作基地、科学技术部国家级对台科技合作与交流基地、厦门市对台科技合作与交流基地先后挂牌成立；成功举办中国科学院－厦门科技合作交流会，以城市环境所现有载体为平台，中国科学院与厦门市政府共建中国科学院厦门产业技术创新与育成中心。

城市环境所基建一期工程全部竣工通过验收并取得房屋产权证和土地使用证。

（撰稿：陈伟民　审稿：朱永官）

南京地质古生物研究所

所　　长：杨　群
地　　址：南京市北京东路39号
邮政编码：210008
电　　话：025－83282105
传　　真：025－83357026
电子信箱：ngb@nigpas.ac.cn
网　　址：http://www.nigpas.cas.cn

中国科学院南京地质古生物研究所（以下简称南京古生物所）成立于1951年5月7日，其前身为中央研究院地质研究所及前中央地质调查所等机构的古生物室（组）。著名地质古生物学家、原中国科学院副院长李四光教授为首任所长。

南京古生物所是一个从事古生物学和地层学基础研究和应用基础研究的综合性研究机构。主要研究领域包括地球早期生命的起源与演化，进化古生物学，古生物系统分类学，古生态、古地理、古气候研究，年代地层学，分子古生物学，地球生物学，生物与环境的协同演化，应用古生物学与地层学等，是首批获准进入中国科学院知识创新工程试点单位之一。南京古生物所设有古植物与古孢粉学研究室、古动物学研究室、微体古生物学研究室和一个现代古生物学和地层学国家重点实验室。

南京古生物所图书馆建于1953年，经过五十多年的藏书建设，目前收藏古生物学与地层学专业图书期刊约28万册（期），其中外文期刊近2000种，约20万册（期），是亚洲最大的古生物学专业图书馆。该所标本馆是在1928年中央研究院地质研究所标本室的基础上发展起来的，其馆藏标本约20万件，不仅是我国最重要的古生物标本馆，也是世界上古生物标本收藏的重要机构。此外，该所还拥有扫描电子显微镜、透射电子显微镜、软X射线显微镜、同位素质谱仪、气相色谱－质谱议，地质生物学实验室、分子古生物学实验室等众多大型先进仪器设备和实验装置，并建有南京古生物博物馆、化石网两个科普场馆和网站。经过近60年的发展和几代科学家的努力，南京古生物所已发展成为分支学科齐全、科技力量雄厚、技术条件配套、学术成果丰硕、国际交流频繁的地层古生物综合研究中心，国外同行将其与大英自然历史博物馆和美国斯密逊博物研究院并称为世界古生物学研究的三大中心。

截至2009年12月底，南京古生物所拥有在职职工157人（内退人员11人），离退职工212人（离休17人）。在职职工中，共有中国科学院院士 5 人、中国科学院“百人计划”入选者 4 人、国家杰出青年科学基金获得者 7 人。

南京古生物所是国务院学位委员会批准的首批博士、硕士学位授予单位之一，现设有古生物学与地层学和地球生物学专业博士、硕士研究生培养点和博士后流动站，共有在读研究生共 55 人（其中硕士生 36 人，博士生 29 人）、在站博士后 7 人，其中包括来自加拿大、埃及的博士后 2 名。2009 年，通过项目聘任，南京古生物所引进中国科学院外国专家特聘研究员 1 人、外籍青年科学家 1 人、中共中央组织部“千人计划”2 人。

2009 年，南京古生物所新增科研项目 31 项。其中国家自然科学基金项目 13 项，包括面上（含青年）项目 10 项、重点基金项目 1 项、特殊学科点人才培养基金 1 项；中国科学院知识创新工程重要方向项目 4 项、项目“百人计划”1 项、“外国专家特聘研究员计划”3 项、“外籍青年科学家计划”1 项，其他各类项目 7 项；中共中央组织部“千人计划”项目 2 项。此外，现代古生物学和地层学国家重点实验室每年从科学技术部获得 500 万元科研经费支持，国家自然科学基金创新研究群体项目“晚古生代东特提斯生物与环境演化过程”经过评审又获得 3 年的后续支持。全年累计到账各类科研经费 3985.4 万元。

科研工作取得可喜成绩。以陈均远研究员为首的科研小组利用同步辐射相衬显微 CT 技术研究的两颗保存精美且有极性分化的胚胎化石，为了解寒武纪大爆发之前后生动物的演化历程提供了重要线索，相关成果发表在《美国科学院院报》（*PNAS*）上。全所全年共出版专著 6 部；发表论文约 280 篇，其中 SCI 论文 118 篇，CSCD 论文约 127 篇，科普论文 35 余篇。科研成果“4 亿多年前华南海洋生物的宏演化及其意义”获 2009 年江苏省科技进步奖一等奖，科普网站“化石网”获得联合国“世界信息社会峰会大奖”和中国互联网协会“中国最佳电子科学与科技网站”，获得“新中国成立以来江苏省十大杰出科技人物”1 项、“何梁何利基金科学与技术进步奖”1 项、“李四光地质科学奖”1 项、科学技术部“全国野外科技工作先进个人”1 项。

有效开展多种形式的国际合作交流活动。南京古生物所主办了中国古生物学会第十次全国会员代表大会暨第 25 届学术年会、中国古生物学会成立 80 周年纪念活动，这是我国古生物学界近年来举行的规模最大的国内学术交流活动；主办了第十二届国际放射虫会议和新元古代 - 寒武纪和二叠纪 - 三叠纪过渡期地质事件专题讨论会，共有来自 20 多个国家的 70 余位外宾参会。组织科学家出访参加寒武纪生命大爆发国际研讨会、国际牙形类化石会议、第十四届国际寒武纪再划分野外讨论会等重要会议并在大会上作报告或展板展示。全年共有 57 批 85 人次分别前往法国、德国等 19 个国家参加国际会议或进行学术交流，接待来访的澳大利亚、美国等 26 个国家的外宾 140 人次。与美国堪萨斯大学等国外知名大学和科研院所签订 6 项合作协议。

中国古生物学会挂靠在南京古生物所。南京古生物所承办《古生物学报》、《微体古生物学报》、《地层学杂志》、*Palaeoworld* 等科技期刊和《生物进化》科普期刊。

（撰稿：陈孝政　审稿：周建平）

南京土壤研究所

常务副所长：沈仁芳
地　　址：江苏省南京市北京东路 71 号
邮政编码：210008
电　　话：025 - 86881114
传　　真：025 - 86881000
电子信箱：iss@issas.ac.cn
网　　址：http://www.issas.ac.cn

中国科学院南京土壤研究所（以下简称南京土壤所）成立于 1953 年，其前身是 1930 年创立的中央地质调查所土壤研究室。

南京土壤所的主学科是现代土壤学，主要研究领域是土壤资源与管理、土壤肥力与调控、土壤环境与健康、土壤生物与安全。目前设有土壤与农业可持续发展国家重点实验室、土壤环境与污染修复院重点实验室、土壤资源与遥感应用研究室、土壤－植物营养与肥料研究室、土壤化学与环境保护研究室、土壤物理与盐渍土研究室、土壤生物与生化研究室、土壤利用与环境变化研究中心、农业生态与区域发展研究中心等研究单元，其中农业生态与区域发展研究中心包括中国科学院生态系统研究网络土壤分中心、封丘农田生态系统国家野外科学观测研究站、鹰潭农田生态系统国家野外科学观测研究站、常熟农田生态系统国家野外科学观测研究站、三峡工程生态环境秭归实验站。此外，还拥有联合国粮农组织的特约图书馆和规模较大的土壤标本馆。土壤与环境分析测试中心获得国家实验室认可和国家计量认证。

截至2009年底，南京土壤所共有在职职工285人。其中专业技术人员224人，包括中国科学院院士2人，研究员45人、副研究员及高级工程师72人。全所进入创新岗位171人。

南京土壤所现设有土壤学、植物营养学、资源环境与遥感信息、环境污染过程与生态修复、环境科学、生态学6个学科博士研究生培养点，土壤学、植物营养学、生态学、环境科学、水土保持及荒漠化防治、地图学与地理信息系统、资源环境与遥感信息、环境污染过程与生态修复8个学科硕士研究生培养点，1个农业资源利用一级学科博士后流动站。现有在学博士研究生126人、硕士研究生107人，在站博士后17人。2009年，研究所33名博士毕业生和29名硕士毕业全部获得学位，其中1名获全国优秀博士学位论文提名论文奖、1名获中国科学院优秀博士学位论文奖，另有近20名获得不同奖励，获奖层次和人数创研究所历史新高。

2009年，南京土壤所共有在研项目共242项（包括2009年新增项目）。其中国家重点基础研究发展计划（973）项目（课题）6项，中国高技术研究发展计划（863）重点项目2项、探索项目4项，国家科技支撑计划项目（课题）10项，水体污染控制与治理科技重大专项课题2个，国家公益性行业（农业）科研专项经费项目2项；国家自然科学基金重点项目1项、面上项目44项，国家杰出青年科学基金项目2项，创新研究群体项目1项；中国科学院知识创新工程重要方向项目8项，“百人计划”项目3项。

2009年，南京土壤所科研工作取得重要进展。研究所主持承担的中国科学院重大交叉项目“耕地保育与持续高效现代农业试点工程”中封丘试区的“高产高效现代农业示范工程”建成了高产、中产、低产示范区近6万亩，全面推广节水、节肥、节能新技术，在低产田定向培育、地力提升、丰产技术以及新品种和各类综合集成技术的应用方面为河南省粮食生产区建设发挥了核心示范作用；江西试区扩大旱地高产种植技术体系示范3000多亩，推广2.5万亩，花生产量提高19%－35%，经济收入增加200元/亩；稻田现代农业高产高效技术体系示范1.2万亩，在江西余江、南昌、宁都、泰和等县共推广500万亩，早稻万亩示范区产量均比所在县平均产量提高20%以上，晚稻提高20%－30%，由此产生的经济和社会效益获得了中国科学院、江西省领导及地方群众的肯定。研究所主持的科学技术部科技基础性工作专项“我国土系调查与中国土系志编制”初步提出了野外土壤描述和调查的规范方案，并在各省区全面开展相关研究工作，目前已观察和记录剖面超过200个。FACE系统经发现高大气CO_2浓度下作物光合作用的特殊反映，其研究成果于2009年发表在*Ecology Letters*（《生态学通讯》）上，影响因子为9.392。颜晓元关于全球稻田甲烷排放量的研究结果在《全球生物地球化学循环》（*Global Biogeochemical Cycle*）上发表后，被《自然》（*Nature*）杂志作为“研究亮点”加以报道。朱兆良院士等在太湖地区长期进行的稻田氮素循环的研究结果与中国农业大学等关于旱地氮素循环的研究结果共同在《美国科学院院刊》发表，产生了较大影响。2009年，全所共发表核心期刊CSCD论文268篇，SCI收录的论文156篇；申请22项发明专利，授权发明专利12项，专利申请和授权均创历史新高。

国际合作与交流继续向前推进。“全球数字土壤制图”计划（GlobalSoilMap.net）于2009年2月17日在位于纽约曼哈顿的哥伦比亚大学正式启动；组织召开了季风亚洲区陆地生态系统碳氮循环的环境影响国际研讨会；中国科学院创新团队国际合作伙伴计划项目“土壤生物环境与农产品安全”顺利通过终期评估。

该所主办 *Pedosphere*、《土壤学报》和《土壤》3 份中英文学术期刊，其中 *Pedosphere* 是我国土壤科学唯一的一份英文学术期刊且被收录为 SCI 源刊。该所为中国土壤学会、江苏省土壤学会和全国土壤质量标准化技术委员会的挂靠单位。

（撰稿：王慎强　审稿：蔡　立）

南京地理与湖泊研究所

所　　长：杨桂山
地　　址：江苏省南京市北京东路 73 号
邮政编码：210008
电　　话：025－86882010；025－86882020
传　　真：025－57714759
电子信箱：niglas@niglas.ac.cn
网　　址：http://www.niglas.ac.cn

中国科学院南京地理与湖泊研究所（以下简称南京地湖所）的前身是 1940 年 8 月在重庆北碚成立的中国地理研究所。1949 年南京解放由南京市军管会文教部接管，当时所内职工仅剩 9 人。1950 年移交中国科学院并成立中国科学院地理研究所筹备处，由竺可桢、黄秉维任筹备处正副主任。1953 年中国科学院地理研究所正式成立。

南京地湖所是全国唯一以湖泊－流域系统为主要研究对象的综合研究机构，其战略定位是：以探索自然和人文要素驱动下湖泊（含人工湖泊水库）－流域系统过程、格局及其相互作用规律为基础，开展湖泊资源、环境及区域可持续发展研究，努力将研究所建成学科综合优势显著、地域特色鲜明、国家知识创新体系中不可替代的国际著名湖泊科学综合研究和高层次人才培养基地，国家湖泊资源利用与环境治理工程技术研究中心，经济发达地区可持续发展科学研究与决策咨询中心。

南京地湖所主要面向湖泊水环境与污染治理、湖泊－流域系统演变与调控、流域重大开发工程的生态环境效应以及经济发达地区环境与发展研究领域，重点发展湖泊水文与水资源、湖泊环境与生态、湖泊沉积与环境演化、湖泊－流域相互作用、流域资源环境与区域发展等学科方向。现设有湖泊与环境国家重点实验室、湖泊生态与环境工程研究中心、区域发展与规划研究中心、湖泊野外观测与数据中心（含太湖湖泊生态系统国家野外观测研究站、鄱阳湖湖泊湿地观测研究站、抚仙湖高原深水湖泊研究站和中国湖泊－流域数据中心）。研究所现有 40 万元以上的大型仪器设备 45 余台（套）。图书馆馆藏图书期刊 12 万多册，各种地形图 63000 多幅，航卫片 77000 多张。此外，还馆藏地方志 4262 种 44000 多册，其中善本近百种，孤本 10 余种。

截至 2009 年底，南京地湖所共有在职职工 212 人。其中中国科学院院士 1 人，研究员 39 人、副研究员和高级工程师 78 人，中国科学院“百人计划”入选者 8 人、国家杰出青年科学基金获得者 2 人。

南京地湖所设有地理学博士后流动站，自然地理学、人文地理学、环境科学 3 个博士研究生培养点以及自然地理学、人文地理学、环境科学、地图学与地理信息系统 4 个硕士研究生培养点。现有博士生导师 32 名、硕士生导师 48 名，在站博士后 18 名，在读研究生 167 人。

2009 年，南京地湖所继续抓好各类重大科研项目实施和科研成果产出，狠抓重大项目学术交流和学科发展战略研讨，积极推进国家重点实验室等科技支撑平台建设，加大青年人才的培养和引进力度，扎实推进研究所的各项工作，顺利完成研究所党委和纪委换届，实现研究所各项事业进步和整体实力稳步提升。

2009 年，南京地湖所承担科学技术部、国家自然科学基金委、中国科学院等国家和省部级在研项目共 106 项，承担地方政府、企业等横向项目 79 项。其中，新增国家“十一五”水专项课题 1 项；国家自然科学基金面上项目 25 项；中国科学院知识创新工程重要方向项目 4 项，中国科学院“百人计划“项目 3 项，院科研装备研制项目 1 项，国际合作项目 3 项；江苏省科技计划项目 8 项；各类地方政府委托项目 56 项。

2009 年全所进所各类经费 1.25 亿元，其中进所科研经费近8000万元，比上年增加1300万元。

2009年，南京地湖所科研成果产出有所进步。“太湖水动力与生态过程模拟研究及应用”和“区域土地利用变化及其对水文与水环境的影响”两项科研成果荣获2009年江苏省科技进步奖二等奖。“太湖水动力与生态过程模拟研究及应用”成果经过太湖40多年野外调查和研究数据系统集成，构建耦合太湖水动力、营养盐转化、生物生长代谢及种群竞争等过程生态动力学模型，研发出具有自主知识产权计算模块与平台。“区域土地利用变化及其对水文与水环境的影响”成果阐明了区域土地利用变化的关键过程和阶段特征及其对政策、经济发展和人口增长三大驱动力不同的响应机制，发展了适合于太湖流域复杂水网地区流域单元和集水区划分的方法，定量评估了不同土地利用状况对典型暴雨事件和逐年连续降雨过程特征水文参数的影响方式和程度，构建了基于单元格网的流域营养盐产出与输移通量模型，建立了适合我国基础数据体系的土地利用变化水环境效应评估的方法与技术。研究所全年发表论文280篇，其中SCI论文70篇，TOP SCI论文10篇以上，EI论文10篇，国际会议论文20多篇（含ISTP论文5篇）；出版专著6部；申请发明专利10项，获得授权专利6项，登记软件著作权4项。

2009年，南京地湖所国际合作和学术交流日趋活跃。因公出国（境）进行合作研究、讲学或参加国际会议的人员达57人次，来所进行合作研究或工作访问的境外学者达到132人次。研究所与国际湖沼学会联合主办了国际湖沼学会2009年学术研讨会（SIL），来自美国、英国、德国、丹麦、日本等18个国家和地区以及国内专家学者200余位参加了研讨会，这是国际湖沼学会首次在中国举办研讨会。此外，还成功申办2011年第七届浅水湖泊大会，组织了中国科学院爱因斯坦讲席教授来华进行学术交流并签订了学术合作协议，成功申报中国科学院外籍专家特聘研究员1人，聘任研究所外籍专家客座研究员3人。2009年获得国家自然科学基金委员会中韩、中德、中荷合作项目各1项。作为两个重要野外研究平台的太湖站和鄱阳湖站2009年到访的海内外学者剧增，先后有97名国外学者到太湖站进行讲学或合作研究，1300多名国内外专家学者访问鄱阳湖站。同时，研究所还积极走出国门参与国际项目合作研究，包括科学技术部非洲湖泊水环境监测与保护实施科技援助、科学技术部基础工作专项俄罗斯湖泊考察等，扩大了研究所的学术影响。

南京地湖所是江苏省海洋湖沼学会、江苏省地理学会、江苏省遥感与地理信息系统学会、中国地理学会长江分会、全国第四纪研究会全新世专业委员会挂靠单位，主办《湖泊科学》学术期刊，影响因子继续位列海洋科学类第一位。

（撰稿：杨金华　审稿：杨桂山）

紫金山天文台

常务副台长：杨　戟
地　　址：江苏省南京市北京西路2号
邮政编码：210008
联系电话：025－83332000
传　　真：025－83332091
电子信箱：pmoo@pmo.ac.cn
网　　址：http://www.pmo.cas.cn

中国科学院紫金山天文台前身是成立于1928年2月的国立中央研究院天文研究所，于1934年9月更名为紫金山天文台，1950年5月20日隶属中国科学院，改称中国科学院紫金山天文台，是我国自己建立的第一个现代天文学研究机构，被誉为“中国现代天文学的摇篮”。

紫金山天文台设4个研究部：南极天文和射电天文研究部、行星科学和深空探测研究部、暗物质和空间天文研究部、应用天体力学和空间目标与碎片研究部；4个实验室：毫米波和亚毫米波技术实验室、暗物质和空间天文实验室、天体化学和行星科学实验室、CCD相机研制实验室；6个观测站：青海德令哈观测站、江苏盱眙观测站、江苏赣榆观测站、黑龙江洪河观测站、云南姚安观测站和山东青岛观测台。紫金山天文台是中国科学院射电天文重点实验室、中国科学院空间目标和碎片观测重点实验室、中国科学院空间目标和碎片观测研究中心、中国科学院南极天文中心的挂靠单位。

紫金山天文台以天体物理研究和天体力学应用基础研究为重点，以星际分子云和恒星形成研究及相关的毫米波、亚毫米波、红外观测技术，太阳活动、日地关系和高能天体物理研究及相关的空间天文探测技术，天体物理前沿课题和基本理论研究及相关的实验室分析技术，太阳系自然和人造天体动力学研究及相关的空间目标和空间监测技术四大领域作为主要学科方向，围绕分子云和恒星形成，恒星的结构、演化和脉动，高能天体物理，太阳活动和等离子体物理，行星和月球科学研究，人造天体动力学，空间目标及空间环境监测研究，历算和天文参考系，天体化学，南极天文学等科研领域开展研究，重点发展的技术领域是毫米波、亚毫米波天文技术，红外天文探测技术，空间目标及空间环境监测技术，空间天文探测技术。

截至2009年底，紫金山天文台共有在职职工289人。其中，科技人员229人、科技支撑人员31人，包括中国科学院院士3人，研究员和正研级高级工程师等46人、副研究员和高级工程师43人，中国科学院“百人计划”入选者14人、国家杰出青年基金获得者11人。全所进入创新岗位132人。

紫金山天文台是国务院学位委员会批准的首批博士、硕士学位授予单位之一，现拥有1个一级学科博士学位、硕士学位培养点（天文学）、2个专业博士学位培养点（天体物理、天体测量与天体力学）和3个专业硕士学位培养点（天体物理、天体测量与天体力学、天文技术与方法），并建有1个博士后流动站。共有在读研究生103人，其中博士生46人、硕士生57人；在站博士后8人。

2009年，紫金山天文台共承担主要科研任务和在研项目117项。其中，国家重点基础研究发展计划（973）子项5项，中国高技术研究发展计划（863）项目6项，国家其他项目8项，国家国防科工局项目1项；国家自然科学基金项目48项（其中创新研究群体1项、重点基金4项、国家杰出青年科学基金1项），包含当年新增项目19项（其中重大国际合作1项、重点项目2项、国家杰出青年科学基金1项）；中国科学院知识创新工程方向项目2项，“百人计划”项目6项。

2009年，紫金山天文台获得“何梁何利基金科学与技术进步奖”1项，获军队科技进步奖一等奖1项、二等奖1项；江苏省科技进步奖二等奖1项；推荐国家科技进步奖1项；通过院级成果鉴定1项。申请发明专利2项，实用新型专利1项，软件著作权登记3项；授权发明专利1项；发表科技论文223篇，其中SCI论文140篇，在*Nature*杂志发表论文1篇，在*Science*杂志发表论文1篇。

“近地天体望远镜系统”通过成果鉴定，该望远镜在世界上1m以上同类望远镜中焦比最快，其改正镜的磨制难度很大，光学像质优良。自行研发4K×4K CCD控制器及制冷系统，性能优良。白光极限星等为22.5等（曝光40s），是我国目前巡天观测领域里探测能力最强、效率最高、性能最好的望远镜。毫米波和亚毫米波实验室在太赫兹频段高灵敏度超导SIS和HEB混频（相干探测）技术研究、太赫兹频段超导隧道结直接检波（非相干探测）技术研究等方面取得显著进展。紫金山天文台、南京大学天文系和上海天文台研究小组与美国、德国、意大利科学家合作，首次精确地测定了银河系部分结构的距离和三维速度，对银河系旋臂结构的测量和研究有突破性的进展。空间探测技术研究进展顺利：暗物质探测卫星开始启动探测器原理样机设计，完成电子学设计和初步测试，目前的设计基本合乎要求；与科技大学合作测试光电管的性能和晶体的饱和性能；探月工程完成CE-2探测器设计和研制，探测器已经交付卫星，正在进行各项测试，关键指标达到或超过设计指标；开始CE-3探测器设计，目前正在转初样评审；为将来的太阳高能空间观测，启动大面积CdTe探测器设计和研制。吴雪峰博士参加美国宇航局Fermi卫星组工作，利用Fermi卫星伽玛射线大面积空间望远镜探测到的来自不同红移（分别为4.3和0.9）处的两个伽玛暴资料，基于能量高于GeV的伽玛光子到达时间滞后这一事实，排除了洛仑兹对称性线性破缺的可能性，证明了爱因斯坦在狭义相对论中提出的洛仑兹不变性的假设是正确的，其结果分别发表在 *Science*、*Nature* 杂志上。

2009 年，紫金山天文台积极开展国际交流。全年出访人员 78 人次（会议、项目合作研究、考察、观测等），涉及 18 个国家和地区；来访 75 人次，分别来自 12 个国家及地区，诺贝尔物理学奖获得者、美国哈佛－史密松天体物理中心罗伯特·威尔逊（Robert Wilson）教授、美国约翰霍普金斯大学里卡尔多·贾科尼（Riccardo Giacconi）教授等多位国际知名天文学家和物理学家应邀到台访问；全年共召开 4 次国际会议和多次国际视频会议，继续保持与国际一流研究所和大学的长期稳定合作，有选择、有重点地开展科技交流与合作，取得了良好成果；截至 2009 年 12 月 5 日，与国外合作发表论文 79 篇。

紫金山天文台是中国天文学会的挂靠单位；编辑出版《天文学报》（季刊）以及英文期刊 *Chinese Astronomy and Astrophysics*（*CAA*），该刊已被 SCI 收录。

（撰稿：朱爱仲　审稿：毛瑞青）

苏州纳米技术与纳米仿生研究所

所　　长：杨　辉
地　　址：江苏省苏州市苏州工业园区若水路 398 号
邮政编码：215123
电　　话：0512－62872509
传　　真：0512－62603079
电子信箱：office@sinano.ac.cn
网　　址：http://www.sinano.cas.cn

中国科学院苏州纳米技术与纳米仿生研究所（以下简称苏州纳米所）由中国科学院、江苏省人民政府和苏州市人民政府于 2006 年共同出资筹建，于 2009 年 7 月 22 日获中央编制委员会办公室批复正式成立，2009 年 12 月 9 日通过中国科学院、江苏省人民政府、苏州市人民政府组织的筹建工作验收。

苏州纳米所定位于纳米科技的应用基础研究和产业化，加强科学和技术的交叉与融合，以及技术的高度集成，以实现国家创新体系与地方区域创新体系有机结合、技术创新体系与知识创新工程有机结合、科技创新与引领产业有机结合；在学科布局上坚持“应用需求牵引学科建设，学科建设支撑应用发展”的原则，主要围绕能源、环境、信息、生命与医学等领域开展研发工作；在学科方向上主要包括纳米器件及其相关材料、纳米生物技术与纳米医学、纳米仿生技术和纳米安全技术。

苏州纳米所设有 6 个研究部、4 个实验室、5 个中心和 3 个公共研究平台。6 个研究部包括纳米器件及其相关材料研究部、纳米生物技术与纳米医学研究部、纳米仿生研究部、纳米安全研究部、系统集成与 IC 设计研究部、学科交叉综合研究部；4 个实验室包括纳米技术研究国际实验室、中国科学院苏州纳米所－索尼联合实验室、中国科学院苏州纳米所－苏州出入境检验检疫局联合实验室、环境传感联合实验室；5 个中心包括信息与战略研究中心、技术转移中心、技术培训中心、太阳能电池检测分析中心和工程化中心；3 个公共研究平台包括纳米加工平台、测试分析平台和计算平台，是围绕纳米器件及其相关材料、纳米生物技术与纳米医学、纳米仿生学和纳米安全等研究领域组建的多学科交叉技术研究平台，主要以电子信息和医药产业技术需求为导向，瞄准未来产业发展方向，重点发展电子信息、生物与新医药、基础材料与新材料、装备制造等领域的研究，并形成相关的核心技术，孵化新兴产业。3 个公共研究平台的主要任务是：面向社会全方位开放，实现设备的共享共用；积极配合区域经济发展，解决相关企业的技术难题，为企业的科技研发提供支撑；培养培训相关技术人才，开展技术咨询等。目前，测试分析平台已被认定为苏州市纳米测试分析中心、江苏省纳米测试分析中心、江苏省纳米测试分析创新服务平台、江苏省纳米技术产业产学研联合创新载体、中国科学院所级公共技术服务平台；纳米加工平台被认定为苏州市经贸委微纳光电特色产业基地、江苏省纳米加工平台、江苏省纳米技术产业产学研联合创新载体、中国科学院所级公共技术服务平台、中国科学院纳米器件平台。

2009年是苏州纳米所筹建工作的验收年。6月29日至8月31日，研究所顺利通过科研活动与管理、人才队伍、基建、装备与平台、资产财务、公共事务和审计工作7个专项验收；10月12日，顺利通过中国科学院、江苏省和苏州市共建三方组织的预验收；12月9日，顺利通过共建三方的正式验收。苏州纳米所的工作重心正式转向全面提升科技创新能力，实现科技创新跨越式发展的新阶段。

苏州纳米所制定了《中长期发展规划纲要（2008－2020年）》，并分步实施；加快体制机制创新，建立并完善制度体系；依据ISO9000标准，加强质量体系建设。研究所实施了国际领军人才支持计划、创新拔尖人才发展计划、产业化领军人才发展计划、新秀人才培育计划及人才健康流动计划5项人才行动计划。

截至2009年底，苏州纳米所共有在职职工308人。其中科技人员213人、科技支撑人员59人，包括中国科学院院士1人，研究员及正高级工程技术人员30人、副研究员及高级工程技术人员55人，国家“千人计划”入选者1人、国家杰出青年科学基金获得者1人、中国科学院“百人计划”入选者14人、“江苏省高层次创业创新人才引进计划”入选者3人、“姑苏创新创业领军人才计划”入选者3人、“苏州工业园区科技领军人才计划”入选者3人。全所进入创新岗位238人。

苏州纳米所通过院内相关单位代招研究生，并设有博士后工作站。现有在读研究生176人，其中博士生55人、硕士生121人；有在站博士后36人。

2009年，苏州纳米所共有在研项目201项（包括2009年新增项目111项）。其中国家重点基础研究发展计划（973）项目（课题）3项（新增1项）；国家自然科学基金重大项目（课题）1项（新增）、重点项目1项、面上项目16项（新增7项）、青年科学基金项目21项（新增12项）；中国科学院知识创新工程重要方向项目4项（新增），院地合作项目3项（新增2项），国际合作项目3项（新增2项）；与地方政府合作项目47项（新增23项）。

2009年，苏州纳米所发表学术论文47篇，其中SCI论文30篇、EI论文17篇。出版专著1部。申请专利53项，其中发明专利53项；获授权专利7项，其中发明专利5项，实用新型2项。

2009年，苏州纳米所独资成立控股管理公司——苏州纳方科技发展有限公司，负责研究所的资产运营，下辖参股公司4家，包括苏州纳晶光电有限公司、苏州纳科显示技术有限公司，其股权已划转至苏州纳方科技发展有限公司；新成立的苏州晶智科技有限公司和苏州宏荣博曼生物科技有限公司。苏州纳米所原有的5家公司除上述两家公司股权划拨至纳方公司外，其他3家公司正常运营，包括苏州纳维科技有限公司、苏州纳凯科技有限公司及苏州华林科纳半导体设备技术有限公司。

新成立了中国科学院苏州产业技术创新与育成中心，推动院地合作从以往的技术和项目层面的合作上升为技术与成果、创新资源、创新能力的转移转化，从单项、短期的合作上升为系统、全面的战略合作。

2009年，苏州纳米所共承担科学技术部国际合作项目3项，其中2项为2009年立项。2008年立项的“高速光学数字信号处理系统的研制”已经完成12×12通道的原理样机搭建。2009年5月与日本索尼公司建立了中国科学院苏州纳米所－索尼联合实验室，主要开展环境监测方面的合作研究。

（撰稿：曾光强　审稿：刘佩华）

合肥物质科学研究院

院　　长：王英俭
地　　址：安徽省合肥市蜀山湖路350号
邮政编码：230031
电　　话：0551－5591234
传　　真：0551－5591270
电子信箱：office@hfcas.ac.cn
网　　址：http://www.hfcas.ac.cn

中国科学院合肥物质科学研究院（以下简

称合肥研究院）成立于2003年5月，由原中国科学院合肥分院及中国科学院安徽光学精密机械研究所、等离子体物理研究所、固体物理研究所、合肥智能机械研究所、强磁场科学技术中心、安徽循环经济技术工程院等研究单元重新组建而成，是一个多学科、综合性科研基地。

安徽光学精密机械研究所 成立于1970年12月，拥有激光大气传输和激光大气探测、激光光谱学、环境光学和环境监测技术、遥感和辐射定标与校正、新型激光器和晶体材料、医学光电子学和激光医疗仪器、光纤与光电子学、光电工程等优势学科。建有亚洲雷达观测网、亚太经合组织环境监测技术中心等合作项目和组织，主办编辑出版《量子电子学报》和《大气与环境光学学报》学术刊物。

等离子体物理研究所 成立于1978年9月，主要从事高温等离子体物理、磁约束核聚变工程技术及相关高技术研究和开发，是我国热核聚变研究的重要基地，也是国际受控热核聚变计划ITER中国工作组的重要单位之一。其自主建造的世界上第一个非圆截面全超导托卡马克EAST装置被誉为全世界聚变能开发的杰出成就和重要里程碑。该所编辑出版的*Plasma Science and Technology*是国内等离子体专业唯一的英文版学术期刊。

固体物理研究所 成立于1982年3月，创始人为著名物理学家、中国科学院院士葛庭燧研究员。主要开展纳米材料与纳米结构、计算材料物理、新型功能材料与固体内耗等方面的基础和应用基础研究。拥有国内一流的纳米材料合成、评价、功能材料结构表征、内耗及物性测试实验平台和固体微结构分析的大型仪器设备以及大规模高性能计算平台，每年发表的SCI论文数以及论文被引用次数和均篇引用率在全国科研机构中均名列前茅。

合肥智能研究所 成立于1979年10月8日，其前身是1962年建立的中国科学院华东自动化元件及仪表研究所。主要研究领域涵盖仿生感知、信息获取、智能农业信息系统、智能检测与控制、微纳米技术、先进制造、安全系统等。智能所是高新技术成果转化与产业发展的重要辐射源，现有控股或参股的高新技术企业6家，并承办《模式识别与人工智能》中文期刊和*International Journal of Information Acquisition*（《国际信息获取学报》）英文期刊。

中国科学院强磁场科学中心 成立于2008年4月30日，目前主要承担国家“十一五”大科学工程“稳态强磁场实验装置”项目的建设任务。项目建设总目标是：建立40T级稳态混合磁体实验装置和系列不同用途的高功率水冷磁体、超导磁体实验装置，为开展凝聚态物理、化学、材料科学、生命科学和微重力等学科的前沿研究提供强磁场平台。项目建设期为5年。

安徽循环经济工程研究院 该研究院是中国科学院配合中部崛起战略和合肥市创新型试点市建设与安徽省共同组建的高技术研发机构，主要开展以中国科学院为依托的科技成果产业化，使其发展成为提升区域科技创新能力的专业技术成果孵化和转化平台。现设有新能源工程、工业微生物技术、大气成分监测技术、电物理应用技术等孵化中心和餐厨废弃物处置工程技术研究中心等技术研发机构。

合肥研究院的战略目标是：以国民经济和国家安全战略需求为牵引，大科学工程和重点实验室为依托，大型技术物理装备为平台，面向国家洁净能源与环境安全需求、面向极端与复杂条件下物质科学前沿、建设并依托全超导托卡马克、稳态强磁场装置、大气环境立体探测研究系统等大科学装置群，形成等离子体物理、大气环境化学物理、极端和复杂环境下材料与生物物理等优势学科集群，发展磁约束聚变堆、大气环境探测、强磁场及能源环境健康等需求的功能材料与智能系统等战略高技术，建设国际著名的物质科学研究基地、战略高技术发展基地、科技创新人才培养基地和国家物质科学研究中心。

合肥研究院拥有40多个各类实验室、10多个大型技术物理实验平台、3个国家大科学工程、1个国家级工程研究中心、4个省部级工程研究中心、12个院省重点实验室。

2009年，合肥研究院完成了党政领导班子及6个科研单元领导班子换届、局级后备干部遴选、7个机关处室和4个支撑单位负责人的重新竞聘上岗等工作。截至2009年底，共有在职职工1706人，流动人员1392人，离退休人员1296

人。在职人员中，共有科研人员1299人、科技支撑人员316人，其中中国工程院院士2人，研究员177人、副研究员及高级工程师290人，中国科学院“百人计划”入选者15人、国家杰出青年科学基金获得者4人、进入世纪百千万人才工程3人。

合肥研究院设有博士研究生培养点7个、硕士研究生培养点16个、博士后流动站5个；截至2009年底，共有在读研究生1233人，在站博士后43人；全年新进职工155人，其中70人具有博士以上学历；新接收入站博士后21人，新设“核能科学与工程”博士后站点获得批准。

2009年，合肥研究院共有在研项目400多项，其中新增项目168项，争取科研经费近7亿元。新增项目中包括科学技术部基础研究计划18项，中国高技术研究发展计划（863）项目9项，国家重点基础研究发展计划（973）课题18项；国家自然科学基金项目70项，其中重点项目2项、国家杰出青年科学基金项目1项。

科研工作取得重要进展。EAST春季运行针对ITER未来的许多关键科学技术问题开展了为期3个多月的物理实验，获得多项成果，特别令人瞩目的是在等离子体电流250kA、中心密度大于$1.6\times10^{19}m^{-3}$、中心电子温度大于1500万℃、拉长比为1.9的条件下，稳定重复的60s非圆截面双零偏滤器位形等离子体放电，这是世界上目前唯一能获得大于60s非圆偏滤器位形等离子体放电的托卡马克，国际聚变专家认为EAST实验正朝着未来聚变堆发展的重要研究方向迈进；等离子体所承担的ITER中国采购包任务正式启动，ITER项目装配大厅和千米超导电缆生产线已竣工；设计研制的中国第一个TF导体实验样品TFCN1，顺利通过国际测试并获得高度认可；大面积稳定染料敏化太阳电池在机制研究上获得突破，获得了12000小时光电性能稳定的老化数据；纳米敏感材料和纳米传感器研究方面取得一系列重要进展，不仅被选为*Nanotechnology*杂志封面，而且英国物理学会（IOP）还在其网站作了特别报道；多段纳米线与纳米管构成的异质分支纳米结构研究被*Nature China*作为Research Highlights报道；我国东部大气层重要参数高分辨垂直分布探查工作获得了北京合肥等不同地区大气气溶胶的典型微物理特性及垂直分布结构特征；研制了隧道开放空间天然气泄漏激光检测仪和站场甲烷和硫化氢监测报警系统；“环保机动车尾气道边监测系统”、“城市空气质量连续自动监测系统”入选科学技术部首批认定的243个国家自主创新产品名录。

强磁场大科学工程所属各磁体装置、技术装备系统和科学实验测试系统建设工作全面展开；磁体装置和实验系统试运行方案通过院大科学装置运行专家组审核，中心在组织机构建设、人才引进、设备招投标等方面趋于完善，各级负责人和骨干陆续到位、形成了一支由各专业层次人员构成的、精干的工程建设队伍；开展了在大口径超导磁体、水冷磁体，高功率高稳定度电源、大型去离子水冷却、大流量超临界氦低温迫流冷却、磁体装置与系统中央控制等方面的关键技术研发；首套组合显微测试系统研发已基本完成。伴随部分测试系统的试运行，中、低场下的科研工作已经逐步展开，在铁基超导、轨道派尔斯相变、自旋电子材料等研究方面取得了系列研究成果，发表论文40余篇。

固体物理研究所与科大联合申报的“过渡族金属氧（硫）化物的电磁行为研究”获得国家自然科学奖二等奖，等离子体所“反应堆中子学方法与包层新概念研究”获安徽省自然科学奖一等奖，智能所“体育竞技项目综合测试与训练指导系统”获安徽省科技进步奖一等奖。等离子体物理研究所推荐的美国科学家文森特·陈获国家国际科学技术合作奖；在第六届全球华人物理大会上EAST团队获得海外华人物理学会自1993年设立该奖项以来颁发的第一个团队奖“2009年亚洲杰出成就奖”。纳米工程技术中心获得了安徽省高新技术领域“优秀中心”的称号。等离子体物理研究所万元熙研究员当选中国工程院院士并荣获2009年度“何梁何利基金科学与技术进步奖”。智能所骆敏舟副研究员荣获“全国五一劳动奖章”。宋云涛研究员荣获“中国青年五四奖章”。李淼被评为“全国民族团结进步模范个人”。全年共发表学术论文1000多篇，其中SCI论文300多篇，EI论文200多篇。申请专利155项，其中发明专利126项，软件著作权登记51项；专利授权115项，其中发明专利103项；发明专利的申请量及授权量比上年增加30%以上。

积极推进院地合作与科技成果转移转化。与地方和企业共建安徽农业循环经济技术研究中心宣城分中心、台州中科科源数字化设备研发公司、中国科学院合肥技术转移中心黄山分中心、安庆分中心等机构；与河南省科学院共同完成了省院合作五年规划和中国科学院技转中心河南分中心的筹建方案；2009年8月，与河南省企业百万吨级控失化肥产业化项目正式签约，院地合作建设河南省控失化肥产学研基地项目进入实施阶段。餐厨废弃物能源化处置、水体蓝藻检测仪、新型仿人手大负载多用途欠驱动手爪研制、金属分离技术应用、无机纳米聚酯制备技术等一批最新技术成果成功转移转化。固体物理研究所与企业联合组建的“纳米材料工程化应用技术研发团队”成功入选安徽省第三批“115”产业创新团队。组织院地项目对接洽谈活动80次，参与项目人员200多人次，推介最新科技成果60多项，对接企业150多家，成功转移转化项目60项，合同额达到6192万元。全年合肥研究院院地合作辖区内的中国科学院已转化项目新增销售收入82.86亿元，研究院属企业总销售收入预计13338万元，利税3056万元，横向技术合同实际到款额3477.6万元，其中专利转化、许可收入285万元。

大力加强国际合作。2009年度，合肥研究院出国访问215人次，接待来访184人次；聘任国外客座研究员12人，其中6人获得中国科学院外国专家特聘研究员荣誉；召开国际会议9个，目前在国际组织任职（包括在ITER相关工作组任职）或担任国际期刊编委有50多人；与国外科学家共同发表学术论文73篇，新签订国际合作项目协议6个，成为首批“安徽省海外高层次人才创新创业基地”。

信息化建设又上新台阶。中国科技网合肥分中心和拥有目前国内计算物理领域运算能力最强集群系统的中国科学院超级计算合肥分中心先后成立，并开始对地区网单位用户提供技术支持与服务。作为科学技术部重大专项“ITER国际高速数据专用网”项目成员单位，完成了ITER Satellite系统在中国科学院合肥研究院的部署、调试和运行，实现了中国DA与IO间的VPN网络连接，标志着中国参与ITER工程协同设计平台搭建的实质性进展。IO的业务协作网（Collaborative Network）在中国正式落户。

（撰稿：张凤萍　审稿：王英俭）

武汉岩土力学研究所

所　　长：李海波
地　　址：湖北省武汉市武昌小洪山
邮政编码：430071
电　　话：027－87199251（办公室）
传　　真：027－87197386
电子信箱：irsm@whrsm.ac.cn
网　　址：http://www.whrsm.ac.cn

中国科学院武汉岩土力学研究所（以下简称武汉岩土所）创建于1958年，是专门从事岩土力学基础与应用研究、以工程应用背景为特征的综合性研究机构，已故国际著名岩土力学专家陈宗基院士为研究所的创始人，2002年3月进入中国科学院知识创新工程试点系列。

武汉岩土所下设岩土力学与工程国家重点实验室、湖北省环境岩土工程重点实验室、能源与废弃物地下储存研究中心、中国岩土工程研究中心、岩土工程检测中心等研究与开发单元。进入知识创新工程三期以来，研究所以重大岩土工程基础设施建设与环境协调、能源及废弃物地下储存与环境安全2个重大战略性研究主题为重点，实施复杂环境下岩土介质力学性状及其在工程作用下演化机制研究的长期科学计划，为解决国家重大工程建设中的关键科技难题提供强有力的理论和技术支撑，引领岩土力学与工程的理论发展与工程实践，把研究所建设成为国际上有影响力的研究机构。

截至2009年底，武汉岩土所共有在职职工433人，离退休人员312人，进创新岗位143人。在职职工中，共有科研人员242人，科技支撑人员68人，包括中国工程院院士1人，研究员31人、副研究员及高级工程师70人，中国科学院

“百人计划”入选者4人、国家杰出青年科学基金获得者3人；流动人员中，共有客座研究员21人，在学研究生179人（其中博士生96人，硕士生83人）、在站博士后15人。

武汉岩土所是国务院学位委员会批准的首批博士、硕士学位授予单位之一，现设有工程力学和岩土工程二级学科博士、硕士培养点，防灾减灾工程及防护工程、检测技术与自动化装置二级学科硕士培养点，并设有土木工程一级学科博士后流动站。

武汉岩土所大力加强人才引进和培养力度，积极推进研究生教育。2009年有1人当选国际岩石力学学会主席，1人获得国家杰出青年科学基金支持；引进“百人计划”暨“国外杰出人才”4人；“深部岩体力学与工程安全研究”创新团队国际合作伙伴计划项目获得批准，聘任海外专家6人；2人获国务院政府特殊津贴，1人获湖北省政府专项津贴，1人获湖北省青年科技人才奖，5人获中国科学院公派留学计划资助，1人获武汉市创新人才开发资金资助；引进18位具有博士学位的科技人员、支撑人员1人；增选博士生导师3人。

2009年，武汉岩土所共有在研项目452项，其中2009年度立项项目241项，总合同额为13234万元。作为项目或课题依托单位，2009年新增国家重点基础研究计划（973）项目1项、课题2项；国家自然科学基金国家杰出青年科学基金项目1项，重大国际合作与交流项目1项，科学仪器基础研究专项基金项目1项，面上项目4项，青年科学基金项目8项；中国科学院知识创新工程项目3项，重大科研装备研制项目1项，院地合作项目1项；三峡创新工程项目1项；湖北省自然科学基金青年杰出人才项目1项、面上项目1项；承担百万级重大工程应用及研发项目9项，50万－100万工程应用项目25项，涉及水利、矿山、交通、能源、建筑等领域。全年科研经费到款8400万元。

科研工作取得重要进展。2009年获科技奖励成果8项，分别是：“尾矿坝灾变机理研究及综合防治技术”（第一完成单位）获国家科技进步奖二等奖；“煤矿深部岩巷复杂围岩稳定控制理论与支护成套技术研究及应用推广”（第一完成单位）获湖北省科技进步奖一等奖；“武广铁路客运专线路基动力稳定性与路基填筑关键技术研究”（第一完成单位）获湖北省科技进步奖二等奖；“膨胀土地区公路建设成套技术”（参加单位）获国家科技进步奖一等奖；“通透肋式拱梁傍山隧道修建技术研究”（第二完成单位）获安徽省科技进步奖二等奖、中国公路学会科学技术二等奖；“深部高地应力软岩巷道长期变形破坏机制及支护关键技术研究”（第二完成单位）获安徽省科技进步奖二等奖，“复杂地下洞室群安全监测信息管理与预测系统研究与应用”（第二完成单位）获中国水利水电建设集团公司科技进步奖二等奖。全年发表SCI和EI收录论文160篇；申报专利73项，其中发明专利45项；获得专利授权26项，其中发明专利6项；申报软件著作权28项，获得授权22项。岩土力学与工程国家重点实验室建设进展顺利，完成实验室建设计划任务书各项要求，通过科学技术部组织的建设验收。

国际合作进展顺利。2009年武汉岩土所共接待来访学者18人次，派出人员64人次，其中出国参加本学科领域国际学术会议50人次；全年共举办岩土力学与工程学术论坛11场；岩土力学与工程国家重点实验室主任冯夏庭研究员竞选国际岩石力学学会主席获得成功，成为第一名当选该职务的中国科学家；“咸水砂岩层储存CO_2的安全性研究”成功获得2009国家自然科学基金重大国际合作项目资助；“深部岩体力学与工程安全研究”创新团队获得中国科学院和国家外国专家局“创新团队国际合作伙伴计划”支持；“重庆碳捕获与封存潜力研究”获英国驻重庆理事馆科研项目资助；研究所继续推进与香港大学合作伙伴关系建设；继续与比利时欧洲核废物泥岩处置研究中心就核废料地质处置中的关键科学问题开展合作研究，与美国Battelle实验室、美国能源基金会共同对中国油田、气田煤层、含水层四类封存场地的封存机理、封存容量和封存方法开展研究；参与D－2011国际合作研究计划，进展顺利；开展以“增强环境保护意识，促进两型社会发展”主题的科普活动，接待200人次。

武汉岩土所是中国岩石力学与工程学会挂靠

单位之一，也是其下属的地下工程分会、地面岩石工程专业委员会、岩石动力学专业委员会和中国力学学会岩土力学专业委员会的挂靠单位。研究所承办的EI收录期刊《岩石力学与工程学报》，总被引频次与影响因子在42种土木建筑工程专业期刊中排名均为第一位。2009年8月《岩石力学与工程学报》英文版刊号已获批准，并逐步实现网上投稿、审稿等工作。主办的EI收录期刊《岩土力学学报》在中国科技期刊引证报告（力学类）学科中总被引频次排名第一位，影响因子排名第四位，学科总排名第二位。《岩土力学》举办了创刊30周年庆祝会暨第7届编委会第2次会议。

（撰稿：曾妍焱　审稿：李海波）

武汉物理与数学研究所

所　　长：刘买利
地　　址：湖北省武汉市武昌区小洪山
邮政编码：430071
电　　话：027－87199543
传　　真：027－87198238
电子信箱：wipm@wipm.ac.cn
网　　址：http://www.wipm.ac.cn

中国科学院武汉物理与数学研究所（简称武汉物数所）由原武汉物理研究所（始建于1958年）和武汉数学物理与计算技术研究所（始建于1956年）合并而成，是中国科学院在武汉的一所集基础研究、应用研究和高新科技开发为一体的科学研究机构。

武汉物数所以核磁共振波谱学、原子分子物理、数学物理、光电子学和相关高技术为主要研究领域，涵盖了核磁共振方法、核磁共振成像、冷原子物理、量子计算、非线性偏微分方程、原子频标、激光雷达和原子信标等主要研究方向，并在此基础上加强物理与数学、生物、化学等其他学科领域的交叉结合，衍生新的学科生长点。研究所设有波谱研究室、原子分子物理研究室、数学物理研究室、原子频标研究室和光电子研究实验室，同时拥有由波谱光谱技术、高技术工程中心和网络中心组成的支撑系统以及实现成果转化的控股高技术公司，具有优越的科研条件和大量现代化科研仪器装备。波谱与原子分子物理国家重点实验室、中国科学院冷原子物理中心（武汉）、武汉磁共振中心、中国科学院数学物理联合实验室、中国科学院原子频标重点实验室均依托在该所，是武汉光电国家实验室的组建单位之一。

截至2009年底，武汉物数所共有在职职工334人。其中中国科学院院士1人，高级研究人员114人，国家杰出青年科学基金获得者5人，中国科学院“百人计划”入选者15人，国家百千万工程一、二层人选2人，国家和院、省有突出贡献的专家5人。研究所设有博士、硕士研究生培养点和博士后流动站，有在读研究生257人（其中博士研究生135人）、在站博士后12人。

2009年，武汉物数所大力加强人才队伍建设。申报的国家自然科学基金创新研究群体项目“生物核磁共振波谱分析”获得批准，创新团队国际合作伙伴计划“生物磁共振波谱与成像研究”获得批准并正式启动；研究所科研人员入选国家杰出青年科学基金者1人，入选“新世纪百千万人才工程”计划2人，获省政府专项津贴1人，获“武汉市优秀科技工作者”称号1人；引进一批年轻学术骨干和青年人才，其中中国科学院“百人计划”入选者3人、研究所“百人计划”入选者1人、副研究员2人，引进人员平均年龄29岁，具有博士学位者14人。

积极争取和承担科研任务。2009年，武汉物数所共有在研项目（课题）219项，其中新增项目70项，包括国家重点基础研究发展计划（973）课题2项，科学技术部平台项目1项；国家自然科学基金课题21项；湖北省基金2项，国防课题2项，武汉晨光课题1项；中国科学院知识创新工程方向项目7项，院“百人计划”项目1项，院优秀博士后基金项目1项，国家重点实验室课题10项，横向课题5项，所经费课题14项。

科研工作取得重要进展。2009年武汉物数所共发表科技论文235篇，其中SCI收录论文165篇，EI收录论文55篇。出版著作1本，译著

3章（节）。申请国家专利16件，其中发明专利10件；获国家专利授权共14件，其中发明专利9件，包括保密发明专利1件；申请软件著作权登记3项。研究所“量子计算的实验和理论研究”和“全天时、全高程大气探测激光雷达”项目分别获2009年度湖北省自然科学奖一等奖和技术发明奖二等奖，与沈阳东软集团合作的“核磁共振成像系统医用低场永磁体”项目获辽宁省科技进步奖一等奖。

科技开发取得明显效益。2009年，武汉物数所拥有1个投资集团总公司（拥有4个子公司），总资产超过2亿元，全年实现销售收入总额10767万元（比2008年增长12%），实现税后净利润2266万元（比2008年增长61%）。其中，武汉中科创新技术股份有限公司2009年6月完成股份制改造，全年实现销售收入6383万元，较去年增长39%，税后净利润2120万元；兴达公司全年实现低温销售收入382万元，税后净利润7万元，物业服务收入600万元，结余14万元；参股的沈阳东软波谱磁共振技术有限公司全年实现销售收入4216万元，税后净利润300万元；武汉中科时润频标技术有限公司有3个型号实现了产品定型，无极荧光灯通过国家3C认证，东软波谱的永磁体技术获辽宁省科技进步奖一等奖；中科开物集团的高科技产业大楼于2009年12月竣工建成。

进一步加强国际合作。2009年，武汉物数所通过举办与参加国际（地区）会议、人员互访、学生互派等形式加强国内外的学术交流与合作。全年接待美国、英国、法国、德国等15个国家的来访者约41人次；派出访问、交流、学习人员26人次，有2人获中国科学院公派留学计划支持。研究所举办了国家自然科学基金委员会分析化学学科“十二五”发展战略研讨会、第十一届化学动力学会议、中国科学技术协会第200次青年科学家论坛、东湖论坛、生物核磁共振及代谢组学高级研讨班等一系列重要学术会议和研讨班，有力提升了研究所在国内外的影响力和辐射力。

武汉物数所是中国物理学会的常务理事单位，全国波谱学专业委员会的挂靠单位，湖北省暨武汉市物理学会理事长单位。主办的中、英文版《数学物理学报》（*Acta Mathematica Scientia*）和《波谱学杂志》均为我国自然科学的核心刊物，《数学物理学报》英文版为SCIE收录期刊。

（撰稿：蔡怡春　审稿：赵江南）

武汉病毒研究所

所　　长：陈新文
地　　址：湖北省武汉市武昌区小洪山中区44号
邮政编码：430071
电　　话：027－87198117
传　　真：027－87199162
电子信箱：bgs@wh.iov.cn
网　　址：http://www.whiov.ac.cn

中国科学院武汉病毒研究所（以下简称武汉病毒所）始建于1956年，是新中国成立以后较早筹建的国家级研究所之一，是专业从事病毒学研究的综合性研究机构。

武汉病毒所的科技目标是面向国家农业可持续发展、人口健康和国家安全的战略需求，面向病毒学研究领域的国际前沿，重点开展农业病毒（农业微生物）和医学病毒研究，力争在科学前沿做出原始科学创新，通过关键技术创新与集成，发展重要病毒性疾病的检测及防疫技术，为我国农业可持续发展、人类健康和国家安全作出基础性、战略性和前瞻性贡献。

武汉病毒所设有分子病毒学研究室、生物防治研究室、分析生物技术研究室和中国病毒资源与信息中心；建有病毒学国家重点实验室（与武汉大学共建）、中－荷－法无脊椎动物病毒学联合开放实验室、HIV初筛实验室、湖北省病毒疾病工程技术研究中心和中国病毒资源科学数据库等研究技术平台；技术支撑体系由大型设备分析测试中心、单抗实验室、实验动物中心、《中国病毒学》编辑部、网络信息中心组成；中国病毒资源与信息中心拥有亚洲最大的病毒保藏库，保藏有各类病毒1000余株。创建了具有现代化展示手段的我国唯一的中国病毒标本馆，集学科性、特色性和科普性于一体，是第一批“全国青少年走进科学世界科技活动示范基地”。

武汉病毒所通过完善科研管理制度，积极参与决策咨询，制定病毒所长期规划，开展创新文化建设等多项措施，营造创新、和谐的研究所氛围，实现科学发展。2009 年，研究所连续第三次被评为“湖北省文明单位”；分子病毒学室获“中国科学院创新文化先进团队”荣誉称号；石正丽研究员荣获“中国科学院十大杰出妇女”荣誉称号。武汉病毒所围绕所科技发展目标，通过引进“百人计划”等高端人才以及培养青年后备人才，对重点研究领域进行部署。

截至 2009 年底，武汉病毒所共有在职职工 187 人。其中科技人员 150 人、科技支撑人员 37 人，包括研究员及正高级工程技术人员 30 人、副研究员及高级工程技术人员 28 人，中国科学院“百人计划”入选者 11 人、国家杰出青年科学基金获得者 2 人。全所进入创新岗位 120 人。

武汉病毒所现有微生物学、生物化学与分子生物学 2 个专业二级学科博士培养点，微生物学、生物化学与分子生物学 2 个专业二级学科硕士培养点，并设有生物学 1 个专业博士后流动站，共有在学研究生 230 人（其中硕士生 118 人、博士生 112 人）、在站博士后 3 人。

积极争取和承担科研任务。2009 年，武汉病毒所共有在研项目 169 项（包括 2009 年新增项目 51 项）。其中国家重点基础研究发展计划（973）项目（课题）16 项（新增 7 项），中国高技术研究发展计划（863）项目（课题）10 项，国家科技支撑计划项目 4 项（新增 1 项），国家科技重大专项 17 项（新增 4 项）；国家自然科学基金重点项目 2 项、面上项目 36 项（新增 10 项）；中国科学院知识创新工程重大项目 3 项、重要方向项目 22 项（新增 8 项），院地合作项目 32 项（新增 18 项），国际合作项目 11 项（新增 1 项）。

科研工作取得可喜成果。在病毒的操纵、组装及在分析病原微生物学研究方面，在国际上首次采用 SV40 病毒的衣壳蛋白质 VP1 在体外自组装包装量子点，构建了量子点 - 病毒样颗粒，用于病毒入侵宿主细胞实时动态影像学及相关机制的研究；利用融合技术对朊蛋白（Prion）与功能蛋白的体外自组装控制，在国际上首次构建了多功能蛋白质纳米线并用于重要病毒性病原的分析检测研究，该方法比传统酶联免疫吸附试验（ELISA）方法的灵敏度高出了数百倍。研究结果发表在 *Small* 和《纳米快报》（*Nano Letters*）上，同时被《自然中国》（*Nature China*）和《自然 - 纳米技术》（*Nature Nanotechnology*）以研究亮点形式给予高度评价。在甲型 H1N1 病毒研究中，针对甲型 H1N1 病毒的感染人群和重症病例，开展了甲型 H1N1 病毒的分子流行病学和分子进化与溯源研究；利用分子生物学技术，合成了甲型 H1N1 病毒的 HA 和 NA 基因，并在此基础上成功研制出 DNA 疫苗。在硝基芳烃污染物的微生物降解与修复研究中，证明对硝基酚单加氧酶和对苯二醌还原酶参与了对硝基酚代谢的起始反应；首次在分子生物学和生化水平上揭示了微生物经对苯二酚途径分解代谢对硝基酚的机理和途径；发现 ZWL73 菌能够显著的去除土壤中 4 - 氯硝基苯和硝基苯的污染，分子生态学分析证明在生物修复过程中微生物生态整体结构无显著变化。在病原细菌耐酸耐药机理研究方面，调控病原菌 QS 信号合成与降解，抑制生物膜形成，降低细菌耐药；鉴定出受酸调控的 21 种蛋白，构建了随机插入突变文库；研究了细菌各级鞭毛调控基因的调控以及鞭毛主调控蛋白的功能。

科研平台建设进展顺利。生物安全研究平台建设于 2009 年 6 月通过中国合格评定国家认可委员会审查，12 月经卫生部批准，取得从事高致病性病原微生物活动的资格，这是中国科学院首个获得国家实验室认可证书、取得从事高致病性病原微生物活动资格的生物安全三级实验室；郑店实验室复核中国设计标准与规范的施工图设计完成，在我国第一个通过了中国合格评定国家认可委员会组织的专家评审；中法新生疾病合作协议规定的人员培训、法律法规标准体系建设与科学研究合作进展顺利；病毒学国家重点实验室、中国科学院武汉病毒所青海湖实验室运行良好；湖北省人类病毒疾病工程技术中心、湖北省中小企业共性技术生物农药研发推广中心、中国科学院武汉病毒所余姚联合实验室的各项工作进展顺利；与宁波市疾病预防控制中心建立了交流合作关系。

积极开展国际合作。中荷科技战略联盟项目、中英科技创新计划、英国约瑟夫基金项目——HIV传播与预防取得重要进展；先后举办了第一届中日艾滋病耐药论坛、第一届中法新生传染病学术研讨会、中国科学院2009年传染病预防及控制研讨会暨中国科学院重大传染病和生物安全网络研究中心战略研讨会、“生物导弹”防治害虫研讨会、湖北省微生物学会2009年学术年会暨会员代表大会等。

武汉病毒所是湖北省暨武汉市微生物学会的挂靠单位，该学会连续10余年被省、市科协评委先进学会。研究所负责编辑出版国内核心刊物《中国病毒学》（*Virologica Sinica*），向国外公开发行。

（撰稿：李　莉　审稿：刘　铮）

测量与地球物理研究所

所　　长：孙和平
地　　址：湖北省武汉市武昌区徐东大街340号
邮政编码：430077
电　　话：027－68881355
传　　真：027－68881355
电子信箱：bags@ whigg. ac. cn
网　　址：http://www. whigg. cas. cn

中国科学院测量与地球物理研究所（以下简称测地所）的前身为中国科学院地理研究所（南京）大地测量室，1957年成立中国科学院测量制图研究室，1958年迁至武汉，1959年改为测量制图研究所，1961年调整为测量与地球物理研究所，1970年划归地震局领导，1978年由中国科学院批准恢复重建。

测地所是一个从事大地测量学、地球物理学与环境科学等相关基础理论与应用研究的综合性科研机构。主要围绕地球物理和内部动力学、重力技术及其应用、全球卫星导航定位定轨及应用、地震和地球动力学、壳幔负荷动力学过程的监测、地震波传播与地球内部结构、卫星大地测量与全球变化、海空重力与数据分析、动力大地测量观测与技术、大地测量新技术应用及研发、湿地演化与环境效应、环境灾害监测与评估、遥感技术在资源与农情监测中的应用等地学前沿领域中的问题开展基础性、战略性、前瞻性的创新研究。

测地所设有中国科学院动力大地测量学重点实验室和湖北省环境与灾害监测评估重点实验室，武汉大地测量国家野外科学观测研究站和中国科学院江汉平原小港湿地生态站（三峡监测重点站），大地测量与地球物理观测技术实验室（筹建），国家卫星定位系统工程技术研究中心（简称GPS工程中心，合建，国家级）和中国科学院资源环境科学数据中心中南分中心，中国科学院天文地球动力学联合研究中心（合建），湖北省计划委员会、中国科学院武汉分院环境与国土研究中心及湖北省21世纪议程管理中心等研究机构。拥有国际上最先进的FG5型绝对重力仪、国内唯一一台GWR型超导重力仪、第三代人卫激光测距仪、全球定位系统接收机、拉柯斯特重力仪、原子频标系统、遥感图像处理与地理信息系统、海洋重力仪等国际先进设备。

截至2009年底，测地所共有在职职工126人。其中，科技人员87人、科技支撑人员13人，包括中国科学院院士1人，研究员21人、副研究员及高级工程师24人，中国科学院“百人计划”入选者3人、国家杰出青年科学基金获得者4人。全所进入创新岗位70人。

2009年，测地所积极推进人才队伍建设，全年引进优秀博士毕业生4人、硕士毕业生5人；有1人获政府特殊津贴，1人入选中国科学院“百人计划”，1人入选湖北省有突出贡献中青年专家，1人获国际导航技术大会优秀学生论文奖，1人获湖北省优秀博士学位论文奖，2人获朱李月华奖学金，1人获中国科学院研究生科技创新与社会实践资助，1人获昌华奖学金特别奖，3人获昌华奖学金优秀奖。测地所设有大地测量学与测量工程、固体地球物理学、自然地理学等硕士、博士研究生培养点，并设有测绘科学与技术博士后流动站，共有在读研究生105人（其中博士生46人、硕士生59人）、在站博士后

2人。2009年，录取硕士生25人、博士生13人；毕业硕士生12人、博士生5人。

2009年，测地所干部职工认真落实科学发展观，不断开拓创新、奋发进取，项目争取有新突破。2009年，测地所共有在研项目100余项（包括2009年新增主持项目38项）。其中，国家重大科技基础设施建设项目1项，国家重大科学工程项目1项，中国高技术研究发展计划（863）课题9项（新增2项），国家科技支撑计划项目2项，国家科技专项3项（新增）；国家自然科学基金资助项目26项（新增7项，包括重点项目1项、重大计划课题1项、面上项目22项、国家杰出青年科学基金项目2项）；中国科学院知识创新工程重要方向项目11项（新增5项）；湖北省自然科学基金重点项目1项（新增）；另外，还有国家相关部委、地方、企业项目等多项。

2009年，测地所承担的各项科研任务进展顺利。全年出版专著3项，发表论文100余篇，其中SCI论文27篇、CSCD 50余篇；专利授权6项、受理4项，软件著作权登记1项。主持承担项目成果获国家科学技术进步奖二等奖1项；参加项目成果获军队科技进步奖二等奖1项。

在GNSS电离层监测及延迟改正理论与方法研究及应用方面，测地所立足我国新一代卫星导航系统运营的实际情况，坚持理论方法创新与技术集成应用相结合，组织科研力量进行攻关，克服了一系列关键技术难题，发展了有特色的GPS数据质量控制与电离层监测及延迟修正理论、模型、技术与方法，拓展了电离层电子密度反演理论与方法，解决了扰动条件下有效改正电离层延迟影响的关键技术问题，为我国载人航天工程及新一代卫星导航系统建设等多项标志性重大战略工程任务中电离层影响处理提供了重要技术支撑，提升了我国在相关领域的技术水平和国际地位，具有显著的社会经济效益。

努力开展院地合作。与湖北省神农架林区政府签署了科技合作协议，选派1名研究员挂职任河南省科学院副院长，完成1名研究员挂职任湖北省秭归县副县长的中期、期满考核工作。

积极开展国际交流与合作。全年出访24人次，接待来访40余人次，派遣5名青年科技骨干到国外留学，1名青年科技人员赴南极开展重力固体潮观测研究，完成1名外籍博士后出站工作；承担中日韩、中比、中奥政府间合作项目多项；有6名科研人员在12个不同的国际组织担任职务，其中1人为亚太空间地球动力学（APSG）国际合作计划主席；成功举办GAMIT/GLOBK软件使用国际培训班，承办2009年环境科学与信息应用技术国际会议，协办亚太空间地球动力学（APSG）2009年会。

测地所是国家首批甲级测绘资格单位、全国青少年走进科学世界科技活动示范基地、湖北省科普教育基地之一，是湖北省地球物理学会、湖北省天文学会、湖北省自然资源研究会的挂靠单位。研究所与中国地震局地震研究所联合主办学术刊物《大地测量与地球动力学》，协办学术刊物《地理空间信息》。

（撰稿：程方升　审稿：张小青）

水生生物研究所

名誉所长：刘建康
所　　长：赵进东
地　　址：湖北省武汉市武昌区东湖南路7号
邮政编码：430072
电　　话：027－68780789
传　　真：027－68780123
电子信箱：qlwu@ihb.ac.cn
网　　址：http://www.ihb.ac.cn

中国科学院水生生物研究所（以下简称水生所）是从事内陆水体生命过程、生态环境保护与生物资源利用研究的综合性学术研究机构，其前身是1930年1月在南京成立的国立中央研究院自然历史博物馆，1934年7月更名为中央研究院动植物研究所，1944年5月又分建成动物研究所和植物研究所。中国科学院成立后，于1950年2月将原中央研究院动物所的主体、植物研究所和山东大学的藻类学研究部分以及北平研究院的部分研究人员合并组成中国科学院水生生物研究所（上海），1954年9月由上海迁至武汉。2001年水生所进入中国科学院知识创新工程试点序列。

水生所的战略定位和发展目标是：紧密结合国家重大需求和世界科学前沿，针对水环境不断恶化和水质性缺水日益严重的问题，发展淡水生态学、水生生物多样性与资源保护、渔业生物技术、水环境工程和水环境与人类健康的关系研究，并通过这些研究在基础、应用基础与应用三个研究层次上的有机结合，为我国的水环境保护、渔业模式优化、水生生物资源可持续利用和人类健康作出基础性、战略性和前瞻性贡献，全面增强研究所的科技创新跨越能力，攀登生物学研究的科学高峰，在现代农业、生态与环境和资源与海洋等创新基地建设中发挥不可替代的作用，将水生所建成“产一流成果、创一流效益、建一流管理、出一流人才”的水生生物学知识自主创新基地。研究所知识创新工程三期的创新目标是：针对水环境不断恶化和农业产业结构急待调整和优化等紧迫问题，围绕现代农业、生态与环境和资源与海洋等创新基地建设，发挥水生所的优势，解决重大科学问题，为国家需求和解决重要实际问题提出科学的可行性方案。未来的战略目标是：经过15－20年的努力，整体达到国际先进水平，部分领域处于国际领先地位，形成代表国家最高水平的，在国际上有重要影响的研究机构，引领国家水生生物学的学科发展，建成具有中国特色的水生生物学创新体系。

水生所设有水生生物多样性与资源保护研究中心、淡水生态学研究中心、鱼类生物学及渔业生物技术研究中心、水环境工程研究中心、水环境与人类健康研究中心和藻类生物学及应用研究中心。拥有淡水生态与生物技术国家重点实验室、国家淡水渔业工程技术研究中心（武汉）、东湖湖泊生态系统开放试验站、中国科学院水生生物多样性与保护重点实验室、湖北省水体生态工程技术研究中心、武汉市水环境工程研究中心。建有亚洲最大的淡水鱼类博物馆，拥有白鱀豚馆以及中国最大的淡水藻种库，其中“淡水生态与生物技术”国家重点实验室连续三次被评为优秀，东湖生态站被纳入国家野外科学观测研究站系列。此外，研究所还拥有10万元以上大型仪器设备151台（套），价值5343万元。

截至2009年底，水生所共有在职职工286人，其中进入创新岗位165人（含研究系列121人、技术支撑系列33人、管理系列11人）。全所共有科技人员193人，其中中国科学院院士5人，研究员43人，副研究员、高级工程师及高级实验师64人，中级及以下科技人员81人。

水生所是国务院学位委员会批准的首批博士、硕士学位授予权单位之一，现设有水生生物学、遗传学、环境科学和海洋生物学专业4个博士研究生培养点，动物学、水生生物学、遗传学、环境科学和环境工程学5个硕士研究生培养点，并设有生物学博士后流动站，具有招收、培养港澳台和国外研究生资格。研究所共有在学博士生247人（含留学生3人）、硕士生246人，在站博士后23人（其中外籍博士后2名）。

2009年共有4名研究生获各类冠名奖学金，1名博士生获全国“三好学生”称号，1名博士生获省优秀博士论文，张奇亚研究员获朱李月华奖优秀导师奖。

2009年，水生所积极争取和承担科研任务。全年共有在研项目302项（包括2009年新增项目88项，合同经费1.02亿元）。其中国家重点基础研究发展计划（973）项目4项（新增主持1项），中国高技术研究发展计划（863）项目6项（新增1项）；国家自然科学基金项目95项（新增25项）；中国科学院项目47项（新增14项）；院地合作项目76项；国际合作项目12项；其他项目62项。

科研工作取得可喜进展。“受污染水体生态修复关键技术研究与应用”获2009年度国家科技进步奖二等奖，“湖泊富营养化过程与蓝藻水华暴发机理研究”获环境保护部2009年度科学技术奖一等奖，“淡水名优水产健康高效养殖技术及产业化示范”获2009年湖北省科技进步奖一等奖。“受污染水体生态修复关键技术研究与应用”项目研发并形成了以复合垂直流为基本流程的人工湿地水处理新技术，促进人工湿地从研究到产业化发展；形成以水生植被恢复与重建为核心的水体生态修复技术体系，突破了高磷湖泊水生植物恢复的技术瓶颈。该研究有力地推动了人工湿地、生态修复等技术进步，形成了适合中国国情、行之有效的受污染水体生态修复技术体系，已在我国19个省市规划、设计或建设应用工程189项，社会经济效益显著，应用前景广阔。研究所全年共发表论文335篇，其中SCI收录231篇（JCR学科分类前30%的论文88篇），CSCD论文97篇，会议论文100篇；授权专利6项；出版著作8部。

院地合作与科技开发成效显著。2009年，水生所与江苏省淮安市共建水生生物研究所淮安研究中心，与常熟理工学院共建藻类生物学与尚湖生态学研究中心。与武汉市签署武汉现代生态渔业研发基地项目征地与投资协议书；与武汉市水务局签署战略合作协议书，共同促进武汉市水资源保护和水体生态环境的改善；与丹江口市人民政府签署《科技合作框架协议书》，决定合作共建渔业科研开发、技术创新和产业化基地。研究所投资的武汉中科水生环境工程有限公司于2008－2009年先后承接了北京市中心城区重点水域水质改善工程、湖北省建设厅“百镇千村”示范工程、“监利县新沟镇污水处理厂”工程、武汉市中水回用示范工程“青山区中冶新奥依江畔园”项目、武汉市水质提档重点工程“紫阳湖水体水质改善与生态修复工程”，采用天然水体生态修复和以生物膜为载体的微生物能量转化等集成技术，使用研究所专利技术产品人工水草1万m^2，取得了很好的经济效益和社会效益。

国际合作与交流取得的成效。2009年，水生所新争取国际合作项目9项（在研合作项目12项）。全年接待英国、美国、法国、德国、加拿大、日本、俄罗斯、挪威、印度、乌克兰、匈牙利、瑞典以及香港等国家和地区的来访人员40批108人次；派出访团组53批101人次，访问的国家和地区主要包括英国、美国、法国、德国、加拿大、日本、俄罗斯、挪威、柬埔寨、印度、澳大利亚以及中国香港和台湾地区等；参加国际会议45人次。研究所成功举办了中英内陆水体生态科学与管理对策研讨会、中国俄罗斯湖泊富营养化双边研讨会、中德长江研究合作10周年系列研讨会、中匈湖泊富营养化双边研讨会4次国际会议；作为主要协办单位，研究所与环境保护部、中国环境学会和武汉市共同举办了第十三届世界湖泊大会，获大会贡献奖。

中国海洋湖沼（动物）学会鱼类学分会、中国动物学会原生动物学会、中国水产学会鱼病研究会、湖北省海洋湖沼学会、湖北省动物学会、武汉动物学会、中国环境科学学会环境生物学专业委员会7个学会和武汉白鱀豚保护基金会挂靠在水生所。水生所负责出版科技期刊《水生生物学报》。

（撰稿：段佳琳　审稿：徐旭东）

武汉植物园

主　　任：李绍华
地　　址：湖北省武汉市磨山
邮政编码：430074
电　　话：027－87510126
传　　真：027－87510251
电子信箱：office@wbgcas.cn
网　　址：http://www.wbgcas.cn

中国科学院武汉植物园（以下简称武汉植物园）筹建于1956年，由著名植物学家和园艺学家章文才、孙祥钟和钟心煊等老一辈科学家倡议创建，是新中国成立后最早建立的国家植物园之一。

武汉植物园以华中地区植物资源及中国内陆水域的水生植物为主要研究对象，重点学科领域为植物保育遗传学与遗传资源可持续利用、水生植物生物学与大型工程生态安全，优势学科为植物保护生物学、资源植物学、水生植物生物学、系统生态学、植物资源进化、植被生态学、入侵植物生态学、湿地生态学等，现设有研究中心和园艺中心2个中心，分别开展科学研究、科普开放和园区建设等。

通过50多年的建设和发展，武汉植物园已成为我国三大核心植物园之一。作为国家植物资源储备和植物迁地保护的综合研究基地，武汉植物园现保存物种8000余种，建成世界上涵盖猕猴桃遗传资源最广的猕猴桃专类园、东亚最大的水生植物资源圃、华中最大的野生林特果遗传资源专类园、华中古老孑遗和特有珍稀植物资源专类园、华中药用植物专类园。同时，武汉植物园也是全国科普教育基地和全国青少年科技教育基地，湖北省和武汉市科普教育、环境教育、爱国主义教育基地，湖北省禁毒科普教育基地，国家AAAA级旅游风景区。此外，在2008年获批的水生植物与流域生态院重点实验室和湿地演化与生态恢复湖北省重点实验室启动建设的基础上，2009年申报的植物种质创新与特色农业院重点实验室批准建立；三峡库区消落区生态环境监测重点站获国务院三峡工程建设委员会办公室批准建立；与水生生物研究所、武汉病毒研究所联合申请的武汉水环境基因组学与蛋白组学实验系统科学研究平台获得中国科学院支持；武汉植物园成为院绿色农业技术集成与发展中心果蔬花卉分中心挂靠单位。

截至2009年底，武汉植物园共有在职职工257人，其中，科技人员126人、科技支撑人员28人，包括正高级科研人员25人、副高级科研人员38人，中国科学院“百人计划”入选者10人；进入创新岗位110人。

武汉植物园设有植物学、生态学、园林植物与观赏园艺二级学科硕士研究生培养点，植物学、生态学二级学科博士研究生培养点，并设有生物学一级学科博士后流动站。现有研究生导老师37人，其中博士生导师17人；在读研究生130人（其中硕士生75人、博士生55人），在站博士后2人。

武汉植物园共有在研项目174项，其中主持和参加国家任务41项，包括国家重点基础研究发展计划（973）项目2项、国家自然科学基金重大项目（参加）和面上项目29项，国家科技支撑计划项目7项，国务院三峡工程建设委员会项目2项，国家水专项3项，国家基础条件平台项目1项，国家农转基金1项，国家基础性专项2项，水利部公益性行业科研专项1项，国家其他任务2项；主持和参加中国科学院项目44项，包括中国科学院知识创新工程重要方向项目21项，“百人计划”项目6项，外籍特聘研究员计划项目2项，院创新团队课题2项，其他项目13项；企业委托项目18项；地方项目25项；国际合作项目9项；其他项目4项；研究所自选项目24项。2009年武汉植物园新增项目71项，其中主持“973”子课题2项，国家科技支撑计划及基础性专项5项，国家水专项子课题3项；国家自然科学基金项目13项；国务院三峡工程建设委员会重大项目3项；中国科学院知识创新工程重要方向项目5项，院其他项目1项。合同总经费3832万元，其中国家项目占立项经费的35.5%，院外、院内经费比例超过6:4。全年到位科研经费2682.33万元，较2008年同期增加33.9%。

2009年，武汉植物园发表SCI论文73篇，CSCD论文61篇，其中包括在《美国科学院院刊》（*PNAS*）等前30%期刊发表学术论文27篇，分别较2008年增加22.2%、237.5%，高水平科研论文，特别是青年人才的科技产出得到了大幅度提升；专利申请12件，授权2件，申请并获得院及省市专利资助经费5.76万元；申报植物新品种2个；成果登记2项。

2009年，武汉植物园资源保育力度进一步加强。全年引种1511号，净增物种441种，待鉴定920号；收集重要资源植物1311个品种；收集保存种子500份、化学资源340份、DNA资源2500份；补充、更新信息，完善了物种保育数据库，并建立了品种植物保育数据库。进一步完善、改造和新建了十余个专类园，以优美园景和丰富的科教资源为平台，精心筹划了主题鲜明的花展，吸引了大批游客。2009年共接待市民及学生45万余人次，实现科普收入830余万元，园林开发签订合同金额达2266万元，同比增长了32%。

2009年，武汉植物园积极开展国际合作。新增国际合作项目4项，在研合作项目达到15项；与国外科研人员合作发表论文17篇；聘任国外名誉和客座教授3人；成功举办中国科学院大型工程生态安全学术研讨会、桃产业现代关键技术国际培训班等。

武汉植物园是湖北省暨武汉市植物学会、中国园艺学会猕猴桃分会的挂靠单位；主办的学术期刊《武汉植物学研究》是中国自然科学核心期刊。

（撰稿：张　鑫　审稿：王　勇）

南海海洋研究所

所　　长：张　偲
地　　址：广东省广州市海珠区新港西路164号
邮政编码：510301
电　　话：020－84452227
传　　真：020－84451672
电子信箱：webmaster@scsio. ac. cn
网　　址：http://www. scsio. cas. cn

中国科学院南海海洋研究所（以下简称南海海洋所）成立于1959年1月，是我国规模最大的综合性海洋研究机构之一，2002年2月进入中国科学院知识工程试点序列。

南海海洋所以南海及其邻近海域为重点，以热带海洋环境与生态过程、边缘海地质演化与油气资源、热带海洋生物资源可持续利用、中尺度海洋环境观测体系及其关键技术为优先发展领域，建设具有鲜明区域与学科特色、具有重要国际影响的热带海洋科学研究与技术支撑基地、高层次热带海洋科学人才培养基地、海洋高新技术产业研发与成果转化基地，成为我国南海海洋科技创新的开放型探索与技术支撑关键平台。

南海海洋所拥有中国科学院热带海洋环境动力学重点实验室，中国科学院边缘海地质重点实验室（与广州地球化学研究所共建），中国科学院海洋生物资源可持续利用重点实验室；中国科学院海洋微生物研究中心；广东省海洋药物重点实验室，广东省应用海洋生物学重点实验室；中尺度海洋观测联合开放实验室和深海过程联合实验室；物理海洋与海洋环境生态研究室，海洋生物研究室，海洋地质研究室；海南热带海洋生物实验站［国家野外试验站和中国生态系统研究网络（CERN）站］，大亚湾海洋生物综合实验站［国家野外试验站、中国科学院开放站和中国生态系统研究网络（CERN）重点站］；西/南沙深海海洋环境观测研究站，湛江海洋经济动物实验站，汕头海洋植物实验站；海洋环境工程中心和产品开发中心；海洋信息服务中心和热带海洋生物标本馆。此外，还拥有“实验1号”（2009年4月交付使用）、“实验2号”和“实验3号”3艘大型海洋科学考察船，有ISO9002质量认证证书、全国建设项目环境影响评价资格证书（甲级）、海域使用可行性论证资格证书（甲级）、海洋专项工程勘察甲级证书、国家计量认证资质证书等。

截至2009年底，南海海洋所共有在职职工399人。其中专业技术人员309人，包括正高级专业技术人员65人、副高级专业技术人员79人，中国科学院“百人计划”入选者18人、国家杰出青年基金获得者4人，有中国科学院－国家外国专家局“国际合作伙伴计划创新团队”1个。在专业技术人员中，具有硕士研究生学历者185人、博士研究生学历者151人。全所进入创新岗位221人。

南海海洋研究所设有物理海洋学、海洋生物学、海洋地质学、海洋化学和环境科学5个专业博士研究生培养点，物理海洋学、海洋生物学、海洋地质学、海洋化学、环境科学和水产养殖学6个专业硕士研究生培养点，并设有海洋科学博士后流动站；共有在学研究生282人（其中硕士生151人、博士生131人）、在站博士后19人。

南海海洋所共有在研项目485项，其中2009年新立项目270项，包括获得国家重点基础研究发展计划（973）项目1项，经费为2100万元，“973”课题及子课题12项，总经费为1150万元；中国高技术研究发展计划（863）课题含子课题4项，总经费为240万元；国家自然科学基金获项目45项（含基金专项1项、重点项目1项，联合基金项目2项），总经费为2328.8万元；广东省海洋与渔业推广专项7项，总经费为610万；院省合作项目10项（含企业牵头7项），总经费为208.5万元；广东省科技项目5项（含重点项目3项），总经费为110万元；中国科学院课题25项，总经费为1794万元，其中中国科学院海洋微生物研究中心的建设项目获得立项，第一年建设经费为210万元。2009年争取研究所外课题合同经费1.6亿元，比2008年的1.09亿元多0.6亿元。其中纵向课题合同经费11591亿元；横向项目合同经费4425万元。

2009年度，南海海洋所取得科研成果并上报中国科学院登记18项，“三亚湾及其邻近海域生态环境与生物资源研究”、“海洋经济动物种质资源遗传与分子生物学研究”分别通过海南省科技厅组织的专家鉴定与广东省海洋与渔业局组织专家鉴定。由海南热带海洋生物实验站和南海所经过10多年深入系统研究完成的“三亚湾及其邻近海域生态环境与生物资源研究”成果为保护三亚湾及其邻近海域生态环境、维护海洋生物资源的可持续利用和海南社会经济的可持续发展提供了重要科学依据。“海洋经济动物种质资源遗传与分子生物学研究”率先分析了我国21种海洋经济鱼类的核型及部分种类银染核型，产生了广泛的学术影响。

积极开展院地合作与成果转移转化。在海洋工程技术咨询、技术服务等方面有在研项目243项，总合同金额达1.2亿元，其中2006、2007、2008年签订协议仍在执行的项目124项，合同总金额约为7645.4万元；2009年与地方企业新签订合作项目119项，获得地方政府或企业的合作经费4507.1万元。

积极推进国际交流与合作。与美国伍兹霍尔海洋研究所新签订“中国科学院南海海洋研究所与美国伍兹霍尔海洋研究所科研人员互访与科技合作备忘录”；新争取国际合作项目1项；与国外合作发表论文28篇；2人次在国际期刊新担任职务；派出科技人员59批121人次赴美国、加拿大、日本、澳大利亚、韩国、挪威等21个国家与地区进行科研活动；接待美国、加拿大、挪威、韩国、日本、俄罗斯、德国、澳大利亚等国家的来访人员62批76人次；举办第五届南海海洋环境国际研讨会，并与印度科学家、加拿大代表团、英国代表团和挪威专家团分别就印度洋协同观测、海洋观测高技术、中英气候海洋合作和中挪建立海洋科学联合机构议题等进行了双边、多边会谈。

南海海洋所是中国海洋学会海洋物理分会、广东海洋湖沼学会、广东海洋学会等的依托单位，编辑出版《热带海洋学报》（核心期刊）。

（撰稿：徐晓璐　审稿：黄良民、徐　海）

华南植物园

主　　任：黄宏文
地　　址：广东省广州市天河区兴科路723号
邮政编码：510650
电　　话：020－37252711
传　　真：020－37252831
电子信箱：bgs@scib.ac.cn
网　　址：http://www.scib.ac.cn

中国科学院华南植物园前身是由著名植物学家陈焕镛院士于1929创建的中山大学农林植物研究所，1954年改属中国科学院后更名为华南植物研究所，2003年更名为中国科学院华南植物园。

华南植物园的发展方向是：在创建国际一流科学植物园的同时，面向国家重大需求和学科发展前沿，围绕退化生态系统的恢复与重建、环境与生态安全、物种的演化形成与维持、生物多样性保育、植物资源储备与可持续利用等领域，进行基础性、前瞻性和战略性研究，努力建设成为我国科技创新、人才培养与科学知识传播的重要基地，并在恢复生态学、系统演化植物学与保育植物学领域发展成为具有高水平的研究单位。其研究工作主要为六大学科领域，即全球变化与生态系统服务功能、环境退化与生态系统恢复、植物系统与进化生物学、生物多样性保护及持续利用、农业及食品质量安全与植物化学资源、种质资源创新与发掘利用。六大领域下设置30个研究团队。

华南植物园是世界上面积最大的植物园之一，由三部分组成：一是保育和展示区（植物迁地保护区），占地面积4237亩，建有木兰园、姜园等30余个专类园，以及建筑面积达10840m^2的展览温室群；二是科研和生活区，面积552亩，拥有馆藏标本100万份的植物标本馆、专业书刊20余万册的图书馆和计算机信息网络中心等支撑系统；三是建于1956年的鼎湖山国家级自然保护区，面积17300余亩，为我国第一个自然保护区和中国科学院目前唯一的自然保护区，就地保育植物2400多种。华南植物园所属的鼎湖山森林生态系统国家野外科学观测研究站位于保护区内。此外，华南植物园还拥有广东鹤山森林生态系统国家野外科学观测研究站和中国科学院小良热带海岸带退化生态系统恢复与重建定位研究站等一批野外生态观测研究站点。

截至2009年底，华南植物园共有在职职工386人。其中科技人员151人、科技支撑人员128人，包括研究员43人、副研究员及高级工程师等副高级人员59人，中国科学院“百人计划”入选者8人、国家杰出青年科学基金获得者3人；创新岗位人员193人。2009年，植物园共引进海外高层次人才（“千人计划”）1人，并于2010年1月到园工作；引进各类人才20人，其中留学回国4人、应届博士毕业生13人、应届硕士毕业生2人。

华南植物园是国务院学位委员会批准的首批硕士学位授予单位之一，现有3个二级学科博士研究生培养点、4个二级学科硕士研究生培养点和1个一级学科博士后流动站，共有在学研究生285人，其中博士生108人（含4名外籍学生）、硕士生177人，有在站博士后12人。

2009年，华南植物园共有在研项目234项，其中新立项82项，新签订科研项目合同经费6273万元，到位科研经费4569万元。在新争取的科研项目中，包括国家科技支撑计划重点项目课题1项、国家重点基础研究发展计划（973）项目课题1项；国家自然科学基金重大研究计划培育项目1项（首次）、国家杰出青年科学基金项目1项、面上项目28项。另外，联合其他兄弟植物园申报的中国科学院、国家外国专家局创新团队国际合作伙伴计划项目1项，获得中国科学院人才专项支持；获科学技术部科技基础性工作专项1项。

2009年，华南植物园科研产出取得新的突破。作为3个并列获奖单位，华南植物园参加的“《中国植物志》的编研”荣获国家自然科学奖一等奖。全园发表SCI收录论文182篇，其中第一作者单位115篇，各领域前30%论文69篇；出版专著（主编/副主编）5部，包括《中国景观植物》等具有重要影响的专著；申请专利13项，授权3项；2个兰花新品种通过广东省农作物品种审定委员会审定，1个水稻不育系“植A”通过广东省种子管理总站鉴定，2个兰花新品种进行国际登陆。退化生态系统植被恢复与管理重点实验室获得批准成为院重点实验室，成为华南植物园第2个院级重点实验室。园公共实验室获得中国科学院择优支持，自2009年开始，每年将获40万元所级公共技术服务中心运行补助经费。华南植物园公共实验室的平台建设和公共服务功能得到进一步加强和提升。

2009年，华南植物园的国际学术交流与合作工作十分活跃。全园科研人员共有32批次46人次出国（出境）参加学术会议或开展合作研究；海外来访者为48批次270人次，创历史新高。通过互访，分别与越南农业及农村发展部、秘鲁国立圣马科斯大学自然历史博物馆、阿根廷苏尔国立大学生物系、日本丸善制药株式会社等国际机构签订了合作备忘录或学术交流协议。此外，还主办了第二届国际木兰科植物学术讨论会、第23届New Phytologist学术研讨会——热带生态系统碳循环国际研讨会和第三届海峡两岸森林动态样区研讨会；首次承办了商务部援外项目“热带/亚热带森林生物多样性跨国界保护研究及管理研修班”；邀请国内外11位著名专家开展国际战略评估，谋划未来10年的发展。国际木兰中心在华南植物园挂牌成立。开展“陈焕镛讲座系列”学术报告会，加强与国内外的学术交流。

2009年，华南植物园共引进植物1600号，其中新引进物种1500种，使全园迁地保育植物达13000余种（含种下分类群），成为国际上保育植物种类数前6位的植物园之一。入园游客再创新高，全年达103万人次；门票总收入超过829万元，比去年同期增长76%，实现了旅游人数与旅游收入的较快增长。植物园被授予“广东省森林生态旅游示范单位”。院省市三方共建华南植物园工程通过全面验收。

华南植物园控股的广东中科琪林园林股份有限公司依托植物园的科研力量与资源储备积极开展生物工程、细胞工程、生态工程技术开发与技术服务，开展新优植物苗木的种植和销售，并提供城市园林绿化设计、施工与环境治理服务。公司注册资金为2500万元，目前总资产为7694万元。2009年公司实现主营业务收入为12314万元，比去年增长61%；利润总额为976.5万元，增长243%；净利润为732.3万元，增长242%；上交税金673万元，利税总额1649万元，增长150%。

华南植物园是广东省植物学会及其两个分会（南方棕榈协会、木兰协会）和广东省植物生理学会的挂靠单位，负责编辑出版《热带亚热带植物学报》。

（撰稿：夏汉平　审稿：黄宏文）

广州能源研究所

所　　长： 吴创之

地　　址： 广东省广州市天河区五山能源路2号

邮政编码： 510640

电　　话： 020-87057620

传　　真： 020-87057677

电子信箱： nys@ms.giec.ac.cn

网　　址： http://www.giec.cas.cn

中国科学院广州能源研究所（以下简称广州能源所）成立于1978年，其前身为1973年成立的广东省地热研究室。1998年4月原中国科学院广州人造卫星观测站并入广州能源所。

广州能源所定位为中国科学院高新技术研究与发展基地型研究所，主要从事清洁能源工程科学领域的高技术研究，并以后续能源中的新能源与可再生能源为主要研究方向，兼顾发展节能与能源环境技术，发挥能源战略的重要支撑作用，形成一主两翼一支撑的格局。

广州能源所的科研机构包括：生物质能研究中心，主要研究生物质生化转化技术，生物质热化学转化技术等；非碳能源研究中心，主要研究太阳能利用、地热能利用、海洋能利用等；天然气水合物中心，主要研究天然气水合物相关基础、开采关键技术及应用技术等；应用基础研究中心，主要开展微能源系统、先进燃烧技术、化学制氢及燃料电池系统研究、能源材料；节能减排与环保工程中心，主要研究工业余压余热利用、节能空调及蓄能、可再生能源在建筑节能上的综合利用等；能源战略研究中心，主要开展能源政策与发展战略研究、可持续能源技术综合分析与评价、气候变化对策研究与CDM能力建设等。广州能源所建有中国科学院可再生能源与天然气水合物重点实验室；广东省新能源和可再生能源研究开发与应用重点实验室，广东省生物质能工程技术研究开发中心，作为依托单位与其他单位共建的中国科学院广州天然气水合物研究中心；国家可再生能源综合技术国际研发中心、广东省新能源生产力促进中心、广东省清洁发展机制（CDM）技术研究服务中心、广东省可再生能源综合技术国际科技合作示范基地等。组织成立了生物能源与生物基产品产业技术创新战略联盟、生物燃气产业技术创新战略联盟。

截至2009年底，广州能源所共有在职职工238人。其中科技人员151人、科技支撑人员22人，包括研究员及正高级工程技术人员23人、副研究员及高级工程技术人员53人，中国科学院“百人计划”入选者8人、国家杰出青年科学基金获得者1人；全年共引进各类人才74名，其中中国科学院“百人计划”入选者1名、博士毕业生18名、硕士毕业生37名。全所进入创新岗位128人。

广州能源所是国务院学位委员会批准的博士、硕士学位授予单位之一，现有热能工程二级学科博士培养点，工程热物理、热能工程、流体机械及工程、环境工程和化学工程5个二级学科硕士培养点，并设有2009年新批的动力工程及工程热物理一级学科博士后流动站，共有在学研究生151人（其中硕士生97人、博士生54人）。

2009年，广州能源所共有在研项目299项（包括2009年新增项目91）。其中国家重点基础研究发展计划（973）课题4项（新增1项），中国高技术研究发展计划（863）项目（课题）26项（新增5项），国家科技支撑计划项目（课题）4项（新增1项）；国家自然科学基金重点项目2项（新增1项），国家杰出青年科学基金项目1项；中国科学院知识创新工程重要方向项目13项（新增2项），院地合作项目13项（新增），国际合作项目18项（新增7项）；与地方政府合作项目88项（新增33项）。

科研工作取得可喜进展。广州能源所2009年取得科技成果10项，获科技奖励2项。其中“西藏太阳能采暖系统研究示范”获西藏自治区科学技术二等奖，“南方建筑节能技术研究与应用”获广东省科学技术三等奖。全年发表论文268篇（期刊论文188篇、会议论文80篇），其中62篇论文被SCI收录，50篇论文（第一单位）被EI收录，23篇论文被SCI和EI同时收录；出版专著2部；申请国内专利74件（其中发明专利55件），32件专利授权（15项发明专利，17项实用新型专利）。

大力推进院地合作和成果转移转化。广州能源所全年争取横向开发项目31项，经费3339万元；与企业、地方政府共建佛山市三水区中国科学院能源环境技术创新育成中心、固体废弃物热解燃烧工程研究中心、换热过程及系统集成工程中心；与企业联合申报广东省中国科学院全面战略合作项目，获得资助13项；签署战略合作框架协议2个，签署金额1850万元的10万t生物柴油建设合作协议1个。截至2009年底，广州能源所共有投资公司13个，其中以研究所科研成果为基础新组建了佛山中科环能科技有限公司、广州鑫誉科技有限公司和中科营口新能源科技有限公司。研究所投资公司从事科技开发工作的人员约有150人，目前总资产约为5806万元，2009年按股比计算营业额为1208万元。在生物质发电项目、乙醇项目、生物质合成燃料技术，太阳能光热、光电、干燥技术，固废环保及节能技术成果推广工作成绩显著，带来了良好的社会效益和经济效益。

积极开展国际合作。广州能源所全年出访19批43人次，来访45批166人次，其中邀请国外著名学者来所做学术报告5次，聘请国外客座教授3人，公派留学人员为1人；与国外合作发表论文3篇，争取国际合作项目9项，新争取项目经费555.3万元；在美国夏威夷、中国青海、美国洛杉矶分别举行中美合作大规模可再生能源发电咨询项目双边会议3次，与世界自然基金会联合举办广东低碳经济高峰论坛，承办了中日微动力系统中的燃烧国际学术研讨会、第二届中泰可再生能源技术研讨会。

广州能源所是中国可再生能源学会生物质能专业委员会、天然气水合物专业委员会以及广东省太阳能学会的挂靠单位。承办期刊《中国新能源》，内部发行《能量转换利用研究动态》、《能量转换剪报资料》、《科技信息》、《发明专利信息》和《实用新型专利信息》5种期刊。出版了《2009年中国新能源与可再生能源年鉴》和《中国生物质能源产业发展报告（2009－2010）》。

（撰稿：苏秋成　审稿：马隆龙）

广州地球化学研究所

所　　长：徐义刚
地　　址：广东省广州市天河区科华街511号
邮　　编：510640
电　　话：020－85290702
传　　真：020－85290130
电子信箱：zhaojs@gig.ac.cn
网　　址：http://www.gig.ac.cn

中国科学院广州地球化学研究所（以下简称广州地化所）于1987年4月由中国科学院地球化学研究所整建制搬迁部分学科、研究室与中国科学院广州地质新技术研究所（该所始建于1978年7月）合并而成，时称中国科学院地球化学研究所广州分部；1994年9月经中央机构编制委员会批准启用中国科学院广州地球化学研究所名称。2002年初，按照中国科学院关于建立南方海洋科学创新基地的战略部署，原中国科学院长沙大地构造研究所与中国科学院广州地球化学研究所异地整合，整体进入中国科学院知识创新工程二期试点序列，仍沿用中国科学院广州地球化学研究所所名。

广州地化所主要研究方向为海陆岩石圈演化与矿产资源、区域环境与可持续发展。主要工作目标是依托有机地球化学、同位素年代学和地球化学、大地构造与成矿学学科优势，以国家与院重点实验室等为技术支撑，在海－陆岩石圈相互作用、化学地球动力学与矿产资源，以及生态环境与可持续发展领域做出基础性、战略性、前瞻性的重大创新贡献，为解决我国经济社会可持续发展所面临的资源、能源和环境等重大科学问题提供知识基础与技术支撑。

广州地化所拥有有机地球化学国家重点实验室、中国科学院同位素年代学和地球化学重点实验室、中国科学院边缘海地质重点实验室、中国科学院珠江三角洲环境污染与控制研究中心、极端环境地质地球化学实验室、成矿动力学实验室、石油天然气与矿产资源研究中心、广东省资源环境利用与保护重点实验室、广东省矿物物理与材料开发重点实验室、国家质谱广州中心、可持续发展研究中心和中国科学院地理信息产业发展中心广州分中心等研究机构，并拥有国家、广东省和广州市的科普教育基地——地学与资源科普基地，重点开展科普教育和接待来自国内外的参观人员，2008 年 12 月，该基地被广东省科协授予 2006－2008 年度“十佳广东省科普教育基地”称号。

截至 2009 年底，广州地化所共有在职职工 290 人，离退休人员 305 人，流动人员 617 人。在职职工中，共有专业技术岗位人员 190 人，包括中国科学院院士 1 人、俄罗斯科学院外籍院士 1 人，正高级专业技术人员 53 人/副高级专业技术人员 86 人，国家杰出青年科学基金获得者 14 人、中国科学院“百人计划”入选者 17 人、中国科学院海外学者合作研究基金获得者 4 人；流动人员中，共有项目聘用人员 32 人、客座研究员 9 人、访问学者 1 人、在站博士后 38 人、在学研究生 537 人（其中博士生 350 人，硕士生 187 人）。

广州地化所设有地球化学、矿物学岩石学、矿床学、构造地质学和环境科学 4 个博士研究生培养点，地球化学、矿物学－岩石学－矿床学、环境科学、构造地质学、第四纪地质、海洋地质、环境工程、地图学与地理信息系统 8 个硕士研究生培养点和地质学 2 个博士后流动站，有博士生导师 65 人。

2009 年，广州地化所共有在研项目 339 项（包括 2009 年新增项目 139 项）。其中国家重点基础研究发展计划（973）项目（课题）27 项（新增 6 项），中国高技术研究发展计划（863）项目（课题）14 项（新增 1 项），国家科技支撑计划项目 5 项（新增 1 项）；国家自然科学基金群体项目 2 项、重点项目 11 项（新增 4 项），国家杰出青年科学基金项目 9 项；中国科学院知识创新工程重要方向项目 23 项（新增 3 项），院地合作项目 46 项（新增 17）项，国际合作项目 2 项（新增 1 项）；与地方政府合作项目 55 项（新增 32 项）。

科研工作取得重要进展。陈鸣研究小组证实了位于辽宁省岫岩县一个直径 1.8km 的陨石撞击坑，填补了我国该类独特地质构造形迹的空白，其主要成果在《科学通报》2009 年 54 卷 22 期上发表。傅家谟院士研究小组主持完成的国家自然科学基金重大项目低纬度地区持久性有机污染物（POPs）的生物地球化学过程及其对机体的影响被验收评为特优，其主要成果为：建立了大气甲醛等分子碳同位素的原创性方法；揭示了电子废物粗放式拆解区环境是含氯/含溴二噁英、含溴/含氯阻燃剂等污染物的高暴露区和人体内暴露高风险区；首次报导了人体血清中 DP 阻燃剂；获得了我国首批家用燃煤实测黑炭排放因子。彭平安研究员等完成的《地质体中复杂大分子有机物质的化学结构与相关科学问题的研究》获得广东省科学技术奖一等奖。研究所全年发表研究论文 547 篇，其中国际 SCI 论文 233 篇、国内 SCI 论文 45 篇；出版专著 3 部。

积极开展国际合作。全年共接待来自美国、英国、德国、挪威、南非、巴基斯坦、印度、韩国和日本等 14 个国家以及香港地区的专家、学者共 58 批 125 人次，派出 53 批 106 人次分别赴美国、英国、法国、德国、瑞士、奥地利、比利时、印度和日本等 17 个国家以及台湾和香港地区参加学术会议、合作研究和专业考察等。主办了英－中科技桥会议，与香港大学合办了第二届广州地化所－香港大学双边学术研讨会。

广州地化所主办地学核心刊物《地球化学》和《大地构造与成矿学》。广东省矿物岩石地球化学学会和广东省可持续发展研究会挂靠广州地化所。

（撰稿：赵劲松　审稿：夏　萍）

广州生物医药与健康研究院

院　　长：裴端卿
地　　址：广东省广州科学城开源大道190号
邮政编码：510530
电　　话：020－32015300
传　　真：020－32015299
电子信箱：wang_ jiongkun@gibh. ac. cn
网　　址：http://www. gibh. cas. cn

中国科学院广州生物医药与健康研究院（以下简称广州健康院）由中国科学院、广东省人民政府和广州市人民政府三方共建，2004年4月启动筹建，2006年3月获中央机构编制委员会办公室批准成立，是隶属中国科学院的具有独立法人资格的科学研究机构。

广州健康院的定位是：以国家健康和生物医药需求为主导，以国际前沿致病机理研究、高水平核心技术创新与集成为核心，致力于构筑我国医药、疫苗及诊断的创新研究实体，提高生物医药研发和产业化水平，成为国家健康安全体系中的重要组成部分。其发展目标是：建成在健康和生物医药领域具有自主创新和国际竞争能力的研究机构，成为吸引、培养和造就具有国际先进水平的中国生物医药业领军人才的平台，成为疾病的发生和致病机理的研究及生物医药核心技术的研发平台，成为面向国内外生物医药业的社会化服务并带动地区相关产业发展的平台；围绕干细胞与再生医学、化学生物学、免疫与感染学三大学科方向，在创新药物研制、新型疫苗研究、重大疾病研究（传染病、肿瘤、心血管病与代谢疾病）和干细胞与再生医学等研究领域开展研究工作。

广州健康院由华南干细胞与再生医学研究所、感染与免疫研究中心和化学生物学研究所3个非法人研究单位组成，下设临床前研究平台、非人灵长类动物疾病模型平台、RNA干扰技术平台、抗体技术平台、药物化学技术平台、药物分子设计及结构优化技术平台、疫苗载体技术平台、分子诊断平台、药物毒理技术平台和天然药物发现技术平台等10个技术平台，并设有公用仪器中心、实验动物中心、信息情报中心和呼吸疾病国家重点实验室（共建）、中国科学院再生生物学重点实验室等，拥有一批先进仪器设备。

2009年，广州健康院成立了第一届党委、纪委，制定了“十二五”规划，建立了加速科研成果转移转化和产业化的Pipeline体系。

广州健康院人事体系包括人力资源管理、团队内的人力资源管理、外事管理（含人才项目管理）、职能委员会管理四个方面；委任了国际科学顾问委员会的第二届委员。

截至2009年底，广州健康院共有在职职工313人。其中，研究岗位人员222人，支撑岗位人员62人，行政管理岗位人员29人。科技人员中共有国家杰出青年科学基金获得者2人，中国科学院“百人计划”10人，“863”领域专家1人，新世纪千百万人才国家级人选1人。

广州健康院设有生物化学与分子生物学、药物化学博士、研究生培养点，共有在读研究生198人，其中硕士生109人、博士生89人。

2009年，广州健康院共有在研项目163项（包括2009年新增项目44项）。其中国家重点基础研究发展计划（973）项目（课题）23项（新增5项），中国高技术研究发展计划（863）项目（课题）6项，国家重大科技专项课题4项（全部为新增，含参与2项）；国家自然科学基金项目29项（新增8项）；中国科学院知识创新工程重大项目2项（含参与1项）、重要方向项目17项（新增9项），院地合作项目24项（新增21项），国际合作项目4项；与地方政府合作项目3项（新增2项）。

2009年，广州健康院取得一批具有显示度的阶段性科研成果。首次发现维生素C高效促进诱导多能干细胞转化率；成功建立西藏小型猪的诱导多能干细胞（iPSC）系；成功解析糖尿病靶标人胰腺磷脂酶A2酶原晶体结构；成功设计了2－吡啶－β酮类化合物作为新型的铜催化乌尔曼反应配体；在抗流感神经氨酸酶药物和抗病毒2’－脱氧核糖核苷的合成方法取得新的突破；发现HIV蛋白酶抑制剂具有抗疟疾的活性。

“诱导多能干细胞机理与技术研究”获得广东省科学技术一等奖。全年发表论文63篇，比2008年增长43.18%；其中SCI论文51篇，34篇为本领域前30% SCI刊物。申请并受理发明专利49项，比上年增长96%；授权发明专利2项。

广州健康院把院地合作和科研成果转移转化与产业化作为研究院发展的两大“引擎”之一。2009年累计拉动政府投资5800万元，利用企业资金（拉动社会投资）1780万元；与广州地区医药行业龙头企业、全国医药企业三强之一的广州医药集团有限公司进行全面合作，共建了医药工业联合研发中心；参与广东省重大科技专项——华南新药创制中心的建设；与佛山市南海区人民政府联合共建中医药生物科技产业中心；与广州市开发区联合共建中国科学院广州生物医药产业技术创新与企业育成中心；牵头成立广州干细胞与再生医学技术联盟，参与广州生物技术外包服务联盟、名优中成药产业技术创新战略联盟、黑龙江省医药产业技术创新战略联盟和中国核酸药物产业化联盟；与爱康国宾集团合作建立健康管理研究中心；与广州复大医院共建研究院临床研究基地；与江苏正大天晴药业有限公司开展全面合作，共同研发项目4项，转让药物合成工艺1项；与广东温氏集团、深圳市东阳光实业发展有限公司、深圳微点生物技术有限公司等20余家公司企业合作开展具有自主知识产权的创新药物或医疗器械的研发。

国际合作成为推进科研工作的重要因素之一。2009年，广州健康院积极争取科学技术部2010年度国际科技合作计划专题项目“诱导多能干细胞机理与应用合作研究”，目前已完成600万元的预算编报，获得国家外国专家局和中国科学院“胚胎干细胞自我更新与全能性机理研究团队国际合作伙伴计划”项目支持，争取到人才专项经费400万元；获广东省干细胞与再生医学国际科技合作基地称号，并经广东省科技厅的推荐，被科学技术部授予“国际科技合作基地”称号；举办国际会议3次，分别为第21届国际生物化学与分子生物学联盟学术大会暨第12届亚洲大洋洲生物化学家与分子生物学家学术大会广州卫星会议、第二届广州国际干细胞与再生医学论坛、第十二届中国留学人员广州科技交流会生命科学与生物技术高峰论坛；接待国外来访人员106人次，因公出访42人次。

（撰稿：王炯坤　审稿：韩青海）

深圳先进技术研究院

院　　长：樊建平

地　　址：广东省深圳市南山区西丽深圳大学城学苑大道1068号

邮政编码：518055

电　　话：0755－86392288

传　　真：0755－86392299

电子信箱：info@siat.ac.cn

网　　址：http://www.siat.cas.cn

中国科学院深圳先进技术研究院（以下简称深圳先进院）于2006年2月由中国科学院、深圳市共同建立，2009年7月22日获中央编制委员会办公室批准正式设立，2009年12月17日通过中国科学院和深圳市正式验收。

深圳先进院的使命和愿景是提升粤港地区及我国先进制造业和现代服务业的自主创新能力，推动我国自主知识产权新工业的建立，成为国际一流的工业研究院。

深圳先进院建有面向智能系统与制造装备的“中国科学院香港中文大学深圳先进集成技术研究所”（由中国科学院、深圳市、香港中文大学三方共建）、面向低成本健康的生物医学与健康工程研究所、面向快速城市化和工业信息化的先进计算与数字工程研究所，并牵头成立中国科学院电动汽车研发中心和中国科学院深圳产业技术创新和育成中心，与工程中心、技术平台一起构建成“三所四中心”的组织框架，形成多学科交叉、集成创新的特色与优势，主要发展集成工程学、健康工程学、数字工程学三大新兴学科。力求在夯实三个研究所的基础上，进一步完善“四位一体”的科研模式，全面提升深圳先进院的研究水平和创新辐射能力。

截至2009年底，深圳先进院已达到881人的规模，其中员工468人，学生413人。中/高级职称203人，188人具有博士学位，2/3以上博士具有海外工作或学习经历。聘请院士1名，AF教授13名，入选“新世纪百千万人才工程”国家级人才、中国科学院“百人计划”、深圳市“双百计划”和深圳先进院“百人计划”17人，38人被认定为深圳“国家级/地方级/后备级领军人才”。2009年6月获批中共中央组织部“海外高层次人才创新创业基地”，是广东科研教育领域唯一一家入选的单位。

2009年深圳先进院共有在研项目共278项（包括新增项目106项）。其中国家重大科技专项、中国高技术研究发展计划（863）、国家重点基础研究发展计划（973）、国家科技支撑计划、国际科技合作等项目63项，中国科学院、广东省、深圳市项目163项，累计科技经费逾2.7亿元。重大项目中，主持“973”项目课题1项，参与2项，实现深圳市零的突破；国家基金项目的录取率达29.2%，在基础研究领域表现了较强的竞争力。工业合作中，企业委托140余项，与企业合作资金超过4800万元，体现企业对深圳先进院的认可和信心。

全年共申请专利129项，累计申请230项（发明专利占75%，转化专利占30%），获2009年度广东省科研院所发明专利申请量第一名，并成功获批为“全国企事业单位知识产权试点单位”。2009年共发表高水平学术论文488篇，三年累计发表846篇，其中SCI/EI论文601篇，EI论文数量排名全国科研机构第11位，在国外学术期刊和高水平会议文章的比例逐年提高。学术交流中，共主办高水平国际学术会议20次。学术刊物及信息化建设方面，出版内部刊物《先进技术研究通报》24期。在国家科技图书馆的支持下，建设特色分馆，试点特色信息化建设的新模式。

瞄准新兴战略性产业，加速新工业孵化进程。与招商局蛇口工业区共同投资5000万元建设中国科学院深圳产业技术创新与育成中心，同时设立1.5亿元产业发展基金，并尝试科研与资本紧密结合的运营新模式，目前已经形成机器人、低成本健康、数字城市、新能源四大育成体系，孵化高科技公司22家，总资产近10亿元。2009年的工业合作和企业孵化是前三年的总和，实现了跨越式发展。

积极推进公共技术平台建设。拥有31个开放的专业实验室，其中9个实验室成功申请为国家/省/市级的重点实验室或公共技术服务平台，已购置设备2400台（套），总金额约9300万元。在金融危机期间，深圳先进院率先提出对企业免费开放仪器设备，为企业在经济严冬中雪中送炭，与企业共渡难关。尤其是计算机辅助工程（CAE）工业设计服务的迅速发展，三年内从“南山CAE公共平台”跃升为“粤港制造业现代工业设计公共技术平台”，实现四级跳，培训工业界人员超过1000人次以上，服务企业超过200家，覆盖产品工业产值50亿元以上，并代表深圳先进院与美的电器共同投资1000万元组建联合创新中心，在仿真设计、智能、材料和健康等方向形成重点合作项目。同时，依托深圳市射频集成电路重点实验室打造射频集成电路综合服务平台；依托嵌入式软件系统服务中心打造嵌入式软件工业服务平台，提供跨行业共性技术服务。

（撰稿：卓小携　审稿：王　冬）

亚热带农业生态研究所

所　　长：王克林
地　　址：湖南省长沙市芙蓉区马坡岭
邮　　编：410125
电　　话：0731－84615204
传　　真：0731－84612685
电子信箱：csiam@isa.ac.cn
网　　址：http://www.isa.ac.cn

中国科学院亚热带农业生态研究所（以下简称亚热带所）创建于1978年6月，其前身为中国科学院长沙农业现代化研究所，2003年10月改为现名。

亚热带所的战略定位是：围绕亚热带区域农业发展和生态建设国家战略需求，对区域农业生态系统格局和过程及关键调控技术开展系统研究，建立一支高水平的区域农业生态学研究队伍，全面提升组织重大科技项目、攻克重大科技难关、解决重大科技问题的能力；建立适合研究所科技创新与保障研究所持续发展的体制机制和管理文化等制度体系；建立由国家野外研究站和省重点实验室等为主体的科技支撑体系，构建亚热带区域农业与生态研究平台；建立区域联合研究机制，针对区域重大科学问题实施联合攻关，加速科技成果转化与产业化，提升研究所在国家区域农业科技创新体系中的地位和作用，为亚热带区域农业发展与生态建设提供科技支撑。主要学科方向是：亚热带复合农业生态系统生态学，重点开展农业生态系统格局与过程调控、畜禽健康养殖与农牧系统调控技术和作物耐逆境分子生态学机理及其品种选育等方面研究。

亚热带所设有区域农业生态研究中心、畜牧健康养殖研究中心、作物耐逆境分子生态学研究中心3个研究部门，以及桃源农业生态系统试验站、广西环江喀斯特生态系统试验站、洞庭湖湿地生态系统试验站、农业生态过程重点实验室、期刊文献信息中心5个支撑部门。

截至2009年底，亚热带所共有在职职工131人，流动人员204人，离退休人员77人。在职职工中，有研究员20人、副研究员及高级工程师32人，中国科学院“百人计划”入选者5人、国家杰出青年科学基金获得者1人，项目聘用人员48人。2009年，研究所以创新团队为核心，加强人才队伍建设，成功争取到中国科学院、国家外国专家局国际合作伙伴计划创新团队项目，引进“百人计划”入选者2名，招聘硕士、博士16名，引进院国外特聘研究员1人。

亚热带所设有生态学博士研究培养点1个、生态学和动物营养与饲料科学硕士研究培养点2个，共有研究生导师28人，在学研究生121（其中博士研究生50人）。

科研工作取得重要进展。2009年新增科研项目40项。其中国家重点基础研究发展计划（973）子专题2项，科学技术部国际合作项目1项，国家重大专项子专题1项，国家科技支撑计划课题1项、子专题3项；国家自然科学基金项目9项。

“西南喀斯特生态系统退化机制与适应性修复研究”（西部行动计划重大项目）围绕西南喀斯特石漠化综合治理工程、珠江上游水土流失治理工程的重大科技问题，系统开展喀斯特生态系统物质循环过程及其调控机制、植物抗逆机制与人工生态设计、生态系统格局变化与生态系统服务功能优化等研究，在峰丛洼地养分水分倒置的空间异质性特征、坡地土壤侵蚀量与地下漏失初步进展、农林牧耦合的草食畜牧业替代模式示范以及样地试验观测平台建设等方面取得重要进展，使试验示范区成为我国开展喀斯特生态环境研究的野外科学试验平台。“城郊区环保型特色农业支撑技术研究与示范”（国家科技支撑计划）于2009年11月通过中国科学院组织的中期评估。该项目共形成新模式、新技术9项，新产品13个；建立了东北、京津唐、华中、长三角和西南5大示范区域10个核心试验示范基地，面积共计1360hm^2；申报专利20项，完成研究论文71篇；完成6项技术标准，其中3项国家标准，3项省部级标准。“株洲新马村土壤重金属污染防治与示范”查明了项目区的土壤肥力特征与环境重金属污染现状、主要农产品的重金属含量与污染情况，探明了大气沉降对项目区环境重金属含量的影响，筛选出了适于轻度污染稻田种植的水稻品种、适于轻度污染园地种植的蔬菜品种和适于重度污染农田种植的苎麻品种，构建了改良利用轻度污染农田的农艺调控技术体系，研究探明了中度污染农田施用海泡石、钙镁磷肥和石灰等钝化剂的合理用量、钝化效应与作用机理，并将上述技术有机组装与集成，初步建立了以“农艺措施调控－化学钝化处理－切断食物链改制”为核心的重金属污染土壤综合治理技术体系。“抗逆、抗除草剂转基因水稻新品种培育”项目选育的转基因抗除草剂杂交水稻“香125S/Bar68－1”完成了湖南省早稻区域试验和农业部批准的生产性试验，培育出的转基因抗除草剂杂交水稻“香125S/Bar68－1”品质好、抗性好，产量高、适应性强。“仔猪肠道健康及功能性饲料研究与应用”获得2009年湖南省科技进步一等奖，该成果采用现代组学技术，发现了与仔猪断奶相关的氧化应激和免疫激活上调基因及与营养代谢和细胞增殖相关的下调基因，建立了以精氨酸家族及其代谢物为基础的关键调控技术，申请专利10项，发表论文121篇；

开发了促进仔猪肠道健康及替代抗生素和激素的功能性系列新产品，在全国13个省44家企业应用，累计新增产值342亿元，新增利润31亿元，产生社会效益560亿元。“鲜食玉米品种‘科湘甜玉1号’和‘科湘糯玉1号’选育与推广”获得2009年湖南省科技进步二等奖。“科湘甜玉1号”、“科湘糯玉1号”系采用杂交和回交方法选育的适应南方生态的超甜和糯玉米杂交种，是湖南省审定的第二个甜玉米和首个糯玉米品种，已累计推广应用22万亩，新增产值1.7亿元。

加强院地合作项目建设。在中国科学院与湖南省地方政府的大力支持下，洞庭湖湿地生态系统观测研究站业已投入运行。该站设置了流域景观格局与服务功能优化管理、湿地生态系统演变过程与调控、湿地保护与生物多样性保育等研究方向，通过对洞庭湖流域典型湿地生态系统的长期定位观测以及洞庭湖湿地基础科学研究，探索湿地退化的自然过程与作用机理，重点探讨全球气候变化和人类活动干扰条件下的湿地退化机制，湿地保护与修复的理论和技术体系；在湖泊湿地生态结构、功能和演变，生物多样性以及湿地资源可持续利用等方面取得突破，为洞庭湖流域湿地生态系统的保护、恢复以及替代产业的可持续发展提供示范样板与技术支撑。

对外交流与国际合作取得长足发展。成功举办了畜禽健康养殖及产品安全国际研讨会、第三届土壤微生物生态学国际研讨会和食品生产的可持续生态设计亚洲学术研讨会国际学术会议；与澳大利亚联合主持的科学技术部国际合作项目“哺乳动物机体抗氧化及脂质过氧化调控机理研究”取得重要阶段性研究成果。

亚热带所是湖南省生态学会、湖南省农业系统工程学会、湖南省微量元素与食物链研究会挂靠单位；负责主办《农业现代化研究》科技期刊。

（撰稿：杨　芝　审稿：王克林）

成都生物研究所

所　　长：吴　宁
地　　址：四川省成都市人民南路四段九号
邮政编码：610041
电　　话：028－85210501
传　　真：028－85222753
电子信箱：swsb@cib.ac.cn
网　　址：http://www.cib.cas.cn

中国科学院成都生物研究所（以下简称成都生物所）成立于1958年，当时定名为中国科学院四川分院农业生物研究所，1962年9月更名为中国科学院西南生物研究所，1971年1月更名为四川省生物研究所，1978年启用现名。成都生物所是中国科学院知识创新工程首批试点单位之一。

成都生物所是综合性国立研究机构，重点围绕生物资源的发掘、利用和保护，以生物学理论为基础，重点开展战略生物资源发掘与创制、天然产物发现与利用、生态与环境治理以及生物多样性保育等方面的基础研究、应用研究和高技术集成。研究所设有天然产物研究中心、生态研究中心、两栖爬行动物研究室、应用与环境微生物研究中心和农业生物技术研究中心5个研究机构，是国家天然药物工程技术研究中心、中国科学院山地生态恢复与生物资源利用重点实验室、生态恢复与生物多样性保育四川省重点实验室的依托单位。2009年，依托该所建立了中国科学院应用微生物研究网络－环境微生物成都研究中心及相关网络实验室、中国科学院植物资源药物研发成都分中心、中国科学院绿色农业抗逆制剂分中心，使研究所在生物科学和生物技术领域的研究实力进一步增强。

成都生物所两栖爬行动物、植物标本馆是全国青少年科技教育基地、全国青少年走进科学世界科技活动示范基地、四川省科普教育基地、成都市科普场馆、武侯区青少年科普教育基地。研究所为推动生物科学的普及，激励我省青少年热爱自然、学习自然、研究自然的热情，在四川省青少年科技创新大赛上专门设立了“中科生物英才奖”和“中科生物创新奖”，是四川省青少年创新大赛唯一设立专项奖的单位。馆藏两栖爬行动物标本10万余号，标本的种类和数量居同领域全国第一位、亚洲第二位；馆藏植物标本

25 万号。2009 年研究所组建了公共实验技术中心，拥有价值近 4000 万元各种先进科研仪器设备，并对社会开放；由国家发展和改革委员会立项的“中国科学院西南生物资源与生态环境综合研究平台”工程项目顺利开工，主体施工已基本完成。

截至 2009 年底，成都生物所共有在职职工 330 人。其中科研人员 174 人，科技支撑人员 71 人，包括中国科学院院士 1 人，正高级专业技术人员 43 人，副高级专业技术人员 56 人，中国科学院“百人计划”入选者 10 人（2009 年新增 1 人）、国家“新世纪百千万人才工程”入选者 2 人、四川省学术技术带头人 6 人、四川省首批“百人计划”入选者 1 人；全所进入创新岗位 142 人。

成都生物所设有植物学、动物学、环境科学、药物化学 4 个博士研究生培养点和动物学、植物学、生态学、药物化学、微生物学、环境科学、环境工程学 7 个硕士研究生培养点，并设有生物学博士后流动站。2009 年招收博士研究生 33 名（其中与四川大学联合招生 3 名）、硕士研究生 58 名，毕业博士研究生 33 名、硕士研究生 40 名。现有在读研究生 261 人（其中硕士生 152 人、博士生 109 人）、在站博士后 2 人。

2009 年，成都生物所共有在研项目 296 项（包括 2009 年新增项目 104 项）。其中国家重点基础研究发展计划（973）课题 4 项（新增 1 项），中国高技术研究发展计划（863）项目（课题）11 项、国家科技支撑计划项目课题（子课题）17 项（新增 1 项），转基因重大专项课题或子课题 6 项（新增）；国家自然科学基金重点项目（课题）4 项（新增 2 项），新增面上项目 16 项及国际合作项目 2 项，国家杰出青年科学基金项目 1 项；中国科学院知识创新工程重大项目或课题 6 项、重要方向项目或课题 20 项（新增 2 项），院地合作项目 32 项，国际合作项目 35 项；地方项目 55 项。

成都生物所科研工作取得重要进展。“分子水平可逆控制细胞黏附的方法”研究，利用两种不同波长的光（紫外光和可见光）照射偶氮苯，使偶氮苯发生可逆的光致异构变化，从而使偶氮苯的光致异构性质可以用来在分子上控制细胞黏附。该研究成果发表在 *Angew. Chem. Int. Ed.* 杂志上，论文发表后被 *Nature China* 选为当年研究亮点。

“生物杀菌剂产业化关键技术研究”项目通过分子生物学技术与原生质体激光诱变、低能离子束诱变等方法相结合，筛选获得了捷安肽素、新奥霉素的高产菌株；分别利用 5L、50L 发酵罐，进行了数十批次高产菌株的发酵试验，研究完成了捷安肽素、新奥霉素的高产菌株适合规模化发酵的工艺技术；试制了 2% 捷安肽素水剂、4% 新奥霉素水剂，建立了质量标准并开展了农药临时登记的相关工作。与企业合作，利用试制药剂剂型进行了田间防效试验，取得了较好的防治效果。

利用红薯为原料生产燃料乙醇的国家科技支撑计划项目已完成万吨级中试，研发出具有创新意义的解黏附酶制剂，在发酵率和发酵时间上均创造出国内同类产品的最高记录。

2009 年全所共发表科技论文 270 篇，其中 SCI、EI 论文 130 篇；主编出版科技专著 1 部；申请专利 34 件，授权专利 9 件；2 个小麦新品种通过四川省审定；获得 5 个品种权授权；获得 2 个农药正式登记证书；1 项成果获得四川省科技进步二等奖。

积极推进院地合作与成果转移转化。2009 年，成都生物所继续推进与企业的合作，共新签署合作协议 39 份；石斛产业化、灾后恢复重建与新农村建设、生态市（县）规划等工作得到地方政府的高度评价；入选“中国白酒 169 计划”科技支撑单位；“川育”系列小麦新品种及杂交水稻新品种在四川、重庆、陕西、湖南等地区推广 800 多万亩；投资企业——成都地奥制药集团有限公司、黑龙江强尔生化有限公司、四川龙蟒福生科技有限公司和成都中科创智环保有限公司，2009 年总产值约 15 亿元；成都生物所荣获“首届中国产学研合作创新与促进先进单位”称号。

进一步加强国际科技合作。成都生物所全年签署国际合作协议 16 项，争取国际合作项目 25 项。共计 4 位外籍知名学者被研究所聘为名誉教授，新建 2 个由外籍专家领衔的学科团队，研究所的国际化水平不断提高。与俄罗斯科学院动物所在圣彼得堡成功举办了欧亚大陆两栖爬行动物的研究和保护：现状和合作计划中俄双边研讨会。

成都生物所是四川省动物学会的挂靠单位。主办的《应用与环境生物学报》是中国精品科技期刊、RCCSE 中国核心学术期刊，被 CA、BA、CSA、PЖ 及 CSCD、CSTPCD、CJFD、CBA 等众多国内外数据库收录。该学报第四届编委会于 2009 年成立，外籍编委增加到 6 名，国际化水平进一步提高。

（撰稿：舒 服 审稿：刘刚君）

成都山地灾害与环境研究所

所 长：邓 伟
地 址：四川省成都市人民南路四段九号
邮政编码：610041
电 话：028－85228816
传 真：028－85222258
电子信箱：sdb@imde. ac. cn
网 址：http://www. imde. a. cn

中国科学院·水利部成都山地灾害与环境研究所（简称成都山地所）由 1965 年成立的中国科学院地理研究所西南地理研究室发展而来，1966 年 2 月改为中国科学院地理研究所西南分所，1978 年更名为中国科学院成都地理研究所，1989 年实现中国科学院和水利部双重领导并采用现名，2002 年 4 月进入中国科学院知识创新工程试点序列。

成都山地所结合区位优势、学科特点和学科发展基础，面向我国山区开发和生态环境建设战略需求，立足长江上游和青藏高原，以山地表层系统为核心，在山地灾害、山地环境和山区可持续发展方面开展基础性、战略性和前瞻性研究，揭示山地灾害形成与山地环境退化机制，建立山地灾害防治与山地环境保护理论与技术体系，为山区可持续发展提供科学依据和技术支撑。

成都山地所设有中国科学院山地灾害与地表过程重点实验室、山地环境演变与调控重点实验室、山区发展研究中心和数字山地与遥感应用中心 4 个基础研究单元，设有四川省山区减灾工程技术研究中心和综合测试与模拟中心两大基础关键支撑平台；设有东川泥石流观测研究站、贡嘎山高山生态系统观测试验站、盐亭紫色土农业生态试验站 3 个国家重点野外台站；数字山地基础信息共享平台建设初见成效，目前数据量已达 6TB，其中栅格数据 4TB，矢量数据 2TB，已经为相关科研工作提供了有力支撑。

截至 2009 年底，成都山地所共有在职职工 248 人。其中科技人员 108 人、科技支撑人员 66 人，包括研究员 36 人、副研究员及高级工程师 48 人、中国科学院“百人计划”入选者 3 人、国家杰出青年科学基金获得者 2 人；全所进入创新岗位 133 人。

2009 年，成都山地所在人才引进与培养方面实施多项举措，引进 2 名“中国科学院外国专家特聘研究员”，吸收知名高校优秀毕业生 13 名，人才队伍体量稳步提高，结构进一步优化；1 人获中国科学院王宽城西部学者称号，1 人获四川省青年科技奖；博士后流动站积极接收青年博士进站开展工作，并与重庆市规划设计院共建了博士后工作站，现有在站博士后 8 名；本年度取得了环境工程和建筑与土木工程两个工程硕士专业培养点，目前有自然地理学、岩土工程二级学科博士研究生培养点和自然地理学、人文地理学、地图学与地理信息系统、岩土工程、防灾减灾工程、环境工程、建筑与土木工程及防护工程、土壤学二级学科硕士研究生培养点，并设有地理学一级学科博士后流动站，共有研究生导师 58 人、在读研究生 158 人（其中博士生 77 人、硕士生 81 人）。

2009 年，成都山地所共有在研项目 258 项（包括新增项目 108 项），其中国家重点基础研究发展计划（973）项目 1 项、课题 4 项，国家科技支撑计划项目 1 项、课题 7 项；国家自然科学基金国家杰出青年科学基金 1 项、面上基金 6 项、青年基金 7 项，中国科学院知识创新工程重要方向项目 20 项（含课题），院地合作项目 120 项，新增国际合作项目 5 项；与地方政府合作项目 131 项。

“西藏高原生态安全研究”和“西部山区道

路泥石流防治理论与技术”2项科技成果荣获2009年度国家科技进步奖二等奖；发表论文266篇，其中SCI检索论文39篇，EI检索论文40篇，出版各类专著6部（含部分章节）；申请专利22项，9项专利取得授权，其中发明专利4项，申请并获得软件著作权9项。

在院地合作方面，重视与其他创新单元的联合与合作，先后与成都理工大学、重庆市规划研究院、云南东川区人民政府、重庆忠县人民政府等建立科技战略合作伙伴关系，在组织策划申报国家科技计划、基础研究平台建设、科技信息共享和人才交流培养等方面达成共识并签订科技合作协议。

国际合作与学术交流不断深入，2009年度获得交通运输部、科学技术部、国家自然科学基金委员会、中国科学院等部委5项国际合作重点项目资助，总经费近600万元；与日本土木研究所签署了《中日土砂灾害防治合作研究协议书》；国际山地综合发展中心中国委员会（CNICIMOD）工作取得新进展，协办了国际山地中心第40届理事会会议；积极实施“中国科学院－第三世界科学院人才培养基地”培养计划，目前已培养了3名分别来自古巴、斯里兰卡的学者。

积极发挥科学思想作用，营造良好创新文化环境。成都山地所专家提出的3项咨询建议获得国家领导人批示；由成都山地所完成，经中国科学院、国务院发展研究中心联合向国务院呈送的《中国山区战略地位与面临的挑战及对策建议》为加快推进与山区发展有关的科学技术研究工作、切实提高科技对山区综合开发的保障支撑能力提供了重要参考。以国庆、院庆60周年双庆为载体，组织开展了主题为“为共和国骄傲，为科学院添彩、为山地所加油”的创新文化系列活动，提升了研究所职工爱国、爱院、爱所以及团结一心、拼搏奉献、为建设国际一流山地研究机构而努力奋斗的良好精神风貌；2009年度离退休党支部获得中国科学院先进党支部荣誉称号。

成都山地所是四川省地理学会、中国地理学会山地分会、中国水土保持学会泥石流滑坡专委会、中国第四纪研究会应用第四纪专委会自然资源学会山地资源分会的挂靠单位；负责编辑出版中国自然科学核心期刊《山地学报》和英文季刊 *Journal of Mountain Science*，目前 *Journal of Mountain Science* 正式进入SCIE网络版。

（撰稿：马雅阁　审稿：程根伟）

光电技术研究所

所　　长：张雨东
地　　址：四川省成都市人民南路四段九号
邮政编码：610041
电　　话：028－85100341；028－85100099；028－85100112
传　　真：028－85100268
电子信箱：tdc@ioe.ac.cn
网　　址：http://www.ioe.ac.cn

中国科学院光电技术研究所（以下简称光电所）创建于1970年，是中国科学院在西南地区规模最大的研究所。1997年首批通过中国科学院科研基地型研究所定位评估；1999年，微细加工光学技术国家重点实验室、中国科学院光束控制重点实验室、中国科学院自适应光学重点实验室3个重点实验室率先进入中国科学院知识创新工程试点一期，2001年全所整体进入知识创新工程试点二期，2006年在中国科学院创新工程试点二期总结及考核评议工作中被评为“优秀”研究所，进入知识创新工程三期；2008年顺利通过知识创新工程三期“2＋3”考核评估。

光电所的主要学科方向及研究领域包括光电跟踪测量、光束控制、自适应光学、天文目标光电观测与识别、先进光学制造、航空航天光电设备、微纳光学及微电子光学、生物医学光学等。主要发展目标是在光电工程应用基础研究、高技术研究与系统集成创新研究方面达到国内领先和世界先进水平。

光电所以科研一部和科研二部为科研创新主体，建有微细加工光学技术国家重点实验室、中国科学院光束控制重点实验室、中国科学院自适应光学重点实验室、9个创新研究室，以及挂靠光电所的非法人单元中国科学院成都几何量及光电精密机械测试实验室；还建有精密机械制造、先进光学研制、轻量化镜坯研制、光学工程总体集成、质量检测5个研制中心，以及制造保障中心、科技信息中心2个技术保障中心；并投资创建了以产品与服务市场化、科技成果转化与产业化为宗旨的四川科奥达（集团）有限公司。目前全所已形成了科研、产业两大块分类管理和运行的模式，建立了行之有效的质量保障体系与绩效考核管理体系，有力保障了全所发展战略规划的组织和实施。

2009年，光电所在发展规划的制定与实施、机制体制改革、制度建设、机构调整、人才队伍建设计划等方面做了大量细致的工作，并在全所职工代表大会和年度工作总结大会上，对灾后恢复重建方案、职工医疗保险实施方案、青年公寓建设方案、人才培养与引进办法等进行研讨，制定了一系列相关的管理制度，赢得了职工代表和干部群众的大力支持。

截至2009年底，光电所共有在职职工1128人。其中科技人员474人、科技支撑人员247人，包括中国工程院院士2人，研究员及正高级工程技术人员63人，中国科学院“百人计划”入选者6人、国家杰出青年科学基金获得者1人、四川省学术技术带头人14人。

光电所现有光学工程、信号与信息处理、测试计量技术与仪器3个专业一级（二级）学科博士研究生培养点，光学、光学工程、机械制造及其自动化、精密仪器及机械、测试计量技术及仪器、物理电子学、信号与信息处理、检测技术与自动化装置、计算机应用技术9个专业一级（二级）学科硕士研究生培养点，并设有光学工程1个专业一级学科博士后流动站。共有在读研究生277人，其中硕士生147人、博士生130人；在站博士后6人。

2009年，光电所共有在研项目265项（包括2009年新增项目170项）。其中国家重点基础研究发展计划（973）项目（课题）3项，中国高技术研究发展计划项目（课题）46项（新增23项）；国家自然科学基金国家杰出青年科学基金项目1项，面上项目11项（新增6项）；中国科学院知识创新工程重大项目2项，院地合作项目1项（新增），国际合作项目1项（新增）；与地方政府合作项目4项（新增）。

2009年，光电所科研工作取得重要成果。首次主持承担的“973”项目“表面等离子体亚波长光学（SPSO）应用基础研究”获四川省科技进步一等奖，该成果提出了一种崭新的利用表面等离子体超越衍射极限的光学光刻原理和技术方法，为实现32nm、22nm甚至10nm以下光刻技术节点提供了全新的理论和技术手段，为光学光刻技术跨越式发展奠定了坚实基础。“活体人眼视网膜高分辨率共焦扫描成像技术研究”实现了对活体眼底视网膜的高分辨率（微米量级）、实时（30帧/s）扫描成像，可以在视细胞水平对眼底毛细血管和视觉细胞进行实时观测；研制的视网膜自适应光学成像仪顺利通过国家食品药品监督管理局的型式检验，标志该成像仪技术由实验室向医疗器械产品转化迈出了实质性的一步。太阳自适应光学技术研究取得新突破，国内首次采用太阳表面米粒结构低对比度扩展目标作为信标实现了自适应光学校正，获取到太阳表面米粒结构和太阳黑子的高分辨图像，为我国正在建立的1m红外太阳望远镜以及下一代更大口径的太阳望远镜实现高分辨成像奠定了坚实的技术基础。研究所2009年获国家科技进步奖一等奖1项、国家科技发明奖二等奖1项、省部级科技进步一等奖3项；共发表学术论文276篇，其中SCI收录论文72篇，EI收录论文145篇；申请国家发明专利87件、实用新型专利4件，获授权国家发明专利68件、实用新型2件；SCI收录论文数量、授权发明专利为建所以来最多的一年。

四川科奥达（集团）有限公司是光电所投资的高新技术企业。2009年产品开发及经营服务总收入超亿元，实现利税近800万元，超额完成年度经营目标，获四川省经委颁发的“四川省重点企业信息系统先进单位”荣誉证书。由研究所控股的四川科奥达（集团）有限公司注册资本4630万元，主要从事光电传感器（编码器、光栅传感器和数显表）、电能质量控制技术、大气透射式能见度技术的研发和生产，并承接光电设备零部件的机械设计和加工等。2009年，美国30m望远镜（TMT）计划项目组成员访问光电所。

2009 年，光电所承办的科技期刊《光电工程》正式成为中国光学学会主办刊物，标志此刊从二级学会刊物提升为一级学会刊物，被评为 2009 年“RCCSE 中国核心学术期刊”，被收录为中国科学引文数据库来源期刊。

（撰稿：邓　明　审稿：谭多财）

昆明动物研究所

所　　长：张亚平
地　　址：云南省昆明市教场东路 32 号
邮政编码：650223
电　　话：0871－5130513
传　　真：0871－5130513
电子信箱：zhanggq@mail.kiz.ac.cn
网　　址：http://www.kiz.cas.cn

中国科学院昆明动物研究所（以下简称昆明动物所）成立于 1959 年 4 月，其前身为昆虫研究所紫胶站，1963 年改名为中国科学院西南动物研究所，1970 年划归云南省后改名为云南省动物研究所，1978 年重归中国科学院，恢复原所名。

昆明动物所紧紧围绕国家战略需求，立足中国西南和东南亚丰富的生物资源，以进化遗传与进化发育、生物多样性资源利用与保护生物学、重大疾病机理与灵长类动物模型为重点发展领域，相互交叉合作，开展基础性、战略性和前瞻性科技创新活动，为国家生物资源安全、人口健康和社会进步，提供先进的知识、理论和技术支撑。

昆明动物所现有 22 个学科研究团组；有遗传资源与进化国家重点实验室、中国科学院动物模型与人类疾病机理重点实验室、中国科学院与云南省共建的动物生殖生物学重点实验室、畜禽分子生物学重点实验室 4 个实验室，2 个中国科学院－德国马普青年科学家小组，以及中国科学院－英国东安格里亚大学生态学与环境保护中心、与香港中文大学联合共建生物资源与疾病分子机理联合实验室、非法人研究单元中国科学院昆明灵长类研究中心、中国科学院－云南省人民政府西南生物多样性实验室（筹），昆明生物多样性大型仪器区域中心等技术支撑部门和联合共建研究平台。此外，中国科学院与云南省合作共建的“昆明动物博物馆”是我国第二大、西南地区最大的动物标本库，也是我国热带、亚热带动物种类、数量收藏最多的标本库，馆藏各类动物标本 65 万余号。

2009 年，昆明动物所积极推进人才队伍建设。“百人计划”入选者姚永刚博士，获院择优支持及国家杰出青年基金，并入选云南省第二批“高端科技人才引进计划”；中－英共建的“生态学与环境保护中心”引进的 Douglas Yu 博士入选云南省首批“高端科技人才引进计划”；通过“百人计划”招聘的郑萍博士启动了“哺乳动物胚胎发育实验室”的建设工作；研究所同时以 35 岁以下的青年人才为培养重点，制定了所级“青年人才计划”，并招聘孔庆鹏博士组建了“分子人类学实验室”。

截至 2009 年底，昆明动物所共有在职职工 279 人，其中科技人员 240 人、科技支撑人员 39 人，包括中国科学院院士 1 人、第三世界科学院院士 1 人，研究员及正高级工程技术人员 29 人、副研究员及高级工程技术人员 37 人，中国科学院“百人计划”入选者 13 人、国家杰出青年科学基金获得者 7 人；进入创新岗位 166 人。

昆明动物所现有动物学、遗传学、细胞生物学、神经生物学 4 个专业二级学科博士研究生培养点和动物学、遗传学、细胞生物学、神经生物学、生物化学与分子生物学 5 个专业二级学科硕士研究生培养点，并设有生物学专业一级学科博士后流动站，共有在学研究生 237 人（其中硕士生 120 人、博士生 117 人）、在站博士后 16 人。

2009 年，昆明动物所共有在研项目 310 项（包括 2009 年新增项目 75 项）。其中主持国家重点基础研究发展计划（973）项目 3 项、参与课题 19 项，主持中国高技术研究发展计划（863）课题 1 项、参与 5 项，主持国家科技支撑计划项目 2 项、参与 2 项，主持科学技术部重大专项 8 项、参与 5 项；主持国家自然科学基金重点项目 12 项，国家杰出青年科学基金项目 2 项，创新群体项目 1 项，国际合作交流项目 3 项；主持中国科学院知识创新工程重要方向项目23项，“百人计划”项目5项，“西部之光”项目9项，“西部博士”项目12项，院地合作项目2项，国际合作项目4项；与地方政府合作项目50项，主持云南省-NSFC联合基金项目2项。

2009年，昆明动物所新增项目75项。其中主持“973”课题1项、参与课题2项，参与“863”课题1项，参与国家科技支撑计划项目1项，主持科学技术部重大科技专项3项、参与5项；主持国家自然科学基金重点项目2项，主持重大研究计划项目2项（1个培育项目，1个重点支持项目），国家杰出青年科学基金项目1项；主持中国科学院知识创新工程重要方向项目8项，中国科学院“分类学项目”2项，“百人计划”择优支持项目2项，“西部之光”项目4项，“西部博士”项目6项，院地合作项目1项，国际合作项目4项；与地方政府合作项目18项；主持财政部战略生物资源科技支撑运行专项2项。

2009年，昆明动物所创新成果显著。《分子生物学与进化》（*Molecular Biology and Evolution*）杂志发表昆明动物所分子进化基因组关于狗起源的最新研究成果，《科学》（*Science*）杂志对该成果进行了专题报道。《美国科学院院刊》（*PNAS*）杂志发表了分子进化基因组在藏族人群起源研究方面取得重要突破，即发现现代藏族人98%左右的母系遗传组份均可追溯至新石器时期以来迁入青藏高原的中国北方人群，该研究成果在《中国自然》（*Nature China*）杂志上以“研究亮点”的形式作了重点介绍。《公共科学图书馆·综合》（*Plos One*）杂志上发表生态学与环境保护中心在协同进化和互利合作行为演化研究方面取得的重要进展，该研究首次提出了非对称性的干扰可能是维持互利合作系统稳定的关键机制，为合作系统“公共地的悲剧”悖论提供了一种新的解释机制。《基因组研究》（*Genome Research*）杂志发表分子进化基因组与进化与功能基因组学合作揭示线粒体基因组的选择压力与动物运动能力相关的研究成果。

2009年，昆明动物所共发表各类科技论文210篇，其中，SCI刊物发表论文133篇，在本领域前30%的SCI刊物发表论文70篇，CSCD刊物61篇；申请专利11项，受理11项，授权5项；完成科技成果登记工作2项；获得云南省科技成果自然科学奖二等奖1项。

2009年，昆明动物所共派出科研人员45人次，接待外宾83人次；与国外专家合作发表论文45篇；有在研国际合作项目5项；承办“2009年海峡两岸生物多样性学术会议”国际会议一项。

昆明动物所是云南省动物学会、云南省昆虫学会、云南省细胞与生物学会、云南省免疫学会的挂靠单位；负责编辑出版动物学核心刊物《动物学研究》，该刊物2009年度荣获第三届云南省优秀期刊奖和优秀装帧奖。

（撰稿：张刚强　审稿：廖雷青）

昆明植物研究所

名誉所长：吴征镒
所　　长：李德铢
地　　址：云南省昆明市蓝黑路132号
邮政编码：650204
电　　话：0871-5223080
传　　真：0871-5223094
电子信箱：qianjie@mail.kib.ac.cn
网　　址：http://www.kib.ac.cn

中国科学院昆明植物研究所（以下简称昆明植物所）的前身是1938年成立的云南农林植物研究所，1950年4月隶属中国科学院并更名为中国科学院植物分类研究所昆明工作站，1959年4月由国家科委批准成为中国科学院昆明植物研究所。

昆明植物所的总体发展目标是：围绕以植物生物地理学和分子进化为主要发展方向的植物进化生物学、以植物次生代谢产物及其生物学意义为主要发展方向的植物化学和化学生物学、以野生植物基因资源研究为主要方向的植物基因组学、以植物迁地保护为主要方向的保育生物学等四大学科领域开展原创性研究，在生物地理学、植物化学和新药研究、植物基因组学和保育生物学的研究方面形成新的研究体系和研究格局，成为国际上在植物多样性、植物资源研究和生物产业领域具有重大影响的研究机构，为我国生物产业、环境保护和经济社会的可持续发展提供一批原创性的成果，为国家和东南亚、喜马拉雅地区的生物多样性保护作出重大贡献。

昆明植物所设有植物化学与西部植物资源持续利用国家重点实验室、国家重大科学工程中国西南野生生物种质资源库、中国科学院生物多样性与生物地理学重点实验室、昆明植物园、民族植物学实验室等研究部门，有共建的中国科学院青藏高原研究所昆明部、与世界混农林业研究中心共建的国际山地生态系统研究中心、与英国爱丁堡植物园共建的保护生物学联合实验室、与Mary Kay公司共建的个人护理品联合实验室等研究部门，还设有科技信息中心、分析测试中心、植物标本馆、种质保藏中心、园林园艺中心等具有先进水平的重要科技支撑条件和平台。国际一流的种质资源库保存野生植物种质资源30000余份，具有国际先进水平的植物标本馆藏有种子植物、孢子植物标本120余万份，大型仪器分析测试中心拥有400兆、500兆、600兆核磁共振仪、高分辨质谱仪、液/质联用仪、高分辨电子显微镜、激光共聚焦显微镜、ABI3730 DNA全自动测序仪和Solexa基因组测序仪等。国家重大科学工程“中国西南野生生物种质资源库”采取“边建设、边运行”的管理模式运行，并于2009年11月顺利通过了国家验收。

截至2009年底，昆明植物所共有在职职工383人，流动人员309人（其中博士生136人，硕士生153人，博士后12人，客座研究人员8人），离退休人员255人。在职职工中，共有科技人员258人，创新岗位195人，包括中国科学院院士3人，研究员41人、副研究员及高级工程师66人，中国科学院“百人计划”入选者15人、国家杰出青年科学基金获得者7人。

昆明植物所积极推进人才队伍建设，努力发展研究生教育。2009年有2人获得中国科学院“引进国外杰出人才”入选资格；1人获云南省“引进高端科技人才”资助；1人通过了研究所“引进国外杰出人才”评审，正在申报中国科学院“百人计划”入选资格；2人通过了研究所“引进国内外优秀人才”评审；8人获得中国科学院“西部之光”人才培养计划项目支持；1名博士获“中国科学院院长优秀奖”，8名博士获“朱李月华优秀博士”等奖项。研究所现设有植物学、药物化学二级学科博士培养点和植物学、微生物学、生物化学与分子生物学、药物化学二级学科硕士培养点，并设有生物学一级学科博士后流动站。

2009年，是昆明植物所全面推进落实知识创新工程三期工作的关键之年。在承担国家、中国科学院和地方科研任务方面，2009年新增科研项目127项。其中中国高技术产业发展计划（863）备选项目1项，参与国家重点基础研究发展计划（973）项目2项，共获得22项国家自然科学基金项目资助（其中1项重点项目，2项NSFC－云南省联合重点项目，参与重大研究计划1项），10项云南省科技计划项目（其中2项重点项目、1项科技强省计划）、1项云南省创新团队、1项云南省高端人才项目、3项云南省后备人才项目；2项国家重大新药创制课题；新签订国际合作项目11项、企业委托项目18项；从中国科学院获得各类项目21项（其中大科学装置开放研究项目1项、外籍青年科学家计划1项）。新增项目的合同总经费超过8000万元。研究所2008年申报并主持的“973”项目“中国特有植物和微生物药用活性物质的基础研究”今年全面展开；主持的“依托种质资源库的植物DNA条形码研究”项目获得中国科学院支持，总经费为1500万元；“山茶、杜鹃植物收集与专类园优化”项目获得中国科学院600万元的资助。在科研成果转移转化中，娥媚苷胶囊临床前研究转让给了云南白药集团，转让费909万元；与云南玉溪水松纸厂和云南西力生物技术有限公司共建的技术转移中心开工建设，上述两公司提供经费340万元。

在论文发表和出版专著方面，论文质量和数量都有了很大进步，全年共发表SCI收录论文235篇，其中JCR相关学科领域前15%的48篇，领域前30%的有81篇。出版专著、译著4卷册。组织申请国内发明专利26项，国内发明专利授权9项，美国专利1项已发授权通知，2项国家商标获商标注册证书。

在奖励和成果方面。申报的4项云南省成果奖中，2项获得自然科学一等奖，1项二等奖和1项三等奖。由中国科学院植物所、华南植物园、昆明植物所联合申报的“《中国植物志》的编研”获国家自然科学奖一等奖；“高山植物多样性的研究”和“虎皮楠中新颖结构生物碱的研究”获云南省自然科学奖一等奖；“滇东南及其临近地区种子植物多样性调查、研究和保护”获云南省自然科学奖二等奖；“普洱茶植物基原、物质基础、质量评价体系以及后发酵关键技术研究”获云南省科技进步三等奖。

在国内外合作交流方面。2009年举办国际会议3次。因公出访共计27个项目38人，涉及英、日、美等15个国家。因公出访我国台湾地区参加学术会议两次共8人。来访外籍学者198人。2009年，共聘用7位外国专家在研究所进行全职科研或项目管理工作，并通过云南省外国专家局“引进国外技术、管理人才项目”邀请新西兰籍真菌学专家来所进行了近3个月的合作研究，在滇产块菌致濒的潜在危险及人工栽培研究方面作出突出成绩；澳大利亚科学院、格里菲斯大学、塔斯马尼亚植物园、国际植物园保护联盟（BGCI）、加拿大不列颠哥伦比亚大学、英国皇家植物园丘园和爱丁堡皇家植物园、野生动植物保护国际（FFI）、尼泊尔Tribhuvan大学、挪威Bergen大学、美国密西根大学、加州大学、芝加哥大学、杜克大学、俄亥俄州立大学和长木植物园等学术机构的研究人员到研究所访问，与相关科研人员进行了广泛的交流，进一步促进了研究所的对外交流工作；研究所还与中国科学院上海生物化学与细胞生物学研究所、上海健康研究所开展了学术交流。

昆明植物所是云南省植物学会的挂靠单位；负责主办学术期刊《云南植物研究》。

（撰稿：钱 洁 审稿：甘烦远）

西双版纳热带植物园

主　　任：陈　进
地　　址：云南省西双版纳勐腊县勐仑镇
邮政编码：666303
电　　话：0691－8715071
传　　真：0691－8715070
电子邮箱：office@xtbg.org.cn
网　　址：http://www.xtbg.ac.cn

中国科学院西双版纳热带植物园（简称版纳植物园）于1959年在著名植物学家蔡希陶教授的领导下创建，隶属中国科学院昆明植物研究所。1970年7月经国务院批准更名为云南省热带植物研究所，受云南省科委管辖。1978年3月经国务院批准更名为中国科学院云南热带植物研究所，由中国科学院统一管理。1987年1月经中国科学院批准再次更名为中国科学院西双版纳热带植物园，隶属中国科学院昆明植物研究所。1996年9月经中央机构编制委员会办公室批准，版纳植物园从昆明植物研究所划出，与原昆明生态研究所整合为中国科学院的独立研究机构。

版纳植物园占地面积约900hm^2，是集科学研究、物种保存、科普教育和科技开发为一体的综合性研究机构。其学科方向是：保护生物学、森林生态系统生态学和资源植物学；主要发展目标和任务是：立足我国云南，面向我国西南（主要是热区）和东南亚，以热带、亚热带过渡区生物群落和生态系统为基础，探讨人类活动和环境变化对生态系统结构与功能的影响及物种濒危机制，为知识创新和知识传播以及社会经济发展做贡献。现由版纳植物园管辖的绿石林自然保护区位于西双版纳国家级自然保护区勐仑片，面积225hm^2；版纳植物园在2005年与西双版纳国家级自然保护区管理局签订长期共建协议。

版纳植物园设有中国科学院热带森林生态学重点实验室、资源植物研究中心，共有20个研究组，建有热带植物种质资源库、中国科学院西双版纳热带雨林生态系统研究站（云南西双版纳森林生态系统国家野外科学观测研究站）、中国科学院哀牢山森林生态系统研究站（云南哀牢山森林生态系统国家野外科学观测研究站）、生物地球化学实验室、GIS实验室、热带植物标本馆等科学实验支撑系统。2009年3月，版纳植物园举行中国科学院热带森林生态学重点实验室启动仪式，并召开重点实验室第一届第一次学术委员会会议；2009年8月27日科学技术部正式向版纳植物园颁发“云南哀牢山森林生态系统国家野外科学观测研究站”站牌。

截至2009年底，版纳植物园共有在职职工302人，流动人员180人，离退休人员227人。在职人员中，共有科研人员73人、科技支撑人员49人，包括正高级专业技术人员21人、副高级专业技术人员37人，中国科学院“百人计划”入选者7人、国家杰出青年科学基金获得者1人，项目聘用人员25人；进入创新岗位人员154人。流动人员中，共有在学研究生175人（其中博士生52人、硕士生123人）、在站博士后5人。

版纳植物园是国务院学位委员会批准的博士、硕士学位授予单位之一，现有生态学、植物学二级学科博士、硕士培养点，并设有生物学一级学科博士后流动站。

2009年，版纳植物园共有在研项目156项（包括新增项目90项），其中国家重点基础研究发展计划（973）课题3项，中国高技术研究发展计划（863）课题1项，国家科技支撑计划项目2项；国家自然科学基金重点项目1项；中国科学院知识创新工程重要方向项目3项，院地合作项目3项，国际合作项目5项；与地方政府合作项目18项。全年到位项目经费突破3000万元。

2009年，版纳植物园科研工作取得可喜进展。版纳植物园作为第一单位完成的“入侵植物氮向光合机构和细胞壁分配的进化权衡”研究成果在《美国科学院院刊》发表，该成果对认识外来植物入侵机理及其防治具有重要意义；进化生态学组利用生物地理学、环境科学、古气候学和地质学等多个学科的方法，重现了东南亚巽它大陆（Sundaland）过去100万年森林的历史变化，揭开了东南亚热带雨林生物地理历史变化之谜，其研究成果发表在《美国科学院院刊》上；动植物关系组设计了一种人工种子和一组试验，巧妙地揭示了种子大小对啮齿类动物在种子取食和散布的选择起决定作用的特性，其研究成果发表在《生态学》上；曹坤芳研究员主持的国家自然科学基金重点项目“云南元江干热河谷植被退化机理和重建试验”在北京通过国家自然科学基金委员会组织的结题验收，获评良好；张玲博士等完成的“老虎须的繁殖生物学及其居群遗传结构研究”通过中国科学院昆明分院组织的成果鉴定；张一平研究员等完成的“昆明城市气候研究”成果荣获2008年度云南省自然科学二等奖。版纳植物园全年发表SCI源刊论文92篇、CSCD论文60篇，发表SCI源刊论文数比上年增长20%；出版专著3部；申请专利11项，授权专利4件，2项成果通过鉴定，1项成果获云南省自然科学二等奖。

2009年，版纳植物园共有7人在国际学术机构任职，17人在学术团体（学会、协会）任职，22人担任学术期刊编委，多人担任国家、省级科研项目评审专家。版纳植物园生物入侵生态学研究组组长冯玉龙研究员获国家人力资源和社会保障部批准享受2008年政府特殊津贴。全年共派出48人前往10多个国家和地区出访；邀请接待来自39个国家的240余位专家来园访问和考察。举办系列国际学术研讨会，如举办科研机构在生物多样性保护中的作用国际研讨会、第五届国际姜科植物学大会，主办野外生态学与保护高级培训班（AFEC-X），承办国家科技支撑计划“喀斯特山区生态环境综合治理技术集成与示范”项目阶段工作总结暨学术研讨会等。在版纳植物园建园50周年园庆期间，组织召开国际同行专家咨询会，来自9个国家的14位知名专家以及国内3个植物园的同行，为版纳植物园的科研、教育和展示等未来发展方向提供建议，形成书面的国际专家咨询报告。

版纳植物园是云南生态学会挂靠单位，2009年首次发行以热带雨林为主题的电子科普杂志《雨林故事》。

（撰稿：刘华清　审稿：殷寿华）

地球化学研究所

所　　长：胡瑞忠

地　　址：贵州省贵阳市南明区观水路46号

邮政编码：550002

电 话：0851－5895095（所办）；
0851－5895134（所办主任）
传 真：0851－5895095
电子信箱：wuhuiming@vip.gyig.ac.cn
网 址：http://www.gyig.ac.cn

中国科学院地球化学研究所（以下简称地化所）成立于1966年2月，由中国科学院地质研究所地球化学研究室、昆明地质工作站和中国科学院贵阳化学研究所等单位合并组成。

地化所瞄准国际学科前沿和国家战略需求，以矿床地球化学、环境地球化学、地球深部物质与流体作用地球化学、月球与行星科学为主攻方向，开展地球物质循环的地球化学过程及其与矿产资源形成分布规律与模式和人类生存环境变化的内在联系以及与空间探测有关的基础性、战略性和前瞻性研究，建立和进一步完善地球化学的研究方法和理论体系。

地化所设有环境地球化学国家重点实验室、矿床地球化学国家重点实验室、地球物质与流体作用地球化学研究室和月球与行星科学研究中心等研究机构。

截至2009年底，地化所共有在职职工285人．其中科技人员219人，包括中国科学院院士1人，研究员44人、副研究员67人，中初级专业技术人员58人，具有博士学位的人员117人，硕士学位的人员19人；国家级新世纪百千万人才工程人选3人、国家杰出青年科学基金获得者4人、中国科学院“百人计划”入选者13人。全所进入创新岗位179人。

地化所是国务院学位委员会批准的首批硕士、博士学位授予单位和国内首批建立博士后工作站的单位，共有在读硕士研究生123人，博士研究生141人，在站博士后32人（外籍博士后2名）。

2009年，地化所共有在研项目263项（包括2009年新增项目）。其中国家重点基础研究发展计划（973）项目2项、参与课题9项，中国高技术研究发展计划（863）专题4项（自由探索类）、参与5项；国家自然科学基金项目87项、305专题1项；中国科学院知识创新工程重要方向项目10项，院重大科研装备研制项目2项，国际合作项目4项，科技支黔项目5项，西部行动计划1项；贵阳市科技局科技计划项目2项、环保公益项目1项等。上述项目基本按计划任务书顺利实施，多数课题都取得较好进展。

2009年新增科研项目81项，其中“863”子课题1项。国家自然科学基金资助36项：面上项目23项，总经费1243万元；青年科学基金10项，总经费200万元；重点项目1项，总经费170万元；国际合作与交流项目2项；经费9万元。中国科学院知识创新工程重要方向项目7项，中国科学院科技支黔项目3项；国家发展和改革委员会危机矿山办公室项目1项。共获合同经费超过4000万元。

2009年，地化所取得重大科研成果。“Scopus寻找未来科学之星”活动中获促进人才成长机构奖；欧阳自远院士作为主要贡献者之一的“嫦娥一期工程”获得国家科技进步奖特等奖；夏勇研究员等申报的科研成果“贵州水银洞超大卡林型金矿成矿机制研究及成矿预测”获得贵州省科技进步二等奖；万国江研究员等申报的科研成果“区域环境质量原理、方法与实践”获得环境保护科技技术奖二等奖，此外，作为重要合作单位还获得贵州省科技进步二等奖1项。

科研创新取得新进展。2009年共发表论文307篇，其中在 *Earth and Planetary Science Letters*、*Chemical Geology*、*Journal of Geophysical Research*、*Mineralium Deposita*、*Atmospheric Environment*、《中国科学》、《科学通报》等国内外重要学术刊物上发表SCI论文90余篇，CSCD论文206篇，专著1篇，科研成果和数量显著提升。

实验室建设成果显著。2009年地化所已建成实验设备自成体系的同位素分析系统、元素含量分析系统、离子含量分析系统、固体表面分析系统、微区元素含量分析系统、有机质成分与含量分析系统、微量汞分析实验室、化学实验处理系统（用于各种实验和测试分析的化学分析实验室）、微生物实验室等，基本能满足地化所地球化学研究工作的需要，同时还积极筹备所级公共技术服务中心的前期工作。一流的实验技术平台大大提升了科技创新能力，为研究所承担国家重大科研项目和做出高水平创新成果奠定坚实的基础。

国际学术交流更加活跃。共派出68人次的科研人员前往加拿大、美国、日本、澳大利亚、德国、法国、瑞士、瑞典、挪威、韩国、英国、印度尼西亚及中国香港、中国台湾等15个国家和地区进行学术交流与合作研究；选派多名科研人员出国参加国际会议，如国际地球化学界权威的 Goldschmidt 会议等；选派有发展潜力的年轻科研人员和学生出国进行短期或长期学术交流；选派8名优秀人才出国留学。共吸引来自美国、瑞典、法国、孟加拉、蒙古和中国台湾的6名学者来所学习和工作，还聘请外籍科学家来所工作，其中2人留所工作。2009年6月7日－12日在贵阳成功举办第九届全球汞污染国际学术大会（9th International Conference on Mercury as a Global Pollutant），来自43个国家和地区的553位代表出席会议。

（撰稿：吴惠明　审稿：李世杰）

西安光学精密机械研究所

所　　长：赵　卫
地　　址：陕西省西安市高新区新型工业园信息大道17号
邮政编码：710119
电　　话：029－88887711；029－88887717
传　　真：029－88887711
电子信箱：office@opt.ac.cn
网　　址：http://www.opt.ac.cn

中国科学院西安光学精密机械研究所（以下简称西安光机所）于1962年3月由中国科学院原子能研究所大部、中国科学院陕西分院光学研究所、中国科学院机械研究所、中国科学院自动化研究所合并组建而成，是一个以高技术创新与应用基础研究为主的综合性科研基地型研究所。

西安光机所的重要研究领域包括空间光学、光电工程、基础光学，主要研究方向包括高分辨可见光空间信息获取和光学遥感技术研究、干涉光谱成像理论与技术研究、高速光电信息获取与处理技术研究、瞬态光学与光子学理论与技术研究。研究所设有瞬态光学与光子技术国家重点实验室、光谱成像技术实验室、空间光学技术研究室、光学定向与瞄准技术研究室、先进光学仪器研究室、光电跟踪与测量技术研究室、飞行器光学成像与测量技术研究室等研究单元，并与意大利合作成立了中/意超快光子网络与通讯联合实验室、与西安高新技术产业开发区联合共建了先进光电与生物材料研发中心，另设有网络信息中心、研究生部等支撑系统。2009年，西安光机所建设的中国科学院光谱成像技术重点实验室、中国科学院超快诊断技术重点实验室正式挂牌成立。

2009年，中共西安光机所党委召开第一次代表大会，顺利完成研究所党委及纪委的换届选举。西安光机所以纪念新中国成立60周年及中国科学院建院60周年为契机，在科研生产、人才队伍建设等方面均取得了可喜的成绩。研究所自主创新能力和核心竞争能力显著增强，国家重大项目研制工作进展顺利，知识创新成果不断涌现，重点实验室建设有了实质性突破，高层次人才引进工作再上新台阶，研究所继续保持了创新跨越、持续发展的良好势头。

在人才队伍建设方面，西安光机所继续执行已有人才队伍发展规划。依托国家和院（省）人才引进政策，继续加大海外高层次人才引进，争取在国家"千人计划"等高层次人才建设方面有更大突破和成绩；继续坚持高标准招聘博士、硕士和高素质高能力专技人才，补充和适度扩大科技队伍规模，满足承担国家重大科技任务和实施研究所学科发展战略的需要。

截至2009年底，西安光机所共有在职职工759人。其中科技人员466人、科技支撑人员65人，包括中国科学院院士1人，研究员及正高级工程技术人员61人、副研究员及高级工程技术人员121人，国家"千人计划"1人、中国科学院"百人计划"入选者11人、国家"863"专家组专家4人，国家"新世纪百千万人才"2人。全所进入创新岗位308人。

西安光机所是国务院学位委员会批准的首批博士、硕士学位授予单位之一，现有光学、光学工程、物理电子学、信号与信息处理4个专业一级（二级）学科博士研究生培养点和光学、光学工程、物理电子学、信号与信息处理、通信与信息系统、控制理论与控制工程 6 个专业一级（二级）学科硕士研究生培养点，并设有物理学（光学专业）、光学工程 2 个一级学科博士后流动站，共有在学研究生 377 人（其中硕士生 224 人、博士生 153 人）、在站博士后 17 人。

2009 年，西安光机所共有在研项目 223 项（包括 2009 年新增项目 157 项）。其中国家重点基础研究发展计划（973）项目（课题）5 项（新增 3 项），中国高技术研究发展计划（863）项目（课题）24 项（新增 20 项）；国家自然科学基金重点项目 4 项（新增 2 项）、面上项目 13 项（新增 2 项），青年基金项目 11 项（新增 5 项），国际（地区）合作与交流 1 项；中国科学院知识创新工程重大项目 1 项、重要方向项目 2 项，院地合作项目 8 项（新增 4 项），国际合作项目 2 项（新增 1 项）；与地方政府合作项目 8 项（新增 4 项）。

瞬态光学与光子技术国家重点实验室大功率光纤激光研究团队 2009 年在全光纤激光技术研究方面取得重要阶段性进展，输出功率超过 1000W，光－光转换效率为 62%，这是目前国内全光纤激光器研究达到的最高水平，同时利用该千瓦级全光纤激光器成功地进行了金属损伤实验；研制成功“上海光源”中最重要的装备——水冷弧矢聚焦单色器，被称为同步辐射光束线的“心脏”，标志着我国同步辐射硬 X 射线光晶体单色器的研制水平迈上了一个新的台阶并跻身于国际同类水平。全年全所共发表论文 380 篇，其中在国外期刊上发表 135 篇，被 SCI 收录 93 篇，被 EI 收录 128 篇。申请专利 117 项，其中发明专利 67 项、实用新型专利 50 项；申请 PCT2 项；授权专利 64 项，其中发明专利 24 项，实用新型专利 40 项。获省部级科技进步奖一等奖 1 项、二等奖 2 奖。“高分辨率 X 射线像增强器视觉系统”获陕西省科学技术进步奖二等奖。西安光机所光学遥感团队被中共中央组织部、宣传部、人力资源和社会保障部、科学技术部授予“全国杰出专业技术人才先进集体”奖。

2009 年，西安光机所继续推进学科、人才、产业三位一体的产学研新路子，加速科技成果转化与产业化，科技开发重点领域涉及新能源、信息技术、光机电一体化、新材料、生物医疗仪器等，从事科技开发工作人员近 200 人。其中镁基特种电源、智能电网全光纤电流传感器、微投显示技术、新型绿色节能光电功能薄膜等成果开始转化。加强同地方合作，开展产业化技术研究，合同额超过 1200 万元。截至 2009 年底，西安光机所实际存在投资企业 8 家，包括控股企业 3 家、参股企业 5 家。主要产品包括：超大功率半导体激光器、自聚焦透镜及相关器件、光纤传感器、医用内窥镜系列、无铅波峰焊、回流焊、X 射线检测机、650nm 塑料光纤传输系统等。2009 年所控股公司总产值超过 5000 万元。投资企业面向社会提供就业岗位超过 500 个。

2009 年西安光机所出访 11 批 13 人次，接待来访外宾 26 批 36 人次。聘请 2 名光学领域国际著名学者为外籍客座教授，分别为德国 Max-Planck 量子光学研究所所长 Ferenc Krausz 教授和芬兰科学院和工程院院士、英国皇家物理学会特别成员、美国工程院外籍院士、芬兰坦佩雷科技大学光电子研究中心（ORC）的创始人 Markus Pessa 教授。西安光机所奥地利籍客座教授罗曼诺·路普获中国科学院外国专家特聘研究员计划资助 39 万元，并被陕西省政府授予“三秦友谊奖”。西安光机所和清华大学于 2009 年 9 月 7 日至 10 日在西安联合主办了超快电子束与激光束产生及应用国际研讨会，来自中国、美国、德国、意大利、日本、韩国、泰国等国家的 80 多位专家和学者出席了会议。研究所在攻克并掌握其核心技术的基础上，研制出具有我国自主知识产权的激光光镊产品，并首次向加拿大多伦多大学出口激光光镊微操作仪。

西安光机所是中国光学学会所属高速摄影光子学专业委员会、纤维光学和集成光学专业委员会、陕西省光学学会的挂靠单位，是陕西省青年科技工作者协会会员单位。研究所还编辑出版国家一级学术期刊《光子学报》。

（撰稿：陈桂萍 审稿：马彩文）

国家授时中心

主　　任：郭　际

地　　址：陕西省西安市临潼区书院东路

3 号
邮政编码：710600
电　　话：029－83890326
传　　真：029－83890196
电子信箱：office@ntsc. ac. cn
网　　址：http://www. ntsc. ac. cn

中国科学院国家授时中心隶属陕西省，成立于1966年，当时命名为中国科学院陕西天文台，归属中国科学院，2001年3月27日，经中央机构编制委员会批准更名为中国科学院国家授时中心。

国家授时中心承担着我国的标准时间标准频率的产生、保持和发播任务，其主要研究方向是面向国家战略需求，瞄准世界科学前沿，开展时间频率科学基础研究、应用研究和高技术研究，开展卫星导航定位技术研究，主要研究单元包括量子频标研究室、守时理论与方法研究室、高精度时间传递与精密测定轨研究室、时间频率测量与控制研究室、授时方法与技术研究室、时间用户系统研究室、导航与通信研究室、时间频率基准实验室和授时部。主要下属单位有国家授时中心授时部。

国家授时中心的授时系统是国家不可缺少的基础性技术工程和社会公益设施，被列为由财政部专项运行维护费支持的国家大科学工程之一。中心拥有的短波授时台（BPM），每天24小时连续不断地以四个频率交替发播标准时频信号，覆盖半径3000km，授时精度毫秒量级；长波授时系统（BPL），每天24小时发播高精度长波时频信号，作用距离覆盖我国陆地和近海，定时精度为微秒量级；低频时码授时台（BPC），每天定时发播21小时，信号稳定，运行良好。中心时频基准实验室拥有国际水平的精密时间测量比对系统、国际时间卫星比对系统，用于保持我国时间标准的氢铯组合原子钟组，在国际原子时计算中继续保持较大权重，卫星双向时间频率比对数据于2009年5月正式用于国际原子时TAI归算；系统所保持的我国协调世界时UTC（NTSC）与国际协调世界时UTC的偏差控制在20ns以内，保持国际先进水平。“时间频率基准重点实验室”2009年获批为中国科学院重点实验室。

2009年，国家授时中心科技队伍建设取得可喜成效。全年招聘本科毕业生9名、硕士25名、博士1名、博士后1名，另有25名硕士和4名博士将于2010年分期到岗；引进中国科学院“百人计划”入选者1名，6个项目（人）获得“西部之光”人才计划支持；新聘二级研究员1名、四级研究员3名。

截至2009年底，国家授时中心共有在职职工432人，其中在岗349人（包括授时部159人），待岗8人；退养75人（其中授时部33人）；退休职工379人（其中授时部168人，离休职工10人）。在岗职工中有科研人员180人，其中正高级19人、副高级25人、中级71人、初级及以下65人；具有博士学位20人、硕士学位57人、大学本科85人；45岁以下中青年科技人员136人。2009年，授时中心共招收研究生44名（其中硕士研究生33名，博士研究生11名），招生计划完成率为152%；毕业研究生28名（硕士研究生20名，博士研究生8名），派遣就业率为100%；共有在读研究生103人，其中博士生30人、硕士生73人。

2009年，国家授时中心共有在研项目72项（包括2009年新增项目11项）。其中国家重点基础研究发展计划（973）课题3项，中国高技术研究发展计划（863）项目2项；国家自然科学基金项目12项（新增1项）；中国科学院知识创新工程重要方向项目1项（新增），国防创新项目2项（新增1项），大科学装置维修改造项目2项（新增1项），“百人计划”项目2项（新增1项），“西部之光”人才计划等其他院专项项目9项；其他横向课题42项（新增8项）。

2009年，国家授时中心科研工作取得重要进展。除完成正常授时发播工作外，重点保证执行国家重大火箭、卫星发射和试验任务10次，合练模拟任务21次，任务期间实现了零阻断率。在守时工作方面，根据国际权度局（Bureau International des Poids et Measures，BIPM）公布的数据计算，国家授时中心所保持的独立原子时中长期稳定度指标综合评定排在全球69个实验室中的第3位，由国家授时中心所保持的地方协调世界时UTC（NTSC）与国际协调世界时UTC的偏差小于20ns，即 | UTC-UTC（NTSC）| <

20ns，大大优于国际电联（ITU）小于100ns的要求；2009年度国家授时中心对国际原子时TAI归算贡献了7%的钟权重，为全球最重要的守时实验室之一，排在全球第3位。BPL长波授时系统现代化技术改造项目完成并通过竣工验收，实现24小时连续发播，实现自主定时和伪卫星数据发播功能。

2009年，国家授时中心公开发表学术论文116篇，其中SCI论文7篇，EI论文22篇；一级期刊发表46篇，CSCD期刊发表37篇，其他29篇。获专利7项；申请专利23项，其中发明专利9项，国防专利8项；获软件著作权36项。科技成果登记1项，报奖2项。

积极推动科研成果产业化。由企业投资2000万元在河南商丘建立的BPC低频时码发播台，2009年建立了低频时码信号监测网络（三亚、格尔木、临潼、商丘），可监测其地波区、天地波区及一跳天波区内信号特性，积累了近半年的监测数据资料，完成了低频时码系统附加扩频授时关键技术试验。加强了与国家标准化管理委员会的联系，积极组织时间标准和时间立法工作，开展国家标准的制定，并于2009年担任科学业务组ITU-R7A国内对口组长单位。数字时间戳技术（TSA）研究完成“可信时间戳服务技术规范”白皮书的撰写和可信时间戳服务中心技术方案设计任务。用户终端设备研制成果显著，承担了各种系统时间同步方案设计和技术研发工作，为国家重大研究项目和工程研制了大量设备，在定位设备、信号发生器、长短波接收机、精密天文钟、新型长波接收机研制等方面均取得显著成果。2009年加强规范我中心时统设备研制、守时和授时服务工作，通过新时代认证中心对质量管理体系的第一次监督审核，修订了质量管理手册，并组织了本年度顾客满意度调查和内审工作。中心控股企业有骊天物业发展有限责任公司，参股企业有西安爱乐电子科技有限责任公司。

国家授时中心和国际权度局（BIPM）、法国巴黎天文台（Observatoire de Paris，OP）、德国波茨坦地学中心（Geo Forschungs Zentrum Potsdam，GFZ）、德国物理技术研究院（Physikalisch Technische Bundesanstalt，PTB）、美国麻省理工学院（Massachusetts Institute of Technology，MIT）、日本信息与通信技术研究所（National Institute of Information and Communications Technology，NICT）、澳大利亚计量研究所等单位开展了多方面合作，特别是同NICT、OP、PTB建立了深入的技术合作关系；国家授时中心的卫星双向法时间频率传递（Two-Way Satellite Time and Frequency Transfer，TWSTFT）结果被正式用于国际原子时（TAI）的归算。全年出访35人次，国外专家来访7人次，作交流报告15次。

国家授时中心是国际电信联盟（ITU）科学业务组ITU-R7A国内对口组组长单位、中国天文学会时间专业委员会负责单位、中国全球定位系统（GPS）技术应用协会授时与时间专业委员会负责单位、陕西省天文学会的挂靠单位；编辑出版的定期刊物有《时间频率学报》、《时间频率公报》。

（撰稿：曹玉玻 审稿：窦忠）

地球环境研究所

所　　长：刘　禹
地　　址：陕西省西安市高新区沣惠南路10号
邮政编码：710075
电　　话：029－88320990
传　　真：029－88320456
电子信箱：sunban@ieecas.cn
网　　址：http://www.ieexa.cas.cn

中国科学院地球环境研究所（以下简称地环所）成立于1999年，是由中国科学院黄土与第四纪地质研究室升格而成，同年进入中国科学院知识创新工程试点序列。

地环所致力于区域和全球不同时间尺度气候和环境变化过程、规律、发展趋势与对策研究，力争建设成为世界一流的大陆环境科学研究中心，在国际地球科学前沿和面向国家需求方面取得原创性研究成果，为中央和地方提供有价值的科学建议，为我国西部经济社会可持续发展和生态环境修复服务。

地环所拥有黄土与第四纪地质国家重点实验室和陕西省加速器质谱技术及应用重点实验室，有古环境研究室、现代环境研究室、粉尘与环境研究室和加速器质谱中心4个研究单元，并具有一批先进的高精度实验仪器设备。

截至2009年底，地环所共有在职职工73人。其中科技人员66人，包括中国科学院院士2人，研究员16人、副研究员及高级工程师13人，中级及以下科技人员38人。2009年面向海内外公开招聘优秀科技人员11人，其中中国科学院"百人计划"2人。1人获国家杰出青年科学基金支持，1人获科学技术部首届"全国野外科技工作先进个人"称号，1人获2009年度亚洲气溶胶研究青年科学家奖。

地环所设有第四纪地质学博士、硕士培养点，环境科学博士、硕士培养点，以及第四纪地质学博士后流动站。现有在读研究生86人，其中博士研究生37人、硕士研究生49人，在站博士后3人。

2009年，地环所共有在研项目84项，其中国家重点基础研究发展计划（973）项目（课题）2项，国家科技支撑计划项目（课题）2项；国家自然科学基金重大项目（课题）3项、重点项目1项，优秀重点实验室专项1项，国家杰出青年科学基金项目3项；中国科学院知识创新工程重要方向项目7项，"项目百人"3项，"西部之光"人才计划项目15项；地方项目1项。

科研工作取得新进展。①科学技术部"973"项目"我国大陆季风－干旱环境系统发展过程的科学钻探研究"通过课题验收，各课题结题总结报告各项评议内容均取得了优良成绩。验收专家组一致认为项目在首席科学家的组织下五年来严格按照计划任务书中的研究内容开展工作，超额完成了预定的研究任务，取得了很好的成果及一批珍贵的岩芯样品和地质生物记录，获得了一批原创造性研究成果，开展了多个国家参与的大型国际合作项目，大大提升了我国在大陆环境钻探与环境变化研究在国际上的地位。②"我国西部环境科学钻探与亚洲季风－干旱环境变迁机理研究"通过成果鉴定。该成果瞄准基础理论国际前沿，首次在我国系统开展了以西部环境变化研究为目标的环境科学钻探试验和研究，获得了一批珍贵的原始材料，完成了大量的实验测试和模拟集成研究工作，通过多学科交叉和综合集成研究，探讨了季风环境与干旱环境分异、耦合演化过程及其与全球环境变化之间的联系，取得了一批原创性研究成果，对认识我国西部环境演化和季风－干旱环境耦合机制以及全球变化具有重要意义，并在国内外产生了深远的影响。③树木年轮研究取得新进展。如通过对"青藏高原东北部地区过去2458年以来温度变化的树轮"研究，发现过去两千多年的气候冷暖变迁与我国历史上一些朝代的兴衰更迭存在对应关系，大多数朝代的垮塌都是发生在气候变冷的低温区间。这一研究得到了国家自然科学基金和科学技术部等共同资助，相关论文已刊登在我国权威学术期刊《中国科学》杂志上。新华社对该项研究成果进行了报道，多家网站同时进行了转载。此外，国家自然科学基金重大项目"中国地区树轮及千年气候变化研究"2009年度学术会议成功召开。④粉尘与环境研究取得突破性进展。由中国科学院地球环境研究所、西安秦始皇兵马俑博物馆、香港理工大学和美国沙漠研究所四方联合开展的"西安秦兵马俑博物馆室内大气污染联合研究"项目通过验收。该项目取得的成果将在科学掌握文物保存环境的基础上有效改善文物环境，提出控制治理对策具有十分重要的作用，为陕西省与全国的文物保护研究工作做出贡献，也为更好地保护如秦俑文物等我国的诸多世界文化遗产做出高水平的科技贡献。同时，我所粉尘与环境室主任曹军骥研究员与青藏高原研究所徐柏青研究员合作牵头完成的冰芯黑碳研究论文，在美国科学院院刊 *PNAS*（*Proceeding of National Academy of Sciences USA*）发表。研究所全年共发表论文184篇，其中SCI收录88篇，国内核心论文96篇。

在国际合作方面成绩斐然，重大国际合作项目"亚洲季风－干旱环境演化与青藏高原北部的生长"，获得国家自然科学基金委员会和美国自然科学基金会批准，该项目将与美国科罗拉多大学地质科学系、美国明尼苏达大学地质与地球物理系、美国明尼苏达大学大湖研究所开展实质合作研究。2009年10月19－22日，地环所与北京大学、中国原子能研究院、西安交通大学联合主办，黄土与第四纪地质国家重点实验室承办了第三届东亚加速器质谱学研讨会，来自日本、韩国、美国、法国、加拿大以及国内60多位专家参加了会议。另外，曹军骥研究员被选为新一届亚洲气溶胶研究学会副主席，任期2009－2011年。

（撰稿：陈怡平　汶玲娟　审稿：刘晓东）

近代物理研究所

所　　长：肖国青
地　　址：甘肃省兰州市南昌路509号
邮政编码：730000
电　　话：0931－4969205
传　　真：0931－8272100
电子信箱：yuehk@impcas.ac.cn
网　　址：http://www.impcas.ac.cn

中国科学院近代物理研究所（以下简称近代物理所）1956年成立于北京，1957年迁至兰州，是一个依托大科学装置，以重离子物理及交叉学科为主要研究方向，相应发展离子加速器及核技术的基地型研究所。

近代物理所的学科方向与战略目标是：以兰州重离子研究装置（HIRFL）、兰州放射性束流线（RIBLL）和兰州重离子加速器冷却储存环（HIRFL-CSR）等先进实验平台为依托，以重离子物理及其交叉学科前沿领域的重点方向为目标，形成特色，实现自主创新，取得一批具有国际先进水平的研究成果，5－15年内在极端条件下的原子核性质研究，高离化态重离子性质及重离子、分子与物质相互作用研究，重离子驱动的高能量密度物质（惯性核聚变能源前期研究），重离子束辐照生物学（离子束治疗肿瘤）、抗辐照材料及核天体等重离子交叉学科的应用研究，先进的离子加速器 、电子加速器及相关新技术研究5个方面形成国际上具有较高学术地位、特色鲜明的重离子科学国家研究中心。

近代物理所的主要研究领域是：超重核及超重新元素的探索研究，核存在极限的探索研究，奇异核结构及性质研究，强子物理，高离化态重离子原子物理及其与原子、分子的碰撞，航天器件单粒子效应研究，材料辐照研究，离子束治癌，离子辐照生物效应及重离子辐照在基因工程中的应用研究，核技术开发及加速器物理和技术研究。

近代物理所科研和加速器系统现有28个研究组（室），建立了兰州重离子加速器国家实验室、中国科学院重离子束辐射生物医学重点实验室、甘肃省重离子束治疗肿瘤临床研究基地、甘肃省重离子束辐射医学应用基础重点实验室、甘肃省先进加速器技术工程实验室、原子核理论研究中心和5个联合研究中心。此外还拥有HIRFL-CSR、HIRFL、RIBLL、重离子束浅层和深层治癌平台、高电荷态ECR源原子物理实验平台、320kV的ECR高压平台、1－2.5MeV/40mA电子加速器等重要科研设施及装置。

截至2009年底，近代物理所共有在编职工545人。其中科技人员446人、科技支撑人员85人，包括中国科学院院士2人、研究员及正高级工程技术人员59人、副研究员及高级工程技术人员90人，中国科学院“百人计划”入选者15人、“新世纪百千万人才工程”入选者4人，国家杰出青年科学基金获得者7人。全所进入创新岗位人员共有331人，此外还有非在编项目聘用人员77人。

近代物理所设有粒子物理与原子核物理专业、核技术及应用专业硕士、博士研究生培养点，以及原子与分子物理专业、凝聚态物理专业、生物物理专业硕士研究生培养点，并设有物理学专业博士后流动站，共有在读研究生230人（其中博士生110人、硕士生120人）、在站博士后8人。

2009年，近代物理所共有在研项目357项（包括2009年新增项目105项）。其中国家重点基础研究发展计划（973）主持项目2项、课题4项，中国高技术研究发展计划（863）项目（课题）1项；国家自然科学基金重点项目3项（新增1项），国家杰出青年科学基金项目2项（新增1项）；中国科学院知识创新工程重大项目1项、重要方向项目17项（新增8项），院地合作项目16项（新增7项），国际合作项目4项（新增1项）。

2009年，近代物理所共取得科技成果6项，获科技奖励4项。其中获中国科学院杰出科技成就奖1项、甘肃省自然科学一等奖1项、甘肃省科技进步一等奖1项、以第二完成单位获得甘肃省科技进步一等奖1项。科研人员与兰州军区兰州总医院和甘肃省肿瘤医院合作，利用HIRFL-CSR提供的高能碳离子束（150－250MeV/u），在HIRFL-CSR深层治癌装置上成功地进行了2批共8例深部肿瘤患者（病灶深度3－10cm）临床治疗试验，经一个疗程（10－12次）碳离子治疗后，部分患者的肿瘤完全消失，其余患者肿瘤也有了不同程度的缩小。

截至2009年底，近代物理所投资公司4个；从事科技开发的人员79人，其中院编制人员31人；各投资公司签订合同总额2736.8万元，总销售收入为2516万元，向国家上缴税金合计305.1万元，总利润为－63.3万元，共解决社会就业人数140人。公司技术优势包括食品真空冻干设备的研制、石墨电极焙烧炉烟气的治理、原油含气含水率测量仪器的研发、高精度磁铁和线圈的设计制造、超高真空系统的设计建造、重离子辐照育种等，主要产品包括加速器磁铁、线圈、真空室、食品真空冻干设备、原油含水率自动测试仪、沥青烟气净化除尘装置等。

2009年，近代物理所执行科学技术部“反质子与离子大科学工程（FAIR）国际合作研究”、“FAIR大科学工程的973项目”、“超大电流高精度脉冲电源关键技术研究”3项国际合作重点项目。在兰州成功地举办了第十二届国际束流冷却及其相关技术会议、4个国际专题学术研讨会，与兰州大学共同承办了第六届全球华人物理大会；分别与法国国家大加速器实验室、美国国家超导回旋加速器实验室、阿贡实验室、劳伦兹伯克利国家实验室以及俄罗斯理论与实验研究所签订了关于在原子核物理和加速器研究领域开展合作备忘录。近代物理所副所长赵红卫研究员与近代物理所客座研究员、著名美籍华人学者谢祖棋博士共同荣获2009年度国际离子源领域最高奖项“明亮奖（Brightness Award）”。

近代物理所是甘肃省物理学会、甘肃省核学会的挂靠单位；编辑并在国内外公开发行《原子核物理评论》、《高能物理与核物理》的核物理部分、《中国科学院近代物理研究所和兰州重离子加速器国家实验室年报》（英文版）。

（撰稿：岳海奎　审稿：肖国青）

兰州化学物理研究所

所　　长：刘维民
地　　址：甘肃省兰州市天水中路18号
邮政编码：730000
联系电话：0931－4968008
传　　真：0931－8277088
电子邮箱：cczhang@licp.cas.cn
网　　址：http://www.licp.cas.cn

中国科学院兰州化学物理研究所（以下简称兰州化物所）成立于1958年，其前身是中国科学院石油研究所兰州分所，1962年启用现名。

兰州化物所主要以资源化学、新材料和化学生物学三大学科领域为主开展科研工作。资源化学以资源的有效利用为目标，探索建立原子经济性反应和不对称催化反应新体系，发展环境友好的催化新材料与新过程，解决非石油途径来源的能源化工关键共性技术，为油气、矿产及生物资源的高效清洁转化提供理论依据和相关技术支撑；新材料以材料性能优化和应用为目标，发展新概念材料及其制备技术，探索新型多功能材料的组成、结构、界面设计理论与方法，研究材料在制备和服役中的表面化学、物理、力学作用规律，发展先进润滑防护材料、高值化的有色金属材料、生物材料及西部生态环境材料；化学生物学以西部生物资源的有效利用为目标，发展天然资源功能成分的提取、分离、分析、结构鉴定和活性测试的集成技术与方法学，研究代谢关键酶、功能基因、外源性小分子与生物大分子相互作用的机制和生物酶催化反应，加强天然药物以及功能产品的研发。

兰州化物所拥有羰基合成与选择氧化国家重

点实验室、固体润滑国家重点实验室、精细石油化工中间体国家工程研究中心、中国科学院西北特色植物资源化学重点实验室、甘肃省天然药物重点实验室、润滑与防护材料国防创新工程中心、绿色化学研究发展中心、环境材料与生态化学研究发展中心等研究机构。

截至2009年底，兰州化物所共有在职职工457人。其中，科技人员331人，包括中国工程院院士1人，研究员55人、副研究员及高级工程师136人；进入创新岗位230人。

兰州化物所是国务院学位委员会批准的首批博士、硕士学位授予单位之一，设有物理化学、分析化学、材料学硕士、博士研究生培养点及博士后流动站，工业催化、有机化学硕士研究生培养点，共有在读研究生326人（其中硕士生144人、博士生182人）、在站博士后15人。

2009年，兰州化物所共有在研项目230多项。其中国家重点基础研究发展计划（973）项目4项，中国高技术研究发展计划（863）项目11项，国家科技支撑计划项目4项；国家自然科学基金重点项目2项、面上项目33项，国家杰出青年科学基金项目1项、创新研究群体项目1项，国家专题项目46项；中国科学院知识创新工程方向项目和西部行动计划、国际合作、“百人计划”、“西部之光”项目、地方政府和企业委托项目以及研究所自主部署的项目等若干项。2009年新争取“973”项目1项，“863”项目4项，国家自然科学基金项目18项，国家其他任务13项。

2009年，兰州化物所科研工作取得重要成果和进展。全年共获得科技奖励5项，其中蒋生祥研究员合作研究的“二元复合高效驱油提高采收率技术”项目获国家科学技术进步奖二等奖，薛群基院士主持的“先进高温润滑抗磨材料的制备与应用”项目获甘肃省技术发明一等奖，刘维民研究员等参与完成的“神舟七号飞船固体润滑材料实验装置”获军队科技进步二等奖，夏春谷、陈静研究员主持的“离子液体催化合成环状碳酸酯技术”项目获中国石化协会技术发明二等奖。羰基合成与选择氧化国家重点实验室通过国家评估，中国科学院西北特色植物资源化学重点实验室获准成立并建设；完成年产2000t离子液体催化清洁合成三聚甲醛工业中试并成功投料生产，形成了具有我国自主知识产权的三聚甲醛合成新技术；新型清洁柴油组分聚甲氧基二甲醚合成技术获得美国发明专利授权，正在开展工业中试和应用试验；甘油加氢制备1，2-丙二醇技术获得美国发明专利授权，已进入万吨级工业示范阶段；太阳能光催化分解水制氢研究实现了立升级反应的长周期运行；“神舟七号”飞船固体润滑材料空间试验研究方面，建成了可模拟空间环境的摩擦学试验系统，完成了空间实验后样品的分析测试工作，完成了多个润滑材料的地面辐照实验及分析测试工作；成功研发了多功能空间摩擦学实验系统、纳米厚度薄膜摩擦学性能评价装置、化学实验室废液无害化处理装置。研究所全年以第一完成单位发表科技论文388篇，其中SCI收录293篇，影响因子大于5的31篇，影响因子大于10的2篇；以第二完成单位发表科技论文95篇。科研人员作为主要作者单位出版中英文科技论著1部。全年申请国内外发明专利96件，其中国外专利3件；授权中国发明专利18件，美国发明专利3件。

所地合作、科技成果转化与产业化取得可喜成效。与青岛市人民政府和崂山区人民政府签订了《共建中科院兰州化物所青岛研发基地协议》，正在办理土地划拨，注册事业法人、开发公司等手续；与地方政府、中石油、中海油、吉林吉恩镍业等合作进行科技开发与合作取得较好成绩；提供关键技术，帮助吉林镍业公司建成了具有国际领先水平的年产2000t中压羰基铁粉生产线并投料试车一次成功；发展了两类新型空间用润滑油脂，建成了年产100t润滑脂中试生产线和年产50t摩擦改进剂生产线；开发了番茄红素、苦马豆素、沙棘黄酮、金盏花黄色素与叶黄素等药用食用植物成分的提取制备技术；与江苏企业合作发展了含氮磷废水处理方面具有广阔的应用前景的高效氮磷复合吸附剂。全年转让专利申请权2件，专利实施许可4件，知识产权转让和实施许可收入700多万元。

积极开展国内外学术交流。主办第八届海峡两岸催化学术会议，联合主办2009中－英摩擦学与表面工程研讨会、第五届国际摩擦化学会议，承办中国化学会第二届关注中国西部地区中学化学教学发展论坛。与美国、德国、荷兰、日本、俄罗斯、英国等国家的研究机构开展了润滑材料、离子液体、催化新材料等方面的合作研究与交流；与美国 GTC、德国拜耳、德国博世等公司开展了实质性的合作研究；所内 30 多位科技骨干赴国外参加国际学术会议、进行学术访问和交流，70 多位国内外专家应邀来所作学术报告。

兰州化物所是甘肃省化学会、中国科学院兰州分院分析测试中心挂靠的挂靠单位；负责编辑出版《摩擦学学报》、《分子催化》、《分析测试技术与仪器》3 种国内核心学术期刊。

（撰稿：张长春　审稿：刘维民）

寒区旱区环境与工程研究所

名誉所长：施雅风
所　　长：王　涛
地　　址：甘肃省兰州市东岗西路 320 号
邮政编码：730000
电　　话：0931 - 8275129 4967549
传　　真：0931 - 8273894
电子信箱：wangjd@lzb. ac. cn
网　　址：http://www. casnw. net

中国科学院寒区旱区环境与工程研究所（简称寒旱所）是 1999 年 6 月在中国科学院知识创新工程试点工作中，由 1958 年成立的原兰州冰川冻土研究所、兰州沙漠研究和 1959 年成立的原兰州高原大气物理研究所整合而成，2007 年进入中国科学院综合配套改革试点单位。

寒旱所是我国专门从事干旱沙漠、高寒、极地环境与工程研究的国家级研究机构，是“西北资源环境与可持续发展研究基地”的核心组成部分。寒旱所瞄准 21 世纪国家发展的战略目标和学科发展的国际前沿，针对国家加快西部地区发展的重大决策和西北地区生态环境建设面临的重大科学问题开展西北地区特殊自然条件下环境与工程的基础性、战略性和前瞻性研究，为国家解决西北地区在资源、环境、重大工程和社会经济等领域的重大问题提供科学依据，为西部地区可持续发展提供技术支撑。

寒旱所重组与建设了 7 个研究室，包括冰冻圈与全球变化研究室、沙漠与沙漠化研究室、高原大气物理研究室、冻土与寒区工程研究室、水土资源研究室、生态与农业研究室、遥感与地理信息研究室；技术支撑系统包括野外实验研究站、分析测试室、计算机网络室和图书情报室。设有 2 个国家实验室、2 个院重点实验室和 3 个所级重点实验室，包括冻土工程国家重点实验室（国家开放）、冰冻圈与环境国家重点实验室（国家开放）、中国科学院沙漠与沙漠化重点实验室、中国科学院内陆河流域生态与水文重点实验室、西部气候环境变化与灾害实验室、极端环境生物抗逆机理与生物技术实验室、寒旱区遥感与信息资源实验室所级重点实验室。拥有野外台站 16 个，其中 5 个国家野外台站（天山冰川观测试验站、沙坡头沙漠研究站、临泽内陆河流域综合观测研究站、奈曼沙漠化研究试验站和冰冻圈特殊环境与灾害国家野外科学观测研究站），3 个中国科学院生态网络站（沙坡头沙漠研究站、奈曼沙漠化试验研究站、临泽水土与生态综合试验研究站），3 个院地共建研究站（皋兰生态与农业试验研究站、阿拉善荒漠生态试验研究站、玉龙雪山冰川与环境观测研究站）。

截至 2009 年底，寒旱所共有各类在编人员 575 人、在岗人员 485 人，其中专业技术人员 403 人，管理和后期人员 82 人；离退休人员 528 人，其中离休干部 28 人，退休职工 414 人，离岗安置人员 86 人。进入创新岗位 387 人，其中创新科技人员 357 人，包括正高级 78 人，副高级 109 人，中级及以下 140 人；创新管理岗位人员 30 人。寒旱所现有中国科学院院士 3 人、中共中央组织部“千人计划”1 人、中国科学院“百人计划”入选者 24 人、国家杰出青年科学基金获得者 10 人，国家自然科学基金创新研究群体 2 个。

寒旱所设有地理学一级学科硕士、博士研究生培养点和地理学博士后流动站。2009 年底共有在读研究生达 421 人，其中博士研究生 253 人、硕士研究生 168 人、外国留学生 1 人，在站博士后 53 人（其中 09 年入站 12 人）。寒旱所是中国科学院博士研究生重点培养基地，2009 年获全国百篇优秀博士论文 1 人、中国科学院优秀博士论文提名 1 人、中国科学院院长优秀奖学金 2 人、中国科学院各项冠名奖学金及奖教金 18 人、首届刘东生地球科学奖学金 1 人。

2009 年，寒旱所共申报国家自然科学基金项目 137 项，有 50 项获得资助，其中面上项目 40 项（其中青年基金 19 项）、重点项目 4 项、国家杰出青年科学基金 1 项、国际（地区）合作交流项目 4 项、特殊学科点项目 1 项。所获项目的总资助率达 36.2%，高于 2009 年全国的平均资助率，也高于全所 2008 年的资助率 33.8%；资助总额达 2547 万元，所获项目数和资助金额分别与 2008 年度持平；所获资助项目数和资助金额在全国所有大学、科研机构地理学领域位列全国第一位。另外，寒旱所还获得社会科学基金项目 1 项。

2009 年，寒旱所获得各类奖励 7 项。由李新荣研究员主持的“干旱沙区土壤水循环的植被调控机理、关键技术及其应用”获得国家科技进步奖二等奖。申报甘肃省科技进步奖 4 项、自然科学奖 2 项、技术发明奖 1 项。其中，赖远明研究员完成的“寒区道路冻害防治新技术”获得甘肃省技术发明一等奖；冯起研究员完成的“荒漠绿洲水热过程与生态恢复技术”获得甘肃省科技进步一等奖；何元庆研究员完成的“中国典型季风气候区冰川、环境及人类活动对全球变化的响应研究”获得甘肃省自然科学二等奖；肖洪浪研究员完成的“兰州市郊黄土丘陵雨养生态系统建植技术与模式”获得甘肃省科技进步二等奖。另外，寒旱所作为第四完成单位，由甘肃省气象局推荐的“祁连山空中云水资源开发利用研究”获得甘肃省科技进步二等奖，作为第二完成单位由甘肃省交通厅推荐的“戈壁地区公路风沙危害综合防护体系研究”获得甘肃省科技进步三等奖。

2009 年，寒旱所举办了 4 次大型国际学术研讨会，分别为塔里木河流域地表和地下水变化国际研讨会、第 8 届国际冻土工程会议、第 14 期国际沙漠化研究与治理培训班、亚洲冰冻圈数据研讨会。有国内外 700 多位学者参加了会议，外宾来自 10 多个国家与地区。2009 年外宾来访 50 余人次，研究人员出访 40 余人次。

寒旱所是中国科学院减灾中心西北分中心、中国气象学会大气物理专业委员会雷电物理监测与防护分会、中国地理学会冰川冻土分会、中国地理学会沙漠分会、联合国环境规划署（UNEP）国际沙漠化治理研究与培训中心的挂靠单位；负责编辑出版《冰川冻土》、《高原气象》、《中国沙漠》等学术期刊。

（撰稿：王进东　审稿：施雅风）

青海盐湖研究所

所　　长：马海州
地　　址：青海省西宁市新宁路 18 号
邮政编码：810008
电　　话：0971－6303490
传　　真：0971－6306002
电子信箱：wangyy@isl.ac.cn
网　　址：http://www.isl.ac.cn

中国科学院青海盐湖研究所（以下简称青海盐湖所）建立于 1965 年，是以中国科学院西北化学研究所为基础，与北京化学研究所、兰州地质研究所等单位的盐湖专业组合并搬迁组建而成。1966 年 6 月，经国家科委批准，与在西宁毗邻组建的化工部盐湖化工综合利用研究所合并，隶属中国科学院。

青海盐湖所是我国唯一专门从事盐湖资源环境科学应用基础研究、盐湖资源综合开发利用、培养盐湖科研高级人才的国家级科研机构，致力于攻克制约我国盐湖资源综合开发利用的关键技术，为盐湖资源的可持续发展提供科学基础，使我国盐湖科技走在世界前列。

青海盐湖所设有中国科学院盐湖资源与化学重点实验室、盐湖资源综合利用工程研究中心、盐湖野外科学工作站等研究机构和盐湖化学分析测试部、盐湖资源环境信息中心等科技支撑机构。

截至 2009 年底，青海盐湖所共有在职职工 203 人。其中科技人员 130 人、科技支撑人员 19 人，包括中国科学院院士 1 人，研究员及正高级工程技术人员 27 人、副研究员及高级工程技术人员34人，中国科学院“百人计划”入选者8人。全所进入创新岗位122人。

青海盐湖所具有无机化学、分析化学、地球化学和化学工艺4个专业硕士研究生培养点，无机化学、地球化学2个专业博士研究生培养点，有地球化学学科（一级学科）博士后流动站和化学学科（一级学科）博士后流动站。现有博士生导师16人，在读博士研究生29人、硕士研究生86人，在站博士后1人。

2009年，青海盐湖所共有在研项目89项（包括2009年新增项目43项）。其中国家科技支撑计划项目2项；中国科学院重要方向项目2项（新增），院地合作项目5项（新增2项），国际合作项目4项（新增）；与地方政府合作项目19项（新增16项）。

2009年，青海盐湖所紧密结合国家需求开展科技创新并大力推进科技成果产业化。2009年12月11日，由中国科学院和青海省政府共同主持、青海盐湖所提供科技支撑的国家高技术产业化项目“青海盐湖提锂及资源综合利用国家高技术产业化示范工程”在北京通过验收，标志着我国高镁锂比盐湖提锂技术成功实现产业化。通过科研攻关形成一批具有自主知识产权的核心技术和关键技术，并以知识产权入股云南中寮矿业开发投资有限公司，目前已基本确定8.47%的股份比例。

青海盐湖所全年共发表论文89篇，其中SCI论文24篇；出版专著1部；申请国家发明专利29项，申请实用新型专利2项，获授权发明专利2项。

2009年，青海盐湖所国际合作工作在前几年得到恢复的基础上继续向好的方向发展。全年投入国际合作经费70万元，其中从青海省科技厅争取国际合作研究项目2项、经费40万元；签署国际合作协议1项；有7批22人次分别出访美国、英国、德国、塞尔维亚、以色列、阿根廷等国家，来访8人次；与外国科学家共同发表学术论文6篇。针对老挝固体钾盐矿的组成特点及老挝政府的环保高要求，集成和创新固体钾盐矿加工工艺，完成实验室小试、扩试和部分现场配套实验，配合设计单位完成5万t/a氯化钾工业性试验装置的设计工作，已由云天化集团控股的老挝中寮矿业钾盐有限公司于2009年正式建设。

青海盐湖所是青海化学会的挂靠单位。负责编辑出版科技期刊《盐湖研究》。

（撰稿：白　花　审稿：何荣昌）

西北高原生物研究所

名誉所长：夏武平
所　　长：张怀刚
地　　址：青海省西宁市新宁路23号
邮政编码：810008
电　　话：0971－6143530
传　　真：0971－6143282
电子信箱：web@nwipb.cas.cn
网　　址：http://www.nwipb.cas.cn

中国科学院西北高原生物研究所（以下简称西北高原所）成立于1962年，其前身是1959年11月成立的中国科学院青海分院生物研究所。

西北高原所是以从事青藏高原生物科学基础理论、应用基础和应用开发研究为主的公益性综合研究机构，其战略定位是针对青藏高原日趋恶化的生态环境和区域经济持续发展面临的重要问题，开展生态环境保护与建设、生物资源持续高效利用研究，为青藏高原生态安全和区域经济持续发展提供科学依据和技术支撑，推动区域社会经济持续发展。

西北高原所设有3个研究中心、2个野外台站、1个院重点实验室、3个省级重点实验室和3个支撑机构，分别为高原生态学研究中心、藏药现代化研究中心、高原生态农业研究中心，中国科学院海北高寒草甸生态系统实验站、平安生态农业实验站，中国科学院高原生物适应与进化重点试验室，寒区区域恢复生态学省级重点实验室、青藏高原特色生物资源研究省级重点实验室、青海省藏药药理学和安全性评价研究重点实验室，青藏高原生物标本馆、分析测试中心、信息与学报编辑室。2009年，研究所与地方合作建立的青藏高原特色生物资源工程研究中心投入使用，三江源草地生态系统观测研究站建设可行性研究报告得到院里的批复。

2009年，西北高原所根据工作需要调整了发展战略研究组，部署了“十二五”发展战略规划编制工作，制定了《西高所2009年专业技术创新岗位聘用实施办法》、《2009年专业技术岗位分级聘用实施办法》和《2009年机构设置及岗位调整办法》，完善了《西高所科研绩效奖励办法》、《西高所2009年度职工年度考核实施办法》和《西高所管理、支撑系列人员考核评价办法》，并以公开、平等、竞争、择优为导向进行专业技术岗位晋升聘用和分级聘用，组建了由若干研究员、副研究员、助理研究员和流动人员组成的梯队结构合理的科研团队，培养和提拔青年人才到相应的领导岗位。同时，根据研究所实际合理设置科研、管理、支撑系列机构和岗位，完善岗位体系，健全岗位目标，实行定量与定性相结合的考核制度，确定科研、支撑、管理不同系列和不同岗位的考核评价标准，充分调动了各类人员的积极性、主动性和创造性。

截至2009年底，西北高原所共有在职职工160人，其中专业技术人员125人、行政管理人员20人、工人15人。专业技术人员中包括中国科学院院士1人，研究员29人、副研究员及高级工程师43人，中国科学院“百人计划”入选者6人。全所进入创新岗位人员90人。2009年，研究所新增加事业编制和创新岗位的90%用于布局重要科研方向人员和招聘青年优秀人才，对聘任的优秀人才给予10万－20万元科研启动经费资助和8万－15万元的购房补助。全年招聘博士3人，聘请客座研究人员14人、高访学者4人；5个团组获中国科学院“西部之光”人才培养计划资助，1人获得中国科学院“西部之光”访问学者资助。

西北高原生物所设有生物学专业一级学科博士后流动站，生态学专业二级学科博士研究生培养点，植物学、生态学、动物学专业二级学科硕士研究生培养点。共有在学研究生136人，其中硕士生83人、博士生53人（2009年招收博士生15人、硕士生30人）；有在站博士后3人。

2009年，西北高原所共有在研项目132项（包括2009年新增项目46项）。其中国家重点基础研究发展计划（973）项目（课题）6项（新增2项），国家科技支撑计划项目（课题）13项（新增2项）；中国科学院知识创新工程重大项目1项、重要方向项目5项（新增2项），院地合作项目4项（新增2项），国际合作项目2项（新增1项）；与地方政府合作项目23项（新增7项）。

2009年，西北高原所共登记科研成果10项，其中“高寒草甸生态系统与全球变化”科研成果获得青海省科技进步一等奖；春小麦新品种“高原412”通过国家农作物品种审定委员会的审定；主持培育的春小麦新品种“高原437”和引进的莜麦新品种坝莜6号以及参加引进的莜麦晋九通过青海省农作物品种审定委员会审定。制定地方标准2个，已通过专家评审，其中“柴达木地区枸杞栽培技术规程”已颁布实施。全年发表研究论文202篇，其中SCI（E）47篇，CSCD133篇；出版专著5部；申请专利受理12项。

西北高原所从事科技开发人员24人，主要从事高原生态学、生态农业和青藏高原特色生物资源持续利用研究。2009年，研究所利用在三江源草场植被恢复和利用及生态畜牧业、农作物育种和高原特色生物资源持续利用技术和新产品研发方面的优势，通过技术推广和应用，为地方和企业创造了50805万元经济效益和254025万元的社会效益。西北高原所参股企业为青海唐古拉药业有限公司。

2009年，西北高原所国际合作总经费为12万元，其中争取中国科学院“外国专家特聘研究员计划”项目1项，经费为9.8万元；签订国际合作协议或备忘录3项；与美国、日本、德国、英国、新西兰、以色列、西班牙等国的科学家、学者及企业人士合作进行全球变化、高原生态学、草原管理、植物生理学、高原特色资源开发等多方面合作研究，并联合发表文章7篇；协办国际会议1次。

西北高原所主办的《兽类学报》被列为中国科技核心期刊。

（撰稿：杨勇刚　审稿：陈桂琛）

新疆理化技术研究所

所　　长：任迪远
地　　址：新疆维吾尔自治区乌鲁木齐市北京南路40－1号
邮政编码：830011
电　　话：0991－3835823
传　　真：0991－3838957
电子信箱：lhszhb@ms.xjb.ac.cn
网　　址：http://www.xjb.ac.cn

中国科学院新疆理化技术研究所（以下简称新疆理化所）于2002年3月28日在原中国科学院新疆物理研究所和新疆化学研究所的基础上整合而成。原中国科学院新疆物理研究所和新疆化学研究所是在原新疆分院物理研究室和化学研究室的基础上于1961年11月成立的。2002年5月10日，新疆理化所进入中国科学院知识创新工程序列。

新疆理化所的战略定位是：紧紧围绕国家、自治区战略需求，坚持以科技创新为中心，以提高关键技术创新和系统集成能力为主线，对新疆社会和经济发展作出有显示度的贡献。发展目标是：围绕新疆特色资源的深度开发，结合新疆的地域优势和多语言文化特色，开展干旱区植物资源化学、多语种信息技术、清洁能源与环境治理、新型材料研发、油田化学与矿产资源综合利用等领域战略性、前瞻性高技术研究，注重将科技创新性与新疆经济发展的战略需求相结合，在涉及国家安全领域开展辐射物理和特种敏感材料的研究，将研究所建设成为中国科学院服务新疆的“桥头堡”和技术创新、集成、转移的基地，建设成为西部乃至中亚一流的高技术研究所。重点研究领域是：可食植物资源、敏感材料与元器件、多语种信息技术、辐射物理以及维吾尔药现代化等。

新疆理化所设有资源化学、材料物理与化学、多语种信息技术3个研究室，中国科学院干旱区植物资源化学重点实验室、新疆植物资源化学重点实验室和新疆电子信息材料与器件重点实验室等3个院、区重点实验室，新疆精细化工工程技术中心（省级工程中心）、省部共建新疆特有药用资源利用实验室（已通过审核）2个共建研究机构，以及与中亚地区及我国东部有关研究机构共建的中亚地区可食植物功能成分联合实验室。此外，还建设了特种热、压敏研发平台、维药活性筛选技术平台、辐射效应评估技术平台、多语种软件测试平台、光电功能材料研发平台、药用植物组培与生物育种平台6个科技平台，以及大型仪器分析测试中心、辐照中心、信息情报中心3个技术支撑平台等。

截至2009年底，新疆理化所共有在职职工272人，流动人员198人，离退休人员147人。在职职工中，共有科研人员214人、科技支撑人员18人，包括研究员及正研级高级工程师等24人、副研究员及高级工程师等83人，中国科学院“百人计划”入选者6人、国家杰出青年科学基金获得者1人、“新世纪百千万人才工程”国家级人选1人，项目聘用人员144人，进入创新岗位128人；流动人员中，共有国外名誉和客座研究员5人、在学研究生147人（其中博士生35人，硕士生112人）、在站博士后1人。

新疆理化所设有微电子学与固体电子学、有机化学和计算机应用技术3个博士研究生培养点，材料物理与化学、计算机应用技术、有机化学、微电子学与固体电子学4个硕士研究生培养点，以及化学、电子科学与技术2个博士后工作站和精细化工工程中心企业博士后工作站。

2009年，新疆理化所共有在研项目182项（包括2009年新增项目62项）。其中国家重点基础研究发展计划（973）项目（课题）1项（新增1项），中国高技术研究发展计划（863）项目（课题）1项，国家科技支撑计划项目6项；国家自然科学基金面上项目6项（新增2项），国家杰出青年科学基金项目1项（新增1项）、创新研究群体（中国科学院－国家外国专家局创新团队）项目1项（新增1项），国家专题项目2项（新增1项）；中国科学院知识创新工程重大方向项目9项（新增1项），院地合作项目（西部之光项目、企业委托项目均列入此项）41项（新增16项），国际合作项目4项（新增3项）；地方政府项目34项（新增6项）。

2009年，新疆理化所共取得科技成果13项，其中“多语种（维、哈、柯、阿、俄、汉）软件测试平台开发应用”获新疆科技进步一等奖；“维吾尔药化学样品资源库”、“基于构件的电子政务软件支撑系统的开发与应用”获新疆科技进步二等奖。科研工作取得可喜进展。“可降解粘胶纤维（CC）产业化关键技术开发”项目实现棉浆粕绿色纤维素水解工艺，提出了生产（CC）中试工艺路线并完成了实验室的纺丝工作，该项技术是纺丝材料领域的原始创新，是粘胶纤维史上的一次变革。“干旱区可食植物活性成分及其应用研究”项目建立了抗糖尿病活性成分、类雌激素成分及治疗白癜风活性成分体外筛选模型6个；“一枝蒿酮酸标准样品”通过国家标准样品技术管委会评审，实现了国内维吾尔药化合物实物标准零的突破。“新型硼酸盐非线性光学晶体材料的研究”项目获得了倍频系数大、双折射率合适大尺寸 $Bi_2ZnOB_2O_6$ 单晶，揭示了 Bi^{3+} 离子基元形成Bi-O多面体和结构排列一致的 BO_3 基团的协同作用有利于产生大的非线性光学效应以及双折射率，设计制备的晶体在非线性光学领域具有潜在的应用前景。“新疆反恐维稳可视化指挥系统”项目完成了系统一期建设工作，投入正常运行，在相关地区重大安保工作以及若干应急突发事件的处理中发挥了关键作用；“基于语音技术的双语教学辅助软件”项目已完成语音、语料库的采集整理，语音评测分析引擎的开发，“双语”教学资源库的建设以及“双语”教学软件的开发，其进展得到中国科学院和新疆自治区有关领导的充分肯定。全年发表学术论文103篇，其中SCI收录32篇；出版专著1部；申请发明专利36项，授权发明专利7项，名列新疆专利申请百强榜首；当年登记注册软件产品6项，软件著作权登记5项。

截至2009年底，共聘任国外名誉和客座研究员9人；引进具有博士以上学历的中亚地区专家学者10人（从事中短期研究工作），其中4人为专家学者、6人为外籍青年科学家，2人次获得新疆人民政府颁发的外国优秀专家“中国天山奖”；2009年首次招收1名国外留学生来所攻读博士学位。签订科技合作与交流协议12项，执行国际合作项目20项，与国外人员合作发表论文29篇。积极联合中亚五国在植物资源开发领域的优秀科学家，共同筹建互补合作机制的非法人研究单元中亚特有植物资源可持续利用研究中心，已完成与俄罗斯、乌兹别克斯坦、哈萨克斯坦、巴基斯坦、吉尔吉斯斯坦的相关协议签署工作，并将共同筹办天然化合物化学国际会议计划提上议事日程，在开拓和建立战略性科技合作局方面做出了积极探索。与中国科学院上海药物研究所、北京大学药学院和江南大学食品学院共同组建了中西亚地区可食植物功能成分联合实验室，与中国科学院声学研究所共同组建了民族语音文字信息联合实验室。举办了中国科学院光电功能材料国际学术研讨会，承办了第三届工程塑料国际学术研讨会、第六届世界华人药物化学研讨会，协办了中国西北部中药资源开发国际研讨会（香港科技大学）。

新疆理化所充分发挥科技优势，通过选派科技副职等方式为地方经济社会发展服务。结合新疆优势林果业发展战略开展的“新疆林果业重要害虫性诱剂的合成及其应用”，完成了苹果蠹蛾、梨小食心虫、白杨透翅蛾、亚洲玉米螟等昆虫性信息素的合成，制定出符合南北疆气候特点的诱捕器类型、诱捕器的放置方位及田间放置密度。在南北疆建立起果蔬主要害虫防治示范区，规范了性诱剂使用技术，建立了综合防治技术体系，示范推广面积达到5个地州的22个乡镇，累计推广 $17070hm^2$。乌鲁木齐“7·5”严重暴力事件发生后，研究所为加强基层社区维稳和管理，根据自治区党委的要求，主动帮助社区在最短的时间开发出了“四知、四清、四掌握社区管理软件系统”，为基层掌握社区情况提供了技术手段。

新疆理化所共有新疆西北星信息技术有限责任公司、新疆中科传感有限责任公司、新疆雪莲新技术有限公司、新疆热缩材料有限公司、新疆康迪实业发展有限公司等5家控股企业，截至2009年底共完成销售、工程收入7154万元，上缴税金564万元。

新疆理化所是新疆物理学会、化学学会、自动化学会、生物化学学会、核学会的理事长挂靠单位。

（撰稿：冯　涛　审稿：任迪远）

新疆生态与地理研究所

所　　长：陈　曦
地　　址：新疆维吾尔自治区乌鲁木齐市北京南路818号
邮　　编：830011
联系电话：0991－7885307；0991－7885507
传　　真：0991－7885300
电子邮箱：goff@ms.xjb.ac.cn；
xjgi@ms.xjb.ac.cn
网　　址：http://www.egi.ac.cn

中国科学院新疆生态与地理研究所（以下简称新疆生地所）于1998年7月7日由中国科学院新疆生物土壤沙漠研究所（1961年成立）和中国科学院新疆地理研究所（1965年成立）联合重组成立。

新疆生地所围绕国家战略需求和学科前沿，部署了5个重要研究方向：气候变化背景下干旱区水安全与生态响应、资源开发与农业持续发展、干旱区环境污染与修复、干旱区生态保育与荒漠化防治、中亚区域资源环境综合研究。并致力于将中亚区域科技合作和科学水平推向新的高度，努力建设在干旱区资源环境研究领域具有鲜明特色的国际知名研究所。

新疆生地所设有5个研究室，即绿洲生态与农业研究室、荒漠环境研究室、区域发展研究室、生物多样性研究室、空间对地观测与系统模拟研究室；设有2个院级重点实验室、1个国家工程中心和2个省级重点实验室，即中国科学院绿洲生态与荒漠环境重点实验室、中国科学院干旱区生物地理与生物资源重点实验室、国家荒漠——绿洲生态环境建设工程中心、新疆遥感与地理信息系统重点实验室和新疆干旱区水循环与水利用重点实验室；设有9个野外台站，即新疆阜康荒漠生态系统国家野外科学观测研究站、新疆阿克苏农田生态系统国家野外科学观测研究站、新疆策勒荒漠草地生态系统国家野外科学观测研究站（上述3个为国家野外观测站）、中国科学院吐鲁番沙漠（植物园）研究站、中国科学院塔克拉玛干沙漠特殊环境研究站、天山积雪雪崩研究站、巴音布鲁克草原生态站、莫索湾沙漠研究站、木垒野生动物生态监测实验站（上述9个台站均被纳入科学技术部基础司野外站统计年报）。此外，还附设有建筑面积4500m^{2}的以干旱区资源与环境为特色的标本馆。

截至2009年底，新疆生地所共有在职职工312人。其中科技人员249人、科技支撑人员59人，包括正高级专业技术人员39人、副高级专业技术人员78人，中国科学院“百人计划”入选者8人、国家杰出青年科学基金获得者1人。

新疆生地所设有自然地理学、人文地理学、地图学与地理信息系统、生态学和植物学5个博士研究生培养点和7个硕士研究生培养点，并设有地理学、生物学2个博士后流动站。共有在读研究生319人，其中博士生133人、硕士生183人、外国留学生3人；有在站博士后8人。

2009年新疆生地所共有在研项目244项（包括新增项目87项）。其中，国家重点基础研究发展计划（973）项目1项、课题5项、专题5项、前期1项，中国高技术研究发展计划（863）项目专题1项，国家科技攻关项目1项，国家科技支撑计划项目1项、课题9项、专题8项，科学技术部社会公益性项目专题2项；国家自然科学基金重点项目3项，国家杰出青年科学基金项目1项；中国科学院知识创新工程重大项目1项、课题5项，院重要方向项目8项、专题4项，院“百人计划”项目2项，院地合作项目4项；国际合作项目9项，其中科学技术部项目3项；地方政府委托项目71，其中新疆维吾尔自治区重大专项课题5项。

2009年，新疆生地所参与完成的项目共获省部以上科技奖励9项，其中国家科技进步二等奖2项，分别为“1∶100万数字地貌图研究及其应用”（新疆生地所为第三完成单位）、“沙漠、严寒地区长距离供水工程关键技术”（新疆生地所为第四完成单位）；获新疆维吾尔自治区科技进步奖7项，其中科技进步特等奖1项、一等奖1项、二等奖4项、三等奖1项。陈曦研究员因在干旱区水资源安全和遥感监测关键技术及理论研究方面的突出贡献荣获新疆科技进步特等奖；

“典型温带荒漠区原生植被对环境变化的响应与适应研究”获新疆科学技术进步奖一等奖。

2009年，新疆生地所共发表SCI论文63篇，EI、ISTP论文31篇，国际会议论文11篇，CSCD收录论文318篇；出版专著3部；获授权专利3项，其中发明1项、实用新型2项，软件登记17项，新品种审定1项。

2009年，新疆生地所共派遣出访41批72人次，接待来访55批291人次。受乌鲁木齐“7·5”事件影响，来访人次与交流总量比2008年减少40%。新疆生地所全所职工克服重重困难，成功举办了3次国际研讨会和培训班，包括中美干旱区生态双边学术研讨会、干旱区气候变化与水资源管理国际研讨会、中国－利比亚荒漠化防治技术培训班。和日本静冈大学、俄罗斯科学院西伯利亚分院、阿拉伯干旱研究中心、哈萨克斯坦土壤科学与农业化学研究所、吉尔吉斯斯坦共和国科教部奥什技术大学签署国际合作协议8项。与美国加州大学河滨分校共建了国际干旱区生态研究中心，联合开展内陆河流域及全球变化研究工作，加强干旱区生态学创新团队的能力建设。

新疆生地所是新疆土壤肥料学会、新疆地理学会、新疆植物学会、新疆科学探险协会、新疆自然资源学会的挂靠单位；2009年创刊了英文刊物*Journal of Arid Land*，承办中文刊物《干旱区研究》和《干旱区地理》，以及同名在国内发行的维文版刊物；拥有国家甲级水文水资源调查评价资质证书、国家乙级环评资格证书、国家乙级测绘资质证书、国家乙级旅游规划设计资质证书、乙级土地定级估价证书、农林行业（营造林）乙级工程设计证书。

（撰稿：张向军　审稿：陈　曦）

学校及公共支撑单位

中国科学院研究生院

院　　长：白春礼（兼）

地　　址：北京市石景山区玉泉路19号甲

邮政编码：100049

电　　话：010－88256030

传　　真：010－88256006

电子信箱：po@gucas.ac.cn

网　　址：http://www.gucas.ac.cn

中国科学院研究生院（以下简称研究生院）成立于1978年，是经国务院批准由中国科学院创办的我国第一所研究生院。

研究生院由设在北京的研究生院本部、5个教育基地（上海、武汉、广州、成都、兰州）及分布在全国各地的114个研究生培养单位（中国科学院各研究所）构成，在“院所结合的领导体制，院所结合的师资队伍，院所结合的管理制度，院所结合的培养体系”的办学方针指导下，负责中国科学院研究生的统一招生、统一教育管理、统一学位授予工作。

研究生院设有数学科学学院、物理科学学院、化学与化学工程学院、材料科学与光电技术学院、地球科学学院、资源与环境学院、生命科学学院、信息科学与工程学院、管理学院、人文学院（社会科学系、科技史与科技考古系）、外语系、计算与通信工程学院、工程教育学院、继续教育学院等直属教学机构；设有中国科学院数据与通信保护研究教育中心（信息安全国家重点实验室、国家计算机网络入侵防范中心）、中国科学院虚拟经济与数据科学研究中心和科技资源管理研究中心等研究机构。

研究生院的教师由专任教师、任课教师、论文指导教师组成。截至2009年底，研究生院有专任教师286人，任课教师1330人，论文指导教师9143人。2009年，引进教学科研人员15人（“百人计划”入选者2名），“千人计划”入选者1名，外籍教师1人；4个一级学科申请博士后流动站获得批准，2009年进站博士后38人，其中18人承担教学工作。2人申报中国科学院“科教结合”教育创新项目特聘教师岗位，并获得批准。

2009年，研究生院共录取研究生12542人，其中博士生5348人、硕士生7194人；在学研究生35797人，其中博士生17898人、硕士生17899人；毕业研究生7957人，其中博士毕业4668人、硕士毕业3289人，授予4584人博士学位、3821人硕士学位；在学留学生124人，其中博士生100人、硕士生9人、高级进修生15人；在学港澳台学生51人，其中博士研究生26人、硕士研究生25人。在2009年全国百篇优秀博士论文评选中，研究生院共有18篇论文入选。2009年，中科院研究生教育基金会获准设立。

2009年，研究生院拥有博士学位一级学科授权点26个，博士学位二级学科授权点113个，硕士学位二级学科授权点131个，并在20个博士学位授权一级学科下自主设置了44个二级学科专业，另有工程硕士和工商管理硕士等2类专业学位授权点。

2009年，研究生院录取硕士研究生7194名，优良生源率70.21%；录取博士研究生5348名，优良生源率85.02%。开展多种形式的招生尝试：在3个院系开办实验班，共招收实验班硕士研究生53名；启动交叉学科招生试点工作，4所培养单位联合招收4名硕士研究生；与8所高校联合招收培养博士研究生129名；首届新疆博士班实施招生。

2008－2009学年，研究生院开课总数为1177门（其中春季476门、夏季243门、秋季458门），对74门课程进行了教学督察，对1686门（次）课程进行了教学巡查；评选出2008－2009学年优秀课程29门，院系优秀课程50门。2009年是研究生院教学改革年，调整成立了25

个院所结合的新一届一级学科教学专家组。对课程结构进行调整，实行 A + B 课程教学模式，将以 60 学时为主的研究生课程体系调整为以 40 学时课程为主，辅以少量 30、20 及 60 学时课程的课程体系；增开“文献阅读”选修课，并采取措施增加讨论课的开设数量，加强实验课程的建设，加强在集中教学阶段学生与导师间的联系与互动，进一步提高学生的自主学习能力和实验动手能力。2009 – 2010 学年秋季学期共开设讨论课 65 门，选课总人数为 1887 人次；有 10 个学院分别开设了文献阅读课，共计 11 门，选课总人数 1515 人；建立 Office Hours 制度，每位专任教师在课堂授课之外，须在固定的时间和地点向学生提供每周不少于 2 小时的 Office Hour。

2009 年，研究生院着力推进学生党建工作的规范化、制度化建设，通过调查表、走访座谈的方式对各培养单位的学生党建工作、学生思想状况等问题进行调研，并成功举办研究生院首次学生党建工作研讨会，制定了《中国科学院研究生院关于进一步加强学生党建工作的指导意见》，通过中国科学院党组转发至各培养单位。

2009 年，研究生院进行了学位授予体制改革，建立按学科群的学位授予审核制度，加强培养单位在学位终审的参与程度，完成学位评定委员会换届工作，新一届学位评定委员会规模由上一届的 62 名缩减到 27 名，增设 11 个学科群学位评定分委员会，学科群学位评定分委员会采用席位制，委员由来自 108 个研究生培养单位的 177 名委员组成。已获学位培养授权的所有培养单位均有专家进入其对应的学科群分委员会。

2009 年，研究生院共新立项项目 203 项。其中国家自然科学基金项目 41 项，中国高技术研究发展计划（863）项目（课题）2 项、国家重点基础研究发展计划（973）项目专题 6 项，国家科技支撑计划项目子课题 3 项，国家社会科学基金项目 3 项，教育部留学回国人员基金 6 项，中国科学院创新方向性项目 3 项、课题 3 项，企业委托项目 23 项，国外委托项目 3 项，研究生院院长基金 A 类 15 项，研究生院院长基金 B 类 14 项。获专利授权 17 项，计算机软件著作权登记 8 项，共发表 CSCD 论文 48 篇，CSSCI 论文 63 篇，EI 论文 59 篇，SCI 论文 188 篇，SSC 论文 I7 篇，ISTP 论文 4 篇；国际会议报告、论文 83 篇；专著、编著、译著 25 篇；组织研究生院院长基金评审，获资助 17 项；北京市自然科学基金获资助 3 项；获社会科学基金资助 2 项。

2009 年，研究生院与丹麦科技创新部、丹麦高校联盟共建的中丹科教中心项目顺利启动；举办中丹科教中心首届学术研讨会。签订和续签国际合作协议 9 份，成功申办国际会议 7 项。

2009 年，研究生院雁栖湖校区开工建设，标志着这项中国科学院有史以来投资最大的基本建设项目正式进入施工建设阶段。

研究生院主办有《中国科学院研究生院学报》、《自然辩证法》、《管理评论》和《工程研究》4 个公开发行的学术期刊以及内部刊物《研究生院》。

（撰稿：尚　颖　审稿：赵宝奇）

中国科学技术大学

名誉校长：周光召
校　　长：侯建国
地　　址：安徽省合肥市金寨路 96 号
邮政编码：230026
联系电话：0551 – 3602184
图文传真：0551 – 3631760
电子邮件：gzr@ustc.edu.cn
网　　址：http://www.ustc.edu.cn

中国科学技术大学（以下简称中国科大）1958 年于北京成立，是中国科学院所属的一所以前沿科学和高新技术为主、兼有以科技为背景的管理和人文学科的综合性全国重点大学。

2009 年，中国科大提出了创建世界一流研究型大学的工作思路，即一个目标、三角协调、五个重点（简称“135”）创新发展工作思路。一个目标：努力办成世界一流研究型大学；三角协调：在学校战略发展层面，构建“目标、管理、资源”的协调发展三角形；五个重点：把探索“所系结合”的新形式和新内容作为人才培养的创新点，把高端人才引进和青年教师培养作为队伍建设的支撑点，把通过系科调整、提高学科竞争力和活力作为学科建设的着力点，把围绕国家战略需求、服务区域经济社会发展作为社会服务的立足点，把建立与世界一流研究型大学相适应的现代大学制度作为学校改革的突破点。

截至2009年底，中国科大共有教职工3033人。其中教师和专业技术人员2331人，包括中国科学院院士和中国工程院院士32人，第三世界科学院院士8人；教授（含研究员、教授级高级工程师）449人，副教授（含副研究员、高级工程师、高级实验师）684人；博士生导师635人（含外聘）。2009年，当选中国科学院院士1人、第三世界科学院院士2人，入选国家“千人计划”8人、教育部“长江学者”奖励计划5人，获“长江学者成就奖”2人；全年引进各类人才95人，其中“百人计划”（含“项目百人”）入选者18人，聘任正高级职称12人、特任正高级职称8人，副高级职称38人、特任副高级职称19人；聘请“大师讲席”1人、“大师讲席（Ⅱ）”3人、新创讲席教授2人、课程讲座教授6人、课程主讲教授16人、客座教授31人、兼职教授8人，外聘教员12人。

中国科大设有11个学院、26个系，以及研究生院、软件学院、继续教育学院、网络教育学院等，在上海、苏州分别设有研究院。有数学、物理学、力学、天文学、生物科学、化学6个国家理科基础科学研究和教学人才培养基地、1个国家生命科学与技术人才培养基地，42个本科专业，46个学士学位授权点，133个硕士学位授权点，23个一级学科硕士学位授权点，18个一级学科博士学位授权点，5个专业硕士学位授权点，19个博士后流动站。截至2009年底，博士研究生2242人，全日制硕士研究生7054人，非全日制专业学位硕士研究生1430人（其中包括MBA235人，MPA228人，工程硕士900人），另有中国科学院代培研究生1068人；本科生7440人。

校园总面积约为145万m^2，建筑面积为92万m^2。学校建有国家同步辐射实验室、合肥微尺度物质科学国家实验室（筹）、火灾科学国家重点实验室、国家高性能计算中心（合肥）、蒙城地球物理国家野外科学观测研究站等34个国家和院省部级重点科研机构，拥有资产总值8.9亿元的先进教学科研仪器设备、藏书188.75万册的图书馆、国内一流水平的校园计算机网络以及初步建成的若干科研、教学公共实验中心。

2009年，学校与中国科学院相关研究所合作，相继筹备和开办了华罗庚数学英才班、严济慈物理英才班、贝时璋生命英才班、应用物理英才班、力学英才班、王大珩光机电英才班和材料科学英才班7个“科技英才班”。研究生院入选2009年全国首批“基础学科拔尖学生培养试验计划”试点高校。在研究生培养工作实践中，先后推动建立了“3551工程”，即三大中心：学位与研究生教育中心、职业学位教育中心和公共实验中心；五大信息系统：招生系统、迎新与离校系统、学籍与奖助系统、博导电子档案系统和学位论文质量监控系统；五大公共实验平台：理化科学、生命科学、信息科学、工程科学、高性能计算科学实验平台；一个目标：提高研究生培养质量，打造精品，在科学学位研究生教育领域创“顶天”奇迹，在专业学位研究生教育领域，绘“立地”宏图。2009年，学校授予542人博士学位，2094人硕士学位；有2篇论文入选全国百篇优博论文，8篇论文入选全国百篇优博提名论文，8篇论文入选中国科学院优博论文。

2009年，学校共组织申报各类纵向科研项目1100余项，获批485项，总经费达48857.94万元。其中，国家自然科学基金获批经费首次突破亿元，达11428.5万元；国家自然科学基金面上项目和青年基金项目批准率分别达到38.13%和45.04%，均列全国高校第一位；新增国家杰出青年科学基金获得者3人、创新研究群体1个，创新研究群体总数已达8个，位列全国高校第三位；另有8项重大项目与重大科技专项项目获批。2009年，中国科大牵头承担12项国家重大科学研究计划项目，仍居全国高校首位；承担ITER计划项目3项，占全国高校承担项目总数的3/4。截至2009年12月15日，科研经费到款51194.26万元，主要包括纵向科研项目经费34076.74万元、基地建设及运行费13676.76万元、基本科研业务费2100万元。

2009年，全校共获各类科技奖励15项，其中国家自然科学奖二等奖1项，安徽省重大科技成就奖1项、自然科学一等奖1项，何梁何利奖2项。根据中国科学技术信息研究所公布的2008年度中国科技论文统计结果，中国科大共发表SCI收录论文1544篇、EI收录论文1135篇、ISTP收录论文586篇，其中在*Nature*及其子刊和*PNAS*上发表论文4篇；在首次公布的“表现不俗”论文统计中，中国科大入选263篇，入选比例居全国高校第一位。“量子计算研究获重大突破”和“成功实现太阳能冶炼高纯硅”两项成果入选2009年度中国十大科技进展新闻，学校成为2003年以来连续7年有成果入选年度中国十大科技进展的唯一高校；“基于自旋的量子调控实验研究”和“双功能单分子器件的设计与实现”两项研究成果入选2009年度中国高校十大科技进展，入选成果数位列全国高校榜首。全年共有190件专利获受理，115件专利获授权(其中美国专利1件)，25件计算机软件获著作权颁证。

国际学术交流与合作进一步加强。2009年主办、承办了9个国际学术会议，共邀请441位境外专家学者来校访问讲学，选派456人次出国访问、学习或开展合作研究与学术交流。

2009年学校有参控股企业27家，提供就业岗位约2100个，年度预计参控股企业总销售收入为24.41亿元，利税总额6.59为亿元，其中缴纳各类税金1.99亿元。

中国科大是中国物理学会同步辐射专业委员会、中国自动化学会自动仿真专业委员会等23个学会挂靠单位；主办的学术刊物有《中国科学技术大学学报》、《火灾科学》、《低温物理学报》、《化学物理学报》、《实验力学》等。

（撰稿：郑红群　审稿：刘天卓）

计算机网络信息中心

主　　任：黄向阳
地　　址：北京市中关村南四街四号
邮政编码：100190
联系电话：010－58812265
传　　真：010－58812290
电子信箱：qianysh@cnic.cn
网　　址：http://www.cnic.ac.cn

中国科学院计算机网络信息中心（以下简称网络中心）成立于1995年4月，是中国科学院信息化持续建设、运行与服务的支撑单位，国家互联网基础资源的运行管理机构，先进网络与高端应用技术的研发基地，国内外先进科技网络的重要组成部分。

网络中心以中国科技网的发展、e-Science的环境建设与应用示范、ARP的运行维护和应用支持、中国互联网基础资源的管理等为支撑服务的主要方向，结合中国科学院信息化应用的需要，组织其他重点项目的建设。主要围绕着先进网络基础设施、高效能超级计算机基础设施、海量数据应用环境、管理信息化应用支撑环境、国家互联网基础资源服务环境建设推动信息化支撑环境的发展；围绕创新信息化增值服务、创新知识服务推动信息化服务的发展；围绕互联网技术研究与创新、先进计算技术的研究创新推动技术创新和引领领域发展。

网络中心现有7个业务中心和3个支撑部门。7个业务中心包括中国科技网网络中心、科学数据中心、超级计算中心、ARP运行支持中心、协同工作环境研究中心、网络科普教育中心和中国互联网信息中心（CNNIC)；3个支撑部门包括e-Science应用推进总体组、e-Science呼叫服务中心和期刊编辑部。2009年，网络中心成立了面向中心对外投资管理的资产经营公司北京中科北龙科技有限责任公司，分离了CNNIC经营性业务，调整了北京中科三方网络技术有限公司董事会。

截至2009年底，网络中心共有在职职工540名。其中研究和工程技术人员290名、科技支撑人员227名，包括研究员及正高级专业技术人员12名、副研究员及高级工程技术人员58名。全中心进入创新岗位73人。

网络中心设有计算机技术一级学科下的二级学科计算机软件与理论硕士、博士点和计算机应用技术硕士研究生培养点，并设有计算机软件与理论二级学科博士后工作站。共有在读研究生

146人，其中硕士生118人、博士生28人，有在站博士后1人。

2009年，网络中心共有在研项目93项（包括2009年新增项目40项），其中国家重点基础研究发展计划（973）项目（课题）2项（新增1项），国家高技术研究发展计划（863）项目（课题）7项（新增1项），国家科技支撑计划项目1项，科学技术部平台项目3项（新增2项）、国际合作项目3项；国家自然科学基金重大项目9项（新增5项）；国家发展和改革委员会高技术产业化项目1项（新增），其他项目2项（新增1项）；中国科学院“十一五”信息化专项20项（新增6项），知识创新重大项目6项（新增1项）、重要方向项目3项（新增），对外合作重点项目1项；与地方和单位合作项目17项（新增9项）。

网络中心紧密围绕国家重大需求开展科研工作，并取得可喜成效。2009年2月，CNNIC全程参与了温家宝总理在线访谈的保障工作，受到工业和信息化部与新华社好评。2009年底CNNIC针对不良网站开展了清查工作，共清查域名1342.6万个，查出并停止解析涉黄域名10510个，处理不良网站域名13175例。超级计算中心建立的超级计算三层架构总中心、分中心、所级（园区）中心已初具规模，与合肥、深圳、昆明等10个地区签订了建立分中心协议。深腾7000超级计算机现有用户247个，其中院外用户40个，院内157个；利用率60.93%（数据截止到2009年12月31日），提供计算机时4700万CPU小时。截至2009年底，科学数据中心的科学数据库整合了共计346个数据（子）库、426个数据集，数据量超过15TB，数据记录数超过20亿条，改版完善形成了51个数据服务网站；2009年9－12月累计数据下载量62.7TB，累计访问人次达310万，为138个项目提供数据服务。协同工作环境研究中心自主研发了支持e-Science的协同工作环境套件（Duckling），至2009年底共部署Duckling套件共计63套，涉及研究所/联合项目共计42个。为2009年国际生化大会、西安加速器质谱中心、智能数据管理平台、营养干预研究短信问卷调查管理平台等搭建了协同工作环境。ARP运行支持中心完成ARP所级系统架构方面的优化、所级系统升级改造，通过防火墙的访问控制规则和包过滤规则，完善了各个区域之间的访问安全策略，优化整合了应用系统平台，组织建设了ARP信息资源管理与服务平台，完成《ARP标准规范》编制，使ARP系统稳定、安全，管理趋于规范化。在中国科学院统建的网站群平台上建成了中英文版主站以及院属各单位中文版子站159个、英文版子站116个。网络科普教育中心初步完成了中国科学院网络化科学传播平台建设，建立了院所两级三个层次服务体系，共建共享服务平台服务全院的科普工作，有效提高了全院科普服务的效果。网络化科学传播平台上网提供数据总量为85GB，线下素材2TB，平台门户每日平均访问量为35000以上，正常服务率为99.9%。

网络中心面向国际前沿，积极开展国际科技合作。承担的国际热核聚变实验堆（ITER）计划专项《ITER国际高速专用数据网的设计、测试和构建》项目已实现科学技术部ITER执行中心、核工业西南物理研究院和中国科学院合肥物质研究院与ITER IO间的百兆国际互联，完成了软、硬件设备的采购、安装、调试工作并进入试运行阶段。网络中心参与建设的中美俄环球科教网络（GLORIAD）项目，2009年继续得到美国国家科学基金会（NSF）支持，其中NSF支持的Taj项目把印度、新加坡、越南和埃及等国家的网络连接到GLORIAD中，并大幅提升美国与中国以及北欧地区的网络带宽；Taj项目将大幅提升环北半球国家的科研教育网络基础设施，为全球科研和教育领域的协作带来深远的、可持续的受益。CODATA天然气水合物信息系统建设项目是由国际CODTATA水合物工作组牵头，由中国科学院计算机网络信息中心、美国科罗拉多大学、美国国家标准技术研究所共同参与的一个国际合作项目。项目的最终目的是通过一套标准描述语言（GHML）和Web服务，统一整合共享国际上的水合物数据。2009年3月该项目通过验收。目前该Web服务正在通过中国科学院科学数据中心门户网站对外提供服务。该项目的实施对GHML的逻辑和应用的合理性提出了新的修改要求并促进更新版本的形成。同时项目中积累的经验将为后继Web服务的开发和最终系统的开发提供参考。2009 年网络中心主办或承办了第 28 次 APNIC 开放政策会议、亚太顶级域联合会会议、运行分析研究中心（DNS-OARC）秋季工作会议、中美科技数据交流圆桌会议、中美高级网络技术研讨会（CANS2009）及 2009 中美科研信息化研讨会高性能计算。

网络中心是国际科技数据委员会（CODATA）中国委员会秘书处、中国科学院科学数据库办公室的挂靠单位；编辑和出版《中国科学院信息化工作动态》、《科研信息化技术与应用》专业期刊。

（撰稿：钱云杉　审稿：陈　浩）

国家科学图书馆（筹）

常务副馆长：张晓林
地　　　址：北京市中关村北四环西路 33 号
邮 政 编 码：100190
电　　　话：010－82626684
传　　　真：010－82626600
电 子 信 箱：office@mail.las.ac.cn
网　　　址：http://www.las.ac.cn

中国科学院国家科学图书馆（以下简称国科图）于 2006 年 3 月 18 日正式挂牌，由中国科学院所属的 4 个院级文献情报机构整合而成。总馆设在北京，下设兰州、成都、武汉 3 个二级法人分馆，并依托若干研究所（校）建立特色分馆。

兰州分馆设在始建于 1955 年的原中国科学院资源环境科学信息中心，负责参与和支撑西北地区研究所的一线服务，负责资源环境以及院重点部署的生态与环境科技、资源与海洋科技重大方向的战略情报研究服务；成都分馆设在始建于 1958 年的原中国科学院成都文献情报中心，负责参与和支撑西南地区研究所的一线服务，负责部分战略高技术以及院重点部署的信息科技、先进工业生物技术重大方向的战略情报研究服务；武汉分馆设在始建于 1956 年的原中国科学院武汉文献情报中心，负责参与和支撑中南、华南研究所的一线服务，负责部分战略高技术以及院重点部署的先进能源科技、先进制造与新材料重大方向的战略情报研究服务。

国科图立足科学院，面向全国，主要为自然科学、边缘交叉科学和高技术领域的科技自主创新提供文献信息保障、战略情报研究服务、公共信息服务平台支撑和科学交流与传播服务，同时通过国家科技文献平台和开展共建共享为国家创新体系其他领域的科研机构提供信息服务。目前已发展成为一个以数字化网络化服务为主和以知识化服务为特征的现代化国家科学图书馆，正在成为适应信息时代的知识情报研究与知识服务中心，在支撑科技自主创新、服务国家创新体系中发挥着日益重要的作用。

截至 2009 年底，国科图共有职工 578 人（含项目聘用 60 人），其中专业技术人员 487 人，包括正高级研究（馆）员 49 人、副高级研究（馆）员 96 人。国科图设有图书馆学、科技情报学硕士、博士研究生培养点，2009 年共有在读硕士研究生 92 人，博士研究生 56 人。

2009 年，国科图按照科研和决策信息需求，重点深化支持科技创新的学科馆员服务和支撑科技决策的战略情报服务，持续提升科技信息保障能力。继续坚持学科馆员“常下所、长下所”，融入科研一线、嵌入科研过程，提供及时和高效的信息利用培训和咨询服务，试验开展学科化深层次个性服务。全年本地下所 1551 次，外地下所 137 次，培训用户达 1.8 万余人次，培训用户累计共收到表扬（感谢）信 6000 多次。开始推行以个性化、深层次服务为特征的创新到所项目建设，共批准立项 37 项；面向全院部署机构知识库建设，推动在研究所文献情报机构基础上建立知识管理服务功能，已有 51 家研究所参加；启动实施 4 个特色分馆建设，包括在生物物理所和青岛生物能源所的情报研究特色分馆、在力学研究所的知识资源综合管理特色分馆、在深圳先进技术研究院的区域资源合作特色分馆。新疆乌鲁木齐“7.5”事件之后，兰州分馆立即组织专门针对新疆“两所一站”的应急信息服务，总分馆组织有关人员大力配合，建立起了良好的服务推荐、需求信息收集、资料搜集与及时传递、专题情报调研与咨询的高效服务链，共提供原文文献1800余篇、专题检索98项、论文收录引用与查新38项、市场调研2项。

2009年，国科图每旬一期的《国际重要科技信息专报》、数个科技领域每半月一期的《科技动态监测快报》、各个方面的年度分析研究报告以及大量不定期的专题研究报告有力地支撑了中国科学院和国家有关部门的战略研究和宏观决策，多次得到院局领导表扬和肯定。公开出版《中国与美日德法英五国科技的比较研究》并发送给国务院、中央各大部委及相关领导专家；《铁基超导材料制备研究进展》作为情报研究引导领域趋势探索的范例，在国内权威学术期刊《科学通报》发表并获科学家好评。众多专业领域情报报告得到院和专业局领导高度重视，已经出现由情报研究激发高层战略研究需要的可喜势头。情报研究团队成建制地参加院面向2050战略路线图研究，并独立提交了18份重要科技领域国际发展态势分析研究报告；成建制参加科技部“863”计划材料领域战略规划组对10个专题的专利分析技术，得到科学技术部领导和战略专家组的高度评价。《信息化研究与应用快报》、《国际科技竞争力报告》、《科学结构地图2009》等新的正式情报产品陆续推出。战略情报集成研讨厅正式启动服务，科学结构演化分析工具已应用到多项战略情报研究中，启动“科学结构、技术结构及其时序分析”、“预警分析实验工具集”和“重要科技机构核心影响力分析”在内的情报研究新产品建设，为深化情报研究内容、提升情报研究贡献度提供了条件。

截至2009年底，累计为全院开通数据库152个，其中2009年新增数据库17个，使全院相关研究所可共享的外文电子期刊达到11 353种，外文电子图书和会议录47000余卷/册，外文电子工具书2000余卷/册，外文学位论文21万篇；中文电子图书总量达到28万种、中文电子期刊10 434种，中文学位论文约104万篇。全院科研人员文献全文下载量达到2756万篇，相比2008年增加30%；全院原文传递服务超过11万余篇，满足率达到94%，实现稳定增长；同时积极拓展第三方供应渠道，正式开通解放军医学图书馆为中国科学院系统的服务，开始提供中国核情报中心《国际核文献数据库》和中国兵器工业210所简氏年鉴、国防科技报告等特色文献服务。ScienceChina已拥有院外用户达141家，年访问人次51万余次，已开始面向期刊编辑部、研究院所等各类用户提供在线引证分析和竞争力分析等服务。院所协同的查新检索联合服务体系初显成效，完成查新检索课题6000余项，已有23个研究所主动与总馆开展联合引证检索服务，共计完成163项检索证明。

2009年，国科图牵头组织国家科技文献平台“十二五”规划研究和制定，完成文献数据库数据加工规范、启动运行NSTL联合加工系统、继续建设NSTL文献综合管理系统和国际科学引文数据库研制与建设工作；组织国内多家图书馆机构完成“中德数字信息服务”合作项目，组织数字资源建设与共享研讨会和科学文献与科学数据通用许可国际研讨会等热点问题研讨会；牵头建立SUBITO-ChinaDirect国际文献传递系统，作为创立成员参与组建国际开放机构知识库网络COAR，与开放出版集团BioMed Central签署合作协议试验建立科技论文开放发表渠道和机制；持续开展数字资源长期保存研究与示范，与Springer签署数字资源长期保存协议，成为全国首个与国际国内出版商正式签署的数字资源长期保存协议，标志着我国在建立合法、规范和可靠的数字资源长期保存系统方面迈出了坚实的一步。兰州分馆继续承担“甘肃白银高技术开发区产业发展规划”、“创新型白银建设规划及产学研模式研究”、“甘肃白银高技术开发区自主创新和高技术发展情况”等研究项目。成都分馆承担完成“灾区科技信息服务体系构建”、“成都市生物医药行业知识产权战略”、“藏药企业信息化平台”的建设。武汉分馆与武汉国家生物产业基地合作建设的生命科学与生物技术信息平台，获得湖北省生物产业重大专项的支持。

2009年，国科图共组织完成各类科学文化传播活动288场，其中自主策划组织完成59场，吸引到馆（含分馆）参与各类传播活动的社会公众7万多人次；试验建立完成科技期刊集成服务平台，启动Journal 3.0示范平台建设项目，完成《中国科协期刊发展报告2009》。《长江流域资源与环境》由双月刊变为月刊；全年接待342

人次查阅档案3036卷，复印档案17809张。

国科图是中国科学院现代化研究中心、全国科学技术名词审定委员会事务中心、中国图书馆学会专业图书馆分会、中国科学院自然科学期刊编辑研究会的挂靠单位。总分馆主办的科技期刊有《图书情报工作》、《现代图书情报工作》、《化学进展》、《电子政务》、《中国生物工程杂志》、《高科技与产业化》、《科学观察》、《中国文献情报（英文刊）》、《黄金科学技术》、《世界科技研究与发展》、《天然气地球科学》、《地球科学进展》、《天然产物研究与开发》、《遥感技术与应用》、《长江流域资源与环境》和《中国数学文摘》共16种。

（撰稿：吕秋培　审稿：张晓林）

新闻出版单位

科学时报社

社　　长：刘洪海
地　　址：北京市海淀区中关村南一条乙3号
邮政编码：100190
电　　话：010－82614607
传　　真：010－82614609
电子信箱：office@stimes.cn
网　　址：http://www.stimes.cas.cn

科学时报社由1959年1月创办的《科学报》发展而来，是中国科学院所属唯一经国家新闻出版总署批准的新闻出版单位，具有主编报纸和社科类期刊的特许权、报社主办的报刊出版权、记者和记者站的管理权、报社主办的报刊广告经营权和发行权及新闻类网站的主办权等。50余年来，科学时报社一贯秉承"科学眼光看世界，世界眼光看科学"的办报宗旨，恪守"求真、求实、求精、求是"的办报原则，坚持"科学性、权威性、思想性"的办报特色，在中国科技界和教育界享有较高的声誉。

科学时报社出版有"两报"（《科学时报》、《网络报》）、"两刊"（《科学新闻》、《科学新生活》）、"两网"（主办科学网，同时承担中国科学院网站内容的编采工作），下设有"一所"（科学时报社中国科学传播研究所）。其中，《科学时报》源于创办于1959年1月的《科学报》，1989年更名为《中国科学报》，1999年1月更名为《科学时报》，是我国最早的专业报纸之一。1999年，《科学时报》确立由中国科学院主管，中国科学院、中国工程院和国家自然科学基金委员会共办。目前，《科学时报》出版周期为周6刊，每日8版，彩色印刷，是面向全国发行的主流科技媒体。

截至2009年底，科学时报社共有在职职工168人。其中，研究生及以上学历人员60人；采编人员137人，研究人员12人；具有高级职称人员31人。

2009年，科学时报社按照报社"十一五"规划，继续向着"打造中国第一科学传媒"的目标迈进，坚持党管新闻、党管干部的原则，坚持"三审三校"制度和全员岗位聘任制度，全面落实新闻采编业务改革，贯彻《〈科学时报〉采编条例》，提高新闻作品质量。

2009年，科学时报社加强策划选题，抓住中华人民共和国成立60周年和中国科学院建院60周年的时机，利用"两院一委"优势资源，发挥两院专家思想优势，刊载了国家科学技术奖励大会、现代农业与国家粮食安全论坛、首届中国大学生书评大赛、第十五届两院院士评选中国和世界十大科技进展等新闻专题；同时，开设了"我和我心爱的祖国——庆祝新中国成立60周年系列科学人物报道"、中国科学院院庆60周年特刊："辉煌甲子，永志创新"、"中国科学院创新文化10周年"和"在中科院的日子"等专栏。其中，"我和我心爱的祖国——庆祝新中国成立60周年系列科学人物报道"专栏，生动立体地报道了为新中国建设付出心血与汗水的科学人物的感人事迹，有效地弘扬了爱国主义精神，受到中共中央宣传部《新闻阅评》的肯定和褒扬。

科学网以"构建全球华人科学社区"为目标，调整网站布局，扩大国际合作，提高网站影响力。在对原有的新闻、论文、博客、人才和论坛频道升级改版基础上，增设圈子、图片、英文和会议等频道；在与汤森路透、爱思唯尔等国际知名出版集团保持战略合作伙伴关系的基础上，与盖茨基金会、施普林格、奥林巴斯、威利、理文编辑等多家国际知名企业达成了合作协议；举办"与SCI之父面对面"、"全国首届共聚焦显微图像大赛"等活动；出版《流动的科学——科学网2009博文集粹》。截至2009年底，科学网拥有实名博主1万余人，注册用户数10万人，专家库30多万人，每日独立访问IP超过10万，页面浏览超过50万。根据国际权威的Alexa排名，科学网在全球网站中平均排名约为11000名，在中国网站中排名约为1200名。

《科学新闻》以“服务职业科学家”为定位，全新改版。在采编上，抓住科教界关心的公共话题和公众关心的科教话题，策划“地震预报真相”、“生命悲欢录”、“反坝真相”、“1949，科学进行时”等选题；努力发掘科教界的高端人物和领军人物访谈，相继专访了路甬祥、万钢、陈竺、王志珍、李政道、白春礼、朱经武、张杰、姚期智、施一公、饶毅、约翰·贝丁顿、Torsten Akesson、钱永健等；召开杰出科教人才引进评估高层战略研讨会；分别以“科学创造传奇”和“《自然》与气候科学”为主题，邀请前南斯拉夫总理帕尼什和《自然》总编Philip Campbell博士，在北京大学和中国农业科学院举办两届“科学新闻大讲堂”；策划“寻找未来科学之星”等活动；建立与新浪、搜狐、网易、腾讯及台湾知识通讯评论等门户网站的伙伴关系，深化与爱思唯尔战略合作关系等。截至2009年底，改版后的《科学新闻》共出版24期。

科学时报社承担了中国科学院网站群建设项目的内容建设等工作。新发布的中国科学院网站按照主站加子站的站群模式全新改版，立足“发布信息、传播知识、服务公众”，访问量快速攀升，日均访问量超过100万人次，获得“中国政府网站优秀奖”；为加强网站建设，于2009年12月底在广州组织召开了包括中国科学院全院机构在内的网站群子站应用培训班。

科学时报社中国科学传播研究所积极申报和完成各类研究课题；顺利出版《中国科学传播报告·2009》和《创新型国家建设报告·2009》。

《科学新生活》持续投入精力推动原创内容，在首都报刊零售市场继续保持了较高的销售份额，全年共出版50期。

2009年，科学时报社党委继续把报社所属子媒体的办报、办刊、办网方向作为党的工作的头等大事，确保在政治上过得硬，在大政方针上把得准，持之以恒地狠抓党的建设。在中国科学院党组的统一部署下，继续推进学习实践科学发展观活动，测评结果显示，“对科学时报社开展深入学习实践科学发展观活动情况”满意率达到100%；围绕党的十七届四中全会有关精神、院庆领导讲话精神、报业发展战略和改革有关精神，推进报社党委学习；在机构调整上，按照中国科学院关于实施全员岗位聘任制的精神，优化机构，强化岗位聘任，完成新一轮全员岗位竞聘；实现了对四川、安徽等记者站的充实与调整工作，实现山西记者站恢复建站；在青海召开了大学工作站会议，进一步理顺了大学工作站的工作机制。

2009年，科学时报社密切了与爱思唯尔、汤森路透、英国大使馆等国际机构的合作，并与盖茨基金会、施普林格、奥林巴斯等多家国际企业达成了合作协议，支持并推动员工出国进修、参会，积极探索国际交流新模式；科学时报社与中国生物工程学会等17家国家一级学会、协会、吉林省人民政府共同主办了第三届中国生物产业大会。

（撰稿：刘洪胜　审稿：徐雁龙）

其 他 机 构

行政管理局

局　　长：吴建国
地　　址：北京市海淀区中关村南三街15号
邮政编码：100086
电　　话：010－62571850
传　　真：010－62560929
电子信箱：office@caseab.com
网　　址：http://www.caseab.com

中国科学院行政管理局（以下简称行管局）始建于1955年，是中国科学院机关职能部门。1991年机构改革成为院直属事业单位。

行管局负责中国科学院京区行政后勤服务和公共事务管理工作，已形成置业物业产业、学前教育产业和科学文化传播产业三大主业方向，并启动高新技术产业服务平台建设。作为中国科学院对外合作交流的窗口单位之一，行管局积极发展多元化、精品化业务，努力提供标准化、人性化服务，为服务中国科学院知识创新工程和促进地方和谐稳定发展不断作出新的贡献。同时，行管局积极进取，锐意创新，努力搭建知识创新服务平台，打造行政后勤管理旗舰。

行管局设有6个机关处室，1个直属单位，8个二级企业单位。截至2009年底，共有在职人员1210人，其中事业在编职工666人、项目聘用人员544人。

2009年，行管局以党的十七大和十七届四中全会精神为指导，按照院党组的部署和要求，积极落实深入学习实践科学发展观活动整改方案，认真开展防腐倡廉学习教育活动。继续加强领导班子建设和中层干部队伍建设，从思想建设、组织建设、作风建设、制度建设、廉政建设5个方面打造决策有力的领导层和执行得力的中间层；继续加强和改进人才工作，编制全面的、系统的人才队伍建设中长期规划，完善薪酬激励机制，创建“人人成才、人尽其才”的良好氛围；继续加强基层党建工作，继续做好职工思想教育工作，特别是做好老同志、老党员的工作，加强情况沟通，树立“人心向党 共建和谐”的良好风气，妥善解决历史遗留问题；继续加强创新文化建设，狠抓制度创新、管理创新、服务创新，倡导学习型、创新型的文化氛围，不断提高可持续发展的软实力；继续加强与地方合作交流，新成立局综合治理办公室，与地方政府部门联合行动，开展科学院京区环境秩序综合整治工作，取得阶段性显著成效，并逐步形成中关村地区治理的长效机制。

2009年，行管局以新中国成立60周年和中国科学院建院60周年为契机，积极应对外部环境压力和挑战，内抓管理，外强服务，加快产业升级和战略转移步伐，继续保持各项事业可持续发展势头。全年实现总收入增长26%，总资产增长21%，净资产增长14%，圆满完成各项指标任务。行管局下属科住物业公司全年新竞标获得8个物业管理项目，管理面积新增40多万m^2，截至2009年底共取得1个“国优”项目和5个“市优”项目，品牌知名度和市场占有率再创历史新高；行管局下属中国科学院幼儿园开园达12所，幼儿招收规模突破3000人，在外地开办2所分园，初步形成了跨区域发展的战略格局；在廊坊市注册成立了专业房地产开发公司，对科兴工厂进行拆迁改造和重置工作，进一步提升置业产业发展能力。

2009年，行管局南三街综合楼和苇子坑住宅楼项目顺利竣工，投资约3000万元启动中关村群众体育健身活动中心建设，为丰富科研人员和地区居民的文体生活提供了平台、创造了条件。为解决中关村等老旧生活区存在的问题，全年共完成大中修工程26项，完成投资130多万元。同时，加快推进中关村科研生活用电升级改造项目，积极筹划北郊科学园南里九区改造方案。

（撰稿：翟秋翌　审稿：侯瑞虹）

青岛疗养院

院　　长：万述鉴
地　　址：山东省青岛市南区珠海路1号
邮政编码：266071
电　　话：0532-85967888
传　　真：0532-85968780
电子信箱：swan@public.qd.sd.cn
网　　址：http://www.zylhotel.com

中国科学院青岛疗养院始建于1956年，原址为青岛栖霞路12号、15号两处院落，时称中国科学院青岛休养所，隶属中国科学院海洋研究所代管。“文化大革命”前后，海洋研究所将栖霞路12号改为海洋所同位素实验室及职工宿舍，休养所停办。1978年5月18日，邓小平同志亲自圈阅了中国科学院《关于恢复中国科学院青岛疗养所和建立庐山疗养所的请示》（〔78〕科发计字0713号文），遂改为中国科学院直属事业单位。1983年改称中国科学院青岛疗养院；同时，中国科学院批准在青岛选址（辛家庄）征地扩建新院；但仅完成征地手续，即在国家压缩基建项目形势下以“缓建”告结。1992年，青岛市土地管理局以青土管字（1992）第49号文《关于收回科学院青岛疗养院征而未用土地的通知》“收回”新址土地，时任副院长万述鉴果断提出“自行集资扩建新的疗养院”意见，获中国科学院同意并开展工作，1999年疗养院新址竣工并投入使用；同年，根据中国科学院指示，将栖霞路15号旧址全部移交中国科学院海洋研究所管理使用。

青岛疗养院（致远楼宾馆）现位于青岛市东部政治、经济、文化、商贸中心地带，园区占地100亩，康复中心楼高15层，建筑面积为15000m^2，绿化面积达19000m^2；拥有海景山景标准间、商务间、普通套房、豪华套房等277套，客房硬件设施在青岛三星级酒店中名列首位，有会议室、餐厅、无柱多功能厅、商务中心等服务设施，还有能停放百余辆机动车的大型停车场及中心花园及灯光网球场，是一座闹中取静的田园式三星级涉外宾馆，是我国广大科技工作者温馨的家园，也是中国科学院后勤单位对外服务的窗口。

青岛疗养院与致远楼宾馆为一个单位两块牌子，设八部一室（总经理办公室、人事部、前厅部、客房部、餐饮部、财务部、保安部、工程部、营销部）。截至2009年底，现有事业编在职职工9人，合同制员工200余人，其中中级技术职称6人、高级技术工人8人、中级技术工人20人。

青岛疗养院（致远楼宾馆）的经营方针是自力更生、艰苦奋斗、创新创业，经营方式是既为中国科学院服务，又面向社会赢利。在往年获得多项荣誉和资质的基础上，2009年底获得青岛市卫生局卫生监管局颁发的“公共场所卫生信誉度A级单位”称号。

面对经济危机带来的困难和影响，青岛疗养院（致远楼宾馆）积极采取各种措施开源节流，加强制度化、规范化管理，积极开拓市场；内练素质、外树形象，市场营销和接待服务工作取得了较好的成绩。全年共实现营业收入1160万元（2009年预算收入897万元，完成率129.32%）；经营净利润为62.42万元，创造利税177.41万元。

（撰稿：张建华　审稿：李　霞）

庐山疗养院

院　　长：张纪文
地　　址：江西省庐山芦林52号
邮政编码：332900
电　　话：0792-8282529；0792-8281940
传　　真：0792-8281412
电子信箱：hanpokoubinguan@sina.com
网　　址：http://www.hpkbg.com

中国科学院庐山疗养院组建于1978年6月6

日，其前身是著名的地质学家李四光先生的工作站。1970年修庐山山南公路时，民工烧火做饭不慎失火，将工作站烧毁。1978年6月经邓小平、李先念、汪东兴、纪登奎、王震、谷牧等中央领导批示同意，在原址重建。1985年5月9日经中国科学院批准，更名为中国科学院庐山疗养院。

截至2009年底，庐山疗养院共有在职职工32人，其中管理岗位10人，技术岗位2人，工人20人、设有办公室、营销部、客房部、餐饮部、后勤部等管理机构。

庐山疗养院坐落在环境优美的芦林湖畔，与著名的含鄱口景区相邻，是游览五老峰、三叠泉、三宝树、毛主席旧居景点的好住处，并且是到含鄱口观日出、观鄱阳湖的最佳住处。疗养院内布局独特，为花园式庭院格局，环境典雅、舒适、宁静、空气清新。院内有天然矿泉水，经国家有关部门鉴定，该矿泉水含有10多种对人体有益的微量元素，尤其对心脑血管病人有显著疗效。

庐山疗养院园区面积有20000m^2，有四栋别墅疗养楼，拥有观景套房、豪华标间、豪华单间、普通标间等130套，设有宴会厅、小餐厅、贵宾厅、各式包厢，还配有大、小会议室数间等其他配套设施。

2009年，庐山疗养院为深入贯彻中国科学院开拓创新的理念，从提升服务、优化环境、开拓财源、接待内涵等方面入手，以庐山风景最优美的宾馆，最适合度假、休闲、召开各类会议，并拥有庐山唯一一座可欣赏湖光山色的观景包厢为主题加大宣传力度。疗养院在原包厢的基础上升层新建包厢，于2009年7月9日竣工并接待了中央各部委重要领导和世界名山大会的代表等，该包厢被誉为“庐山第一厅”，已成为庐山各单位接待贵宾的首选之地。南京分院于2009年3月30日在庐山疗养院设立了中国科学院南京分院院地合作江西工作站，庐山疗养院积极配合，并在南京分院与九江市科技局、中国科学院与江西省科技厅合作开办中国科学院现代农业科技讲座、院地合作座谈会（这次会议在江西省的历史上是规模最大、参加人员最多的一次）期间做好服务工作。

2009年，庐山疗养院共接待客人5763人次，其中中国科学院客人占总人次的53.89%，各网站客人占总人次的10.6%，其他客人占总人次的35.51%，被中国科学院各研究所的疗养团称为“科技人员之家”。2009年预算收入120万元，实现经营收入145万元，预算完成率为120%，比2008年增长32万元，实现净利润17万元。

（撰稿：刘　莉　审稿：梅庐溪）

院直属投资的控股企业

中国科学院国有资产经营有限责任公司

董 事 长：施尔畏
副董事长：邓麦村（法定代表人）
执行董事、总 经 理：王 津
地　　址：北京市海淀区北四环西路 9 号银谷大厦 702
邮政编码：100190
电　　话：010－62800115
传　　真：010－62800120
电子信箱：casholdings@rose.cashq.ac.cn
网　　址：http://www.holdings.cas.cn

中国科学院国有资产经营有限责任公司（以下简称国科控股）经国务院批准于 2002 年 4 月 12 日在北京市工商行政管理局注册成立，中国科学院是唯一出资人。国科控股代表中国科学院统一负责对中国科学院直接投资企业经营性国有资产依法行使出资人权利，并承担相应的保值增值责任。.

公司董事会由 7 人组成，施尔畏任董事长，邓麦村任副董事长，王津任执行董事、总经理；监事会由 5 人组成，王庭大任监事会主席。国科控股现有在册员工 24 人，兼职及返聘 3 人。设有综合管理部、财务与稽核部、股权管理部、资产营运部、资产监管部及中共中国科学院企业党组办公室 6 个部门。

截至 2009 年底，国科控股持股企业共 37 家，比上年增加 2 家；37 家企业中，全资和控股企业共 24 家（表 1）。受中国科学院委托，国科控股代管中国科学院青岛疗养院、庐山疗养院以及科技促进经济基金委员会的业务；负责中国科学院联想学院日常组织管理工作；根据《中国科学院章程》的规定，对院属事业单位占用的经营性国有资产行使监管权。

表 1　国科控股控持股企业及股权比例情况

序号		公司名称	成立日期	股权比例/%
全资及控股公司	1	联想控股有限公司	1984－11－09	36
	2	中科实业集团（控股）有限公司	1993－06－08	35
	3	东方科学仪器进出口集团有限公司	1983－10－22	65
	4	中国科学出版集团有限责任公司	2005－06－21	100
	5	中国科技产业投资管理有限公司	1987－10－17	60.67（75.20）
	6	北京中科科仪技术发展有限责任公司	2000－12－28	65
	7	北京中科院软件中心有限公司	2001－09－17	65.25
	8	中科院建筑设计研究院有限公司	2001－10－24	51
	9	北京中科资源有限公司	2001－12－07	81.96
	10	中国科学院沈阳计算技术研究所有限公司	2001－06－25	60
	11	中国科学院沈阳科学仪器研制中心有限公司	2001－04－18	65

续表

序号		公司名称	成立日期	股权比例/%
全资及控股公司	12	南京中科天文仪器有限公司	2001-11-28	60
	13	中科院广州化学有限公司	2001-12-21	65
	14	中科院广州电子技术有限公司	2001-12-30	87.92
	15	中国科学院成都有机化学有限公司	2001-06-08	65
	16	中科院成都信息技术有限公司	2001-06-26	62.61
	17	成都中科唯实仪器有限责任公司	2001-10-16	81.2
	18	中科院科技服务有限公司	2002-12-25	65
	19	北京中科印刷有限公司	1957-10-23	92.59
	20	北京博思园客座公寓有限公司	2005-09-07	64.5
	21	国科光电科技有限责任公司	2002-08-01	95.67
	22	上海碧科清洁能源技术有限公司	2009-01-21	51
	23	深圳中科院知识产权投资有限公司	2009-02-03	85.7
	24	北京科苑新创技术有限公司	2004-04-29	65
参股公司	25	北京中科普惠科技发展有限公司	2002-12-02	25
	26	北京东方阳光科学教育服务有限公司	2002-01-28	30
	27	北京中科创嘉人力资源咨询有限公司	2002-07-03	30
	28	北京中科院国际学术交流有限公司	2001-12-18	20
	29	北京中科国金工程管理咨询有限公司	2002-06-25	5.99
	30	北京中生可利检验医学技术有限责任公司	2006-10-13	33.3
	31	江苏中科金龙化工股份有限公司	2003-08-05	8.57
	32	沈阳高精数控技术有限公司	2005-01-28	25.86
	33	长春国科彩晶光电有限公司	2004-11-01	35
	34	上海振发机电设备有限公司	2006-10-27	17.2
	35	中国网通集团宽带业务应用国家工程实验室有限公司	2006-09-01	8.16
	36	华建电子有限责任公司	1997-06-03	6
	37	中国技术交易所有限公司	2009-08-08	10.71

2009 年，全院纳入统计范围的 413 家院所投资企业共实现营业收入 1737.56 亿元，同比增加 0.55%；利润总额 64.79 亿元，同比增加 44.30%；净资产 351.05 亿元，同比增加 26.0%。院直接投资的 28 家企业实现营业收入 1567.53 亿元，利润总额 48.01 亿元；净资产达到 160.91 亿元，院属权益 85.07 亿元。

国科控股各持股企业积极争取和承担各类科技任务。2009 年，各持股企业申报国家和地方科技项目获批 55 项，项目总经费 8.27 亿元，获得国家和地方支持 5.32 亿元。

进一步加快企业股权社会化改革，完成了联想控股股权转让和出版集团的产权划转工作；继续研究解决转制科研机构有关历史遗留问题，保持企业稳定；启动研究所投资企业清理整顿工作；完成第一批 7 家控股企业动态监管试点工作，并启动第二批 7 家控股企业动态监管试点工作；完成资本平台与 IP 运营平台搭建，与社会投资人合作建立完善投资人网络，与地方共建技术转移风险基金。

全面展开中国科学院联想学院培训工作。除继续开办联想之星班、实训班、研修班外，新增所、局级领导高级班；为配合中国科学院“应对金融危机支撑经济发展科技创新专项行动计划”，在长三角和珠三角分别开办了地方中小企业创新发展培训班。2009 年，联想学院共培训各类学员 374 人，其中院内 194 人，院外 180 人。

（撰稿：王晓敏　审稿：周传忠）

联想控股有限公司

董 事 长：柳传志
总　　裁：柳传志
地　　址：北京市海淀区科学院南路 2 号融科资讯中心 A 座 10 层
邮政编码：100190
电　　话：010－62509999
传　　真：010－62561056
网　　址：http://www.legendholdings.com.cn

联想控股有限公司（Legend Holdings Ltd.，以下简称联想控股）由中国科学院计算技术研究所投资 20 万元、安排 11 名科研人员于 1984 年创建而成。2009 年，联想控股综合营业额为 1063.75 亿元，总资产为 872.65 亿元，历年累计上缴税收 144.41 亿元，公司员工总数超过 31000 人。

联想控股的股权结构为：中国科学院国有资产经营有限责任公司持有 36% 股份，为第一大股东；联想控股职工持股会持有 35% 股份；中国泛海控股集团有限公司持有 29% 股份。

联想控股采用母子公司结构，形成了涉及 IT、投资、地产等三大行业，五大业务单元的非相关多元化经营格局。其中联想集团（992HK）、神州数码（861HK）已成为中国 IT 领域的旗舰企业；联想投资、弘毅投资在国内投资领域处于领先位置；融科智地正向房地产第一阵营发展。

联想控股作为联想系企业的旗舰，担负公司总体融资和资金配备、总体资产布局、子公司战略方向的统一协调与指导等职能，目前公司直接投资业务已全面开展。联想控股主要进行优质核心资产的投资，力争以资本为平台，通过价值创造，在多个行业内打造出一批领先企业，贡献于中国经济。联想控股不但从事直接投资、少数股权投资以及资产管理，也积极帮助早期科研成果的孵化，推动高科技成果的产业化。

联想集团有限公司（简称联想集团）　该公司成立于 1984 年，是联想控股成员企业，并于 1994 年 2 月 14 日在香港联合交易所主板上市，股票代码 992HK。公司积极打造卓越个人电脑，拥有以创新、高效及客户满意度为导向的业务模式，并积极投资于新兴市场。

联想集团于 2004 年并购 IBM 个人电脑事业部，在全球开发、制造和销售可靠、优质、安全、易用的技术产品及优质专业的服务。目前，联想集团是全球第四大个人电脑厂商，主要为全球客户提供基于商务用途的 Think 和满足个人消费需求的 Idea 两大产品系列。公司在日本大和，中国北京、上海、深圳及美国北卡罗莱纳州罗利市均设有重点研发中心，在全球 66 个国家拥有分支机构，在 166 个国家开展业务。

2009 年，柳传志出任联想集团董事长，杨元庆担任 CEO，经过一系列战略调整，取得良好业绩，营业额和利润大幅增长，全球市场份额创出历史新高，达到 9%。在中国，联想集团的市场份额达 33.5%。已连续多年保持排名第一位。

2009 年，联想集团回购了手机业务，并推出了面向移动互联网的全新一代产品，领先业界。

神州数码控股有限公司（简称神州数码）该公司于 2000 年从原联想集团分拆成立，2001 年在香港联合交易所主板上市，股票代码 861HK。

神州数码是中国本土最大的整合 IT 服务提供商，业务领域涵盖中国市场从个人消费到大型行业、企业客户的全方位 IT 服务。目前，公司已连续多年在供应链服务和系统集成服务市场位居第一，在政府、金融、电信等软件及集成服务领域市场位居前列。全国性网络已拓展至19个平台，办事处分布于30多个二、三级城市，业务覆盖全国。拥有近万名员工，其中约50%是研发人员。

联想投资有限公司（简称联想投资） 该公司是联想控股旗下专事风险投资业务的子公司，成立于2001年4月，总部设在北京，2003年设立上海办事处。目前公司管理的基金规模接近7亿美元，重点投资于运作主体在中国及市场与中国相关的具有高成长潜力的中小创业企业。

联想投资关注创业期和扩展早期的大IT领域投资和成长型投资机会。大IT领域重点投资网络应用与服务、外包和专业服务、基础架构包括芯片设计及关键元器件；成长型投资主要关注消费品、清洁能源、医疗保健、机械制造和现代服务业。单笔投资规模为500万-2000万美元。目前投资的企业超过70家，已成功上市或退出的有北京世纪卓越信息技术有限公司（即卓越网，已被亚马逊收购）、江苏林洋新能源有限公司（纳斯达克上市，股票代码SOLF）、展讯通信有限公司（纳斯达克上市，股票代码SPRD）、飞塔信息科技（北京）有限公司（纳斯达克上市，股票代码FORTINET）、中国世纪阳光纸业有限公司（香港主板上市，股票代码2002）、文思信息技术有限公司（纽约证券交易所上市，股票代码VIT）、宇阳科技发展有限公司（香港主板上市，股票代码0117）、安徽科大讯飞信息科技股份有限公司（深圳中小板，股票代码002230）、佛山星期六鞋业股份有限公司（002291. SZ）、北京合康亿盛变频科技股份有限公司（300048. SZ）等。

作为积极主动的投资者，联想投资通过帮助被投企业提高运作和管理等能力使其实现并保持高速、持续的发展，从而打造成功企业并获得投资收益。

融科智地房地产开发有限公司（简称融科智地） 该公司是联想控股有限公司投资于房地产行业的全资子公司，于2001年6月11日正式成立并进入商业房地产领域，开始打造深圳研发中心、神州数码软件开发中心、融科资讯中心A、C座。2003年，公司正式进入住宅开发领域，各地分公司相继成立。

几年来，融科智地保持了高速与稳定的发展态势，形成了北京、天津、重庆、武汉、长沙、合肥、宜兴、江西等多个城市的全国性战略布局，开发产品包括公寓、花园洋房、别墅等多种类型，产品深受好评，获得多项荣誉。

目前融科智地专注于住宅开发和物业持有与经营两大业务领域，已成长为拥有十多家地区公司、600多名员工、资产规模近百亿的全国房地产行业综合排名前列的公司。

弘毅投资顾问有限公司（简称弘毅投资） 该公司成立于2003年，是联想控股有限公司成员企业中专事股权投资及管理业务的公司，是中国起步较早、参照国际PE公司惯例设立、业务聚焦在中国本土规范运作的专业投资公司。弘毅投资团队对国际规范的基金组织管理模式有丰富经验，对中国本土化的基金投资业务有深刻理解和成功实践。

弘毅投资管理着一支人民币基金和四支美元基金，总规模超过200亿元。弘毅的人民币基金由联想控股作为发起人，全国社保基金作为主要投资人，弘毅美元基金由来自美国、欧洲、亚洲、日本等全球著名投资机构共同投资组成。

2003年1月至今，弘毅投资已先后在金融、建材、医药、装备机械、消费品、连锁服务等多个行业进行了投资。目前，弘毅投资已累计投资30个项目。截至2009年，被投企业资产总额约为2147亿元，整体销售额约为1221亿元，利税总额约为105亿元，这些企业为社会提供了近136000个就业岗位。

弘毅投资以“增值服务，价值创造”为核心理念，力争通过投资合作帮助企业建立在各自行业中的领先地位，最终实现社会、企业和投资者多方共赢。

（撰稿：单天时　审稿：唐旭东）

中科实业集团（控股）有限公司

董 事 长： 周小宁
总　　裁： 张国宏
地　　址： 北京市海淀区苏州街3号大恒科

技大厦南座15层
邮　编：100080
电　话：010－82569888
传　真：010－82569875
电子信箱：yinx@csh.com.cn
网　址：http://www.csh.com.cn

中科实业集团（控股）有限公司（以下简称中科集团）是中国科学院所属的大型高科技企业集团，成立于1993年，原名中科实业集团公司。1997年底，中科实业集团公司转制为中科实业集团（控股）公司。2008年6月6日，中科实业集团（控股）公司完成整体改制，名称变更为中科实业集团（控股）有限公司，成立了首届股东会、董事会、监事会。中科集团的宗旨是通过智慧和劳动服务社会，回报股东，报效祖国。

经过16年的发展，中科集团总资产超过100亿元，员工8000余名。本着“做强做大三大主导产业，建好管好环保投资项目”的经营方针，中科集团已发展成为以钕铁硼稀土永磁新材料、能源环保、房地产开发与管理为三大主业，光机电一体化及IT领域、生物制药及智能化产品等高技术产业共同发展的企业集团。2009年中科集团还承担了“十一五”国家科技支撑计划的重点项目“持久性有机污染物控制与削减的关键技术研究与示范”。

中科集团围绕新材料、房地产开发与管理、环境保护等领域建立了7个分公司。

北京中科三环高技术股份有限公司（简称中科三环公司） 该公司成立于1987年5月30日，是国内稀土永磁材料产业的龙头企业，全球第二大烧结钕铁硼永磁材料供应商，其产品60%以上出口到美、欧、东南亚等发达国家和地区，应用领域主要为计算机、汽车电机、核磁共振成像仪、消费类电子、信息通讯等。公司于2000年在中国深交所上市。2009年，中科三环公司积极开拓思路，开源节流，加强生产线自动化改造，进一步降低和控制生产成本和人工成本等，公司的“高性能稀土永磁材料制备工艺及产业化关键技术”获国家科技进步奖二等奖，高性能稀土永磁材料入选首批国家自主创新产品名单，并荣膺中关村科技园区20周年贡献奖。公司高度重视自主知识产权创新工作，截至2009年底申请专利数167件，授权数53件，其中发明专利为9件，为保障公司稳步经营起到了重要作用。

北京中关村科学城建设股份有限公司（简称中关村科学城公司） 该公司成立于2001年11月8日，主要从事土地开发、基础设施建设、房地产投资与开发等业务。2009年，中关村科学城公司业绩突出，紫金新干线小区一期住宅楼的入住工作正式展开；由中关村科学城公司发起设立的北京现代物权产权研究院成立；由公司代建的中国科学院创新三期重点工程的中国科学院交叉前沿领域及科技发展战略研究平台也正式封顶，项目的后续精装修与设备电气的安装等工作也逐步开展。

中科通用能源环保有限责任公司（简称中科通用） 该公司成立于1987年11月28日，2001年7月改制为中国科学院中科实业集团（控股）公司的控股企业。2009年8月1日，中科通用泰安项目第一台机组并网发电；2009年10月6日，慈溪项目全面通过竣工综合验收，在建常德、安庆、四平项目计划2010年底点火。2009年中科通用申报16项专利，其中发明专利5项。

中科国益环保工程有限公司（简称中科国益） 该公司成立于2003年12月1日，主要业务集中于水处理领域。几年来，公司已发展成为拥有多项自主研发技术，在市政污水处理、工业废水处理、工艺给水和软水处理等领域具有大量实用化技术的高新技术企业。2009年，中科国益申报了多项专利和课题，并签订了多项运营管理合同，使运营业务逐步成为公司新的利润增长点。

宁波中科绿色电力有限公司（简称宁波中科） 该公司成立于2005年8月16日，主要业务集中于生活垃圾处理。宁波中科2009年处理生活垃圾（含生化污泥）250088.46t，将垃圾转化为电力16 481.41万kW·h；完成了循环流化床锅炉新式吹灰器和冷渣机技改，提高了运行周期，为企业提供了大量有效运行时间，成为宁波市节能减排支持工程。同时，公司还通过生化污泥焚烧系统改造技术，得到政府的环保资助，解决了周边地区污水处理厂生化污泥的无害化处理难题，并为公司开辟出一条新的增收渠道。

慈溪中科众茂环保热电有限公司（简称慈溪中科） 该公司成立于2007年3月20日，主要从事生活垃圾焚烧发电业务。生活垃圾焚烧发电项目三炉二机于2009年4月4日通过江苏省电力中试所72小时整套启动试运，工程提前44天竣工投产，并于投产完成后通过了宁波市组织的竣工综合验收，成为2009年第一批获国家发展和改革委员会办公厅批准的资源综合利用发电机组，并取得了资源综合利用认定证书。2009年12月11日，江苏省发展和改革委员会批复慈溪中科为省内第一家生物质发电项目承担单位。生物质电价已由慈溪、宁波物价局向省物价局请示，要求转报国家发展和改革委员会批复。慈溪中科十分重视技术改造，通过实施锅炉高过管喷涂防腐涂料，延长了锅炉高过运行时间，完成了锅炉受热面、吹灰器改造等工程，提高了锅炉运行的经济性和可靠性。

涿州中科国益水务有限公司（简称涿州中科） 该公司成立于2006年4月28日，主要从事污水处理业务。涿州中科包括东、西两个城市污水处理厂，日处理污水能力8万t。其中东厂是河北省重点建设工程，对于改善涿州市区及周边区域生态环境、保障人民群众身体健康、促进当地经济社会发展、综合利用水资源和实现城市可持续发展有着重要意义。

（撰稿：尹　潇　审稿：张国宏）

东方科学仪器进出口集团有限公司

董 事 长：王　津
总　　裁：王　戈
地　　址：北京市海淀区阜成路67号
邮　　编：100036
电　　话：010－68725599（总机）
传　　真：010－68726610
电子信箱：master@osic.com.cn
网　　址：http://www.osic.com.cn

东方科学仪器进出口集团有限公司（以下简称东方科仪，英文简称OSIC）成立于1980年，是由中国科学院控股的集办理进出口业务、产品代理、储运、报关、寄售、国际国内招投标、建立国外仪器维修站和保税库以及相关高科技产品的研发、生产和销售为一体的综合性外贸集团公司。

公司的定位是：以客户需求为导向，立足中国科学院，面向全国科研、教育、生产行业的核心客户，提供进出口服务及市场营销、物流、保税、结算、生产、租赁等延伸产品和综合配套服务；坚持一业为主，相关多元发展，并成为中国科研进出口及综合服务领域的领导者。多年来，公司凭借良好的商业信誉和中国科学院强大的技术优势，同世界各国著名的科学仪器生产厂商、贸易公司、高科技企业和研究机构开展广泛的贸易往来和技术合作，建立起了覆盖全国和主要海外市场的服务网络。截至2009年底，公司共有员工480人，其中大专以上学历约占95%。

2009年，东方科仪恪守“精细管理，提升服务”的理念，在管理方面控制风险、强化执行力和开源节流，在服务方面倡导“敬业、勤业、专业”的职业精神，在市场方面积极采取措施化解国际金融危机影响，公司经营取得了较好成绩。2009年，公司完成进出口总额57362万美元，比上年增长16.86%；实现销售总额40.32亿元，比上年增长22.93%；资本保值增值率为131%，比上年增长11.03%。

为应对国际金融危机，公司重点采取“三进、二调、一提升”的措施。三进，即进一步加大对国家重点项目和科研院所、高校的市场开拓力度，努力巩固和增加每一个客户的业务份额；进一步加大总部对招投标业务的组织协调，加强市场开拓力度，通过扩大招标业务，带动进口代理业务的增长；进一步加强创新业务（仪器设备租赁、高技术成套设备工程国际承包、保税物流）的合理布局和市场开拓，努力推进创新业务的实施。二调，即加快调整产品结构和市场结构；加快调整不适合企业科学发展的组织结构。一提升，即提升东方科仪在市场中的核心竞争力。

2009 年，东方科仪完成了公司党委、董事会、公司经营班子的换届工作，并在圆满实现 2007－2009 年集团公司三年发展规划所拟定的目标的基础上，着手制定未来三年战略发展规划。此外，东方科仪还按照《公司法》的要求，对下属企业的管理、经营进行严格审计监督，使其投资收益比上年增加了 2.63%。

（撰稿：何志光 审稿：闫海燕）

中国科学出版集团有限责任公司

董 事 长：柳建尧

总 经 理：林 鹏

地 址：北京市东城区东黄城根北街 16 号

邮政编码：100717

电 话：010－64002238

传 真：010－64010628

网 址：http://www.cspg.cn

中国科学出版集团有限责任公司（以下简称中国科学出版集团）于 2000 年 2 月正式成立。2003 年 6 月，中国科学出版集团成为中央文化体制改革试点单位，作为国内唯一一家试点科技出版集团进行转制。2005 年 6 月中国科学出版集团转制，成立中国科学出版集团有限责任公司。2009 年 6 月，中央机构编制委员会办公室正式下文，批准撤销科学出版社事业单位和编制。中国科学出版集团改革试点任务顺利完成。

科学出版社有限责任公司是中国科学出版集团的核心企业，其他成员单位还包括《中国科学》杂志社有限责任公司、北京中科进出口有限责任公司、北京中科希望软件股份公司、中国科技大学出版社、北京科海新世纪书局有限责任公司等。

2009 年，中国科学出版集团年出版图书 8000 余种，中英文学术期刊 220 多种，书刊总产值达 14 亿元，并荣获“第四届中国科学院创新文化建设先进团队”、“全国文化体制改革先进企业”等荣誉称号，被商务部、文化部、国家广播电影电视总局、新闻出版总署授予“2009－2010 年度国家文化出口重点企业”，被法兰克福国际书展中国主宾国活动组委会授予“版权输出先进一等奖”，在“2009 中国书业年度评选”中荣获“年度‘走出去工程’荣誉大奖”，《中国科学》和《科学通报》被中国期刊协会评为“新中国 60 年有影响力期刊”；“国家科技期刊出版基地”项目完成立项。

科学出版社有限责任公司 该公司于 2007 年 4 月 11 日由科学出版社转制而成（科学出版社成立于 1954 年 8 月 1 日，由中国科学院编译局与 1930 年创立于上海的龙门联合书局合并而成），是中国科学出版集团的核心企业和中国最大的综合性科技出版机构。截至 2009 年底，公司共有职工 526 人，其中正编审 18 人，副编审 30 人，编辑等中级专业技术人员 164 人。公司下设龙门书局、上海分公司、武汉分公司和成都分公司等。

2009 年，科学出版社全年出版图书 8401 种，其中出版书 3383 种、期刊 215 种。全社书刊产值达到 14.54 亿元，比上年同期增长 16.3%；书刊总销售额为 4.77 亿元，比上年同期增长 14.2%。在首次全国经营性图书出版单位等级评估中，科学出版社荣膺“全国百佳图书出版单位”荣誉称号，入围“北京市精神文明单位”并顺利通过公示。在第十届韬奋出版奖颁奖会上，林鹏总经理荣获韬奋出版奖，并入选全国宣传文化系统第四批“四个一批”人才；彭斌、胡华强两位副总经理当选 2009 北京市新闻出版行业领军人才；汪继祥名誉社长获“2009 中国版权产业风云人物”荣誉称号。“《中国植物志》的编研”在国家自然科学一等奖连续两年空缺的情况下获此项奖励，《好玩的数学》丛书和《中华人民共和国 1:100 万地貌图集》获国家科技进步奖二等奖，《超声电机技术与应用》获得中华优秀出版物奖，《工程控制论》、《地质力学概论》等 8 种图书入选《中国图书商报》评选发布的“新中国 60 年最具影响力的 600 本推荐备选书目”，《为什么要相信达尔文》入选“2009 年中华读书报年度图书之 10 佳”，18 种选题增补为“十一五”国家重点图书出版规划

（总数53种，位居全国科技出版社之首），中国科学院重大项目《创新2050：科学技术与中国的未来》推出中英文版，教育部、科学技术部、中国科学院和国家自然科学基金委员会联合组织征集的《10000个科学难题》已出版数学、物理、化学三卷，《黄河开发与治理60年》和《中国科技发展60年》入选国家新闻出版总署组织的“辉煌历程——庆祝新中国成立60周年重点书系”。科学出版社被正式列入国家数字复合出版工程应用示范单位；版权输出162项，继续保持领先（全国第二位，科技出版社第一位）。

《中国科学》杂志社有限责任公司　该公司成立于1995年2月22日，是隶属于中国科学院和中国科学出版集团的学术期刊出版单位，主要从事学术期刊的编辑、出版与发行业务，是国内重要和有影响的学术期刊编辑与出版的专业化机构之一。它出版的《中国科学》和《科学通报》是我国自然科学基础理论研究领域权威性学术刊物，在我国科技界享有很高声誉，同时也被国际学术界认可。

2009年，杂志社出版期刊19种，其中《中国科学》、《科学通报》16种；总资产增长16.9%，净资产增值12.8%。在中国科学院和国家自然科学基金委员会的领导和支持下，《中国科学》和《自然科学进展》整合工作圆满完成，相应的调整已经到位。两个刊物的整合，是我国学术刊物的第一次强强联合。

北京中科进出口有限责任公司　该公司创建于1987年，主要从事书刊及相关产品的专业进出口业务，已成为中国科技书刊及其他资料的主要进出口公司之一，并与世界各地区数百家出版社、书商建立了直接贸易往来。2009年在保证纸本期刊与电子资源并重的情况下，寻求新机会，采取新模式，开发新产品，销售收入突破3亿元。

北京中科希望软件股份公司　该公司成立于1986年，是以开发自主版权软件为主的高技术公司，重点致力于OS等系统软件和基于Internet的各项应用软件的开发和服务，拥有管理大型软件开发的经验，研制开发了中文操作系统UC-DOS、多种应用软件、多媒体教育软件等系列产品，是最早通过开发应用软件、以自有的应用软件及一整套具有特色的工具为基础开展政府（企业）信息化服务的企业之一。

中国科技大学出版社　该社创建于1985年，由中国科学院主管，中国科学技术大学主办。中国科技大学出版社在高水平学术类图书出版方面形成了一定的规模和品牌；高校理工类教材、教学参考书是其主要的出书领域；大学英语学习和考试读物以及日语、德语等小语种图书也具有良好的市场业绩。

北京科海新世纪书局有限责任公司　该公司成立于2009年12月，由中国科学出版集团和公司主要经营骨干共同投资设立，是中国科学出版集团的控股子公司，主要从事计算机技术及相关类、大众生活类、大众科普类图书及信息服务产品的出版发行。

（撰稿：郑圆圆　审稿：刘四旦）

中国科技产业投资管理有限公司

董 事 长：王　津
总 经 理：孙　华
地　　址：北京市海淀区北四环西路58号理想国际大厦1606室
邮政编码：100080
电　　话：010－82607629
传　　真：010－62137930转802
电子信箱：casim@casim.cn
网　　址：http://www.casim.cn

中国科技产业投资管理有限公司（以下简称国科投资）的前身是1987年设立的国家经济贸易委员会、中国科学院科技促进经济发展基金委员会，1993年名称变更为中国科技促进经济投资公司，2006年1月改制为有限责任公司，并更名为中国科技产业投资管理有限公司。国科投资是中国科学院国有资产经营有限公司控股、国务院国有资产监督管理委员会和北京国科才俊咨询有限公司参股的专业投资管理公司，主要从事创业投资、证券投资、资产管理和财务顾问业务，目标是成为国内领先的私募股权投资基金管理人。

国科投资设置投资分析部、证券投资部、投资银行部、投后管理部、投资者关系管理部5个业务部门及综合部、财务部2个支持部门。

截至2009年底，国科投资在册员工28人，其中具有博士学位1人、硕士学位14人；高级专业技术职称6人。

2009年，国科投资办公地点由北京市海淀区中关村南大街6号中电信息大厦迁至北京市海淀区北四环西路58号理想国际大厦，为公司发展提供了有利环境。公司加强了信息化建设，建立了OA系统，初步建立起能够支撑多只基金运行的统一平台。为适应向基金管理人转型的需要，对组织机构进行了公司成立以来最大的一次调整，形成了分工明确、结构合理、配合默契的经营班子，员工队伍的国际化、专业化和年轻化水平进一步提升。公司新进员工的80%、全体员工的40%具有国外学习和工作经验，大多数员工具有良好的专业素养和丰富的工作经验，经过系统的培训和实践，国科投资的大多数员工已掌握投资业务和投资银行业务的基本知识和技能。

2009年，国科投资的基金管理、证券投资和直接投资三项业务均取得了较为理想的成绩。截至2009年底，由国科投资管理的国科瑞华基金已累计投资2.6亿元；4个被投资企业2009年盈利能力均超出预期。国科投资直接持股的企业共8家，其中6家保持盈利，1家首次出现亏损，1家由于历史原因继续亏损。2008年6月投资的沈阳新松机器人自动化科技股份有限公司于2009年10月30日首批在创业板上市，成为国科投资成立22年来，第一家首次公开发行股票并上市的投资企业。

2009年，国科投资进一步加强规范化管理。通过了新修订的《基金业务管理暂行办法》，为“吸引和留住优秀的基金管理人才，形成一支稳定的、有荣誉感和职业操守的、优势互补并相互信任的基金管理团队，尽量发挥基金管理团队的潜能，为公司创造良好的基金管理业绩和行业声誉”奠定了制度基础。建立了覆盖全员的考核体系，考核指标包括工作业绩、文化认同、工作能力三大类，不同岗位、不同级别均有不同要求。完善了内部工作流程，提高了业务协作和决策的效率，初步体现了“企业有前途、员工有成就、系统有效率、风险可控制”的公司价值观。

（撰稿：王红妹　审稿：来豫蓉）

北京中科科仪技术发展有限责任公司

董 事 长：张永明
总　　裁：张　勇
地　　址：北京市海淀区中关村北二条13号
邮政编码：100190
电　　话：010－62560908
传　　真：010－62564613
电子信箱：bangongshi@kyky.com.cn
网　　址：http://www.kyky.com.cn

北京中科科仪技术发展有限责任公司（以下简称中科科仪）始建于1958年，其前身是主要服务于中国科学院和国家重大工程的中国科学院北京科学仪器研制中心，曾在“两弹一星”、正负电子对撞机的研制和核工业的发展中作出了卓著贡献，并成功研制出我国第一台扫描电子显微镜、第一台商品化氦质谱检漏仪、第一台涡沦分子泵和第一台通过国家级鉴定的射频心脏消融仪。2000年12月31日，原北京科学仪器研制中心实现整体转改制，成立北京中科科仪技术发展有限责任公司，成为一家集科学仪器研制、开发、生产和经营为一体的综合性高新技术企业，逐步形成了以提供真空获得、检测等真空产品和科学仪器产品为核心的主营业务结构。

截至2009年底，中科科仪共有在职员工448人，其中博士2人，硕士48人，本科121人，大专87人，高中及以下学历190人。

2009年，在国际金融危机持续蔓延、宏观经济环境跌宕起伏的新形势下，中科科仪始终牢记“创新科学仪器，发展一流企业”的使命，深入贯彻落实科学发展观，坚定信心、锐意进取、同心协力、求真务实，公司各项经营指标均创历史新高。其中，销售收入实现1.87亿元，同比2008年增长14.6%，净利润实现2753万元，同比增长37.7%。

2009年，中科科仪形成了“努力发展成为一家具有全球视野，在科学仪器特别是在真空领域国内领先、具有国际竞争力的产业集团”的新的发展战略规划（2009－2020）。

2009年，中科科仪董事会、监事会、经营班子和党委会先后换届，产生了新的一届领导班子。公司实施了“调整结构、优化布局”的战略措施，建立了总分公司的管控模式和运行机制。公司总部设立办公室、企业发展部、资产财务部、人力资源部、研发中心和科学仪器转化中心，同时根据业务划分真空技术分公司、科学仪器分公司、冷却工程分公司、医疗仪器分公司和物业分公司。在制度建设方面，先后制定出台或修订了《中科科仪资金支付管理办法》、《固定资产管理程序文件》、《中科科仪应收账款管理办法》和《中科科仪在途产品管理办法》等内部管理文件；在人才队伍建设方面，加大培训投入力度，培训费用、培训时间显著增加，培训形式多种多样；完善员工激励机制建设，出台相关绩效考核办法。

2009年，中科科仪以“加快技术创新，提升核心竞争力”为研发工作指导思想，全年共完成新品研发、技术改进项目19项，专利授权9项，软件著作权2项，制定国家标准和行业标准各1项。此外，公司荣获第三批国家创新型试点企业，并在承担国家级重大专项上取得新突破，全年共承担5项专项，其中“磁悬浮分子泵”项目荣获国家财政收入达3000多万元。为加强研发管理，公司还引进了研发管理系统，取得良好成效。

2009年，中科科仪进一步加强市场营销工作，以重点行业、重点产品、重点地区为侧重点，开展了一系列回馈老用户的各种促销优惠活动，针对OEM客户采取产品组合配套销售模式，局部地区开展以旧换新业务，满足客户特殊需求。加强渠道建设工作，培育国内外新的经销商，巩固和加强现有4个办事处的本地化工作，并完成了武汉办事处的筹建。此外，公司加强战略合作，与成都唯实建立了战略合作伙伴关系，实施相关多元化的发展战略。

2009年，在员工人数及设备数量基本不变、厂房没有增加的条件下，面对变化较大的市场环境，中科科仪生产系统不断进行管理创新和技术创新，快速反应，满足市场需求。一方面，规范外协管理，拓展外协资源，完善考核机制，合理分配任务，提高零部件的备产效率；另一方面，改进关键部件加工的技术工艺，提升加工效率和零件质量，主营业务产品的入库量同比2008年有较大增加。其中，分子泵增长20.6%，检漏仪增长31.8%，高频电刀增长60.8%。

2009年，公司党委紧密围绕中心，服务大局，为提升员工主人翁意识和责任感，创造良好的文化氛围，深入开展了“合理化建议”活动，员工积极性得到释放，潜力得到深入挖掘，发现并解决了许多生产经营工作中存在的问题，取得显著成效；全面开展“控制成本、减支增收”活动，取得显著经济效益。公司荣获中国科学院京区党建工作创新二等奖。

（撰稿：赵春梅　审稿：刘　静）

北京中科院软件中心有限公司

董 事 长：徐　镭
地　　址：北京市海淀区中关村南四街4号
通讯地址：北京2717信箱
邮政编码：100190
电　　话：010－62649248
传　　真：010－62629962
电子信箱：market@sec.ac.cn
网　　址：http://www.sec.ac.cn

北京中科院软件中心有限公司（Software Engineering Center，以下简称中科院软件中心）成立于1986年9月，原名中国科学院北京软件试验室，由北京大学与美国联合培养的100名软件工程专业研究生组成。1991年10月，更名为中国科学院北京软件工程研制中心。2001年9月整体转制为企业，旗下拥有业界知名的北京凯思软件有限公司和南京百敖软件有限公司。

中科院软件中心始终致力于发展民族软件产业，逐步形成了信息应用集成、IT 服务管理和基础软件研发三方并重的发展格局。主要发展领域有：IT 服务管理、安全 BIOS 系统、嵌入式软件、电子政务软件、电子商务软件、系统集成以及国内外软件外包业务等。迄今为止，中科院软件中心已获得国家级、院部级科技进步奖及重大成果奖等奖项共计 22 项，并有一批可供转化的科技成果。中科院软件中心通过了 ISO9001 系统集成资质认证和系统集成资质认证，并获得多项自主知识产权。

截至 2009 年底，中科院软件中心有正式员工 189 人，其中从事科技开发人员占职工总数的 85%，目前具有高级专业技术职称的有 29 人、中级技术人员 38 人，平均年龄不足 29 岁。

2009 年，中科院软件中心技术开发与应用取得进展。“中科软件全面预算管理系统”立足于政府预算部门的核心业务——预算编制和预算执行，有效地融入全面预算的管理思想，并创新性的将业务过程与预算公开有机地统一起来，实现了全员参与、全面预算、权责分明、灵活定制、严格审核、依法公开、有法可依、有据可查的预算管理体系，该系统率先在北京出入境检验检疫局得到应用，取得了丰硕的成果和好评，已经成为新形势下有效解决预算管理、监督、提高政府公信度的最佳方案。“证券期货行业信息服务安全保障与监管共性支撑技术研究与示范工程”基于证券期货行业信息安全所面临的问题和形势，研究开发证券期货行业信息系统和信息服务安全建设中的关键技术，在证券期货行业信息安全领域形成一套完整的、具有自主知识产权的技术规范与技术体系；结合国家证券监督机构在市场监管中的需求，研究开发国家证券期货行业信息技术应急保障平台关键技术，通过监管平台的应用加强我国证券市场的监管力度，总体把握我国证券市场信息系统安全运行状况，提高我国证券市场在应对突发事件、抗击敌对势力攻击的应急响应能力和风险预警能力，从而有力支撑我国资本市场的稳定和发展。该项目的实施，将极大地降低证券、基金与期货企业在信息系统安全、信息服务管理以及企业 IT 治理等方面的成本，降低我国重要信息系统在信息安全方面对国外产品的依赖性和依存度，提升我国在信息安全领域的自主知识产权。

（撰稿：张　静　审稿：徐　镭）

中科院建筑设计研究院有限公司

董事长兼总经理：王全新
地　　址：北京市海淀区中关村北一街 4 号
邮政编码：100190
电　　话：010－62565107
传　　真：010－62550658
电子信箱：jiangll@adcas.cn
网　　址：http://www.adcas.cn

中科院建筑设计研究院有限公司（以下简称中科院设计院）的前身是原中国科学院北京建筑设计研究院。中国科学院北京建筑设计研究院成立于 1951 年，2001 年 10 月整体转制为公司。根据公司战略，为凸显中科院建筑设计研究院品牌，公司于 2008 年 2 月正式更名为“中科院建筑设计研究院有限公司”。中科院设计院拥有建筑行业建筑工程甲级、市政公用行业（热力）甲级资质。

中科院设计院现有员工共 409 人，其中工程技术人员 336 人（高级以上职称 75 人，中级技术人员 76 人，一级注册建筑师 26 人、一级注册结构工程师 20 人、水暖电热力注册工程师 28 人）。除总部外，在广东东莞、浙江杭州、河南郑州、四川成都、辽宁沈阳和上海设有分公司，还设有综合一所、综合二所、综合三所、环艺设计所、惠中设计所、环境工程所、热力工作室、照明工作室、景观工作室、公共艺术工作室等专业设计机构。

中科院设计院能够完成大型文化、办公、商业、医疗、体育类建筑设计，城市规划设计，居住区规划和各类住宅设计，历史街区保护规划及设计，环境景观及室内装修设计、结构改造加固等，尤其擅长科研教育类建筑规划及设计，包括科研基地规划、科研办公建筑设计、学校规划及设计等。同时能够进行项目策划、项目管理、工程造价咨询等工作。

中科院设计院创作设计了一批具有社会影响力的建筑精品，如中国科学院文献情报中心、国家开发银行、中国人民银行重点库、上海世博会美洲馆室内设计、广州亚运村商业街、泰国中国文化中心、中国驻圣保罗总领馆、中国科学院研究生院怀柔新校区、中国科学院苏州纳米技术与纳米仿生研究所、中国科学院生态中心实验楼、中国科学院青岛生物能源与过程研究所、中国科学院烟台海岸带可持续发展研究所、中国科学院动物所、中国科学院电子所总装备楼、中国科学院计算所、北京正负电子对撞机工程、国家天文台、石油部物探局计算中心及亿次银河机机房工程、北京基督教丰台堂和朝阳堂工程、北京万科星园（二、三期）、天津万科假日风景、北京阜内大街历史文化保护区的保护规划等；曾获得国家级奖励 10 项，省部级奖励 60 余项。

2009 年，中科院设计院负责设计的中国科学院文献情报中心（中国国家科学图书馆）、九寨沟国际大酒店分别获“中国建筑学会建国 60 周年建筑创作大奖”；国家动物博物馆及中国科学院动物研究所科研实验楼、标本楼获北京市第十四届优秀工程设计公共建筑设计一等奖；北京万科紫台家园获北京市第十四届优秀工程设计住宅建筑设计三等奖；北京万科四季花城获 2009 詹天佑大奖优秀住宅小区金奖；郑州龙福国际获 2009 全国人居经典建筑金奖。此外，为表彰中科院设计院在北京奥运会残奥会环境建设工作中作出的突出贡献，北京市 2008 奥运环境建设指挥部为中科院设计院颁发了荣誉证书。

2009 年，中科院设计院还承担了多项国家科研课题，如住房和城乡建设部下达的修编《科研建筑设计规范》、《城市节水关键技术研究与示范》课题及国家 6 个制图标准的修编等。

中科院设计院先后与欧美、日本、澳大利亚、中国香港、中国台湾等国家和地区的有关专家机构进行了广泛的学术交流或合作设计，具有丰富的国际合作经验，并赢得了良好的声誉。2009 年，设计院与上海江欢成设计公司正式签署了战略合作协议，双方在开拓建筑设计市场方面将开展积极合作，并将在建筑、结构、机电专业方面进行学术交流研讨。

中科院设计院积极承担社会责任，应对市场变化，在及时由商品房市场成功转向由政府主导的保障性住房市场方面，承担了海淀区 2008 年最大的经济适用房项目——海淀区苏家坨经济适用房项目。此外在“5.12”汶川大地震结束后，设计院积极承担了北川抗震纪念园、四川灾区德阳民族小学、北川新县城央企办公楼群的设计工作，为四川灾区的恢复重建作出了努力。

（撰稿：姜丽丽　审稿：王冬松）

北京中科资源有限公司

董 事 长：段燕生
总　　裁：赵红岩
地　　址：北京市海淀区北四环西路十号
邮政编码：100190
电　　话：010－82648258（综合部）
010－82648282（综合部）
传　　真：010－62545879
电子信箱：postmaster@zkzy.com.cn
网　　址：http://www.zkzy.com.cn

北京中科资源有限公司（以下简称中科资源）是由原中国科学院科技物资中心于 2001 年按国家政策规定和《公司法》整体转制设立的有限责任公司。转制后，公司制定了“十年三步走”的发展目标，力争成为年销售规模 6 亿元、有较强持续发展能力和一定影响的现代服务型企业。

公司下设 4 个管理部门和 7 个经营服务部门，并在京外设有 4 个参股公司，主要经营黑色金属、有色金属、稀贵金属材料，家用电器，酒品，机电、信息产品，物业管理，保险代理等业务。截至 2009 年底，共有在职员工 105 人，其中各类专业技术人员 29 人，具有大专以上学历人员 64 人。

2009 年，公司面对国际金融危机导致的市场低迷以及公司搬迁导致资源减少的双重困难，提出了“建平台、保基础、稳队伍、谋发展”的年度工作方针和“切实稳住经营，竭力开拓市场，保证基建进度，推进科学发展”四大年度任务，采取了“突出重点、兼顾一般”的工作措施，重点抓好公司新址建设、增强现有业务发展后劲、培育重点业务和新业务、调整完善公司运营机制、加强员工队伍建设、构建和谐工作环境等工作，增强公司持续发展的能力。

克服市场困难，稳定公司生存之本。2009年，公司通过努力开发新产品、新渠道、新客户，积极扩大销售；关注经营质量，优化业务流程，加强经营过程监控，保证资产安全；修订制度，规范管理；努力节约成本，完善绩效考核；保住传统业务的同时，新业务拓展也有所进展，全年实现销售额2.56亿元。

完成公司搬迁及原址拆除工作，新址建设进展顺利。2009年初，公司集中力量完成了临时办公场所的全面整修、商品库房搬迁、办公室搬家、固定资产配备和妥善处置钉子户的拆迁、旧址按时拆除等专项任务，实现了公司顺利搬迁，最大程度地降低了公司搬迁对经营工作的负面影响。同时，积极妥善安置了原从事仓储物流工作的30多位老职工，没有因为搬迁造成职工下岗，保证了公司和谐稳定的工作局面。同时，作为公司持续发展的平台，公司新址——中科资源大厦于2009年12月15日提前15天完成结构封顶，主体结构施工质量获“北京市结构长城杯”。

坚持以人为本，构建和谐环境，保证战略实施。2009年，公司顺利完成了董事会、监事会、经营班子、党委、纪委、工会、职代会和党支部的改选工作；进一步完善了法人治理结构，明确了董事会和经营班子的职责和公司领导的分工，保证公司“十年三步走”战略实施的连续性；深入开展“四好班子”建设和党风廉政建设，增强领导班子和员工文明廉洁经营的自觉性；认真落实科学发展观整改措施，加强团队建设，着眼人才队伍新老交替，为青年骨干提供锻炼平台；尽力改善员工薪酬福利待遇，积极开展企业文化建设和党群工作，努力构建和谐稳定工作环境。

（撰稿：王　艺　审稿：段燕生）

中国科学院沈阳计算技术研究所有限公司

董 事 长：林　浒
地　　址：辽宁省沈阳市浑南新区南屏东路16号
邮政编码：110171
电　　话：024-24696180
传　　真：024-24696179
电子信箱：wangp@sict.ac.cn
网　　址：http://www.sict.ac.cn

中国科学院沈阳计算技术研究所有限公司（以下简称沈阳计算公司）的前身是中国科学院沈阳计算技术研究所。1960年7月，在1958年8月30日成立的辽宁电子技术研究所计算机专业的基础上，成立中国科学院辽宁分院计算技术研究所，1962年12月与辽宁物理研究所、吉林大学计算数学研究所的主要部分合并为中国科学院东北计算中心，1967年10月划归国防科委第15研究院领导，1970年7月重归中国科学院，1972年8月更名为中国科学院沈阳计算技术研究所，2001年6月整体转制为高技术企业——沈阳计算公司。

沈阳计算公司设有计算机系统与软件、计算机网络与通信、数控与先进制造、工业自动控制、信息化工程技术等相应的研发机构。高档数控国家工程研究中心、辽宁省数控控制总线技术工程实验室依托在该公司；与中国质量认证中心、辽宁出入境检验检疫局和辽宁省电子信息产品监督检验院联合成立中认北方实验室；与中国科技大学成立中国科学技术大学-中国科学院沈阳计算所联合通信实验室；公司投资企业有沈阳高精数控技术有限公司、沈阳新技术开发公司、科学出版社沈阳书店有限公司。此外，公司引进了一批国际先进的仪器设备，如逻辑分析仪、集成电路测试仪、在线测试仪、快速瞬变噪声模拟仪、高性能数字示波器、电源测试仪、电压上升降落模拟仪、激光干涉仪、扭矩测试仪、快速瞬变脉冲群测试仪、静电放电测试仪、电压跌落中断测试仪、模拟雷击测试仪、浪涌模拟仪等。

截至2009年底，沈阳计算公司共有职工366人，其中科技人员259人，包括研究员级31人、副研究员级34人。此外还有在读研究生280人。

2009年，沈阳计算公司共有在研项目34项。其中国家科技重大专项3项，国家科技支撑计划重大项目1项；国家发展和改革委员会创新能力建设项目1项；中国科学院知识创新工程重大项目1项，中国科学院东北振兴重大项目1项，院地合作项目1项；国际合作项目2项；其他部委、省市政府科技攻关或产业化项目26项。

2009年，沈阳计算公司自主研发的LT-NC310总线式数控系统获得沈阳市科技进步二等奖，“沈阳市主要污染物总量减排信息系统研究”项目获得沈阳市科技进步三等奖，“微小型程序段的动态前瞻处理方法及实现装置”获得沈阳市优秀专利奖；由中国科学院沈阳计算技术研究所（高档数控系统国家工程中心）和北京机床研究所共同牵头，国内骨干数控系统制造商及有关高校参与制订的、具有自主知识产权的中国首部数控总线国家标准——GB/T 18759.3－2009《开放式数控系统 第3部分：总线接口与通信协议》获批发布；“DDL数字导播系统”通过山东省广电厅的鉴定，获得“王选新闻科学技术进步奖”，该奖是中国新闻传媒业最高级别的科技奖项。

沈阳计算公司开发的总线式全数字高档数控装置与国产高档数控机床配套应用，形成批量生产能力；面向电力行业的数据交换与综合应用平台、智能化电能量数据终端平台为电力系统服务取得良好成绩；安全生产应急指挥系统和环境监测突发事件应急指挥系统的成果为“数字安监”和“数字环保”作出了重要贡献。2009年，公司共申请专利18件，其中发明专利10件；2009年授权专利19件，其中发明专利6件；制定的3项国家标准获得批准。

沈阳计算公司是辽宁省软件行业协会、辽宁省计算机学会依托单位，负责出版的《小型微型计算机系统》月刊，是中国计算机学会的学术专业刊物之一，是国内自然科学核心期刊。

（撰稿：王　萍　审稿：林　浒）

中国科学院沈阳科学仪器研制中心有限公司

董 事 长：雷震霖
总 经 理：李昌龙
地　　址：辽宁省沈阳市浑南新区新源街1号
邮政编码：110168
电　　话：024－23826801
传　　真：024－23826800
电子信箱：sales@ sky. ac. cn
网　　址：http://www. sky. ac. cn

中国科学院沈阳科学仪器研制中心有限公司（以下简称沈阳科仪）是于2001年4月18日在创建于1958年的中国科学院沈阳科学仪器研制中心的基础上整体转制而成，当时命名为沈阳中科仪技术发展有限责任公司，2002年12月12日改为现名。

沈阳科仪是我国集成电路装备和高档科学仪器的重要研制、生产基地，以高真空、超高真空、超洁净真空技术为基础，主要研制生产大型表面分析仪器、薄膜材料制备设备、纳米材料制备设备、空间环境模拟装置、大科学工程配套真空装置、真空获得和真空冶金设备、烟检仪器综合测试台以及高档真空器件等。公司设有真空技术装备国家工程实验室、国家真空仪器装置工程技术研究中心、辽宁省精密仪器工程技术研究中心等。截至2009年底，沈阳科仪公司共有员工300人，其中科技人员196人，包括研究员19人，高级工程师（实验师）44人。

2009年，沈阳科仪顺利完成了党、政、工、团班子的换届工作，选举产生了新一届党委班子、董事会、监事会、工会委员会和团委，聘任了新的经营班子和中层干部，并结合新的公司战略进行了大幅度的机构调整。新增设经营市场部，主要负责公司的战略规划、市场分析、信息宣传、经营指标及业绩管理等；机械设计部、自动控制部、装调服务部合并为真空应用事业部，职能不变；总裁办公室更名为综合办公室，科技管理部更名为技术管理部，营销管理部更名为销售管理部，计划采购部更名为生产管理部，生产制造部更名为加工制造部，并对部门职能进行了相应调整；对质量管理部、产品研发部、真空部件事业部职能进行调整，部门名称不变。此外，公司还按照国科控股要求，开展了以战略管理和激励约束机制深入研究为主要内容的动态监管工作，聘请专业咨询机构为公司制订了科学、可行的未来发展战略，成为国科控股首批7家动态监管试点单位之一。

2009年，沈阳科仪进一步加强了成本控制和预算管理，经营业绩再创新高。其中，总收入同比增长46.12%；实现主营业务收入同比增长14%；新签合同额同比增长6.5%；实现利润同比增长11%；现金流入量同比增长35%，全面超额完成了年初制定的各项经营指标。

在产品研发方面，沈阳科仪完成了2项国家02重大科技专项项目任务书、预算书、可行性报告最终稿，其中PECVD项目2009年国拨资金已到位、干泵项目2009年国拨资金已拨出；启动了30MW太阳能电池薄膜制备设备研制项目。以上项目均按照计划顺利开展。

2009年，以沈阳科仪为项目法人单位组建的真空技术装备国家工程实验室召开成立大会暨首届理事会，聘任了相关人员；起草下发了资金使用及管理等文件；开展了项目自查等工作。建设项目已完成自制/购置设备22台套。

2009年，沈阳科仪被评为“首届中国产学研合作先进单位”，获“院地合作贡献奖（先进集体）”，“涡旋干式真空泵”获沈阳市科技进步二等奖。共申报专利18项，其中发明5项、实用新型12项、外观设计1项；授权专利17项，其中发明1项、实用新型13项、外观设计3项；获沈阳市专利奖优秀奖1项。截至2009年底，公司共获得国家、中国科学院、省部级科技进步奖等50余项，34项产品获得国家级新产品证书，拥有专利70余项。

2009年，沈阳科仪结合实际引入了一系列先进管理理念，深入推行“业务管理系统”，对全年重点工作进行了逐月规划；引入了“精益生产”管理模式，通过避免浪费、提高效率实现降低成本，通过提高质量、准时化和优质服务力求客户满意；成立售后服务小组，重建售后服务管理流程，搭建完善的售后服务平台；依托5S管理，提升现场管理水平；2009年公司《质量手册》完成了从ISO9001：2000版到ISO9001：2008版的转换，并顺利通过了中国方圆认证集团有限公司的质量管理体系再认证审核。

党务工作方面，公司根据中国科学院沈阳分院部署，结合公司实际，开展了贯彻学习党的十七届四中全会精神和“送温暖、献爱心”扶贫帮困捐助及加强党建，发挥党员先锋模范作用等活动。此外，工会、团委工作和离退休管理工作也取得了较好的成绩。在行政工作方面，加强了对公司各作业现场的安全检查与监督，实现了全年无安全责任事故。

（撰稿：寇 洋 审稿：张丽杰）

南京中科天文仪器有限公司

董 事 长：王 永
地 址：江苏省南京市玄武区花园路6—10号
邮政编码：210042
电 话：025－85482007
传 真：025－85411830
电子信箱：office@nairc.ac.cn
网 址：http://www.nairc.com

南京中科天文仪器有限公司（以下简称南京天仪）是中国科学院直属的科技型企业，成立于2001年11月27日。其前身为1958年12月成立的中国科学院南京天文仪器厂，1991年10月更名为中国科学院南京天文仪器研制中心，2000年10月根据国家和中国科学院科技体制改革政策整体转制为企业，启用现名。

南京天仪是国内唯一的以研制大中型天文仪器为主，兼研制和生产其他光机电、计算机一体化仪器、设备，主要研制生产专业天文仪器、光电仪器、多轴转台、系列平行光管、轻量化主镜、大口径光学冷加工、离轴非球面光学加工、科普系列天文望远镜、天文圆顶、天象仪、天象馆、内外天幕、圆光栅编码器、电子脉冲点火器等各类产品。

截至2009年底，南京天仪共有在职职工264人，其中科技人员80人，包括中国工程院院士1人，研究员及高级工程技术人员11人、副研究员及副高级专业技术人员28人。

南京天仪是国务院学位委员会批准的我国首批硕士、博士学位授予单位之一，现设有天体物理学科博士、硕士研究生培养点和博士后工作站，共有在读研究生5人。

2009年，南京天仪坚持“谋划未来，加快发展，注重效益，扩大规模”的指导思想，强化产品体系建设，加大新产品的研发力度，竭力完成各项经济指标。成功研制了大口径、超大相对孔径非球面镜和大口径卡塞格林式平行光管、大口径离轴平行光管、阿里斯顿热水炉点火器等；积极承接研制项目，加大专业仪器市场开发，寻找和承接各类研制项目，并积极申请政府科技发展基金，成功申请院地合作项目——成立中国科学院南京光学技术工程中心。此外，公司还获省、市各类奖项11项，先进个人4项；获取专利1项、计算机软件著作权登记证书2个。

南京天仪引进管理咨询公司，借助外力，及时调整经营思路，修改战略，建立科学可行的战略和管控模式体系、科学的高管薪酬和考核制度、高效的组织分工和管理流程、完善的公司薪酬管理制度和激励考评机制、量化的成本费用管理和内部控制机制，为公司健康、快速发展奠定了良好基础；同时，积极进行设备更新，改善生产环境，完善园区建设，为经济复苏后公司快速发展创造条件；成功举办第五届“同一片星空”日全食观测盛会，普及了科普知识，展示了天文魅力，宣传了天仪文化，扩大了品牌优势，提升了公司在国内外的知名度。

南京天仪扎实深入开展学习实践科学发展观活动，切实解决了一些影响制约公司科学发展的突出问题；顺利召开七届三次职工代表大会；积极参加中国科学院60周年院庆文艺汇演，开展迎国庆登山等各种活动，加强了企业文化建设，营造了和谐稳定的良好氛围，促进公司健康发展。

（撰稿：朱　慧　审稿：王　永）

中科院广州化学有限公司

董 事 长：廖　兵
总 经 理：王　琪
地　　址：广东省广州市天河兴科路368号
邮政编码：510650
电　　话：020－85231230
传　　真：020－85231119
电子信箱：Liaoyanhua@gic. al. cn
网　　址：http://www. gic. ac. cn

中科院广州化学有限公司（以下简称广州化学公司）的前身是于1958年10月成立的、中国科学院在华南地区唯一的以应用研究和高技术创新为主的综合性化学研发机构——中国科学院广州化学研究所。根据中国科学院知识创新工程的总体战略和布局调整，研究所于2001年12月21日完成工商注册，变更为由中国科学院直接控股的有限责任公司。

广州化学公司的园区面积为27万m^2（约400亩），设有综合办公室、人力资源部、财务部、发展部、采购部（二级独立部）、物流部、生产技术部、销售一部、销售二部、销售三部、物业管理部等经营管理机构；有中国科学院纤维素化学重点实验室和广东省电子有机聚合物材料重点实验室2个省部级重点实验室，以及新材料新技术研发中心、分析测试中心、化学灌浆工程中心等研发机构。随着中国科学院与广东省战略合作的全面展开，中国科学院与佛山市共建了中科院佛山高新技术产业创新和育成中心（下属6个专业中心），广州化学公司与佛山市共建了其中的佛山市功能高分子材料和精细化学品专业中心。公司研发领域和产品涉及纤维素化学、二氧化碳化学、微电子与耐高温材料、高分子功能材料、精细高分子、化学建材、药物化学、天然产物高值化以及高分子灌浆材料与工程等；主要产品和技术包括机械密封胶黏剂、厌氧胶、无三苯喷胶等多系列胶粘剂、精细有机高分子化学品、防污剂、化学灌浆材料、灌浆加固工程技术、水泥减水剂、水处理工程技术等。

截至2009年底，广州化学公司共有员工205人，其中研究员17人、副研究员及高级工程师26人。公司设有有机化学、高分子化学与物理、应用化学专业3个硕士研究生培养点和高分子化学与物理专业博士研究生培养点，共有在读研究生77人，其中硕士研究生51人、博士研究生26人；2009年毕业硕士研究生14人、博士研究生8人。2009年，公司新引进研发、营销及管理人才33人，其中具有研究生学历11人（博士5人）、本科及大专学历12人；2009年11月，广东省首次实施面向海内外引进科研创新领军人才和团队计划，公司从加拿大成功引进“领军人才”1人。2009年8月，公司结合董事会和经营班子换届、组织结构调整，提拔任用了一批年轻中层干部。

2009年，广州化学公司本着“传承、创新、发展”的理念，务实进取，业务经营取得突出业绩。公司实现本部主营业务收入5421万元，比上年增长10.23%；利润总额为617万元，比上年增长11.98%；现金流实现正增长。公司产品销售收入为4401万元，占主营收入的81.2%。

广州化学公司积极争取和承担科研任务，技术研发取得可喜成果。省院合作项目申报成绩突出，在“两院”系统中名列前三位；与其他企业联合申报“省院合作项目”25项，获批12项，其中重大项目2项（全省共23项）；落实项目经费总额670万元，公司获得研发经费221万元；积极整合科研优势，加强与其他科研院所、高校以及企业的合作，2009年纵横向科技经费到位775万元，争取纵向科研项目21项，获批总金额438.9万元。2009年，公司参与研究的“稀土化合物类β晶型成核剂及聚丙烯的高性能化”项目获广东省科学技术奖二等奖（第二完成单位），“高寒干旱地区桥涵混凝土结构裂缝病害诊治技术研究”项目获内蒙古自治区科技三等奖（第三完成单位），“一种氯丁型阻燃喷胶及其制备方法”项目获广东省专利优秀奖。全年申请国家发明专利40项，获得授权发明专利27项；发表科技论文87篇，SCI收录37篇。

广州化学公司积极推动“动态监管”计划，2009年12月下旬引入专业管理咨询机构实施“战略规划与运营管理提升诊断咨询项目”，陆续出台了较高水准的阶段性成果，在明晰公司战略、增强发展信心、推动管理变革、促进文化建设等方面初见成效。为营造良好的创新环境，公司于2009年投入70余万元对科研、教育、生产以及生活区进行改造，园区环境得到明显改善。

（撰稿：廖嫣华　审稿：黄赤军）

中科院广州电子技术有限公司

董 事 长：李耀棠
总 经 理：黄　劲
地　　址：广东省广州市先烈中路100号大院23栋
邮政编码：510070
电　　话：020－87682806
传　　真：020－87683247
电子信箱：keji@giet.ac.cn
网　　址：http://www.giet.ac.cn

中科院广州电子技术有限公司（以下简称广州电子公司）创建于1970年，始名为广东省701研究所。1978年归属中国科学院，更名为中国科学院广州电子技术研究所。2001年12月改制为企业，定名为中科院广州电子技术有限公司。2008年底通过广东省高新技术企业认定。

截至2009年底，公司共有在职职工176人，其中科技人员124人，包括研究员2人、副研究员1人，高级实验师1人，高级工程师17人。

广州电子公司经营范围涉及计算机系统与集成、激光防伪、工业控制、光机电一体化、激光快速成型设备等，在机房设计施工、监理、展会多媒体互动系统集成项目上有较强的技术优势并积累了丰富的经验。

2009年，广州电子公司先后完成了山东日照、陕西宝鸡、福建龙岩等多个博物馆多媒体展示项目的设计和施工，其中深圳博物馆项目以超大屏幕投影及光、声、电结合的形式反映深圳市改革开放30年的历程和取得的成绩，受到各界好评；工商银行广州和珠海数据中心机房、中信银行东莞机房、立白集团机房等工程项目顺利完工，确保了用户的数据安全和设备正常运行，受到了客户的好评；公司自主研制的CASLA-350型激光固化快速成型机、半导体器件分选机、车载多媒体电脑系统产品投入生产。

广州电子公司全年共获国内专利授权2件，申请受理5件；发表科技论文10篇，其中国内刊物发表1篇；鉴定科技成果1项，达到国内领先1项，实现营业业务收入5442万元，利润303万元。公司承办的期刊《电路与系统学报》入选《中文核心期刊要目总览》，被国内多家重点高校列为一级学术期刊。

广州电子公司现有投资企业2个，其中控股公司1个、全资子公司1个。

广州晶体科技有限公司 该公司成立于1987年2月，是广州电子公司控股公司，主要从事人造金刚石工具开发及生产，产品有锯片、磨轮、钻头、树脂砂轮四个系列，广泛用于石材、陶瓷、玻璃、宝玉石、硬质合金加工。公司技术力量雄厚，拥有多名工程师组成的专业开发团队，先后获得多项科技进步奖和国家专利；一贯坚持“用技术创质量，用质量保信誉，用信誉树品牌”的经营理念，产品质量过硬，广受用户好评。“广晶牌”金刚石锯片是行业知名品牌。

智诚科技有限公司 该公司成立于1998年，是广州电子公司全资控股子公司，主要从事计算机网络信息系统工程监理、技术设计咨询、技术服务业务，在信息系统工程监理和设计方面有丰富的工作经验。

（撰稿：陈　晖　审稿：李耀棠）

中国科学院成都有机化学有限公司

董 事 长： 王公应
总 经 理： 蒋俊杰
地　　址： 四川省成都市一环路南二段16号
邮政编码： 610041
电　　话： 028－85222143
传　　真： 028－85223978
电子信箱： bgs@cioc.ac.cn
网　　址： http://www.cioc.ac.cn

中国科学院成都有机化学有限公司（以下简称成都有机）前身为成立于1958年11月的中国科学院成都有机化学研究所。2001年6月8日，根据中国科学院知识创新工程的总体战略和布局调整，中国科学院成都有机化学研究所整体转制为由中国科学院直接控股的有限公司。

成都有机是中国科学院在西南唯一的以应用研究和高技术创新为主的综合性化工化学研发机构，经过几年的发展，公司已成为以精细化工和新材料领域的技术创新和产业发展为重点的高新技术企业，主要研发和应用领域涉及不对称合成、手性拆分、工业催化、新药开发、天然气节能造气催化剂及工艺、精细化工中间体清洁生产催化剂与工艺、碳纳米管的制备与应用技术、高分子功能材料、生物医学材料、锂离子电池及材料、皮革化工材料及环境友好材料等，产品涉及手性医药中间体和精细化学品、催化剂、油田化学品、城市和工业污水处理化学品、皮革化工材料、锂离子电池及材料、功能高分子材料等。

成都有机拥有一支高层次专业人才队伍。截至2009年底，成都有机共有职工325人，其中研究员42人，副研究员及高级工程师43人，研究生导师40人（其中博士生导师21人）；国家“新世纪百千万人才工程”人才2人、国家杰出青年科学基金获得者1人、中国科学院“百人计划”入选者5人，中国科学院“西部之光”人才21人；四川省学术技术带头人11人，四川省突出贡献优秀专家9人。

成都有机还是我国化学学科重要的高级人才培养基地。现设有有机化学、物理化学、分析化学、高分子化学与物理、应用化学5个硕士研究生培养点，有机化学、应用化学、高分子化学与物理3个博士研究生培养点，1个化学博士后科研工作站。2009年招收研究生59人，其中博士生31人、硕士生28人；毕业研究生44人，其中博士28人，硕士16人。目前公司有在读研究生152人，其中博士生87人、硕士生65人；有在站博士后3人。

成都有机以国家和市场需求为导向，以又好又快持续发展为目标，根据自身在生物医学材料、手性技术与手性新药创制、能源材料与储能器件、化工清洁生产以及天然气化工节能技术等方向的研发优势，积极打造技术创新平台。公司是科学技术部认定的国家高技术研究发展计划（863）成果产业化基地，拥有手性药物国家工程研究中心、中国科学院皮革化工材料工程技术研究中心、不对称合成与手性技术四川省重点实验室、四川省企业技术中心、四川省节能及清洁生产催化工程技术研究中心等国家和省部级技术研发平台，有中国科学院成都分院分析测试中心、图书情报中心等研究开发和技术支撑机构，以及3家控股高新技术企业，具有较强的科技创新和科研成果产业化能力。

2009年是成都有机动态监管试点工作的开局年和关键年，通过引入外部管理咨询公司、设计和辅导公司的战略制定和战略目标推进，形成了公司战略规划报告、业务运营模式报告、战略细化与实施报告以及战略实施十大举措报告等6份主题报告和方案，制定了公司的远景目标、发展定位和发展战略，为公司未来的发展确立了发展方向和路线图。

2009年，成都有机共有在研项目150项。其中国家重点基础研究发展计划（973）项目1项，中国高技术研究发展计划（863）项目5项，国家科技支撑计划项目3项，国家发展和改革委员会重大产业化开发项目1项；国家自然科学基金面上项目12项；中国科学院知识创新工程重要方向项目6项，西部行动计划项目1项，院地合作项目92项，与地方政府合作项目14项。

2009年，成都有机围绕中国科学院创新工程三期工作目标和国家“十一五”规划，结合公司重点产业发展方向，积极争取国家重大科技项目资源和企业委托研发项目，获得新增项目31项。其中“863”项目2项，国家自然科学基金面上项目6项，中国科学院知识创新工程重要方向项目2项，院地合作项目14项，与地方政府合作项目4项。

2009年，成都有机共申请专利51件，获专利授权18件。公司的科技成果“拆分新方法在手性药物和中间体制备中的应用”荣获2009年四川省科技进步二等奖。

作为公司技术合作的重要平台，中国科学院常州先进制造技术研发与产业化中心成都有机分中心（常州化学研究所）、中国科学院嘉兴应用技术研究与转化中心成都有机所分中心和台州市中科同创手性技术工程中心等三个平台建设取得了快速的发展和出色的成绩。常州分中心在2009年已有27个在研项目，争取的项目经费达到500万元，到位经费268万元，同时在一些项目的产业化关键技术上取得了重大突破；获得了“2009年度常州科教城优秀研发机构”和“2009年度常州科教城引进人才奖”两项殊荣。嘉兴分中心在2009年有十多个项目在研，共获得项目经费370万元，到位经费180万元；在新型催化剂及催化工艺、芯片式反应器、高吸水性树脂以及膜分离装置等方面取得了重大进展和关键性突破；同时获准组建了嘉兴市重点实验室、浙江省引进大院名校共建创新载体，并正在积极申报浙江省工程研究中心。台州分中心在2009年获得台州市政府的启动资金200万元。成都有机不仅通过三个分中心辐射长三角地区，服务地方经济发展，同时也促进了本公司的技术开发和成果转化。

成都有机在2009年继续推进产业整合和股权清理工作，为公司集聚资源、聚焦产业、突出主业打下了坚实基础。在2008年股权整合基础上，按计划完成了对部分控股公司的股权收购和整合重组工作。

2009年，成都有机进一步推进完善大邑产业园区一期建设工程的配套工作，做好企业搬迁入住的引导和服务，提升园区管理效率和服务水平。根据公司产业发展规划，结合实际，实现研发中试和产业配套对接，完成了产业园区一期的综合配套和审计检查，并完成了二期工程的初步设计和概算任务。

2009年3－8月，按照四川省直机关工委的统一部署，成都有机开展了深入学习实践科学发展观活动，在历时半年的活动中，通过学习调研、分析检查、整改落实三个阶段的工作，圆满完成了学习实践科学发展观活动的各项任务。在学习实践活动中，结合公司实际和创新发展需要，创新性地提出了“四个结合”，即学习实践活动与公司的改革发展相结合，与公司动态监管工作相结合，与公司“四好”领导班子创建活动相结合，与公司的企业文化建设相结合，并把“推进动态监管，加快改革创新，提升技术经营，促进跨越发展”作为公司深入学习实践科学发展观活动的实践载体，围绕公司改革、创新、发展这一主线，制定了切合公司实际的整改落实方案。

成都有机编辑出版《合成化学》、《中国西部科技》2种学术刊物，向国内外公开发行。《合成化学》是中文核心期刊和中国科技核心期刊。

（撰稿：张元慧　审稿：陈　勇）

中科院成都信息技术有限公司

董 事 长：王晓宇
总 经 理：王　伟
地　　址：四川省成都市人民南路四段9号
邮政编码：610041
联系电话：028－85217501
传　　真：028－85229357
电子信箱：bgs@casit.com.cn
网　　址：http://www.casit.com.cn

中科院成都信息技术有限公司（以下简称中科信息）是由创立于1958年的中国科学院成都计算机应用研究所于2001年6月整体转制成立的中国科学院控股的高科技企业。中国科学院成都计算机应用研究所最初命名为中科院四川分院数学所，1960年更名为中科院四川分院计算所，1962年更名为西南电子所计算站，1968年更名为总字821部队西南计算站，1971年更名为四川省计算站，1978年更名为中科院成都计算站，1981年更名为中科院成都计算机应用研究所，2001年6月整体转制为四川中科院信息技术有限公司，2005年1月更名为中科院成都信息技术有限公司。

中科信息是中国软件行业协会理事单位、四川省软件行业协会理事单位，从事以计算机软件为重点的电子信息领域相关技术产品的开发、生产、销售，大中型信息系统工程设计与实施，信息技术培训教育与咨询服务，涉密计算机信息系统集成，建筑智能化工程设计、施工，安防工程设计、施工，在计算机软件与通信、办公自动化、工业计算机应用等领域具有较高的创新水平和突出的应用特色。

截至2009年底，中科信息共有员工254人。其中科学技术人员161人，包括中国科学院院士1人，高级专业技术人员40人、中级专业技术人员52人。公司下设工业计算机应用事业部、图像视觉事业部、办公自动化事业部、软件与通信事业部、智能机房工程分公司、自动推理实验室和《计算机应用》编辑部等，拥有深圳市中钞科信金融科技有限公司、成都中科石油工程技术股份有限公司2家合资子公司。公司还拥有计算机软件与理论专业博士研究生培养点，计算机应用、计算机软件与理论、应用数学专业硕士研究生培养点，并设有计算机科学与技术专业博士后科研流动站。目前有在读博士研究生46人，硕士研究生66人。

2009年，中科信息克服国际金融危机的影响，圆满完成了董事会下达的年度主要经营指标，经营业绩持续攀升，整体发展态势良好。全年实现总收入1.91亿元，新签合同额1.83亿元，营业收入1.67亿元，利润总额达3043万元，归属母公司的净利润为1472万元，净资产额为9600万元，资产总额为1.94亿元。2009年公司财务状况良好，资金充裕。

面向印钞行业的大张检查机、92C凹印检测系统、大张核查工艺配套系统、数字管理项目等产品技术发展成熟，得到用户充分认可，已成为公司拳头产品。印码三合一检测项目、钞纸光切机检测项目在技术水平和性能指标等方面都超过了国内外的竞争对手，其出色的检测能力和运行稳定性得到用户的称赞。公司于2009年开始大力开展油田信息化、自动化项目推广，努力培养公司新的经济增长点。

中科信息在研发工作方面始终坚持以市场需求为导向，不断开拓创新。卷接包数据采集管理系统、烟叶生产标准化收购线、标准化收购机升级、烟叶预警、烟叶CRM等项目在国内市场顺利推广；虚拟仿真、心脏模拟教学、GIS技术应用等项目正在逐步探索一条产业化的道路；安全线检测通过了造币总公司的科技成果鉴定。

为确保公司健康持续发展，公司致力于创造良好的经营工作秩序，不断完善内部管理制度，加强反腐倡廉制度体系建设和财务控制，提升管理水平和工作效率。公司相继出台了一系列新的规章制度，实施了新的福利政策，关心员工生活，共建和谐企业。公司高度重视知识产权、资质认证工作，通过了各项资质的换证审核及年审；办理了建筑施工安全生产许可证、高新技术企业资质新证书；顺利通过ISO9000质量管理体系年度审核；申报实用新型专利2项，并入选成都高新技术开发区知识产权试点单位。

基础研究取得新进展。张景中院士主编的《好玩的数学》丛书荣获2009年度国家科技进步奖二等奖。顺利通过中国科学院知识创新工程第三期项目中期验收和中国家重点基础研究发展计划（973）子课题的结题验收。前瞻性高技术研发项目“低冗余度数据容灾与网络安全”得到中国高技术研究发展计划（863）立项支持。公司参加国际、国内相关学术会议14次，发表学术论文39篇，其中SCI收录4篇，EI收录18篇。为进一步推动产学研结合，公司还与电子科技大学计算机推理实验室共建了自动推理联合实验室。

大力抓好人才培养和核心人才团队建设工作，提升企业竞争力。公司参加院所（局）级领导干部上岗培训1人，国科控股青年干部培训2人、经营管理高级培训班2人，省委组织部、省人事厅“高层次复合型人才进修班”1人，在职攻读高一级学位2人，专业岗位培训45人。评审通过正高级职务任职资格3人、副高级职务任职资格7人、中级13人。积极推荐优秀人才成为政府各专业领域的专家委员会成员，有20余位高级专家进入国家人才库和四川省各专业委员会。争取到“西部之光”人才培养计划3项，院“西部之光”人才团队培养计划支持项目1个，博士支撑项目2个。

为推动公司持续健康发展，实现国有资产保值增值，公司成为中国科学院国有资产经营有限责任公司动态监管首批试点单位之一，大力开展发展战略、激励约束、内部管控的咨询诊断工作，对公司经营管理中存在的主要矛盾和关键问题进行诊断，对战略管理和激励约束机制进行深入研究，制定出了符合公司自身特点的十年发展战略规划和相应的战略支撑体系。整个试点工作推进有序，成效显著，顺利通过验收。

（撰稿：吴琳琳　审稿：尹邦明）

成都中科唯实仪器有限责任公司

董 事 长：董成生
总 经 理：季康林
地　　址：四川省成都市高新区科园南一路七号
邮政编码：610041
电　　话：028－85121820
传　　真：028－85121830
电子信箱：zjlbgs@cdzkws.com
网　　址：http://www.cdzkws.com

成都中科唯实仪器有限责任公司（以下简称成都唯实）的前身是1959年9月成立的中国科学院成都科学仪器研制中心，根据中国科学院知识创新工程的总体战略和布局调整，于2001年10月16日整体转制为由中国科学院控股的高新技术企业。

中科唯实是融科研试制、技术开发、生产经营为一体的综合性经济实体，主营光学仪器、电子测量仪器、分析仪器、教学仪器、燃气设备和光机电一体化综合设备，是中国科学院系统内具有光、机、电综合应用技术的科学仪器研制生产基地和西南地区高校教学设备生产基地。

成都唯实设有总经理办公室、财务管理部、生产供应部、质量管理部、市场部、技术开发中心、工程部、制造一部、制造二部、制造三部、智能器具部、真空事业部等12个部门。

成都唯实董事会和经营班子把坚持用好现有人才、适时引进重点人才、合理借用社会人才、重点培养未来人才作为公司人才队伍建设的指导方针，有力提高了人才队伍素质。截至2009年底，共有员工125人，其中专业技术人员27人，管理人员39人，技术工人59人。

2009年成都唯实的生产、经营和各项管理工作在原有的基础上有了进一步的发展和提高。公司资产结构发生了明显变化，主营收入和净利润实现了平稳增长，基础设施有了较大改善，内部管理工作进一步加强，实现了国有资产的保值和增值。2009年公司本部实现营业收入964万元，利润212万元。

随着生产经营的发展，成都唯实财务状况良好，年净资产收益率有所提高，全部资产均为优良资产，所有者权益得到充分保证。目前，公司正与多家高校、研究所洽谈有关产学研合作事宜，借助科研院所和高校的研发力量，充分利用自身实力和优势向着规模化、现代化的高新技术企业迈步。

成都唯实共有2家参股公司。其中成都中科精密模具有限公司是国内较有影响的模具制造单位之一，主要产品有桥堆系列塑封模具、IC模具、电子器件塑封模具等，公司多年被评为纳税大户。成都瑞拓科技实业有限责任公司是成都唯实投资的高新技术企业，其主要产业方向是烟草行业光机电检测仪器的研制与生产，主要产品有烟支滤棒智能压降仪、烟支光电圆周直径仪及填补国内空白的多功能综合测试仪，公司连续4年被评为成都市高新区纳税大户。

（撰稿：刘丽莎　审稿：董成生）

中科院科技服务有限公司

董 事 长：伊　兵
总 经 理：郭　强
地　　址：北京市西城区三里河路52号
邮政编码：100864
电　　话：010－68597134、
010－68597155
传　　真：010－68510698
电子信箱：caskjfw@126.c

中科院科技服务有限公司（以下简称中科服务公司）是2002年12月25日由中国科学院机关服务中心（局）整体转制而成的现代服务企业，主要以为中国科学院机关服务、宾馆接待、物业管理、餐饮服务等为主营业务。截至2009年底，公司共有职工346人。

2009年是中科服务公司第三届董事会、经营班子上任的第一年，也是落实中国科学院国有资产经营有限责任公司动态监管试点工作取得实质性进展的一年。公司按照“增强能力、提高意识、加快布局、重点突破”的总体工作思路，积极开拓新的经营项目，经营收入稳步提升。其中餐饮业务增强了参与社会竞争的能力，年收入为7298.46万元，同比收入增长达到了26%；注重内部全局意识和管理能力的提高，机关服务保障能力有所加强，年度测评综合分数88.92，同比2008年小幅提高；同时在规范法人治理、加强班子建设、推进企务公开等方面取得了一定的成绩。

2009年，中科服务公司净利润915.46万元；上缴国家、地方税金784万元；同时职工队伍总体稳定，呈现出较好的发展势头。

（撰稿：邓　月　审稿：郭　强）

北京中科印刷有限公司

董 事 长：沈幸华
总 经 理：倪永健
地　　址：北京市通州区宋庄工业区一号楼101号
邮政编码：101118
联系电话：010－69597200
传　　真：010－69597200
电子信箱：zhongke_ print@sohu. com
网　　址：http://www. zkprint. com. cn

北京中科印刷有限公司（以下简称中科印刷）原为中国科学院印刷厂，1957年10月15日经中国科学院批准在北京市通州区挂牌成立，属自收自支型事业单位，人员主要由上海中科艺文联合印刷厂、中国人民志愿军政治部印刷厂和中央机要局印刷厂组成。1996 年 4 月，印刷厂划归为中国科学院直属企业。2002 年 6 月，经过股份制改造，印刷厂转制为企业，中国科学院国有资产经营有限责任公司占 92.593% 股权，自然人股权占 7.407%。

中科印刷以科技书刊为主服务于中国科学研究领域，其经营目标是按照中国科学院国有资产经营有限责任公司的要求，营业收入与利润每年按 10% 增长。经过 50 多年的发展与变革，公司固定资产已从建厂初期的 335 万元发展到现在的 3.3 亿元；世界先进的印刷设备使产能大幅度提升，建厂初期年生产总量仅为几万令，现在年生产黑白印刷 70 万纸令、彩色印刷 125 万对开色令、装订 55 万纸令。

中科印刷现拥有海德堡四色印刷机 8 台，单、双色轮转印刷机 8 台，单、双色平板印刷机 38 台，马天尼精平装联动线 3 条，沃伦贝格胶订线、精密达联动线等一大批具有世界和国内先进水平的设备，总设备数达到 300 余台套，年加工产值超亿元。

截至 2009 年底，中科印刷在职员工总数为 622 人，其中“80 后”年轻骨干共计 23 人，“70 后”骨干共计 10 人，占公司管理岗位人数的 32%。

2009 年，中科印刷在保证稳定的前提下加快股权社会化工作进程，加强机构调整和加大人才队伍建设，实施动态监管工作，经营管理取得了可喜成效。公司自 2009 年 4 月参与政府采购印刷招投标工作，并成功入选为 2009 年度中央国家机关政府采购中心定点印刷厂、2009 - 2010 年中共中央直属机关、全国人大采购中心定点印刷供应商。

为了使各项管理工作再上台阶，中科印刷于 2009 年将三项最重要的国际管理体系认证全部纳入囊中：2009 年 3 月顺利完成 ISO14001 环境管理体系认证的初审取证工作，10 月对 ISO9001 质量管理体系认证进行了复审，年底完成 GB/T28001 职业安全健康管理体系认证的文件准备及内审，2010 年 1 月初审取证。2009 年 11 月，完成北京印刷协会“诚信企业”的申报工作，并于 2010 年 1 月被北京印刷协会授予此项称号，为业务人员对外接单、企业质量评优、政府采购等诸多方面起到了积极的保证作用，标志着公司在质量管理上、环境保护上以及员工职业健康的管理工作上走进现代企业管理之列。

2009 年，中科印刷先后获得了北京印刷协会“诚信企业”称号、北京印刷工业产品质量监督站授予的“十佳企业”称号、北京印刷质量协会颁发的“2008 年度质量年终评比金奖”、北京印刷质量协会颁发的 2 项质量大奖、中国建筑工业出版社“优秀协作企业”奖、高等教育出版社“装订质量金奖”、商务印书馆“优质服务奖”、通州区“纳税 A 级单位”称号、北京市通州区安监局“职业卫生示范企业”称号、北京市通州区“安全生产先进单位”称号、北京市通州区宋庄地区“税收突出贡献奖”称号、北京市通州区宋庄地区“纳税大户”称号、中国科学院工会颁发的“2009 年度基层工会工作三等奖”等。

（撰稿：王焕菊　审稿：沈幸华）

国科光电科技有限责任公司

董 事 长：张　勇
总　　裁：樊仲维
地　　址：北京市海淀区上地三街 9 号金隅嘉华大厦 D 座 402 室
邮政编码：100085
电　　话：010 - 62972442
传　　真：010 - 62971170
电子信箱：casoe@casoe.com
网　　站：http://www.casoe.com

国科光电科技有限责任公司（GK Opto-Electronics Co. Ltd，以下简称国科光电）成立于 2002 年，是按照中国科学院组建“光电科技集团”的战略构想，由中国科学院国有资产经营有限责任公司、中国科学院长春光学精密机械与物理研究所、上海技术物理研究所、西安光学精密机械研究所、上海光学精密机械研究所和光电技术研究所 6 个股东共同出资设立，公司注册资本为 5270 万元。作为中国科学院光电科技集团的核心企业和孵化器，国科光电致力于整合中国科学院光电技术领域的研发优势，并推动其与相关社会资源和生产要素紧密结合、大力促进中国科学院光电类科技成果的产业化以及相关企业的规模化经营，逐步构建一个具有较强行业影响力和国际竞争力的高科技产业集团。

经过7年的努力，国科光电的业务已经扩展到了大功率全固态激光器、航空航天电子学、光学计量和光电显示等产业领域。公司采用母子公司治理结构，控股和参股的子公司有：北京国科世纪激光技术有限公司（以下简称国科激光）、北京国科环宇空间技术有限公司（以下简称国科环宇）、北京国科东方光电技术有限公司（以下简称国科东方）、青岛国科光电科技有限公司（以下简称青岛国科），北方彩晶集团有限公司（以下简称北彩集团）、上海光学仪器五厂有限公司（以下简称上光五厂）等。截至2009年底，公司本部及控股公司合计员工总数近240人。

2009年，国科光电继续把“稳步发展既有企业，适时孵化新企业”作为工作方针，对国科激光、国科东方和上光五厂的持股比例分别做了不同程度的调整。促成国科激光的增资扩股，引入战略合作伙伴，以推动其向规模化发展阶段转型；受让原由东方科仪持有的国科东方的35.4%股权；转让原持有的上光五厂的43%股权。投资设立全资子公司——青岛国科光电科技有限公司，大力开拓大功率全固态激光器以及航空航天应用电子学等重点发展领域，帮助受国际金融形势影响较大的国科东方积极应对困难，促使其实现安全“过冬”和平稳持续发展。经全体员工的努力拼搏，2009年度共实现合并营业收入8149万元。

2009年，国科光电进一步加强管理的规范化、制度化建设。股东会讨论修改了《公司章程》，完成了董事会、监事会换届，推选成立了第二届董事会、监事会、经营班子；在进行上光五厂的43%股权转让过程中，妥善处理了38万元的职工劳动经济补偿金的遗留问题，进一步推动了上光五厂的股权社会化，并较好保持了职工队伍的稳定；成立了国科光电党总支。

科研工作取得重要进展。由国科激光与中国科学院光电研究院、中国工程物理研究院八所和吉林师范大学等单位共同承担的中国高技术研究发展计划（863）目标导向课题“大型复杂激光放大器及其关键技术”取得一系列具有原创性和重要应用价值的成果，2009年4月通过样机测试和工程设计评审，9月签订近1亿元的几十套大型复杂激光器系统工程合同，这是迄今为止国内最大的一笔激光器合同。国科激光于2009年8月，通过北京市科学技术委员会的科技研究开发机构考察认定，并于9月荣获《北京市科技研究开发机构证书》，12月在北京市政府、科学技术部与中国科学院联合召开的2009年中关村科技园区百家创新型企业试点工作大会上荣获“中关村科技园区第三批百家创新型试点企业”称号。国科激光的“大功率全固态激光器开发及产业化”项目在北京市委、市政府召开北京市科学技术奖励大会暨2010年北京市科技工作会议上获得一等奖。国科环宇凭借空间数据管理的技术优势和工程经验，成功完成了神舟七号伴星图片压缩机、神舟七号伴星地面接收处理系统、神舟七号伴星星载计算机仿真测试系统三个重要课题的研制任务，为神舟七号伴星任务的成功实施提供了坚实的保障。2009年，国科激光获得专利22项，国科环宇获得专利2项（实用新型）、软件证书9份。

积极申报国际合作项目，促进国际交流与合作。国科激光与白俄罗斯国家科学院B. I. Stepanov物理研究所合作开展的紫外固态激光器及加工系统项目取得较好进展，共获国拨款项378万元；国科光电、南昌航空大学与英国某大学合作，共同申请科学技术部国际合作项目“能源再生型可穿戴的混合智能材料开发”；公司以“863”重点项目“全固态皮秒激光器研制”为依托，申报国家外国专家局“2010年度引进国外智力项目”中的“2010年引进国外技术、管理人才项目”，以开展高稳定性大功率全固态皮秒脉冲激光光源的研制及其工程化研究。

（撰稿：焦　磊　审稿：王东军）

上海碧科清洁能源技术有限公司

董 事 长：孙予罕
总 经 理：Michael Jones
地　　址：上海市浦东新区郭守敬路 351 号 427 室
邮政编码：201203
电　　话：021 - 61060100
传　　真：021 - 61060086

上海碧科清洁能源技术有限公司（以下简称上海碧科）成立于 2009 年 1 月 21 日，是由中国科学院和英国石油公司共同出资设立的有限责任公司。上海碧科的注册资本为 1.62 亿元，其中中国科学院认缴出资 8262 万元，占注册资本的 51%；英国石油公司认缴出资 7938 万元，占注册资本的 49%。

上海碧科的发展目标是：整合并商业化清洁能源技术，以满足中国实现能源安全、加强环境保护、增强技术自给的需要，成为中国科学院整合和加速中国本土清洁煤转化技术商业化的优选平台；向国内外公司提供具有竞争力的中国能源转化技术，以创造新一代煤制多种产品的价值链；开发中国清洁能源技术，在全球市场进行商业化。其经营范围是：清洁能源领域技术的研究、开发、中试、工业示范试验、集成；相关技术许可、转让，技术咨询、技术服务并提供技术方案及设计工艺包；清洁能源技术的知识产权管理咨询及服务。

上海碧科建立了较为健全的企业法人治理结构，在董事会以下设置了总经理、副总经理、技术部门、工程部门、商务部门、行政和财务部门等。截至 2009 年底，公司共有员工 21 名，其中中国科学院派遣 7 名，英国石油公司派遣 5 名，社会招聘 9 名。

2009 年，上海碧科确立了公司愿景，拟订了第一个五年经营计划，并大力加强公司内部建设，有力提高了公司内部的凝聚力和竞争力。制定并实施了包括董事会议事规则、总经理授权管理权限、公司财务制度、周例会制度等一系列管理制度；制定并实施了技术项目管理流程和项目管理流程，对来自股东和外部市场的技术信息进行合理收集与评估，明确其技术成熟度和商业化前景，为相关技术的进一步开发、技术的工程化和商业化等有关重大决策的制定与实施提供了多维度支持；积极促进中国与英国企业各自独有的个性及其蕴藏在背后的悠久历史和文化的融合，对公司内部凝聚力和外部竞争力的形成与提高起到了积极作用。

目前，上海碧科已拥有出色的技术和工程部门，具备了技术研发、工程化和商业化的核心能力。2009 年，公司努力推进清洁能源领域、特别是煤化工领域有关技术的研发、工程化和商业化，加强对这些技术知识产权的分析与评价、技术潜在市场的分析与评估、若干项技术开发的合作机会的评价，并从中遴选出一批优先技术进行详尽评估，进而推动这些技术顺利进入谈判阶段。此外，上海碧科还与中国科学院研究所、工程公司和工业企业建立了重要的伙伴关系和业务往来，并在若干技术的商业化过程中扮演了重要角色。

（撰稿：戴佳宁、连　明　审稿：Michael Jonse）

深圳中科院知识产权投资有限公司

董 事 长：索继栓
总 经 理：李　K
地　　址：深圳南山区高新南环路 29 号留学生创业大厦 2308
邮政编码：518057
电　　话：755 - 86350111
传　　真：755 - 86350180
电子信箱：info@caship.ac.cn
网　　址：http://www.caship.ac.cn

深圳中科院知识产权投资有限公司（以下简称深圳 IP）成立于 2009 年 2 月 3 日，由中国科学院国有资产经营有限责任公司投资在深圳南山注册成立。公司依托中国科学院，致力于整合中国科学院知识产权的优势科技资源和社会资源，以专业化、市场化为原则，立足深圳，连接粤、港、澳，辐射珠三角，面向全国，开展技术转移、成果转化和企业孵化等相关知识产权运营工作。

深圳 IP 目前设立 IP 运营、IP 信息、IP 咨询与培训、财务与综合管理 5 个部门，主要涉及专利信息分析、知识产权运营和知识产权体系规划等业务。

深圳 IP 集合中国科学院院属单位最新、最全的知识产权和科技成果信息，向社会提供统一、权威的可转化的产业化项目，方便企业需求与中国科学院技术成果进行对接；通过签订专利委托运营协议，进行专利二次开发试点，盘活中国科学院存量专利，推动研究所知识产权许可和科技成果转移转化运营；通过提供创新咨询和人才培训、知识产权贸易等业务，支持中国科学院各院所、企业、高校和其他科研机构通过原始创新、集成创新和引进消化吸收再创新，形成自主知识产权，提高把创新成果转变为知识产权的能力，有针对性地建立社会主义市场经济条件下的知识产权运营模式，从而使公司成为“知识产权运营价值链的系统服务商和系统集成商”。

截至 2009 年底，深圳 IP 共有在职员工 18 人，其中硕士及以上学历 7 人，兼职顾问 3 人，均具备理工、法律、专利代理、管理、知识产权交易等行业背景。

深圳 IP 成立以来，已建立《行政管理》、《人力资源管理》、《财务管理》等相关制度和规定，结合公司业务模式，逐步建立和完善员工激励制度。公司以“合作、创新、诚信、贡献”作为企业文化观，注重团队合作，秉承诚信品质，通过贡献，实现知识产权创新管理。通过创造参与管理公司的机会，提高公司整体管理水平，促进公司内部沟通协作，增强企业凝聚力；通过定期举办体育竞赛、员工生日庆祝等活动，丰富员工的业余生活；通过开展员工内部培训，提高员工职业素养。公司目前已完成 LOGO 设计，VI 系统设计，网站建设、行业报刊、杂志、书籍订阅等基础设施建设。

2009 年，深圳 IP 完成科学院专利分布统计，全面了解研究院所技术领域的整体情况，形成 50 份研究院所专利统计分析报告；调研企业百余家，与 20 多家企业开展业务往来；调研同业 30 余家、行业协会 13 家，与 TYNAX、LECG、IP. COM、360IP、IV 等国际专业机构的交流与合作，获得企业需求信息 500 多条，经筛选处理意向较明确的企业需求信息 30 多条；检索和整理专利 60 多个类别 1000 多件，为科学院完成专利许可交易 10 项，专利转让 5 项，专利总价值达 550 万元；开展专利技术与运营二次开发，配合院所进行专利维权，同时结合 TRIZ 创新理论开展专利规划；搭建培训基地平台，构建网络营销平台；为河南某地方政府提供知识产权顾问服务。

（撰稿：宋　妍　审稿：李　K）

（G−1930.0101）

ISBN 978-7-03-028572-0
9 787030 285720 >